Die Elementarschadenversicherung in der Bundesrepublik Deutschland als Element der finanziellen Risikovorsorge gegen Naturereignisse

# Schriften zur Politischen Ökonomik, Evolutorische und ökologische Aspekte

Herausgegeben von
Udo Müller, Oliver Budzinski, Yücel Calbay, Jörg Jasper
und Torsten Sundmacher

Band 4

PETER LANG
Frankfurt am Main · Berlin · Bern · Bruxelles · New York · Oxford · Wien

Robert König

# Die Elementarschaden-versicherung in der Bundesrepublik Deutschland als Element der finanziellen Risikovorsorge gegen Naturereignisse

Diskussion
staatlicher Regulierungsoptionen
am Fallbeispiel der Hochwasser 2002
unter Berücksichtigung
versicherungswirtschaftlicher
Präferenzen

PETER LANG
Europäischer Verlag der Wissenschaften

**Bibliografische Information Der Deutschen Bibliothek**
Die Deutsche Bibliothek verzeichnet diese Publikation in der Deutschen Nationalbibliografie; detaillierte bibliografische Daten sind im Internet über <http://dnb.ddb.de> abrufbar.

Zugl.: Hannover, Univ., Diss., 2005

D 89
ISSN 1439-7528
ISBN 3-631-55179-7



www.peterlang.de

*„Die Natur kennt keine Katastrophen.*
*Katastrophen kennt allein der Mensch, sofern er sie überlebt.“*

*(Max Frisch)*

*Vorwort*

Witterungsereignisse haben seit jeher die Menschen und ihr Leben nachhaltig beeinflusst. Neben positiven Effekten, wie einem milderen Klima, das Nordeuropa fruchtbarer machte, treten seit den 90er Jahren des vergangenen Jahrhunderts sogenannte „Naturkatastrophen" immer mehr in das Bewusstsein. Seit den Hochwassern 2002, die allein in Deutschland zu Schäden in Milliardenhöhe führten, gab es weltweit zahlreiche weitere Katastrophen, die nicht nur ökonomische Schäden verursachten, sondern auch viele Menschenleben forderten. An dieser Stelle seien exemplarisch der Tsunami am zweiten Weihnachtstag 2004 in Thailand und der Hurrikan „Katrina" 2005 in New Orleans genannt. Die vorliegende Arbeit beschäftigt sich ausschließlich mit der monetären Kompensation solcher Schäden in der Bundesrepublik, zu deren Ausgleich oftmals umfangreiche staatliche Hilfsprogramme notwendig waren. Deshalb führte die Überschwemmungskatastrophe 2002 zu einer öffentlichen Auseinandersetzung in Deutschland über den künftigen Umgang mit Risiken aus Naturgewalten. Im Mittelpunkt der Diskussion stand die Reduzierung von Gefährdungslagen und die Kompensation der entstandenen Schäden, die in anderen Ländern staatlicherseits bereits geregelt ist. Die Auseinandersetzung mündete in einer öffentlichen Forderung nach der Einführung einer Versicherungspflicht. An dieser Stelle setzt die vorliegende Dissertation an, die den Versicherungsmarkt für Elementarrisiken in die komplexen Zusammenhänge und Komponenten des Katastrophenmanagements einordnet. Im Mittelpunkt der Analyse stehen die verschiedenen Eingriffsmöglichkeiten des Staates in die Versicherungsmärkte und die Frage, welche Wechselwirkungen zwischen den Elementen des Katastrophenmanagements entstehen.

Ein solches Promotionsvorhaben kann immer nur gelingen, wenn eine Vielzahl positiver Umstände zusammentreffen. Einen solchen Umstand verdanke ich Herrn Prof. Dr. Udo Müller, der mir trotz seiner abzusehenden Emeritierung im Oktober 2001 das Vertrauen schenkte und mich als Doktorand am Lehrstuhl für Ordnungs- und Prozesspolitik annahm. Ebenso gilt mein Dank Herrn Prof. Dr. J.-Matthias Graf von der Schulenburg für die Übernahme des Zweitgutachtens sowie Herrn Prof. Dr. Lothar Hübl für seinen Vorsitz in der Prüfungskommission. Ganz besonders möchte ich mich bei Herrn PD Dr. Jörg Jasper bedanken, der sich bereit erklärte, in das Promotionskollegium einzutreten und dessen Rat und Aufmunterung mich Zeit meines gesamten Studiums begleiteten.

Mein Dank gilt darüber hinaus meinem Arbeitgeber, den VGH Versicherungen, der sich entgegen des allgemeinen Zeitgeistes den Luxus leistet, in junge Menschen zu investieren. Namentlich erwähnen möchte ich an dieser Stelle Herrn Dr. Robert Pohlhausen und Herrn Dr. Günter Schmidt, die mir während meiner Zeit als Vorstandsreferent mit kritischen Fragen wertvolle Unterstützung gaben. Darüber hinaus danke ich Frau Elke Schewe, Herrn Heinz Bandenberg, Herrn Heinz-

Wilhelm Gieseke, Herrn Peter Förster und Herrn Ulf Tiedje, die mir berufliche Freiräume ermöglichten, um die notwendige Zeit meinem Studium bzw. daran anschließend der Promotion zu widmen. Mein persönlicher Dank gilt gleichwohl meinen geschätzten Kollegen Herrn Dr. Uwe Grabosch, Herrn Dr. Harm Meyer-Stiens und Herrn Dr. Detlef Swieter, die mich kritisch während dieser Zeit begleiteten und mit Raten und Tat beiseite standen. Herzlichen Dank für ihre unermüdliche Hilfe schenke ich meinen Freunden, dem Ehepaar Krummaker, Heinz-Dieter Bremer und Sebastian Noster, die sich durch so manche lange Fußnote quälten.

Darüber hinaus bedanke ich mich bei meinen Schwiegereltern Gerhard und Elke Jäger für die sprichwörtliche „Nervennahrung“ und in besonderem Maße bei meinen Eltern Helga und Ernst König, die mir stets ein unbeschwertes und schönes Leben schenkten und mir dadurch ermöglichten, mich voll auf meine Ausbildung zu konzentrieren.

Letztlich widme ich diese Arbeit meiner lieben Frau Alexandra, die mich fortwährend ermutigte und viel Verständnis dafür aufbrachte, dass die meissten Wochenenden in den vergangen vier Jahren diesem Vorhaben galten. Für sie möchte ich mit den Worten *Goethes* sagen „Leider läßt sich eine wahrhafte Dankbarkeit nicht mit Worten ausdrücken.“

Hannover, im Dezember 2005 *Robert König*

*Inhaltsverzeichnis*

*Abkürzungsverzeichnis*

| | |
|---|---|
| a.a.O. | am angegebenen Ort |
| ABAG | Allgemeine Bedingungen zur Allgefahrenversicherung für Industrie und Gewerbe |
| Abb. | Abbildung |
| ABI | Association of British Insurers |
| Abs. | Absatz |
| AG | Aktiengesellschaft |
| AGB-Gesetz | Gesetz zur Regelung des Rechts der Allgemeinen Geschäftsbedingungen |
| AHB | Allgemeine Haftpflichtbedingungen |
| ART | Alternativer Risiko Transfer |
| Art. | Artikel |
| AStB | Allgemeine Bedingungen für die Sturmversicherung |
| AufhFG | Gesetz zur Errichtung eines Fonds „Aufbauhilfe“ (Aufbauhilfefondsgesetz) |
| BAFin | Bundesanstalt für Finanzdienstleistungsaufsicht |
| BauGB | Baugesetzbuch |
| BAV | Bundesaufsichtsamt für das Versicherungswesen |
| BdV | Bund der Versicherten |
| BEG | Besondere Bedingungen für die Versicherung weiterer Elementargefahren bei gewerblichen Risiken |
| BEH | Besondere Bedingungen für die Versicherung weiterer Elementargefahren in der Hausratversicherung |
| BEW | Besondere Bedingungen für die Versicherung weiterer Elementargefahren in der Wohngebäudeversicherung |
| BGBl. | Bundesgesetzblatt |
| BIP | Bruttoinlandsprodukt |
| bspw. | beispielsweise |
| BU | Betriebsunterbrechung |
| bzw. | beziehungsweise |
| ca. | circa |

| | |
|---|---|
| CAPM | Capital Asset Pricing-Model |
| Cat | Catastrophe |
| CATEX | Catastrophe Risk Exchange |
| Cat-Nat | Catastrophes Naturelles |
| CCR | Caisse Centrale de Reassurance |
| CDU | Christlich Demokratische Union |
| CHF | Schweizer Franken |
| Cresta | Catastophe Risk Evaluating and Standardizing Target Accumulation |
| d.h. | das heißt |
| DDR | Deutsche Demokratische Republik |
| DIN | Deutsche Industrie Norm |
| DIW | Deutsches Institut für Wirtschaftsforschung |
| DKKV | Deutsches Komitee für Katastrophenvorsorge e.V. |
| DM | Deutsche Mark |
| DPA | Deutsche Presse Agentur |
| e.V. | eingetragener Verein |
| ebd. | ebenda |
| ECBU | Extended Coverage Betriebsunterbrechung |
| ECBUB | Bedingungen für die Extended Coverage Betriebsunterbrechungsversicherung |
| EDV | Elektronische Datenverarbeitung |
| EG | Europäische Gemeinschaft |
| EStG | Einkommenssteuergesetz |
| EStR | Einkommenssteuerrichtlinien |
| et al. | et alii |
| etc. | et cetera |
| EU | Europäische Union |
| EUR | Euro |
| EWG-Vetrag | Vertrag zur Gründung der Europäischen Wirtschaftsgemeinschaft |

| | |
|---|---|
| f. | folgende |
| FAS | Fachausschuss Allgemeine Sachversicherung |
| FDP | Freiheitlich Demokratische Partei Deutschlands |
| FEMA | Federal Emergency Management Agency |
| ff. | und folgende Seiten |
| FHR | Finanzhilferichtlinien |
| FIMA | Federal Insurance and Mitigation Administration |
| FMK | Finanzministerkonferenz der Länder |
| GA | Gemeinschaftsaufgabe |
| GDV | Gesamtverband der deutschen Versicherungswirtschaft e.V. |
| gem. | gemäß |
| GG | Grundgesetz |
| ggf. | gegebenenfalls |
| GVO | Gruppenfreistellungsverordnung |
| GWB | Gesetz gegen Wettbewerbsbeschränkungen |
| GWD-Gesetz | Gesetz über den deutschen Wetterdienst |
| Hfl | Holländischer Florentiner (Holländischer Gulden) |
| HGB | Handelsgesetzbuch |
| HR | Hausrat |
| Hrsg. | Herausgeber |
| i.d.R. | in der Regel |
| i.S. | im Sinne |
| inkl. | inklusive |
| insb. | insbesondere |
| IRV | Interkantonaler Rückversicherungsverband |
| KBU | Klein-BU-Versicherung |
| KfW | Kreditanstalt für Wiederaufbau |
| km | Kilometer |
| km/h | Kilometer pro Stunde |
| $km^2$ | Quadratkilometer |

| | |
|---|---|
| KOSTRA | Atlas des deutschen Wetterdienstes |
| m | Meter |
| m.E. | meines Erachtens |
| m/s | Meter pro Sekunde |
| max. | maximal |
| mind. | mindestens |
| Mio. | Million(en) |
| mm | Millimeter |
| Mrd. | Milliarde(n) |
| Nbest-FH | Nebenbestimmungen für die Gewährung von Finanzhilfen |
| NFIF | National Flood Insurance Fund |
| NFIP | National Flood Insurance Program |
| NL | Niederlande |
| Nr. | Nummer |
| o.V. | ohne Verfasser |
| ÖSA | Öffentliche Versicherungen Sachsen-Anhalt |
| p.a. | per anno |
| PDS | Partei des demokratischen Sozialismus |
| PML | Probable Maximum Loss |
| RGBl. | Reichsgesetzblatt |
| ROG | Raumordnungsgesetz |
| S. | Seite |
| SB | Selbstbehalt |
| SL | Stop Loss |
| SPD | Sozialdemokratische Partei Deutschlands |
| StGB | Strafgesetzbuch |
| SVV | Schweizerischer Versicherungs-Verband |
| Tab. | Tabelle |
| TCIP | Türkischer Katastrophen Versicherungs-Pool |
| THW | Technisches Hilfswerk |

| | |
|---|---|
| u.a. | unter anderem |
| u.U. | unter Umständen |
| US | United States |
| USA | United States of America |
| USD | US-Dollar |
| usw. | und so weiter |
| v. | von |
| VAG | Versicherungsaufsichtsgesetz |
| VdS | Verband der Schadenversicherer |
| VGB | Allgemeine Wohngebäudeversicherungsbedingungen |
| VGH | Versicherungsgruppe Hannover |
| vgl. | vergleiche |
| VHB | Allgemeine Hausratversicherungsbedingungen |
| VSU | Versicherungssumme |
| VU | Versicherungsunternehmen |
| VVaG | Versicherungsverein auf Gegenseitigkeit |
| VVG | Versicherungsvertragsgesetz |
| WaStrG | Bundeswasserstraßengesetz |
| WHG | Wasserhaushaltsgesetz |
| XL | Excess of Loss |
| z.B. | zum Beispiel |
| z.T. | zum Teil |
| ZÜRS | Zonierungssystem für Überschwemmung, Rückstau und Starkregen |
| ZVGB | Zusatzbedingungen für die Versicherung weiterer Elementarrisiken in der Wohngebäudeversicherung |

*Abbildungs- und Tabellenverzeichnis*

*Anhangsverzeichnis*

# *1. Einführung*

## *1.1. Problemstellung*

Naturkatastrophen verursachen seit Menschengedenken Not und Armut in allen Teilen der Welt. Die engen Grenzen des Einzelnen zur finanziellen Risikovorsorge haben zur Idee eines gemeinschaftlichen Sicherungssystems im Kollektiv geführt,[1] das heute durch Versicherungen professionell betrieben wird. Alternativ kann die finanzielle Vorsorge im Falle von Naturgewalten durch öffentliche Hilfe[2] sowie durch individuelle Selbsthilfe in Form von Rücklagen erfolgen.[3] Diese verschiedenen Organisationsformen der Risikovorsorge werden in der Bundesrepublik nebeneinander zur Begleichung von Schäden durch Naturgewalten genutzt. Hinzu kommen Spenden, die auf freiwilliger Basis nach katastrophalen Ereignissen gesammelt werden. Im Zusammenhang mit der Gestaltung der finanziellen Risikovorsorge stehen Fragen von „...ethischen Dimensionen, von Freiheit und Gleichheit, von staatsfreier Eigenverantwortung und persönlicher Vorsorgepflicht, aber auch die Frage nach der Solidarität der größeren Gemeinschaft."[4]

In der Vergangenheit haben Naturkatastrophen immer wieder Diskussionen über die Aufgaben- und Lastenverteilung zwischen dem Staat, der Assekuranz und den Bürgern angestoßen.[5] Die Versicherbarkeit von Elementarschäden, wie die Folgen von Naturereignissen in der Assekuranz genannt werden,[6] wird in der Bundesrepublik durch ungleiche regionale Gefährdungen negativ beeinflusst.[7] Erschwerend kommt hinzu, dass Naturgewalten nicht vermeidbar und nur beschränkt beeinflussbar sind.[8] Defizite in der freiwilligen Risikovorsorge wurden wiederholt bei den Hochwassern 2002 sichtbar, weil zur Wiederherstellung der zerstörten Sachen umfangreiche staatliche Hilfsprogramme erforderlich waren. Infolge dessen wurde erneut eine Diskussion über die finanzielle Bewältigung solcher Ereignisse zwischen der Politik, dem Versichererverband und anderen Gruppen geführt, die in der Forderung nach einer Versicherungspflicht endete.[9] Die Bedeutung, die der Versicherungswirtschaft zu Teil werden kann, machte in

---

1 Vgl. *Benda* (1976), S. 48 f.

2 *Grosse, Müller-Lutz und Schmidt* führen in ihrer Versicherungsenzyklopädie Band 4, S. 414 die Schadenregulierung von Elementarereignissen als Beispiel für notwendige öffentliche Hilfe an. Seinerzeit wurden Elementargefahren als unversicherbar angesehen.

3 Vgl. *Grosse/Müller-Lutz/Schmidt (Hrsg.)* (1988), Band 4, S. 413 f.

4 *Benda* (1976), S. 47.

5 Vgl. *Chmielorz/Metzger* (1995), S. 935.

6 Vgl. *Schwarze/Wagner* (2002), S. 596.

7 Vgl. *Münchener Rückversicherungsgesellschaft (Hrsg.)* (1993), S. 21.

8 Vgl. *Egli* (2000), S. 1.

9 Vgl. *Deutsche Presse Agentur (dpa)* (2002c).

einem anderen Zusammenhang schon *Mahr* (1951) mit den folgenden Worten deutlich: „Mehr jedoch waren es persönliche Erlebnisse und unangenehme äußere Vorfälle, die... zu objektiven Auslösungsbedingungen... wurden, [um] unter Zuhilfenahme der seitherigen Erfahrungen... durch die logische Überzeugungskraft der Idee in fortschreitender Wandlung des Erreichten die jeweils bestmögliche rationale Gestaltung eines Versicherungsverhältnisses zu schaffen."[1] An dieser Stelle setzt diese Arbeit an.

### *1.2. Abgrenzung des Untersuchungsgegenstandes und Anmerkungen zur Methodik*

Untersuchungsgegenstand dieser Dissertation sind die privaten und gewerblichen Sachversicherungen. Innerhalb der Privatversicherungen werden die Hausrat- und Wohngebäudeversicherung betrachtet. Kraftfahrzeugversicherungen bleiben unberücksichtigt, weil Überschwemmungen und Stürme grundsätzlich über die Teilkaskoversicherungen gedeckt sind. Zu den gewerblichen Sachversicherungen zählen die Gebäude-, Inhalts- und die Betriebsunterbrechungsversicherung. Auf eine Ausweitung auf die Transport- und Technische Versicherung (u.a. Maschinen-, Elektronik- und Bauleistungsversicherung) wird ebenso wie auf die Integration der industriellen Sachversicherung verzichtet, weil diese Versicherungszweige zu wenig standardisiert sind, um in der Themenstellung angemessen dargestellt zu werden. Zudem ist mit den privaten und gewerblichen Sachversicherungen ein Großteil der über Versicherungsmärkte regulierbaren Schadenpotentiale abgedeckt, wie am Fallbeispiel der Hochwasser 2002 deutlich wird. Bisherige Untersuchungen zum Thema wie die Arbeit von *Graff*[2] sind auf eine Analyse der Risiken privater Haushalte beschränkt. Dies war plausibel, weil z.B. beim Oder-Hochwasser 1997 vornehmlich ländliche Gegenden betroffen waren. Die Hochwasser 2002 hingegen haben in Europa auch Großstädte wie Prag und Dresden überflutet. Allein in der Bundesrepublik waren 12.000 Betriebe von diesem Schadenereignis betroffen.[3] Daher ist eine Ausweitung der Betrachtungsweise auf die gewerbliche Wirtschaft erforderlich.

Der methodische Ansatz dieser Arbeit basiert auf einer umfangreichen empirischen Analyse des Erstversicherungsmarktes mittels einer Fragebogenumfrage und einem Fallbeispiel zu den Hochwassern 2002. Der Fragebogen besteht aus drei Teilbereichen. Die Fragen des ersten Themenkomplexes reichen von der konkreten Ausgestaltung des Angebots für Elementardeckungen über die Anwendung versicherungstechnischer Instrumente und der Rückversicherung bis hin zu Einschätzungen über Informationsasymmetrien auf den Märkten. Der zweite Teil bezieht sich auf die Hochwasser 2002 und daraus gewonnene Er-

---

1 *Mahr* (1951), S. 40.
2 Vgl. *Graff* (2000).
3 Vgl. *Tatge* (2003), S. 38 ff.

kenntnisse. Im dritten Teil werden die Präferenzen der Erstversicherer für verschiedene Regulierungsoptionen ermittelt. Diese weite Anlage des Fragebogens ist notwendig, da weder Daten zu dem Angebot der Erstversicherung in der gewerblichen Sachversicherung noch detaillierte Erhebungen zu den Unternehmenspräferenzen vorliegen[1] und weil aufgrund der Extremereignisse 2002 mit Änderungen in der Risikopolitik der Unternehmen zu rechnen war. Ohne umfassende Kenntnis der Ist-Situation auf den Märkten können regulierende Eingriffe nicht in angemessener Weise diskutiert werden.

In Vorbereitung des Fragebogens wurde ein Pre-Test in Form persönlicher Interviews bei vier Erstversicherern durchgeführt, die im Hinblick auf die Unternehmensform und -größe repräsentativ waren. Durch diese Pre-Tests sollten die Fragen auf Plausibilität und der Fragebogen auf seine Durchführbarkeit hin überprüft werden. Als Basis für die Auswahl der zu befragenden Erstversicherer diente das Hoppenstedt Versicherungsjahrbuch 2003. Es enthält Einzelübersichten von insgesamt 441 deutschen und 50 ausländischen Versicherungsunternehmen[2] mit Daten aus den Jahresabschlüssen 2001. Hieraus wurden 139 Unternehmen ermittelt, die nach Angaben des Jahrbuches in der Schadenversicherung tätig sind. Die Versicherer wurden zunächst telefonisch kontaktiert, um die Produktverantwortlichen, d.h. die zuständigen (Abteilungs-) Direktoren und Abteilungsleiter für die gewerblichen und privaten Sachversicherungszweige, als Ansprechpartner zu gewinnen. Diese Gruppe wurde als Adressatenkreis gewählt, weil sie Detailkenntnisse über die Produkte und die Auswirkungen der Hochwasser 2002 für die Unternehmen hat. Politisch und lobbyistisch motivierte Aussagen sollten auf diese Weise minimiert werden. Der telefonische Kontakt mit den Unternehmen ergab, dass 27 Versicherer zu Unternehmensgruppen/ Konzernen gehören und keine unabhängige Risikotarifierung vornehmen bzw. Verträge ausschließ-

---

1 Empirische Daten zum Angebot der Versicherung für die Risiken privater Haushalte ermittelte z.T. bereits *Graff*. Die Autorin hat ebenfalls Präferenzen erhoben, die sich aber auf die Frage einer Zustimmung/Ablehnung zu einer Versicherungspflicht beschränkten (Vgl. *Graff* (2000)).

2 Auf die Berücksichtigung weiterer europäischer Erstversicherungsunternehmen, die im direkten Dienstleistungsgeschäft in Deutschland tätig sind, wurde verzichtet, da sich deren Marktanteile auf unter einem halben Prozent im Jahr 1998 belaufen haben. Dieses hat sich auch in den Folgejahren nicht verändert (Vgl. *Farny* (2000), S. 3). Berücksichtigung im Versicherungsjahrbuch finden deutsche Tochterunternehmen ausländischer Versicherer, die nicht unmittelbar im Eigentum eines ausländischen Unternehmens stehen, sondern in einer Zwischenholding mit deutschem Recht geordnet sind und somit unter formalen Gesichtspunkten deutsche (Mehrheits-) Eigentümer haben. Hierzu gehören AMB-Generali, AXA, DBV-Winterthur usw. Zählt man diese Unternehmen hinzu, ergibt sich zusammen mit den Niederlassungen ausländischer Versicherer insgesamt ein Marktanteil in der Schadenversicherung von unter 20 %, wobei der überwiegende Teil auf europäische und schweizerische Erstversicherer fällt, die durch Aufkauf deutscher Unternehmen Tochtergesellschaften in der Bundesrepublik gegründet haben (Vgl. *Farny* (2000), S. 2 ff.).

lich vermitteln. In diesen Fällen wurden die Muttergesellschaften befragt. 11 Unternehmen zeichneten keine Elementarschadenversicherungen innerhalb der Sachversicherungszweige, wovon sich acht Versicherer[1] nach eigenem Bekunden nicht näher mit der Themenstellung beschäftigten und deshalb keine Meinung zu einer Marktregulierung hatten. Weitere 11 Unternehmen sind Spezialversicherer (z.B. für Schiffe) ohne Angebot in der privaten und/ oder gewerblichen Sachversicherung. Hierdurch ergab sich ein Umfang von 93 zu befragenden Unternehmen. Zunächst antworteten 34 Versicherer auf den Fragebogen. Nach einem Erinnerungstelefonat im September 2003 erhöhte sich die Zahl um weitere 20 Rückmeldungen. Dies führte zu einer abschließenden Gesamtquote von 58,1 % teilnehmenden Assekuranten.[2]

Von den Unternehmen, die einen Fragebogen zurücksandten, haben 45 die kompletten Fragen über sämtliche Themengebiete beantwortet, drei Versicherer machten keinerlei Angaben zum Versicherungsangebot, weitere sechs keine zu den Fragen möglicher Marktregulierungen. Fallweise wurden innerhalb der Themenbereiche Antworten ausgelassen oder konnten nicht beantwortet werden, weil die Unternehmen nicht sämtliche der zugrundegelegten Versicherungszweige anboten. Im Endergebnis führte diese Beantwortungsform zu einem unterschiedlichen Analyseumfang der einzelnen Fragen.

Die an der Fragebogenaktion teilnehmenden Versicherer sind zu 60 % Aktiengesellschaften, zu 24 % Versicherungsvereine auf Gegenseitigkeit und zu 16 % öffentlich-rechtliche Versicherer. 23 Assekuranten (42,6 %) bieten ihre Produkte innerhalb der Bundesrepublik Deutschland nur in einem regionalen Geschäftsgebiet an. Zudem versichern sieben Unternehmen (13 %) nur bestimmte Kundengruppen wie den öffentlichen Dienst oder kirchliche Einrichtungen. 12 der 54 teilnehmenden Unternehmen decken ausschließlich private Risiken, zwei hiervon nur die Hausratversicherung. 33 Versicherer offerieren sämtliche Versicherungszweige, die innerhalb der Befragung analysiert wurden. Eines dieser Unternehmen hat nur für die Privatverträge geantwortet. Ein Assekurant vermittelt ausschließlich die gewerbliche Gebäude- und Inhaltsversicherung, ein weiterer lediglich gewerbliche Versicherungen und die private Gebäudeversicherung. Vier

---

[1] Die übrigen drei Unternehmen, die zuvor keine Elementarschadendeckung anboten, sich jedoch mit der Aufnahme dieses Versicherungszweiges in das Portefeuille beschäftigten, wurden gebeten, Fragen zu den Modellpräferenzen zu beantworten.

[2] Insgesamt nahmen 39 Unternehmen nicht an der Umfrage teil. Von 12 Versicherern wurde eine Teilnahme direkt bei der telefonischen Kontaktaufnahme abgelehnt. Die zeitliche Nähe der empirischen Untersuchung mit der steigenden Aktualität der Fragen zu künftigen Modelllösungen erwies sich als besonders problematisch. So begründeten die Unternehmen Ihre ablehnende Haltung mit Aktivitäten auf Verbandsebene, wonach Einzelmeinungen nicht mehr preisgegeben werden, und verwiesen an den Gesamtverband der Deutschen Versicherungswirtschaft e.V. (GDV). Andere Unternehmen gaben an, ihre Meinungsfindung noch nicht abgeschlossen zu haben und deshalb auf diesen Themenkomplex nicht antworten zu können.

andere Unternehmen bieten sämtliche Versicherungszweige mit Ausnahme der Betriebsunterbrechungsversicherung an. Die übrigen drei Versicherer haben bisher keine Elementarschadenzusatzdeckung im Programm.

Um weitere Erkenntnisse über die Auswirkungen der Hochwasser auf die Versicherer zu erhalten, wurden diejenigen Unternehmen, die sich an der Fragebogenaktion beteiligten, um einen Geschäftsbericht für das Geschäftsjahr 2002 gebeten. Auf eine vergleichende Analyse der Zahlen in den Geschäftsberichten wird verzichtet, da Elementarschadenversicherungen i.d.R. nicht getrennt (nach Versicherungszweigen) ausgewiesen werden, sodass ein solches Vorgehen mit Willkür behaftet wäre. Die Auswertung des Fragebogens wurde anonymisiert. Aus diesem Grund werden weder die Antworten noch Informationen aus den Geschäftsberichten den Unternehmen zugeordnet.

Ergänzt wird der empirische Teil der Arbeit um ein Fallbeispiel zu den Hochwassern 2002. Als Datenbasis hierfür dienen Presse-Veröffentlichungen sowie Berichte der Bundesministerien und der betroffenen Bundesländer. Diese Erkenntnisse sind für die Gestaltung eines regulierenden Eingriffs in die Versicherungsmärkte von Bedeutung. Daneben sind die Hochwasser 2002 die Ausgangsbasis für die Diskussion um die Rolle der Assekuranz in der Schadenregulierung von Naturkatastrophen und um die Grenzen dieser privatwirtschaftlichen Form der Risikovorsorge.

### *1.3. Aufbau der Arbeit und Zielsetzung*

Die Arbeit ist in sieben Kapitel gegliedert. Zunächst werden im zweiten Kapitel die Charakteristika der Naturgefahren und ihr spezielles Gefährdungspotential für die Bundesrepublik Deutschland dargestellt. Hierbei stehen mögliche ökonomische Folgen von Naturkatastrophen im Vordergrund. Die einzelnen Elemente des Katastrophenmanagements werden beschrieben und im Rahmen eines Handlungskreises abgebildet. Das Zusammenspiel der „Betrachteten Handlungsakteure" in Form des Staates, der Versicherungswirtschaft und der Sacheigentümer ist problematisch, weil zum Teil divergierende bzw. überlappende Interessenlagen vorliegen.[1] Hieraus können wiederum Auswirkungen auf die nächste Stufe des Handlungskreises und Wechselwirkungen auf davor liegende Bereiche entstehen. Die betrachteten Akteure haben diverse Möglichkeiten, eine Unterbrechung bzw. Abschwächung der Wirkungszusammenhänge vorzunehmen. Wirkungsbezogene Maßnahmen (Schadenverhütungsmaßnahmen) können die Auswirkungen einer Naturgewalt auf den resultierenden Schaden beeinflussen. Auf der nächsten Stufe setzen Maßnahmen ein, die unter Akzeptanz des Realschadens den ökonomischen Schaden verhindern (Schadenvermeidungsmaßnahmen) bzw. begrenzen und minimieren (Schadenminderungsmaßnahmen). Am Ende dieses Handlungs-

---

[1] Vgl. *Schweizerische Rückversicherungs-Gesellschaft (Hrsg.)* (1998), S. 26.

kreises des Katastrophenmanagements steht die Regulierung der entstandenen Schäden. Der gesamte Schaden oder ein Teil davon kann von jedem der drei Handlungsakteure getragen werden.[1] Außerhalb der Betrachtung liegen ursachenbezogene Aspekte[2] der Gefahrenabwehr, die z.B. im Bereich der Klimaschutzpolitik angesiedelt sind, da diese globale Problematik durch die regionale Fokussierung der Arbeit nicht ausreichend berücksichtigt werden kann.[3] Im dritten Kapitel werden die real eingetretenen und ökonomischen Schäden anhand der Hochwasser im August 2002 in Deutschland beschrieben. Im Mittelpunkt der Betrachtung steht die finanzielle Bewältigung des Ereignisses durch sozialstaatliche Hilfen der öffentlichen Hand, durch Versicherungen und Spenden. Diese drei verschiedenen Regulierungswege werden miteinander verglichen, um Unterschiede und Gemeinsamkeiten aufzuzeigen und zu diskutieren. Daneben werden Erkenntnisse über das Katastrophenmanagement zur Ermittlung der Defizite aus den vor- bzw. nachgelagerten Elementen der finanziellen Katastrophenvorsorge dargestellt.

Dem Schwerpunkt dieser Arbeit entsprechend wird im vierten Kapitel das Angebot der Risikovorsorge über Versicherungsmärkte sowohl deskriptiv als auch empirisch dargestellt. Die Rolle der Versicherungswirtschaft im Katastrophenmanagement wird als Basis für die Diskussion um eine Marktregulierung ausführlich untersucht. Dabei geht es sowohl um die Charakteristika der Angebots- und Nachfrageseite des Elementarschadenversicherungsmarktes, als auch um die Diskussion der Notwendigkeit eines staatlichen Eingriffs. Zur Prüfung der Erfordernis staatlichen Handelns werden verschiedene mögliche Ursachen für ein Marktversagen beschrieben und auf Basis empirischer Ergebnisse überprüft.

Die Schadenregulierungswege aus dem Fallbeispiel werden hinsichtlich der Mittelfinanzierung, der Zweckbestimmung der Gelder (Mittelverwendung) und der zur Entschädigung notwendigen Personen bzw. Mittel (Entschädigungsinfrastruktur) im fünften Kapitel miteinander verglichen. Aus den Ergebnissen dieser Gegenüberstellung werden Referenzkriterien für die Neugestaltung der Elementarschadenversicherung in Deutschland entwickelt, die für die Beurteilung der regulierenden Staatseingriffe und die in diesem Zusammenhang diskutierten Mo-

---

[1] Vgl. *Jahn* (2001), S. 402 f.

[2] Die ursachenbezogene Gefahrenabwehr hat zum Ziel, eine Gefahr zu vermeiden bzw. zu unterdrücken. Hierunter werden z.B. Maßnahmen zur Verhinderung oder Vermeidung von Klimaänderungen verstanden (Vgl. *Jahn* (2001), S. 402). Zudem ist es für die zu untersuchende Frage einer Regulierung von Katastrophenschäden ohne Bedeutung, inwieweit Klimaphänomene anthropogen verursacht bzw. durch äußere Faktoren wie z.B. Änderungen im Magnetfeld der Sonne beeinflusst werden (Vgl. *Schwarze/Wagner* (2002), S. 597).

[3] An dieser Stelle sei auf weiterführende Literatur, z.B. *Surminski* (2002) und *Jahn* (2001), verwiesen, die sich mit den Möglichkeiten der Versicherungswirtschaft im Rahmen der Klimapolitik und den Auswirkungen veränderter klimatischer Rahmenbedingungen für die Assekuranz auseinander setzen.

delle hilfreich sind. Die Reaktionen der Erst- und Rückversicherer auf dieses Ereignis werden auf Grundlage empirischer Daten und Veröffentlichungen in den Medien dargestellt, um anschließend zu ermitteln, wie sich die Situation auf den Märkten im Vergleich zur Zeit vor der Flut verändert hat. In Verbindung mit den empirisch gewonnenen Unternehmenspräferenzen für einen Eingriff werden Zielkonflikte zu den Referenzkriterien herausgearbeitet, die in der Regulierungsdiskussion berücksichtigt werden müssen. Auf dieser Basis können die komplexen Zusammenhänge zwischen einem Eingriff in die Versicherungsmärkte zur effizienten Gestaltung der Schadenregulierung und den resultierenden Konsequenzen für die Assekuranz erörtert werden.

Im sechsten Kapitel werden die Handlungsoptionen des Staates beschrieben. Bereits existierende internationale Regulierungsmodelle sollen dabei aufgrund mangelnder Adaptionsmöglichkeit nicht auf die Bundesrepublik übertragen werden. Vielmehr geht es darum, verschiedene Aspekte einer Marktregulierung für die spezifische Situation Deutschlands zu diskutieren. Hierfür werden internationale Marktregulierungen für die Elementarschadenversicherung in Einzelbestandteile zerlegt. Diese Elemente werden sowohl hinsichtlich der empirisch gewonnenen Präferenzen der Versicherer als auch hinsichtlich der erarbeiteten Referenzkriterien des letzten Kapitels untersucht. Letztere bilden den gesamtgesellschaftlichen Bezugsrahmen der Arbeit. Auf die Erarbeitung eines eigenen Modellvorschlags wird verzichtet, da umfangreiche Kalkulationen notwendig wären, die mangels öffentlich zugänglicher Daten nicht dargestellt werden können. So dient diese Dissertation als Denkanstoß für die politischen Entscheidungsträger, der u.a. aufzeigen soll, dass sich die Frage eines regulierenden Eingriffs nicht auf eine Versicherungspflicht reduzieren lässt. Vielmehr geht es darum, die Komplexität einer Regulierung zu vermitteln. Die unterschiedlichen Facetten eines Eingriffs werden hierfür entsprechend der innerhalb dieser Arbeit entwickelten Ziele und Kriterien beurteilt.

Folgende Kernhypothesen sollen untersucht werden:

Hypothese 1: Den Möglichkeiten der Schadenregulierung über Versicherungsmärkte sind enge Grenzen gesetzt. Ein vollständiger finanzieller Lastenausgleich ist über diesen Regulierungsweg nicht möglich.

Hypothese 2: Aufgrund der Fortschritte in der Risikoanalyse kann aus einer Informationsasymmetrie in Form einer adverse selection heute kein Marktversagen mehr abgeleitet werden.

Hypothese 3: Auch wenn die nach der Flut vorgestellten Modelle geeignet sind, eine Effizienzverbesserung zu erreichen, erfassen sie nur partielle Probleme der Schadenregulierung und setzen keine positiven Anreize für weitere Aspekte des Katastrophenmanagements.

## 2. *Das Katastrophenmanagement als Analyserahmen des Gefahrenpotentials von Naturereignissen*

### 2.1. *Abgrenzung und Kategorisierung der untersuchten Naturereignisse*

Die überlieferten Erkenntnisse über Naturgewalten im Gebiet der heutigen Bundesrepublik Deutschland reichen von extremer Kälte im elften Jahrhundert, extremer Trockenheit im dreizehnten Jahrhundert bis hin zu Starkregenniederschlägen und Überschwemmungen im vierzehnten Jahrhundert. Das zwanzigste Jahrhundert wurde durch große Überschwemmungen geprägt.[1] Häufig werden folgenreiche Witterungsbedingungen als „Naturkatastrophen" bezeichnet. Für die Einstufung eines Naturereignisses als „Katastrophe" werden sowohl quantitative Größen wie die Anzahl der Todesopfer, als auch entstandene ökonomische Schäden vorausgesetzt. So zählen z.B. Sturmfluten an der Nordseeküste nicht zu den Naturkatastrophen, weil die Auswirkungen unterhalb definierter Grenzwerte liegen.[2] Deshalb werden im Folgenden Ereignisse betrachtet, deren Ausmaße sowohl kleinräumig, personell und wirtschaftlich begrenzt, als auch im Extremfall katastrophal sein können.[3] Vorausgesetzt werden Sachschäden, die für den Forschungsgegenstand der Arbeit notwendig sind.[4] Naturgewalten können in atmo-

---

[1] Vgl. *Pfister* (2000), S. 74 ff. Mit diesen Naturereignissen haben sich die klimatischen Randbedingungen geändert. Die mittlere Jahrestemperatur stieg zwischen 1988 und 1997 um ein Grad Celsius. Die ökonomischen Folgen waren in der Vergangenheit sowohl positiv als auch negativ. So führten z.B. warme und trockene Witterungsbedingungen im dreizehnten Jahrhundert zu einer „Wanderung" wärmeempfindlicher Kulturpflanzen in den Norden Europas, die der Landwirtschaft nutzen, während Überschwemmungen die Ernteerträge erheblich minderten und die Basis für eine gesellschaftliche Armut bildeten. (Vgl. *Klage* (2002), S. 11 ff).

[2] Vgl. *Müller* (2000), S. 2. Weiter gefasste Definitionen sehen Naturkatastrophen als ein „...ungewöhnliches Ereignis mit meist folgenschweren Auswirkungen auf Mensch und Wirtschaft.." (*Leser (Hrsg.)* (1997), S. 112). Diese Definition ist hier nicht hinreichend weit, da der Terminus „ungewöhnlich" verwendet wird. In einer naturwissenschaftlichen Betrachtungsweise ist diese Wortwahl sinnvoll, da sie gewöhnliche negative Witterungsereignisse von außergewöhnlichen separiert. Unter versicherungstechnischen Gesichtspunkten ist diese Definition an dieser Stelle zu eng, da es im Rahmen der Regulierung ökonomischer Folgeschäden durch Naturkatastrophen auch um regelmäßig wiederkehrende, d.h. „gewöhnliche" Ereignisse geht.

[3] Diese Definition weicht stark von anderen Katastrophenbegriffen ab, die eine existentielle Gefährdung der Bevölkerung, den Verlust von Entwicklungsmöglichkeiten und die Hilflosigkeit der betroffenen Bevölkerung als Maßstab für die Kategorisierung eines Ereignisses als Katastrophe sehen. Ähnliche Maßstäbe verwenden die Vereinten Nationen, die den Verlust von Menschenleben, Sachwerten und Umweltgütern ebenso für ihre Einstufung voraussetzen wie die Unfähigkeit einer Gesellschaft mit diesem Ereignis fertig zu werden (Vgl. *Eikenberg* (2002), S. 1).

[4] Andere Ereignisse wie die Zerstörung der Pflanzen und Tierwelt (Biodiversität) fallen nicht unter diese Definition, obwohl diese Schäden beträchtlich und i.d.R. irreversibel sind (Vgl. *Schulze/Ploetz* (2000), S. 120 ff).

sphärische und hydrosphärische Gefahren einerseits und geologische bzw. kosmische Gefahren andererseits unterteilt werden:[1]

1. Atmosphärische und hydrosphärische Gefahren:
   - Sturm (Wintersturm, Tornado, Föhnsturm, Gewittersturm)
   - Marine Gefahren wie Sturmflut und Wellenschlag
   - Überschwemmung (z.B. durch Hochwasser, Starkregen, Eisstau)
   - Hagel
   - Blitzschlag
   - Nebel, Smog
   - Trockenheit, Hitzewelle, Dürre, Waldbrand
   - Frost, Kältewelle
   - Glatteis, Eisregen
   - Schneedruck
   - Lawinen
2. Geologische Gefahren
   - Erdbeben, Gebirgsschlag
   - Erdsenkung
   - Erdrutsch, Mure, Schlammstrom, Felssturz
   - Vulkanausbruch, Gasausbruch
3. Kosmische Gefahren[2]
   - Meteoritenabsturz
   - Kollisionen von Himmelskörpern

Hiervon abzugrenzen sind Ereignisse, deren Folgen zwar den unten beschriebenen Naturereignisse ähneln, die jedoch durch direkte Eingriffe des Menschen verursacht werden, wie künstliche Erdbeben.[3]

---

[1] Vgl. *Münchener Rückversicherungs-Gesellschaft (Hrsg.)* (1993), S. 10. Atmosphärische Naturrisiken entstehen durch die Lufthülle der Erde. Hydrosphärische Naturgewalten basieren auf ihrer Wasserhülle mit den Meeren, Binnen und Grundwassern. Geologische Gefahren entstehen durch die Bauweise der Erde (Vgl. *Müller* (2000), S. 3 ff.)

[2] Vgl. *Müller* (2000), S. 3.

[3] So waren 1968 in Nevada (USA) durch die unterirdische Zündung einer Atombombe 30 kleinere Erdbeben zu spüren (Vgl. *Perrow* (1987), S. 290 ff.).

## *2.2. Ausprägungen und charakteristische Schäden von Naturgewalten*

### *2.2.1. Atmosphärische und hydrosphärische Gefahren*

#### *2.2.1.1. Stürme*

Stürme können in allen Teilen der Erde zu katastrophenartigen Schäden führen. Sie gelten als bedeutendste Naturgefahr aufgrund der betroffenen Gesamtfläche und ihrer Schadenhäufigkeit.[1] Die Schäden entstehen durch die Übertragung kinetischer Energie aus der Luft auf die natürliche Umwelt, auf Lebewesen und Gegenstände.[2] So können Fluktuationen des Windes Schwingungen erzeugen, die hohe Einzelbauwerke, Türme und Brücken zum Einsturz bringen.[3] Ab einer Beaufortstärke von acht, d.h. ab 62 km/h, werden Winde als Stürme kategorisiert.[4]

Stürme werden in drei Arten unterteilt: Erstens in zyklonale Stürme, zweitens in Tornados und kleinräumige Wirbelstürme sowie drittens in Taifune, Hurrikans und tropische Wirbelstürme.[5] Als zyklonale Stürme werden Orkane bezeichnet, deren Windgeschwindigkeit durch Druckgradienten entsteht. Diese Luftströme gleichen beim Zusammentreffen einer Zyklone (Tief) und einer Antizyklone (Hoch) den Druckunterschied zwischen beiden aus.[6] Die Intensität eines Sturms hängt proportional von den Temperaturunterschieden der Zyklone ab, weshalb die Gefährdung in den Herbst- und Wintermonaten am größten ist, wenn sehr kalte polare Luftmassen auf relativ warme Meere treffen. Diese außertropischen Stürme erreichen Geschwindigkeiten von bis zu 250 km/h auf einer Breite von maximal 2.000 km.[7]

---

[1] Vgl. *Münchener Rückversicherungs-Gesellschaft* (1998a), S. 9.

[2] Vgl. *Roth/Tetzlaff/Berz* (1993), S. 517.

[3] Vgl. *Fiedler* (1999), S. 6.

[4] Vgl. *Münchener Rückversicherungs-Gesellschaft* (1998a), S. 9. Die 13stellige *Beaufort*-Skala misst die Windstärke. Stürme mit Windgeschwindigkeiten über 118 km/h werden als Orkane bezeichnet. Tropische Wirbelstürmen erreichen Geschwindigkeiten bis zu 400 km/h. Sie werden gesondert auf der fünfteiligen *Sappir-Simpson*-Skala eingestuft (Vgl. *Eikenberg et al.* (2002), S. 10).

[5] Vgl. *Müller* (2000), S. 13 f. Eine weitere Ausprägung sind orographische Stürme (lokale Fallwinde), die in Tälern und Talausgängen auftreten (Vgl. *Roth/Tetzlaff/Berz* (1993), S. 525). Die bekanntesten Vertreter dieser Winde sind die Bora (dalmatinische Adriaküste), der Föhn (Alpen), der Mistral (Unteres Rhonetal) und der Chinook (Rocky Mountains). Ein weiteres regionales Phänomen sind Monsunstürme am Horn von Afrika (Vgl. *Münchener Rückversicherungs-Gesellschaft* (1998), S. 11).

[6] Orkane richteten im Dezember 1999 große Schäden in Europa in Küsten- und Binnenländern an (Vgl. *Müller* (2000), S. 14).

[7] Vgl. *Münchener Rückversicherungs-Gesellschaft* (1998a), S. 10.

Tornados[1] und kleinräumige Wirbelstürme entstehen durch aufeinandertreffende polare und tropische Luftmassen, die durch Temperatur- und Feuchtigkeitsdifferenzen zu einer Labilität der Luft führen und starke Vertikalbewegungen unter stetiger Luftzufuhr entwickeln. Die aufsteigende Luft rotiert, wodurch Zentrifugalkräfte entstehen, die den Wirbel gegenüber seiner Umgebung abschirmen, sodass nur noch von unten Luft hereinströmen kann. Es entsteht eine Druckerniedrigung am unteren Ende des Tornados (Tornadoschlauch oder Rüssel), der mit Windgeschwindigkeiten von mehr als 100 km/h bei einem Radius von wenigen hundert Metern zu Zerstörungen an Gebäuden führt[2] und Gegenstände durch die Luft wirbeln lässt.[3] Schäden durch Tornados erstrecken sich auf ein Gebiet von 10 bis 1.000 $km^2$.[4] Meteorologisch betrachtet können Tornados in großen Teilen der Erde auftreten.[5] Am häufigsten werden sie jedoch in den USA beobachtet.[6]

Taifune und Hurrikans sowie tropische Wirbelstürme werden als dritte Form unter dem Oberbegriff „Sturm" subsumiert. Die Klimaforschung verwendet heute nur noch den Begriff Hurrikan, da alle drei Sturmarten auf derselben Ursache beruhen.[7] Hurrikans entstehen über warmen Ozeanen, weil sie einen hohen Wasserdampfgehalt benötigen. Typisch für diese Sturmart sind großräumige Wirbel und Windgeschwindigkeiten von bis zu 300 km/h, die hohe Flutwellen entstehen lassen können. Die Schadenentwicklung ist mit Tornados vergleichbar. Hurrikans gelten als Auslöser für andere Naturgewalten, z.B. Starkregen und bedrohen ca. ein Drittel der Weltbevölkerung.[8]

Charakteristisch für die Schadenzahl- und die Schadenhöhenverteilung von Stürmen sind im Vergleich zu anderen Naturgefahren mittlere Werte. Dies liegt daran, dass große Stürme seltener auftreten als Überschwemmungen und nicht alle Gebäude einer Region beschädigen. Die Schadenhöhe reicht vom Bagatell- bis zum Großschaden. Durch das großräumige Wirken der Stürme in Verbindung

---

1 Für dieses Phänomen werden verschiedene Namen verwendet. Gebräuchlich sind die Ausdrücke „Trombe" und „Wasserhose" (Vgl. *Münchener Rückversicherungs-Gesellschaft* (1998a), S. 10).

2 Die maximale Windgeschwindigkeit am Rande des Rüssels wird auf ca. 500 km/h geschätzt (Vgl. *Münchener Rückversicherungs-Gesellschaft* (1998a), S. 10).

3 Vgl. *Müller* (2000), S. 14.

4 Vgl. *Fiedler* (1999), S. 6.

5 Vgl. *Plate/Kron/Seiert* (1993), S. 67.

6 Vgl. *Münchener Rückversicherungs-Gesellschaft* (1998a), S. 10.

7 Tropische Wirbelstürme werden ab einer Windgeschwindigkeit von 118 km/h (Beaufort 12) im Atlantik und Nordostpazifik als „Hurrikan" bezeichnet. Unterhalb davon werden sie „tropische Stürme" genannt (Vgl. *Münchener Rückversicherungs-Gesellschaft* (1998a), S. 9.).

8 Vgl. *Plate/Kron/Seiert* (1993), S. 67.

mit einer mittleren Schadenausbreitung besteht ein großes Katastrophenpotential.[1]

### *2.2.1.2. Marine Gefahren und Überschwemmungen*

Die Gruppe der Marinen Gefahren umfasst Sturmfluten, Tsunamis, säkulare Änderungen des Meeresspiegels und mehrjährige Schwankungen des atmosphärisch-ozeanischen Zirkulationssystems, besser bekannt unter dem Namen „El Nino".[2]

Sturmfluten können nahezu an allen Küsten der Weltmeere und Binnenmeere sowie an großen Seen zu Schäden führen.[3] In der Bundesrepublik ist die gesamte Nordseeküste gefährdet.[4] Sturmfluten entstehen, wenn durch Stürme der Hochwasserstand infolge auslaufenden Wassers (im Rahmen der Gezeiten) über den mittleren Hochwasserstand herausragt.[5] An Küsten ohne Gezeiten können sich Sturmfluten aus hohen Wasserabflüssen aus dem Binnenland oder aus tektonischen Ereignissen (z.B. Tsunamis) entwickeln.[6] Neben Überflutungen und Zerstörungen kommt es zu Stranderosionen und Schäden durch aggressives Salzwasser. Deichbrüche, Landverluste und (viele) Todesopfer zählen zu den weiteren Konsequenzen.[7]

Tsunamis[8] sind Sekundäreffekte von Erdbeben, Seebeben oder Vulkanausbrüchen. Liegt das Epizentrum eines Bebens unterhalb des Meeresbodens bilden sich riesige Wellen, die zwar durch eine geringe Wellenhöhe gekennzeichnet sind, jedoch eine Länge von bis zu 100 km[9] und mittlere Geschwindigkeiten bis 700 km/h aufweisen.[10] Diese Wellen sind auf See relativ problemlos. In küstennahen flacheren Gewässern können sie bis zu 30 Meter ansteigen, strandnahe Bereiche überfluten und durch die wellenimmanente Energie große Schäden verursachen.[11] Tsunamis treten am häufigsten im Pazifik auf und können

---

[1] Vgl. *Lamby* (1993), S. 74 f.

[2] *Müller* (2000), S.15. Weitere Naturphänomene wie „freak waves" erreichen Höhen von mehr als 5 Metern. (Vgl. *Münchener Rückversicherungs-Gesellschaft* (1998), S. 12 ff). Sie führen zumeist auf offener See zu Schäden an Schiffen.

[3] Vgl. *Münchener Rückversicherungs-Gesellschaft* (1998a), S. 11.

[4] In Europa liegen die größten Sturmflutschadenpotentiale in London mit über 100 Mrd. Pfund (Vgl. *Münchener Rückversicherungs-Gesellschaft (Hrsg.)* (1997), S. 50).

[5] Die Erhöhung des Tidewasserstandes ist der Entstehungsgrund für Sturmfluten. Als Ursachen dieser Erhöhung des Wasserstandes gelten astronomische Tide, Windstau, tiefer Luftdruck (Vgl. *Münchener Rückversicherungs-Gesellschaft* (1998a), S. 11).

[6] Vgl. *Müller* (2000), S. 15 f.

[7] Vgl. *Sündermann* (1993), S. 494.

[8] Der Ausdruck Tsunami kommt aus dem Japanischen und setzt sich aus den Wörtern tsu (=Hafen) und nami (=Welle) zusammen.

[9] Vgl. *Müller* (2000), S. 8 f.

[10] Vgl. *Münchener Rückversicherungs-Gesellschaft* (1998), S. 8.

[11] Am 26. Dezember 2004 wurden durch einen Tsunami im Indischen Ozean mehr als 175.000

vielerorts durch Vorwarnsysteme erkannt werden.[1] Eine weitere marine Gefahr sind Änderungen des Meeresspiegels durch tektonische Bewegungen oder Klimaänderungen, die ein Abschmelzen bzw. Anwachsen der Polkappen zur Folge haben. In den letzten 5.000 Jahren hat sich der Meeresspiegel um ca. zwei Meter erhöht.[2] Zu den weiteren natürlichen Gefährdungspotentialen zählt das El Nino Phänomen, das überwiegend im Pazifischen Ozean auftritt und großräumige Veränderungen sowohl atmosphärischer als auch ozeanischer Werte zur Folge hat. Diese Klimaanomalie tritt alle zwei bis sieben Jahre auf und hat ungewöhnliche Witterungsereignisse in den Anrainerstaaten des Pazifiks zur Folge.[3]

In einer weltweiten Betrachtung der Naturgefahren sind Überschwemmungen am häufigsten und treten in nahezu jedem Land auf.[4] Unter einer Überschwemmung versteht man „...die zeitweise Wasserbedeckung von Landflächen aufgrund der Ausuferung von oberirdischen (stehenden oder fließenden) Gewässern oder als Folge von Starkregenniederschlägen...“[5]. In der Regel werden Hochwasserkatastrophen[6] durch extreme Niederschlagsbedingungen hervorgerufen.[7] Die Abflusskapazität eines Flusses wird durch diese hinzukommenden Wassermassen über-

---

Menschen getötet und über eine Millionen obdachlos gemacht (Vgl. *Münchener Rückversicherungs-Gesellschaft (Hrsg.)* (2005), S. 26). Damit wurde dieses Ereignis hinsichtlich der Todesopfer seit 1970 nur von der Sturmflutkatastrophe 1970 in Bangladesch mit 300.000 Toten und einem Erdbeben in China 1976 mit 250.000 Toten übertroffen (Vgl. *Schweizerische Rückversicherungs-Gesellschaft* (2005), S. 3). Vormals wurde das größte bekannte Tsunami-Ereignis am 1. November 1755 in Lissabon als Folge eines Erdbebens registriert. Dieses Erdbeben zerstörte die Stadt Lissabon und forderte 60.000 Menschenleben (Vgl. *Gesamtverband der Deutschen Versicherungswirtschaft e.V. (GDV) (Hrsg.)* (2000), S. 45 ff.).

1 Vgl. *Müller* (2000), S. 8 f. Trotzdem stellen Tsunamis eine Gefährdung für Gebiete dar, die nicht direkt vom Ausgangsbeben betroffen sind, weil sich die Welle auf einer Strecke bis zu 10.000 km ohne Schwächung bewegt. Das große Schadenpotential besteht durch die zunehmende Bebauung der Küstenregionen mit Industrieanlagen und Hotelketten (Vgl. *Münchener Rückversicherungs-Gesellschaft* (1998a), S. 8).

2 Heute würden die deutschen Deichsysteme einem Anstieg um einem Meter (vermutlich) nicht standhalten (Vgl. *Sündermann* (1993), S. 493).

3 Mit Rücksicht auf den geographischen Schwerpunkt wird das El Nino Phänomen nicht weiter betrachtet. Mehr hierzu bei *Ammann/Ammann* (2004).

4 Vgl. *Münchener Rückversicherungs-Gesellschaft (Hrsg.)* (1997), S. 7.

5 *Ebd.*, S. 19. Der Wasservorrat der Erde wird auf 1,6 Mrd. $km^3$ geschätzt. Hiervon verdunsten Teile und gelangen in die Atmosphäre, die ca. 13.000 $km^3$ Wasser enthält. Weitere Verdunstungen über die Oberflächen (Evaporation) oder Pflanzen (Transpiration) kommen hinzu und gelangen durch Niederschläge auf die Erde zurück.

6 Der Begriff Hochwasser ist gem. DIN 4049, Teil 3 definiert als „Zustand in einem oberirdischen Gewässer, bei dem der Wasserstand oder der Durchfluss einen bestimmten Wert (Schwellenwert) erreicht oder überschritten hat.“ Diese weite Begriffsfassung führt dazu, dass hierunter sowohl zweimal täglich auftretende Tiedehochwasser an den Küsten als auch Überflutungen des Rheins subsumiert werden (Vgl. *Nestmann/Kron* (1999), S. 7).

7 Vgl. *Münchener Rückversicherungs-Gesellschaft* (1998), S. 12.

schritten.[1] Hinsichtlich der Erscheinungsformen werden lokale Starkregen[2] mit kurzer Dauer und hoher Niederschlagsmenge von länger andauernden Extremniederschlägen großräumigen Ausmaßes unterschieden.[3]

Lokale Starkregenniederschläge führen zu Hochwasserwellen in Flusseinzugsgebieten und verursachen in der Regel Schäden unterhalb von einer Million Euro.[4] Dagegen haben zyklonale Extremniederschläge überregionale Auswirkungen. Sie führen aufgrund ihrer weiträumigen Niederschläge zu langandauernden Hochwasserwellen, die sich über die Zeit verstärken und unter Umständen mit Hochwassern aus anderen Teileinzugsgebieten kumulieren, so dass es zu weiträumigen und überregionalen Katastrophen kommen kann.[5] Die Auswirkungen dieser Extremniederschläge hängen unmittelbar von den Warnungen der zuständigen Behörden und betroffenen Menschen sowie dem verfügbaren personellen und sachlichen Mitteln ab.[6] Ereignisse wie die Hochwasser 2002 in Europa gibt es seit Jahrhunderten.[7] Im Mittelpunkt der Ursachenforschung stehen klimatische und anthropogene Einflüsse. So begann man bereits zur Zeiten der Industriellen Revolution damit, Land in Flussgebieten zu gewinnen. Hinzu kam die Nutzung der Wasserwege als Transportmedium und Energielieferant. So wurden Flüsse wie die Weser, Elbe, Oder, Weichsel oder Donau stetig ausgebaut. Weitere anthropogene Einflüsse wie die Umwandlung von Waldstandorten in Agrar- und Siedlungsflächen, ein Anstieg der Weltbevölkerung in gefährdeten Gebieten und zunehmende Bodenversiegelungen durch die Tendenz zur Urbanisierung erhöhen die Schadenpotentiale.[8]

---

1 Vgl. *Nestmann/Kron* (1999), S. 7.

2 Ein Starkregenereignis ist „...ein natürlicher oder definierter Niederschlagsabschnitt..., der im Verhältnis zu seiner Dauer eine hohe Niederschlagsintensität hat und daher selten auftritt." (*Bartels* (1999), S. 4).

3 Vgl. *Nacken* (1993), S. 469 f. Hiernach unterscheidet man den Wolkenbruch (Konvektiver Niederschlag) und den Landregen (Advektiver Niederschlag). Der konvektive Niederschlag entsteht durch Ansaugen feuchtwarmer Luft aus bodennahen Zonen. Durch rasche Abkühlung in höheren, kälteren Gebieten fällt der Regen kurzfristig und intensiv. Beim langanhaltenden advektiven Niederschlag kommt es zu geringerer Regenintensität, weil warme Luft relativ langsam auf eine kalte Luftzone aufgleitet. In der Aufstiegszone fällt Niederschlag. Deshalb sind konvektive Niederschläge für Hochwasser in kleinen und advektive Niederschläge für Hochwasser in großen Einzugsgebieten verantwortlich (Vgl. *Ludwig* (1990), S. 23 f.).

4 Vgl. *Kron/Thumerer*, T. (2001), S. 1370.

5 Vgl. *Nacken* (1993), S. 469 f.

6 Vgl. *Roth/Tetzlaff/Berz* (1993), S. 513 f.

7 So lag im Jahr 1784 der Pegel des Rheins bei Köln bei 13,55 Metern, 1993 waren es an gleicher Stelle 10,36 Meter. Gleiches gilt auch für den Gebirgsbach Weißeritz, der sich bereits zweimal in seiner Geschichte (1897 und 1927) in einen Sturzbach verwandelt hat (Vgl. *Pergande* (2002).

8 Vgl. *Nacken* (1993), S. 471 f.

Für Überschwemmungsrisiken ist eine geringe Streuung der Verteilung der Schadenanzahl charakteristisch. Dies liegt daran, dass Flüsse relativ häufig ausufern und die Schadenwahrscheinlichkeit der in der Nähe liegenden Gebäude relativ hoch ist. Die Schadenhöhe weist ebenso eine geringe Streuung auf, da oftmals nur Durchnässungsschäden entstehen. Das Katastrophenpotential von Überschwemmungsrisiken entsteht durch eine Vielzahl von Schäden innerhalb begrenzter Gebiete.[1] Problematisch sind „...die meist sehr kleinräumigen und gleichzeitig sehr großen Gefährdungsunterschiede."[2] Das Schadenpotential von Hochwassern ist im Vergleich der Naturgewalten weltweit am größten. Dies liegt hauptsächlich an der hohen Wertekonzentration in den gefährdeten Gebieten.[3]

#### *2.2.1.3. Blitzschläge, Dürren, Hagel, Lawinen und Schneefälle*

Lawinen sind Schneemassen, die durch einen schnellen Absturz kinetische Energie erzeugen. Durch diese Energie, durch den entstandenen Luftdruck oder durch Ablagerung von Lawinen können Schäden entstehen. Die Bedeutung anthropogener Einflüsse auf Lawinen wird kontrovers diskutiert. Während Eingriffe in den Naturhaushalt der Bergregionen z.B. durch den Bau von Verkehrswegen und Hotels als Gründe für Lawinenunglücke angebracht werden, wird andererseits argumentiert, dass auch in Zeiten geringen Tourismus Lawinen entstanden. Das wirksamste Schutzinstrument ist die Lawinenvorhersage, die durch eine permanente Beobachtung kritischer Variablen Wetterwarnungen ausspricht. Allerdings machen die komplexen Wirkungszusammenhänge Prognosen schwierig. Deshalb werden zusätzlich gefährdete Gebiete ausgewiesen.[4]

Hagel, Schneefälle, Dürren und Blitzschläge sind weitere atmosphärische bzw. hydrosphärische Gefahren mit erheblichen Schadenpotential. Hagel[5] ist eine Bedrohung insbesondere für Gebäude, Kraftfahrtzeuge und Flugzeuge sowie für die Landwirtschaft. Die hagelimmanente mechanische Energie wirkt auf einer Fläche bis zu 1.000 $km^2$. In Großstädten können Schäden in Milliardenhöhe verursacht werden. Eine geringe lokale Schadeneintrittswahrscheinlichkeit und eine sehr hohe Schadendichte auf engem Raum sind charakteristisch für diese Gefahr.[6]

Schneefälle sind im Vergleich zum Starkregen seltener.[7] Sie treten regional und zeitlich begrenzt auf. Neben Lawinenabgängen entstehen Schäden durch Dach-

---

[1] Vgl. *Lamby* (1993), S. 74 f.

[2] *Berz* (1999), S. 439.

[3] Vgl. *Plate/Kron/Seiert* (1993), S. 56 ff. Sie führen zu den meisten Todesfällen und den größten volkswirtschaftlichen Schäden. Daneben entstehen Folgeschäden z.B. für die Wasserqualität durch gelöste Chemikalien.

[4] Vgl. *Müller* (2000), S. 12 f.

[5] Hagelkörner entstehen durch großräumige Kaltfronten mit starken Temperatursenkungen und feuchter Luft (Vgl. *Münchener Rückversicherungs-Gesellschaft* (1998a), S. 13).

[6] Vgl. *o.V.* (2001c), S. 1.

[7] Vgl. *Plate/Kron/Seiert* (1993), S. 69.

lasten an Gebäuden bzw. Infrastruktureinrichtungen. Zudem können schmelzende Schneemassen in der Tauzeit zu Überschwemmungen führen.[1] Im Gegensatz zu Schneefällen und Überschwemmungen treten Dürren schleichend auf. Im Extremfall führen sie zu einer irreversiblen Desertifikation[2] eines Gebietes.[3] Meist sind Hungerkatastrophen die extreme Auswirkung langer Dürreperioden. Dieses gilt vorwiegend für Gebiete mit labilem Versorgungssystem, in denen rechtzeitige Eingriffe versäumt wurden.[4] Gewitter werden im Gegensatz zu Dürren in nahezu allen Regionen der Erde beobachtet. Sie sind die Hauptursache für natürliche (Wald-) Brände und führen zu Schwierigkeiten im Flugverkehr. Ihr großes Schadenpotential entsteht aus blitzinduzierten Überspannungen elektrischer Geräte. Im Extremfall werden ganze Starkstromnetze und Umspannstationen außer Funktion gesetzt.[5] Jede dieser Gefahren kann ein erhebliches Schadenausmaß annehmen. Auch wenn sie für diese Arbeit im Vergleich zu Überschwemmungen von geringerer Bedeutung sind, müssen sie in die Gesamtbetrachtung einfließen.

### *2.2.2. Geologische und kosmische Gefahren*

#### *2.2.2.1. Erdbeben*

Die geologischen Naturkatastrophen sind Folgen der Plattentektonik der Erde. Erdbeben und Vulkanausbrüche entstehen durch Reibungen an den Rändern der sieben bis zehn Großplatten und zwanzig kleinen Platten auf dem oberen Erdmantel, die zu Spannungen führen.[6]

Unter einem Erdbeben versteht man die „...punktförmigen Quellen seismischer Energie..“[7] Obwohl auf der Erde nahezu jede Stunde ein Erdbeben festgestellt wird,[8] ist die Schockwirkung für die betroffene Bevölkerung groß.[9] Die entstehenden Bruchvorgänge in der Erdkruste können die Oberfläche längs über mehr als 100 km aufreißen. Durch unterschiedlich lange Bewegungen der Erdkruste wird Energie[10] in Form seismischer Wellen freigesetzt. Diese haben wellenartige

---

1 Vgl. *Roth/Tetzlaff/Berz* (1993), S. 526 f.

2 Hierunter versteht man eine durch menschliches Handeln, z.B. einer Überbeanspruchung der Böden verursachte Wüstenbildung, die von einer natürlichen Entstehung zu unterscheiden ist (Vgl. *Heine* (2000), S. 89).

3 Vgl. *Plate/Kron/Seiert* (1993), S. 55.

4 Vgl. *Bohls/Gertel/Krings et al.* (1993), S. 498 f.

5 Vgl. Münchener Rückversicherungs-Gesellschaft (1998a), S. 12.

6 In diesen Zonen stoßen die Platten zusammen, wodurch die schwere unter die leichtere taucht. Auch an Stellen an denen sich die Platten horizontal aneinander vorbeibewegen, können Erdbeben entstehen (Transformstörungen) (Vgl. *Eikenberg et al.* (2002), S. 6).

7 Vgl. *Scherbaum/Schneider/Langer* (1993), S. 151.

8 Vgl. *Klein* (1993), S. 149.

9 Vgl. *Münchener Rückversicherungs-Gesellschaft* (1998), S. 7.

10 Die Energie eines Bebens wird nach der Richter- oder Magnitudenskala bemessen, deren absolute Größe keine direkten Informationen über das Zerstörungsmaß eines Bebens liefert.

Bewegungen des Untergrundes zur Folge, die zu Rissen, Verschiebungen und Einstürzen von Gebäuden oder Infrastruktureinrichtungen führen.[1] Auf stärkere Erdbeben folgen in der Regel Nachbeben, deren Anzahl und Intensität mit der Zeit abnimmt, die jedoch durch ihre seismische Belastung starke Schäden zumeist an bereits beeinträchtigter Bausubstanz zur Folge haben können.[2] Neben diesen unmittelbaren Folgen treten mittelbare Schäden ein. Die Spannweite reicht von zerstörten Infrastruktureinrichtungen (z.B. Wasser- und Gasversorgungsleitungen)[3] über Überschwemmungen durch gebrochene Dämme bis hin zu weitreichenden Sekundärrisiken z.B. durch geschädigte Kernkraftwerke.[4]

Die Streuung der Schadenanzahl und der Schadenhöhenverteilung von Erdbeben ist hoch. Sie haben einerseits eine geringe Eintrittswahrscheinlichkeit, können andererseits aber sowohl Teil- als auch Totalschäden verursachen. Ihr Katastrophenpotential[5] besteht in einer hohen Schadenausbreitung in einem vergleichsweise begrenzten Gebiet.[6] Erschwerend kommt die Komplexität der Erdbebenmechanismen hinzu, die keine exakten Prognosen über den Ort, den Zeitpunkt und die Stärke eines Bebens zulassen.[7] Der Umfang der Schäden lässt sich durch

---

Dieses hängt von weiteren Faktoren, wie z.B. der Tiefe des Bebens ab. Die Schadenwirkung wird anhand der 12skaligen makroseismischen Intensitätsskala kategorisiert. Sie beschreibt die beobachteten Auswirkungen eines Bebens (Vgl. *Eikenberg et al.* (2002), S. 6.) für dessen Stärke insbesondere Vorgänge im Erdbebenherd sowie Filtrierungen während des Ausbreitungsvorgangs bedeutend sind. Filtrierungen sind zusammen mit Reflektions- und Resonanzvorgängen auf der Erdoberfläche für die Höhe der Amplitude sowie die Dauer der Bodenbewegungen auf der Erdoberfläche verantwortlich (Vgl. *Scherbaum/Schneider/Langer* (1993), S. 152 ff.).

1 Vgl. *Antes/Rodatz* (1993), S. 191.

2 Nachbeben werden durch vorhandene Spannungen im Herd ausgelöst (Vgl. *Scherbaum* (1993), S. 166 ff.).

3 Vgl. *Antes/Rodatz* (1993), S. 191. Durch das Erdbeben 1994 im kalifornischen Northridge wurden mehr als einhundert Gebäude durch zerborstene Gasleitungen zerstört (Vgl. *Münchener Rückversicherungs-Gesellschaft (Hrsg.)* (1994), S. 12).

4 Vgl. *Plate/Kron/Seiert* (1993), S. 21.

5 Erdbeben haben in den letzten 500 Jahren zu mehr als 7 Mio. Todesfällen geführt und Hungersnöte ausgelöst. Allein das Beben 1995 in Kobe (Japan) setzte die achtfache Energie der Atombombe von Hiroshima frei (Vgl. *Müller* (2000), S. 5) und hatte mehr als 5.300 Todesopfern und über 26.000 Verletzten zur Folge. Von den Gesamtschäden in Höhe von 95 Mrd. USD, entfielen 58 Mrd. USD auf Gebäude.[5] Das Schadenpotential nimmt trotz nahezu gleich bleibender Eintrittswahrscheinlichkeit für Erdbeben zu (Vgl. *Fuchs* (1999), S. 10). Begründet wird dies mit der steigenden Anzahl von Megastädten, d.h. Städten über acht Millionen Einwohnern, die sich überwiegend in Gebieten mit hoher Erdbebengefährdung befinden. Das Schadenpotential von Erdbeben wird auf ca. 300 Mrd. USD für Kalifornien geschätzt. Berechnungen für Tokio geben Spannweiten von 1.000 bis 3.000 Mrd. USD an (Vgl. *Münchener Rückversicherungs-Gesellschaft* (1998), S. 7).

6 Vgl. *Lamby* (1993), S. 74 f.

7 Vgl. *Schweizerische Rückversicherungs-Gesellschaft (Hrsg.)* (2000), S. 11.

den Standort von Gebäuden, die Einhaltung von Bauvorschriften, und den Einsatz von flexiblen Materialien z.B. für Rohrleistungen beeinflussen.[1]

### *2.2.2.2. Vulkanausbrüche*

Bis zu sechzig Vulkane brechen jährlich weltweit aus.[2] In den letzten 300 Jahren forderte diese Naturgewalt über 260.000 Todesopfer.[3] Ein Vulkanausbruch lässt sich besser voraussagen als ein Erdbeben. Hierdurch bleibt eine längere Reaktionszeit für das Katastrophenmanagement.[4] Beträchtliche Schäden entstehen insbesondere in stark gefährdeten Entwicklungsländern, in denen die Katastrophenpotentiale in unmittelbarer Umgebung der Vulkane durch steigende Bevölkerungsdichten und vernetzte Infrastruktureinrichtungen ansteigen.[5] Das Schadenpotential eines Vulkanausbruchs wird durch die beförderte Masse, entstehende Wasser-Magma Wechselwirkungen und Druckwellen bestimmt.[6] Als Folge von Vulkanausbrüchen entstehen Glutwolken (Pyroklastische Ströme) durch die Eruption von Asche, Bims und Lapilli. Diese Glutwolken erreichen Geschwindigkeiten von mehr als 160 km/h bei Temperaturen bis zu 1.000 Grad Celsius. Sie fließen an den Bergflanken eines Vulkans entlang und führen zu Schäden in anliegenden Ortschaften.[7] Lavaströme haben eine große zerstörerische Wirkung für alle Sachgüter und die Landwirtschaft. Sie gefährden menschliches Leben nur in einem relativ geringen Maße, da ihre Wege grundsätzlich berechenbar sind. Für den Menschen sind entstehende giftige Gase weitaus gefährlicher.[8] Wie weit in der Umgebung des Vulkans die Ascheniederschläge zu Schäden führen, hängt von der Windgeschwindigkeit vor Ort ab.[9] Im Extremfall können Ablagerungen hunderte Quadratkilometer bedecken.[10] Die Explosion wird durch eindringendes Wasser in den Vulkanschlot zusätzlich verstärkt, sodass die Asche nicht nur in unmittelbarer Nähe des Vulkans zu Schäden führt. Durch das Eindringen der Asche in die Stratosphäre kann in den Folgejahren die Sonnenstrahlung reduziert werden.[11] Im Extremfall entstehen bei kumulativen größeren Ausbrüchen, lang-

---

[1] Vgl. *Allmann* (2000), S. 21 ff.
[2] Vgl. *Plate/Kron/Seiert* (1993), S. 40.
[3] Vgl. *Schmincke/Behncke/Dehn* et al. (1993), S. 354.
[4] Vgl. *Müller* (2000), S. 6.
[5] Vgl. *Plate/Kron/Seiert* (1993), S. 40.
[6] Vgl. *Plate/Kron/Seiert* (1993), S. 42.
[7] Vgl. *Müller* (2000), S. 4 ff.
[8] Vgl. *Schmincke/Behncke/Dehn* et al. (1993), S. 360 f.
[9] Ein weiteres Phänomen der Vulkanausbrüche sind Lahars. Diese Schlammströme aus heißer Asche und Wasser erreichen nicht die Temperaturen und Geschwindigkeit der Glutwolken. Sie führen aber durch ihre hohe Dichte und Volumen zu großen Zerstörungen (Vgl. *Münchener Rückversicherungs-Gesellschaft* (1998a), S. 9).
[10] Vgl. *Schmincke/Behncke/Dehn* et al. (1993), S. 364 f.
[11] Vgl. *Müller* (2000), S. 4 ff.

fristige Klimaänderungen.[1] Die Einschätzung der Aktivität eines Vulkans ist besonders problematisch, weil die Eruption umso größer ist, je länger er nicht aktiv war[2] So wird das Risiko ruhender Vulkane unterschätzt, weil sie u.U. erst nach Jahrtausenden wieder aktiv werden.[3]

### *2.2.2.3. Massebewegungen und Meteoriteneinschläge*

Unter Massebewegungen versteht man „...bruchlose und bruchhafte hangwärts gerichtete Verlagerungen von Fest- und Lockergestein unter Einwirkung der Schwerkraft.“[4] Zu diesen schlagenden Katastrophen zählen z.B. Bergstürze und Bergrutsche, die Gesteinsmassen (im freien Fall) vom Berg in die Täler transportieren.[5] Schlammlawinen, Erdrutsche[6] und Muren[7] sind weitere Massebewegungen, die sich mit Wasser mischen und zu Rutschungen führen. Diese Phänomene können örtlich zu großen Schäden und Todesopfern führen.[8] Gleiches gilt für schleichende Bewegungen (Talzuschub, Erdstrom, Bodenkriechen), die Volumen von bis zu 20 km$^3$ erreichen.[9] Massebewegungen entstehen durch natürliche (z.B. Erdbeben) oder von Menschen verursachte Erschütterungen (z.B. Sprengungen)[10]. Sie sind das Ergebnis von Störungen des Kräftegleichgewichts an den Berghängen, die durch Entwaldungen[11] und Änderungen der Hangneigung ausgelöst werden. Neben diesen natürlichen und anthropogenen Einflüssen können meteorologische und hydrologische Ereignisse Massebewegungen verursachen.[12]

Himmelskörper, die auf die Erde stürzen werden unter der Gruppe der „kosmischen Gefahren“ zusammengefasst. Bis heute sind ca. 150.000 Asteroiden[13] entdeckt worden, von denen der Größte („Ceres“) einen Durchmesser von 945 km hat. Durch Kollisionen untereinander und durch die Schwerewirkungen von Sonne und Erde können sie ihre Bahn verändern und mit einem Planeten kollidieren. Die Gefährdung durch Meteoriteneinschläge besteht nur, wenn sie einen Durch-

---

1 Vgl. *Schmincke/Behncke/Dehn* et al. (1993), S. 369. Durch den Ausbruch des Krakatau im Jahre 1883 wurde die mittlere Jahrestemperatur in weiten Teilen der Erde gesenkt (Vgl. *Münchener Rückversicherungs-Gesellschaft* (1998a), S. 9.).

2 Vgl. *Plate/Kron/Seiert* (1993), S. 41.

3 Vgl. *Schmincke/Behncke/Dehn* et al. (1993), S. 353.

4 *Plate/Kron/Seiert* (1993), S. 47.

5 Vgl. *Müller* (2000), S. 11 f.

6 Vgl. *Münchener Rückversicherungs-Gesellschaft (Hrsg.)* (1997), S. 34.

7 Muren sind ein Gemisch aus grobem und feinem Gesteinsschutt. Der Begriff der „Muren“ wird vornehmlich in den alpinen Gegenden verwendet. Im Allgemeinen werden sie als „Schuttströme“ bezeichnet (Vgl. *Eikenberg et al.* (2002), S. 9).

8 Vgl. *Müller* (2000), S. 11 f.

9 Vgl. *Plate/Kron/Seiert* (1993), S. 47.

10 Vgl. *Mattheß/Rump-Schenk* (1993), S. 411 f.

11 Vgl. *Plate/Kron/Seiert* (1993), S. 49.

12 Vgl. *Mattheß/Rump-Schenk* (1993), S. 426 ff.

13 Ein Asteroid wird mit der Einkehr in die Erdatmosphäre als Meteorit bezeichnet.

messer von mehreren Metern haben. Kleinere Teile verglühen i.d.R. in der Atmosphäre oder werden stark abgebremst. Die Folgen solcher Einschläge reichen von lokalen Schäden an der direkten Einschlagstelle über Hitzewellen bis hin zu Überschwemmungen. Bei sehr großen Meteoriten sind Erdbeben und Klimaänderungen auf der Erde möglich.[1] Die Diskussion über die Gefahr eines Meteoriteneinschlages und dessen Schadensausmaß wird kontrovers geführt.[2] Eine technisch fundierte Bewertung der Schadeneintrittswahrscheinlichkeit und -höhe liegt bisher nicht vor.[3] Erschwerend kommt hinzu, dass Meteoriten schwer zu erkennen sind. Deshalb können (mögliche) Vorsorgemaßnahmen erst relativ spät ergriffen werden.[4]

### *2.2.3 Diskussion künftiger Gefährdungspotentiale*

Die aufgezeigten Gefährdungspotentiale werden durch veränderte klimatische Rahmenbedingungen beeinflusst.[5] Bereits kleinste Änderungen des hochsensitiven Klimasystems können das Schadenpotential von Naturkatastrophen erheblich vergrößern. Auch wenn grundsätzlich Konsens über eine globale Erderwärmung durch den erhöhten Kohlendioxidausstoßes[6] herrscht („Treibhauseffekt"), wird der Grad der Temperaturerhöhung ebenso kontrovers diskutiert wie eine hieraus resultierende Häufung atmosphärischer Extremereignisse.[7] So führt eine allge-

---

1 Vgl. *Münchener Rückversicherungs-Gesellschaft (Hrsg.)* (2002b), S. 37 ff.

2 Vgl. *Fleming* (2002).

3 Vgl. *Münchener Rückversicherungs-Gesellschaft (Hrsg.)* (2002b), S. 37 f.

4 Vgl. *ders.* (2002c), S. 3.

5 Kritisch sind in diesem Zusammenhang gewinnmotivierte Einflüsse auf die Äußerungen der Rückversicherer. So prognostiziert die Münchener Rückversicherung a.a.O., dass der von ihr erwartete Temperaturanstieg zu einem „...dramatischen..." Kostenanstieg für die Assekuranz führen wird. Im gleichen Absatz wird deshalb darauf hingewiesen, dass ein „Erstklassiger Rückversicherungsschutz und Service...aber nur zu Preisen und Bedingungen zu haben sein..." wird, der dieser Entwicklung der Extremereignisse und einer weltweiten Wertekonzentration Rechnung trägt (Vgl. *Münchener Rückversicherungs-Gesellschaft* (2003), S. 23).

6 Daneben werden weitere Spurengase wie Methan, Ozon und Fluorchlorkohlenwasserstoffe hierfür verantwortlich gemacht (Vgl. *Münchener Rückversicherungs-Gesellschaft* (1998a), S. 14).

7 Vgl. *Berz* (1999), S. 432. Die erste Arbeitsgruppe der IPCC (Intergovernmental Panel on Climate Change) kommt zu dem Ergebnis, dass der globale Klimawandel bereits begonnen hat. Er wird sich im 21. Jahrhundert fortsetzen und möglicherweise deutlicher ausfallen als bisher angenommen. Die Angaben dieses dreiteiligen Berichts beziehen sich auf den ersten Teil („The Scientific Basis). Auch wenn die Zuverlässigkeit der Klimamodelle zugenommen hat, bleiben wichtige Unsicherheiten bestehen. So ist die Rolle der Wolkenbildung und der Beitrag von Aerosolen an der Klimaveränderung bisher nicht hinreichend erforscht (Vgl. *Houghton/Ding/Griggs (Hrsg.)* (2001)). Das IPCC wird von dem United Nations Environment Programm, einem Umweltprogramm der Vereinten Nationen und der Meteorologischen Weltorganisation (WMO) finanziert. Seit 1990 soll es den wissenschaftlichen Kenntnisstand zum Klimawandel erfassen und die Politik beraten. Bisher sind drei Berichte veröffentlicht worden, ein vierter wird 2007 erwartet.

meine Erderwärmung zum Abschmelzen der Polareismassen.[1] Hierdurch wird langfristig mit einer Erhöhung des Meeresspiegels um einen Meter gerechnet.[2] Diese hätte nicht nur fatale Folgen für amphibische Staaten wie Bangladesch, sondern auch für die deutsch-niederländische Küste,[3] da tiefergelegene Gebiete überflutet werden könnten.[4] Ein Anstieg der Meeresspiegel wäre insbesondere deshalb verhängnisvoll, weil 65 % der Städte mit mehr als 2,5 Mio. Einwohnern direkt am Meer liegen. In Japan lebt sogar die Hälfte der Bevölkerung in großen Küstenstädten.[5] Neben der Wahrscheinlichkeit von Hochwasserereignissen steigt durch die Erderwärmung die Schadenfrequenz von Sturmfluten. Gleiches gilt für das Auftreten von Zyklonen, die an Intensität gewinnen werden.[6] Für Deutschland werden höhere Niederschläge prognostiziert, da durch zunehmende Verdunstung der Feuchtigkeitsgehalt in der Atmosphäre steigt. Damit werden die Wiederkehrperioden von Hochwasser sinken[7] Erschwerend kommt hinzu, dass die Auswirkungen der Klimaänderung kumulieren. So steigt mit dem Meeresspiegel die Wahrscheinlichkeit und Intensität von Sturmfluten.[8] Gleiches gilt für Überschwemmungen in den Wintermonaten, weil Niederschläge nicht mehr als Schnee, sondern als Regen fallen, wodurch die oberflächlichen Abflussmengen anschwellen.[9] Mit der Zunahme von Tornados[10] muss sowohl hinsichtlich der Quantität und Stärke als auch hinsichtlich der regionalen und saisonalen Ausbreitung gerechnet werden.[11] Genauere Aussagen über die Folgen eines Temperaturanstiegs werden erst in einigen Jahren möglich sein, wenn Rechnerleistungen von Computern die Simulation verschiedener Randbedingungen zulassen.[12] Diese Auswirkungen verdeutlichen das große Gefährdungspotential, das für Mensch

---

1 Vgl. *Nacken* (1993), S. 469 f.

2 Ein allgemeiner Anstieg der Meeresspiegel ist seit ca. 15.000 Jahren zu beobachten. Bis vor 5.000 bis 6.000 Jahren erhöhte sich der Meeresspiegel um ca. 10 mm pro Jahr. Diese jährlichen Zuwachsraten sanken in den letzten 3.000 Jahren auf 0,2 mm. Seit Mitte des 19. Jahrhunderts wird wieder ein stärkerer Anstieg von 1,8 mm pro Jahr verzeichnet. Diese Erkenntnis korreliert mit einem Anstieg der Temperaturen in den unteren Luftschichten (Vgl. *Raschke* (2000), S. 104).

3 Vgl. *Sündermann* (1993), S. 494.

4 Vgl. *Raschke* (2000), S. 106.

5 Vgl. *Münchener Rückversicherungs-Gesellschaft (Hrsg.)* (1997), S. 44.

6 Vgl. *Nacken* (1993), S. 469 f.

7 Vgl. *Simon/Grollmann* (2002), S.689.

8 Vgl. *Sündermann* (1993), S. 494.

9 Vgl. *Berz* (2000), S. 153.

10 Neben steigenden Sturm- und Wirbelsturmaktivitäten wird eine Abschwächung der Hurrikanaktivitäten im Nordatlantik beobachtet (*Münchener Rückversicherungs-Gesellschaft* (1998a), S. 13 f.). Spätestens durch die Hurrikans im Herbst 2005 in Florida hat sich gezeigt, dass diese Beobachtung nur eine Momentaufnahme war.

11 Vgl. *Münchener Rückversicherungs-Gesellschaft* (1998a), S. 14

12 Vgl. *Herbst* (2002). Wechselwirkungen verstärken die beschriebenen Auswirkungen. So wird ein Abschmelzen der Gletscher die Rückstrahlung der Sonnenenergie in das Weltall senken, wodurch die Temperatur auf der Erde ansteigt (Vgl. *Teufel* (2000), S. 184 ff.).

und Volkswirtschaft durch Naturrisiken besteht. Der Zuwachs von Ballungszentren in hochgefährdeten Gebieten,[1] extrem anfällige Technologien und Infrastruktureinrichtungen[2] verstärken die künftige Gefährdungslage. Die Komplexität von Katastrophen steigt, da Natur-, Umwelt- und technologische Katastrophen miteinander kombiniert werden.[3] Hieraus ist ein allgemeiner Handlungsbedarf für das Katastrophenmanagement und den Klimaschutz ableitbar.[4]

### *2.3. Schadenpotentiale von Naturereignissen*

#### *2.3.1. Ökonomische Schäden als Folge von Naturgewalten*

Die Quantifizierung der Schäden aus Naturkatastrophen ist komplex und aufwendig. An dieser Stelle werden die Möglichkeiten und Besonderheiten der Schadenbewertung aufgezeigt, bevor die Ereignisse vergangener Perioden betrachtet werden. Zur Ermittlung der Gesamtkosten muss ein Schaden als solcher erkannt werden.[5] Problematisch ist z.B. die Ermittlung der Schadenhöhe bei Überschwemmungen, da Gebäudeschäden nicht immer exakt festgestellt werden können. Gleiches gilt für volkswirtschaftliche Schäden, wie Produktionsausfälle[6] und für Umweltschäden.[7] Mittelbare Schäden wie entgangene Unternehmensgewinne als Folge einer Betriebsunterbrechung sind in den offiziellen Statistiken nicht enthalten.

---

1 Das Krisenpotential der Erde steigt durch den Trend zu immer größeren Städten vor allem in der Dritten Welt. Prognosen gehen von einem Anteil von 60% der Weltbevölkerung im Jahr 2025 aus, die in Städten leben (Vgl. *Geipel* (2000), S. 31 f.)

2 Vgl. *Plate/Kron/Seiert* (1993), S. 21.

3 Vgl. *Eikenberg et al.* (2002), S. 28.

4 Einen ersten Schritt in Richtung eines globalen Klimaschutzes stellte das „Kioto-Protokoll" dar, in dem sich die unterzeichnenden Industriestaaten dazu verpflichteten, bis zum Jahre 2012 die Schadstoffemissionen unter das Niveau von 1990 zu senken. Der Erfolg der Vereinbarung ist mittlerweile zweifelhaft, nachdem die USA im Jahre 2001 aus dem Vertrag ausgestiegen sind und einen eigenen Plan erarbeiteten, der den $CO_2$-Ausstoß an das Bruttoinlandsprodukt koppelt (Vgl. *Houghton/Ding/Griggs (Hrsg.)* (2001)). Der Grund für diesen Ausstieg der USA war eine Steigerung der Kohlendioxid-Emissionen um mehr als 11 Prozent, statt der vereinbarten Senkung um 7 Prozent (Vgl. *Esterhazy/Krägenow* (2002)). Auch die Assekuranz kann den Klimaschutz fördern. So können sowohl bei der Entwicklung von Versicherungsprodukten als auch in der Kapitalanlagepolitik klimarelevante Aspekte aufgegriffen werden. (Vgl. *Eikenberg et al.* (2002), S. 21). Andere Möglichkeiten ergeben sich im Bereich der Öffentlichkeitsarbeit und der Förderung umweltfreundlicher Produkte (Vgl. *Jahn* (2002), S. 8 ff.). Klimarelevante Gestaltungsoptionen der Versicherungswirtschaft werden hier nicht untersucht, obwohl sie grundsätzlich von Bedeutung für die Elementarschadenversicherungen sind. Ihre langfristigen Problem- und Aktionsfelder gehen über die Themenstellung dieser Arbeit hinaus.

5 Vgl. *Clausen/Möller*, (1993), S. 123 f.

6 Vgl. *o.V.* (2003b).

7 Vgl. *o.V.* (2002p). In diesem Zusammenhang hat ein tschechisches Chemiewerk eingeräumt, dass durch die Fluten Quecksilber und Dioxin in die Elbe gelangt sein könnten.

Bei der Messung der Gesamtschäden wird der Begriff „volkswirtschaftlicher Schaden“ oftmals synonym für die Gesamtheit der entstandenen Sachschäden verwendet. Diese Zuordnung ist nicht korrekt. Vielmehr bedarf es einer Unterscheidung zwischen verschiedenen Schadenarten, wobei Doppelzählungen vermieden werden müssen. Zwei Effekte sind bei der Betrachtung der Gesamtschäden zu unterscheiden:[1]

- Bestandsgrößeneffekte - sie wirken sich auf das Produktionspotential aus.
- Stromgrößeneffekte - sie haben unmittelbare Auswirkungen auf das Bruttoinlandsprodukt, das den Wert aller Waren und Dienstleistungen ausdrückt, die in einem Land innerhalb der betrachteten Periode produziert werden.

Die in den offiziellen Statistiken dargestellten volkswirtschaftlichen Schäden beziehen sich in der Regel auf die Zerstörung von Vermögensgegenständen und Produktionsmitteln, die das Produktionspotential mindern. Diese unmittelbaren Bestandsgrößenverluste lassen sich in zwei Bereiche aufteilen: Erstens in Schäden an der (öffentlichen) Infrastruktur. Zweitens in Schäden an Gebäuden/ Industrieanlagen und deren Inhalte, durch die unmittelbar Auswirkungen auf das Produktionspotential entstehen.[2] Im Rahmen dieser Bestandsgrößeneffekte sind Personen- und Umweltschäden nicht enthalten.

Innerhalb der Stromgrößeneffekte werden drei Teilbereiche unterschieden. Zunächst steht das beschädigte und/oder zerstörte Produktionspotential dem Produktionsprozess nicht mehr zur Verfügung. Hierdurch treten kurzfristig negative Effekte für das Bruttoinlandsprodukt vornehmlich in den betroffenen Regionen auf. Durch diese regionalen Effekte werden andere Teile des Landes mittelbar betroffen (indirekte Effekte). Deren Bruttoinlandsprodukt steigt (Verteilungseffekte), wenn Firmen Aufträge übernehmen, die ohne die Katastrophe an Unternehmen in den geschädigten Regionen vergeben worden wären. Hinzu kommt ein dritter Effekt mit negativen Auswirkungen auf die Höhe des Bruttoinlandsproduktes, wenn Menschen z.B. aufgrund zerstörter Infrastruktur ihrer Tätigkeit nicht nachkommen können. Die volkswirtschaftlichen Schäden fallen umso geringer aus, je höher die Versicherungsdichte und je größer das Staatengebilde des betroffenen Landes ist. In diesen Fällen werden die entstandenen Schäden i.d.R.

---

[1] Vgl. *Münchener Rückversicherungs-Gesellschaft* (2003), S. 28. Weitere Folgeeffekte entstehen z.B. für die Verschuldung, die Geldstabilität oder die Handelsbilanz eines Landes (Vgl. *Eikenberg et al.* (2002), S. 13).

[2] Zur öffentlichen Infrastruktur zählen u.a. die Verkehrswege, die Energieversorgung und die Telekommunikationseinrichtungen, die mittelbar zur volkswirtschaftlichen Wertschöpfung beitragen. Schäden an diesen Einrichtungen vermindern das Produktionspotential (Vgl. *Münchener Rückversicherungs-Gesellschaft* (2003), S. 28).

schneller reguliert,[1] wodurch die Stromgrößeneffekte einer Naturkatastrophe gemindert werden können.

Ebenso schwer zu quantifizieren wie die volkswirtschaftlichen Schäden sind positive Aspekte einer Katastrophe.[2] Weitere Trends wie Modernisierungsschübe durch Investitionen sind denkbar. Sie können zu Wachstumsimpulsen führen, obwohl Erfahrungen zeigen, dass in einer langfristigen volkswirtschaftlichen Analyse die Wachstumsraten geringer ausfallen als ohne Katastrophe.[3]

### *2.3.2. Exkurs: Weltweite Entwicklung der Katastrophen im Jahre 2002*

Ein Vergleich der 90er mit den 60er Jahren des vergangenen Jahrhunderts zeigt einen Anstieg der Naturkatastrophen sowohl hinsichtlich der Anzahl (Faktor 3,4) als auch im Hinblick auf die entstandenen volkswirtschaftlichen Schäden (Faktor 8,7).[4] Die gestiegenen volkswirtschaftlichen Schäden dürfen nicht allein mit der Zunahme der Naturkatastrophen begründet werden.[5] Ein Anstieg der Bevölkerung und der Sachwerte sowie der Katastrophenanfälligkeit der Gesellschaft in Verbindung mit der Urbanisierungen gefährdeter Lagen haben ebenfalls diese Zunahme begünstigt.[6] Naturkatastrophen verursachen neben ökonomischen Schäden viele Todesfälle. Im (schwerpunktmäßig) betrachteten Jahr 2002 wurden insgesamt 11.000 Menschen durch Naturkatastrophen getötet.[7]

Die volkswirtschaftlichen Schäden 2002 belaufen sich auf ca. 55 Mrd. USD, wovon ca. 13 Mrd. USD durch Versicherungen gedeckt waren. Neben Tornadoserien im Frühjahr in den USA und dem Wintersturm Jeanett in West- und Mitteleuropa, spielten die Überschwemmungen an Elbe, Moldau und Donau mit ihren Nebenflüssen eine besondere Rolle.[8] Sie werden im nächsten Kapitel ausführlich

---

1 Vgl. *ebd* (2003), S. 31.

2 So hat das sächsische Handwerk im Vergleich zur Situation vor der Flut mehr Aufträge erhalten. Von einem Auftragsboom kann jedoch nicht gesprochen werden (Vgl. *o. V.* (2003b).

3 Vgl. *Münchener Rückversicherungs-Gesellschaft* (2003), S. 28 ff.

4 Vgl. *ebd.*, S. 15.

5 Insbesondere die entstandenen volkswirtschaftlichen Schäden bedürfen einer kritischen Betrachtung. Zum Einen werden oftmals nur die direkten Schäden erfasst, was zu einer Unterbemessung der tatsächlich entstandenen Schäden führt. Zum Anderen neigen staatliche Stellen zu einer großzügigen Schätzung, um entsprechende Hilfszahlungen oder zinsgünstige Kredite zu erhalten.

6 Vgl. *Eikenberg et al.* (2002), S. 13 f.

7 Vgl. *Münchener Rückversicherungs-Gesellschaft (Hrsg.)* (2003), S. 2 f. Die Münchener Rück bezieht die Datenerhebung nur auf „große Naturkatastrophen“, welche die Selbsthilfetätigkeit der betroffenen Regionen übersteigen und externe Hilfe erfordern. Folglich sind die tatsächlich verursachten Todesfälle und ökonomischen Schäden höher.

8 Die bedeutende Rolle der Fluten in Europa basiert auf deren hohen volkswirtschaftlichen Schäden. Ein Blick auf die verursachten Todesfälle führt zu einem anderen Bild. Während die Fluten 2002 in Europa besagte 37 Todesfälle forderten, gab es allein bei der Erdbebenserie in Afghanistan 2.000 Tote und bei einer Hitzewelle in Indien 1.100 Tote. Während für

dargestellt. Unter den 698 registrierten Ereignissen sind Stürme mit 39% und Überschwemmungen mit 30% am häufigsten.[1] Aus einer geographischen Sichtweise[2] ist Asien mit 261 Ereignissen der am häufigsten betroffene Kontinent, gefolgt von Amerika mit 181 Naturkatastrophen. An dritter Stelle kommt bereits Europa mit 136 Ereignissen vor Australien/Ozeanien mit 69 und Afrika mit 51. Bei der Anzahl der Todesopfer ergibt sich ein etwas anderes Bild. Während Asien vor Amerika hier ebenfalls am stärksten betroffen ist, folgt an dritter Stelle bereits Afrika vor Europa und Ozeanien. Die Katastrophen mit den meisten Opfern sind Überschwemmungen mit 4.300 Toten im betrachteten Jahr gefolgt von Erdbeben mit mehr als 250 Todesfällen.[3] Das in den letzten 30 Jahren schwerwiegendste Witterungsereignis mit den höchsten menschlichen Opfern war die Sturm- und Flutkatastrophe in Bangladesh 1970 mit 300.000 Toten. Innerhalb Europas führte das Erdbeben im türkischen Izmit am 17.08.1999 zu den meisten Todesfällen (über 19.000).[4]

---

diese Ereignisse keine ökonomischen Schäden vorliegen, haben Überschwemmungen in Indien, Nepal und Bangladesch zu 1.200 Todesfällen und verhältnismäßig geringen Gesamtschäden von 80 Mio. USD geführt. Diese exemplarisch ausgewählten Naturkatastrophen zeigen, dass eine Wertung von Elementarereignisse ausschließlich anhand einzelner Kriterien erfolgt kann.

1 In der Vergangenheit waren die volkswirtschaftlichen Schäden von Erdbeben, Stürmen und Überschwemmungen mit einem Anteil von jeweils ca. 30% gleichverteilt (Vgl. *Münchener Rückversicherungs-Gesellschaft* (1998a), S. 19).

2 Die lokale und regionale Bedeutung von Naturkatastrophen könnte auf eine globale Ebene übertragen werden, wenn sich das Kobe-Erdbeben im Großraum Tokio wiederholen und eine Krise der Finanzmärkte auslösen würde. Gleichwohl könnte ein Erdbeben in Los Angeles zum Abzug des amerikanischen Kapitals aus den internationalen Märkten führen, um es zum Wiederaufbau der zerstörten Stadt zu nutzen. Dies könnte eine Weltwirtschaftskrise einleiten, wodurch lokale Ereignisse letztlich eine globale Bedeutung hätten (Vgl. *Geipel* (2000), S. 41).

3 Vgl. *Münchener Rückversicherungs-Gesellschaft* (2003), S. 8 f.

4 Vgl. *Schweizerische Rückversicherungs-Gesellschaft (Hrsg.)* (2003), S. 4 f. Somit sind weitaus mehr Opfer durch Überschwemmungen zu beklagen als durch Man-made-Katastrophen. (Vgl. *Schweizerische Rückversicherungs-Gesellschaft (Hrsg.)* (2003), S. 3.) Hierunter versteht man „...Großereignisse, die im Zusammenhang mit menschlichen Aktivitäten stehen. Betroffen ist zumeist ein großes Objekt auf eng umgrenztem Raum..." (*ebd.*, S. 36.). Zu diesen Ereignissen zählen u.a. Grossbrände, Luftkatastrophen, Schifffahrtskatastrophen und Terrorismusschäden. Herausragendes Ereignis 2002 waren am 27. Februar 2002 Unruhen nach einem Anschlag auf einen Zug in Indien, mit insgesamt 2.000 Todesopfern (Vgl. *ebd.*, S. 3). Ein Vergleich zwischen Naturkatastrophen und Man-made-Katastrophen für den Zeitraum von 1970 bis 2002 zeigt eine höhere Schadenfrequenz bei Man-made-Katastrophen und mehr Todesfällen bei Naturkatastrophen. Eine grundsätzliche Unterscheidung beider Schadenursachen hinsichtlich der versicherten Schäden wird innerhalb der Studie nicht getroffen. Diese Positionen werden vielmehr durch Einzelereignisse, wie die Anschläge auf das World-Trade-Center im Jahre 2001 geprägt, was zu deutlichen Ausschlägen der Amplituden im 30 Jahre Vergleich führt (Vgl. *ebd.*, S. 6).

Bei den volkswirtschaftlichen Schäden weist Europa im Jahr 2002 mit über 24 Mrd. USD weit mehr Schäden als Asien und Amerika mit jeweils über 13 Mrd. USD aus. Mit großem Abstand folgen Australien/Ozeanien mit über 2 Mrd. USD, wohingegen Afrika weniger als 1% des weltweiten Schadenvolumens hat. Letztlich sind wiederum die Überschwemmungen mit 27 Mrd. USD, d.h. mit rund der Hälfte aller volkswirtschaftlichen Schäden die bedeutendste Katastrophe gefolgt von Tropischen Stürmen mit mehr als 9 Mrd. USD und Hitzewellen/Dürren mit mehr als 6 Mrd. USD. Die Unterschiede zwischen den betrachteten Kontinenten werden im Bereich der versicherten Schäden noch deutlicher. Während in Europa mit fast 5,9 Mrd. USD 24% der volkswirtschaftlichen Schäden und in Amerika fast 45% versichert sind, sind es in Afrika sogar 51,5%. Hingegen kaum abgesichert sind Australien und Asien. Dieses liegt daran, dass die dortigen volkswirtschaftlichen Schäden zu einem sehr großen Teil durch Buschbrände und Hitzewellen/Dürren verursacht worden sind. Die weltweit versicherten Schäden sind zu 63% Sturmschäden und zu 37% Überschwemmungen, die übrigen Gefahren sind in diesem Zusammenhang nahezu unbedeutend (Siehe Tabelle 1).[1]

Tabelle 1: Statistik der weltweiten Naturkatastrophen 2002

| | **Afrika** | **Amerika** | **Asien** | **Australien/ Ozeanien** | **Europa** | **Gesamt** |
|---|---|---|---|---|---|---|
| **Anzahl der Schaden-ereignisse** | 51 | 181 | 261 | 69 | 136 | 698 |
| **Anzahl der Todesopfer** | 661 | 825 | 8.570 | 61 | 459 | 10.576 |
| **Volkswirt-schaftliche Schäden in Mio. USD** | 307 | 13.933 | 13.965 | 2.192 | 24.246 | 54.643 |
| **Versicherte Schäden in Mio. USD** | 158 | 6.259 | 385 | 11 | 5.897 | 12.710 |

Quelle: *Münchener Rückversicherungs-Gesellschaft* (2003), S. 8 f.

Es zeigt sich, das Naturkatastrophen weltweit zu erheblichen Schäden und vielen Todesopfern führen, so dass der Umgang mit diesen Ereignissen und deren Schadenregulierung nicht nur von lokaler Bedeutung ist. Die Zunahme der öko-

[1] Vgl. *Münchener Rückversicherungs-Gesellschaft* (2003), S. 8 f.

nomischen Folgen spiegelt den akuten Handlungsbedarf wider, der mit der Diskussion um die finanzielle Risikovorsorge nur einen Ausschnittstatbestand deckt.

### *2.3.3. Spezifische Bedrohung und Katastrophenpotential in Deutschland*

In der Bundesrepublik Deutschland haben Naturgefahren ein großes Katastrophenpotential aufgrund der hohen Wertekonzentration und der hohen Bevölkerungsdichte.[1] Hinsichtlich der Gefährdungslage, der Schadenanfälligkeit und der exponierten Werte besteht das größte Risiko für das Ruhrgebiet vor Frankfurt am Main und Berlin. Insbesondere atmosphärische Naturgewalten allen voran Stürme spielen im langjährigen Durchschnitt ein große Rolle. Dies gilt sowohl hinsichtlich der Quantität als auch in Bezug auf die Todesfälle sowie die ökonomischen und versicherten Schäden. Hinter Stürmen sind Überschwemmungen das zweitbedeutendste Elementarereignis. Aber auch Naturkatastrophen mit geringer Schadeneintrittswahrscheinlichkeit, wie Erdbeben oder extreme Sturmfluten, beinhalten große Schadenpotentiale. Bei diesen Ereignissen ist ein Versagen bautechnischer und organisatorischer Vorsorgemaßnahmen zu befürchten, sodass in dicht besiedelten Gebieten hohe Schäden anfallen können.[2] Die folgende Tabelle 2 zeigt einen Überblick der Katastrophenschäden in Deutschland.

Tabelle 2: Katastrophenschäden in Deutschland 1970 bis 2000

| | **Sturm** | **Hochwasser** | **Erdbeben** | **Hagel** | **Sonstige** |
|---|---|---|---|---|---|
| **Zahl der Ereignisse** | 299 | 100 | 21 | 37 | 68 |
| **Volkswirtschaftliche Schäden in Mrd. EUR[3]** | 10,6 | 3,2 | 0,2 | 2,5 | 1,4 |
| **Versicherte Schäden in Mrd. EUR** | 4,6 | 0,5 | 0,1 | 1,1 | 0,4 |

Quelle: Vgl. *Schwarze/Wagner* (2002), S. 597.

[1] Vgl. *Münchener Rückversicherungs-Gesellschaft (Hrsg.)* (1993), S. 10. Für eine Beurteilung der Schadenpotentiale sind geographische Veränderungen wichtig. In diesem Zusammenhang hat sich die geographische Verteilung der Haftungen durch die Vereinigung Deutschlands 1990 entsprechend erweitert (Vgl. *Rauch/Loster* (2001), S. 3).

[2] Vgl. *Berz* (2000), S. 157.

[3] Es handelt sich bei den angegebenen Werten um nicht inflationsbereinigte Originalschäden.

Mit Ausnahme tropischer Wirbelstürme können alle Sturmphänomene in Deutschland auftreten. Dieses gilt sowohl für Winterstürme, für regionale Starkwinde (mit Gewitter und Hagel) als auch für Tornados/Tromben.[1] Winterstürme haben zwar geringere Windgeschwindigkeiten als Tornados, aber eine große räumliche und zeitliche Ausdehnung.[2] Sie sind deshalb der schadenreichste Sturmtyp hierzulande.[3] So führten 1990 die Orkane Daria, Vivian und Wiebke jeweils zu Schäden in Höhe von ca. 600 Mio. USD.[4] Weitere neun Jahre später verursachte der Sturm „Lothar" Schäden in Südwestdeutschland von ca. 1,3 Mrd. DM,[5] die im Jahre 2002 vom Sturmtief „Jeanett" noch übertroffen wurden.[6] Auf diesen Wintersturm entfielen ca. eine Milliarde USD an versicherten Schäden. Derzeitige Schadenpotentialberechnungen reichen von 5[7] bis 6,5 Mrd. EUR an versicherten Schäden.[8]

Auch Überschwemmungen hat es im Gebiet der heutigen Bundesrepublik mehrfach gegeben. Die geschichtlichen Überlieferungen reichen vom Elbe-Hochwasser 1501 über die „Thüringische Sündflut" und die Hochwasser an Mosel und Rhein in den Jahren 1781 und 1784 bis hin zum Elbe-Hochwasser 1845, das höhere Wasserstände aufwies als die Sommerflut der Elbe 2002.[9] In den neunziger Jahren des 20. Jahrhunderts sind Hochwasser vermehrt in den Blickpunkt der Öffentlichkeit geraten. So traten Main, Mosel und Rhein Weihnachten 1993 über die Ufer und verursachten volkswirtschaftliche Schäden von 500 Mio.

---

1 Vgl. *o.V.* (2001c), S. 1 ff.
2 Vgl. *Eikenberg et al.* (2002), S. 10.
3 Vgl. *o.V.* (2001c), S. 1 ff.. Ab einer Windgeschwindigkeit von 20 m/s entstehen deutliche Sturmschäden. Das Gesamtausmaß korreliert mit den Geschwindigkeiten durch einen signifikanten Anstieg der Schadenanzahl, während sich die durchschnittliche Schadenhöhe bis zu einer Windgeschwindigkeit von 50 m/s nahezu konstant ist (Vgl. *Beuermann/Farny/Kerschgens et al.* (2002), S. 14.) Trotzdem ist unstrittig, dass mit zunehmender Windgeschwindigkeit bei einem einzelnen Objekt die Schadenhöhe bis zum (theoretischen) Totalschaden, analog einer streng monoton steigenden Funktion mit der Windgeschwindigkeit zunimmt. Die Erklärung für diesen auf den ersten Blick existierenden Widerspruch liegt in den Einflusskomponenten des durchschnittlichen Schadens. Dieser wird im Wesentlichen von zwei Faktoren bestimmt: Zum einen werden bereits durch einen früheren Sturm beschädigte Objekte weiter in Mitleidenschaft gezogen. Sie erhöhen den Durchschnittsschaden. Zum anderen treten neue Schäden an bisher unversehrten Objekten ein, die in ihrer Gesamthöhe geringer ausfallen als der durchschnittliche Gesamtschaden. Somit wirken beide Einflussfaktoren gegenläufig und erklären die nur leichte Erhöhung des Durchschnittsschadens bei steigenden Windgeschwindigkeiten (Vgl. *Jahn* (2001), S. 396.).
4 Vgl. *Münchener Rückversicherungs-Gesellschaft* (2003), S. 2.
5 Vgl. *o.V.* (2001c), S. 1 ff.
6 Vgl. *Fromme* (2003),
7 Vgl. *Berz* (1999), S. 438.
8 Vgl. *Bresch/Bisping/Lemcke* (2000), S. 20 ff.
9 Vgl. *Koch* (2002), S. 1671. Dennoch wurden die Hochwasser im Sommer 2002 als sogenannte Jahrtausendflut betitelt, weil die Hochwasser der Elbe 1845 aufgrund von Eistauungen entstanden sind („Eisflut").

EUR.[1] Zwei Jahre später kam es erneut zu einem Hochwasser des Rheins.[2] Weitere vier Jahre später beim Oder-Hochwasser[3] entstandenen volkswirtschaftliche Schäden von 330 Mio. EUR. 1999 kam es beim Pfingsthochwasser der Donau zu Gesamtschäden von 335 Mio. EUR.[4] Die Hochwasser 2002 bilden mit einem Gesamtvolumen von 9,2 Mrd. EUR die bisher größte Überschwemmungskatastrophe der Bundesrepublik. Das Schadenpotential von Überschwemmungen liegt weit über den bisherigen Erfahrungen. So wird bei einer Überschwemmung des Mittel- und Niederrheins in Nordrhein-Westfalen mit direkten volkswirtschaftlichen Schäden bis 17,5 Mrd. EUR für ein 500jähriges Hochwasser gerechnet. Hinzu kommen Produktionsausfälle bis zu 4,2 Mrd. EUR.[5] Letztlich differieren die Schätzungen und Szenarien, je nach betrachteten Schadenarten und zugrundegelegten Jährlichkeiten. Festzuhalten bleibt ein Gefahrenpotential im zweistelligen Milliardenbereich. Die höchsten Gefährdungen entstehen entlang des Rheins und der Elbe. Im Vergleich hierzu haben Überschwemmungen der Mosel[6] oder der Donau[7] geringere ökonomische Konsequenzen.

Ein sehr großes Schadenpotential entsteht durch Sturmfluten. Die schadenträchtigste Sturmflut ereignete sich am 16./17. Februar 1962 an der deutschen Nordseeküste. Hier trieben orkanartige Winde Wassermassen aus der Deutschen Bucht zu den Küsten Ost- und Nordfrieslands, die sich insbesondere in den Mündungstrichtern der Elbe, der Weser und der Ems stauten. Eine Vielzahl von Deichbrüchen und erhebliche Schäden an der Westküste Schleswig Holsteins und in der Hansestadt Hamburg waren die Folge.[8] Insgesamt forderten die Fluten 337 Todesopfer und verursachten materielle Schäden von 2,89 Mrd. DM.[9] Die Schadenpotentialberechnungen für volkswirtschaftliche Schäden reichen von 26. Mrd.

---

1 Vgl. *ebd.*. (2002), S. 1671 f.

2 Eine bevorstehende Katastrophe mit einer Überschwemmung der Ford-Autowerke, der Messe sowie diverser Chemieunternehmen trat nicht ein, weil ein Kälteeinbruch mit Trockenheit ein weiteres Steigen der Wassermassen verhinderte (Vgl. *o.V.* (2002z), S. 854.).

3 Vgl. *Fuchs/Rapp* (1997), S. 1 f.

4 Vgl. *Koch* (2002), S. 1671 f.

5 Vgl. *Ministerium für Umwelt, Raumordnung und Landwirtschaft des Landes Nordrhein-Westfalen* (2000). Die Internationale Kommission zum Schutz des Rheins kommt ohne Kfz-Schäden für ein 200jähriges Ereignis auf Schäden von 1,336 Mrd. EUR in den Siedlungsflächen und 0,35 Mrd. EUR bei Industrie und Verkehr. Für den Niederrhein fallen die Summen wesentlich höher aus. Hier ergeben sich 16,459 Mrd. EUR für Schäden in Siedlungen und 3,789 Mrd. EUR für Schäden der Industrie und des Verkehrs (Vgl. *Internationale Kommission zum Schutz des Rheins* IKSR (2001)).

6 Vgl. *Meuser* (2002).

7 Vgl. *Gewässerdirektion Donau/ Bodensee (Hrsg.)* (2001).

8 Vgl. *Münchener-Rückversicherungsgesellschaft* (1973), S. 10.

9 Vgl. *Koch* (2002), S. 1672.

EUR in Hamburg bis zu 124 Mrd. EUR an der gesamten Niedersächsischen Nordseeküste.[1]

Starkregenfälle und Hagelstürme sind weitere hydrosphärische Gefahren in Deutschland. Auch wenn Hagelstürme i.d.R. nur eine regionale Ausbreitung haben, ist ihr Schadenpotential erheblich. So führte der „Münchener Hagelsturm" 1984 zu Schäden von über 3 Mrd. DM.[2] Starkregenniederschläge sind im Gegensatz zu Überschwemmungen oder Sturmfluten flächendeckend vorzufinden.[3] Eine Schadenpotentialanalyse für Starkregenniederschläge liegt nicht vor. Sie sind jedoch das auslösende Moment für Hochwasser und Überschwemmungen.

Auch geologische Gefahren wie Erdbeben kommen in der Bundesrepublik nicht selten vor. Jedoch handelt es sich um ein hauptsächlich in Süddeutschland (im Rheingraben, auf der Schwäbischen Alb und im Bodenseegebiet) und in der niederrheinischen Bucht sowie in der Umgebung von Chemnitz[4] auftretendes Ereignis. Erdbeben sind in Deutschland durch meist schwache Erschütterungen geprägt, sodass es noch kein katastrophales Ereignis gegeben hat. Dennoch steigt das Katastrophenrisiko durch eine höhere Siedlungsdichte und ausgeprägtere Infrastruktureinrichtungen. Insbesondere eine Verdichtung der Versorgungseinrichtungen wie Gas- und Ölleitungen sowie Strom- und Wasserversorgungssysteme stellen ein erhöhtes Schadenpotential dar.[5] Letztlich handelt es sich um eine Gefahr, die flächenmäßig eingrenzbar ist, wobei die langen Wiederkehrperioden eine räumliche und/oder zeitliche Vorhersage verzögern.[6] Das Schadenpotential für Erdbebenschäden ist im Großraum Köln am höchsten. In Angängigkeit von der Magnitude und der Herdtiefe reichen die Prognosen von 48 Mrd. EUR bis 92 Mrd. EUR.[7] Weitere Gefahrenherde befinden sich in der Nähe von Frankfurt am Main und Stuttgart. Ein für bundesdeutsche Verhältnisse starkes Beben ereignete sich am 13. April 1992 im deutsch-holländischen Grenzgebiet. Dieses Beben verursachte insgesamt Schäden in Höhe von 125 Mio. EUR, die allerdings überwiegend auf der niederländischen Seite in der Umgebung von Roermond entstanden.[8]

---

1 Vgl. *Ebenhö/Sterr/Simmering* (1997).

2 Vgl. *o.V.* (2001c), S. 1 ff.

3 Vgl. *Kriebisch* (2002b), S. 3.

4 Vgl. *Lamby* (1993), S. 63 ff.

5 Vgl. *Theilen-Willige* (1999), S. 50.

6 Vgl. *Chmielorz/Metzger* (1995), S. 935.

7 Vgl. *Münchener Rückversicherungs-Gesellschaft (Hrsg.)* (1993), S. 17. Diese Schadenschätzungen beinhalten Schäden für Privathaushalte sowie Gewerbe- und Industriebetriebe. Nicht enthalten sind Schäden durch Betriebsunterbrechungen, an öffentlichen Einrichtungen und an der Infrastruktur (Vgl. *Allman/Rauch/Smolka* (1998)). Mehr zu Erdbebenrisiken in Deutschland siehe *Rudolph* (2002).

8 Vgl. *Münchener Rückversicherungs-Gesellschaft (Hrsg.)* (1993), S. 17. Hiervon entfielen auf die Deutschland ca. 40 Mio. EUR (Vgl. *Eikenberg et al.* (2002), S. 42). Im Jahr 2002 kam es

Die Gefährdungslage für die übrigen geologischen Naturgewalten in Deutschland lässt sich wie folgt zusammenfassen:

- Vulkanausbrüche sind relativ unwahrscheinlich, auch wenn nicht alle vorhandenen Vulkane in der Eifel erloschen sind.[1] Dieses gilt z.B. für den Eifelvulkan bei Maria Laach, dessen letzter Ausbruch über 10.000 Jahre zurückliegt.[2]
- Zahlreiche Gebiete sind durch Massebewegungen gefährdet. Hierzu zählen u.a. das Rheinische Schiefergebirge, das Siebengebirge, das Mainzer Becken und das Isartal in München.[3] Massebewegungen finden sich in den Hochgebirgen und in abgeschwächter Form in den Schichtstufen- und Schichtkammlandschaften sowie in den Flusstälern der Mittelgebirge. Am häufigsten kommen Hangdeckenrutschungen vor, die Lockergesteinsvolumen von bis zu 300 $m^3$ mitführen. Wesentlich stärkere Schäden verursachen tiefgründige Rutschungen, die Massen bis zu mehreren 10.000 $m^3$ bewegen. Überdies kann ein direkter Zusammenhang zwischen niederschlagsreichen Jahren und der Rutschungstätigkeit in dieser Zeit festgestellt werden.[4]
- Die Gefahr von Meteoritenabstürzen ist geringer als die von Vulkanausbrüchen.[5]

Die geologischen Gefährdungen sind durch hohe Katastrophenpotentiale insbesondere für Erdbeben geprägt, wobei auch Vulkanausbrüche und Meteoritenabstürze zu Katastrophen führen können, ohne dass hierfür Erfahrungswerte vorliegen. Insgesamt wird die Bundesrepublik jedoch durch das enorme Schadenpotential der atmosphärischen und hydrosphärischen Gefahren mit ihren weitreichenden ökonomischen Konsequenzen bedroht.

### *2.4. Versicherungen als Element des Katastrophenmanagements*

#### *2.4.1. Umgang mit Naturkatastrophen als Handlungskreislauf*

Die Risiken aus Naturgewalten können nicht vollständig eliminiert werden. Deshalb kann der gesellschaftliche Umgang mit Elementarrisiken, der als Katastrophenmanagement bezeichnet wird, als Kreislauf interpretiert werden. Hier geht

---

zu einem weiteren schweren Beben mit einer Stärke von 4,8 auf der Richter-Skala. Hiervon waren weite Teile des westlichen Nordrhein-Westfalens betroffen. Dieses stärkste Beben nach Roermond hatte sein Zentrum nördlich von Aachen und führte zu leichten Sachschäden an Gebäuden (Vgl. *Geologischer Dienst Nordrhein-Westfalen (Hrsg.)* (2002)).

1 Vgl. *Münchener Rückversicherungs-Gesellschaft* (1993), S. 15.

2 Vgl. *Eikenberg et al.* (2002), S. 42.

3 Vgl. *Mattheß/Rump-Schenk* (1993), S. 411.

4 Vgl. *Damm* (1999), S. 55 f.

5 Vgl. *Münchener Rückversicherungs-Gesellschaft* (1993), S. 15.

die Bewältigung einer Katastrophe in die Vorsorge für ein nächstes Ereignis über, wie die folgende Abbildung zeigt.[1]

Abb. 1: Der Handlungskreislauf des Katastrophenmanagements

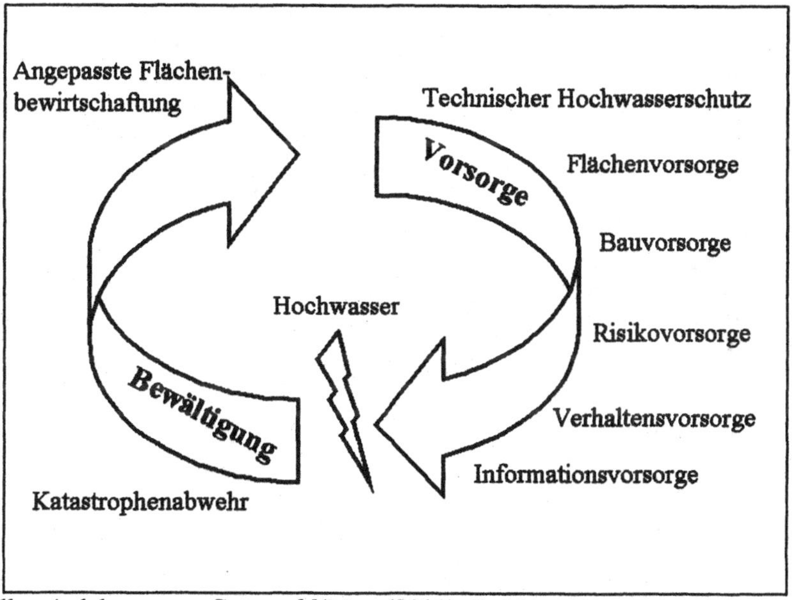


Quelle: Anlehnung an *Grünwald/Merz* (2003), S. 10.

Die folgenden Abschnitte beschreiben die Elemente der Katastrophenvorsorge und der -bewältigung. Zur besseren Veranschaulichung werden Beispiele des Katastrophenmanagements für Hochwasser genannt.[2] Die einzelnen Elemente können mit unterschiedlicher Intensität auf andere Naturgefahren übertragen werden. Die Teilbereiche des Kreislaufs bieten hier ebenfalls entsprechende Ansatzpunkte, wie am Beispiel der Risikovorsorge durch Versicherungen zu sehen sein wird.

### *2.4.2. Grundlagen des Katastrophenmanagements*

#### *2.4.2.1. Elemente der Katastrophenvorsorge*

Aus Art. 2 Abs. 2, Satz 1 GG, der das Recht eines Jeden auf Leben und körperliche Unversehrtheit festlegt, kann eine Schutzfunktion des Staates abgeleitet wer-

---

[1] Vgl. *Grünwald/Merz* (2003), S. 10. Dieses geschieht z.B. durch die Berücksichtigung der Vorsorge beim Wiederaufbau geschädigter Güter.

[2] Vgl. *Nell* (2002), S. 583. Überschwemmungen wurden gewählt, weil sie im Mittelpunkt des Fallbeispiels stehen.

den. Zu schützende Objekte sind hiernach die Bevölkerung und die Allgemeinheit. Dieser Schutz besteht nicht nur aus Maßnahmen nach einem Schadeneintritt, sondern auch aus der Vorsorge, um ein Ereignis abzuwenden oder dessen Folgen zu mindern. Aus diesem verfassungsgemäßen Gebot werden die Elemente des Katastrophenmanagements abgeleitet. Die Vorsorge für einen Katastrophenfall kann in Teilbereiche Vorbeugung und Vorbereitung untergliedert werden. Innerhalb der Vorbeugung werden technische und nichttechnische Maßnahmen zur Verminderung eines Risikos[1] getroffen (z.B. angemessene Raumnutzung und Schutzvorkehrungen). In der Vorbereitung auf einen Katastrophenfall geht es beispielsweise darum, Warnsysteme zu entwickeln und Rettungskräfte auszubilden.[2] Die Katastrophenvorsorge ist eine Querschnittsaufgabe, die Gegenstand verschiedener Politikfelder, Zuständigkeiten und Interessen ist. Neben dieser sektoralen Aufteilung kommt in der Bundesrepublik eine föderale Teilung in der Gesetzgebungskompetenz zwischen dem Bund und den Ländern hinzu.[3]

Die Auswirkungen von Katastrophen können auf zwei verschiedene Arten reduziert werden: Erstens durch die Reduktion der Schadenpotentiale (d.h. aller Werte, die durch ein Ereignis potentiell geschädigt werden können) und zweitens durch die Reduktion der Vulnerabilität (Schadenanfälligkeit).[4] Im Folgenden

---

[1] In der Versicherungsbetriebslehre wird das Risiko definiert als „...die Möglichkeit des Schadeneintritts durch Verwirklichung einer versicherten Gefahr." (*Fürstenwerth/Weiß* (1997), S. 403). Neben dieser Gefahr wird das zu versichernde Objekt als Risiko bezeichnet (Vgl. *Ebel* (1997), S. 215). Eine Gefahr, z.B. ein Erdbeben ist hiernach die bloße Möglichkeit eines Schadens, der durch eine (negative) Einwirkung auf eine Person oder eine Sache entsteht (Vgl. *Müller-Lutz* (1991), S. 411). Somit ist eine Gefahr der realen Sphäre zuzurechnen, wohingegen das Risiko selbst Teil der wirtschaftlichen Sphäre ist (Vgl. *Lamby* (1993), S. 12). Das Risiko selbst ist kein objektiv vorgegebener Wert, sondern ein Konstrukt (Vgl. *Holzhau/Wiedemann* (1993), S. 11) aus objektivem Sachverhalt und einer subjektiven Bewertung, mit der Wahrnehmung und Einschätzung der Wahrscheinlichkeiten durch das Wirtschaftssubjekt (Vgl. *Bultmann* (1997), S. 271 f.). In einer systemtheoretischen Betrachtungsweise des Risikobegriffs ist die Wahrnehmung eines Risikos unmittelbar von der Möglichkeit abhängig, es einem Entscheider zuzuschreiben. Diese Zuschreibung wird durch einen Beobachter zweiter Ordnung vorgenommen. Somit kann nur von einem Risiko gesprochen werden, wenn eine Identität zwischen dem Entscheider und dem Betroffenen herrscht. Ist diese Identität nicht gegeben, so spricht man im systemtheoretischen Kontext von einer Gefahr (Vgl. *Puschmann* (1999), S. 2). Ein Risiko ist einerseits durch Zukunftsbezogenheit und Unsicherheit und andererseits durch ein vom Entscheidungsträger festzulegendes Zielniveau gekennzeichnet, das im Rahmen einer Finalitätskomponente gute von schlechten Ergebnissen unterscheidet (Vgl. *König* (2002), S. 88). Die Konstituierung der Risiken erfolgt auf drei verschiedene Arten: Erstens indem ein Wert durch verschiedene Sacheigenschaften eines Gutes bedroht wird (z.B. durch gesundheitsschädliche Produktionsmittel), zweitens indem alte Werte durch Sachverhalte bedroht sind und drittens indem ein Sachverhalt durch subjektive Einschätzungen unterschiedlich bewertet wird (Vgl. *Bultmann* (1997), S. 272).

[2] Vgl. *Grünwald/Merz* (2003), S. 10.

[3] Vgl. *Eikenberg et al.* (2002), S. 43.

[4] Vgl. *Petrow/Thieken/Kreibich* (2003), S. 34.

werden verschiedene Vorsorgemaßnahmen am Beispiel der Überschwemmungsgefahr beschrieben:[1]

Die Erhöhung des natürlichen Wasserrückhalts bietet Schutz vor häufigen und kurzzeitigen Hochwassern.[2] Die Wirksamkeit dieser Maßnahmen ist bei extremen Ereignissen gering und wird durch die Bodenbeschaffenheit, die Bodenversiegelung und die Bewirtschaftung sowie den Bewuchs der Flächen beeinflusst.[3] Neben natürlichen Rückhaltemaßnahmen gibt es Möglichkeiten des technischen Hochwasserschutzes. Rückhaltebecken, Polder und Talsperren ermöglichen es, die Höchstabflüsse zu mindern und den Zeitpunkt ihres Eintritts zu verzögern. Hierdurch wird Zeit für Notfallmaßnahmen gewonnen. Diese Bauwerke bieten ein großes Potential für die Kappung der Scheitel von extremen Hochwassern. Deiche, Mauern und mobile Schutzwände können in einem weiteren Schritt Schäden verhindern.[4] Auch bei ständiger Pflege und Ausbau der Anlagen sind dem technischen Hochwasserschutz politische und finanzielle Grenzen gesetzt,[5] sodass die Hochwasserrisiken zwar vermindert, aber nicht ausgeschlossen werden können. Trotzdem sind in der Vergangenheit Behörden und Bauherren dazu verleitet worden, die Grenzen des technischen Hochwasserschutzes nicht zu berücksichtigen und hochwassergefährdete Gebiete ohne die entsprechende Risikovorsorge zu nutzen.[6]

Die Flächenvorsorge soll bauliche Entwicklungen aus gefährdeten Gebieten soweit wie möglich fernhalten und die Flächennutzung beeinflussen.[7] Die Festlegung von Überschwemmungsflächen ist die wirksamste Methode zur Vermeidung von Schadenpotentialen. Sie verhindert die Entstehung neuer oder die Erweiterung bestehender Schadenpotentiale.[8] Innerhalb der Flächenvorsorge legt der Bund die Rahmenbedingungen fest, die Länder entscheiden eigenständig über deren Umsetzung, während die Regional- und Bauleitplanungen der Gemeinden innerhalb des von den Ländern offengehaltenen Spielraums die Maßnahmen konkretisieren.[9] Den Gemeinden kommt somit bei der verbindlichen Bauleitpla-

---

1 Vgl. *Grünwald/Merz* (2003), S. 19.

2 Vgl. *Kaltofen/Schümberg/Grünewald* (2003), S. 74 ff.

3 Vgl. *Kirchbach/Franke/Biele*(2002), S. 23.

4 Vgl. *Kaltofen/Schümberg/Grünewald* (2003), S. 74 ff. Die Menschen versuchen seit Jahrhunderten, sich durch das Aufwerfen von Hügeln (Warften) gegen Sturmfluten zu schützen. Diese Warften, auf denen die Häuser gebaut wurden, sind der Ausgangspunkt für Bau von Deichen nach der vorletzten Jahrtausendwende (Vgl. *Müller* (2000), S. 16).

5 Als Konsequenz aus der Oder-Flut 1997 hat die Sächsische Landesregierung das Umweltministerium des Landes beauftragt, die dringlichsten Ausgaben im Haushalt sicherzustellen (Vgl. *Kirchbach/Franke/Biele*(2002), S. 57).

6 Vgl. *Eikenberg et al.* (2002), S. 49.

7 Vgl. *Petrow/Thieken/Kreibich* (2003), S. 34 f.

8 Vgl. *Kirchbach/Franke/Biele* (2002), S. 53.

9 Vgl. *Petrow/Thieken/Kreibich* (2003), S. 34 f.

nung eine Schlüsselrolle für die Entwicklung gefährdeter Gebiete zu, weil sie Wertekonzentrationen begrenzen können.[1]

Durch die Bauvorsorge wird die Bausubstanz und die Nutzung des Gebäudes an mögliche Hochwasserüberflutungen angepasst.[2] Diese Maßnahmen sind besonders für diejenigen gefährdeten Bereiche effizient, die bereits als Baugebiete ausgewiesen wurden. Die Strategie der Bauvorsorge umfasst verschiedene Handlungsfelder mit unterschiedlichen Schadenminderungspotentialen. Sie reicht von der erhöhten Anordnung eines Gebäudes auf Stelzen, über die Anschaffung von Hochwasserbarrieren[3] bis zur Einrichtung von Rückstausicherungen.[4] Die Wirksamkeit dieser Mittel sinkt mit steigendem Hochwasserpegel. Wenn der Wassereintritt in ein Gebäude nicht mehr zu verhindern ist, kann durch angepasste Gebäudenutzung die Schadenhöhe unmittelbar beeinflusst werden. Gleiches gilt für die sichere Lagerung von umweltgefährdenden Stoffen wie z.B. Heizölen. Maßnahmen der Bauvorsorge setzen eigenverantwortliches Handeln der Sacheigentümer und anderer Verantwortlicher wie Architekten voraus.[5] Deshalb müssen Anreize zur Eigenvorsorge vorhanden sein,[6] die durch persönliche Einschätzungen zur Wirksamkeit der Schadenvorsorge und durch persönliche Erfahrungen unterstützt werden.

Die Risikovorsorge thematisiert die finanzielle Absicherung des Vermögens im Schadenfall. Weder Länder noch Kommunen haften hier für Schäden. Deshalb müssen sich in Deutschland die potentiell Betroffenen selbst schützen.[7] Hier gibt

---

1 Vgl. *Internationale Kommission zum Schutz des Rheins* (2002), S. 42.

2 Vgl. *Ministerium für Umwelt und Forsten des Bundeslandes Rheinland Pfalz (Hrsg.)* (1998), S. 7.

3 Vgl. *Petrow/Thieken/Kreibich* (2003), S. 48.

4 Weitere Möglichkeiten der Bauvorsorge z.B. durch die Verwendung geeigneter Materialien siehe *Ministerium für Umwelt und Forsten des Bundeslandes Rheinland Pfalz (Hrsg.)* (1998), S. 20 ff oder *Bundesministerium für Verkehr, Bau- und Wohnungswesen* (2002a).

5 Vgl. *Ministerium für Umwelt und Forsten des Bundeslandes Rheinland Pfalz (Hrsg.)* (1998), S. 7.

6 Vgl. *Petrow/Thieken/Kreibich* (2003), S. 49 ff. Die Bauvorsorge kann ebenfalls auf geologische Gefahren ausgeweitet werden. So ist z.B. ein Vulkanausbruch selbst nicht beeinflussbar. Das Schadenausmaß kann allerdings z.B. durch Barrieren gegen Lavaströme oder durch Abkühlung der Lava mit Meerwasser gemindert werden. Gleiches gilt für Erdbeben bei der Errichtung von Gebäuden. So können durch geeignete Bauten die entstehenden seismischen Energien in andere Energieformen umgewandelt werden. Neben dem Entwurf, der Konstruktion und der Bemessung von Gebäuden, haben die verwendeten Materialien eine große Bedeutung. Eigenschaften wie die Verformbarkeit und Dehngeschwindigkeit sind hier für die entstehende Schadenhöhe besonders wichtig. Auch für bestehende Bauten ist die Bauwerksertüchtigung durch An- und Stützbauten sowie Aussteifungen der Mauerwerke möglich. In der europäischen Union gibt es ein für die Mitgliedsstaaten verbindliches Regelwerk, das u.a. die Einteilung des Staates in Erdbebenzonen und konstruktive Anforderungen an Gebäude regelt (Vgl. *Plate/Kron/Seiert* (1993), S. 26 ff.).

7 Vgl. *Ministerium für Umwelt und Forsten des Bundeslandes Rheinland Pfalz (Hrsg.)* (1998),

es verschiedene Arten, um für ökonomische Folgeschäden eines Naturereignisses Vorsorge zu treffen. In diesem Zusammenhang können sowohl der Staat als auch Privathaushalte und Unternehmen aktiv werden.[1] Für die finanzielle Vorsorge eines Schadens sind heute grundsätzlich drei Wege möglich: Erstens durch öffentliche Hilfe, zweitens durch individuelle Selbsthilfe (Eigenvorsorge) und drittens durch die Selbsthilfe eines größeren Kollektivs,[2] zum Beispiel durch die Gefahrengemeinschaft einer Versicherung.[3]

Die Verhaltensvorsorge klärt über potentielle Risiken auf und bereitet die Sacheigentümer auf die Gefährdung vor. Sie ist die Basis für schadenmindernde Maßnahmen. Die Spannweite der hierunter subsumierten Maßnahmen reicht von der Erstellung einer Checkliste mit benötigten Sachen im Schadenfall bis hin zu einer Information über die Gefährdungslage eines Objektes. Es ist wichtig, die Gefahrenlage glaubhaft und erfahrungsnah zu vermitteln. Die Verhaltensvorsor-

---

S. 13.

1 Die Abgrenzung zwischen privater und staatlicher Vorsorge kann aus verschiedenen verfassungsrechtlichen Sichtweisen betrieben werden. So ist die Verfassung der Bundesrepublik durch die normative Grundauslegung des Art. 1 GG geprägt, der die Unantastbarkeit der Würde des Menschen und die Verpflichtung des Staates diese zu achten und zu schützen beinhaltet. Die Gemeinschaftsgebundenheit des Art. 1 steht in einem Spannungsfeld zum Eigenwert des Menschen im Sinne einer freien Persönlichkeitsentfaltung, ohne als Gegensatz hierzu zu wirken. Vielmehr führt das Grundgesetz neben der Idee eines Rechtsstaates mit freien und selbstverantwortlichen Bürgern auch die Sozialstaatsklausel in Art. 20 GG, der die Gefährdung des einzelnen sieht und der Gemeinschaft Verantwortung zur Sicherung einer menschenwürdige Existenz überträgt. Die Synthese aus Sozial- und Rechtsstaatlichkeit führt zu der Diskussion zwischen privater Eigenvorsorge und der Solidarität der Gemeinschaft (Vgl. *Benda* (1976), S. 41 ff.).

2 Als wichtigste Aufgabe eines Versicherers wird der Aufbau eines Risikokollektivs bezeichnet, das in der Lage ist, durch eine entsprechende Größe einen quantitativen und durch die Zusammensetzung der Risiken einen qualitativen Ausgleich zu gewährleisten (Vgl. *Müller-Lutz* (1991), S. 415). Der quantitative Risikoausgleich kommt durch die summenmäßige Homogenisierung und durch die Abwälzung eingegangener Risiken auf Rückversicherer zu Stande. Die qualitative Gestaltung setzt eine Risikoauslese voraus (Vgl. *Hax* (1964), S. 19). So ist eine Versicherung „...die Übernahme eines permanenten Leistungsversprechens." (*Müller* (1981), S. 158).

3 Vgl. *Hax* (1964), S. 12. Die Versicherung beinhaltet die entstandenen, monetär messbaren Schäden. Die Diskrepanz, die zwischen den real eintretenden Schäden (somit auch den seelischen Schäden und dem Verlust ideeller Werte) und der finanziellen Messbarkeit und somit der Fähigkeit zum monetären Ausgleich besteht, ist nicht der Gegenstand des Vertrages (Vgl. *Müller-Lutz* (1991), S. 412). Den Kern des Versicherungsgeschäfts bildet die Erkenntnis, dass viele Wirtschaftssubjekte von einer Gefahr bedroht sind und nur wenige tatsächlich geschädigt werden. Die Umlage der Schäden auf eine größere Gruppe führt für den Einzelnen zu einer geringeren Belastung und damit zur Tragfähigkeit von Gefahren (Vgl. *Müller-Lutz* (1991), S. 414). Für diese Gruppe wird in der Versicherungswissenschaft auch der Begriff Gefahrengemeinschaft gewählt. Die Vermittlung der Eingebundenheit in eine Gemeinschaft bezeichnet *Seuß* als „...idealistische oder romantische Überwölbung des Gesetzes der großen Zahl oder des versicherungstechnischen Kollektivs.." (*Seuß* (1994), S. 471).

ge muss deshalb langfristig angelegt und wiederholt werden, um das Risikobewusstsein der Bevölkerung zu schärfen.[1]

Die Informationsvorsorge klärt die Bevölkerung über die grundsätzliche Gefährdungslage und eine aktuelle Bedrohung ihres Wohngebietes auf. Die unmittelbar gefährdeten Gebiete müssen definiert werden, um die Mittel des Katastrophenmanagements zu bündeln. Dieses soll verhindern, dass ungefährdete Objekte gesichert werden.[2] Die Aufgaben der Hochwasserwarn- und Frühwarnsysteme[3] bestehen darin, ein bevorstehendes (Extrem-) Ereignis zu erkennen, die meteorologische Situation zu bewerten[4] und entsprechende Warnungen abzuleiten. An dieser Stelle setzen dann Reaktionen der Gewarnten und Rettungsmaßnahmen an. Die vorgestellten Maßnahmen sind nicht unabhängig voneinander. So hängt der Investitionsumfang in Bauvorsorgemaßnahmen unmittelbar den Informationen ab, die über die Hochwassergefährdung des Gebietes vorhanden sind.[5] Hieran schließen die Elemente der Katastrophenbewältigung an.

#### *2.4.2.2. Elemente der Katastrophenbewältigung*

Die Katastrophenbewältigung beinhaltet Maßnahmen zur Abwehr und zum Wiederaufbau. Unter der Katastrophenabwehr versteht man sämtliche Handlungen, die nach dem Eintreten einer Naturkatastrophe ergriffen werden und das Ziel verfolgen, deren Auswirkungen zu vermindern. Hierzu zählen bspw. Rettungsmaßnahmen und Evakuierungen. Der Wiederaufbau geschädigter Gebäude setzt eine Stufe später ein.[6]

Als Maßnahme zur Bewältigung von Hochwasserkatastrophen auf nationaler Ebene[7] wird an erster Stelle der föderal organisierte Katastrophenschutz genannt, der die Auswirkungen der Hochwasser bekämpft.[8] Die Länder haben als Be-

---

[1] Vgl. *Petrow/Thieken/Kreibich* (2003), S. 57 f.

[2] Vgl. *ebd.*, S. 56 ff.

[3] Rechtzeitiges und richtiges Warnen stärken die Risikosensibilisierung der Bevölkerung nur, wenn sich die Warnung bewahrheitet (Vgl. *Plate/Kron/Seiert* (1993), S. 19).

[4] Geologische Naturkatastrophen sind sehr unterschiedlich vorhersehbar. Während Erdbeben nur schwer voraussagbar sind, können Vulkanausbrüche recht gut prognostiziert werden (Vgl. *Müller* (2000), S. 11). Der Vorteil bei der Risikoeinschätzung von Vulkanen liegt darin, dass sie lokalisierbar sind. Durch geeignete Methoden sind deshalb Prognosen über bevorstehende Ausbrüche und Vorhersagen über den Zeitpunkt der Eruption möglich (Vgl. *Plate/Kron/Seiert* (1993), S. 45.), auch wenn die Ausbruchsfrequenz zu gering ist, um mittels statistischer Analysen ihre Intensität zu klassifizieren (Vgl. *Münchener Rückversicherungs-Gesellschaft* (1998a), S. 9).

[5] Vgl. *Petrow/Thieken/Kreibich* (2003), S. 52.

[6] Vgl. *Grünwald/Merz* (2003), S. 10.

[7] Vgl. *ebd.*, S. 19. Maßnahmen auf internationaler Ebene haben im Rahmen dieser Arbeit mit Fokussierung auf die Bundesrepublik keine unmittelbare Bedeutung. Mehr hierzu siehe, z.B. *Eikenberg et al.* (2002), S. 31 ff.

[8] Die Ausnahme hierfür ist der Verteidigungsfall, für den nach Art. 73 Abs.1 GG der Bund die

standteil des Sicherheits- und Ordnungsrechts eigene Katastrophenschutzgesetze, die den Begriff, die Aufgaben und die Organisation des vorbeugenden und abwehrenden Katastrophenschutzes[1] definieren. Die entsprechenden Aufgaben werden grundsätzlich auf der Kreisebene (in den Flächenstaaten) oder auf der Landesebene (in den Stadtstaaten) wahrgenommen.[2] Im Bedarfsfall werden die Ressourcen durch die Potentiale des Bundes erweitert, die im Verteidigungsfall Zivilschutzaufgaben wahrnehmen sollen. Somit ist der Katastrophenschutz in der Bundesrepublik keine mit sachlichen und personellen Mitteln ausgestattete Organisation, sondern eine durch die Gesetze der Länder geregelte Struktur.[3] Hinzu kommen eine Reihe nichtstaatlicher Hilfsorganisationen, die im Bedarfsfall zu koordinieren sind, z.B. der Arbeitersamariterbund (ASB), das Deutsche Rote Kreuz (DRK), die Deutsche Lebensrettungsgesellschaft (DLRG) usw. Diese „Träger des Katastrophenschutzes" sind zusammen mit den landesrechtlich geregelten Feuerwehren, den Krankenhäusern und der Polizei sowie dem Technischen Hilfswerk (THW) als Körperschaft des Bundes der nach außen sichtbare Teil des Katastrophenschutzes.[4] Dieses System wird im Bedarfsfall ad hoc zusammengestellt,[5] wodurch Spannungen zwischen den Beteiligten entstehen.[6]

Als sonstige Komponenten des Katastrophenschutzes gelten:

- Die Bereitstellung von Notunterkünften, Verpflegungen usw.

---

ausschließliche Gesetzgebungskompetenz besitzt.

1 Unter dem „abwehrenden Katastrophenschutz" versteht man den Schutz der Allgemeinheit vor Gefährdungen und Schäden durch Katastrophen. Der „vorbeugende Katastrophenschutz" setzt davor an. Er umfasst Maßnahmen die eine Bekämpfung von Katastrophen vorbereiten (Vgl. *Busold* (1990), S. 32 ff.).

2 Vgl. *Busold* (1990), S. 9. Ebenfalls in den Zuständigkeitsbereich der Länder fallen Gesetze über Hilfeleistungen der Feuerwehren. Diese Bestimmungen gelten im Katastrophenfall ergänzend zu den Katastrophenschutzgesetzen (Vgl. *Ebd.* S. 11 f.).

3 Vgl. *Streitz/Dombrowsky* (2003), S. 100.

4 Der Arbeiter-Samariter-Bund ist eine 1888 gegründete Hilfsorganisation, die hauptsächlich Rettungsdienste und Krankenbeförderung im Rahmen der Wohlfahrtspflege organisiert und durchführt. Das Deutsche Rote Kreuz ist ein föderativer Verband, der in Landes-, Kreis- und Ortsverbänden unterteilt ist. Das DRK stellt Rettungsdienste und Krankentransporte zur Verfügung und bildet die Bevölkerung in der Ersthilfe aus. Die Deutsche Lebensrettungsgesellschaft ist ein Zusammenschluss freiwilliger Helfer, die im Rahmen den Einsatz und die Organisation des Wasserrettungsdienstes übernimmt. Das Technische Hilfswerk ist eine Organisation für technische Hilfe im Katastrophenschutz und für die humanitäre Hilfe im Auslandseinsatz (Vgl. *Kirchbach/Franke/Biele*(2002), S. 197 ff). Das THW agiert im Rahmen der Amtshilfe des Bundes i.d.R. dann, wenn zusätzliche Ausstattungen oder eine besondere Qualifikation im Katastropheneinsatz erforderlich sind. (Vgl. *Eikenberg et al.* (2002), S. 59).

5 Vgl. *Streitz/Dombrowsky* (2003), S. 100.

6 Vgl. *Clausen/Möller* (1993), S. 123. Als unterste Stufe der Katastrophenbewältigung im subsidiären Sinne kommt der Selbstschutz in Form von Nachbarschaftshilfen und Bürgerinitiativen hinzu (Näheres hierzu bei *Pfeil* (2000)).

- Die Provisorische Instandsetzung lebenswichtiger Einrichtungen und Verkehrswege.
- Der Wiederaufbau der beschädigten und zerstörten Sachen, um die Funktionsfähigkeit des gesellschaftlichen Systems wieder herzustellen. Hierunter fallen z.B. auch Maßnahmen zur Entsorgung (Nachsorge). Zudem sind Schwemmgüter auf den Grundstücken zu entsorgen.[1]

Die föderal organisierte Katastrophenbewältigung in der Bundesrepublik ist somit durch ein Nebeneinander verschiedener Zuständigkeiten und Organisationen geprägt. Den Möglichkeiten des Katastrophenmanagements sind deshalb enge Grenzen gesetzt, wie im Folgenden zu sehen sein wird.

### *2.4.3. Möglichkeiten und Grenzen des Katastrophenmanagements*

Die Anzahl der Todesopfer und die volkswirtschaftlichen Schäden einer Naturkatastrophe werden durch viele Komponenten bestimmt. Neben vom Menschen nicht zu beeinflussenden Kriterien wie der Intensität einer Naturkatastrophe, gibt es vor, während und nach einem Ereignis Handlungsoptionen, die das Ausmaß der Katastrophe beeinflussen.[2]

Besonders kritisch sind die attraktiven Lebensbedingungen in von Vulkanen und Überschwemmungen bedrohten Gegenden. Diese Gebiete sind durch fruchtbare Böden, Möglichkeiten zur Nutzung geothermischer Energien und nicht selten durch attraktive Anziehungspunkte für den Tourismus gekennzeichnet.[3] Daneben haben menschliche Eingriffe in die natürliche Umwelt eine große Bedeutung. So kann eine zunehmende Versiegelung der Böden die Abflusskapazität einer Oberfläche merklich mindern und die Wahrscheinlichkeit eines Hochwassers erhöhen. Flussnahe Bebauungen und Wertekonzentrationen führen zu einem steigenden Schadenpotential. Dies gilt umso mehr, da in längeren schadenfreien Zeitperioden die Gefahren unterschätzt werden. Die gleiche Begründung wird für vernachlässigte Hochwasserschutzmaßnahmen genannt. Deshalb werden die Deiche des Rheins, der durch laufende Hochwasser geprägt ist, besser instandgehalten, als die Deiche an der Elbe, die vor den Hochwassern 2002 seit längerer Zeit keinem bedeutenden Hochwasser ausgesetzt waren.[4] Somit werden Maßnahmen des Ka-

---

[1] Vgl. *Ministerium für Umwelt und Forsten des Bundeslandes Rheinland Pfalz (Hrsg.)* (1998), S. 32 f.

[2] Vgl. *Plate/Kron/Seiert* (1993), S. 11 f.

[3] Vgl. *Schmincke/Behncke/Dehn et al.* (1993), S. 355.

[4] Vgl. *Grollmann/Simon* (2002), S. 4 f. Gleichwohl bestimmen Budgetrestriktionen das Handeln. So müssen nach einer Entscheidung des Bundesgerichtshofes aus dem Jahr 1982 sogenannte „Jahrhundertereignisse" von der öffentlichen Hand nicht mehr bewältigt werden. Der Staat handelt pflichtwidrig, wenn Maßnahmen des Hochwasserschutzes bei einer vorhersehbaren Gefahr nicht ergriffen werden, wobei die entstehenden Kosten in einem angemessenen Verhältnis zu dem drohenden Schadenpotential stehen müssen. Konkretisiert wurde dieses

tastrophenschutzes durch ein Spannungsfeld von reizvollen Lebensbedingungen, Werteansammlungen und Unterschätzung der Gefahren beeinflusst.

Die föderale Struktur der Katastrophenvorsorge führt durch das Nebeneinander von Aufgaben des Bundes und der Länder ebenfalls zu systembedingten Problemen. Während z.B. das Bundesministerium für Umwelt, Naturschutz und Reaktorsicherheit die Grundsatzfragen der Wasserwirtschaft und die grenzüberschreitende Zusammenarbeit übernimmt, obliegen den Bundesländern die Grundsätze der Hochwasservorsorge und -abwehr.[1] Die Zuständigkeiten für den Katastrophenschutz liegen im Unterschied zum Zivilschutz bei den Ländern. Sie haben wiederum in länderspezifischen Katastrophenschutzgesetzen eigene Regeln, Maßnahmen und Zuständigkeiten festgelegt. Diese werden u.U. auf die kommunale Ebene delegiert.[2] Durch diese horizontale und vertikale Aufsplitterung der Gesetzgebungskompetenz wird eine Bündelung der Ressourcen und die Außendarstellung der Katastrophenvorsorge erschwert. Ähnliche Probleme treten beim technischen Hochwasserschutz auf, wenn z.B. wie im Falle des Rheins geschehen, Staustufen in einem Teil eines Flusses gebaut werden, was zu einer Verschärfung der Hochwassergefahr in anderen Teilen führt.[3] Neben den Trägern der öffentlichen Hand sind weitere Stellen an der Katastrophenvorsorge beteiligt, wie z.B. die meteorologischen Dienste und Wasserwirtschaftsbehörden. Abgeschlossen wird diese Kette durch das Verhalten der Gewässernutzer, der angesiedelten Unternehmen und der betroffenen Privathaushalte.[4] Deshalb erfordert die Vorsorge und die Bewältigung von Hochwasserkatastrophen ein hohes Maß an Kooperation, Kommunikation und Führung über alle fachlichen und räumlichen Grenzen hinweg.[5] Gleiches gilt für die Katastrophenbewältigung, in der weitere Hilfsorganisationen vertreten sind. Hierdurch entstehen Abstimmungs-, Koordinierungs- und Durchführungsprobleme. Hinzu kommen unterschiedliche Interessenlagen aller Beteiligten, die diese Effizienzprobleme

---

Urteil durch das Oberlandesgericht Celle, das Vorkehrungen gegen Hochwasser auf Ereignisse beschränkt, die durchschnittlich einmal in 50 Jahren auftreten (Vgl. *Thüsing* (2002).

1 Vgl. *Grünwald/Merz* (2003), S. 11.

2 Vgl. *Kirchbach/Franke/Biele*(2002), S. 90. Die Zuständigkeiten sind in Art. 73 Satz 1 GG geregelt. Ausnahmen bestehen nach Art. 35 Abs. 3 GG nur für landesgrenzenüberschreitende Fälle, oder nach Art. 35 Abs. 2 Satz 2 für von den Ländern angeforderte Hilfen. In diesem Fall hat der Bund Eingriffsmöglichkeiten, wobei sich weder Koordinierungs- noch Lenkungsaufgaben des Bundes aus der Verfassung oder den Bundesgesetzen ableiten lassen. Trotzdem setzt der Bund wichtige Rahmenbedingungen z.B. im Zivilschutzgesetz (ZSG) und im Raumordnungsgesetz (ROG).

3 Vgl. *Eikenberg et al.* (2002), S. 43 ff. Hier wurden Staustufen zwischen Basel und Iffezheim gebaut, um die Überschwemmungsgebiete links und rechts des Rheins von Überflutungen abzuschneiden. Diese Maßnahmen erhöhten die Hochwasserrisiken auf der unteren Rheinstrecke.

4 Vgl. *Schümberg/Grünwald* (2003), S. 84 ff.

5 Vgl. *Länderarbeitsgemeinschaft Wasser (LAWA)* (1995), S. 24.

noch verstärken. Im Idealfall müssen alle Beteiligten im Rahmen einer Langzeitorientierung agieren, damit das Handeln nicht von politischen Amts- und Legislaturperioden bestimmt wird. Hinzu kommen Grenzen des kognitiven Apparates, zukünftige Entwicklungen zu antizipieren und hieraus entsprechende Schlussfolgerungen abzuleiten. Unter Anreizaspekten besteht ein Problemfeld der Katastrophenvorsorge darin, dass Kosten in der Gegenwart zu tragen sind, für die erst in der Zukunft ein Nutzen entsteht. Letztlich bedarf es für ein funktionsfähiges Katastrophenvorsorgesystem überdisziplinärer Lösungen, die den komplexen Ursachen- und Problemfeldern gerecht werden.[1]

## *2.5. Zusammenfassung*

Naturgewalten verursachten in der Vergangenheit Not und Hunger bei den betroffenen Menschen. Auch die heutigen hoch technisierten Gesellschaften sind sehr anfällig gegenüber diesen Gefahren. Es liegt deshalb im ureigensten (Überlebens-) Interesse des Menschen, sich gegen solche Ereignisse abzusichern. Durch Naturkatastrophen können hohe volkswirtschaftliche Schäden entstehen. Die Ermittlung der Stromgrößeneffekte ist aufwendig und schwierig. In den weiteren Ausführungen werden deshalb Bestandgrößeneffekte im Rahmen der volkswirtschaftlichen Schäden betrachtet und beide Begriffe synonym verwendet. Weltweit haben die Gesamtschäden im letzten Jahrhundert überproportional zu der Anzahl der Ereignisse zugenommen. Die jährlichen Schäden im zweistelligen Milliardenbereich in USD sind nahezu gleichverteilt auf Erdbeben, Stürme und Überschwemmungen.

Die Gefährdungslage in der Bundesrepublik Deutschland ist durch atmosphärische Naturgewalten geprägt. Stürme sind im langjährigen Durchschnitt hinsichtlich der Schadenanzahl, der Todesfälle sowie der ökonomischen und versicherten Schäden am bedeutendsten. Berechnungen für mögliche volkswirtschaftliche Schäden durch Überschwemmungen reichen bis weit in den zweistelligen Milliardenbereich. Das größte Schadenpotential dieser Gefahrengruppe bilden Sturmfluten mit geschätzten mehr als 100 Mrd. EUR. Bei den geologischen Gefahren könnten Erdbeben in der Region Köln ebenfalls zu einem Schaden im dreistelligen Milliardenbereich führen. Vulkanausbrüche und Massebewegungen haben dagegen ein vergleichsweise geringes Schadenpotential. Neben diesen ökonomischen Folgewirkungen lassen sich die Risikoprofile der Elementargefahren bezüglich ihrer zeitlichen und räumlichen Ausdehnung unterscheiden. In der Bundesrepublik treten Erdbeben relativ selten und unregelmäßig in regional begrenzten Gebieten auf. Überschwemmungsschäden hingegen sind häufiger bei einer vergleichsweise geringen räumlichen Streuung. Stürme zeichnen sich durch eine hohe Frequenz aus. Sie könnten mittels moderner Prognose- und Vorwarninstrumente im Vergleich zu Erdbeben jedoch angekündigt werden. Stürme ereig-

[1] Vgl. *Eikenberg et al.* (2002), S. 25 f.

nen sich grundsätzlich zu allen Jahreszeiten, wobei insbesondere Winterstürme kennzeichnend für die Bundesrepublik sind. Durch ihre große räumliche Streuung können hohe Schäden in weiträumigen Gebieten entstehen.[1] Langfristig wird mit steigenden Schadenbelastungen durch Klimaveränderungen gerechnet, da eine Zunahme der Niederschlagsintensität und eine Erhöhung der Ereignisfrequenz erwartet wird.[2] Daneben führen anthropogene Einflüsse wie Wertekonzentrationen in gefährdeten Gebieten zu einer Erhöhung der Gefährdungspotentiale.

Das Katastrophenmanagement in der Bundesrepublik kann in die Teilbereiche Vorsorge und Bewältigung unterteilt werden, deren einzelnen Komponenten ineinander greifen. Die Katastrophenvorsorge ist in Deutschland eine Querschnittsaufgabe, die u.a. verschiedene Politikfelder und Planungsbereiche der Träger der öffentlichen Hand berührt. Neben diesen verschiedenen sektoralen Zuständigkeitsbereichen ist auch die Gesetzgebungskompetenz föderal gestaltet. Die Spannweite der Maßnahmen in der Katastrophenvorsorge reicht z.B. bei Überschwemmungen von natürlichen und technischen Rückhaltesystemen bis hin zur Flächenvorsorge. An die Vorsorge knüpft die Katastrophenbewältigung an. Hierunter werden Maßnahmen zur Abwehr (z.B. Evakuierungen durch den Katastrophenschutz) und zum Wiederaufbau verstanden. Insgesamt ist das Katastrophenmanagement in Deutschland durch ein Spannungsfeld von attraktiven Lebensbedingungen in gefährdeten Gebieten mit entsprechenden Wertekonzentration und durch vielfältige Zuständigkeiten geprägt. Derzeit kommt es dem Idealfall eines langfristigen und überdisziplinären Katastrophenmanagements nicht nahe.

---

[1] Vgl. *Lamby* (1993), S. 65 ff.

[2] Vgl. *Schweizerische Rückversicherungs-Gesellschaft (Hrsg.)* (2003), S. 3.

## *3. Schäden durch Naturgewalten und deren monetäre Kompensation am Fallbeispiel der Hochwasser 2002 in Deutschland*

### *3.1. Ökonomische Schäden durch die Hochwasser 2002*

Die Hochwasser 2002 haben in der Bundesrepublik Deutschland zu Rekordniederschlägen[1] und Schäden von mehreren Milliarden Euro geführt. Meteorologisch gesehen waren die Überschwemmungen im August 2002 zwei Ereignisse, die im wesentlichen durch die Tiefdruckgebiete „Hanne“ und „Ilse“[2] hervorgerufen wurden.[3] Europaweit verursachten die Hochwasser nach Angaben der Münchener Rück 230 Todesfälle und 18,6 Mrd. USD an volkswirtschaftlichen Schäden.[4] Vorübergehend waren 600.000 Menschen obdachlos.[5] Damit waren diese Naturkatastrophen die größten von weltweit 700 Ereignissen im Jahr 2002.[6]

Für die Quantifizierung der Gesamtschäden waren Schätzungen notwendig, die zusammen mit einem zeitlich verzögerten Schadeneintritt[7] zu Ergebnisverzerrun-

---

1 Am 12. August wurden in Zinnwald (Sachsen) Niederschläge von 312 mm, d.h. 20% mehr als der bisherige Rekordwert für Deutschland, gemessen (Vgl. *Deutscher Wetterdienst (Hrsg.)* (2002)).

2 „Ilse“ war eine VB-Wetterlage,[2] die für Überschwemmungen in Deutschland charakteristisch ist und durchschnittlich drei- bis viermal jährlich auftritt. VB-Wetterlagen sind markante Wettererscheinungen mit kräftigem Regen im Sommer und intensiven Schneefällen im Winter (Vgl. *Kirchbach/Franke/Biele* (2002), S. 20). Hierbei dringen warme und feuchte Luftmassen aus dem Mittelmeerraum in den Norden und treffen dort auf kühlere, aus Westen und Norden kommende, Luftmassen. Tiefdruckgebiete entstehen, deren Niederschläge durch Stau der Massen an den Alpen oder Mittelgebirgen an Intensität zunehmen (Vgl. *Münchener Rückversicherungs-Gesellschaft* (2003), S. 19 f.).

3 Das Tief „Hanne“ zog über der südlichen Nordsee feuchtwarme Luft aus dem Mittelmeerraum an. Durch das Aufeinandertreffen mit kühleren Luftmassen über Österreich, Böhmen und Bayern kam es zu Starkregen mit Niederschlagsmengen bis zu 150 mm. Das zweite Tief „Ilse“ war ursächlich für die Überschwemmungen der Elbe verantwortlich. Über Genua nahm es große Wasserdampfmengen auf, bevor das Tief nordwärts zog und abregnete. Der Kern verlagerte sich nach Nordosten, was in Verbindung mit der Zufuhr feuchter Luftmassen aus Norden und Westen zu erneuten Regenfällen führte. Hierdurch entstanden heftige Gewitter. Dieser Zyklus wiederholte sich mehrfach in der ersten Augusthälfte (Vgl. *Deutscher Wetterdienst (Hrsg.)* (2002)).

4 Diese Unterteilung in zwei Ereignisse erfolgt aus meteorologischer und wissenschaftlicher Sicht. Lediglich in Österreich und Tschechien gab es zeitliche und räumliche Überlappungen (Vgl. *Münchener Rückversicherungs-Gesellschaft* (2003), S. 21).

5 Vgl. *Simon/Grollmann* (2002), S. 682.

6 Vgl. *Münchener Rückversicherungs-Gesellschaft* (2003), Weltkarte der Naturkatastrophen 2002.

7 So können z.B. geo-hydrologische Schäden an Bauwerken erst nach den Frostperioden des Winters deutlich werden. Gleiches gilt für Unternehmen, die eine Schadenbilanz durch Besonderheiten ihres Wirtschaftszweiges erst später aufstellen können, wie z.B. Energieversor-

gen führten. Erste Schätzungen der Gesamtkosten differierten deshalb sehr stark. Sie reichten europaweit von 15 Mrd. EUR[1] bis 25 Mrd. EUR.[2] Für Deutschland rechnete das Hamburger Wirtschaftsforschungsinstitut (HWWA) zunächst mit Schäden von 15 Mrd. EUR,[3] bevor im Oktober 2002 die Schätzungen auf 30 Mrd. EUR korrigiert wurden.[4] Aufgrund dieser unterschiedlichen Schätzungen wurden durch Bundes- und Landesregierung(en) einheitliche Kriterien für die Bemessung der Entschädigungsleistungen entwickelt. Deshalb wurden „...nur die unmittelbar durch Hochwasser an baulichen Anlagen und Ausstattungen im Einzugsgebiet von Elbe und Donau zwischen dem 10.08.2002 und dem 31.08.2002 verursachte Schäden berücksichtigt...“[5]. Als Kriterium für die Bemessung der Schadenhöhe galten die Wiederherstellungskosten und die Kosten von Ersatzbeschaffungen. Für Privathaushalte wurden Schäden an Wohngebäuden und Hausratgegenständen registriert. Bei Gewerbebetriebe waren es Einbußen am Anlage- und Umlaufvermögen. Hierzu zählten insbesondere Renovierungs- und Reparaturkosten von Gebäuden, die Wiederherstellung der Nutzbarkeit des Grundstücks sowie die Reparatur bzw. Ersatzbeschaffung beschädigter Maschinen, Fahrzeuge, Geschäftsausstattungen und Waren.[6] Nach Angaben der Bundesregierung beliefen sich die Gesamtschäden in Deutschland auf 9,2 Mrd. EUR inkl. 1,6 Mrd. EUR für Infrastrukturschäden an Einrichtungen des Bundes. Insgesamt wurde jedes zweite Bundesland von diesem Ereignis betroffen, wobei sich knapp 79% der Länderschäden in Sachsen ereigneten (siehe Anhang 1). Die Schäden verteilten sich unterschiedlich auf die Wirtschaftssektoren wie Tabelle 3 zeigt. Neben den Trägern der öffentlichen Hand wurden Privathaushalte stark in Mitleidenschaft gezogen. Gleiches gilt für Gebäude der gewerblichen Wirtschaft und für Industrieanlagen, deren Gesamtschäden 1,7 Mrd. EUR betrugen.[7] Die Schäden

---

gungsunternehmen. Deshalb ist ein tendenzieller Anstieg der Gesamtkosten auch Monate nach einer Katastrophe unvermeidlich (Vgl. *Sächsische Staatskanzlei (Hrsg.)* (2003), S. 5 ff).

1 Vgl. *o.V.* (2002p).

2 Vgl. *Schellnhuber* (2002), S. 3.

3 Vgl. *Münchener Rückversicherungs-Gesellschaft* (2003), S. 27.

4 Vgl. *Schmid* (2002), S. 7. Die Schätzungen der Gesamtschäden erfolgen häufig nach einem Muster. Zunächst werden verhaltene Schätzungen publiziert. In einer zweiten Phase werden die Schäden gesichtet und durch politische Äußerungen flankiert und instrumentalisiert. Die Schätzungen werden erhöht. Nach einer Katastrophe lässt das öffentliche Interesse nach und es werden in einer letzten Phase die Schadenprognosen nach unten korrigiert (Vgl. *Münchener Rückversicherungs-Gesellschaft* (2003), S. 27).

5 *Sächsische Staatskanzlei (Hrsg.)* (2003), S. 10.

6 Vgl. *Bundesministerium des Inneren* (2002b), S.1 ff.

7 Vgl. *Münchener Rückversicherungs-Gesellschaft* (2003), S. 27 f. Damit wurden Unternehmen weitaus stärker geschädigt als bei der Oderflut 1997, weil auch Großstädte wie Dresden betroffen waren (Vgl. *Tatge* (2003), S. 38).

an der Verkehrsinfrastruktur waren durch die mittelbaren Folgewirkungen für das Produktionspotential besonders bedeutend.[1]

Tabelle 3: Schadenaufstellung nach Sektoren[2]

| **Schadensektor** | **Schäden in Mio. EUR** |
|---|---|
| Infrastrukturschäden des Bundes z.B. der Bahn AG, am Straßennetz, an Wasserstraßen usw. | 1.600 |
| Privathaushalte | 2.100 |
| Gewerbliche Wirtschaft (ohne BU) | 1.700 |
| Staatliche und kommunale Infrastruktur in den Ländern | 1.800 |
| Sonstige Schäden, z.B. Infrastruktur in privater Trägerschaft und kulturelle Einrichtungen | 1.710 |
| Landwirtschaft | 290 |

Quelle: Tatge, Y. (2003), S. 38.

In der Aufteilung der Schäden auf die Sektoren unterschieden sich die Bundesländer. Während in Niedersachsen die umfangreichsten Schadenkosten für die Reparatur der Deiche anfielen,[3] war in Mecklenburg- Vorpommern die Landwirtschaft wesentlich stärker betroffen als im Bundesdurchschnitt.[4] In Sachsen waren Wohngebäude (27,5%) und gewerbliche Unternehmen (22,9%) zusammen mit mehr als der Hälfte an den Gesamtschäden beteiligt. In Sachsen-Anhalt hingegen machten sie lediglich 23,2 % der Gesamtaufwendungen aus.[5] Bundesweit zeigt eine Gegenüberstellung, dass Gebäude einen wesentlich höheren Anteil am Gesamtumfang der Schadensumme ausmachten als Hausratgegenstände. Das Verhältnis von Gebäude- zu Hausratschäden betrug in Sachsen 3,22:1 und in Sachsen-Anhalt 1,83:1. Über die durchschnittliche Schadenhöhe sind wenige Anga-

---

1 Hierunter fielen Schäden an 180 Brücken, 740 km Straßen, 94 Eisenbahnbrücken und 400 km Gleisen. Hinzu kamen Schäden an Flussverbauungen, an Kanälen und am Telekommunikationsnetz (Vgl. *Münchener Rückversicherungs-Gesellschaft* (2003), S. 28).

2 Diese Zahlen basieren auf einem Stand vom November 2003.

3 Vgl. *o.V.* (2003c).

4 Vgl. *Landesregierung Mecklenburg-Vorpommern (Hrsg.)* (2003).

5 Zur Verdeutlichung der unterschiedlichen Auswirkungen der Hochwasser siehe einen Vergleich der Schäden in den zwei am stärksten betroffenen Bundesländern im Anhang 2.

ben veröffentlich worden. In Sachsen sind Schäden von 1,706 Mrd. EUR an 25.652 Wohngebäuden entstanden. Dies entspricht einem Durchschnitt von rund 66.505 EUR pro Gebäude.[1] Die Verteilung und Spannweite dieser Schäden war beträchtlich. Während 2/3 der Gesamtschadensumme auf „umfangreiche" Schäden an Gebäuden entfielen, machten „leichte Schäden" 25 % aus. Die restlichen 9 % entfielen auf einsturzgefährdete (6 %) oder total zerstörte Wohngebäude (3 %). Insgesamt waren 11.961 Betriebe mit 108.198 Mitarbeitern betroffen.[2] Bei den Unternehmen wurden Schäden an Gebäuden und deren Inhalt in den Veröffentlichungen nicht unterschieden.[3]

Zu diesen Bestandgrößeneffekten kamen Auswirkungen auf das BIP (Stromgrößeneffekte) hinzu. So waren nach Schätzungen der Bundesregierung mehr als 337.676 Menschen, vornehmlich in den fünf neuen Bundesländern, von der Flut betroffen. Das BIP pro Kopf in Ostdeutschland (ohne Berlin) betrug im Jahr vor der Naturkatastrophe 16.514 EUR. Unter der Annahme, dass die Flut ca. einen Monat andauerte und die Betroffenen für diesen Zeitraum einer Erwerbstätigkeit nicht nachgehen konnten, ergab sich hieraus ein negativer Effekt für das BIP in Höhe von 465 Mio. EUR. Auch wenn dies nur 0,023 % des bundesdeutschen BIP waren, entstanden stärkere regionale Auswirkungen (z.B. 0,3 % des BIP von Sachsen).[4] Die Finanzierungsart der Schadenregulierung entscheidet über positive konjunkturelle Auswirkungen durch eine steigende Nachfrage für Investitions- und Konsumgüter. Findet die Regulierung über Steuererhöhungen bzw. eine Verschiebung von Steuersenkungen statt, ist eine Gesamtrechnung durch expansive Effekte einer Ausgabenerhöhung und gegenläufige Effekte der Einkommensminderung erforderlich.[5] Nach Auffassung der führenden deutschen Wirtschaftsforschungsinstitute verteilte sich der positive Nachfrageeffekt von 8,5 Mrd. EUR (0,4 % des BIP 2002) auf mehrere Jahre. In 2003 war er am deutlichs-

---

[1] Vgl. *Sächsische Staatskanzlei (Hrsg.)* (2003), S. 3. Die enorme Höhe der durchschnittlichen Schäden zeigt ein Vergleich mit dem Pfingsthochwasser 1999 in Bayern. Hier lag der durchschnittliche Gebäudeschaden bei 10.000 EUR (Vgl. *Deutsche Rückversicherung AG* (1999), S. 20).

[2] Vgl. *Sächsische Staatskanzlei (Hrsg.)* (2003), S. 9.

[3] Vgl. *Staatskanzlei Sachsen-Anhalt (Hrsg.)* (2003), S. 15.

[4] Weitere Schätzungen des Instituts für Wirtschaftsforschung in Halle rechnen mit negativen Auswirkungen auf das bundesdeutsche BIP von 1 Mrd. EUR (0,05%).

[5] Vgl. *Arbeitsgemeinschaft deutscher wirtschaftswissenschaftlicher Forschungsinstitute e.V. (Hrsg.)* (2002), S. 421. Auf eine ausführlichere Diskussion der gesamtwirtschaftlichen Folgen einer Naturkatastrophe wird verzichtet. Neben den beschriebenen Schäden sind weitere an kulturellen Gütern und am Ökosystem entstanden (Vgl. *Statistisches Landesamt Sachsen-Anhalt* (2003)). Die Finanzierung über öffentliche Ausgaben hatte wachstumsbremsende Effekte. Weitere Sekundäreffekte wie die Erhöhung der Nahrungsmittelpreise durch Ernteausfälle und die Erhöhung des Kreditausfallrisikos für die Banken werden nicht betrachtet (Vgl. *Hesse* (2002)).

ten und schwächt sich in den Folgejahren ab.[1] Daneben kam es innerhalb der Bundesländer zu mittelfristigen Verteilungseffekten. Durch die Zuteilung der öffentlichen Mittel entsprechend der Betroffenheit der Bundesländern, die noch ausführlich beschrieben wird, ergaben sich unterschiedliche Effekte auf das BIP der Länder. So wurden die Finanzmittel zu 75 % an Sachsen-Anhalt und Sachsen verteilt. Diese 7 Mrd. EUR entsprachen einer Größenordnung von 6 % des BIP dieser Bundesländer. Hierdurch entstanden regionale Effekte, selbst vor dem Hintergrund, dass Mittel über indirekte Effekte in weiteren (Bundes-) Ländern investiert wurden.[2]

Die Hochwasser 2002 haben deutlich gemacht, dass die Art und der Umfang der Schäden unmittelbar von den Charakteristika der betroffenen Regionen beeinflusst wird. Wie diese hohen Schäden bewältigt werden konnten, wird im folgenden Abschnitt beschrieben.

### *3.2. Finanzielle Bewältigung über das Drei-Wege-System*

#### *3.2.1. Sozialstaatliche Hilfen der öffentlichen Hand*

##### *3.2.1.1. Rechtliche Rahmenbedingungen öffentlicher Hilfen in Deutschland*

Für die Bundesrepublik ist die parallele Schadenregulierung von Naturkatastrophen durch staatliche Hilfen, Versicherungen und Spendengeldern charakteristisch.[3] Im Folgenden werden diejenigen Maßnahmen dargestellt, die zur Finan-

---

[1] Ein solcher Wachstumsschub gilt vor allem für das Baugewerbe. Eine Quantifizierung wird durch fehlende Abgrenzungen zwischen flutbedingten Effekten und öffentlichen Mitteln, die ohne dieses Ereignis investiert worden wären, erschwert (Vgl. *Münchener Rückversicherungs-Gesellschaft* (2003), S. 30 f.).

[2] Vgl. *Münchener Rückversicherungs-Gesellschaft* (2003), S. 31. Im Jahr 2002 konnten solche positiven Effekte für Sachsen und Sachsen-Anhalt nicht festgestellt werden. So hat sich das inflationsbereinigte BIP Sachsens im Jahr 2002 real um 0,1 % erhöht. Diese Stagnation war ähnlich der des Bundes mit einer Erhöhung um 0,2 % (Vgl. Statistisches Landesamt des Freistaates Sachsen (2003)). Auch innerhalb der einzelnen Branchen waren die Auswirkungen kaum spürbar. Eine Ausnahme bildet der Inlandstourismus Sachsens, der im Jahr 2002 deutliche Verluste hinnehmen musste (Vgl. *Statistisches Landesamt des Freistaates Sachsen* (2003a)).

[3] So sind beim Oder-Hochwasser 1997 volkswirtschaftliche Schäden (Bestandsgrößen) in Höhe von 620 Mio. DM ermittelt worden (Vgl. *Bayer* (2002), S. 42). Schäden an Privathäusern wurden auf 40 Mio. DM, an dem darin enthaltene Hausrat auf knapp 20 Mio. DM geschätzt. Weitere Schäden entstanden der Landwirtschaft und den Kommunen (Vgl. *ERC Frankona (Hrsg.)* (1997), S. 12 f.). Die Schadenregulierung war von Spendenzahlungen geprägt. Insgesamt wurden ca. 130 Mio. DM durch private Hilfen bereitgestellt. Davon wurden nur ca. 60 Mio. DM für Gebäudereparaturen und Aufräumarbeiten der Unternehmen benötigt. Die weiteren Mittel flossen nach Polen und Tschechien (Vgl. *Thies* (2002)). Darüber hinaus gab es auf der deutschen Seite ein Hilfsprogramm mit verbilligten Darlehen und Nothilfen der Bun-

zierung der Schäden in den Bundesländern (7,1 Mrd. EUR) ergriffen wurden.[1] In einem weiteren Schritt werden die Programme des Bundes und der Länder für die im Rahmen dieser Arbeit relevanten Privathaushalte und Gewerbebetriebe beschrieben.[2] Darüber hinaus wird der Solidaritätsfond der EU vorgestellt. Im Mittelpunkt der Betrachtung stehen Sachsen, Sachsen-Anhalt und Bayern, die zusammen ca. 95 % der Gesamtschäden aller Bundesländer zu verzeichnen hatten.

Die rechtlichen Rahmenbedingungen für Finanzhilfen der öffentlichen Hand sind das Grundgesetz und diverse Landesgesetze. Die Verteilung der Hoheitsrechte ist in Art. 30 und Art. 31 GG geregelt. Hiernach werden staatliche Aufgaben grundsätzlich durch die Bundesländer ausgeübt, es sei denn, das Grundgesetz regelt etwas anderes. In diesem Fall gilt, dass das Bundesrecht das Landesrecht bricht (Art. 31 GG). Regelungen für Naturkatastrophen finden sich in Art. 91 a Abs. 1 GG, der die Mitwirkung des Bundes bei Aufgaben bestimmt, die für die Gesamtheit bedeutend sind. Hierzu zählen z.B. Aufgaben des Küstenschutzes, wie der Deichbau und die Schaffung von Retentionsflächen. Daneben können die Bundesländer Polizeikräfte anderer Länder, den Bundesgrenzschutz und die Bundeswehr zur Bewältigung einer Naturkatastrophe anfordern (Art. 35 Abs. 2 GG). Das Grundgesetz enthält keine Verpflichtung der öffentlichen Hand zur finan-

---

desregierung sowie Soforthilfen der Landesregierung (Vgl. *ERC Frankona (Hrsg.)* (1997), S. 20). Zwei Jahre später entstanden beim Pfingsthochwasser 1999 im südlichen Teil Bayerns und in Baden-Württemberg durch mehrtägige Starkregenniederschläge Schäden von ca. 1 Mrd. DM. Das Land Bayern installierte verschiedene Hilfsprogramme, die ohne Prüfung der finanziellen Verhältnisse der Geschädigten Gelder zur Verfügung stellten. Ergänzend gab es finanzielle Hilfen in Form von Zinsverbilligungszuschüssen, Staatsbürgschaften oder Notstandsbeihilfen für Gewerbetreibende, Landwirte, Privathaushalte et al., die jedoch keine Schadenersatzleistungen darstellten. Sie wurden im Sinne einer Milderung außergewöhnlicher Notstände gewährt, wobei die Einkommensverhältnisse berücksichtigt wurden. In Baden-Württemberg waren die Schäden mit 50 Mio. DM deutlich geringer als in Bayern. Da ein flächendeckender Versicherungsschutz gegen Elementarrisiken bestand, wurden finanzielle Hilfen nur für nicht versicherbare Schäden gewährt, sodass die Mittel der öffentlichen Hand für betroffene Kommunen und für die Landwirtschaft verwendet wurden (Vgl. *Müller/Faust* (1999), S. 2ff.).

1 Die Differenz zu den Gesamtschäden entsteht, weil die Schäden des Bundes aufgrund fehlender privatwirtschaftlicher Versicherungsdeckungen nicht berücksichtigt werden. Die Bundesschäden in Höhe von 2,1 Mrd. EUR wurden über eine Umschichtung des Verkehrhaushalts (1 Mrd. EUR), über Sofortmaßnahmen des Bundes von 500 Mio. EUR und über Mittel aus dem Strukturfond der EU (600 Mio. EUR) finanziert (Vgl. *Münchener Rückversicherungs-Gesellschaft* (Hrsg.) (2003), S. 30). Risiken des Bundes werden grundsätzlich nicht über Versicherungsverträge gedeckt, deshalb gibt es keine Anknüpfungspunkte an dieser Stelle.

2 Darüber hinaus gab es weitere Programme für die Landwirtschaft (224 Mio. EUR), für Kommunen und für Länder inkl. Kulturgütern (2,226 Mrd. EUR), die über die Themensetzung dieser Arbeit hinausgehen (Vgl. *Bundesministerium des Inneren* (2002c), S. 15 ff.).

ziellen Unterstützung betroffener Unternehmen oder Privathaushalte. Lediglich aus dem Sozialstaatsgebot (siehe Art. 20 Abs. 1 GG und Art. 28 Abs. 1 GG)[1] lässt sich eine Verpflichtung des Staates zu finanziellen Hilfeleistungen ableiten. So ist für jedes Elementarereignis erneut festzulegen, ob staatliche Hilfsmaßnahmen im Rahmen direkter (steuerfinanzierte Transferleistungen) oder indirekter Finanzhilfen (z.B. zinsverbilligte Darlehen) gerechtfertigt sind oder nicht. Die sozialstaatliche Politik ist durch das Subsidiaritätsprinzip geprägt. Hiernach müssen Länder und Kommunen mit ausreichenden Mitteln ausgestattet werden, um ihren Aufgaben nachkommen zu können. Erst wenn diese Mittelausstattung nicht ausreicht und das Land bzw. die Kommunen (einschließlich ihrer Verbände) ihre Aufgaben nicht erfüllen können, greift die höher liegende Instanz mit dem Bundesland bzw. dem Bund. Dieses Subsidiaritätsprinzip wird auf die betroffenen Bürger/ Unternehmen heruntergebrochen, indem öffentliche Mittel erst bereitgestellt werden, wenn eine Selbsthilfe der Betroffenen nicht möglich ist. [2]

Einige Bundesländer regeln in Richtlinien und Verwaltungsvorschriften die Vergabe von freiwilligen Finanzhilfen bei Schäden durch Naturkatastrophen. Die Bestimmungen unterscheiden sich sowohl im Hinblick auf die Form und den Umfang finanzieller Hilfen als auch im Hinblick auf die für den Mittelerhalt zu erfüllenden Voraussetzungen. Grundsätzlich sind die Gelder zweckgebunden und bestimmte Schäden ausgeschlossen. In der Regel werden versicherbare Schäden nicht ersetzt. In einigen Ländern gilt gleiches für Luxusgegenstände. Die Form der Finanzhilfe reicht von direkten Transferzahlungen bis zu indirekten Hilfen durch zinsverbilligte Darlehen. Die Voraussetzungen für den Erhalt der Mittel, z.B. der Umfang der entstandenen Schäden oder die Höhe des Jahresbruttoeinkommens weichen in den Bundesländern stark voneinander ab. Gleiches gilt für die Form und die Höhe der Hilfeleistungen. Daneben sind Selbstbeteiligungen zwischen 20% und 75% von den Betroffenen zu tragen. Diese Maßnahmen sind eine freiwillige Leistung der Länder ohne Rechtsanspruch. Die Länder entscheiden darüber, ob ein Naturereignis den Anforderungen der Richtlinien und Verwaltungsvorschriften genügt und finanzielle Hilfen darstellbar sind. Die Gemeinden übernehmen die Information der Bürger über die zur Verfügung stehenden Mittel und deren Auszahlung. In der Regel ist ein Verwendungsnachweis über die Hilfen zu führen.[3]

---

1 Eine ausführliche Diskussion zum Sozialstaatsbegriff sowie über die Pflichten des Staates und die Rechte der Bürger findet sich bei *Münch* (2000), S. 116 ff.

2 Vgl. *Graff* (2000), S. 42 ff. *Graff* setzt sich ausführlich mit den Finanzhilfen der öffentlichen Hand auseinander und beschreibt (sofern vorhanden) die Programme der Ländern im Rahmen einer vergleichenden Analyse (Vgl. a.a.O., S. 41-74).

3 Vgl. *Graff* (2000), S. 47 ff.

Die umfangreichen Gelder, die zur Regulierung der Schäden 2002 notwendig waren, erforderten ein eigenes Gesetz. Das Flutopfersolidaritätsgesetz wurde am 12. September 2002 vom Deutschen Bundestag beschlossen. Einen Tag später stimmte der Bundesrat der Vorlage zu.[1] Das Gesetz beinhaltet in den Art. 1-4 Änderungen zum Einkommenssteuergesetz 1997, zur Einkommensteuer-Durchführungsverordnung 2002, zum Bundeskindergeldgesetz und zum Körperschaftssteuergesetz 1999. Somit bildeten die Verschiebung der zweiten Stufe der Steuerreform auf das Jahr 2004 und die befristete Erhöhung der Körperschaftssteuer für ein Jahr von 25 auf 26,5 %[2] die Finanzierungsbasis zur Errichtung eines Fonds „Aufbauhilfe" (Aufbauhilfefondsgesetz - AufhFG).[3] Dieser Aufbauhilfe-Fonds steht unter Verwaltung des Bundesministers der Finanzen.[4] Die 7,1 Mrd. EUR des Fonds wurden durch den Bund in Höhe von 49,4 % (3,507 Mrd. EUR) und durch die Länder bzw. Kommunen in Höhe von 50,6 % (3,593 Mrd. EUR) aufgebracht.[5] Somit beteiligte sich der Bund gem. Art. 104 a Abs. 4 GG[6] und auf Grundlage des Aufbauhilfefondsgesetzes (Art. 5 Flutopfersolidaritätsgesetz) an den von den Bundesländern geförderten Maßnahmen.[7]

---

[1] Vgl. *Sächsische Staatskanzlei (Hrsg.)* (2003), S. 15.

[2] Grundsätzlich waren verschiedene Finanzierungswege für den Aufbauhilfefond möglich. Neben Umschichtungen im laufenden Haushalt, Steuer- und/oder Abgabenerhöhungen wären Kreditneuaufnahmen des Staates ein möglicher Finanzierungsweg gewesen (Vgl. *Polleit* (2002)). Unterschiedliche Auffassungen über die Finanzierung des Fonds gab es zwischen dem Bundesrat und dem Bundestag. Während die CDU/CSU-Mehrheit im Bundesrat den Fonds über eine Entnahme aus Bundesbankgewinnen finanzieren wollte (siehe hierzu auch *o.V.* (2002s); *Claus/Luft/Kutzmutz* (2002) sowie Deutscher Bundestag (2002)), bevorzugte die SPD geführte Bundesregierung die Finanzierung über erwartete Steuermehreinnahmen (Vgl. *Höreth/Wolf/Zipfel* (2002), S. 2065 ff.).

[3] Vgl. *Sächsische Staatskanzlei (Hrsg.)* (2003), S. 13.

[4] Vgl. §3 Nr. 1 AufhFG.

[5] Der Anteil der Bundesländer ist gem. § 4 Abs. 3 AufhFG in unterschiedlicher Höhe festgelegt. So bringen Nordrhein-Westfalen (771 Mio. EUR), Bayern (553 Mio. EUR), Baden-Württemberg (476 Mio. EUR) und Niedersachen (322 Mio. EUR) insgesamt 60 % des Gesamtbeitrages aller Länder auf (Vgl. *Höreth/Wolf/Zipfel* (2002), S. 2067). Sachsen, Sachsen-Anhalt und Brandenburg trugen ca. 10 % der Mittel bei, hatten allerdings über 93 % der Gesamtschäden (Siehe Anlage 3).

[6] Hiernach kann der Bund den Ländern Finanzhilfen u.a. zur Abwehr einer Störung des gesamtwirtschaftlichen Gleichgewichts gewähren. Dafür ist es nötig, dass entweder die Art der Förderung in einem zustimmungspflichtigen Bundesgesetz geregelt wird oder Verwaltungsvereinbarungen im Rahmen des Bundeshaushaltsgesetzes getroffen werden (Vgl. § 104a Abs. 4 GG).

[7] Vgl. *Bundesministerium für Verkehr-, Bau- und Wohnungswesen (Hrsg.)* (2003), S. 3. Trotz dieser Zweckbestimmung des Fonds schien ein Verteilungskampf zwischen den Ländern unabwendbar (Vgl. *Beutler/Flocken/Sachse* (2002), S. 50.). Konfliktpotential enthielten Berechnungen zur Schadenverteilung, die Aufteilung der Gelder und die Festlegung der zu er-

Die Mittelverwendung lief in einem zweistufigen Prozess ab. Zunächst sind 60 % der zur Verfügung stehenden Finanzen anhand eines festgelegten Verteilungsschlüssels ausgegeben worden, bevor anschließend die übrigen 40 % nach Einigung des Bundes mit den betroffenen Ländern über die endgültige Schadenverteilung freigegeben wurden (siehe Anlage 3).[1] Die Mittelvergabe war durch einen solidarischen Ausgleich der entstandenen Schäden geprägt. Die Gelder sollten den betroffenen Bundesländern zur Beseitigung der Schäden und zum Wiederaufbau der zerstörten Regionen zur Verfügung gestellt werden. Den Ländern und Gemeinden wurden damit umfangreiche Vollmachten zuteil.[2] Der Fonds wurde für Maßnahmen zur Wiederherstellung der Infrastruktur sowie für Privathaushalte bzw. Unternehmen bereitgestellt, die für das Überschwemmungsrisiko keinen Versicherungsschutz abgeschlossen hatten und durch keine Dritten entschädigt wurden.[3] Die Förderquoten wurden auf Basis der Wiederherstellungs- oder Wiederbeschaffungskosten für beschädigte Güter und Gebäude festgelegt. Politische Gründe waren dafür verantwortlich, dass nicht allgemeine Grundsätze wie die Existenzbedrohung (gem. dem Sozialhilfemaßstab) oder Entschädigungen nach dem Zeitwert, d.h. dem Neuwert abzüglich Wertverlust, zugrundegelegt wurden. So wurde der Schadenausgleich mit dem Ziel des Wiederaufbaus betrieben und enthielt i.d.R. einen relativ geringen Eigenanteil der Betroffenen. Die Form der Hilfszahlungen war dadurch geprägt, dass über 90 % der Schäden in den Regionen Ostdeutschlands anfielen.[4] Deshalb sollte durch die Form der Hilfsprogramme der „Aufbau Ost" fortgeführt werden. Die maximale Fördermöglichkeit für die Betroffenen lag unter Hinzuziehung sämtlicher Fördermittel, Soforthilfen und Leistungen Dritter (z.B. Versicherungen, Hilfsorganisationen) bei der Höhe des

---

setzenden Schäden. Aus diesem Grund einigte man sich, eine spätere Änderung der Verteilungsschlüssel zuzulassen (Vgl. *Sächsische Staatskanzlei (Hrsg.)* (2003), S. 16 f.).

[1] Vgl. *o.V.* (2003i). In einer ersten Hilfsmaßnahme wurde den betroffenen Landkreisen und kreisfreien Städten insgesamt 78,5 Mio. EUR überwiesen. In einem zweiten Schritt wurden erste Mittel des Bundes aus dem Aufbauhilfefonds bereitgestellt. Darüber hinaus wurden den betroffenen Ländern Verpflichtungserklärungen des Bundes in Höhe von 37,8 Mio. EUR zur Verfügung gestellt. Die im Zeitraum zwischen dem 16. August und 6. November 2002 gezahlten Gelder des Bundes hatten einen Gesamtumfang von über 700 Mio. EUR (Vgl. *Bundesministerium des Inneren* (Hrsg.) (2002b)).

[2] Gem. § 2 Abs. 1 AufbauhfV obliegt die Entscheidung über die Mittelverwendung für geschädigte Privathaushalte und Unternehmen (§ 2 Abs. 2 Nr.1 AufhFG) und für die Wiederherstellung der Infrastruktur der Länder und Gemeinden (§ 2 Abs. 2 Nr. 2 AufhFG) den betroffenen Bundesländern. Voraussetzung für diese Entscheidungsvollmacht ist eine Verwaltungsvereinbarung zwischen dem Bund und den Ländern für kofinanzierte Programme (§ 2 Abs.2 AufbauhfV). Daneben werden durch die obersten Landesbehörden Verwendungsberichte an die zuständigen Bundesressorts verfasst (§2 Abs. 3 Nr. 2 AufbauhfV).

[3] Siehe Anlage 4. Hierdurch Versicherungsschutz als Instrument privater Vorsorge sanktioniert.

[4] Vgl. *Sächsische Staatskanzlei (Hrsg.)* (2003), S. 21 f.

entstandenen Schadens. Im Falle einer Überkompensation konnten zu viel gezahlte Mittel zurückgefordert werden.[1] Bestehender Versicherungsschutz wurde bei der Mittelvergabe aus Vereinfachungsgründen zunächst nicht berücksichtigt. Aus diesem Grund wurden auch Gelder an versicherte Privathaushalte und Unternehmen ausgeschüttet, wobei Forderungen gegenüber den Versicherern an die Mittelvergabestellen abgetreten wurden.[2] Als Kriterium der Mittelvergabe sollte die unterschiedlichen Schadenbelastungen der Betroffenen berücksichtigt werden.[3]

#### *3.2.1.2. Programme des Bundes*

Die Bundesprogramme wurden grundsätzlich durch die Länder und Kommunen zu 50 % kofinanziert.[4] Andere mögliche Beteiligungsverhältnisse werden explizit innerhalb der Programmpunkte erläutert. Im Folgenden werden die Programme für Privathaushalte und Unternehmen (Gewerbebetriebe) beschrieben. Darüber hinausgehende Hilfen für landwirtschaftliche Betriebe sowie für Infrastruktureinrichtungen der Kommunen und des Bundes werden entsprechend der Themenstellung nur am Rande behandelt (Siehe Anlage 2).[5]

Die Hilfen für Privathaushalte und Unternehmen bestanden aus Soforthilfen, die den raschen Wiederaufbau einleiteten, und aus Aufbauhilfen, die den langfristigen und nachhaltigen Aufbau ermöglichen sollten. Soforthilfemaßnahmen wurden in einfachen Verfahren mit pauschalierten Vergabekriterien als erste Übergangshilfen ausgegeben. Durch die vereinfachte Antragstellung und -prüfung waren schnelle Zahlungen möglich. Die Begrenzung der Mittel sollte einem Missbrauch begegnen. Aufbauhilfen ergänzten die Soforthilfen. Ein hoher Schadenausgleich wurde durch differenzierte Programme mit entsprechend aufwendigeren Antrags- und Prüfungsverfahren erreicht.[6] Insgesamt umfassten die Hilfen für Privathaushalte und Unternehmen 2,1 Mrd. EUR, die bei verschiedenen Institutionen beantragt werden konnten (Siehe Tabelle 4).[7]

---

1 §2 Abs. 2 Nr. 1 AufbauhfV.

2 §2 Abs. 2 Nr. 2 AufbauhfV.

3 Vgl. §2 Abs.2 AufhFG

4 Vgl. *Bundesministerium der Finanzen (Hrsg.)* (2003), S. 2 ff.

5 Zu diesen direkten Hilfszahlungen kamen weitere indirekte Maßnahmen, wie der Einsatz der Bundeswehr in Höhe von 25 Mio. EUR (Vgl. *o.V.* (2002r)) sowie des Technischen Hilfswerks und des Bundesgrenzschutz in Höhe von 186 Mio. EUR (Vgl. *Bundesministerium des Inneren* (2002b)). Der Bund verzichtete auf die Kostenerstattung gegenüber den Ländern (Vgl. *Staatskanzlei Sachsen-Anhalt (Hrsg.)* (2003), S. 5).

6 Vgl. *Sächsische Staatskanzlei (Hrsg.)* (2003), S. 23 f.

7 Die Mittel konnten i.d.R. bei den örtlichen Landratsämtern oder den Verwaltungen der kreisfreien Städte beantragt werden. Für andere Programme standen u.a. das Informationszentrum der KfW (für Kreditmittel) bzw. die Finanzministerien der Länder (für Steuerleichterungen)

Tabelle 4: Aufteilung der Hilfsprogramme des Bundes für Privathaushalte und Unternehmen

| | **Gesamtmittel[1] in Mio. EUR (davon Bundesmittel)** |
|---|---|
| **Privathaushalte:** | |
| Soforthilfen | 100 (100) |
| Übergangshilfen | 200 (100) |
| **Unternehmen:** | |
| Soforthilfeprogramm | 400 (200) |
| Sonderprogramm der Bund-Länder Gemeinschaftsaufgaben | 170 (85) |
| Programm zur Fortführung der beruflichen Erstausbildung | 16 (8) |
| Arbeitsmarktprogramm | 50 (50) |
| Hochwasserhilfsfonds u.a. | 600 (300) |
| **Gemeinsame Programme:[2]** | |
| Zuschussprogramm zur Beseitigung und Behebung von Schäden an Wohngebäuden | 500 (250) |
| KfW-Sonderprogramm | 100 (100) |

Die Hilfsprogramme des Bundes für Privathaushalte hatten ein Volumen von insgesamt 300 Mio. EUR. Das „Soforthilfeprogramm" über 100 Mio. EUR wurde allein durch den Bund finanziert und beinhaltete Barleistungen für stark geschädigte Haushalte, die über die Landkreise und Kreisfreien Städte nach deren eigenen Bewertungsmaßstäben unbürokratisch verteilt werden sollten. Das zweite Unterprogramm „Übergangshilfe" hatte ein Bund/Länder kofinanziertes Volumen von 200 Mio. EUR. Dieses Programm richtete sich an die gleiche Ziel-

sowie weitere zuständige Institutionen und Ministerien auf Bundes- und Länderebene zur Verfügung (Vgl. *Bundesministerium der Finanzen (Hrsg.)* (2003), S. 2).

[1] Die Abweichungen zu den in der vorherigen Abbildung dargestellten Gesamthilfen für Privathaushalte und Unternehmen entstehen durch die Regulierung von Schäden an kommunalen Wohngebäuden und durch die Überarbeitung der Höhe der Förderprogramme.

[2] Es fehlen Angaben zur Höhe der steuerlichen Maßnahmen.

gruppe. Als maximale Leistung wurden 10.000 EUR je Privathaushalt gezahlt. Diese Mittel sollten zielgerichtet für unmittelbar benötigten Hausrat und für die Unterbringung bei nichtnutzbaren Wohnungen aufgewendet werden.[1]

Auch die Hilfsmaßnahmen für Unternehmen gliederten sich in verschiedene Teilprogramme. Darüber hinaus wurden Sonderregelungen, z.B. zur Verlängerung der Insolvenzpflicht betroffener Unternehmen vereinbart.[2] Die unternehmensspezifischen Programme des Bundes hatten ein Volumen von 1,236 Mrd. EUR, das mit Ausnahme eines aus Bundesmitteln finanzierten Arbeitsmarktprogramms paritätisch vom Bund und den Ländern aufgebracht wurde. Die Soforthilfen für die gewerbliche Wirtschaft und die freien Berufe mit den verschiedenen Unterprogrammen wiesen ein Volumen von 400 Mio. EUR aus. Hier wurden glaubhaft gemachte und nicht versicherte Schäden wie Reparaturaufwendungen, Ersatzbeschaffungen, Schäden an Lagerbeständen sowie Schadenvermeidungskosten zu 50 % max. 15.000 EUR reguliert.[3] Durch das Sonderprogramm „Hochwasser" im Rahmen der Bund-Länder-Gemeinschaftsaufgabe zur „Verbesserung der regionalen Wirtschaftsstruktur" in Höhe von 170 Mio. EUR sollten arbeitsplatzsichernde Investitionen für das verarbeitende Gewerbe, für das Handwerk mit überregionalem Absatz und für produktionsnahe Dienstleistungsunternehmen gefördert werden. Für Unternehmen, die hieraus keine Zuschüsse erhielten, gab es den Hochwasserhilfsfonds der Deutschen Ausgleichsbank, der mit 600 Mio. EUR das umfangreichste Aufbauhilfeprogramm für Unternehmen war.[4] Der Hilfsfonds enthielt Mittel zur Wiederbeschaffung von beschädigtem/zerstörtem Betriebsvermögen und zur Entschuldung der Betriebe mit dem Ziel, Arbeitsplätze zu sichern und die Fortführung der Unternehmen zu gewährleisten.[5] Der Fonds griff subsidiär, wenn bereits andere Fördermöglichkeiten ausgenutzt worden waren und die Betroffenen selbst zumutbare Eigenmittel aufge-

---

[1] Vgl. *Bundesministerium der Finanzen (Hrsg.)* (2003).

[2] Diese Erleichterung im Rechtswesen sollten die Fortführung hochwassergeschädigter Unternehmen ermöglichen. So wurden zwingende gesellschaftsrechtliche Fristen, einen Insolvenzantrag drei Wochen nach Zahlungsunfähigkeit eines Unternehmens zu stellen, bis zum 31. März 2003 verlängert (Vgl. *Bundesministerium des Inneren* (2002c), S. 14). Vorzeitige Insolvenzen durch verzögerte Auszahlungen der Hilfsgelder konnten so verhindert werden (Vgl. *o.V.* (2002s)). Die gleiche Zweckbestimmung enthielt das „Erweitertete Eigenkapitalhilfeprogramm der Deutschen Ausgleichsbank" für Existenzgründer in Form eines eigenkapitalersetzenden Darlehens (Vgl. *Bundesministerium des Inneren* (2002c), S. 11).

[3] Vgl. *Bundesministerium des Inneren* (2002c), S. 6 ff.

[4] Letzteres galt auch für Unternehmen, die Mittel des Gemeinschaftsprogramms zur Verbesserung der regionalen Wirtschaftsstruktur erhalten hatten, das nur Gelder für Schäden am Anlagevermögen bereitstellte.

[5] Der (Teil-) Erlass bestehender Verbindlichkeiten wurde mit der Entlastung beschädigter Betriebe von Altverbindlichkeiten begründet, um neue Kreditspielräume für die Schadenregulierung zu eröffnen (Vgl. *Bundesministerium der Finanzen (Hrsg.)* (2003), S. 3).

wendet hatten.[1] Ergänzt wurden diese Hilfen um Förderprogramme für die berufliche Erstausbildung[2] und Arbeitsmarktprogramme, die durch die Übernahme anfallender Sozialversicherungsbeiträge Kurzarbeit bei betroffenen Unternehmen ermöglichten.[3]

Neben speziellen Hilfen für Privathaushalte und Unternehmen gab es zusätzlich Programme für beide Gruppen. Die mit 500 Mio. EUR dotierte Soforthilfe „Zuschussprogramm zur Beseitigung und Behebung von Schäden an Wohngebäuden" galt sowohl für Privathaushalte als auch für Gewerbetreibende[4] und Kommunen als Eigentümer von Wohngebäuden. Gegenstand der Förderung waren Instandsetzungsmaßnahmen zur Neuerrichtung des Gebäudes oder Mittel zum Erwerb an anderer Stelle. Die Kosten von Abriss-/ Aufräumungsarbeiten waren in den Mitteln enthalten, die jeweils hälftig vom Bund und den Ländern finanziert wurden.[5] Insgesamt wurden maximal 80% der Wiederherstellungskosten beglichen.[6] Das KfW-Sonderprogramm, das 100 Mio. EUR aus Bundesmitteln bereitstellte, enthielt drei zielgruppenspezifische Unterprogramme mit zinsvergünstigten Krediten für selbstgenutzte und vermietete Wohnräume von Privathaushalten, für langlebige Wirtschaftsgüter und Liquiditätsengpässe von Unternehmen. Als dritte Zielgruppe erhielten die Wohnungsunternehmen und Gemeinden als Eigentümer von Wohnraum maximal zwei Millionen Euro, um notwendige Maßnahmen zu finanzieren.

Neben diesen direkten Solidaritätsleistungen gab es zahlreiche steuerliche Erleichterungen für Geschädigte und Spender. Zunächst wurde hierfür vom Bundesministerium der Finanzen und den obersten Finanzbehörden der Länder ein Rahmenkatalog erstellt.[7] Die für den Zeitraum 1. August bis 31. Dezember 2002 gültigen Regelungen umfassten u.a. Unterstützungsleistungen des Arbeitgebers an betroffene Arbeitnehmer, Sonderaktionen gemeinnütziger Körperschaften über den Satzungszweck hinaus,[8] Spenden eines Arbeitnehmers aus einem Verzicht auf Teile des Arbeitslohns und die Geltendmachung von Elementarschäden

---

1 Diese gestufte Vorgehensweise wurde gewählt, um die Förderform den Bedürfnissen der Unternehmen anzupassen. Es sollten nur Firmen gefördert werden, deren Fortbestand gesichert war. Die Zuschusshöhe richtete sich nach betriebswirtschaftlichen Gesichtspunkten (z.B. dem frei verfügbaren cash-flow) und reichte in Einzelfällen bis zu 100 % (Vgl. *Sächsische Staatskanzlei (Hrsg.)* (2003), S. 30). Die Förderung fand in drei Stufen von 50.000 EUR, bis 1. Mio. und über 1. Mio. EUR je Unternehmen statt.

2 Vgl. *Bundesministerium für Finanzen (Hrsg.)* (2003), S. 4.

3 Vgl. *Bundesministerium des Inneren* (2002c), S. 9.

4 Vgl. *Bundesministerium des Inneren* (2002), S. 1 ff.

5 Vgl. *Bundesministerium für Verkehr-, Bau- und Wohnungswesen (Hrsg.)* (2003), S. 2 ff.

6 Vgl. *Sächsische Staatskanzlei (Hrsg.)* (2003), S. 27.

7 Vgl. *Bundesministerium des Inneren* (2002c), S. 4 f.

8 Vgl. *o.V.* (2002w).

als außergewöhnliche Belastung gem. § 33 EstG.[1] Umsatzsteuerliche Erleichterungen konnten aufgrund harmonisierter Regelungen in der europäischen Gemeinschaft nicht gewährt werden.[2]

### *3.2.1.3. Programme der betroffenen Bundesländer*

Der Finanzierungsanteil der Länder am Solidaritätsfonds in Höhe von 3,593 Mrd. EUR wurde in Form einer Pauschale an die betroffenen Bundesländer ausgeschüttet. Aus diesen Mitteln wurden die Bund/ Länderprogramme in Höhe von ca. 1,8 Mrd. EUR kofinanziert. Die zweite Hälfte der Gelder wurde den Ländern für eigene Programme und Leistungen zur Verfügung gestellt,[3] die diese i.d.R. bereits vorfinanziert hatten.[4] Im Folgenden werden die Programme der drei am stärksten betroffenen Bundesländer Sachsen, Sachsen-Anhalt und Bayern beschrieben.[5]

Die länderspezifische Förderung[6] geschädigter privater Haushalte erfolgte in Sachsen durch ein Programm, das nahezu identisch mit dem Soforthilfeprogramm des Bundes für private Haushalte war.[7] So gab es unter bestimmten Vor-

---

[1] Grundsätzlich sind außergewöhnliche Belastungen nur absetzbar, wenn der Steuerpflichtige alle zumutbaren Schutzmaßnahmen getätigt und eine Versicherung abgeschlossen hat. Letzteres muss bei Naturkatastrophen nicht erfüllt werden, da sie nach Auffassung des Gesetzgebers „...keine allgemein zugängliche und übliche Versicherungsmöglichkeit i.S. der R 187 Nr. 7 EStR..." darstellt (Vgl. *o.V.* (2002w), S. 2135).

[2] Vgl. *Bundesministerium der Finanzen* (2002). Für eine detaillierte Darstellung der Regelungen siehe z.B. *o.V.* (2002w).

[3] Vgl. *Bundesministerium für Finanzen (Hrsg.)* (2003), S. 1.

[4] Vgl. *Sächsische Staatskanzlei (Hrsg.)* (2003), S. 87 ff. Nicht jedes Bundesland legte eigene Programme auf. So wurden in Thüringen nur die Bundes- und die kofinanzierten Bund-/ Länderprogramme angewendet (Auskunft des Thüringischen Innenministeriums). Andere Länder entwickelten eigene Programme mit geringerem Umfang als die Sachsens, Sachsen-Anhalts und Bayerns. So stellte die niedersächsische Landesregierung 2,5 Mio. EUR für notleidende Betriebe bereit, wovon maximal 15.000 EUR je Unternehmen ausgezahlt wurden (Vgl. *o.V.* (2002o)). Mecklenburg-Vorpommern erhielt 2,5 % des Solidaritätsfonds und regulierte zusammen mit Gelder der Bundesanstalt für Arbeit die entstandenen Schäden (Vgl. *Landesregierung Mecklenburg-Vorpommern (Hrsg.)* (2003)).

[5] Die Reihenfolge entspricht den entstandenen Schäden der Bundesländer beginnend mit Sachsen als dem am stärksten betroffenen Bundesland.

[6] Der Gesamtposten von 208 Mio. EUR unterteilt sich in 65 % für direkte Katastrophenbekämpfungskosten, 20 % für die Deponierung zerstörter und beschädigter Sachen, 8 % für die Verlegung von Patienten in Krankenhäuser und 7 % als Einsatzkosten der örtlichen Feuerwehren (Vgl. *Sächsische Staatskanzlei (Hrsg.)* (2003), S. 9).

[7] Durch das Landesprogramm wurde privaten Haushalten 10,5 Mio. EUR und aus dem Bundesprogramm über 17 Mio. EUR zur Verfügung gestellt (Vgl. *Sächsische Staatskanzlei (Hrsg.)* (2003), S. 63).

aussetzungen[1] eine Förderhöhe von 500 EUR pro Person, maximal 2.000 EUR je Haushalt, um zerstörten Hausrat zu ersetzen und die Unterbringung für diejenigen zu gewährleisten, deren Wohnraum zerstört wurde. Wohnungseigentümer wurden für die Trockenlegung und Instandsetzung (z.B. der technischen Gebäudeausrüstung) sowie für Erhaltungsmaßnahmen (z.B. zur Objektsicherung mit Türen und Fenstern) durch ein Soforthilfeprogramm in Höhe von 5.000 EUR je Wohngebäude gefördert.[2] Kleinere und mittlere Unternehmen erhielten ebenfalls Soforthilfen des Landes, die Schäden am Umlauf- und Anlagevermögen in Höhe von 500 EUR je Arbeitsplatz bis zu einer maximalen Höhe von 40 % ersetzten.[3]

In Sachsen-Anhalt wurden Soforthilfen in Höhe von maximal 15.000 EUR für betroffene Betriebe vereinbart. Darüber hinaus wurden Hausbesitzern 5.000 EUR für Gebäudeschäden zur Verfügung gestellt, weitere 10.000 EUR waren für Schäden am Inventar vorgesehen.[4] Daneben stellte das Land im Rahmen eines Soforthilfeprogramms insgesamt 10 Mio. EUR für die vom Hochwasser betroffenen Personen bereit. Die Auszahlung in Höhe von 500 EUR pro Person, maximal 2.000 EUR pro Haushalt wurde durch die Landkreise und kreisfreien Städte vorgenommen und setzte voraus, dass die Betroffenen evakuiert wurden und keine Versicherung vorhanden war. Soforthilfen für gewerbliche Unternehmen (mit Ausnahme der landwirtschaftlichen Betriebe) gab es nicht. Allerdings stockte Sachsen-Anhalt die Bundesmittel zur Förderung der Beschäftigung von Arbeitslosen bei Hilfs- und Aufräumarbeiten um 2,6 Mio. EUR aus eigenen Mitteln auf.[5] Bei den mittel- und langfristigen Hilfs- und Wiederaufbaumaßnahmen wurde ein Bürgschaftsprogramm für Unternehmer, für Freiberufler sowie für Träger sozialer, kultureller und wissenschaftlicher Einrichtungen mit einem Gesamtvolumen von 50 Mio. EUR aufgelegt. Daneben wurde zusätzlich zum Bundesprogramm ein weiteres Landesprogramm zur Förderung der beruflichen Erstausbildung beschlossen. Die Betriebe bekamen Prämien für die Fortführung der Lehre in Höhe von 2.250 EUR für weibliche und 1.550 EUR für männliche Auszubildende. Kleinen und mittelständischen Unternehmen wurden kostenlose Beratungsmög-

---

1 Vgl. Sächsisches Staatsministerium des Innern (2002). Voraussetzung war ein Mindestschaden von 5.000 EUR und ein zu versteuerndes Haushaltseinkommen im Jahr 2000 von weniger als 40.000 EUR.

2 Vgl. *Sächsische Staatskanzlei (Hrsg.)* (2003), S. 26 ff.

3 Die Fokussierung auf kleinere und mittlere Unternehmen erfolgte unter der Annahme, dass diese Firmen im Gegensatz zu größeren Unternehmen keine Möglichkeiten besäßen, die entstandenen Schäden anderweitig zu decken (Vgl. *Sächsische Staatskanzlei (Hrsg.)* (2003), S. 28 f).

4 Vgl. *o.V.* (2002o).

5 Vgl. *Staatskanzlei Sachsen-Anhalt (Hrsg.)* (2003), S. 3 f. Insgesamt wurden 12.700 Arbeitslose bis November 2002 für den Wiederaufbau eingesetzt (Vgl. *Pache* (2002)).

lichkeiten zur Verfügung gestellt.[1] Für die gleiche Zielgruppe gab es Landesgarantien für Investitions-, Betriebsmittel- und Avalkredite in Höhe einer auf jeweils 5 Mio. EUR begrenzten maximalen 80 % Ausfallbürgschaft.

Der Freistaat Bayern rief im September 2002 ein Soforthilfeprogramm für Schäden durch das Augusthochwasser ins Leben. Dieses Programm gliederte sich in drei Unterprogramme für Privathaushalte, Gewerbebetriebe inkl. Freiberufler sowie für land- und forstwirtschaftliche Betriebe.[2] Diese staatlichen Hilfen sind in Bayern innerhalb der „Richtlinien für staatliche Finanzhilfeaktionen bei Notständen durch Elementarereignisse" (Finanzhilferichtlinien FHR) mit der Anlage „Nebenbestimmungen für die Gewährung von Finanzhilfen" (Nbest-FH) festgehalten. Maßgeblich für die Gewährung der bayerischen Mittel in Form von Kredithilfen (indirekte Finanzhilfe) oder Notstandsbeihilfen (direkte Finanzhilfe) war, dass die Schäden nicht versicherbar sind.[3] Die Unterstützungsleistungen für Privathaushalte beinhalteten drei Komponenten. Erstens ein Soforthilfeprogramm für beschädigten Hausrat durch auslaufendes Öl mit Unterstützungen in Höhe von 500 EUR je Person, mindestens 1.000 EUR höchstens 2.500 EUR pro Haushalt. Voraussetzung hierfür war ein Gesamtschaden von mindestens 5.000 EUR. Die gleiche Limitierung in der Höhe pro Objekt galt für Ölschäden an Gebäuden, für die maximal 25 % des Gesamtschadens durch das Hilfsprogramm gezahlt worden sind. Zweitens wurden Finanzhilfen nach den Finanzhilferichtlinien des Landes zur Verfügung gestellt, die insbesondere für unmittelbar durch das Elementarereignis auftretende Schäden an Hausratgegenständen und eigengenutzten Gebäuden verwendet wurden, wenn „...die Geschädigten in absehbarer Zeit nicht aus eigener Kraft..."[4] die Regulierung bewältigen konnten und eine Schadenbeseitigung unaufschiebbar war. Für diese Hilfen wurden die finanziellen Verhältnisse der Antragssteller im Vergleich zum entstandenen Schaden geprüft. Eine mögliche Selbsthilfe durch Eigenmittel, Darlehensaufnahme usw. galt als Ausschlusskriterium für den Erhalt dieser Gelder. Drittens wurde ein Programm der Bayerischen Landesbodenkreditanstalt aufgelegt. Hier wurden zinsgünstige Darlehen für Personen bereitstellt, deren Einkommen die Grenzen des sozialen Wohnungsbaus nicht überschritten und deren Schäden unter 10.000 EUR lagen. Die Programme für Gewerbebetriebe und Freiberufler beinhalteten ebenfalls Finanzhilfen nach den Finanzhilferichtlinien. Diese Mittel galten für Schäden am Anlage- und Umlaufvermögen, sowie an Waren und Eigenerzeugnissen, die von den Geschädigten aus eigener Kraft nicht reguliert werden konnten. Zur Abschätzung des Bedarfs war eine Prüfung der privaten und geschäftlichen Finanz-

---

[1] Vgl. *Staatskanzlei Sachsen-Anhalt (Hrsg.)* (2003), S. 4 ff.

[2] Vgl. *Bayerisches Staatsministerium der Finanzen (Hrsg.)* (2002), S. 3 ff.

[3] Vgl. *Graff* (2000), S. 54 ff.

[4] *Bayerisches Staatsministerium der Finanzen (Hrsg.)* (2002), S. 6.

verhältnisse erforderlich. Zudem war ein Ergänzungsdarlehen der Förderbank Bayern Bestandteil dieses Programms. Dieses Darlehen mit einem Nominalzinssatz von 2 % diente als Investitionshilfe und zum Ersatz von zerstörten Warenlagern. Es richtete sich an kleinere und mittlere Gewerbebetriebe und war in der Höhe auf 5.000 EUR begrenzt. Im Falle der Existenzbedrohung sah es weitere Vergünstigungen vor. Die Durchführung der einzelnen Programme erfolgte durch die zuständigen Kreisverwaltungs- und Bezirksverwaltungsbehörden, wobei eine Delegation auf einzelne Gemeinden möglich war. Für die Kredit- und Darlehensprogramme waren die Hausbanken der Geschädigten verantwortlich.

Insgesamt wurden die Hilfsgelder somit länderspezifisch verwendet. Dieses galt sowohl für die Zweckbestimmung der Mittel als auch für die an den Erhalt der Gelder geknüpften Voraussetzungen. Daneben unterschieden sich die Institutionen, die in den Ländern mit der Mittelvergabe beauftragt wurden.

#### *3.2.1.4. Hilfen aus dem Solidaritätsfonds der Europäischen Union*

Am 18. September 2002 legte die Kommission der Europäischen Union eine Verordnung mit Modalitäten zur Bildung eines Solidaritätsfonds vor [KOM (2002) 514 v], die im EU-Amtsblatt am 14.11.2002 veröffentlicht wurde (Verordnung Nr. 2012/2002). Dieser Fond soll in Europa Sofortmaßnahmen bei Natur-, Technologie- oder Umweltkatastrophen ermöglichen.[1] Zunächst konnten über 700 Mio. EUR für das Jahr 2002[2] bereitgestellt werden. In den Folgejahren wurde das Fondsvolumen auf 1 Mrd. EUR erhöht.[3] Als Katastrophe gelten Schäden, die entweder 3 Mrd. EUR oder 0,6 % des BIP des betroffenen Landes übersteigen.[4] Jeweils 25 % des Fonds werden bis zum 1. Oktober eines Jahres als Reserve zurückbehalten.[5]

Ziel des Fonds ist die schnelle finanzielle Hilfe bei Naturkatastrophen, die gravierende Folgen für die Lebensbedingungen der betroffenen Menschen, die natürliche Umwelt oder die Ökonomie einer oder mehrerer Regionen bzw. Länder haben.[6] Die Mittel sollen z.B. kurzfristig zum Wiederaufbau beschädigter und zerstörter Infrastrukturen der Energieversorgung und Wasserwirtschaft verwendet werden. Darüber hinaus sollen Notunterkünfte bereitgestellt und geschädigte Landschaftsschutzgebiete gesäubert werden.[7] Die Mittelverwendung erfolgt auf Antrag des betroffenen Staates, der mit den betroffenen Regionen für die Umset-

---

1 Vgl. *o.V.* (2000v).
2 Vgl. *Sächsische Staatskanzlei (Hrsg.)* (2003), S. 20 f.
3 Vgl. *Schmid* (2002), S. 7.
4 Vgl. *o.V.* (2000v).
5 Vgl. *o.V.* (2002u).
6 Vgl. *Sächsische Staatskanzlei (Hrsg.)* (2003), S. 18.
7 Vgl. *Schmid* (2002), S. 7.

zung der Hilfsmaßnahmen sowie die Auswahl der Förderobjekte verantwortlich ist.[1] Die Finanzmaßnahmen beschränken sich auf nicht versicherbare Schäden. Die Hilfen werden zurückgefordert, wenn Dritte die Kosten übernehmen.[2] Gleiches gilt für Mittel, die innerhalb eines Jahres nach der Auszahlung nicht verwendet wurden.[3]

Mit der Verordnung zur Einrichtung eines Solidaritätsfonds sagte die Europäische Gemeinschaft zugleich den von den Überschwemmungen 2002 betroffenen Regionen Europas finanzielle Hilfen zu. Die Gesamtmittel in Höhe von 728 Mio. EUR wurden auf die Länder Deutschland (444 Mio. EUR), Frankreich (21 Mio. EUR), Österreich (134 Mio. EUR) und Tschechien (129 Mio. EUR) aufgeteilt. Die Gelder für die Bundesrepublik wurden je zur Hälfte für die Aufstockung des Fonds Aufbauhilfe und zur Finanzierung der entstandenen Katastrophenschutzkosten verwendet. Die 222 Mio. EUR zur Erweiterung des Fonds Aufbauhilfe, wurden auf die Bundesländer verteilt und dienten vornehmlich dazu, Wiederaufbaumaßnahmen für Staatsstraßen zu finanzieren und die kommunalen Energieversorgung wieder herzustellen.[4]

### *3.2.2. Versicherungen als Element der finanziellen Risikovorsorge*

Während Hochwasserschäden in der Vergangenheit i.d.R. durch die betroffenen Haushalte selbst reguliert werden mussten, besteht seit den 90er Jahren des 20. Jahrhunderts (grundsätzlich) die Möglichkeit, diese Risiken auf Versicherungen zu übertragen.[5] Bei den Hochwassern 2002 waren 20 % der Schäden versichert. Dieser geringe Anteil lag zum einen an den großen Schäden an öffentlichen Einrichtungen und zum anderen an der geringen Versicherungsdichte, gemessen am Anteil der Beiträge pro Kopf der Bevölkerung in EUR.[6] Der Anteil der versicherten Schäden wäre noch geringer ausgefallen, wären nicht die ostdeutschen Bundesländer mit einer höheren Versicherungsdichte betroffen gewesen, sondern die

---

[1] Vgl. *o.V.* (2002v).

[2] Dieser Passus in der Verordnung ist problematisch, weil es keinen internationalen Konsens über den Begriff der „Versicherbarkeit" gibt. Wie später zu zeigen sein wird, gibt es in einigen Ländern der EU flächendeckenden Versicherungsschutz für Naturgefahren, in anderen jedoch nicht. Durch diese Formulierung soll die private Risikovorsorge nicht konterkariert werden.

[3] Vgl. Verordnung (EG) Nr. 2012/2002.

[4] Vgl. *Sächsische Staatskanzlei (Hrsg.)* (2003), S. 20 f.

[5] Die Versicherungsleistungen bei den Main-, Mosel- und Rheinhochwassern 1993 betrugen mehr als 150 Mio. EUR, d.h. 30 % der entstandenen Schäden. Beim Oder-Hochwasser 1997 wurden weniger als 10 % der Gesamtschäden von Versicherungen getragen, zwei Jahre später beim Pfingsthochwasser waren 19 % versichert (Vgl. *Koch* (2002), S. 1672).

[6] Vgl. *Koch/Weiss (Hrsg.)* (1994), S. 926.

westdeutschen.[1] Im Vergleich mit anderen Ländern liegt der Anteil der versicherten Schäden in Deutschland[2] über dem Österreichs (17 %) und deutlich unterhalb dem Tschechiens (48 %), obwohl die Versicherungsdichte der gewerblichen Wirtschaft in allen Ländern mit 50 % identisch ist. Folglich resultieren die Unterschiede aus den Verträgen privater Haushalte.[3]

Den größten versicherten Gesamtschaden hatte in der Bundesrepublik mit 150 Mio. EUR ein Verkehrsunternehmen. Der größte Einzelschaden in Höhe von 12 Mio. EUR, der in der Elementarschadenversicherung der Bundesrepublik jemals registriert wurde, entstand in den Kellerräumen eines Krankenhauses in Sachsen, in denen die gesamte Technik des Hospitals untergebracht war. [4] Insgesamt hat die Versicherungswirtschaft mit einer Summe von 1,8 Mrd. EUR wesentlich weniger zu der Entschädigung der Hochwasser beigetragen als der Staat.

### *3.2.3. Freiwillige Spenden als Solidaritätsleistung der Bevölkerung*

Ein weiterer Regulierungsweg für die Schäden aus Naturkatastrophen waren in der Vergangenheit bereits mehrfach Spendensammlungen. Die Spendenwege für die Hochwasser 2002 sind so vielfältig, dass eine Aufzählung an dieser Stelle nicht zweckmäßig wäre.[5] Die Spannweite der Sach- und Geldspenden reichte von

---

1 Vgl. *Münchener Rückversicherungs-Gesellschaft* (2003), S. 20 f. Nach einer Umfrage des Deutschen Komitees für Katastrophenvorsorge e.V. (DKKV) unter 1.248 betroffenen Privathaushalten in Sachsen und Sachsen-Anhalt hatten 50% eine Elementarschadenversicherung. Über 10 % haben während der Hochwasser oder danach eine Versicherung abgeschlossen. Weniger als 10 % planen dies. Für ca. 30 % ist der Versicherungsschutz entweder nicht möglich oder nicht beabsichtigt (Vgl. *Petrow/Thieken/Kreibich et al.* (2003), S. 62.).

2 Als Besonderheit kommt für die Bundesrepublik hinzu, dass nahezu 45 % der gesamten versicherten Schäden (vor Rückversicherung) von der Allianz Sachgruppe Deutschland zu tragen waren, die eine besondere Marktstellung in Ostdeutschland hat, wie im nächsten Kapitel gezeigt wird (Vgl. *Allianz Versicherungs-Aktiengesellschaft* (2002), S. 9).

3 Vgl. *Tatge* (2003), S. 38 f. Die Daten beziehen sich auf den Stand November 2002. Die Vergleichbarkeit der versicherten Schäden in den betroffenen Ländern wird erschwert, weil unterschiedliche Elementarschadendeckungen vorliegen. So gibt es in Österreich eine Limitierung pro Risiko zwischen 5.000 EUR und 50.000 EUR.

4 Vgl. *Gesamtverband der Deutschen Versicherungswirtschaft e.V. (GDV) (Hrsg.)* (2003), S. 25. Insgesamt liegen die Schadendurchschnitte in der Elementarschadenversicherung über denen der Basisdeckungen. So rechnet der GDV für 2002 mit einem Durchschnittsschaden für Elementargefahren bei Wohngebäuden von über 3.500 EUR (+181 % gegenüber 2001) (Vgl. ebd., S. 108).

5 Spenden gelten im Allgemeinen als Zeichen der Solidarität der Bevölkerung gegenüber den Opfern einer Katastrophe. Diese kollektiven Hilfsmaßnahmen sind kein neuzeitliches Phänomen. So führte der Pianist und Komponist *Franz Liszt* bereits im Jahre 1838 Wohltätigkeitskonzerte zugunsten der Geschädigten eines Donauhochwassers durch (Vgl. *Koch* (2002), S. 1670).

Selbsthilfen von Kommunen bzw. Unternehmen untereinander über Hilfsmaßnahmen der Medien bis hin zu Privatinitiativen.[1] Insgesamt wurden 264 Mio. EUR zusammengetragen.[2] Die Spitzenverbände der freien Wohlfahrtspflege hatten sich auf Bundesebene auf eine einheitliche Vorgehensweise geeinigt. Die Mittelvergabe erfolgte durch Kuratorien vor Ort in drei Schritten: Erstens als Soforthilfen für die Wiederbeschaffung von Kleidung, Hauhaltsgeräten und Lebensmitteln. Zweitens zur Wiederbeschaffung von Mobiliar sowie für Renovierungshilfen und drittens zur Behebung von Bauschäden. Die entsprechenden Gelder wurden durch Schenkungsverträge übergeben. Auf standardisierten Schadenerfassungsbögen mussten Versicherungsleistungen und staatliche Hilfen angegeben werden, um Doppelförderungen zu verhindern.[3] Hierfür wurde eine Datenbank (Phoenix) entwickelt, auf die alle Kommunen und Wohlfahrtsverbände zurückgreifen konnten.[4]

Die Johanniter Unfall-Hilfe sammelte über 10 Mio. EUR, die hauptsächlich Kindergärten und Einzelfallhilfen zu Gute kamen.[5] Dem Deutschen Roten Kreuz wurden durch mehr als 1,3 Mio. Einzelspender über 147,1 Mio. EUR zur Verfügung gestellt. Analog der Schadenregulierungspraxis des Bundes und der Länder wurden die Mittel in verschiedene Projekte aufgeteilt. Betroffene Personen erhielten in Abhängigkeit ihrer Not und Bedürftigkeit Soforthilfen zwischen 100 und 1.000 EUR. Neben diesen mehr als 3 Mio. EUR wurden 52,8 Mio. EUR an betroffene Privathaushalte gezahlt, die nicht oder nur in geringem Umfang Gelder aus staatlichen Hilfen, von Versicherungen oder anderen Wohlfahrtsverbänden erhielten. Weitere 28 Mio. EUR bekamen Privathaushalte, deren selbstgenutztes Wohneigentum nicht oder nur zum Teil über die bekannten Regulierungswege wiederhergestellt werden konnten. Abgesehen von weiteren Hilfen für Privatpersonen, wurden auch Projekte als Einzelfallhilfen z.B. für Rehabilitationsmaßnahmen betroffener Kinder oder für Kleingewerbetreibende ins Leben gerufen.[6] Neben den Hilfsmaßnahmen der großen Spendenorganisationen gab es unzählige weitere private und öffentlich organisierte Projekte. Hierunter fallen

---

1 Vgl. *Bundesministerium des Innern (Hrsg.)* (2002). Einige der großen deutschen Spendenorganisationen wie der Arbeiter-Samariter-Bund, die Johanniter Unfall-Hilfe und der Malteser Hilfsdienst haben sich unter der Gemeinschaft „Aktion Deutschland Hilft !“ zusammengeschlossen, um Hilfsmaßnahmen zu koordinieren und die jeweiligen Kenntnisse und Fähigkeiten aufeinander abzustimmen. Mehr hierzu siehe http://www.aktion-deutschland-hilft.de.

2 Vgl. *Petrow/Thieken/Kreibich et al.* (2003), S. 65.

3 Vgl. *Staatskanzlei Sachsen-Anhalt (Hrsg.)* (2003), S. 12.

4 Vgl. *Deutsches Rotes Kreuz (Hrsg.)* (2003), S. 14.

5 Vgl. *Johanniter Unfall-Hilfe (Hrsg.)* (2003), S. 14.

6 Vgl. *Deutsches Rotes Kreuz (Hrsg.)* (2003).

z.B. Aktionen verschiedener Fernsehsender, Tauschbörsen für Sachspenden,[1] Selbsthilfeaktionen mittelständischer Unternehmen und Kommunen, Initiativen von Banken/ Sparkassen, Aktionen von Zeitungen und Zeitschriften sowie eine Vielzahl von Spendensammlungen, Hilfs-, Tauschs- und Informationsbörsen.[2]

Gleichwohl wurden die betroffenen Länder bei der Spendeneinnahme selbst aktiv. Der Umfang der Mittel wich stark voneinander ab. Während Sachsen 285 Mio. EUR Spenden sammelte, konnte Sachsen-Anhalt 890.000 EUR einnehmen.[3] Um eine transparente und gerechte Verteilung der Gelder zu gewährleisten, wurde von der sächsischen Staatsregierung die Gründung des „Lenkungskreises Spenden" initiiert, der gemeinsame Richtlinien zur Mittelvergabe erarbeitete, die Vorgehensweise der verschiedenen Organisationen vereinheitlichte und die zentrale Erfassung aller Spenden in einer Datenbank organisierte. Bei der Verteilung der Gelder standen insbesondere soziale Aspekte im Vordergrund.[4] Sie sollten erst nach einer möglichen Entschädigung über Versicherungen ausgezahlt werden und nicht den vollen Schaden ersetzen.[5] Der zögerliche Abruf der Spendenmittel erschwerte die Mittelvergabe.[6] Andere Bundesländer wie Sachsen-Anhalt vermittelten die Gelder des Spendenkontos nur an Grenz- und Härtefälle von Privathaushalten.[7] In Mecklenburg-Vorpommern wurde das von der Landesregierung eröffnete Flut-Spendenkonto zum 31. Januar 2003 aufgelöst. Die hierin enthaltenen Mittel in Höhe von über 48.000 EUR wurden an Einrichtungen im Freistaat Sachsen weitergeleitet, weil die Schäden dort wesentlich höher waren.[8]

Die Auszahlung der Mittel wurde öffentlich kritisiert. Die Spendenausschüsse der Gemeinden und Kreise konnten durch mangelnde Erfahrungswerte die Gelder nur verzögert auszahlen.[9] Darüber hinaus war die Vorgehensweise innerhalb der betroffenen Orte sehr unterschiedlich. Während im Falle der Gemeinde Weesenstein-Mühlbach Abschlagszahlungen vorgenommen wurden, gab es im nahe-

---

[1] Die Spannweite der gespendeten Sachgegenstände reichte von Möbeln und Handys über Saatgut bis hin zu Heizkörpern und Urlaubsreisen für betroffene Kinder eines Kinderheims (Vgl. *Staatskanzlei Sachsen-Anhalt (Hrsg.)* (2003), S. 12).

[2] Vgl. *Bundesministerium des Inneren* (Hrsg.) (2002).

[3] Vgl. *Staatskanzlei Sachsen-Anhalt (Hrsg.)* (2003), S. 14.

[4] Vgl. *Sächsische Staatskanzlei (Hrsg.)* (2003), S. 57 ff.

[5] Vgl. *Petrow/Thieken/Kreibich et al.* (2003), S. 66.

[6] Vgl. *Sächsische Staatskanzlei (Hrsg.)* (2003), S. 57 ff.

[7] Vgl. *Staatskanzlei Sachsen-Anhalt (Hrsg.)* (2003), S. 14.

[8] Vgl. *Landesregierung Mecklenburg-Vorpommern (Hrsg.)* (2003).

[9] Siehe hierzu auch Deutscher Bundestag (2002a). Zudem wurde von Seiten der Spendenausschüsse befürchtet, die Mittel sozial ungerecht zu verteilen, sodass ein time-lag zwischen der Bereitstellung von Spendenmitteln und deren Verwendung entstand (Vgl. *Beutler/Flocken/Sachse* (2002), S. 48 ff.).

gelegenen Glashütte keinerlei Zahlungen an Privathaushalte bis zur endgültigen Aufstellung der Schadenbilanz.[1] Hierdurch wurden die Aufbauarbeiten verzögert. Hinzu kamen Fälle von Ersatzleistungen für Schäden, die nicht durch die Flut entstanden sind.[2] Weitere Probleme bei der Spendenauszahlung traten auf, als in Deutschland erhobene Mittel für die Schadenregulierung in Südosteuropa genutzt wurden. Zwar war es möglich, die Gelder zweckgebunden auch für einzelne Orte zu spenden, allerdings führte dies zu dem (ungewünschten) Folgeeffekt, dass eine lokale Überzahlung der Schäden entstand.[3] Dies galt insbesondere für Orte mit hoher Medienpräsens.

Um Streitigkeiten bei der Mittelvergabe zu schlichten wurde das „Kuratorium Fluthilfe" unter Vorsitz des Altbundespräsidenten *Richard von Weizsäcker* ins Leben gerufen. Dieses mit 20 Mio. EUR aus Bundesmitteln ausgestattete Gremium sollte Streitigkeiten schlichten und ggf. die zur Verfügung gestellten Mittel ausschütten.[4]

### *3.3. Zusammenfassung*

Im August 2002 haben zwei Tiefdruckgebiete zu Überschwemmungen in ganz Europa und zur weltweit schadenreichsten Naturkatastrophe des Jahres geführt. Die größte Position in Deutschland stellten Schäden an Infrastruktureinrichtungen dar. Daneben waren Privathaushalte und Gewerbebetriebe stark betroffen. Die geschätzten negativen Auswirkungen auf das BIP reichen bis zu einer Milliarde Euro. Die Regulierung der Schäden von Privathaushalten und Gewerbebetrieben erfolgte auf drei Arten: Erstens durch umfangreiche staatliche Hilfszahlungen, zweitens (soweit vorhanden) durch Versicherungen und drittens durch private Spendenorganisationen.

Als gesetzliche Grundlage für die Schadenregulierung haben Bundestag und Bundesrat das sogenannte Flutopfersolidaritätsgesetz verabschiedet. Dieses Gesetz regelt die Finanzierung und Verteilung des „Aufbauhilfefonds". Die Mittel wurden nahezu paritätisch vom Bund und den Ländern bereitgestellt. Die Mittelvergabe orientierte sich an den Wiederherstellungs- bzw. Wiederbeschaffungskosten der geschädigten Güter und Gebäude. Als Ausschlusskriterium für den

---

[1] Begründet wurde dies damit, dass nicht Gelder an diejenigen ausgegeben werden sollten, die zuerst einen Schaden meldeten, weil man hierdurch befürchtete, die Mittel voreilig zu vergeben

[2] Ähnliche Erfahrungen wurden im Zusammenhang mit dem Oder-Hochwasser 1997 gemacht, als einige Spendenzahlungen die entstandenen Schäden überstiegen. Dies führte zu Zahlungsrückforderungen der Landratsämter, die z.T. über den Rechtsweg durchgesetzt wurden (Vgl. *Beutler/Flocken/Sachse* (2002), S. 48 ff.).

[3] Vgl. *Varga* (2002), S. 32.

[4] Vgl. *Beutler/Flocken/Sachse* (2002), S. 48 ff.

Erhalt öffentlicher Mitteln galt bestehender Versicherungsschutz. Bei den Hilfsmaßnahmen sind Programme des Bundes, der Länder und gemeinsamer Hilfen zu unterscheiden. Der Bund hat sowohl Programme, die der Soforthilfe in den betroffenen Regionen galten, als auch Aufbauhilfen, die einen langfristigen und nachhaltigen Wiederaufbau gewährleisten sollten, aufgelegt. Die Förderarten reichten von Barleistungen über zinsvergünstigte Kredite bis hin zu steuerlichen Erleichterungen. Neben den Bundes- und Bund-/ Länderprogrammen gab es auch unterschiedliche länderspezifische Programme. Die hierfür erforderlichen Mittel wurden aus einem steuerfinanzierten Solidaritätsfonds zur Verfügung gestellt. Die Programme unterschieden sich hinsichtlich ihrer Zielgruppen, Zweckbestimmungen, Förderarten, Förderhöhen und Mindestvoraussetzungen für den Erhalt voneinander. Ergänzt wurden die Programme in der Bundesrepublik durch den Solidaritätsfonds der Europäischen Union. Dieser Fonds stellte finanzielle Mittel für Sofortmaßnahmen nach Naturkatastrophen zur Verfügung. Diese Gelder waren zweckgebunden und sollten schwerpunktmäßig für den Wiederaufbau beschädigter Infrastruktureinrichtungen und für nicht versicherbare Zwecke verwendet werden.

Weitere Schadenregulierungen erfolgten durch Spendenzahlungen und durch die Versicherungsmärkte. Von den Möglichkeiten der privaten Risikovorsorge durch Versicherungen wurde in den betroffenen Gebieten nur bedingt Gebrauch gemacht. Daneben haben eine Vielzahl staatlicher Stellen, Hilfsorganisationen und Privatinitiativen Spendengelder im dreistelligen Millionenbereich gesammelt. Im Mittelpunkt der Vergabepraxis standen soziale Aspekte. Zusammenfassend kann festgehalten werden, dass die Regulierung der Hochwasser 2002 insbesondere durch staatliche Mittel vorgenommen wurde. Lediglich jeder fünfte Euro der Schäden war über die Versicherungsmärkte gedeckt. Der Umfang und die Höhe der Programme gingen über die Hilfen für Naturkatastrophen in der Vergangenheit hinaus. Ob für diese geringe Risikovorsorge über Versicherungsmärkte Marktversagenstatbestände oder Marktmängel verantwortlich sind, wird im nächsten Kapitel geklärt.

# *4. Der Versicherungsmarkt für Elementargefahren als Teil der Risikovorsorge – Ein Marktversagen?*

## *4.1. Grundlegende Bestimmungsgründe des Angebots und der Nachfrage für Elementarschadenversicherungen*

### *4.1.1. Definition und Abgrenzung des Untersuchungsgegenstands*

Die Elementarschadenversicherung ist ein Instrument der kollektiven Risikovorsorge gegen Naturgefahren.[1] Elementarschäden werden definiert als „...Schäden durch Naturgewalten, bei denen der Schaden mechanisch und plötzlich eintritt."[2] Im Folgenden werden ausgewählte Aspekte dieses Versicherungsmarktes dargestellt. Grundsätzlich sind in den Sachversicherungszweigen gewerbliche Risiken und Massenrisiken zu unterscheiden.[3] Der Begriff „Gewerbliche Versicherung" dient im Versicherungswesen dazu, eine Abgrenzung zum Privatkundengeschäft vorzunehmen und ist unabhängig von der gesetzlichen Verwendung (z.B. im Gewerbesteuerrecht).[4] Ein Sonderfall innerhalb der Versicherung von Gewerbebetrieben ist die Industrie-Feuerversicherung, die hier aufgrund der mangelnden Standardisierung der Versicherungsverträge nicht diskutiert wird.[5] Zunächst wird

---

1 Theoretische Grundlage des Nachfragerverhaltens ist die Entscheidungstheorie unter Unsicherheit, die von *Neumann* und *Morgenstern* entwickelt wurde und in ihren Wurzeln auf *Bernoulli* (Vgl. *Bernoulli* (1954), S. 22 ff.) zurückgeht. Sie wurde von *Alfred Marshall* aufgegriffen, der die Frage analysierte, welchen Preis Individuen bereit sind zu zahlen, um eine unsichere Situation zu überwinden. Hiernach entscheiden sich die Versicherungsnehmer für dasjenige Angebot, welches ihren Erwartungsnutzen maximiert. Die Nachfrager werden unter mehreren erwartungsnutzenmaximalen Kontrakten denjenigen wählen, der den höchsten Deckungsgrad an Versicherungsschutz bietet. Sie handeln somit rational im Sinne der neoklassischen Ökonomie. Durch das Prinzip der Rationalität wird eine Beziehung zwischen Präferenzen, Informationen und Handlungen hergestellt (Vgl. *North* (1992), S. 23). Der Umfang des Versicherungsschutzes ist unter den genannten Prämissen für den Versicherungsnehmer variabel. Die individuellen Präferenzrelationen eines jeden Versicherungsnehmers über die Verteilungen des Periodenendvermögens entscheiden über die Höhe des nachgefragten Deckungsgrades (Vgl. *Strassl* (1988), S. 15). Somit spielen neben Umständen in der natürlichen und sozialen Umwelt (z.B. Umfang möglicher Schäden) subjektive Einstellungen, Erfahrungen, Informationsstände und die persönliche Vermögenssituation eine Rolle. Folglich soll bei Entscheidungsalternativen diejenige gewählt werden, die den anderen überlegen ist (Vgl. *Zweifel/Eisen* (2000), S. 60 f.). Siehe auch *Schulenburg* (1992), S. 400 ff.; *Strassl* (1988); *Zweifel/Eisen* (2000), S. 60 ff.

2 *Rommel* (1937), S. 3. *Rommel* bezeichnet Elementarschäden in einem weiteren Sinne als „...Schäden durch Naturgewalten schlechthin...". Hierunter fallen abnorme Witterungsverhältnisse wie Dürren und Frostperioden, wobei die „Plötzlichkeit" des Ereignisses fehlt.

3 Vgl. *Gardette* (1997), S. 214.

4 Vgl. *Koch/Weiss* (1994), S. 351 f.

5 Bis zur Deregulierung des deutschen Versicherungsmarktes zählten Risiken ab einer Inhalts-Versicherungssumme von 2,5 Mio. EUR (Vgl. *Petrow/Thieken/Kreibich et al.* (2003), S. 65)

die Produktpolitik der Elementarschadenversicherer beschrieben, die sämtliche Entscheidungen des Unternehmens zur Gestaltung der Versicherungspolicen im Hinblick auf die größtmögliche Erreichung der Unternehmensziele umfasst. Trotz der Deregulierung[1] der Versicherungsmärkte wird hierfür auf die letzten standardisierten Bedingungswerke[2] zurückzugegriffen. Sie sind i.d.R. die Basis für die Produkte, wie im empirischen Teil dieses Kapitels deutlich wird.

In speziellen Sachversicherungszweigen wurden Elementarschadenversicherungen seit langem angeboten. Hierzu zählen die Transport-, Montage-, Glas- und Fahrzeugversicherung.[3] Erst zu Beginn der 90er Jahre wurden Elementardeckungen auf weitere Versicherungszweige ausgedehnt. Im Jahr 1989 genehmigte die Versicherungsaufsicht die „Allgemeinen Bedingungen zur Allgefahrenversicherung für Industrie und Gewerbe (ABAG)“ mit einem Versicherungsschutz gegen Hochwasser.[4] Die Deutsche Lloyd Versicherungs-AG beantragte ein Jahr später die Erweiterung des Deckungsumfanges für Wohngebäudeversicherungen beim Bundesaufsichtsamt für das Versicherungswesen (BAV)[5]. Hieraufhin wurde eine Arbeitsgruppe beim GDV gebildet, um auf diesen Wettbewerbsdruck zu reagieren.[6] Eine Sonderstellung innerhalb Deutschlands nahmen Baden-Württemberg[7]

---

zur Industrieversicherung. Hier kann der Versicherungsnehmer im Rahmen einer Extended-Coverage-Deckung Elementargefahren nach dem Bausteinprinzip auswählen (Vgl. *Bedingungen für die Versicherung zusätzlicher Gefahren zur Feuerversicherung (ECB 87)*).

1 Seither gibt es selbst in der Hausratversicherung Allgefahren-Deckungen (Vgl. *Schmidt-Kasparek* (2002a)). Deshalb ist die Vergleichbarkeit der Produkte erheblicht erschwert worden.

2 Hierdurch werden deklarierte Zustandsänderungen an einem fest umrissenen Vermögen des Versicherungsnehmers gedeckt, wobei der Entschädigungsbetrag durch weitere qualitative und quantitative Regelungen wie z.B. Selbstbehalte festgelegt wird (Vgl. *Neugebauer/Nickel-Waninger* (2001), S. 117 f.).

3 Vgl. *Gardette* (1997), S. 214.

4 Vgl. *Ebel* (1997), S. 213.

5 Das Bundesaufsichtsamt für das Versicherungswesen ist die Vorläuferbehörde des Bundesaufsichtsamt für das Finanzwesen (BaFin). Mehr zu den Bedingungswerken der Deutschen Lloyd siehe *Fährmann* (1991), S. 217 ff.

6 Die Ausgestaltung dieser neuen Versicherungsform wurde intensiv diskutiert. Eine ursprünglich geplante Auswahlmöglichkeit der Gefahren wurde verworfen, sodass der Abschluss nur in einem Gesamtpaket möglich war (Vgl. *Münchener Rückversicherungs-Gesellschaft (Hrsg.)* (1993), S. 27).

7 In Baden-Württemberg wurde der gesamte Gebäudebestand von der Badischen Gebäudeversicherung in Karlsruhe und der Württembergischen Gebäudebrandversicherung als Pflichtversicherung gegen Feuer- und Elementargefahren versichert (Vgl. *Schäfer* (1993), S. 3), wobei die Elementardeckung Sturm und Hagel enthielt (Vgl. *Gardette* (1997), S. 213). Hinzu kamen im württembergischen Teil des Bundeslandes die Deckung dieser Gefahren für Produktionsanlagen von Industrie und Gewerbe (Vgl. *Schäfer* (1993), S. 3). Mit Aufhebung der Versicherungsmonopole 1994 wurde diese Verträge beim Nachfolgeunternehmen der Sparkassen-Versicherung Baden-Württemberg auf freiwilliger Basis fortgeführt (Vgl. *Koch* (2002), S. 1675).

und das Gebiet der ehemaligen DDR[1] ein, wo bereits vorher flächendeckender Versicherungsschutz für Elementarrisiken erhältlich war. Insbesondere die weite Verbreitung in den fünf neuen Bundesländern führte zu einer intensiven Beschäftigung der Versicherer mit der Elementardeckung. In Folge dessen wurden am 25. Juni 1991 die besonderen Bedingungen für die Versicherung weiterer Elementarschäden in der Wohngebäudeversicherung (BEW), in der Hausratversicherung (BEH) und bei gewerblichen Risiken (BEG) durch das BAV genehmigt.[2] In § 1 dieser Bedingungswerke wird Bezug auf die Grunddeckungen der Allgemeinen Wohngebäude-Versicherungsbedingungen (VGB), der Allgemeinen Hausratversicherungsbedingungen (VHB) sowie auf die Allgemeinen Bedingungen für die Sturmversicherung (AStB) genommen, die somit Bestandteil der Zusatzdeckung werden.[3]

Im zweiten Teil dieses Abschnitts geht es um die Risikopolitik der Erstversicherungsunternehmen, innerhalb derer die Teilbereiche Risikokalkulation und Risikofinanzierung unterschieden werden. Durch die Risikopolitik soll das versicherungstechnische Risiko[4] minimiert werden.[5] Sie umfasst die Bestandspolitik, die Prämienpolitik, die Risikoteilungspolitik und die Sicherheitsmittelpolitik,[6] die durch eine informationsbezogene Risikopolitik ergänzt werden.[7] Innerhalb dieses

---

[1] In den Wohngebäude- und Haushaltsversicherung der DDR waren Elementarschäden versichert (Vgl. *Deutsche Presse Agentur (dpa)* (2002). Für die Haushaltsversicherung galt dieses obligatorisch ohne Beitragszuschlag (Vgl. *o.V.* (2002h), S. 1409). Deshalb hatten nahezu 95 % aller Haushalte eine solche Versicherung. Im Rahmen der Gebäudeversicherung war eine fakultative Erweiterung der Feuer-Pflichtversicherung möglich (Vgl. *Koch* (2002), S. 1675). Die Deutsche Versicherungs AG als Nachfolgeversicherer der Monopolanstalt in der DDR wurde 1992 von der Allianz (Vgl. *Koch* (2000), S. 298) zusammen mit ca. 6 Mio. Haushaltsversicherungen übernommen, die in den ersten 10 Jahren nach der Vereinigung Deutschlands um ca. 50 % auf ca. 3,05 Mio. abschmolzen. Heute haben ca. 60 % der ostdeutschen Gebäudeversicherungen eine Elementarschadendeckung (Vgl. *o.V.* (2002f)). Für die Gründe siehe *o.V.* (2002g) und *De Luca/Hagen/Kebbel et al.* (2002), S. 79).

[2] Vgl. *Veröffentlichungen des Bundesaufsichtsamtes für das Versicherungswesen (1991)*, S. 325 ff.

[3] Vgl. *§ 1 BEG, § 1 BEH sowie § 1 BEG.*

[4] Andere Risiken wie z.B. Verluste aus Kapitalanlagen, werden an dieser Stelle nicht berücksichtigt. Die Versicherungswirtschaft hat in der Vergangenheit ein risikobewusstes Underwriting durch Erträge auf den Kapitalmärkten substituiert ((Vgl. *Surminski* (2002), S.10; *Schweizer Rückversicherungs-Gesellschaft (Hrsg.)* (2001)).

[5] Vgl. *Lamby* (1993), S. 36.

[6] An dieser Stelle wird auf eine Darstellung der Sicherheitsmittelpolitik verzichtet, da dies über die Zielsetzung der Arbeit hinausgehen würde.

[7] Vgl. *Gerathewohl* (1980), S. 137 ff.; *Karten* (1983), S. 216 ff. Die Bestandspolitik umfasst risikoursachenbezogene Maßnahmen, während die anderen drei risikowirkungsbezogen sind. Diese einzelnen Maßnahmen sind interdependent. So sind die Sicherheitszuschläge einerseits Bestandteil der Risikoprämie und andererseits ein Instrument zur Reduzierung des versicherungstechnischen Risikos (Vgl. *Lamby* (1993), S. 38), das die Streuung der Gesamtschaden-

Kapitels werden deshalb die Einschätzung des Risikos, die Kalkulation der Prämie und die Teilung der Risiken mit Rückversicherungsunternehmen beschrieben. Neben diesen Bestimmungsgründen für das Versicherungsangebot werden Aspekte der Nachfrage für Elementarschadenzusatzdeckungen dargestellt. Beide Teilbereiche werden im dritten Abschnitt durch empirische Ergebnisse aufgegriffen, nachdem es im zweiten Teil dieses Kapitels um die Beantwortung der im Fallbeispiel aufgeworfenen Frage nach einem Marktversagen geht.

### *4.1.2. Gestaltung der Elementarschadenversicherungen (Produktpolitik)*

#### *4.1.2.1. Versicherte Gefahren*

Unter den versicherten Gefahren versteht man alle Ereignisse, die das versicherte Vermögen verändern, sodass Sach-, Vermögens- oder Personenschäden entste-

---

verteilung im Kollektiv des Versicherers ausdrückt. Das versicherungstechnische Risiko resultiert aus der Zusammenfassung vieler Einzelrisiken im Risikokollektiv und ist ein aus den ursprünglichen Risiken der Versicherungsnehmer abgeleitetes Risiko (Vgl. *Hax* (1964), S. 33). Der Umfang der Streuung ist ein Maß für die Gefährlichkeit des versicherungstechnischen Risikos für das Unternehmen (*Schwanke* (1988), S. 63). Auch die den Risikoprämien zugrundegelegten historischen Schadendaten sind eine Realisation von Zufallsvariablen der Vergangenheit, die ebenfalls Verzerrungen unterliegen (Vgl. *König* (2002), S. 84 f.). Im Rahmen des versicherungstechnischen Risikos werden das Zufalls-, Änderungs- und Irrtumsrisiko unterschieden. Das Zufallsrisiko bezeichnet eine zufällige Abweichung der Schadenfrequenz und/oder der Schadenhöhen von den Erwartungswerten mit den drei Teilmengen Kumulrisiko, Ansteckungsrisiko und Katastrophenrisiko. Für die Elementarschadenversicherung ist das Kumulrisiko von besonderer Bedeutung. Hiernach sind im Versicherungsfall mehrere versicherungstechnische Einheiten nicht unabhängig voneinander, was den Schadenausgleich dieser Wirtschafteinheiten untereinander im Rahmen des Versicherungskollektivs unmöglich macht (Vgl. *Hax* (1964), S. 20; mehr zu den anderen Risiken siehe z.B. *Farny* (2000), S. 74). Das Änderungsrisiko repräsentiert unvorhersehbare Änderungen in den Schadenfrequenzen und/oder Schadenhöhen der Erwartungswerte, die nicht zufallsbedingt sind. Diese Abweichungen können die Erwartungswerte einzelner Risiken und die der Gesamtschadenverteilung eines Risikokollektivs betreffen (Vgl. *Farny* (2000), S. 77). Durch das Änderungsrisiko führt die retrospektive Kalkulation der Prämien auf Basis von Schadenerwartungswerten der Vergangenheit zu nachhinkenden Beitragsanpassungen und Verlusten. Deshalb müssen risikogerechte Schwankungszuschläge in die Beiträge einfließen (Vgl. *o.V.* (2002d), S. 209). Das Irrtumsrisiko stellt eine fehlerhafte Berechnung des Schadenbedarfs dar (Vgl. *Helten* (1994b), S. 50.)

hen[1] und die über Policen gedeckt sind.[2] Die Elementarschadenversicherung deckt als verbundene Versicherung mehrere Gefahren über ein einheitliches Bedingungswerk in einem Versicherungsvertrag ohne Auswahloption.[3] Der Vertrag kann nur insgesamt gekündigt werden.[4] Nach § 2 BEG, BEH und BEW[5] leistet der Versicherer eine Entschädigung für entstandene Schäden infolge einer Überschwemmung des Versicherungsgrundstücks, eines Erdbebens, einer Erdsenkung, eines Erdrutsches oder durch Schneedruck und Lawinen.[6] Sturm und Hagel sind in dem Deckungsumfang der Hausratversicherung und Wohngebäudeversicherung enthalten. Im Rahmen der gewerblichen Sachversicherungsverträge können sie über die „Allgemeinen Bedingungen für die Versicherung gegen Sturmschäden (AStB)“ versichert werden,[7] sodass insgesamt eine hohe Versiche-

---

[1] Vgl. *Hax* (1964), S. 24. In der traditionellen Hausrat- und Wohngebäudeversicherung sind die Gefahren Feuer, Leitungswasser, Sturm und Hagel versichert. Dieser Deckungsumfang wird in der Hausratversicherung um Einbruchdiebstahl, Raub und Vandalismus erweitert (Vgl. *§ 3 VHB 92, § 4 VGB 88*). Frostschäden sind in „Leitungswasser“ integriert (Vgl. *Dietz* (1991), S. 9).

[2] Die Aufzählung der Gefahren kann explizit oder im Rahmen einer generalisierten Beschreibung, wie in den „All-Gefahren-Deckungen“ erfolgen (Vgl. *Neugebauer/Nickel-Waninger* (2001), S. 117). Die Allgefahrenversicherung bietet den Versicherungsschutz für alle Sachen oder Gefahren, die nicht explizit in den Versicherungsbedingungen ausgeschlossen wurden (Vgl. *Koch/Weiss* (1994), S. 35 f.).

[3] Vgl. *o.V.* (2002i).

[4] *Koch/Holthausen* (1998), S. 26.

[5] Aus Vereinfachungsgründen wird im Folgenden auf die Besonderen Bedingungen für die Versicherung weiterer Elementargefahren in der Wohngebäudeversicherung (BEW) Bezug genommen, da sich die Bedingungswerke nur unwesentlich voneinander unterscheiden.

[6] Auf eine Integration von Stürmen wurde verzichtet, weil man negative Auswirkungen für die Akzeptanz der Sturmversicherung und höhere Prämien für die Elementardeckung befürchtete (Vgl. *Dietz* (1991), S. 9).

[7] Schäden durch Meteoriteneinschlägen sind i.d.R. in All-Gefahren-Deckungen integriert. Eine Versicherung über Elementarschäden ist nicht bekannt. Allerdings kann eine Deckung über die Basisverträge abgeleitet werden, die in einigen Policentexten der privaten und gewerblichen Sachversicherungszweige der Anprall bemannter und unbemannter Flugkörper mitversichert. Ob unter diese Definition Meteoritenabstürze subsummiert werden können, wird kontrovers diskutiert. Unabhängig hiervon können Folgeeffekte eines Meteoritenabsturzes über die Basisdeckungen gedeckt sein. So sind i.d.R. entstehende Feuer mitversichert. Ausschlüsse hierfür sind nicht marktüblich. In der Elementarschadenversicherung sind die Folgen von Meteoriteneinschläge mitversichert, wenn Überschwemmungen durch das Auftreffen des Meteoriten auf Wassermassen entstehen. Diese Aspekte zeigen, dass Meteoriteneinschläge zerstörerische Folgewirkungen und eine erhebliche Kumulschadenproblematik haben (Vgl. *Münchener Rückversicherungs-Gesellschaft (Hrsg.)* (2003)), S. 3 ff).

rungsdichte von 95 %[1] für Stürme entsteht.[2]

Innerhalb einer versicherungstechnischen Betrachtung kann Wasser nicht als ein monolithisches Elementarrisiko aufgefasst werden. Vielmehr sind Flusshochwasser, lokale Sturzfluten (flash floods) und Sturmfluten zu unterscheiden.[3] Diese Differenzierung spiegelt sich in den Bedingungswerken wider, die den Begriff des Überschwemmungsschadens sehr weit fassen und selbst regelmäßige und in kurzen Perioden auftretende Überflutungen decken,[4] nicht jedoch Rückstau und Sturmfluten.[5] Durch flankierende Maßnahmen wie eine restriktive Annahmepolitik, risikogerechte Prämien und entsprechende Selbstbehalte kann der Versicherungsschutz limitiert werden.[6] Abgrenzungsprobleme können durch den Ausschluss von Rückstauschäden entstehen, da diese durch nicht versicherte interne Ursachen (z.B. aufsteigendes Grundwasser)[7] aber auch durch versicherte externe Ursachen (z.B. Überlastung der Kanalisation durch Überschwemmungen) verursacht werden können.[8] Der Ausschluss von Sturmfluten beruht darauf, dass

---

[1] Vgl. *Grollmann/Simon* (2002), S. 5. Schwere Stürme haben 1993/1994 zu Engpässen an den internationalen Rückversicherungsmärkten geführt. Ein Kapazitätsnotstand konnte über den Mitteltransfer von den Kapitalmärkten an die Rückversicherungsmärkte verhindert werden (Vgl. *Pohlhausen* (1999), S. 458). Auch die Versicherung von Stürmen war in den vergangenen Dekaden nicht problemlos (Vgl. *Münchener Rückversicherungs-Gesellschaft* (1973), S. 25 ff.).

[2] Der durchschnittliche Sturmschaden liegt bei einigen tausend Euro (Vgl. *Grollmann/Simon* (2002), S. 5). Stürme verursachen in Deutschland die höchsten versicherten Schäden. Sie haben derzeit in den Naturgefahren einen Anteil an den versicherten Schäden von 90 %.

[3] Vgl. *Gardette* (1997), S. 211.

[4] Vgl. *Münchener Rückversicherungs-Gesellschaft (Hrsg.)* (1993), S. 16. In den Bedingungen werden sie wie folgt definiert (Vgl. § 3 BEW): „Überschwemmung ist eine Überflutung des Grund und des Bodens des Versicherungsortes, auf dem das versicherte Gebäude liegt oder in dem sich die versicherten Sachen befinden (Versicherungsgrundstück), durch a) Ausuferung von oberirdischen (stehenden oder fließenden) Gewässern oder b) Witterungsniederschläge. Nicht versichert sind ohne Rücksicht auf mitwirkende Ursachen Schäden durch Sturmflut und Rückstau".

[5] Vgl. *Wenzl* (1985), S. 76.

[6] Die „Zusatzbedingungen für die Versicherung weiterer Elementarrisiken in der Wohngebäudeversicherung (ZVGB)" der Deutschen Lloyd 1990 versicherten nur außergewöhnliche Überschwemmungen. Zweifel an einer Vereinbarkeit dieser Definition mit den §§ 2, 10, 11 und 12 AGB-Gesetz (Vgl. *Fährmann* (1992), S. 46) haben die Assekuranz und das Bundesaufsichtsamt bewogen, eine weitere Definition des Überschwemmungsbegriffs in die Versicherungsbedingungen aufzunehmen und regelmäßig wiederkehrenden Ereignissen durch versicherungstechnische Instrumente zu begegnen (Vgl. *Gardette* (1997), S. 214 f.).

[7] Näheres hierzu z.B. bei *Vogt* (1995).

[8] Vgl. *Münchener Rückversicherungs-Gesellschaft (Hrsg.)* (1993), S. 16. Dieser Ausschluss ist bemerkenswert, da Rückstauschäden ebenso häufig vorkommen wie direkte Überschwemmungsschäden (Vgl. *Hamburger Feuerkasse (Hrsg.)* (2002)). Sie sind im Allgemeinen durch technische Einrichtungen vermeidbar. Durch diesen Ausschluss sollen Schäden durch unter-

räumlich begrenzte Gebiete mit sehr hohem Schadenpotential betroffen sind.[1] Deshalb reichen die Kapazitäten der Versicherungswirtschaft zur Deckung dieser Gefahr nicht aus, da für Sturmfluten keine risikoadäquaten Prämien erzielt werden können.[2]

Unter Erdbeben[3] als geologische Naturgefahr werden in den Versicherungsbedingungen naturbedingte Erschütterungen infolge geophysikalischer Vorgänge verstanden. Hierdurch sind keine Schäden gedeckt, die durch Bergbau,[4] Straßenverkehr oder Sprengungen verursacht worden sind. Auffällig ist, dass im Gegensatz zur Sturmversicherung, die Schäden ab Windstärke acht versichert, keine Klassifizierung der Erdbebenintensität stattfindet, z.B. durch Bezugnahme auf die Richter- oder Mercalli-Skala. Dies liegt daran, dass beide Skalen nicht für die Zwecke der Assekuranz geeignet sind. Deshalb wurden für die Feststellung des Versicherungsfalls Erleichterungen analog der Sturmversicherung in § 4.2 BEW integriert.[5] Versicherte und nicht versicherte Erschütterungen werden durch das seismologische Messnetz getrennt, das natürliche Bodenerschüttungen von künstlichen unterscheidet.[6]

Erdsenkung, Erdrutsch, Schneedruck und Lawinen sind weitere Gefahren, die Bestandteil des Deckungsumfangs der standardisierten Bedingungswerke waren.[7]

---

lassene Wartungsarbeiten bzw. fehlerhafter Planung nicht versichert werden (Vgl. *Heidbrink* (1995), S. 86 ff).

1 Sturzfluten können im Gegensatz zu Sturmfluten überall auftreten und sind aufgrund ihrer Schadenfrequenz durch statistische Erfahrungen eher quantifizierbar. Eine extrem hohe Abhängigkeit der Sturmflutschäden vom Küstenschutzes und die regionale Begrenzung dieses Risikos erschweren die Bildung eines homogenen Risikokollektivs (Vgl. *Gardette* (1997), S. 211 f.).

2 Vgl. *Chmielorz/Metzger* (1995), S. 935.

3 Erdbeben werden nach § 4 BEW wie folgt definiert „Erdbeben ist eine naturbedingte Erschütterung des Erdbodens, die durch geophysikalische Vorgänge im Erdinnern ausgelöst wird. Erdbeben wird unterstellt, wenn der Versicherungsnehmer nachweist, dass die naturbedingte Erschütterung des Erdbodens in der Umgebung des Versicherungsortes Schäden an Gebäuden in einwandfreiem Zustand oder an ebenso widerstandsfähigen anderen Sachen angerichtet hat oder der Schaden wegen des einwandfreien Zustandes des Gebäudes, in dem sich die versicherten Sachen befunden haben, nur durch ein Erdbeben entstanden sein kann."

4 Vgl. hierzu *Rudolph* (2002).

5 Durch die Richter-Skala wird festgestellt, dass an irgendeinem Ort ein Erdbeben stattgefunden hat. Die freigesetzte Energie wird in Form der Magnitude gemessen. Die Richter-Skala lässt keine Rückschlüsse auf Erschütterungen des versicherten Grundstücks zu. Gleiches gilt für die empirische Mercalli-Skala, die auf Basis beobachteter Auswirkungen von Erdbeben Aussagen über deren Intensität trifft. Da es bei der Mercalli-Skala zu viele Zweifels- und Grenzfälle gibt, wurde sie ebenfalls nicht in die Bedingungswerke integriert (Vgl. *Dietz* (1991), S. 16f.).

6 Vgl. *Münchener Rückversicherungs-Gesellschaft (Hrsg.)* (1993), S. 17.

7 Diese weiteren Gefahren werden wie folgt definiert: „Erdsenkung ist eine naturbedingte Absenkung des Erdbodens über natürlichen Hohlräumen"(§ 5 BEW), „Erdrutsch ist ein naturbe-

Über die Gefahr „Erdsenkung" sind nur naturbedingte Absenkungen des Erdbodens über natürlichen Hohlräumen versichert. Demzufolge sind Absenkungen des Erdbodens über stillgelegten Kohle- und Erzgruben ausgeschlossen. Gleiches gilt, wenn natürliche Hohlräume durch Sprengungen zum Einsturz gebracht werden. Auch beim „Erdrutsch", ist ein von Menschenhand ausgelöstes Abgleiten oder Abstürzen von Gesteins- bzw. Erdmassen, z.B. durch Sprengungen nicht versichert. Der Begriff „Schneedruck" beinhaltet Schäden durch das Gewicht bewegter Schneemassen, d.h. auch sogenannte Dachlawinen, deren Folgewirkungen auf versicherte Sachen gedeckt sind. Bei der „Lawinengefahr" sind durch Menschenhand verursachte Lawinen versichert.[1] Durch diese Vielzahl verschiedener Gefahren ist mit der Elementarschadenversicherung ein hochkomplexes Produkt entstanden, das eine Vielzahl von Bestimmungen enthält, die den Versicherungsfall beschreiben und eingrenzen.

#### *4.1.2.2. Versichertes Interesse und Vertragsbestandteile*

In der Elementarschadenversicherung sind Teile des Sachvermögens versichert.[2] Der Versicherungsfall wird gem. § 2.1 BEW ausgelöst, wenn Sachen durch eine versicherte Gefahr beschädigt bzw. zerstört werden oder abhanden kommen. Daneben sind definierte Kosten, die im Zusammenhang mit dem Versicherungsfall stehen, mitversichert.[3] Bei den Risiken von Privathaushalten sind Versicherungen für Wohngebäude und deren Inhalt (Hausrat) zu unterscheiden. Beide Versicherungen bieten in den Grunddeckungen Versicherungsschutz gegen eine Vielzahl von Gefahren, z.B. Brand, Explosion, Leitungswasser (§ 3 VHB'92; § 4 bis § 7 VGB'88). Die versicherten Sachen in der Hausratversicherung sind in § 1 Abs. 1 der VHB'92 (Allgemeine Bedingungen für die Hausratversicherung) festgelegt. Hiernach gehören zum versicherten Hausrat alle Gegenstände, die zur Einrichtung, zum Gebrauch und zum Verbrauch dienen wie Möbel, Geschirr und Nahrungsmittel. Ergänzt werden diese Gegenstände durch Bargeld und Wertsachen (z.B. Schmuck) im Rahmen von festgesetzten Entschädigungsgrenzen.[4] Er-

---

dingtes Abgleiten oder Abstürzen von Gesteins- oder Erdmassen" (§ 6 BEW), „Schneedruck ist die Wirkung des Gewichts von Schnee- oder Eismassen" (§ 7 BEW) und „Lawinen sind an Berghängen niedergehende Schnee- oder Eismassen"(§ 8 BEW).

1 Vgl. *Dietz* (1991), S. 17 f.

2 Vgl. *Neugebauer/Nickel-Waninger* (2001), S. 117. Ausgeschlossen sind Kraftfahrzeuge, für die eine Deckung gegen ausgewählte Naturgefahren (z.B. Stürme, Überschwemmungen) über die Teilkaskoversicherung möglich ist.

3 Vgl. *Koch* (1998), S. 271. Gegenstand des Versicherungsschutzes ist nicht die Sache selbst, sondern das persönliche, monetär bewertbare Interesse des Versicherungsnehmers an deren Erhalt. Deshalb entziehen sich ideelle Werte dem Versicherungsschutz (Vgl. *Wenzl* (1985), S. 35).

4 Vgl. *Cristofolini/Fromme/Holthausen et al.* (1998), S. 8 ff. Hinzu kommen in §1 Abs. 2 weitere mitversicherte Sachen wie Fernsehantennen und Arbeitsgeräte.

setzt wird bei zerstörten Sachen der Wiederbeschaffungswert von Sachen gleicher Art und Güte zum Neuwert.[1] Bei beschädigten Sachen werden die notwendigen Reparaturkosten beglichen, wobei u.U. eine Wertminderung der Sache und Restwerte angerechnet werden (Vgl. § 18 Abs. 1 VHB'92). Die Wohngebäudeversicherung bietet Versicherungsschutz für Wohnhäuser mit Nebengebäuden und Garagen inkl. des Gebäudezubehörs wie z.B. Briefkästen. Die Entschädigungsleistung in der Wohngebäudeversicherung bemisst sich nach dem Versicherungswert, der durch Indizes an die Preisentwicklung angepasst werden kann.[2] Eine Besonderheit der Wohngebäudeversicherung besteht darin, dass der Versicherungsnehmer den Anspruch auf Entschädigung in Höhe des Neuwertanteils nur erhält, wenn das Gebäude bei einem Totalschaden an bisheriger Stelle wiederaufgebaut wird, ausgenommen behördliche Auflagen verbieten dies.[3]

Die Elementarschadenzusatzdeckung für Gewerbebetriebe kann sowohl für Gebäude, für deren Inhalt als auch für Betriebsunterbrechungsschäden abgeschlossen werden. Gebäude und deren Einrichtung sind grundsätzlich nach dem Zeitwert versichert. Dies ist der ortsübliche Neubauwert des Gebäudes unter Berücksichtigung des Alters und der Abnutzung. Aber auch die Versicherung zum (gleitenden) Neuwert ist möglich. Eine Entschädigung ist analog zur Wohngebäudeversicherung an den Wiederaufbau an gleicher Stelle geknüpft. Im Rahmen der Inhaltsversicherung können Einrichtungen und Waren gedeckt werden.[4] Auch die Versicherung des Neuwertes ist für Gebäude und Einrichtungsgegenstände mög-

---

[1] Begründet wird diese Vorgehensweise mit der Schwierigkeit, nach einem Schadenfall Sachen wiederzubeschaffen, die nach dem Alter und der Abnutzung den zerstörten Gegenständen entsprechen (Vgl. *Wenzl* (1985), S. 50 f.). Im Rahmen der Wohngebäudeversicherung wird ab einem Gebäudewert von 40 % des Wiederaufbauwertes, der Zeitwert ersetzt. In der Hausratversicherung liegt diese Grenze bei 20 % (Vgl. Bund der Versicherten e.V. (BdV) (2003)).

[2] Durch den „Gleitenden Neuwert" wird der Versicherungswert des Gebäudes im Jahr 1914 in Mark ermittelt. Dieser Wert wird durch einen Baupreisindize auf das aktuelle Jahr hochgerechnet und fortlaufend angepasst. Weitere Versicherungswerte wie der Neuwert, der Zeitwert (als Differenz aus dem Neuwert und der Wertminderung durch Alter und Abnutzung) oder der gemeine Wert (als erzielbarer Verkaufspreis) sind möglich (Vgl. *Cristofolini/Fromme/Holthausen et al.* (1998), S. 148 ff.).

[3] Vgl. § 10 Abs. 3 VGB'88. Die Entschädigungsleistung des Versicherers wird anteilig gemindert, wenn eine Unterversicherung vorliegt, d.h. die Versicherungssumme geringer ist als der tatsächliche Versicherungswert (Vgl. *Wenzl* (1985), S. 51).

[4] Unterschieden werden Waren, die der Versicherungsnehmer selbst herstellt, und welche, mit denen er handelt. Bei selbst hergestellten Waren werden die Kosten der Neuherstellung bis maximal zur Höhe des Verkaufspreises ersetzt. Bei Rohstoffen und anderen Waren, mit denen der Versicherungsnehmer handelt, wird der Wiederbeschaffungspreis abzüglich ersparter Kosten ersetzt. Neben der Neuwertversicherung zum Vollwert (d.h. der ganze Wert muss versichert werden) sind verschiedene Deckungsformen bis hin zur Bruchteilversicherung möglich. Die Bruchteilversicherung ist eine Vollwertversicherung in Höhe eines Teils des Versicherungswerts, weil ein Totalschaden für bestimmte Gefahren ausgeschlossen wird (Vgl. *Koch/Weiss* (1994), S. 174).

lich.[1] Eine Besonderheit ist die Deckung gegen Betriebsunterbrechungsschäden nach der Extended Coverage Betriebsunterbrechungsversicherung (ECBUB).[2] Hier sind Folgeschäden einer teilweisen oder vollständigen Unterbrechung des Betriebes versichert.[3] Im Rahmen der Betriebsunterbrechungsversicherung werden der entgangene Gewinn[4] und die fixen Kosten ersetzt, wenn durch eine versicherte Gefahr der Betrieb unterbrochen wird. Nicht versichert sind variable Kosten, wie die Aufwendungen für Rohstoffe und Umsatzsteuern, sowie betriebsfremde Gewinne, wie Kapital- oder Spekulationserträge.[5]

Ersetzt werden neben den versicherten Sachen gem. § 2.2 BEW in der Höhe limitierte Kostenarten. Hierzu zählen z.B. Aufräumungs- und Abbruchkosten,[6] Bewegungs- und Schutzkosten, Mehrkosten infolge behördlicher Auflagen[7] oder Rettungskosten.[8] Nicht versichert sind Kosten der Feuerwehren oder anderer im

---

1 Vgl. *Wenzl* (1985), S. 74 ff.

2 Auf eine Unterscheidung hinsichtlich der Klein-BU-Versicherung (KBU), die direkt an die Feuerversicherung angebunden ist und der Allgemeinen Feuer-Betriebsunterbrechungsversicherung als selbständigen Vertrag wird an dieser Stelle verzichtet (Vgl. *Stöppel* (1982), S. 8). Mehr zu den Unterschieden bei *Fürstenwerth/Weiß* (1997), S. 80 ff.

3 Vgl. *Koch* (1998), S. 275.

4 Maßgeblich sind betriebliche Erträge, die ohne die Unterbrechung erwirtschaftet worden wären. Somit entsteht keine Widerspruch zum Bereicherungsverbot nach §55 VVG (Vgl. *Vollgraf* (1990), S. 10).

5 Entscheidend für die Entschädigung des Versicherers sind der Bewertungszeitraum und die Haftzeit. Der zwölfmonatige Bewertungszeitraum endet an dem Tag, an dem der Betrieb (ungestört) weiterarbeiten kann und ermittelt den Versicherungswert. Dieser wird der vereinbarten Versicherungssumme gegenübergestellt, um eine Unterversicherung festzustellen. Damit ist der Bewertungszeitraum die Basis für die Höhe der Entschädigungsleistung. Die Haftzeit, also der Zeitraum für den der Versicherer Entschädigungszahlungen leistet, beträgt ebenfalls i.d.R. 12 Monate (Vgl. *Stöppel* (1982), S. 8 ff.). Zur Vertiefung siehe *Vollgraf* (1990).

6 Besonders problematisch sind Kontaminierungen versicherter Sachen, z.B. durch Öl in Folge eines Hochwassers. Diese Dekontaminierungsschäden sind i.d.R. über die Aufräumungskosten abgedeckt (Vgl. *Münchener Rückversicherungs-Gesellschaft (Hrsg.)* (1993), S. 29.).

7 Bewegungs- und Schutzkosten entstehen, wenn durch einen Versicherungsfall andere Sachen bewegt oder geschützt werden müssen, um die versicherte Sache zu sichern oder wiederherzustellen. Mehrkosten infolge behördlicher Auflagen (z.B. für den Wärmeschutz) werden in der Wohngebäudeversicherung ersetzt, solange sie nicht vor dem Versicherungsfall mit Fristsetzung erteilt wurden. Gleiches gilt für Mehrkosten infolge von Preissteigerungen bis zum Wiederaufbau, soweit dieser unverzüglich veranlasst wurde. Zudem wird bei vermieteten Wohnungen der Mietausfall ersetzt (Vgl. *Cristofolini/Fromme/Holthausen et al.* (1998), S. 14 und 157).

8 Rettungskosten beinhalten Schadenminderungsaufwendungen und Schadenabwendungskosten. Die Versicherungsnehmer müssen sich nach § 63 VVG so verhalten als bestünde kein Versicherungsschutz (Rettungspflicht) (Vgl. *Fürstenwerth/Weiß* (1997), S. 400).

öffentlichen Interesse zur Hilfeleistung Verpflichteter.[1] Sowohl in der Hausrat- als auch in der Wohngebäudeversicherung sind eine Reihe dieser Kosten automatisch im Deckungsumfang der Policen enthalten. In der gewerblichen Gebäude- und Inhaltsversicherung können Kosten pauschal oder entsprechend einer Einzeldeklaration mitversichert werden.[2] Somit erstreckt sich der Deckungsumfang der Elementarschadenversicherungen auf eine Vielzahl versicherter Sachen und Kosten, die mit verschiedenen Versicherungswerten zahlreiche Gestaltungsoptionen eröffnen.

#### *4.1.2.3. Selbstbehalte des Versicherungsnehmers*

Selbstbehalte der Versicherungsnehmer gelten als wichtigstes Instrument des Erstversicherers u.a. zur Steuerung von Schadenkumulen.[3] Unter einem Selbstbehalt versteht man „...eine Vereinbarung zwischen Versicherungsnehmer und Versicherer, die bedingungsgemäß errechnete Entschädigung um einen bestimmten Betrag zu kürzen."[4] Für den Versicherungsnehmer sind Selbstbehalte eine Einschränkung des maximalen Vorsorgeniveaus, die den Abschluss eines Versicherungsvertrages unattraktiver machen können.[5] Für den Versicherer[6] bestimmen Selbstbehalte neben dem festgelegten Deckungsumfang die Schadenlast.[7] Wird durch eine Selbstbehaltvereinbarung nur ein Teil eines Schadens gezahlt, steigt die Rentabilität von Schadenverhütungsinvestitionen.[8] Der Versicherer kann im Kleinschadenbereich eine Kosten- und Aufwandsreduktion erzielen und dem Versicherungsbetrug entgegenwirken.[9] Im Gegenzug erhalten die Versicherungsnehmer Prämiennachlässe.

Bei den Selbstbeteiligungen werden coinsurance und Franchisen unterschieden. Bei den coinsurances, als proportionale Mitversicherung, tragen die Versicherungsnehmer immer einen in der Höhe variablen Teil des Schaden selbst.[10] Die Kumulhaftung des Versicherers und seine Gesamtschadenbelastung wird gemin-

---

[1] Vgl. *Cristofolini/Fromme/Holthausen et al.* (1998), S. 18. In den Feuerversicherungen ist eine Feuerschutzsteuer für den Brandschutz einkalkuliert. Deshalb sind Leistungen der Feuerwehren bei Brandschutzeinsätzen unentgeltlich.

[2] Vgl. *Wenzl* (1985), S. 81.

[3] Vgl. *Jahn* (2001), S. 424.

[4] *Sterk* (1988), S. 775.

[5] Diese Annahme basiert auf der Theorie der „Probabilistic Insurance" von *Kahneman* und *Tversky* (1979). Hiernach werden Aktivitäten bevorzugt, die Schadeneintrittswahrscheinlichkeiten gänzlich eliminieren (Vgl. *Citlak* (2000), S. 248).

[6] Nach § 10 BEW wird der bedingungsgemäß als entschädigungspflichtig errechnete Betrag einschließlich Aufwendungsersatz gem. § 63 VVG um den vereinbarten Selbstbehalt gekürzt.

[7] Vgl. *Münchener Rückversicherungs-Gesellschaft (Hrsg.)* (1998), S. 42.

[8] Vgl. *Endres* (2000), S. 97.

[9] Vgl. *Wagner* (2002a).

[10] Vgl. *Müller* (1999), S. 49.

dert.[1] Zudem werden die Selbstbeteiligungen an Preissteigerungen angepasst.[2] Franchisen können als Abzugs- oder Integralfranchise gestaltet sein. Bei der Abzugsfranchise wird ein Selbstbehalt in fester Höhe von der Entschädigungsleistung subtrahiert (deductible), wodurch vor allem die Regulierung von Bagatellschäden vermieden werden soll.[3] Integralfranchisen ersetzen Schäden bis zur Höhe des Selbstbehaltes nicht, darüber hinaus jedoch in voller Höhe.[4] In beiden Fällen sinkt der Schadenbearbeitungsaufwand und die Verwaltungskosten.[5] Eine Verbindung von deductibles und coinsurance ist ebenfalls möglich.[6]

Die Vor- und Nachteile der beschriebenen Selbstbehaltsformen spiegeln ihre Eignung für die Elementarschadenversicherung wider. Hier ist ein prozentualer Selbstbehalt in Abhängigkeit vom entstandenen Schaden ohne große Wirkung, da Bagatellschäden reguliert werden müssten. Effektiver sind feste Mindestselbstbehalte pro Schadenfall. Vorrausetzung ist ein angemessenes Verhältnis des Eigenbehalts zum Durchschnittsschaden und zur vereinbarten Versicherungssumme. Alternativ sind prozentuale Selbstbehalte mit der Versicherungssumme als Referenzgröße möglich. Eine solche Lösung wird von der Münchener Rück bevorzugt, da sie langlebigen Wirtschaftsgütern wie Gebäuden besonders gerecht wird. Die Entlastung bei Kumul- und Bagatellschäden steht im Mittelpunkt der Betrachtung von Naturgewalten.

So sind Überschwemmungen[7] und noch mehr Stürme[8] durch relativ niedrige durchschnittlichen Schäden gekennzeichnet. Die Münchener Rück errechnet für den Versicherer bei Überschwemmungen eine Gesamtschadenentlastung zwischen ca. 10 % bei einer Selbstbeteiligung von 250 EUR und mehr als 60 % bei einer Selbstbeteiligung von 5.000 EUR je Schadenfall.[9] Letztlich wird der Versicherte überschaubar am Gesamtschaden beteiligt und gleichzeitig zur Schadenverhütung angeregt.

---

[1] Vgl. *Gerathewohl*; *Nierhaus* (1980), S. 537.

[2] Vgl. *Münchener Rückversicherungs-Gesellschaft (Hrsg.)* (1991), S. 22. In Japan sind Versicherungsnehmer als Risikoträger zwischen 30-40 % an der gesamten Versicherungssumme beteiligt.

[3] Vgl. *Ebel* (1997), S. 217.

[4] Vgl. *Grote/Köster* (1996), S. 96.

[5] Vgl. *Jahn* (2001), S. 425.

[6] Vgl. *Müller* (1999), S. 49.

[7] Vgl. *Münchener Rückversicherungs-Gesellschaft (Hrsg.)* (1993), S. 44.

[8] Vgl. *Schmidt* (1992), S. 195 f. *Schmidt* argumentiert auf Basis der Frühjahrsstürme 1990, die zu 3 Mio. Einzelschäden mit einer Gesamtschadenhöhe von 3,6 Mrd. DM geführt haben. Der Durchschnittsschaden lag bei ca. 1.000 DM. So hätte bei den VGH Versicherungen, eine Abzugsfranchise von 1.000 DM einen Entlastungseffekt in Höhe von 54 % gehabt. Die Gesamtschadenbelastung der Assekuranz wäre bei marktweiter Vereinbarung eines Selbstbehaltes von 1 % des Gebäudewertes ein Viertel, d.h. weniger als 1 Mrd. DM zurückgegangen.

[9] Vgl. *Münchener Rückversicherungs-Gesellschaft (Hrsg.)* (1997), S. 60.

### *4.1.3. Kalkulation der Elementarschadenversicherung (Risikopolitik)*

#### *4.1.3.1. Quantifizierung der eingegangenen Risiken*

##### *4.1.3.1.1. Ermittlung des Gesamtrisikos*

Bei der Ermittlung der Prämien ist die Berechnung des Schadenerwartungswertes von besonderer Bedeutung. Hier reicht eine Durchschnittskalkulation nicht aus, weil im Wettbewerb gute Risiken mit niedrigem Schadenerwartungswert zu Versicherern wechseln, die risikogerechte Beiträge anbieten. Das Gesamtrisiko eines Versicherungsnehmers hängt von der Ereignishäufigkeit der Gefahr, vom Risikoort und der Schadenanfälligkeit ab. Die Ereignishäufigkeit wird auf Basis historischer Daten durch Extrapolation in die Zukunft gebildet. Zur Ableitung der Schadenhäufigkeit bedarf es weiterer Kenntnisse über die geographische Verteilung der Schäden. Dies gilt insbesondere für Naturgewalten mit natürlichen Gefährdungsunterschieden wie Erdbeben (durch die Nähe zur nächsten seismischen Verwerfung) und Überschwemmungen (durch die Höhendifferenz des Risikoortes zu nahegelegenen Gewässern).[1] Hierfür stehen dem Versicherer (technische) Mittel zur Verfügung, die im nächsten Abschnitt beschrieben werden. Die Schadenanfälligkeit als dritte Einflusskomponente setzt die erwartete Ereignisintensität mit dem risikospezifischen Schadensatz in Beziehung.[2] So lassen sich bspw. für das Erdbebenrisiko Schadensätze in Abhängigkeit von der Intensität des Ereignisses gemessen nach der Mercalli-Skala abbilden, wobei insbesondere Sekundäreffekte z.B. Brände infolge des Bebens schadenwirksam sind. Für Hochwasser sind Schäden in Kellern charakteristisch. Sie erreichen Schadenhöhen von 10 % des Gebäudewertes. Gelangen die Wassermassen in das Erdgeschoss, werden 60 % des Inhaltswertes eines Einfamilienhauses zerstört.[3] Neben diesen Teilschäden können Überschwemmungen Totalschäden, z.B. durch eine Unterspülung des Fundaments verursachen.[4] Aus einer Verknüpfung aller Informationen lässt sich das Gesamtrisiko abschätzen, aus dem die Versicherungsprämie kalkuliert wird.[5] Für einen Versicherer wird eine Prämiendifferenzierung und eine umfassende Risikoanalyse solange vorteilhaft sein, wie Wettbewerbsvorteile die entstehenden Kosten mindestens aufwiegen.[6] Die Risikodifferenzierung endet bei

---

1 Vgl. *Münchener Rückversicherungs-Gesellschaft* (2003), S. 21.
2 Vgl. *Münchener Rückversicherungs-Gesellschaft (Hrsg.)* (1998), S. 37.
3 Vgl. *Grollmann/Simon* (2002), S. 5.
4 Vgl. *Lamby* (1993), S. 69.
5 Vgl. *Münchener Rückversicherungs-Gesellschaft (Hrsg.)* (1998a), S. 15 f.
6 Insgesamt sollten unter Rentabilitätsgesichtspunkten nicht mehr als 10-20 % der Prämieneinnahmen für die Risikoanalyse und Akquisition des Versicherungsnehmers aufgewendet werden (Vgl. *Hofmann* (1995), S. 76), um am Markt akzeptiert zu werden (Vgl. *Wagner* (1999), S. 1446). Diese Kostenäquivalente begrenzen die Risikoanalyse und müssen gegen die An-

der Bildung des Risikokollektivs. Eine Definition und Zusammenstellung neuer Risikogruppen ist nur soweit möglich, wie ein Ausgleich im Kollektiv stattfinden kann.[1]

Die Schadenausbreitung, definiert als Anzahl der betroffenen Risiken einer Region, kann insbesondere bei Erdbeben hoch sein.[2] Deshalb müssen idealtypisch die in Deckung genommenen Versicherungswerte und die Abhängigkeit der Risiken untereinander in die Betrachtung einfließen.[3] Eine Kumulkontrolle als „...Erfassung der voneinander abhängigen Haftungen." [4] ist ein wesentlicher Bestandteil des Risikomanagements. Hierzu müssen Haftungsverteilungen[5] für einzelne Versicherungsunternehmen und für den Gesamtmarkt analysiert werden,[6] um Maßnahmen gegen eine Schadenhäufung treffen zu können.[7] Die Kumulierung von Schäden beim Erstversicherer kann u.a. durch geeignete[8] Rückversicherungsverträge gemildert werden.[9] Daneben kann das Kumulrisiko durch Reservenbildung, durch Sicherheitszuschläge auf die Prämie und durch die Vereinbarung von Selbstbeteiligungen reduziert werden. Die zu erwartenden Schadenzahlen und der wahrscheinliche maximale Höchstschaden (Kumul-PML) als prozentualer Anteil an der Gesamtversicherungssumme des Bestandes, sind die Zielgrößen für das weitere Vorgehen.[10] Den Ausgangspunkt hierfür bilden Bestandsdaten des Versicherers. Auf dieser Basis sind Abhängigkeiten für ein Elementarereignis zu erfassen. Diese Daten sind mit den Schadenprofil zu verknüpfen und laufend den Änderungen im Versicherungsbestand anzupassen. Diese unternehmensindividuellen Berechnungen sind entsprechend auf die Rückversicherungsmärkte auszuweiten.[11] Die versicherten Gefahren, die Versicherungszweige, die Kumulerfassungzonen und das versicherte Interesse sind die wesentlichen Elemente einer Kumulkontrolle.[12] Aus den Ergebnissen der Analyse lassen sich ent-

---

reize einer individuelleren Prämienstruktur abgewogen werden (Vgl. *Schwarze* (1997), S. 348 f.). Gleichzeitig sollten Prämienunterscheidungsmerkmale dem Versicherungsnehmer verständlich gemacht werden (Vgl. *Helten* (1994a), S. 199).

1 Vgl. *Müller* (1999), S. 181.

2 Vgl. *Lamby* (1993), S. 66 f.

3 Vgl. *Meyer* (1996), S. 581.

4 *Herbrich* (1992), S. 15.

5 Vgl. *Kron/Thumerer* (2001), S. 1372.

6 Vgl. *Gerathewohl*; *Nierhaus* (1980), S. 538.

7 Vgl. *Herbrich* (1992), S. 15.

8 Eine drastische Fehleinschätzung des Rückversicherungsbedarfs kann im Extremfall zum Ruin des Erstversicherers führen (Vgl. *Pohlhausen* (1999), S. 458 ff.). Aus diesem Grunde wurden Sturmfluten aus dem Deckungsumfang ausgeblendet (Vgl. *Kriebisch* (2002s), S. 5).

9 Vgl. *Kriebisch* (2002a), S. 5.

10 Vgl. *Kron/Thumerer* (2001), S. 1372.

11 Vgl. *Herbrich* (1992), S. 25 ff.

12 Vgl. *Münchener Rückversicherungs-Gesellschaft (Hrsg.)* (1993), S. 54.

sprechende Maßnahmen ableiten.[1] Die Rückversicherer haben ihrerseits Instrumente entwickelt, um diese Problematik beherrschbar zu machen und insbesondere einheitliche Kumulerfassungszonen nach Postleitzahlen zu bilden sowie die Abhängigkeiten zu erforschen.[2] Für eine Kumulkontrolle sind zunächst Abhängigkeiten der Risiken zu ermitteln. Dies setzt technische Instrumente voraus, die eine Risikoanalyse ermöglichen.[3]

#### *4.1.3.1.2. Instrumente zur Risikoanalyse*

Die Klassifizierung der Risiken bedarf einer Vielzahl von Informationen und ist deshalb mit Schwierigkeiten verbunden. Daher wird versucht, mittels geeigneter Kenngrößen und Kriterien Aufschluss über die Qualität eines Risikos zu erhalten,[4] um es zu bestimmen, auszuwählen[5] und zu bepreisen.[6] Die Risikobesichtigung vor Ort ist eines der Instrumente, das den Versicherern hierfür zur Verfü-

---

1 Vgl. *Kron/Thumerer* (2001), S. 1372. Zur Kumulkontrolle wurden verschiedene Verfahren entwickelt. Unmittelbare Voraussetzung ist die Zonierung der Gefahren in Kumulerfassungszonen. In einem zweiten Schritt werden Gefährdungszonen gebildet, die Schadeneintrittswahrscheinlichkeiten in Abhängigkeit von Wiederkehrperioden darstellen. In einem dritten Schritt werden Kumulschadenzonen mit Gebieten darstellt, die von einem Schadenereignis betroffen sind. Diese Informationen werden mit dem Anteil betroffener Risiken, den Durchschnittsschäden und Schadenprofilen verschnitten (Vgl. *Herbrich* (1992), S. 122 ff.).

2 Hierzu zählt u.a. die Risikoeinschätzung nach Cresta (Catastrophe Risk Evaluating and Standardizing Target Accumulation), wodurch weltweit ein einheitliches System zur Bildung von Kumulerfassungszonen für Elementarrisiken (Vgl. *Reimers-Rawcliffe* (1990), S. 52) entstanden ist. Die Cresta-Organisation, die aus Erst-, Rückversicherern und anderen Fachleuten besteht (Vgl. *Meyer* (1996), S. 581), erarbeitet Grundlagenmaterialien, die eine Kumulkontrolle und Schadenerfassung unterstützen und vereinheitlichen sollen (Vgl. *Klee* (1995), S. 939). Hierzu werden Karten von Kumulerfassungszonen, standardisierte Erfassungsformulare sowie naturwissenschaftliche Informationen über Länder und über die dort vorzufindenden Versicherungssysteme den teilnehmenden Unternehmen zur Verfügung gestellt (Vgl. *Herbrich* (1992), S. 131.). Daneben haben die Münchener-Rück und die Swiss-Re weitere Instrumente zur Kumulschadeneinschätzung entwickelt (Vgl. *Kron/Thumerer* (2001), S. 1370 ff.).

3 Vgl. *Koch* (1998), S. 280. Auch in der Sturmversicherung gab es eine Zonierung. So argumentierte *Wenzl*, dass zu den besonders gefährdeten Gebieten in Deutschland Schleswig-Holstein durch seine Lage zwischen zwei Meeren gehört. Er unterstützt seine Aussage durch den historischen Entstehungspunkt von Windgilden im 15. und 16. Jahrhundert an dieser Stelle. Dieses spiegelt sich nach Auffassung *Wenzls* auch in der Nachfrage für Sturmversicherungen wider, die regional unterschiedlich ist (Vgl. *Wenzl* (1985), S. 48 f. sowie S. 77).

4 Vgl. *Müller* (1999), S. 180.

5 Vgl. *Ebel* (1997), S. 218.

6 Laut *Karten* kommt es nicht darauf an, dass Risikomerkmale den Schadenverlauf ursächlich determinieren. Eine hinreichende Bedingung für die Eignung als Risikomerkmal ist die Möglichkeit der dauerhaften Bildung von Korrelationen mit dem Schadenerwartungswert. Hierfür ist grundsätzlich kein Kausalzusammenhang erforderlich. Allerdings verbessert er die Akzeptanz im Vertrieb des Produktes (Vgl. *Karten* (1997), S. 77 f.).

gung steht. Sie ist kostenintensiv und setzt fundierte naturwissenschaftliche und bautechnische Kenntnisse voraus. Deshalb ist eine individuelle Risikoanalyse nur bei Großrisiken effizient. Für Massenrisiken und für große Teile der gewerblichen Risiken, bedarf es standardisierter Methoden. Hierzu verwenden die Versicherer i.d.R. Zusatzfragebogen zum Antrag, die ausführlich im empirischen Teil beschrieben werden.

Für regionale Gefahren wie Erdrutsch, Erdsenkung und Lawinen muss auf Schadenerfahrungen und individuelle Analysen zurückgegriffen werden.[1] Im Unterschied hierzu wurden für Überschwemmungen und Erdbeben aussagekräftige Zonierungssysteme entwickelt. In der Vergangenheit war die Versicherbarkeit des Überschwemmungsrisikos eingeschränkt,[2] weil nach Auffassung der Assekuranz wiederkehrende Ereignisse an den Flussläufen von Rhein, Mosel, Main und Donau nicht unvorhersehbar seien. Diese lagebedingte Gefährdung der Risiken führte zu einer Gefahr der negativen Risikoauslese, solange stark gefährdete Gebiete nicht identifiziert werden konnten.[3] Vor diesem Hintergrund wurde vom GDV eine Software in Auftrag gegeben, die Überschwemmungen[4] simulieren und einzelne Gemeinden in Risikozonen einteilen sollte.[5] Ausgangspunkt für diese Initiative war die Erkenntnis, das unternehmensindividuelle Modelle sehr aufwendig sind und dieser (wettbewerbsneutrale) Ansatz eine Aufgabe für den Gesamtmarkt darstellt.[6] Die Grundlage dieses Programms mit dem Namen ZÜRS

---

[1] Vgl. *Münchener Rückversicherungs-Gesellschaft (Hrsg.)* (1993), S. 19 ff.

[2] Dies gilt heute noch für einzelne Länder mit besonderer geographischer Lage. In den Niederlanden liegt z.B. die Hälfte des Landes unter dem Meeresspiegel. Deshalb deckt der niederländische Verband der Feuerversicherer seit 1953 kein Überschwemmungsrisiko. Als Begründung dienten u.a. Rückversicherungsprobleme und das maximal annehmbare Schadenrisiko. Mittlerweile sind in der Höhe begrenzte Sachschäden an Gebäuden und Inhalt durch Süßwasserüberschwemmung mittels eines sogenannten Hodge Rad Fonds (Vgl. *Gardette* (1997), S. 230), für den die Versicherer als Inkassounternehmen arbeiten, versichert. Sollten die Mittel nicht ausreichen, haftet der Staat für weiteren Kapitalbedarf (Vgl. *Chmielorz/Metzger* (1995), S. 941).

[3] Diese Sorge wurde ergänzt durch Erfahrungswerte, z.B. der ehemaligen Monopolanstalt in Baden-Württemberg, die zeigen, dass nicht nur Risiken in der Nähe von Flüssen gefährdet sind (Vgl. *Chmielorz/Metzger* (1995), S. 935).

[4] Die Zonierungseinteilung findet auf Basis wissenschaftlicher Daten statt. Da sturmflutgefährdete Gebiete in den Versicherungsbedingungen ausgeschlossen sind, wurden sie in ZÜRS nicht integriert (Vgl. *Lietzau* (2001), S. 83). Starkniederschläge werden in der Zonierung nicht gesondert berücksichtigt, da sie bundesweit flächendeckend auftreten und keine signifikante Regionalisierung vorgenommen werden kann. Beim Rückstau sind individuelle Vorsorgemaßnahmen sehr effektiv, wodurch sich eine Zonierung erübrigt. Dennoch erhöhen beide Gefahren das Schadenpotential in den Überschwemmungszonen und bedürfen deshalb einer gesonderten Berücksichtigung bei der Prämienkalkulation (Vgl. *Kriebisch* (2001), S. 3).

[5] Vgl. *Kriebisch* (2002b), S. 4.

[6] Vgl. *Pohlhausen* (1999), S. 462. Eine Zonierungszuweisung ist kein Wettbewerbsinstrumentarium wie die Bepreisung, weil die Unternehmen die Risiken gleich einstufen (Vgl. *Krie-*

(Zonierungssystem für Überschwemmung, Rückstau und Starkregen) ist ein digitales Geländehöhenmodell, das mit einem digitalen Flussnetzmodell verschnitten wird.[1] Im Ergebnis ist ein namentliches Straßennetz entstanden, das zu sämtlichen Straßenabschnitten die entsprechenden Anfangs- und Endhausnummern auf jeder Straßenseite enthält.[2] Hierdurch wird die Antragsstellung erheblich erleichtert,[3] weil die Versicherer jetzt in der Lage sind, Risiken einzuordnen und ihre Zeichnungspolitik dementsprechend zu gestalten.[4] Zunächst teilt ZÜRS die Risiken in drei Klassen. In die Zone 1 werden „gering gefährdete" Risiken eingestuft, die seltener als einmal in 50 Jahren oder nie von einem Hochwasser betroffen sind, wohingegen Zone 2 „mäßig gefährdete" Risiken beinhaltet, die durchschnittlich einmal in 50 Jahren aber seltener als einmal in 10 Jahren von einer Überschwemmung betroffen sind. In Zone 3 werden „hoch gefährdete" Risiken zusammengefasst, die in Gebieten liegen, die durchschnittlich mindestens einmal in 10 Jahren von einem Schaden betroffen sind.[5] Die ZÜRS Zone 3 macht ca. 6 % des gesamten Bundesgebietes aus und ist (wenn überhaupt) nur nach aufwendigen Einzelprüfungsverfahren versicherbar.[6]

ZÜRS wurde mittlerweile um eine vierte Zone erweitert, indem eine 200-jährliche Überschwemmung in das Modell eingearbeitet wurde,[7] die Deichbrüche

---

*bisch* (2002b). Für die Durchführung wurden die Daten von mehr als 100 Wasserwirtschaftsämtern mit denen der Assekuranz vernetzt (Vgl. *Kriebisch* (2002a). Insgesamt flossen über 10 Mio. versicherungstechnische Gebäudefachdaten, 400.000 km Fließgewässer und 356.000 km² Einzugsgebietsflächen Donau, Rhein, Ems, Weser, Elbe, Oder und Ost-Nordsee als Datenbasis in die Software ein (Vgl. *Müller* (2002), S. 1).

[1] Vgl. *Pohlhausen* (1999), S. 462 f.

[2] Vgl. *Lietzau* (2001), S. 79 ff. Für Ortschaften über 5.000 Einwohner ist es bisher möglich die Gefährdungsklasse einzelner Hausnummern zu ermitteln (Vgl. *Kriebisch* (2002b), S. 4). Insgesamt liegen 1.694 von insgesamt 15.000 Gemeinden in der Bundesrepublik in Flussauen (Vgl. *o.V.* (2001b), S. 1912).

[3] Vgl. *o.V.* (2002k).

[4] Vgl. *Pohlhausen* (1999), S. 464 f.

[5] Vgl. *Münchener Rückversicherungs-Gesellschaft (Hrsg.)* (2003), S. 24. Dieses führt in der Folge zu einem erhöhten Prämienbedarf. Die Assekuranz selbst bezeichnet die Risikoprämie in der Zone 2 zwar teurer als die in Zone 1, jedoch nicht unerschwinglich (Vgl. *o.V.* (2002k)).

[6] Vgl. *Schmidt-Kasparek* (2002b). Es bleibt die individuelle Entscheidung eines Versicherungsunternehmens, Risiken in exponierten Gebieten zu zeichnen und einen wahrscheinlichen Höchstschaden zur Kumulkontrolle festzulegen (Vgl. *Pohlhausen* (2001), S. 465).

[7] Vgl. *Grollmann/Simon* (2002), S. 7. Bei der ursprünglichen Entwicklung der Software weigerten sich die Wasserwirtschaftsämter, Deichbrüche zu simulieren. Von den Behörden werden Objekte in einem eingedeichten Gebiet mit einer statistischen Schadenwahrscheinlichkeit von einmal in 100 Jahren als „ungefährdet" eingestuft. Die Assekuranz führt gegen diese Argumentation an, dass es einen Unterschied ausmache, ob ein zu versicherndes Überschwemmungsrisiko auf einem Berg oder hinter einem Deich liege (Vgl. *o.V.* (2001b), S. 1912). Ohne eine Unterscheidung würden Risiken des Deichbruchs bzw. der Deichüberströmung undif-

simuliert.[1] Bisher werden die Konsequenzen der Einführung dieser vierten Zone nur am Rande in der Öffentlichkeit diskutiert. Es bleibt zu vermuten, dass sich aufgrund der Kumulgefahr die Anzahl der Risiken, die keinen Versicherungsschutz erhalten, erhöht. So schätzt der GDV, dass der Anteil der nichtversicherbaren Gebiete von 10 % auf 20 bis 25 % steigt.[2] Je nach Umfang der tatsächlichen Erhöhung könnte hieraus ein Angebotsdefizit entstehen.[3] Auch ZÜRS ist nicht frei von Kritik. Die Rückversicherungsunternehmen führen gegen die Software die zu schematische Darstellung des Modells an.[4] Gleichwohl könnten kleinste Messungenauigkeit für die Überschwemmung eines Gebietes entscheidend sein.[5] Zudem werden unter hydrologischen Gesichtspunkten Kumulrisiken nicht stark genug berücksichtigt, die sich z.B. durch den parallelen Eintritt von Starkregen und einer Schneeschmelze entwickeln.[6] Unsicherheiten entstehen neben Schwankungen des Wettergeschehens durch risikoverstärkende (z.B. Versiegelungen) und risikomindernde Maßnahmen (z.B. der Ausbau des Hochwasserschutzes).[7] Somit kann die getroffene Risikoeinschätzung durch ZÜRS nicht als Konstante betrachtet werden, sondern bedarf einer stetigen Weiterentwicklung[8] auch vor dem Hintergrund sich verändernder klimatischer Rahmenbedingungen.[9]

Erdbeben haben in der Bundesrepublik eine regional begrenzte Gefährdung. Ihre räumliche und zeitliche Vorhersehbarkeit wird durch lange Wiederkehrperioden erschwert. Der Prämienbedarf ist aufgrund wissenschaftlicher Erfahrungen kalkulierbar.[10] Vorrausetzung hierfür ist eine hinreichend genaue Abschätzung der größten wahrscheinlichen Schadenbelastung durch ein Erdbeben. Die Auswirkungen eines Ereignisses hängen von der Stärke des Bebens, der räumlichen Verteilung des Bebenherdes und der Verteilung der versicherten Werte ab. Als Datengrundlage dienen seismologischen Überlegungen, die Erdbebentätigkeiten der Vergangenheit in die Gegenwart und Zukunft extrapolieren. Hieraus können sta-

---

ferenziert über die Überschwemmungsgefahr gedeckt (Vgl. *Müller/Faust* (1999), S. 33.). Es entsteht eine Quersubventionierung der deichgeschützten Risiken innerhalb der „alten" dreiklassigen Risikoeinteilung nach ZÜRS (Vgl. *Pohlhausen* (1999), S. 465 und *Lürssen* (2002)).

1 Vgl. *Falkenhagen* (2002), S. 2.

2 Vgl. *Schwarze*; *Wagner* G. (2003).

3 Im modifizierten ZÜRS ist die Zone 1 unverändert. Aus der alte Zone 2 wurde die neuen Zone 3 und die alte Zone 3 wurde zur neuen Zone 4. Ganz neu ist die Zone 2, die nun Hochwasser enthält, die seltener als alle 50 Jahre, aber häufiger als einmal in 200 Jahren auftreten (Vgl. *Petrow/Thieken/Kreibich et al.* (2003), S. 63).

4 Vgl. *Grollmann/Odenhausen* (1999), S. 1238.

5 Vgl. *Tatge* (2003), S. 38.

6 Vgl. *Kron/Thumerer* (2001), S. 1370.

7 Vgl. *Ludwig* (1990), S. 42.

8 Vgl. *o.V.* (2001b), S. 1912.

9 Vgl. *Müller* (2002), S. 2.

10 Vgl. *Chmielorz* (1995), S. 935.

tistische Prognosen abgeleitet werden, wobei es besonders auf die Abgrenzung seismotektonischer Regionen ankommt.[1] Die Münchener Rück hat fünf Gefährdungsklassen in Abhängigkeit von der wahrscheinlichen Maximalintensität eines Bebens in 50 Jahren gebildet. Diese Skala reicht von der Zone 0 mit einer kalkulierten Maximalintensität von kleiner fünf bis zur Zone 4 mit einer Intensität von über neun auf der Mercalli-Skala. Auf Grundlage dieser Daten werden von den Unternehmen länderspezifische Tarifzonen gebildet.[2]

Durch die Zonierungssysteme für Überschwemmungen und Erdbeben hat die Assekuranz Instrumente entwickelt, die eine standardisierte Risikoanalyse ermöglichen, auf deren Basis die erforderlichen Prämien kalkuliert werden können.

#### *4.1.3.2. Besonderheiten bei der Kalkulation der erforderlichen Prämien*[3]

Ein wichtiges Element der Risikofinanzierung ist die Kalkulation risikoadäquater Prämien, die Entschädigungsleistungen, Kosten und Gewinne decken.[4] Durch fehlende Erfahrungswerte in Deutschland entstand mit der Elementarschadenversicherung ein Tarifierungsrisiko, das nicht durch Erkenntnisse anderer europäischer Ländern ausgeglichen werden konnte, weil die klimatischen, topographischen und geologischen Verhältnisse innerhalb des Kontinents zu heterogen sind. Die Prämienkalkulation war deshalb durch große Unsicherheiten gekennzeichnet.[5]

Diese ex ante Berechnung einer Prämie ist problematisch, weil zum Kalkulationszeitpunkt die tatsächlichen Schadenkosten unbekannt sind. Im Extremfall reichen die eingenommenen Prämien des Versicherers nicht aus, um Schadenersatz zu leisten.[6] Der Erwartungswert der Schadenverteilung bildet ein Äquivalent für die künftig erwarteten Schadenzahlungen[7] und entspricht der fairen Prämie.[8] Be-

---

[1] Vgl. *Münchener Rückversicherungs-Gesellschaft (Hrsg.)* (1993), S. 47.

[2] Vgl. *Münchener Rückversicherungs-Gesellschaft (Hrsg.)* (1991), S. 25 f.

[3] Auf die Prämienkalkulation der Rückversicherer soll lediglich am Rande des Abschnitts über die Rückversicherung eingegangen werden. Für eine Vertiefung siehe *Schmitz* (1998).

[4] Vgl. *Müller* (1999), S. 177 f. An dieser Stelle werden Einzelbestandteile der Prämien nicht weiter berücksichtigt. Mehr hierzu siehe *Berliner* (1982), S. 65 ff.; *Helten* (1994b), S. 55; *Koch/Weiss (Hrsg.)* (1994), S. 716 sowie 953; *Lippe* (1983), S. 134; *Sinn* (1983), S. 218; *Wein* (1997), S. 104 ff.

[5] Vgl. *Dietz* (1991), S. 19.

[6] Vgl. *Gütersloh* (1999), S. 159 f.

[7] Vgl. *Helten* (1994b), S. 53.

[8] Die Prämie, bei der ein Versicherer weder Zuschläge (z.B. für Verwaltungskosten) berechnet noch einen Gewinn erwirtschaftet, wird als faire Prämie bezeichnet. Sie entspricht dem aktuarischen Erwartungswert. Ein (risikoneutraler) Versicherer würde bei diesem Preis gerade noch einen Kontrakt anbieten, ein risikoaverser Versicherungsnehmer wird in dieser Situation besser gestellt als ohne Versicherungsschutz (Vgl. *Müller* (1999), S. 47) Dies kann bei (angenommenen) vollständiger Informationen nur der Fall sein, wenn bei freiem Marktzutritt neue

triebswirtschaftlich gesehen ist sie der kalkulatorische Deckungsbeitrag für die vertraglich fixierten Leistungen des Versicherers.[1] Jede Abweichung von diesem „...individuellen Äquivalenzprinzip[2] bedeutet eine systematische Einkommensumverteilung...“[3], die politisch begründet werden muss.[4] Zur Prämienermittlung werden Risikofaktoren identifiziert, welche die Zufallsgesetzmäßigkeiten beeinflussen. Dieses können z.B. objektbezogene oder personenbezogene Merkmale sein. Aus diesen Risikofaktoren werden Tariffaktoren selektiert,[5] die bei homogenen Merkmalsausprägungen zu Tarifgruppen zusammengefasst werden.[6] Zu dieser primären Prämiendifferenzierung kommt eine sekundäre, wenn die Prämie an den individuellen Schadenverlauf z.B. durch Prämienrückgewähr für schadenfreie Verträge angepasst wird.

Die Tarifierung von Elementarrisiken ist aufwendig, weil hier die klassischen Verfahren der Prämienkalkulation aufgrund der geringen Schadenfrequenzen versagen. Wissenslücken müssen durch Simulationsverfahren und Szenarientechniken geschlossen werden. Zunächst wird hierzu die Ereignishäufigkeit anhand historischer Daten ermittelt. Hieraus werden mittels der geographischen Verteilung der Risiken und der Schadenempfindlichkeit der zu versichernden Sachen die Schadenhäufigkeiten gebildet. Nun können Zusammenhänge zwischen der Intensität eines bestimmten Ereignisses und dem hieraus resultierenden Schadensatz abgeleitet werden. Diese Informationen bilden die Basis für die

---

Versicherer in den Markt eintreten und eine günstigere Prämie anbieten, sobald ein Unternehmen einen Gewinn erzielt (Vgl. *Strassl* (1988), S. 31 f). *Farny* beschreibt die Unabhängigkeit der Prämien von der Zusammensetzung des Versicherungsbestandes als betriebswirtschaftlich wichtigste Wirkung der Prämiendifferenzierung. Hiernach soll die Summe der differenzierten Risikoprämien dem kollektiven Schadenerwartungswert entsprechen. Diese Formel gilt unabhängig von der Größe oder der Mischung des Kollektivs (Vgl. *Farny* (2000), S. 56).

1 Die deutschen Schadenversicherer konnten in der Vergangenheit eine unzureichende Rentabilität in manchen Versicherungszweigen durch Kapitalerträge ausgleichen (Vgl. *Clemeny/Ritthaler* (2002), S. 1467).

2 *Farny* (1965) erweitert die Leistung des Versicherers auf das Versprechen, im Versicherungsfall den Schaden zu ersetzen. Die Erbringung dieser permanenten Dienstleistung für die gesamte Vertragslaufzeit ist das Äquivalent zu den gezahlten Beiträgen auch bei Schadenfreiheit.

3 *Karten* (1997), S. 77.

4 Vgl. ebd. *Karten* spricht in diesem Zusammenhang nicht von Umverteilung, sondern wählt die härte Bezeichnung „Enteignung“. Die Prämiendifferenzierung ist einer der wichtigsten Bestandteile der Versicherungsaufsicht in Deutschland und leitet sich aus dem Gleichbehandlungsgebot der Versicherungsnehmer ab. So sollen bei gleichen Voraussetzungen der Versicherungsnehmer auch die Prämien und Leistungen nach gleichen Grundsätzen kalkuliert werden, anderenfalls sollen die Prämien differenziert werden (§ 21 I VAG).

5 Das sind „...diejenigen Schadenursachen, die den größten Beitrag zur Erklärung und Prognose der Schadengesetzmäßigkeit leisten können...“ (*Albrecht/Lippe* (1988), S. 528).

6 Vgl. *Albrecht/Lippe* (1988), S. 528.

Kalkulation der Prämie.[1] Erschwerend kommen die regionalen Ausprägungen der Risiken, die z.T. extremen Schwankungsbreiten der Schadenverläufe von Jahr zu Jahr und Änderungen der klimatischen Rahmenbedingungen hinzu.[2] Die Schwankungen in der Intensität und zeitlichen Ausprägung von Elementarrisiken haben wiederum Auswirkungen auf die Tarifkalkulation, da die Assekuranz mit langen Ergebniszyklen rechnen muss. Ein Ausgleich der Ergebnisschwankungen kann deshalb nur erfolgen, wenn der Versicherer durch eine adäquate Rücklagenbildung einen Ausgleich in der Zeit darstellen kann.[3]

Der GDV bezeichnet die Prämienhöhe in der Elementarschadenversicherung als risikogerecht. In den Veröffentlichungen wird von Seiten der Versicherer davon gesprochen, dass im Marktdurchschnitt 0,20 bis 0,25 Promille der Versicherungssumme in der Wohngebäudeversicherung veranschlagt werden.[4] Andere sprechen für das Privatkundensegment von einer Jahresprämie zwischen 25 und 90 EUR[5] oder von Aufschlägen in Höhe von 20 % auf die Gebäudeprämien.[6] Die Allianz gibt die Kosten einer Elementarschadendeckung für ein Haus mit 140 Quadratmetern je nach Gefährdungsklasse im Jahr zwischen 44 EUR (ZÜRS Zone 1) bis zu 220 EUR (ZÜRS Zone 3) an.[7] Ein Vergleich der Zeitschrift Capital für ein Einfamilienhaus im Wert von 250.000 EUR kommt zu Prämien von 169 bis 452 EUR.[8]

#### *4.1.3.3. Rückversicherungen als Instrument der Risikoteilung*

Der Risikoausgleich im Kollektiv wird für den Erstversicherer durch die Besonderheiten der Naturgefahren erschwert.[9] Deshalb können Versicherer Risiken zusammen mit anderen Erstversicherern (Mitversicherung)[10] tragen oder es an Rückversicherer abgeben. Rückversicherer können ihrerseits einen Teil dieser Risiken weiterleiten und damit atomisieren. Alternativ lassen sich Risiken in einen Versicherungspool übertragen, der aus Erst- und Rückversicherungsunternehmen besteht, die das Geschäftsergebnis nach einem vereinbarten Schlüssel

---

1 Vgl. *Münchener Rückversicherungs-Gesellschaft (Hrsg.)* (1998a), S. 15 f.
2 Vgl. *Ryfisch* (1990), S. 73 ff.
3 Vgl. *Dietz* (1991), S. 20.
4 Vgl. *Kriebisch* (2002).
5 Vgl. *Riepl* (2002).
6 Vgl. *Lürssen* (2002).
7 Vgl. *Deutsche Presse Agentur (dpa)* (2002b).
8 Vgl. *De Luca/Hagen/Kebbel et al.* (2002), S. 81. Hinzu kommen unterschiedliche Selbstbehalte in dieser Modellrechnung. Sie reichen von 1 % bis hin zu 10 % des Schadens mindestens 500, maximal 5.000 EUR.
9 Vgl. *Meyer* (1996), S. 582.
10 Bei der Mitversicherung wird das versicherte Risiko aufgeteilt und von mehreren Versicherern übernommen. Der Versicherungsnehmer schließt mit jedem der beteiligten Erstversicherer einen Vertrag über dessen Anteil ab (Vgl. *Helten* (1994b), S. 58).

untereinander aufteilen. Durch diese drei Möglichkeiten der Risikoteilung werden selbst größere Risikopotentiale versicherbar.[1] Daneben können Risiken über Kapitalmärkte diversifiziert werden (Alternativer Risikotransfer[2]). Bei allen diesen Formen übernehmen professionelle Risikoträger, d.h. Erst- und Rückversicherungsunternehmen bzw. Kapitalmärkte, die Risikoteilung.[3] Aufgrund ihrer herausragenden Stellung in der Elementarschadenversicherung wird die Rückversicherung jetzt ausführlich dargestellt.[4] Voraussetzung für diese Form der Risikoteilung sind entsprechende Rückversicherungskapazitäten.[5]

Die Rückversicherung ist ein Sicherungssystem zwischen Versicherungsunternehmen,[6] das es ermöglicht, Risiken zu streuen und versicherbare Risiken zu zeichnen, die grundsätzlich nicht in ihren Bestand passen.[7] Zugleich ist die Rückversicherung ein Instrument zur Absicherung des versicherungstechnischen Risikos der Erstversicherer, sie stärkt deren Eigenkapitalsituation und bietet Dienstleistungen z.B. zur Kumulkontrolle an.[8] Letztlich werden die Risiken mo-

---

[1] Vgl. *Lamby* (1993), S. 39. Auch der Versicherungsnehmer wird durch Selbstbehalte ein Element dieses Teilungsprozesses.

[2] Bei großen Schadenpotentialen kann ein Alternativer Risikotransfers (ART) den Rückversicherungsschutz ergänzen. Mit diesem auf dem Capital Asset Pricing-Model und der Financial-Theory basierenden Instrument (Vgl. *Schulenburg* (2002), S. 29 f.) können Unternehmen Risiken selbst versichern. Mittlerweile werden auch andere Lösungen, z.B. der Risikotransfer über Kapitalmärkte hierunter subsummiert. Die Erstversicherer können durch ART-Produkte die Grenzen der Versicherbarkeit ausweiten. Den (Rückversicherungs-)Unternehmen steht eine weitere Finanzierungsquelle zur Verfügung. Diesen positiven Eigenschaften stehen hohe Transaktionskosten, ein aufwendiges Management und Unsicherheiten der Investoren über die zugrundegelegten Katastrophenmodelle gegenüber (Vgl. *Markey/Gaserow* (2002), S. 674.). Grundsätzliche lassen sich zwei Formen des Alternativen Risikotransfers unterscheiden. Erstens der Transfer der Risiken von den Versicherungsmärkten an die Kapital- und Optionsmärkte. Hierzu zählen z.B. Katastrophenderivate und Cat-Bonds (Vgl. *Demolière/Johannsen* (2002)). Zweitens ein periodenversetzter Finanzmitteltransfer zwischen Erst- und Rückversicherern, z.B. die Finanzrückversicherung (Vgl. *Heß* (1998), S. 31 ff.) und der Handeln an der „Catastrophe Risik Exchange" (Catex). ART-Produkte ergänzen traditionelle Instrumente. Ihre Bedeutung ist in den vergangenen zehn Jahren gestiegen. Das heutige Marktvolumen wird nominal über 160 Mrd. USD geschätzt (Vgl. *Schweizerische Rückversicherungs-Gesellschaft (Hrsg.)* (2003a), S. 47 f.).

[3] Vgl. *Helten* (1994b), S. 57.

[4] Mitversicherungen sind aufgrund ihres administrativen Aufwandes hauptsächlich in der Industrieversicherung von Bedeutung. Der Alternative Risikotransfer wird von (kleineren) Versicherern bisher nicht oder nur in einem eng begrenzten Bereich angewendet. Auf die „Poolung" wird an dieser Stelle nicht eingegangen. Sie wird zu einem späteren Zeitpunkt diskutiert

[5] Vgl. *Dietz* (1991), S. 21.

[6] Vgl. *Koch* (1998), S. 56.

[7] Vgl. *Müller-Lutz* (1991), S. 448 f

[8] Vgl. *Koch* (1998), S. 60 ff. Daneben kann der Versicherer seinen Marktanteil ausbauen, weil durch die Zession größere Risiken gezeichnet werden können (Vgl. *Pfeiffer* (1999), S. 22).

difiziert, an den Bestand des Erstversicherers angepasst und dadurch tragbar (Atomisierung der Risiken). Hierfür deckt der Erstversicherer (Zedent) einen Teil der Risiken bei einem oder mehreren Rückversicherern (Zessionar) ab.[1] Rückversicherer selbst diversifizieren ihr Risikoportefeuille geographisch[2] und zeitlich, so dass ein homogenes Portefeuille entsteht. Diese Märkte verfügen damit über ein großes Potential zur Minderung der Elementarrisiken.[3]

Rückversicherungsverträge können u.a. nach der Form und Höhe der Risikoübernahme unterschieden werden.[4] Je nach dem, ob der Erstversicherer Deckung gegen Großschäden bei Einzelrisiken, gegen Schwankungen des Schadenverlaufs im Klein- und Mittelschadenbereich oder gegen die Kumulierung vieler Einzelschäden durch ein Ereignis sucht, ist die Rückversicherungsform zu wählen. Im Falle einer Rückversicherung auf Basis von Versicherungssummen beteiligen sich Erst- und Rückversicherer anteilig an den Schäden und den Versicherungsprämien (proportionale Rückversicherung). Im Gegenzug erhält der Zedent vom Zessionar eine Provision für den Erwerb des Versicherungsvertrages und für Verwaltungsaufwendungen.[5] Proportionale Rückversicherungsverträge sind durch eine einfache Administration geprägt.[6] Bei der schadenbasierenden Rückversicherung (nicht-proportionale Rückversicherung) werden die Entgelte für die

---

[1] Auch Erstversicherungsunternehmen bieten z.T. aktiv Rückversicherungsschutz an (Vgl. *Koch* (1998), S. 61). Rückversicherer haben ihrerseits die Möglichkeit, Risiken bei einem anderen Rückversicherungsunternehmen rückzudecken (Retrozession). Hierdurch kann ein Unternehmen (ungewollt) aus verschiedenen Erst- und Rückversicherungsverträgen an einem Risiko beteiligt sein (Vgl. *Müller-Lutz* (1991), S. 448 f.).

[2] Die Schweizerische Rück weist nach, dass seit 1970 nicht mehr als drei Regionen der Erde (hierzu zählen Afrika, Amerika, Asien, Europa und Ozeanien) gleichzeitig Jahre mit extrem hohen versicherten Naturkatastrophenschäden von mehr als 500 Mio. USD hatten. Eine Diversifizierung dieser Regionen ist nicht möglich, weil die Wertekonzentrationen zu unterschiedlich sind (Vgl. *Schweizerische Rückversicherungs-Gesellschaft (Hrsg.)* (2002), S. 11 ff.).

[3] Langfristig eignen sich Stürme, Überschwemmungen und Erdbeben hierfür gut, weil sie auf voneinander unabhängigen physikalischen Ursachen beruhen (Vgl. *Schmitz* (1998), S. 343).

[4] Alternativ lassen sich Rückversicherungsformen entsprechend ihres vertraglichen Zustandekommens unterscheiden. Entweder verpflichten sich die Rückversicherer, alle Risiken einer bestimmten Art ohne Selektionsmöglichkeit rückzudecken (obligatorische Rückversicherung) oder jedes Risiko wird einzeln rückversichert, wobei der Zessionar dann die Möglichkeit hat, Risiken abzulehnen (Fakultative Rückversicherung) (Vgl. *Koch* (1998), S. 59.). Letztere wird als „...Entscheidung von Fall zu Fall..." (*Pfeiffer* (1999), S. 20) bezeichnet. Daneben gibt es weitere Mischformen, wie die fakultativ-obligatorische Rückversicherung (Vgl. a.a.O., S. 24).

[5] Vgl. *Koch* (1998), S. 57. Rückversicherungsprovisionen werden durch integrierte Kostenanteilen in den Erstversicherungsprämien begründet, von denen die Rückversicherer automatisch einen Teil erhalten (Vgl. *Liebwein* (2000), S. 85).

[6] Vgl. *Graff* (2000), S. 137.

Risikoteilung entsprechend des übernommenen Risikos kalkuliert.[1] Der Rückversicherer ist an allen Schäden bis zu einer Grenze beteiligt, die als Haftstrecke (auch Exposure oder Layer genannt) bezeichnet wird. Der überschüssige Teil fällt an den Erstversicherer zurück.[2]

In der proportionalen Rückversicherung werden Quoten- und Summenrückversicherungsverträge unterschieden. Sie bieten die Möglichkeit, Ausschläge im Schadenverlauf zu vermeiden. Der Zessionar ist an allen Risiken unabhängig von der Höhe der Versicherungssumme oder des einzelnen Schadens mit einem festen Prozentsatz beteiligt[3] (Schicksalsteilung[4]). Die Quotenrückversicherung hat keine nivellierende Wirkung auf Großschäden. Sie schützt gegen die Kumulierung kleinerer und mittlerer Schäden und vermindert das Änderungsrisiko sowie Schwankungen im Schadenverlauf. Erstversicherer gewinnen so einen temporären Freiraum, um z.B. tarifliche Änderungen vorzunehmen. Die Risikostruktur des Portefeuilles bleibt allerdings unverändert, wodurch die Quotenrückversicherung gut in ausgeglichenen Beständen abwendbar ist, ohne diese selbst zu homogenisieren.[5] Das Kumulrisiko bleibt erhalten.[6] Bei der Summen-Rückversicherung als zweite Form der proportionalen Rückversicherung wird das Risiko quantitativ geteilt[7] und der Bestand homogenisiert,[8] indem die Spitzenbeträge der Versicherungssummen gekappt werden. Die Summenexzedenten-Rückversicherung ist überwiegend in der Feuer- und Einbruchdiebstahlversicherung vorzufinden.[9] Hier legt der Erstversicherer die Höhe der Versicherungssumme als Selbstbehalt (Maximum) fest, bis zu der er die angebotenen Risiken allein übernimmt. Die überschüssige Summe wird an den Rückversicherer abgegeben, sodass sich ein individueller Beteiligungsbetrag pro Risiko ergibt. Im Schadenfall wird der Erstversicherer prozentual entlastet.[10] Das Kumulrisiko bleibt erhalten,[11] da die Deckung des Erstversicherers pro Schadenereignis nicht

---

[1] Vgl. *Koch* (1998), S. 58 f.

[2] Zur Wiederauffüllung von Haftungsstrecken siehe *Reimers-Rawcliffe*, L. (1990), S. 63 ff.

[3] Vgl. *Koch* (1998), S. 59.

[4] Die Quotenrückversicherung ist noch mehr als die anderen Rückversicherungsformen durch eine Schicksalsteilung zwischen Erst- und Rückversicherer geprägt, da sowohl die Prämien als auch die Schäden aufgeteilt werden (Vgl. *Gerathewohl*; *Nierhaus* (1980), S. 536).

[5] Vgl. *Pfeiffer* (1999), S. 46 f.

[6] Vgl. *Reimers-Rawcliffe*, L. (1990), S. 58. Quotenrückversicherungen ermöglichen eine Anbündelung Zusatzdeckungen an die Basisrückversicherungen der Feuer-, Sturmpolicen etc. Durch diese Zusammenfassung der Elementarrisiken mit anderen Gefahren können schwankende Elementarrisiken durch stabilere Risiken ausgeglichen werden können.

[7] Hierbei ist es möglich, nur bestimmte Gefahren abzugeben, wodurch qualitative Aspekte bei der Zession hinzukommen (Vgl. *Müller-Lutz* (1991), S. 449 f.).

[8] Vgl. *Koch* (1998), S. 58.

[9] Vgl. *Pfeiffer* (1999), S. 42.

[10] Vgl. *Helten* (1994b), S. 59.

[11] *Reimers-Rawcliffe*, L. (1990), S. 58.

limitiert ist. Die Exzedenten-Rückversicherung dient vor allem als Schutz vor Großschäden. Allerdings wird die relative Streuung des Bestandes verringert, weil Risiken mit hoher Versicherungssumme in einer relativen Betrachtung stärker rückversichert werden als Risiken mit geringerer Versicherungssumme. Deshalb kann der Erstversicherer durch kapazitätserweiternde Effekte höhere Risiken zeichnen als zuvor. Durch die individuelle Quote entstehen allerdings hohe Verwaltungskosten.[1]

Die nicht-proportionale Rückversicherung wird in die Schadenexzedenten- und Jahresüberschadenexzedenten-Rückversicherung unterteilt. Die absolute Höhe der rückgedeckten Schäden wird hier durch die Schäden selbst bestimmt. Deshalb werden die Preise für den Rückversicherungsschutz individuell vereinbart.[2] Der Zessionar übernimmt bei jedem Schaden bis zur Höhe der Haftstrecke[3] den Betrag, der über ein vereinbartes Maximum (Priorität) hinausgeht.[4] Die Schadenexzedenten-Rückversicherung (Excess Loss (XL)) führt zu einer Nivellierung der Schadenhöhen.[5] Sie kann sowohl eine Deckung gegen Kumulfälle als auch gegen extreme Schadenereignisse (Großschäden) sein.[6] Innerhalb dieser Rückversicherungsart werden die Risiko-XL und die Kumulschadenexzedenten-Rückversicherung unterschieden. Die Risiko-XL übernimmt den prioritätsüberschreitenden Teil eines Risikos bei einem Schadenereignis. Sie dient der Homogenisierung der Schadenstruktur und ist eine Möglichkeit, das zufallsbedingte Großschadenrisiko (Zufallsrisiko) zu decken.[7] Durch die Kumulschadenexzedentenrückversicherung (Catastrophe XL) können alle Schäden eines Ereignisses[8]

---

[1] Vgl. *Graff* (2000), S. 134 f.

[2] Vgl. *Reimers-Rawcliffe*, L. (1990), S. 58.

[3] Reicht die Summe aus Priorität und Haftstrecke (Layer) nicht aus, können mehrere Verträge hintereinadergeschaltet werden. Bei einer solchen Vertragskonstellation sind „Working Cover" und „Catastrophe Cover" zu unterscheiden. Working Cover sind Rückversicherungen für kleinere und mittlere Schäden, Catastrophe Cover für Großschäden (Vgl. *Ayling* (1984), S. 8).

[4] Vgl. *Müller-Lutz* (1991), S. 450.

[5] Vgl. *Koch* (1998), S. 58.

[6] Ereignisse werden i.d.R. durch ihre Dauer definiert (Vgl. *Münchener Rückversicherungs-Gesellschaft (Hrsg.)* (1993), S. 65) sowie *Reimers-Rawcliffe*, L. (1990), S. 59 ff).

[7] Vgl. *Pfeiffer* (1999), S. 54 f. Bei der Hintereinanderschaltung verschiedener Schadenexzedentenversicherungen bildet die Priorität des Zedenten und die Haftungsstrecke des (ersten) Rückversicherers die Priorität des zweiten Schadenexzedentenvertrages. Da die Risiko-XL Rückversicherung durch hohe Abwicklungskosten im Schadenfall geprägt ist, wird sie vor allem bei einzelnen Großrisiken und weniger im Breitengeschäft gewählt (Vgl. *Graff* (2000), S. 138).

[8] Von besonderer Bedeutung für die Rückversicherer ist die Stundenklausel. Die Schadenbeträge werden unmittelbar von der Anzahl der Hochwasser beeinflusst, die als ein Ereignis gezählt werden. Die Stundenklausel ist i.d.R. auf die Zeitdauer des meteorologischen Ereignisses oder auf den Zeitraum, in dem Schäden verursacht werden, begrenzt. Hierdurch entstehen Interpretationsmöglichkeiten, die zu Auseinandersetzungen führen können. Diese Ereignisli-

rückversichert werden, unabhängig davon, ob eine oder mehrere Policen betroffen sind. Nach einem solchen Kumulereignis kann die Haftungsstrecke des Zessionars, entsprechend der vertraglichen Vereinbarungen, wieder aufgefüllt werden. Die Kumulschadenexzedenten-Rückversicherung wird häufig zur Absicherung von Elementarrisiken abgeschlossen. Hierdurch wird das Zufallsrisiko auf den Rückversicherer bis zum vereinbarten Limit abgewälzt. Änderungs- und Irrtumsrisiken werden nicht übertragen. Somit können weiterhin viele kleinere Schäden aus mehreren Ereignissen zu einer hohen Gesamtschadenlast des Erstversicherers führen, ohne durch diesen Rückversicherungsvertrag abgesichert zu sein. Die Abgrenzung der einzelnen Ereignisse ist darüber hinaus schwierig und aufwendig,[1] weil sich Elementarereignisse oftmals über einen längeren Zeitraum erstrecken und entsprechend zu definieren sind.[2]

Bei der zweiten Form der nicht-proportionalen Rückversicherungsverträge besteht die Möglichkeit, Gesamtschäden in den Rückdeckungsvertrag einzubeziehen. Hierfür gibt es die Jahresüberschadenrückversicherung (Stop-Loss-Rückversicherung (SL)). Der Zessionar tritt ein, wenn die gesamten Schäden eines Jahres einen bestimmten Prozentsatz der Prämieneinnahmen,[3] eine festgelegte Schadenquote oder einen festen Betrag überschreiten.[4] Hierdurch können Erstversicherer den Bestand gegen Schwankungen im Schadenverlauf unabhängig von deren Ursache sichern.[5] Der Vorteil dieser Versicherungsform liegt in der Addition aller Schäden unabhängig von deren Größe und in dem geringen administratorischen Aufwand. Damit werden sowohl Zufalls- als auch Änderungs- und Irrtumsrisiken transferiert. Die Selbstbehalte sind i.d.R. so hoch, dass die Erstversicherer bereits versicherungstechnische Verluste erleiden bevor der Rückversicherungsschutz greift.[6]

---

mite machen die Schadenpotentiale proportionaler Rückversicherungen handhabbar (Vgl. *Tatge* (2003), S. 39 f.).

[1] Vgl. *Pfeiffer* (1999), S. 55 f.

[2] Die Schadenexzedentenrückversicherungen wurden bei der Sturmflut 1962 an der deutschen Nordseeküste in einigen Fällen bis zum Übernahmemaximum des Rückversicherers beansprucht (Vgl. *Pfeiffer* (1999), S. 57.).

[3] Vgl. *Koch* (1998), S. 59. In der Hagelversicherung ist es üblich, die Priorität des Erstversicherers in Abhängigkeit von der Versicherungssumme darzustellen (Vgl. *Pfeiffer* (1999), S. 58).

[4] Vgl. *Schmitz* (1998), S. 191.

[5] Vgl. *Pfeiffer* (1999), S. 57 f.

[6] Vgl. *Münchener Rückversicherungs-Gesellschaft (Hrsg.)* (1993), S. 65. Hierdurch wird das moralische Risiko des Erstversicherers gesenkt. Dieses besteht darin, dass Risiken ohne Berücksichtigung der Kumulgefahr gezeichnet und auf das Rückversicherungsunternehmen abgewälzt werden (Vgl. *Graff* (2000), S. 139).

Die dargestellten Rückversicherungsformen werden innerhalb des Risk-Managements eines Erstversicherers miteinander kombiniert.[1] Die Wahl der optimalen Rückversicherungsformen hängt unmittelbar mit der Struktur und dem Bestand des Erstversicherers zusammen und ist stetig an veränderte Rahmenbedingungen anzupassen.[2] Die Rückversicherungsverträge verändern ebenso wie die Selbstbeteiligungen das versicherungstechnische Risiko, ohne jedoch die Gesamtschadenverteilung zu reduzieren. Vielmehr werden die Prämieneinnahmen der Erstversicherer verringert.[3] Die Rückversicherung von Elementarereignissen ist von besonderer Bedeutung, weil sie insbesondere regional tätigen Unternehmen einen geographischen Risikoausgleich ermöglicht.[4] Bei kumulgefährdeten Naturgewalten wird eine Risikostreuung erreicht, indem Risiken in voneinander unabhängigen Gebieten gezeichnet werden.[5] Rückversicherer ihrerseits nutzen das Instrument der Retrozession, um einen Teil der übernommenen Risiken weiterzugeben.[6] Weil die Kapazitäten der Rückversicherer international ausgelegt sind, können lokale Katastrophen gedeckt werden. Allerdings können regionale Probleme nicht dauerhaft internationalisiert werden.[7] Auch für Rückversicherer gibt es eine Kumulschadenproblematik.[8] Erschwerend kommt hinzu, dass die Kumulkontrolle der Rückversicherer auf Fremdinformationen der Erstversicherer basiert. Während bei der fakultativen Rückversicherung eine individuelle Prüfung der übernommenen Deckung durch den Zessionar möglich ist, sind in der obligatorischen Rückversicherung standardisierte Verfahren üblich.[9] Um die Transparenz für die Zessionare zu erhöhen, bedarf es daher einheitlicher Risikoerfassungsmaßstäbe. Gelingt eine solche Transparenz nicht, haben Rückversicherer verschiedene Steuerungsinstrumente zur Verfügung. So können Haftungs- und Zessionslimite in proportionalen Rückversicherungsverträgen vereinbart werden, die bisher keine Haftungsbeschränkung hatten.[10] Alternativ kann ein

---

1 Vgl. *Koch* (1998), S. 59. Die Kumulschadenproblematik ist bei proportionalen Rückversicherungsverträgen weiter vorhanden. Deshalb kann es sinnvoll sein, die Rückversicherung von Elementarschäden durch nicht-proportionale Verträge zu decken. Hier können unabhängig vom Basisvertrag eigene Preise und Deckungen vereinbart werden (Vgl. *Münchener Rückversicherungs-Gesellschaft (Hrsg.)* (1993), S. 65.).

2 Vgl. *Gerathewohl* (1976), S. 69.

3 Vgl. *Helten* (1994b), S. 59.

4 Vgl. *Rommel* (1937), S. 40.

5 Vgl. *Ebel* (1997), S. 216.

6 Vgl. *Rommel* 81937), S. 40.

7 Vgl. *Gerathewohl/Nierhaus* (1980), S. 542.

8 Vgl. *Meyer* (1996), S. 582.

9 Zum Kumulschadenpotential für Erdbeben siehe *Gerathewohl* (1979), S. 151 ff.

10 Vgl. *Gerathewohl/Nierhaus* (1980), S. 540. Hierzu bedarf es einer genauen Definition, was unter einem Ereignis zu verstehen ist. So könnte z.B. bei einer Flussüberschwemmung eine maximale Dauer zugrundegelegt werden, ebenso wie festgelegte Wasserstände (Vgl. *Schweizerische Rückversicherungs-Gesellschaft (Hrsg.)* (1998), S. 47).

Jahresschadenlimit in Abhängigkeit vom Prämienvolumen festgesetzt werden.[1] Daneben sind risikoadäquate Prämien die Voraussetzung für einen (weltweiten) Risikoausgleich. Hierfür sind entsprechende Beiträge auf den Erstversicherungsmärkten erforderlich.[2] Weitere Möglichkeiten zur Prämiensteuerung sind die Rückversicherungsprovisionen als Entschädigung für die Betriebskosten der Erstversicherer. So können Rückversicherer durch niedrige Provisionen die Annahme kumulabhängiger Haftungen sanktionieren.[3] Im Umkehrschluss wird eine erhöhte Transparenz der Informationen seitens des Erstversicherers zu einer Belohnung in Form von preisgünstigeren Prämien führen.[4] Da Rückversicherungsverträge grundsätzlich auf unbestimmte Dauer abgeschlossen werden, können die Vertragsparteien die Verträge i.d.R. jährlich kündigen und so an veränderte Rahmenbedingungen anpassen.[5]

Die Risikoteilung über Rückversicherungen ist nicht möglich, wenn die Rückversicherungskapazitäten nicht ausreichen, um die gewünschten Deckungen dem Erstversicherungsmarkt zur Verfügung zu stellen.[6] Für Elementarschadenversicherungen sind Rückversicherungen insbesondere durch die hohe Kumulgefahr von besonderer Bedeutung. Hieran schließen später Ausführungen zu Marktregulierungen an.

### *4.1.4. Ausgewählte Elemente der Nachfrage*

#### *4.1.4.1. Allgemeine Bestimmungsgründe des Versicherungsbedürfnisses*

In diesem Abschnitt wird die Versicherungsnachfrage innerhalb eines deskriptiven Ansatzes beschrieben. Hierbei wird angenommen, dass Nachfrager in einem begrenzten Umfang rational handeln und ein befriedigendes Nutzenniveau zur Zielerfüllung anstreben.[7] Die Nachfrage für Versicherungsschutz durchläuft drei Phasen.[8] In einer ersten Phase muss ein Versicherungsbedürfnis entstehen. Hierfür sind die subjektiven Einschätzungen relevant. Unter rationalen Gesichtspunk-

---

[1] Vgl. *Münchener Rückversicherungs-Gesellschaft (Hrsg.)* (1993), S. 66.

[2] Vgl. *Gerathewohl*; *Nierhaus* (1980), S. 540. Die Preise auf den Rückversicherungsmärkten sind Schwankungen unterworfen. So wurden zu Beginn der 90er Jahre des vergangenen Jahrhunderts die Rückversicherungsprämien in Reaktion auf die Zunahmen von Naturereignissen deutlich angehoben und die Kapazitäten verknappt (Vgl. *Frey* (1996), S. 1190).

[3] Vgl. *Herbrich* (1992), S. 26.

[4] Vgl. *Klee* (1995), S. 939.

[5] Hier spielen betriebswirtschaftliche Interessen der Rückversicherer eine Rolle, die Schadenzahlungen an die Erstversicherer durch steigende Prämien „zurückverdienen" möchten (Vgl. *Graff* (2000), S. 143).

[6] Vgl. *Schmitz* (1998), S. 343 f.

[7] Vgl. *Beck* (1980), S. 537 ff.; *Männer* (1984), S. 271 ff; *Schulenburg* (1989), S. 317 ff.

[8] Versicherungen sind für die Nachfrager nur ein Instrument im Risikomanagementportefeuille, das durch Transaktions- und Informationskosten beeinflusst wird.

ten wird Versicherungsschutz insbesondere für Risiken nachgefragt, die ein hohes Schadenpotential und eine geringe Schadeneintrittswahrscheinlichkeit besitzen.[1] Aber Menschen sind der Hoffnung, von Katastrophenschäden verschont zu bleiben („it won't happen to me – Prinzip"). Deshalb werden seltene Ereignisse bagatellisiert, ein Nachfrage entsteht nicht.[2] Gleiches gilt, wenn der zukünftige Bedarf geringer bewertet wird als der gegenwärtige (Gegenwartspräferenzen).[3] In einer zweiten Phase wird der Nutzen[4] des Produktes eingeschätzt.[5] Neben der absoluten Qualität, ausgedrückt als die Fähigkeit des Versicherers zur jederzeitigen Leistungserfüllung, ist die relative Qualität entscheidend. Sie spiegelt mit der Bedarfsgerechtigkeit die Eignung des Produktes zur Verbesserung der individuellen Risikolage wider.[6] In der dritten und letzten Phase muss der Bedarf in Nachfrage transformiert werden. Hierfür muss der Nutzen des Versicherungs-

---

1 Ist die Eintrittswahrscheinlichkeit hoch, werden Risiken i.d.R. durch Schadenverhütungsmaßnahmen reduziert. Risiken mit geringer Schadenhöhe werden grundsätzlich unabhängig von der Schadeneintrittswahrscheinlichkeit durch Schadenverhütungsmaßnahmen bewältigt oder selbst getragen (Vgl. *Lamby* (1993), S. 100). Als Alternative zum Versicherungsschutz kann die mögliche Schadenhöhe (self-insurance) und/oder die Schadenwahrscheinlichkeit (self-protection) reduziert werden. Self-insurance und self-protection können Versicherungsdeckungen ergänzen (Vgl. *Müller* (1999), S. 31 f.). Versicherungen haben eine sehr viel höhere Einkommenselastizität als bspw. die Güter des täglichen Bedarfs. Deshalb erhöht sich die Nachfrage mit steigendem Einkommen (Vgl. *Hax* (1964), S. 38). Kein Interesse am Abschluss eines Versicherungsvertrages entsteht, sobald die Schadeneintrittswahrscheinlichkeit unter einen individuellen Schwellenwert sinkt, auch wenn der Abschluss einer Versicherung sinnvoll wäre. Erklärbar ist dieses Verhalten dadurch, dass beim Abschluss von Versicherungsverträgen nicht die Transaktion des Risikos als Geschäft wahrgenommen wird. Vielmehr werden als Gegenleistung für die Prämien Schadenersatzzahlungen erwartet. Aus diesem Grund werden hoch frequentierte Risiken stärker nachgefragt.

2 Vgl. *Berliner* (1982), S. 59. Diese subjektiven Einschätzungen über das Versicherungsbedürfnis sind in den Kundengruppen unterschiedlich. So bewerten gewerbliche Kunden den zu versichernde Schaden (Prinzip der Wirkungsversicherung) höher als die Schadeneintrittswahrscheinlichkeit (Vgl. *Haller* (1975), S. 53 ff). Letztere ist entscheidend für die Entstehung des Versicherungsbedürfnisses bei Privatkunden.

3 Vgl. *Müller-Lutz* (1991), S. 419.

4 Der Begriff Nutzen besteht in diesem Zusammenhang aus den beiden Komponenten Transfernutzen und Zusatznutzen. Der Transfernutzen umfasst neben einer Kostenstabilisierungsfunktion eine Reservesubstitutionsfunktion, da ohne Versicherungsschutz finanzielle Reserven in Höhe des wahrscheinlichen Höchstschadens (Probable Maximum Loss) gebildet und bereitgehalten werden müssten, die zudem den Liquiditätsanforderungen genügen müssten (Liquiditätsersatzfunktion). Hinzu kommt psychologischer Nutzen in Form eines gesteigerten Sicherheitsgefühls. Der Zusatznuten entsteht für den Versicherungsnehmer z.B. durch risikopolitische Informationen zur Schadenverhütung und durch Steuervorteile (Vgl. *Lamby* (1993), S. 22 ff.).

5 Ungeachtet dessen ist die Qualität eines Versicherungsproduktes schwer einschätzbar, da sie juristisch formulierte Verträge darstellen und hinsichtlich ihrer Qualität schwerer zu beurteilen sind als materielle Produkte (Vgl. *Lamby* (1993), S. 26 f.).

6 Vgl. *Lamby* (1993), S. 20.

schutzes höher bewertet werden als der Missnutzen in Form zu zahlender Beiträge.[1] Nach dem Durchlaufen dieser drei Phasen wird es nicht zu einer Folge individueller Ergebnisse kommen. Vielmehr lassen sich Gruppen anhand von Merkmalen bilden.[2] In der Elementarschadenversicherung könnten dies private, gewerbliche, industrielle, landwirtschaftliche oder kommunale Kundengruppen sein.

#### *4.1.4.2. Charakteristika privater und gewerblicher Versicherungsnachfrage für Elementarschadendeckungen*

Die Versicherungsnachfrage wird in besonderem Maße von der subjektiven Risikowahrnehmung bestimmt.[3] Die Risikoaversion der Nachfrager[4] wird durch die Charakteristika der Elementargefahren stark beeinflusst. Das Sicherheitsbedürfnis[5] ist bei privaten Haushalten sowie kleinen und mittleren Gewerbebetrieben besonders ausgeprägt.[6] Die Kenntnisse privater Haushalte über Gefährdungen durch Naturgefahren sind i.d.R. geringer als die von Gewerbebetrieben. Dies liegt an der eher passiv ausgerichteten Informationssuche der Privatpersonen sowie an einer komplexeren Risikobeurteilung gepaart mit einer besseren Risikowahrnehmungsfähigkeit der gewerblichen Kunden.[7] Ein Risikobewusstsein für Naturgewalten ist in beiden

---

[1] Eine zweite Determinante ist die Höhe des zur Verfügung stehenden Einkommens, die es dem Wirtschaftssubjekt ermöglichen muss, mehr als den täglichen Grundbedarf des Lebens zu decken (Vgl. *Müller-Lutz* (1991), S. 419 f.).

[2] Vgl. *Lamby* (1993), S. 27. Vertiefend hierzu siehe *Mertens* (1992).

[3] Vgl. *Müller* (1999), S. 34.

[4] Individuen bewerten den Erwartungswert einer Wahrscheinlichkeitsverteilung höher als die Wahrscheinlichkeitsverteilung selbst (Vgl. *Strassl* (1988), S. 19 ff). Somit ist das Sicherheitsäquivalent kleiner als der Erwartungswert. Aus diesem Grunde werden Versicherungen abgeschlossen. Diese Form der Risikoeinstellung ist am häufigsten (Vgl. *Nell* (1993), S. 25). Die Risikonutzenfunktion eines risikoscheuen (risikoaversen) Individuums verläuft konkav, da der Erwartungsnutzen niedriger ist als der Nutzen des Erwartungswertes. Die Differenz dieser beiden Größen ist ein Maß für die Risikoaversion (Vgl. *Zweifel/Eisen* (2000), S. 43). Im Modell tritt der Akteur als Versicherer auf, der die geringere Risikoaversion hat (Vgl. *Eisen* (1979), S. 48).

[5] Das Sicherheitsbedürfnis ist das fundamentale Kundenbedürfnis, das auch immaterielle Aspekte, wie Unabhängigkeit und Freiheit von Furcht (Vgl. *Bultmann* (1997), S. 266) umfasst

[6] Vgl. *Müller* (1999), S. 59. Weitere zentrale Punkte der Versicherungsnachfragetheorie sind neben der optimalen Theorie der Versicherungsnachfrage erstens die Theorie der separierten Risikomärkte, die deutlich macht, dass ein überhöhter Schutz über Sozialversicherungen zu einer Unterdeckung für andere Risiken führt, und zweitens die durch Marktstrukturen beeinflussten Kosten. Letztere untersucht insbesondere die Folgen von Anbieterwechselkosten für das Marktgeschehen. Auf das vierte Element der Versicherungsnachfrage, die Existenz asymmetrischer Informationsverteilungen, wird später eingegangen. Mehr hierzu in einem einführenden Überblick siehe *Schulenburg* (1989), S. 317 ff.

[7] Vgl. *Lamby* (1993), S. 28.

Gruppen vorhanden, auch wenn die Gefährdungen oftmals falsch bewertet werden. In besonders gefährdeten Gebieten neigen Wirtschaftssubjekte dazu, die Gefahren nicht zu beachten und Schutzeinrichtungen zu überschätzen. Für Schutzmaßnahmen wird grundsätzlich der Staat verantwortlich gemacht. Nur die mehrmalige direkte Konfrontation mit Naturkatastrophen führt zu Lerneffekten, deren Grad durch Wertvorstellungen, Überzeugungen[1] und durch die Grenzen der menschlichen Informationsaufnahme bzw. -verarbeitung bestimmt wird. Letzteres gilt um so mehr, wenn Individuen gebeten werden, diesen Ereignissen Eintrittswahrscheinlichkeiten zuzuordnen.[2] So wird ein Ereignis um so wahrscheinlicher gehalten, je leichter sich ein Wirtschaftssubjekt dieses vorstellen kann oder sich gar daran erinnert. Die Wahrscheinlichkeitsbeurteilung[3] einer Katastrophe erhöht sich deshalb nach einem Unglück, ohne dass sich das statistische Risiko verändert hätte. Letztlich ändert sich die subjektive Risikobeurteilung. Sie wird auch dadurch bestimmt, dass natürliche Risiken weniger stark gewichtet werden als von Menschen[4] verursachte Gefährdungslagen. Deshalb gelten natürliche Risiken als mehr oder weniger unvermeidbar und weniger „schlimm" als

---

1 Vgl. *Plate/Kron/Seiert* (1993), S. 11.

2 Vgl. *Citlak/Wagner* (2001), S. 102. Der Bund der Versicherten (BdV) erteilt seinen Mitgliedern den Rat, einen Bedarf zu ermitteln. Hierfür soll die Frage „Ist bei der Lage des Objektes die Wahrscheinlichkeit gegeben, durch eine oder mehrere Gefahren, die im Rahmen der erweiterten Elementarschäden versichert sind, betroffen zu sein?" (*Bund der Versicherten e.V. (BdV)* (2003)) der Entscheidung zu Grunde gelegt werden.

3 Bei der Wahrscheinlichkeitsbeurteilung ist die Auffälligkeit des Ereignisses von besonderer Bedeutung. Mittels heuristischer Strategien werden Lösungen der Risikoeinschätzung gesucht, d.h. es werden keine algorithmischen Arbeitsweisen angewandt, sondern vereinfachte (auch fehlerhafte) Methoden. *Jungermann* und *Slovic* bezeichnen mentale Heuristiken als „...Daumenregeln des Denkens..." (*Jungermann/Slovic* (1993), S. 92). Für die Risikobeurteilung haben deshalb kognitive Auffälligkeiten und vergangene Ereignisse eine große Bedeutung. In diesem Zusammenhang spielen die Berichterstattungen in den Medien eine zunehmend große Rolle. Mehr hierzu siehe *Dunwoddy/Peters* (1993).

4 Der Grund hierfür liegt darin, dass ein Übel zu einem Risiko wird, wenn sich in der gesellschaftlichen Auseinandersetzung Schuldige finden lassen. Die Identifikation und Beurteilung der Risiken ist in erheblichem Maße von der politischen Diskussion und der Medienberichterstattung abhängig. So ist bei den Katastrophen nicht die Anzahl der Opfer für die Dauer der Berichterstattung in den Medien relevant, vielmehr korreliert die Dauer positiv mit der Schadenursache, insbesondere bei menschlichem Versagen (Vgl. *Jungermann/Slovic* (1993), S. 99).

„man-made"[1] Katastrophen,[2] zumal freiwillig eingegangene Risiken weniger kritisch gesehen werden, als Gefahren, die unfreiwillig entstehen.[3] Zu dieser subjektiven Risikowahrnehmung gesellt sich eine objektive Gefährdung bei der tatsächlich Bedrohung durch eine Elementargefahr.[4]

Beim privaten Versicherungskunden stehen psychologische und beim gewerblichen Kunden ökonomische Nutzen im Vordergrund. Gewerbliche Versicherungsnehmer fragen für hohe Risiken eine Deckung nach und substituieren den Versicherungsschutz für geringere Risiken (z.B. Bagatellschäden) durch andere Instrumente des Risikomanagements.[5] Für diese Kundengruppe steht nicht die zu versichernde Gefahr im Mittelpunkt, sondern der zu versichernde Schaden, d.h. die mögliche Schadenhöhe (Prinzip der Wirkungsversicherung).[6] Insbesondere Versicherungen für Risiken, die zu einer schweren Beschädigung oder Zerstörung[7] führen, sind mit einem besonders hohen Nutzen belegt.[8] An dieser Stelle besteht die Gefahr, dass Kontrollmöglichkeiten und die mögliche Einflussnahme auf den Schaden überschätzt werden, was im Extremfall zu einer Erhöhung des Gesamtrisikos führen kann.[9] Privatkunden entscheiden sich für den Abschluss eines Versicherungsvertrages nach der Schadeneintrittswahrscheinlichkeit eines Risikos. Die Risikowahrnehmung[10] korreliert positiv mit den persönlich wahrge-

---

[1] Als Man-made Katastrophen werden Großereignisse bezeichnet, die durch menschliches Handeln entstanden sind wie z.B. Schiffskatastrophen, Minenunglücke oder Schäden durch Terrorismus (Vgl. *Schweizerische Rückversicherungs-Gesellschaft (Hrsg.)* (2003), S. 36). Eine stringente Trennung von natürlichen und man-made Katastrophen wird hier zur Vereinfachung getroffen. Letztlich können Naturkatastrophen auf zivilisatorische Ursachen zurückgeführt werden. Dieses gilt zumindest für die (monetäre) Schadenhöhe, z.B. durch Bebauungen in der Nähe von Flüssen.

[2] Diese Erkenntnis wurde erstmals von *Kunreuther* gewonnen, der in einer empirischen Betrachtung die Bewohner in erdbeben- und überschwemmungsgefährdeten Gebieten der USA befragte. Er kam zu dem Ergebnis, dass die Naturkatastrophen hinsichtlich ihrer Eintrittswahrscheinlichkeit unterschätzt werden (Vgl. *Kunreuther* (1968).

[3] Vgl. *Jungermann/Slovic* (1993), S. 91 ff.

[4] Vgl. *Lamby* (1993), S. 94.

[5] Vgl. *Lamby* (1993), S. 28. In der Realität finden sich diese idealtypischen Ausprägungen in beiden Kundengruppen mit unterschiedlicher Intensität.

[6] Vgl. *Lamby* (1993), S. 95 zitiert nach *Haller* (1975), S. 40, 53 ff. 62 ff.

[7] Diese Aussage kann von einem Gebäude auch auf andere versicherte Objekte übertragen werden. So kann der Inhalt eines gewerblich genutzten Objektes mit Maschinen etc. einen höheren Wert besitzen als das Gebäude selbst.

[8] Vgl. *Lamby* (1993), S. 100.

[9] Vgl. *Puschmann* (1999), S. 14.

[10] Vgl. *Kunreuther* (1976), S. 218. Eine Besonderheit der Elementarschadenversicherung ist die Wetter- und Klimaabhängigkeit der Gefahren. Die Risikowahrnehmung und die -aversion werden in dem Maße geprägt, wie der Mensch diese Abhängigkeiten als Bedrohung für seine individuelle Lebenssituation wahrnimmt. Dass das Wetter die Lebens- und Ertragssituation der Wirtschaftssubjekte unmittelbar beeinflusst, wird dadurch deutlich, dass die Nachfrage

nommen Ereignissen.[1] Diese Zeitpunktentscheidung führt durch neue Erfahrungen sowie kognitive Vergessens- und Erinnerungsprozesse zwischen Eintritt und Nichteintritt eines Schadens zu einer oszillierenden Zukunftsbetrachtung, bei der immer wieder Entscheidungen über den Abschluss eines Versicherungsvertrages getroffen werden. Deshalb lösen Gefahren wie Erdbeben mit niedriger Schadeneintrittswahrscheinlichkeit eine geringere Versicherungsnachfrage aus, als Sturmrisiken mit vergleichsweise hoher Schadenfrequenz.[2] Zudem zeigt sich eine Tendenz, Wahrscheinlichkeiten von Ereignissen, an die sich der Mensch gut erinnern kann bzw. die er sich leicht vorstellen kann, zu überschätzen. Vice versa werden die Eintrittswahrscheinlichkeit von lang zurückliegenden Naturkatastrophen ohne persönliche Betroffenheit unterschätzt.[3] Hieraus kann eine steigende Nachfrage für Elementarschadenversicherungen im Anschluss an eine Naturka-

---

für Versicherungen gegen die ökonomischen Konsequenzen schlechter Wetterverhältnisse (Vgl. *o.V.* (2002l) möglich ist. Trotzdem werden Elementarschäden regelmäßig verdrängt (Vgl. *o.V.* (2002f)). So werden Naturgefahren im Augenblick ihrer Realisation als besonders stark und bedrohlich empfunden, geraten in schadenfreien Jahren aber relativ schnell wieder in Vergessenheit (Vgl. *Wagner* (2002)). Beachtet man, dass schwere Erdbeben in Deutschland nur alle 50-500 Jahre auftreten, muss im Laufe eines Menschenlebens eine solche Naturkatastrophe nicht zwangsläufig realisiert werden (Vgl. *Simon/Grollmann* (2002), S. 688). Besonders schwierig ist die Risikoeinschätzung, wenn Menschen gebeten werden, bestimmten Ereignissen Schadeneintrittswahrscheinlichkeiten zuzuordnen (Vgl. *Schwarze*, *Wagner* (2002), S. 599). *Kunreuther* untermauert diese Erkenntnis durch eine Befragung von Bewohnern in erdbeben- und überschwemmungsgefährdeten Gebieten in Kalifornien bzw. in den gesamten USA. Hiernach haben insgesamt nur die Hälfte der untersuchten Haushalte, die 2055 überschwemmungsbedrohten sowie 1006 erdbebenbedrohte Hausbesitzer umfasste, eine Versicherung gegen diese Risiken abgeschlossen (Vgl. *Kunreuther* (1976), S. 237 ff.).

[1] Das menschliche Verhalten und die Reaktion auf Naturkatastrophen lässt sich in vier Abschnitte aufteilen: Erstens fühlen sich diejenigen, die nicht betroffen sind, erleichtert. Zweitens entsteht ein kollektives Solidaritätsgefühl mit den Betroffenen. Drittens steigt das Interesse an diesen außergewöhnlichen Ereignissen und viertens denken die Wirtschaftssubjekte über die eigene Situation sowie über die Chancen und Handlungsmöglichkeiten im Katastrophenfall nach. Der Grad der Betroffenheit korreliert positiv mit der Zahl der hierdurch getöteten Opfer und negativ mit der Entfernung der Naturkatastrophe vom eigenen Wohnort (Vgl. *Müller* (2000), S. 2 f.).

[2] Vgl. *Lamby* (1993), S. 96 ff. Diese Form der verzerrten Risikowahrnehmung tritt insbesondere bei seltenen Ereignissen auf. Individuen gewichten Wahrscheinlichkeiten nicht linear, sondern handeln irrational, indem sie kleine Wahrscheinlichkeiten unterbewerten oder ignorieren (Vgl. *Camerer/Kunreuther* (1989), S. 572). Diese Erkenntnisse basiert auf den Availability-Ansatz von *Kahneman* und *Tversky* zurück, der zeigt, dass Individuen ihre Wahrscheinlichkeiten auf Grundlage von Erinnerungen bilden und bei fehlenden Erfahrungen Ereignisse unterschätzen (Vgl. *Tversky/Kahneman* (1973), S. 230). Zu weiteren Heuristiken siehe *Citlak* (2000), S. 244 ff.

[3] Wahrscheinlichkeiten, die aus der Erinnerung an seltene Ereignisse abgeleitet werden sind sehr fehleranfällig (Vgl. *Citlak/Wagner* (2001), S. 102).

tastrophe erklärt werden.[1] In diesem Zusammenhang haben Laborexperimente gezeigt, dass diese Einschätzung unabhängig von der möglichen Schadenhöhe stattfindet. Eine Versicherung wird als eine Investition aufgefasst.[2] Selbst bei kleinen und häufigen Schäden wird ein umfassender Schutz vom Versicherungsnehmer erwartet, auch wenn eine Eigentragung des Risikos wirtschaftlich sinnvoller wäre. Die auf dieser Basis verlangten Selbstbehalte der Versicherer verhindern zusammen mit hohen Prämien eine höhere Nachfrage.[3] Auch alternative Kapitalverwendungsformen beeinflussen die Versicherungsnachfrage, insbesondere wenn ein elementarer Bedarf für anderen Dingen besteht, der wie z.B. Nahrung nicht aufgeschoben werden kann.[4]

Für die Versicherungsnachfrage sind des weiteren die komplexen Entstehungsgründe von Naturkatastrophen hinderlich, die den kognitiven Apparat des Menschen überfordern können.[5] *Lamby* kommt zu dem Ergebnis, dass die Versicherungsnachfrage für Elementarrisiken unterschiedlich ausgeprägt ist. Dies gilt sowohl in Bezug auf den Risikotyp, d.h. Privatkunden oder gewerbliche Kunden,

---

1 So ist z.B. im Juli 2002 als ein leichtes Erdbeben bei Aachen registriert worden. Der hierbei einsetzende Nachfrageanstieg wurde durch die bald darauf eintretenden Überschwemmungen unterstützt (Vgl. *Paus* (2003), S. 74). Deshalb ist eine Einschätzung der Öffentlichen Versicherungen Sachsen-Anhalt (ÖSA) erstaunlich, die noch bis zum 13. August Versicherungsschutz gegen Elementarschäden anbot, also zu einem Zeitpunkt als die Flutwelle bereits absehbar war. Die ÖSA konnte trotz dieses Angebotes keinen „rasanten" Anstieg der Nachfrage feststellen (Vgl. *o.V.* (2002h), S. 1409 f.) Die Gründe für dieses atypische Verhalten könnten sowohl in einer systematischen Unterschätzung der Gefahr liegen, als auch in fehlender Kenntnis über die Verfügbarkeit des Versicherungsschutzes. An dieser Stelle ergeben sich Forschungsansätze.

2 Vgl. *Citlak/Wagner* (2001), S. 103. Zu den Laborexperimenten vergleiche *Kunreuther* (1983), S. 11). Die Besonderheiten von Elementargefahren liegen für die Nachfrager in dem hohen vorhandenen Schadenpotential. So reichen die Auswirkungen auf ein Gebäude von einem vernachlässigbaren Bagatellrisiko über kleine und mittlere Risiken, deren wirtschaftliche Folgen über Zielanpassungen oder Ersparnisse getragen werden können, bis hin zu Groß- und Katastrophenrisiken. Die Risikokategorien sind relativ zu der Schadentragfähigkeit eines Wirtschaftssubjektes zu betrachten (Vgl. *Lamby* (1993), S. 95). Insbesondere in Mitteleuropa, also in einer Region, in der die Gefahren durch Naturkatastrophen im Vergleich zu anderen Regionen der Erde relativ moderat sind, wirkt die Elementarschadenversicherung mehr als Schutz gegen Klein- und Bagatellschäden als gegen existenzbedrohende Großschäden. Versicherungsschutz wird mehr als eine Sparkasse mit regelmäßigen Beiträgen und „Entnahmen" betrachtet. Deshalb besteht die latente Gefahr, dass die nötige Risikovorsorge verdrängt wird (Vgl. *Berz* (2000), S. 157).

3 Vgl. *Gardette* (1997), S. 216.

4 Vgl. *Hax* (1964), S. 38.

5 So entsteht bei einem Starkregen kein Schaden, aus einem anderen ein besonders großer. Die Ursachen für diese Unterschiede von der Vernetzung verschiedener Gewässer über den Ausbaugrad der Flüsse bis hin zur Art und Weise der Siedelung in den betroffenen Gebieten können nicht von jedermann nachvollzogen werden. Folglich werden Risiken unterschätzt oder nicht erkannt (Vgl. *Paus* (2003), S. 75).

als auch in Bezug auf die versicherte Gefahr. So ist die Nachfrage nach den Gefahren Erdbeben und Überschwemmung wesentlich geringer als nach Sturm. Insbesondere Privatkunden nehmen das Erdbebenrisiko nicht wahr oder schätzen es zu gering ein, während das Überschwemmungsrisiko nur kostenintensiv zu versichern ist. Versicherungsnachfrage entsteht deshalb nur für das Sturmrisiko. Gewerbliche Kunden fragen Versicherungsschutz für alle drei genannten Gefahren nach und vereinbaren für die Überschwemmungsgefahr einen hohen Selbstbehalt.[1] Daneben belegen Daten der ehemaligen Baden-Württembergischen Monopolanstalt, dass mehr als 50 % der Schäden überwiegend in bestimmten Regionen auftreten und deshalb nur eine regionale Nachfrage auslösen.[2] Letztlich liegt ein Grund der geringen Nachfrage in der fehlenden Bereitschaft der Verbraucher, sich mit den höher gefährdeten Risiken zu solidarisieren. So sind die weniger gefährdeten Versicherungsnehmer nicht bereit, Solidaritätsprämien aufzubringen, um z.B. für die stark gefährdeten Risiken zu bezahlen.[3] Obwohl intensive Berichterstattung über Naturkatastrophen in den Medien zu einer stärkeren Risikowahrnehmung führten,[4] wurde gezeigt, dass eine Vielzahl von Bestimmungsgründen die Nachfrage beeinträchtigen.

Nach Angaben des GDV bestanden im Spätsommer 2002 ca. 2,9 Mio. Elementarschadenversicherungen. Insgesamt wurde die Versicherungsdichte in der Bundesrepublik nach den Hochwassern 2002 für Privathaushalte und Gewerbebetriebe auf ca. 10 % geschätzt.[5] Die Verbreitung der Elementarschadenversicherung in der Bundesrepublik ist in den alten und neuen Bundesländern unterschiedlich. Während in westlichen Bundesländern nur 5 % der Haushalte eine Deckungserweiterung im Rahmen ihrer Hausratversicherung besitzen, sind es in den fünf neuen Bundesländern ca. 50 %. Gleiches gilt für die Wohngebäudeversicherungen, für die über 60 % der ostdeutschen Haushalte einen Elementarschutz besitzen, im Westen beläuft sich die Versicherungsdichte im einstelligen Bereich.

---

1 Vgl. *Lamby* (1993), S. 106. Diese Aussage wird durch empirische Arbeiten der Universität Köln gestützt. Hier wurde im Rahmen eines Pre-Tests festgestellt, dass Versicherungsschutz von Unternehmen weit weniger als erwartet als risikopolitisches Instrumentarium eingesetzt wird. Zugleich sind die Unternehmen bereit, eigene Vorsorgemaßnahmen zu treffen und höhere Selbstbehalte in den Versicherungspolicen zu vereinbaren, um nur extreme Schäden durch die Assekuranz abzusichern. Vorsorge- und Vermeidungsstrategien werden somit gegenüber dem Versicherungsschutz bevorzugt (Vgl. *Beuermann/Farny/Kerschgens, M. et al.* (2002), S. 18).

2 Vgl. *Schäfer* (1993), S. 9.

3 Vgl. *Chmielorz/Metzger* (1995), S. 937.

4 Vgl. *Müller* (2000), S. 1. Für eine steigende Risikoaversion der Wirtschaftssubjekte gegenüber Witterungseinflüssen spricht die steigende Nachfrage von Unternehmen für Wetterderivaten (Vgl. *Rettberg* (2003)).

5 Ein Jahr später bestätigt der GDV bei den Privathaushalten diese Angabe für die Hausratversicherung. Für Wohngebäude wird die Versicherungsdichte auf lediglich 4 % geschätzt (Vgl. *Gesamtverband der Deutschen Versicherungswirtschaft e.V. (GDV) (Hrsg.)* (2003), S. 25).

Deshalb sind im langjährigen Durchschnitt nur 7 % der Überschwemmungsschäden versichert. Bei Sturmschäden wird eine wesentlich höhere Quote erreicht.[1] Problematisch ist die, im Vergleich mit anderen Versicherungsarten, geringe Versicherungsdichte der Elementarschadenversicherung auch deshalb, weil sich der Anteil der Versicherungsprämien am Bruttoinlandsprodukt von 1980 bis zum Jahr 2002 von 5,09 % auf 6,70 % erhöht hat. Das unterdurchschnittliche Prämienwachstum der gesamten Sachversicherung deutet allerdings darauf hin, dass mehr finanzielle Mittel in die persönliche Vorsorge, z.B. für das Alter oder für den Fall der Berufunfähigkeit geflossen sind. Gesetzliche Maßnahmen haben diese Tendenzen unterstützt.[2]

## *4.2. Marktversagen und Marktmängel in der Elementarschadenversicherung*

### *4.2.1. Ursachen möglicher Fehlallokationen auf Versicherungsmärkten*

In marktwirtschaftlich organisierten Wirtschaftssystemen werden die individuellen Handlungen der Unternehmen und Haushalte über den Preismechanismus gesteuert, der die relative Knappheit der Güter ausdrückt. Ein funktionsfähiger Wettbewerb führt in einer neoklassischen Betrachtung zu einem ökonomischen Gleichgewicht bzw. bei Störungen wieder dorthin zurück.[3] Ein solches Gleichgewicht wird allerdings nur innerhalb eines mikroökonomischen Modells erreicht. In der Realität werden selbst Märkte, die zu einem Gleichgewicht tendieren, dieses nicht erreichen, weil „...sich die Umstände, an die sich die lokalen Bemühungen anpassen, als Resultat ähnlicher Prozesse geändert haben."[4] Gleiches gilt für ein Allokationsoptimum, dass im Modell unter den Bedingungen vollkommener Konkurrenz, vollständiger Information sowie gewinnmaximierenden Verhaltens der Unternehmen bzw. nutzenmaximierenden Verhaltens der Haushalte entsteht.[5] Diese Voraussetzungen, insbesondere die Annahme der Mensch könne trotz der Komplexität des Ganzen vollständige Informationen haben, sind unrealistisch und gefährlich[6] Vielmehr ist der Wettbewerb auf den Märkten eine Entdeckungsverfahren, wie es *v. Hayek* bezeichnet, das über die

---

[1] Vgl. *o.V.* (2002f).

[2] Vgl. *o.V.* (2002n).

[3] Vgl. *Pätzold/Mussel* (1996), S. 12.

[4] *Hayek* (1975), S. 312.

[5] Für eine neoklassische Beschreibung der Funktionen, Verlaufsmuster und Ziele marktwirtschaftlicher Systeme siehe Fritsch/Wein/Evers (2001), S. 14 ff;

[6] Vgl. *Hayek* (1974), S. 14. *V. Hayek* vergleicht an dieser Stelle den Menschen in seinem Wunsch die Gesellschaftsordnung mit seinem Wissen zu verbessern mit einem Handwerker, der ein Werk formen möchte. Nach Auffassung v. Hayeks solle sich der Mensch hier eher wie ein Gärtner verhalten, der das Wachsen der Pflanzen kultiviert, indem er für sie eine geeignete Umgebung schafft. Aus dieser Erkenntnis über die Grenzen des Wissens leitet er eine Demut des Forschers gegenüber der Gesellschaft ab (Vgl. a.a.O., S. 14 f.)

Preise als Kommunikationsmittel weit mehr Informationen übermittelt, als dies ein Mensch oder eine Organisation könnte. Die Marktteilnehmer können damit ihrer eigene Marktleistung einschätzen und gegebenenfalls anpassen, wenn deutlich wird, dass die Nachfrager andere Leistungen, die durch diese Mittel erzeugt werden könnten höher schätzen.[1] Damit setzen der Markt und der Preismechanismus Anreize zu Innovationsprozessen und die Anpassung an ständig änderende Umweltzustände.[2]

Die große Differenz zwischen volkswirtschaftlichen und versicherten Schäden bei den Hochwassern 2002 sowie die geringe Versicherungsdichte für Elementarrisiken führen zu der Frage, ob Funktionsstörungen für den Elementarschadenversicherungsmarkt festgestellt werden können. Die Ursachen für ein Marktversagen[3] reichen von Markteintrittsbarrieren über ruinösem Wettbewerb[4] bis hin zu Ex- bzw. Internalitäten.[5] Auf Versicherungsmärkten[6] kann ein Marktversagen

---

[1] Vgl. *Hayek* (1976), S. 198 f.

[2] Vgl. *Hayek* (1975a), S. 170.

[3] Unter einem Marktversagen versteht man die „Abweichungen des Ergebnisses marktmäßiger Koordination von einem optimalen, mit Hilfe eines Referenzmodells abgeleiteten Ergebnis." (*O.V.* (1996), S.699). Im Gegensatz hierzu spricht man von Marktmängeln „...wenn der Marktprozess zwar zu gleichgewichtigen Lösungen führt, diese aber gemessen am Pareto-Kriterium suboptimal sind." (*Berthold* (1988), S. 342).

[4] Markteintrittsbarrieren erschweren (versagen) neuen Marktteilnehmern den Markteintritt. Die Gründe hierfür liegen in komparativen Kostenvorteilen, z.B. durch Größenvorteile (economies of scale), Produktdifferenzierung (z.B. durch Markenvorteile bei starker Produktdifferenzierung) sowie verschiedenen Kapitalbedarf (z.B. durch höhere Bonitäten etablierter Unternehmen). Neue Marktteilnehmer müssen im Gegensatz zu etablierten Unternehmen Aufwendungen leisten, die sie beim Verlassen des Marktes nicht wieder veräußern (sunk costs) können. Im Extremfall entstehen Monopole mit Fehlallokationen und Wohlfahrtsverlusten. Dritte Ursache eines produktions- und kostenbedingten Marktversagens ist ruinöser Wettbewerb (Vgl. *Eickhof* (1993), S. 217 f.), der qualitative und kosteneffiziente Anbieter vom Markt verdrängt, weil durch Überkapazitäten ein Leistungs- und Preiswettbewerb einsetzt (Vgl. *Müller* (1999), S. 67 ff.).

[5] Vgl. *Müller* (1999), S. 66.

[6] Daneben können weitere Indizien für ein Marktversagen vorliegen, wenn „...entweder kein Markt (oder zu wenige Märkte) existiert, nicht wettbewerbliches Verhalten (Monopol) oder Nichtexistenzprobleme vorliegen." (*Wolters* (1995), S. 43). Zudem können Größenvorteile zu Konzentrationstendenzen führen (Vgl. *Schulenburg* (1992a), S. 8). Nach den empirischen Ergebnissen gibt es keinen Anlass, diese Indizien zu überprüfen.

dadurch entstehen, dass:[1]

- Risken nicht versicherbar sind
- Informationsasymmetrien existieren
- Zur Risikoabsicherung ein Generationenvertrag notwendig ist.

Sowohl die Nichtversicherbarkeit von Risiken als auch Informationsasymmetrien sind Probleme, die für den Versicherungsmarkt für Elementarrisiken von Bedeutung sein könnten. Die Absicherung von Risiken mittels eines Generationenvertrages ist eine Fragestellung aus der Sozialpolitik, die an dieser Stelle ausgeblendet wird.[2] Marktmängel oder Marktunvollkommenheiten könnten auftreten, wenn private Vorsorge durch das System der sozialen Fürsorge des Staates substituiert wird. Ein zweiter Bestimmungsgrund könnte sein, dass die Individuen keinen oder zu geringen Versicherungsschutz wählen, weil sie sich nicht rational verhalten. Diese beiden Bestimmungsgründe werden in die Analyse einbezogen.[3]

Die Theorie des Marktversagens ist eine normative Theorie staatlichen Handelns, aus der sich Aussagen über regulierende Eingriffe in den Markt ableiten lassen.[4]

---

[1] Vgl. *Citlak* (2000), S. 104. *Citlak* geht in ihrer Arbeit auf die „Ambiguitätsscheu der Versicherer bei Großrisiken" als Ursache für ein Marktversagen ein. Dieser Ansatz basiert auf der Annahme, dass die Wahrscheinlichkeitsverteilung bei Naturkatastrophen und die Höhe der eingetretenen Schäden unsicher sind. Die auf *Kunreuther* und *Freeman* basierende (Vgl. *Freeman/Kunreuther* (1997), S. 40 f.) Theorie besagt, dass ein Entscheidungsträger Ereignisse deren Wahrscheinlichkeit von mehreren Experten unterschiedlich beurteilt (Ambiguitätswahrscheinlichkeit) wird, selbst riskanter bewertet als eine bekannte Verteilung von Eintrittswahrscheinlichkeiten, auch wenn beide (im Durchschnitt) die gleiche Verteilung ergeben. Geht ein Entscheidungsträger diesen Ambiguitätswahrscheinlichkeiten aus dem Weg, verhält er sich ambiguitätsscheu. Auf den Versicherungsmarkt übertragen erhöhen die Versicherungsnehmer die Nachfrage für solche Wahrscheinlichkeitsverteilungen, während die Versicherer das Angebot gleichzeitig reduzieren. Deshalb sind neue Risiken, wie die Elementarschadenversicherung, risikobehaftet und für die Assekuranz weniger attraktiv als bekannte Risiken (Vgl. *Citlak* (2000), S. 109 ff.). Die Möglichkeit des Marktversagens aufgrund der Ambiguitätsscheu der Versicherer wird in der weiteren Betrachtung ausgeklammert, weil es hierfür einer umfangreichen empirischen Fundierung bedarf. Zudem haben die Unternehmen in den letzten Jahren erhebliche Fortschritte bei der Risikoeinschätzung gemacht. Gleichwohl könnten an dieser Stelle weitere Arbeiten ansetzen.

[2] Ein Generationenvertrag wird notwendig, wenn Eigentumsrechte nicht eindeutig definiert sind und der Austausch über die Märkte verhindert wird, wie z.B. bei der Alterssicherung. Ein solcher Vertrag basiert auf einem gesellschaftlichen Konsens, über die Wirkungsmechanismen der Märkte hinweg (Vgl. *Berthold* (1988), S. 344).

[3] Vgl. *Citlak* (2000), S. 104 f.

[4] Vgl. *Fritsch/Wein/Ewers* (2001), S. 358. Hiervon zu unterscheiden ist die grundsätzliche Regulierung von Versicherungsmärkten unter Hinzuziehung des „Besonderheitenarguments". Dieses Argument basiert auf den Charakteristika der Versicherungsmärkte, die regulierende Eingriffe durch Besonderheiten der Kapazitäten, der Kalkulation, der Transparenz, der Sicherheit und der Rück-/ Mitversicherung erfordern. Vertiefend siehe *Wolters* (1995), S. 23 ff.

Die wirtschaftspolitischen Konsequenzen reichen von zusätzlichen staatlichen Eingriffen wie versicherungsaufsichtsrechtlichen Bestimmungen über die Einführung von Versicherungspflichten[1] bis hin zu einer Verstaatlichung des Marktes,[2] indem die öffentliche Hand die Aufgaben der Versicherer übernimmt.[3] Der Handlungsbedarf der Wirtschaftspolitik hängt von den Korrekturmöglichkeiten, den entstehenden Kosten und den Konsequenzen für andere wirtschaftspolitische Ziele ab.[4]

### *4.2.2. Marktversagen aufgrund der Nicht-Versicherbarkeit von Elementarrisiken*

Bis 1991 galten in der Bundesrepublik Elementargefahren als nicht versicherbar.[5] Diese Einschätzung wurde mit der Kumulneigung der Gefahren, der Vorhersehbarkeit des Schadeneintritts, statistischen Ungewissheiten[6] bezüglich eines höchstmöglichen Schadens und der Gefahr der negativen Risikoauslese begründet.[7] Die ersten drei Argumente werden jetzt im Zusammenhang mit der Versicherbarkeit diskutiert, die negative Risikoauslese wird innerhalb der Informationsasymmetrien behandelt.

Detaillierte Kenntnisse über die zu versichernden Risiken unter Einhaltung der Grenzen der Versicherbarkeit[8] sind zwingende Voraussetzung für die Angebotsentscheidung eines Versicherers.[9] Deshalb müssen für die Versicherbarkeit eines

---

[1] Vgl. *Schradin* (2003), S. 14.
[2] Vgl. *Wille* (1983), S. 12.
[3] Vgl. *Jacobi* (2002).
[4] Vgl. *o.V.* (1996).
[5] Vereinzelt wurden Elementarrisiken bereits vorher in Teilen der Transportversicherung oder in der Teilkaskoversicherung für Kraftfahrzeuge gedeckt (Vgl. *Frey* (1965), S. 249).
[6] Vgl. *Frey* (1965), S. 243 ff. Ein Versicherungsgeschäft ohne Erfahrungsdaten, wird als Experienced Rating bezeichnet. Diese Kalkulationsart wird in der Einzelzeichnung industrieller Risiken angewandt (Vgl. *Tesarczyk*, W. (2002), S. 7).
[7] Vgl. *Gardette* (1997), S. 216.
[8] *Eszler* konstruiert einen Rahmen zur Systematisierung und strukturellen Abbildung der „Versicherbarkeit und ihrer Grenzen". Hieraus leitet er drei Arbeitshypothesen ab, die von einem rationalistisch-idealistischen Ansatz (hieraus können „wenn-dann- Beziehungen" aber keine absoluten Grenzen der Versicherbarkeit abgeleitet werden) über einen empirisch-realistischen Ansatz (der als Untersuchungsobjekte die vorhandene Praxis der Versicherbarkeit und die Darstellungen zum Thema beinhaltet) bis hin zu einem konstruktivistisch-instrumentalistischen Ansatz (der instrumentale Strukturen schaffen soll, die zu bestimmenden Zielen und Anforderungen gerecht werden) reichen (Vgl. *Eszler* (2000)).
[9] *Frey* bezeichnet die Risikobewältigung als Geschäftsfeld der Assekuranz. Vor diesem Hintergrund „...interessieren also nicht die Einzelkategorien von Risiken, etwa versicherbare oder nicht versicherbare, sondern die Gesamtsituation.." (*Frey* (1989), S. 318). Er begründet seine Aussage damit, dass nach einem Risikotransfer Kapazitäten für andere Risiken freiwerden.

Risikos[1] folgende sieben Kriterien erfüllt werden:[2] Erstens muss eine Schaden zufällig sein,[3] d.h. er darf nicht regelmäßig auftreten, vorsätzlich verursacht werden oder prognostizierbar sein[4] und zwar weder in der Entstehung und/oder im Zeitpunkt und/oder in der Größe. Diese Zufälligkeit ist bei regelmäßig überschwemmenden Gebieten nicht gegeben, ein Risikoausgleich in der Zeit ist unmöglich.[5] Eine risikoadäquate Prämie wäre nach Auffassung der Versicherungspraxis in diesem Fall ein reines Geldaustauschverhältnis zwischen Versicherer und Versicherten, das mit Kosten durch die Produktion des Gutes Versicherung und durch die Versicherungssteuer belastet wird.[6] Diese Schäden sind im Gegensatz zu seltenen Ereignissen wie den Hochwassern 2002 vorhersehbar.[7] Die Zufälligkeit ist bei Erdbeben, Stürmen und bei unregelmäßigen Überschwemmungen gegeben.[8] Vor diesem Hintergrund kann nicht erschlossen werden, warum auf den Versicherungsmärkten für hochgefährdete Risiken nicht zumindest eine Teildeckung angeboten wird. So könnten z.B. Selbstbehalte derart hoch angesetzt werden, dass Entschädigungszahlungen erst im Katastrophenfall geleistet werden. Hierfür wäre die Zufälligkeit gegeben. Zweitens beschreibt das Prinzip „Viele für wenige!" das Kumulrisiko.[9] Der Risikoausgleich funktioniert, solange

---

1 Die Versicherbarkeit ist durch die Debatte um die Versicherung von Terrorismusschäden als Folge der Ereignisse am 11. September 2001 in New York in den Blickpunkt der Medienberichterstattung gelangt. Hier gab es eine umfassende Diskussion um die Versicherbarkeit von Terrorismus (Vgl. z.B. *Pohlhausen* (2001)). Die deutsche Assekuranz schuf anschließend mit dem Spezialversicherer „Extremus" eine Aktiengesellschaft, die Terrorschäden bis zu 3 Mrd. EUR versichert und Risiken zu 100 % bei anderen (Rück)-Versicherern eindeckt. Über dieser Summe von 3 Mrd. EUR gibt es bis 13 Mrd. EUR eine Deckung des Staates. Neben diesen mittelfristigen Konsequenzen im Bereich der industriellen Sachversicherungen gab es einen kurzfristigen Rückzug der Assekuranz aus der Haftpflichtversicherung für Flugzeuge, der durch Staatsgarantien für die Luftfahrtunternehmen aufgefangen wurde (Vgl. z.B. *Klotz* (2002)). Den Versicherern wurde deshalb Versagen vorgeworfen (Vgl. z.B. *o.V.* (2001a), S. 599).

2 Weiterer Kriterien der Versicherbarkeit wie gesetzliche Schranken können gebildet werden (Vgl. *Berliner* (1982)). Sie tragen hier nicht zum Ergebnis bei.

3 Die Zufälligkeit ist nicht immer eine Entscheidung zwischen den Polen der absoluten Voraussehbarkeit und der totalen Zufälligkeit. Vielmehr handelt es sich vielfach um einen Grad der Zufälligkeit zwischen diesen Extremen (Vgl. *Berliner* (1982), S. 43).

4 Vgl. *Bultmann* (1997), S. 262.

5 Vgl. *Ebel* (1997), S. 215.

6 Vgl. *Meyer* (1996), S. 581.

7 Vgl. *Schweizerische Rückversicherungs-Gesellschaft (Hrsg.)* (1998), S. 8.

8 Vgl. *Meyer* (1996), S. 578. Für die anderen versicherten Elementargefahren ist die Zufälligkeit ebenfalls immer gegeben.

9 Neben der Kumulgefahr sind zeitliche Schwankungen in der Häufigkeit, räumlichen Ausprägung und Intensität von Naturereignissen bedeutend. Hierdurch ist das Schwankungsrisiko in der Elementarschadenversicherung besonders hoch. Gleiches gilt für das Änderungsrisiko (Vgl. *Dietz* (1991), S. 20), das es notwendig macht, prospektive Trends z.B. durch die globale Erderwärmung zu erfassen (Vgl. *Meyer* (1996), S. 578; Vgl. *Feth* (2002)).

die Prämieneinnahmen aller Versicherungsnehmer die Schäden einer kleinen Gruppe ausgleichen.[1] Hierfür ist die Größe[2] und Ausgeglichenheit eines Risikoportefeuille entscheidend. Ein Risiko ist umso eher versicherbar, je kleiner der mittlere Schaden und je größer die Schadenfrequenz ist.[3] Zudem muss ein Risikoausgleich in der Zeit möglich sein.[4] Bei Naturgewalten können sowohl die Gefahren selbst als auch die betroffenen Risiken kumulieren.[5] So ist ein Risikoausgleich bei Überschwemmungen unmöglich, wenn nur Objekte mit hoher Schadenfrequenz versichert werden. In diesem Fall ist nur ein geringer Prozentsatz der Gebäude stark bedroht, sodass die Risikogemeinschaft für eine wirtschaftlich tragfähige Lösung zu gering ist.[6] Drittens muss der entstandene Schaden monetär kompensiert werden können, weil ideelle Werte grundsätzlich nicht versicherbar sind.[7] Da im Rahmen der Elementarschadenversicherung fest umrissene Sachen zu definierten Werten versichert sind, wird dieses Kriterium erfüllt.

Viertens müssen Risiken schätzbar sein, statistisch betrachtet werden können und von der reinen Spekulation abgegrenzt werden.[8] Durch die Berechnung eines Schadenerwartungswerts kann eine risikogerechte Prämienkalkulation durchgeführt werden.[9] Vor der Genehmigung der Elementarschadenversicherung stützten

---

1 Vgl. *Schweizerische Rückversicherungs-Gesellschaft (Hrsg.)* (1998), S. 7.

2 Es ist unstrittig, dass der Risikoausgleich mit zunehmender Größe des Kollektivs besser wird. Dagegen steigt zwar das absolute Zufallsrisiko mit der Kollektivgröße, nimmt jedoch in Relation zum Schadenerwartungswert ab (Vgl. *Farny* (2000), S. 75).

3 Offenbar ist die Zahl der unerwarteten Schadenfälle umso geringer je höher die Zahl der erwarteten Schadenfälle ist (Vgl. *Farny* (2000), S. 75). Das Portefeuille eines Versicherers ist deshalb umso ausgeglichener je mehr Schäden erwartet werden (Vgl. *Berliner* (1982), S. 56 ff.).

4 Durch den Ausgleich in der Zeit lassen sich kumulgefährdete Risiken durch hohe Eigenkapitalrücklagen oder durch Rückversicherungsverträge zeichnen (Vgl. *Pohlhausen* (1999), S. 458).

5 So können starke Stürme im Zusammenhang mit vorherigen extremen Witterungsniederschlägen zu Überschwemmungen führen (Gefahrenkumul) und mehrere versicherte Objekte schädigen (Vertragskumul) (Vgl. *Dietz* (1991), S. 20).

6 Vgl. *Schweizerische Rückversicherungs-Gesellschaft (Hrsg.)* (1998), S. 7. Gleiches gilt, wenn die Schadenerwartungen die Zahlungsbereitschaft der Versicherungsnehmer übersteigen (Vgl. *Gerathewohl* (1980), S. 536).

7 Vgl. *Bultmann* (1997), S. 263.

8 Vgl. *Müller* (1999), S. 43. Hieraus abzuleiten ist die Möglichkeit, unbekannte Wahrscheinlichkeiten in einer statistischen Verteilung darzustellen (Vgl. *Arrow* (1951), S. 24. zitiert nach *Müller* (1991), S. 43).

9 Die Möglichkeiten, eine risikogerechte Prämienkalkulation führen in der Versicherungspraxis nicht immer zu einer Umsetzung im Markt. So bezeichnet es der Präsident des Gesamtverbandes der Deutschen Versicherungswirtschaft e.V. (GDV) *Michaels* als Paradoxon, dass einer ausgefeilteren Methodik und verbesserten Risikokalkulation ein Preiswettbewerb gegenübersteht, der versicherungstechnische Kenntnisse ignoriert (Vgl. *Michaels* (2002), S. 35).

sich die Argumente auf die fehlende stochastische Basis von Naturereignissen,[1] insbesondere für Katastrophen.[2] Seither wurden große Fortschritte insbesondere bei Erdbeben und Stürmen erzielt. Mittlerweile gilt bei allen Unwägbarkeiten gleiches für Überschwemmungen. Als fünftes Kriterium muss der Schadenerwartungswert über alle Risiken hinweg absolut gemessen werden können, um den Ruin eines Versicherers zu verhindern und die Leistungsversprechen im Schadenfall einzulösen.[3] Dieses Prinzip der Wirtschaftlichkeit ist bei seltenen Schadenereignissen mit sehr hohen Schäden bedroht. Durch eine (internationale) Risikoteilung kann dieser Gefahr begegnet werden.[4] Ein solche Risikodiversifikation über Rückversicherungsmärkte ist für den bisherigen Kapazitätsbedarf möglich, sodass dieses Kriterium erfüllt wird. Sechstens müssen die Versicherungsnehmer grundsätzlich von der gleichen Gefahrbedroht sein, die bei allen zu einem Vermögensbedarf führt (Prinzip der gleichartigen Bedrohung).[5] Die Gefahrenbündelung der Elementarschadenversicherung führt dazu, dass (nahezu) jedes Objekt in der Bundesrepublik von einer der Gefahren bedroht wird. Ob dies eine gleichartige Bedrohung für das Vermögen über alle Gefahren hinweg erzeugt, ist fraglich, wie in der Diskussion um eine Marktregulierung zu sehen sein wird. Beim siebten Kriterium des größtmöglichen Schadens ist eine objektive und eine subjektive Komponente zu unterscheiden. Die objektive Komponente orientiert sich an dem geschätzten wahrscheinlichen Höchstschaden eines Risikos, dem Probable Maximum Loss (PML).[6] Die subjektive Komponente bezieht sich auf denjenigen Teil eines Risikos, den ein Risikoträger bei Eintritt des Schadens zu tragen hat. Insgesamt beträgt die Summe aller subjektiven Risiken dem objektiven Risiko. So wäre ein Risiko, das ein einzelner Versicherer nicht in Gänze übernehmen kann, aus dessen Sicht objektiv unversicherbar; dadurch, dass er allerdings einen Teil des Risikos tragen könnte, bleibt es subjektiv versicherbar.[7]

---

1 Vgl. *Frey* (1965), S. 255.

2 Vgl. *Schweizerische Rückversicherungs-Gesellschaft (Hrsg.)* (1998), S. 7.

3 Vgl. *Meyer* (1996), S. 578.

4 Vgl. *Schweizerische Rückversicherungs-Gesellschaft (Hrsg.)* (1998), S. 8. Neben kumulierten Schadenfällen sind viele mittlere Schäden und geringe Schadenfrequenzen für Naturgewalten charakteristisch. Der Risikoausgleich in der Zeit ermöglicht dem Versicherer, Prämien einzunehmen und Schadenreserven aufzubauen (Vgl. *Berliner* (1982), S. 57).

5 Vgl. *Schweizerische Rückversicherungs-Gesellschaft (Hrsg.)* (1998), S. 7.

6 Hieraus ergibt sich für den Versicherer die höchste Belastung im Schadenfall, die als absolute Größe oder als prozentualer Teil der Versicherungssumme ausgedrückt wird. Ungünstige Umstände und eine vorsichtige Betrachtungsweise werden bei den Bewertungsmaßstäben zugrunde gelegt, wobei extreme Umstände außer acht gelassen werden. Der PML ist eine Rechengröße und dient vornehmlich zur Einschätzung des (fakultativen) Rückversicherungsbedarfs. Darüber hinaus gibt es verschiedene Ableger des PML (Vgl. *Liebwein* P. (2000), S. 252 ff. sowie *Gerathewohl* (1979), S. 103 ff.). So kann z.B. der PML eines Ereignisses (Kumul-PML) gebildet werden (Vgl. *Leffelaar* (1993), S. 86).

7 Vgl. *Berliner* (1982), S. 52.

Während die subjektive Risikotragfähigkeit eines Versicherers für die Themenstellung unerheblich ist, hat die objektive Versicherbarkeit eine große Bedeutung. So können Naturgewalten wie Meteoritenabstürze die Kapazitäten der Assekuranz übersteigen. Andere Risiken mit bekannten Wahrscheinlichkeitsverteilungen wie Sturmfluten, nehmen im Schadenfall Größenordnungen an, für welche die erforderlichen liquiden Mittel nicht gehalten werden können.[1] Deshalb lassen sich (heute) nicht sämtliche Naturgewalten mit den vorhandenen Kapazitäten versichern.

Insbesondere durch das Kumulrisiko von Erdbeben und Überschwemmungen stößt die Elementarschadendeckung an die Grenzen der Versicherbarkeit.[2] Sie erhöhen das unternehmerische Risiko der Versicherer. Die jahrzehntelange Versicherung von Sturmschäden, hat gezeigt, dass trotz Kumulgefahr ein Risikoausgleich in der Zeit möglich ist,[3] wenn der Versicherungsbestand eine hinreichend große Zahl von Risiken enthält.[4] Anderenfalls scheitert die Versicherbarkeit hieran. *Schmidt* formuliert diesen Sachverhalt wie folgt: „Innerhalb der Kumulzonen gibt es keinen Risikoausgleich, außerhalb der Kumulzonen gibt es keine Prämie"[5]. Dieses Zitat liefert die argumentative Basis für die geringe Versicherungsdichte der Elementarschadendeckung in den ersten Jahren nach der Genehmigung. Mit der Entwicklung und Einführung von ZÜRS war man von Seiten der deutschen Assekuranz der Auffassung, „...eine nahezu flächendeckende Überschwemmungsversicherung..."[6] anbieten zu können, weil man sich in der Lage sah, die kumulgefährdeten Risken durch das Zonierungssystem zu separieren. Unterstützt wurde diese Einschätzung durch die Hoffnung, dass vermehrte Starkregenniederschläge außerhalb der Kumulzonen zu einem Versicherungsbedarf führen.[7] Mittlerweile hat sich die erste Hoffnung der bundesdeutschen Assekuranz erfüllt, die zweite offenbar nicht, wie ein Blick auf die geringe Versicherungsdichte für Elementarrisiken zeigt. Somit hat der Satz von *Schmidt* weiterhin Gültigkeit.[8]

---

1 Vgl. *Nowotny* (1996), S. 351.
2 Vgl. *Kriebisch* (2002), S. 5.
3 Vgl. *Pohlhausen* (1999), S. 458 ff.
4 Vgl. *Kriebisch* (2002), S. 3.
5 *Schmidt* (1992), S. 195.
6 *Pohlhausen* (1999), S. 461.
7 Vgl. *Pohlhausen* (1999), S. 461 f.
8 Nach Auffassung des GDV ist ein Risikoausgleich auch dann nicht möglich, wenn sich alle Bundesbürger, die in gefährdeten Gebieten leben, versichern würden. In diesem Fall könnte die Prämie infolge der negativen Risikoauslese nicht getragen werden. Hierbei ist, wie noch zu zeigen sein wird, offenbar nicht die adverse selection im Sinne der Entscheidungstheorie unter Unsicherheit gemeint, sondern vielmehr der Sachverhalt, den *G. Schmidt* darstellte. Allerdings argumentiert der GDV weiter, würde auch die gesteigerte Nachfrage besserer Risiken die Lage nicht verbessern, weil aufgrund der Kumulschadensituation bei seltenen Ereig-

Da mit Sturmfluten bereits heute Gefahren ausgeschlossen sind, welche die Risikotragfähigkeit überschreiten, lassen sich als Reizpunkte der Versicherbarkeit neben dem Kumulrisiko die Gegenseitigkeit, die Wirtschaftlichkeit[1] und die Zufälligkeit bei Überschwemmungsrisiken herausfiltern.[2] Obwohl nach *Frey* eine Argumentation auf Basis von Ausschnittstatbeständen wie der Versicherbarkeit von Risiken der Gesamtsituation nicht hinreichend Rechnung trägt,[3] sind die Probleme der Versicherbarkeit von Naturgewalten deutlich geworden. Eine Unversicherbarkeit und ein hieraus resultierendes Marktversagen können nicht abgeleitet werden. Es müsste deshalb für das markttypische Gefahrenbündel ein Angebot zumindest für Teilversicherungen in allen Risikoklassen geben, bis die Kapazitätsgrenzen der Versicherer erreicht sind oder das Kumulrisiko nicht mehr getragen werden kann.

### *4.2.3. Informationsasymmetrien als Bestimmungsgrund für ein Marktversagen*

#### *4.2.3.1. Ursachen und Folgen asymmetrischer Informationen*

In der neoklassischen Theorie führen vollständige Informationen zu einer Gestaltung des Versicherungsvertrages, bei dem Versicherer und Versicherungsnehmer vertragskonform handeln. Alle Eventualitäten werden thematisiert und bei objektiven Wahrscheinlichkeiten sichere Zustände im Schadenfall erreicht. Der Versicherer kann die Risikoprämie genau ableiten. In der realen Welt liegen keine vollständige Informationen vor, weil Kosten der Informationsbeschaffung und -verarbeitung entstehen und Informationen nur eingeschränkt verfügbar sind.[4] Zusammen mit der Komplexität des Versicherungsschutzes und der begrenzten Aufnahme- und Verarbeitungskapazität des kognitiven Apparates entstehen asymmetrische Informationen. Hierunter werden Informationen über Verhaltensmerkmale eines Wirtschaftssubjekts verstanden, die dieses selbst kennt, jedoch anderen Akteuren und Verhandlungspartnern zunächst oder dauerhaft nicht mit-

---

nissen kein lückenloser Versicherungsschutz angeboten werden könnte (Vgl. *Gesamtverband der Deutschen Versicherungswirtschaft e.V. (GDV) (Hrsg.)* (2003), S. 25).

[1] Vgl. *Schweizerische Rückversicherungs-Gesellschaft (Hrsg.)* (1998), S. 8.

[2] Vgl. *Sievers* (1976), S. 646.

[3] Vgl. *Frey* (1989), S. 318 f. Nach *Frey* „...sollte sich die Assekuranz angesichts der Problematik von Existenzrisiken nicht auf die Frage der Versicherbarkeit zurückziehen..“ (*Frey* (1989), S. 318), da die gesamte Assekuranz bei einer solchen Diskrepanz zwischen volkswirtschaftlichen und versicherten Schäden, wie sie im Falle von Naturkatastrophen ersichtlich werden, ihre volkswirtschaftliche Relevanz in Frage stellt.

[4] Vgl. *Müller* (1999), S. 50.

teilt.[1] Es entstehen negative externe Effekte,[2] die ein Allokationsoptimum verhindern[3] und zu einem Marktversagen führen können.[4] Externe Effekte[5] bezeichnen sämtliche Aktivitäten der Marktakteure, die direkt oder indirekt positive bzw. negative Folgen für andere Wirtschaftssubjekte und deren Produktions- oder Nutzenfunktion haben,[6] ohne dass dieser Einfluss im Preissystem aufgezeichnet wird.[7]

In der Regel besteht ein Informationsvorsprung auf Seiten der Versicherungsnehmer.[8] Deshalb hat der Versicherer ein starkes Interesse an der korrekten Feststellung der Schadenwahrscheinlichkeit und der möglichen Schadenhöhe,[9] während der Versicherungsnehmer durch eine besonders günstige Risikoeinstufung

---

1 Vgl. *Spremann* (1990), S. 562. In der realen Welt kann weder der Versicherer sämtliche Informationen über den Versicherungsnehmer haben, noch vermag der Versicherungsnehmer ex ante die Qualität des Versicherers in Gänze zu beurteilen (Vgl. ebd., S. 583).

2 Externe Effekte lassen sich nach den Auswirkungen auf das Nutzenniveau, nach dem Übertragungsweg und nach dem Auslöser unterteilt. Sie können als pekuniäre und technologische Effekte auftreten. Nach den Auswirkungen auf das Nutzenniveau der betroffenen Wirtschaftssubjekte werden positive/negative externe Effekte bei steigendem/sinkendem Nutzenniveau unterschieden. Nach dem Übertragungsweg werden marktmäßige und nicht marktmäßige Ausprägungen (z.B. Umweltschäden) differenziert (Vgl. *El-Shagi* (1982), S. 137 f.). Nach dem Auslöser der externen Effekte unterteilt man Produktions- und Konsumexternalitäten (z.B. durch Passivrauchen) (Vgl. *Pätzold/Mussel* (1996), S. 34 f.). Pekuniäre Effekte entstehen durch Änderungen in der Preisrelationen verschiedener Güter, die über den Markt wirksam werden. Technologische externe Effekte sind Ausdruck spezieller Interdependenzen zwischen ökonomischen Handlungen, z.B. in der Umweltökonomie die Auswirkungen von Emissionen eines Unternehmens auf die Handlungen anderer Unternehmen (Vgl. *Luckenbach* (2000), S. 147).

3 Vgl. *Siebert* (1978), S. 8.

4 Vgl. *Müller* (1999), S. 52 ff.

5 Eine Beitrag zu definitorischen Problemen findet sich bei *Mishan* (1982), S. 136 ff.

6 Vgl. *Leining* (1998), S. 10. Negative externe Effekte werden zu einer Bedrohung für die Funktionsfähigkeit eines Marktes, wenn eine Internalisierung (über den Preis) nicht mehr gegeben ist und keine anderen Kompensationsleistungen stattfinden. Ist keine Internalisierung z.B. durch Eigentumsrechten möglich, muss der Staat durch Ausgleichshandlungen oder durch Internalisierungsmöglichkeiten für einen Ausgleich zu sorgen (Vgl. *Müller* (1999), S. 70 f.).

7 Vgl. *Pätzold/Mussel* (1996), S. 33.

8 Eine Darstellung asymmetrischer Informationen zu Lasten der Versicherungsnehmer findet sich bei *Wein* (1997) und *Wolters* (1995), S. 107 ff. So kann der Versicherer bspw. die Qualität seiner Produkte unbemerkt vom Versicherungsnehmer reduzieren (moral hazard). Gleiches gilt wenn ein Versicherer bessere Qualität zu einem höheren Preis anbietet. Nehmen die Nachfrager den höheren Nutzen nicht wahr, kaufen sie bei einem Anbieter schlechterer Qualität. Die Anbieter guter Qualität werden vom Markt verdrängt.

9 Der Versicherer kann in Märkten ohne vollständige Konkurrenz ein Interesse an einer hohen Risikoeinstufung haben, um eine höhere Prämie zu erhalten.

eine geringere Prämienzahlung[1] zu erwarten hat. Hinzu kommen divergierende Anreize nach Abschluss des Vertrages. So will der Versicherer den Schadenaufwand möglichst gering halten, wohingegen das Interesse der Versicherten an Schadenverhütungs- und -verminderungsmaßnahmen nach Vertragsabschluss grundsätzlich abnimmt. Dieses Spannungsfeld aus verschiedenen Anreizmechanismen ist für Versicherungsverträge charakteristisch, es entstehen moral hazard und adverse selection.[2] Adverse selection tritt vor Abschluss des Vertrages auf, wenn nicht sämtliche relevanten Informationen über ein zu versicherndes Risiko vorliegen (hidden knowledge), während moral hazard nach Abschluss des Vertrages durch Verhaltensänderungen der Versicherungsnehmer entsteht (hidden action). Obwohl beide Phänomene parallel auftreten können, soll hier zur Vereinfachung eine separate Analyse vorgenommen werden.[3]

### *4.2.3.2. Moral hazard und adverse selection*

Moral hazard zählt zu den sozialen Phänomenen und ist dem Subjekt-Subjekt-Bereich des Wirtschaftsgeschehens zuzuordnen. Unter moral hazard (moralisches Risiko) werden Verhaltensänderungen der Versicherungsnehmer[4] nach Abschluss des Vertrages durch Reduzierung von Schadenverhütungsmaßnahmen verstanden.[5] Hierdurch steigen die Schäden in der Anzahl und Höhe.[6] Es geht somit um „...die Versuchung des einzelnen, in bestimmten Situationen zu seinem eigenen Vorteil zu handeln,[7] auch wenn dies gegen von ihm selber ausdrücklich

---

[1] Auch auf Seiten der Versicherer kann ein Anreiz bestehen, über geringe Prämiensätze Marktanteile zu gewinnen. Im Extremfall führt dies zur Insolvenz (Vgl. z.B. *Schulenburg* (1987b)).

[2] Vgl. *Schulenburg* (1987), S. 702. Ein drittes Phänomen asymmetrischer Informationen, das hold-up-Problem, tritt auf, wenn ein Vertrag für eine Partei Verhandlungsspielräume offen lässt. Dies betrifft besonders den Versicherungsnehmer, da er z.B. mögliche Kulanzzahlungen des Versicherers im Schadenfall ex ante nicht beurteilen kann. Näheres hierzu bei *Karten* (1995), S. 76 und *Leining* (1998), S. 43 f.

[3] Vgl. *Citlak* (2000), S. 83. Für eine simultane Betrachtung von moral hazard und adverse selection siehe u.a. *Wolters* (1995), S. 33.

[4] Auch auf Seiten der Versicherer gibt es ein moralisches Risiko (Beidseitiges moralisches Risiko). Hiernach kann ein Versicherer nach Vertragsabschluss insbesondere durch riskante Finanzpolitik die dauerhafte Erfüllbarkeit der Versicherungsverträge gefährden (Vgl. *Eisen/Müller/Zweifel* (1990), S. 32). Hier setzt die Versicherungsaufsicht an.

[5] Für eine theoretische Betrachtung siehe *Stiglitz* (1983), S. 6.; *Strassl* (1988), S. 38 f.; *Schulenburg* (1992), S. 404.

[6] Vgl. *Eisen/Nell* (1994), S. 221.

[7] Vorsätzliche Handlungen der Versicherungsnehmer sind für moral hazard nicht erforderlich, es genügen unbewusste Aktivitäten (Vgl. *Lamby* (1993), S. 35). Als Entstehungsgründe für moral hazard werden u.a. allgemeine Vorstellungen über zu hohe Prämien im Vergleich zu den Schadenzahlungen und die Betrachtung eines Versicherungsvertrages als Geldtauschverhältnis genannt (Vgl. *Müller-Reichart* (1994), S. 111). Andere Gründe liegen im sogenannten Wertewandel der Gesellschaft, der Versicherungsbetrug als kriminelle Variante des moral

anerkannte Ziele der Gemeinschaft verstößt."[1] Diese Verhaltensänderung geschieht, wenn sich individuelle Vorsorgemaßnahmen in einem großen Risikokollektiv nicht (vollständig) in Prämienreduzierungen niederschlagen.[2] Dieses Risiko kann in Versicherungszweigen beobachtet werden, in denen der Versicherungsnehmer die Möglichkeit besitzt, den Eintritt und/oder den Umfang des Schadenfalls zu beeinflussen,[3] ohne strafrechtliche Konsequenzen befürchten zu müssen.[4] Es entstehen negative externe Effekte für den Versicherer, dessen Vermögensverteilung und Erwartungsnutzen nachteilig durch das Verhalten der Versicherungsnehmer beeinflusst werden.[5] Die Differenz der tatsächlichen zu den erwarteten Schadenzahlungen spiegelt die Höhe der zusätzlichen Kosten des

---

hazard, als „Kavaliersdelikt" erscheinen lässt (Vgl. *Kasten* (1991), S. 198 f.). Diese Aussagen spiegeln das Image der Versicherungswirtschaft wider, obwohl die Produkte der Assekuranz „...von einer eindrucksvollen qualifizierten Mehrheit der Bevölkerung für unverzichtbar angesehen..." (*Noelle-Neumann/Geiger* (1988), S. 1232) werden. Moral hazard entsteht in Bereichen, in denen eine kollektive Rationalität, d.h. eine Maximierung des Gesamtnutzens erreicht werden soll (Vgl. *Takao* (1982), S. 7). Diese kollektiven Ziele sind nicht zwangsläufig mit der individuellen Rationalität kongruent. Somit gibt es ein Bestreben, persönliche Vorteile auf Kosten des Gesamtnutzens zu erreichen. Die Versicherungsnehmer befinden sich in einem Gefangenendilemma (Siehe hierzu z.B. *Thelen* (1998); *Holler/Illing* (1991)), weil die Handlungen anderer Akteure nicht beobachtbar sind. Diese Versicherungsnehmer handeln individuell rational auf Kosten derjenigen, die im Sinne kollektiver Rationalität handeln (Vgl. *Takao* (1982), S. 15 ff.).

[1] *Müller-Groeling* (1996), S. 550. Dies liegt u.a. daran, dass die persönliche Schadenregulierung vor Ort erst ab einer bestimmten Schadenssumme vorgenommen wird. Durch die Anonymisierung der Schadenaufnahme unterhalb dieser Schwellengrenze, könnten Versicherungsnehmer dazu verleitet werden, Schadenminderungsmaßnahmen zu unterlassen. Die Schadenübertreibung (z.B. durch die Mitreparatur nicht schadensbedingter Mängel), die Schadenumdefinierung (Abgeänderte Darstellung der Geschehnisse) und die Erfindung von Schadenfällen, die gar nicht stattgefunden haben (Vgl. *o.V.* (2002b)), sind weitere Ausprägungen des moralischen Risikos.

[2] Vgl. *Müller-Reichart* (1994), S. 110.

[3] Es lassen sich ex ante und ex post Einflussmöglichkeiten differenzieren. Unter einer ex ante Beeinflussung werden Handlungen des Versicherungsnehmers vor Eintritt des Schadenfalls verstanden. Dieses Maßnahmen beeinflussen die Schadeneintrittswahrscheinlichkeit und/oder die Schadenhöhe, z.B. durch den Einbau von wasserundurchlässigen Fenstern zur Minderung der Folgen des Überschwemmungsrisikos. Nach Eintritt des Versicherungsfalls kann die Schadenhöhe z.B. bei einem Hochwasser durch die Entfernung von Wertgegenstände aus den Kellerräumen reduziert werden. Das Weglassen bzw. Vermindern entsprechender Maßnahmen, spiegelt den moral hazard wider. Neben den bisher betrachteten internen, beschreibt das externe moral hazard das Verhalten von nur mittelbar am Vertrag beteiligten. So bieten Bauunternehmen und Sanierungsfirmen Dienstleistungen und Produkte im Schadenfall an, deren Kosten entsprechend des Versicherungsvertrages übernommen werden. Hierdurch verringert sich die Bedeutung des Preises als Determinante der Nachfrage, die Preiselastizität der Nachfrage sinkt und die Anbieter passen ihr Verhalten an (Vgl. *Eisen/Nell* (1994), S. 221 f.).

[4] Vgl. *Mahr* (1972), S. 256 f.

[5] Vgl. *Strassl* (1988), S. 44.

Versicherers wider. Weitere Versicherungsnehmer sind betroffen, wenn der Versicherer in der nächsten Periode die Prämien den gestiegenen Schadenaufwendungen anpasst.[1] Zusammenfassend kann festgestellt werden: „Moral-Hazard und Versicherungsbetrug konterkarieren den auf statistischen Schadenerwartungswerten aufbauenden Risikoausgleich im Kollektiv, indem sie die Entschädigungsleistungen der Versicherungswirtschaft unangemessen erhöhen."[2] Hierdurch entstehen negative externe Effekte für den Versicherer durch höhere Schadenzahlungen ohne Prämienkompensation.[3] Volkswirtschaftliche Wohlfahrtseinbußen in Höhe der Differenz aus den erwarteten Schäden bei Verzicht auf Schadenverhütungsmaßnahmen sowie den erwarteten Schäden bei optimalem Vorsorgeniveau und den Kosten für diese Maßnahmen sind die Folge.[4]

Eine zweite Folge asymmetrischer Informationen ist die adverse selection.[5] Im Gegensatz zum moral hazard handelt es sich um eine ex ante, d.h. vor Zustandekommen des Versicherungsvertrages, asymmetrische Information über exogene Schadenwahrscheinlichkeiten.[6] Durch adverse selection verlassen Marktteilnehmer mit geringem Risiko den Markt, wenn positive Qualitätsmerkmale nicht honoriert werden.[7] Dieses ist der Fall, wenn Versicherer bei der Prämienkalkulation schlechte (schadenträchtige) und gute (weniger schadenträchtige) Risiken nicht unterscheiden (können).[8] In diesem Fall erfüllt der Markt seine Informations-

---

[1] Der Versicherer muss bei der Prämienkalkulation veränderte Schadenaufwendungen im Zeitablauf berücksichtigen, weil die Versicherungsnehmer durch Zahlung der Prämie erhöhte Ansprüche an Versicherungsleistungen stellen. Dies führt zu Prämienerhöhungen mit wiederum steigender Erwartungshaltung der Versicherten. Dieser Anpassungsprozess geht in den Folgeperioden weiter und wird (theoretisch) immer kürzer, wodurch eine Prozessbeschleunigung einsetzt. Der Versicherer hat die Möglichkeit durch gezielte Eingriffe diesen Prozess zu beenden, indem er die Unternehmenspolitik ändert, sodass die Ansprüche der Versicherten nicht weiter steigen. Die Versicherungsnehmer ihrerseits können den Versicherungsschutz beschränken, statt weiterhin höhere Prämien zu bezahlen (Vgl. *Mahr* (1972), S. 255 f.). Letztlich ist dieses Informationsdefizit eine Ausprägung des besonderen versicherungstechnischen Risikos, da der Versicherer die Konsequenzen des moralischen Risikos für seinen Schadenerwartungswert schätzen muss. Dieser Kalkulationsprozess ist der Gefahr eines Irrtums ausgesetzt (Vgl. *Lamby* (1993), S. 35 f.).

[2] *Müller-Reichart* (1994), S. 112.

[3] In der nächsten Periode wird der Versicherer die Prämien erhöhen, sodass der externe Effekt auf die Versichertengemeinschaft übertragen wird.

[4] Vgl. *Endres* (2000), S. 96.

[5] In der Literatur werden die Begriffe „adverse selection" und „negative Risikoauslese" analog den folgenden Ausführungen in dieser Arbeit synonym verwendet. Für eine theoretische Betrachtung siehe *Rothschild/Stiglitz* (1976), S. 639 f.; *Eisen* (1979), S. 111 ff.

[6] Vgl. *Kessner* (1999), S. 31.

[7] Die negative Auslese auf Märkten geht ursprünglich auf *George A. Akerloff* (1970) zurück, der die beschriebene Problematik am Beispiel des Gebrauchtwagenmarktes als „Market for Lemons" analysierte.

[8] Vgl. *Richter* (1994), S. 197.

funktion nur ungenau und wird instabil, sobald die Versicherungsnehmer Alternativen entdecken, die ihnen durch eine differenzierte Kalkulation Prämienvorteile bringen. Gibt es solche differenzierten Angebote nicht, verlassen die besseren Risiken den Markt und fragen Versicherungsschutz als Instrument ihres Risk-Managements zu wenig nach. Bei den schlechteren Risiken ist es umgekehrt, sie zahlen weniger als die faire Prämie und fragen umfassend Versicherungsschutz nach.[1] Diesen Prozess nennt man adverse selection oder negative Risikoauslese, da im Portefeuille des Versicherers mit undifferenzierter Prämienkalkulation nur schlechte Risiken übrig bleiben. Die hohen Risiken werden sich in dieser Situation rational verhalten und sich als gute Risiken ausgeben, um eine geringere Prämie zu zahlen.[2] Lediglich informationseffiziente Versicherungen, die in ihrem informatorischen Differenzierungs- und Erhebungsverhalten nicht von anderen dominiert werden, bieten keinen Grund zur adversen selection.[3] Somit ist die adverse selection sowohl Ursache für Konzentrationstendenzen als auch ein Indiz für geringen Wettbewerb auf dem Versicherungsmarkt.[4] Die Konsequenzen aus diesen asymmetrischen Informationen reichen von Ineffizienzen bis hin zu vollkommenen Marktzusammenbrüchen. Von einem Marktversagen wird gesprochen, wenn gute Risiken aus dem Markt ausscheiden, um die schlechten nicht länger zu subventionieren[5] oder Versicherer nur schlechte Risiken in ihren Portefeuilles haben bzw. keinen Versicherungsschutz anbieten.[6] Es entstehen negative externe Effekte für die guten Risiken[7] und den (betroffenen) Versicherer, der

---

1 Vgl. *Schulenburg* (1989), S. 329. Es reicht aus, wenn Anreizbedingungen für schlechte Risiken geschaffen werden. Nur sie sollen davon abgebracht werden, sich als gute Risken auszugeben. Die schlechten Risiken werden weiterhin Vollversicherungsschutz wählen, wohingegen die guten Risiken diesen infolge der self-selection-device nicht mehr erreichen können, da sie sonst den Kontrakt der schlechten Risiken wählen müssten. Die niedrigen Risiken wählen Teildeckungen und zahlen dafür eine faire Prämie. Die hohen Risiken wählen den Vertrag der guten Risiken nicht, da sie eine geringere Prämie durch Einkommensschwankungen als Folge der Teildeckung erkaufen müssten (Vgl. *Kessner* (1998), S. 304). Es entsteht ein externer Effekt für die guten Risiken, die sich nicht mehr zu einem fairen Prämiensatz voll versichern können (Vgl. *Strassl* (1988), S. 151). Gleichzeitig führt diese Nachfrageeinschränkung der guten Risiken zu Nutzeneinbußen für die Versicherer, welche ohne adverse selection mehr Versicherungsschutz verkaufen könnten. Eine solche für den Versicherungsmarkt charakteristische Konstellation wird als Second-Best-Situation bezeichnet (Vgl. ebd., S. 140 ff).

2 Alternativ hierzu könnten sie auf Versicherungsschutz verzichten und stattdessen andere Formen des Risikomanagements wählen.

3 Vgl. *Spremann* (1990), S. 574 f.

4 Vgl. *Schulenburg* (1984), S. 314.

5 Diese sogenannte Kreuzsubventionierung findet statt, weil gute Risiken im Vergleich zu ihrem Schadenerwartungswert zu hohe Beiträge leisten. Hierdurch werden drohende Unterdeckungen durch zu geringe Beiträge der schlechten Risiken ausgeglichen (Vgl. *Müller* (1999), S. 52 f).

6 Vgl. *Citlak* (2000), S. 104.

7 Vgl. *Strassl* (1988), S. 139 f.

Verluste erleidet und im Extremfall vom Markt verschwindet. Ein Marktgleichgewicht existiert nicht, solange den Individuen eine Einheitsprämie mit identischen Vertragsbedingungen angeboten wird.[1] Die Intensität der adverse selection hängt von der Vollkommenheit des Versicherungsmarktes ab. Hierbei sind die Markttransparenz, die Reaktionsgeschwindigkeit der Versicherungsnehmer sowie die Homogenität des Angebots entscheidend.[2] Das Maß der notwendigen Prämiendifferenzierung steigt parallel zur Vollkommenheit des Marktes.[3] So kann die adverse selection zu Marktverzerrungen führen, wenn Konzentrationstendenzen und geringere Wettbewerbsintensitäten auf der Angebotsseite sowie eine zu geringe Nachfrage der guten Risiken für Versicherungsschutz[4] auf der Nachfrageseite existieren.

#### *4.2.3.3. Die Wirkung versicherungstechnischer Instrumente auf Informationsasymmetrien*

Innerhalb der Versicherungsverträge können versicherungstechnische Instrumente und die Preisgestaltung[5] das Verhalten der Vertragsparteien einschätzbar machen und stabilisieren.[6] Hierzu sind Anreiz- und Kontrollmechanismen notwen-

---

1 Vgl. *Rothschild/Stiglitz* (1976), S. 639 f.

2 Vgl. *Farny* (1961), S. 26 ff.

3 Unabhängig hiervon ist eine betriebswirtschaftliche Individualisierung der Nettoprämien nicht möglich, da bei der Produktion von „Versicherungsschutz" Gemeinkosten entstehen, die bei der Umwälzung auf Einzelrisiken geschäftspolitische Gestaltungsfreiräume eröffnen. Eine totale Individualisierung der Nettoprämien ist weder wirtschaftlich umsetzbar, noch führt sie zu statistisch belegbaren Risikounterschieden (Vgl. *Karten* (2000), S. 361).

4 Vgl. *Schulenburg* (1989), S. 329. *Graf v.d. Schulenburg* bezeichnet diese Situation auf den Versicherungsmärkten als „V-Inefficiency" und sieht hierin die Begründung für eine staatliche Regulierung der Versicherungsmärkte. Diese Bezeichnung ist angelehnt an den von *Harvey Leibenstein* geprägten Begriff der „X-Inefficiency", der das Spannungsfeld der Principal-Agent-Theory am Beispiel der Unternehmensleitung/ Vorgesetzten (Prinzipal) und dem Manager/ Angestellten (Agent) diskutiert (Vgl. ebd. 327 f.).

5 Im Gegensatz zu externen Effekten auf Versicherungsmärkten stützen sich Internalisierungstheorien insbesondere im Bereich der Umweltökonomie auf die Theorien von *Arthur Cecil Pigou* und *Ronald Henry Coase*. *Pigou* belastet in seinem Modell den Verursacher mit einer Steuer, die der Höhe der externen Kosten entsprechen soll. Einen anderen Ansatz wählte *Coase*. Er kam zu dem Ergebnis, dass bei vollständiger Information und Fehlen von Transaktionskosten eine optimale Allokation der Ressourcen unabhängig von der spezifischen Rechtsausgestaltung durch Verhandlungen der Beteiligten erreicht werden kann (Vgl. z.B. *Scheele* (1997), S. 29-52, *Endres* (1976), S. 121 ff.).

6 Vgl. *Müller* (1999), S. 51. Daneben besteht die Möglichkeit, dass Versicherer die Höhe der Risikoprämie an schlechten Risiken orientieren, die in diesem Fall allein einen Vertrag abschließen. Diese Vorgehensweise ist erfolgsversprechend, wenn die Versicherungsverträge für die Assekuranz trotzdem einen Gewinn in Aussicht stellen (Vgl. *Citlak* (2000), S. 89). *Lamby* kommt zu der Erkenntnis, dass eine unzureichende Nachfrage kein "tragfähiges" Argument für eine Unversicherbarkeitsbegründung der Elementarschadenversicherung ist, da es

dig, die ein zielinkonformes Verhalten der Wirtschaftssubjekte verhindern[1] und diese zu einer „self-selection-device" bewegen. Hierzu wählen die Versicherungsnehmer ein Vertragskonstrukt, das sie als gute bzw. schlechte Risiken identifiziert.[2] Da moral hazard und adverse selection auf derselben Ursache beruhen,[3] eignen sich die folgenden Instrumente für beide Phänomene.[4] Eine dieser Möglichkeiten ist das Signaling.[5] Hier sollen Versicherungsnehmer durch die Wahl von Vertragskomponenten signalisieren, welcher Risikoklasse sie angehören.[6] Anreize um ihre Präferenzen offen zu legen, sind z.B. Rabatte für Selbstbeteiligungen. Selbstbehalte animieren den Versicherungsnehmer zu Schadenverhütungsmaßnahmen und reduzieren damit externe Effekte durch moral hazard.[7] Auch werden geringere Risiken eher Selbstbeteiligungen wählen als hohe Risiken, die Schadenersatzansprüche gegenüber der Versicherung häufiger stellen.

---

ausreiche, überhaupt Risiken in einem Bestand zu haben und zwar ungeachtet deren Ursache. Somit könne auch Versicherungsschutz für wenige Elementarrisiken angeboten werden. Dieser Argumentationsstrang von *Lamby* ist bei der ausschließlichen Betrachtung der Versicherbarkeit schlüssig. Auf der anderen Seite wird außer Acht gelassen, dass in einem heterogenen Versicherungsbestand grundsätzlich Quersubventionierungen innerhalb der verschiedenen Risikoursachen stattfinden müssten. Dieses hätte wiederum ähnliche ökonomische Konsequenzen wie die adverse selection, da die prämiensubventionierenden Versicherungsnehmer zu Versicherern abwanden, die keine Subventionierung vornehmen. Somit ist eine unzureichende Nachfrage zwar kein Argument gegen die grundsätzliche Versicherbarkeit von Elementarrisiken, wohl aber gegen die ökonomisch effiziente Gestaltung von Risikokollektiven und damit gegen eine elementare Vorrausetzung für die Versicherbarkeit (Vgl. *Lamby* (1993), S. 106).

1 Vgl. *Takao* (1982), S. 7 f.

2 Vgl. *Strassl* (1988), S. 139. Oder wie *Rothschild* und *Stiglitz* es formulierten „By offering a menu of policies, insurance firms may be able to obtain information about the accident probabilities of particular individuals." (Rothschild, Stiglitz (1976), S. 644). Auch ex post kann lediglich eine pareto Verbesserung und kein Allokationsoptimum erzielt werden, da den Eingriffen des Staates und der Versicherungswirtschaft letztlich „...Grenzen der Wirksamkeit durch die Betriebskosten..." (*Takao* (1982), S. 8) gesetzt sind.

3 Vgl. *Wagner* (1999), S. 1446.

4 Die Instrumente haben komparative Vorteile zur Reduzierung von moral hazard und adverse selection. Auf eine genauere Differenzierung wird verzichtet.

5 Hinzu kommt, dass die Elementarschadenversicherung in Deutschland ein verbundene Versicherung ist, der keine Auswahl der Gefahren zulässt, um einer negativen Risikoauslese vorzubeugen (Vgl. *Petrow/Thieken/Kreibich et al.* (2003), S. 61).

6 Vgl. *Müller* (1999), S. 53.

7 Insbesondere im Hinblick auf das moral hazard Risiko ist eine proportionale Selbstbeteiligung zu bevorzugen, da bei einem absoluten Selbstbehalt nach Überschreitung des festgelegten Betrages der Anreiz zum moral hazard wieder einsetzt oder im Falle einer Integralfranchise sogar gefördert wird. Ein fundamentaler Alternative besteht darin, den Versicherungsnehmer moralisch zu überzeugen (Vgl. *Müller-Groeling* (1996), S. 550 f.).

Der Versicherungsnehmer kann sich somit durch die Wahl des Selbstbehaltes in eine bestimmte Risikoklasse einordnen.[1]

Den Informationsvorteilen der Versicherungsnehmer vor und während der Vertragslaufzeit durch neu hinzukommende Kenntnisse begegnen Obliegenheiten.[2] Unter Obliegenheiten versteht man „...Voraussetzungen für die Erhaltung des Anspruchs aus dem Versicherungsvertrag."[3] Sie verlangen ein bestimmtes Verhalten vom Versicherungsnehmer. Die Obliegenheiten können auf dem VVG[4] oder den zugrundegelegten Versicherungsbedingungen beruhen.[5] Die Rechtsfolgen, die sich aus einem Verstoß gegen die Obliegenheiten ergeben können, sind komplex und an eine Vielzahl von Bedingungen geknüpft. Die Konsequenzen reichen von einer (auch rückwirkenden) Prämienerhöhung über Rücktritts- und Kündigungsmöglichkeiten für den Versicherer[6] bis hin zu einer Leistungsfreiheit im Schadenfall.[7] In der Elementarschadenversicherung liegen Gefahrerhöhungen insbesondere bei Renovierungen von Gebäuden bzw. Gebäudebestandteilen vor. Hier wird die Gefahr z.B. durch unverschlossene Öffnungen, längeres Unbewohntsein des Gebäudes oder durch nicht funktionsfähige Rückstauklappen, erhöht.[8] Für letzteres werden die länderspezifischen Sicherheitsvorschriften zur Absicherung gegen Rückstauschäden (gem. DIN 1986) in den Versicherungsbedingungen vorausgesetzt.[9] In der Praxis besteht eine Diskrepanz zwischen dem Entdecken von Obliegenheitsverletzungen im Schadenfall und der entsprechenden Durchsetzung der hierfür vorgesehenen Sanktionen, da es Probleme gibt, dem Versicherungsnehmer ein vorsätzliches oder grob fahrlässiges Verhalten nachzuweisen.

---

1 Vgl. *Müller* (1999), S. 54. Für eine theoretische Betrachtung siehe *Endres* (2000), S. 97 und *Endres/Rehbinder/Schwarze* (1992), S. 14 f.

2 Vgl. *Rohlfs* (1988), S. 747.

3 *Koch/Weiss* (1994), S. 598.

4 Drei Formen gesetzlicher Obliegenheiten können in Bezug auf ihren Wirkungszeitpunkt unterschieden werden. Hinsichtlich der vorvertraglichen Anzeigepflichten (§§ 16, 17 VVG) sind bei Antragsstellung vom Versicherungsnehmer alle ihm bekannten gefahrerheblichen Umstände zu nennen. Hierunter fallen alle Umstände, nach denen im Antrag gefragt worden ist (Vgl. *Koch/Weiss* (1994), S. 59). Während der Laufzeit des Vertrages muss der Versicherungsnehmer Gefahrerhöhungen mitteilen (§§ 23, 29 a VVG). Somit darf das versicherte Risiko ohne Einwilligung des Versicherers nicht erhöht werden darf (Vgl. *Grote/Köster* (1996), S. 130). Die dritte Form gilt im Versicherungsfall. Hier unterliegt der Versicherungsnehmer einer Schadenabwendungs- und Schadenminderungspflicht (§§ 62 und 34 VVG). Er muss gem. § 5 AHB den Versicherungsfall unverzüglich anzeigen, sobald der davon Kenntnis erhalten hat (§ 33 VVG) (Vgl. *Cristofolini/Fromme/Holthausen* (1996), S. 797).

5 Vgl. *Koch*; Holthausen, H. (1996), S. 200.

6 Vgl. *Koch/Weiss* (1994), S. 59.

7 Vgl. *Cristofolini/Fromme/Holthausen* (1996), S. 798.

8 Vgl. *Münchener Rückversicherungs-Gesellschaft (Hrsg.)* (1993), S. 30.

9 Vgl. *Lietzau* (2001), S. 11.

#### *4.2.4. Marktmängel durch soziale Fürsorge, Trittbrettfahrerverhalten und Finanzhilfen der öffentlichen Hand*

In der bisherigen modellhaften Analyse wurde angenommen, dass die Individuen im Schadenfall entweder eine Entschädigung durch die Versicherer erhalten oder für den Schaden selbst aufkommen. In der Realität können gesellschaftliche Einrichtungen bzw. die Träger der öffentlichen Hand, finanzielle Unterstützungen leisten. Hierdurch wird die Versicherungsentscheidung der Individuen negativ tangiert.[1] Durch einen garantierten Einkommenszustand wie bei der Sozialhilfe wird die Wahl des Deckungsumfanges beeinflusst. Die Versicherungsnehmer verhalten sich rational, indem sie eher auf Versicherungsschutz verzichten, als einen Deckungsgrad zu wählen, der im Schadenfall dem Betrag des Existenzminimums entspricht. Anderenfalls würden Versicherungsbeiträge das System der sozialen Sicherung substituieren.[2] Ein Versicherungsvertrag wird nur abgeschlossen, wenn das Anfangsvermögen über dem Satz der sozialen Fürsorge liegt und Verluste im Schadenfall nicht (in voller Höhe) durch Hilfszahlungen kompensiert werden. Nach *Citlak* werden insbesondere Individuen mit geringem Vermögen keinen Versicherungsschutz abschließen. Im Schadenfall entsteht ein negativer externer Effekt durch die steuerfinanzierte staatliche Fürsorge,[3] von Steuerzahlern ohne auf Steuerzahler mit Versicherung im Sinne eines „Trittbrettfahrerverhalten".[4]

Neben der sozialen Fürsorge als Mindestabsicherung gibt es fallweise Hilfen, die in die Entscheidungen der Wirtschaftsakteure einfließen. So wurden umfangreiche Staatshilfen für die Hochwassergeschädigten 2002 innerhalb des Fallbeispiels beschrieben. Diese Hilfen konnten (in geringeren Ausmaßen) bei anderen Naturkatastrophen wie dem Oder-Hochwasser 1997 beobachtet werden. Diese staatlichen Eingriffe werden in der Nachfrage für Elementarschadenversicherungen reflektiert und haben negative Einflüsse auf die komparativen Kostenvorteile sowie die Anreizmechanismen der Assekuranz. Das kostenfreie Bereitstellen von Schadenbeseitigungsmaßnahmen und Unterkünften bis hin zu finanziellen Schadenausgleichszahlungen führt zu unmittelbaren Überschneidungen mit den Leistungen der Versicherungswirtschaft. Durch diese Hilfen entsteht ein Anspruchsdenken für künftige Ereignisse. Zudem vermindern diese Gelder Anreize, finan-

---

1 Irrelevant sind Systeme der sozialen Fürsorge nur bei kleineren und mittleren Schadenpotentialen oder bei einer entsprechend hohen Mittelausstattung, die das Existenzminimum in jedem Fall sichert (Vgl. *Citlak* (2000), S. 98 f.).

2 Vgl. *Strassl* (1988), S. 207.

3 Hiervon zu unterscheiden sind soziale Fürsorgesysteme, die z.B. von Kirchen getragen werden.

4 Vgl. *Citlak* (2000), S. 99.

zielle Vorsorge zu treffen oder Schadenminderungsmaßnahmen zu ergreifen.[1] Vielmehr werden diese Maßnahmen sanktioniert, weil der Abschluss eines Versicherungsvertrages ein Ausschlusskriterium für den Bezug von staatlichen Hilfszahlungen ist und Schadenminderungsmaßnahmen nicht belohnt werden. Die Summe aus Versicherungsprämie und entgangener öffentlicher Hilfen spiegelt die Höhe der „Sanktionen" wider.

Deshalb werden staatliche ad hoc Hilfen für Naturkatastrophen nicht dauerhaft aufrecht zu erhalten sein. „Tritt die Eigenvorsorge in den Hintergrund, wird die Unterstützung durch den Staat zur Selbstverständlichkeit, ja zur Forderung."[2] Offensichtlich sind die weniger gefährdeten Individuen nicht bereit, die hoch exponierten Risiken durch Solidaritätsprämien zu unterstützen.[3] Externe Effekte durch staatliche Eingriffe in die Schadenregulierung von Naturereignissen und das System der sozialen Fürsorge betreffen sowohl vermögende als auch unvermögende Bevölkerungsteile. Gleichwohl entstehen Erwartungshaltungen für künftige Ereignisse, die zu mangelnden Anreizen zur Schadenprävention und zur finanziellen Vorsorge führen. Diese Erkenntnisse lassen den Schluss zu, dass durch diese Hilfen Markthemmnisse entstehen. Der Staat tritt somit als Wettbewerber auf dem Versicherungsmarkt auf, indem er fallweise Katastrophenschäden reguliert. Er bietet diesen Schutz zu einer Nullprämie, da die benötigen Gelder aus dem allgemeinen Steueraufkommen erhoben werden, die kein Äquivalent zu den Risiken darstellen.

---

[1] Diese Erkenntnis kann innerhalb eines Wechselwirkungsprozesses in der Kreislaufökonomik konstruiert werden. So wird ein Haus in der Nähe eines Gewässers gebaut, obwohl es einer latenten Hochwassergefährdung ausgesetzt ist. Bei einer Naturkatastrophe „reagiert" der Staat hierauf in Form von umfangreichen Hilfsmaßnahmen. Diese Gelder werden nicht zum Wiederaufbau eines zerstörtes Objekts an anderer, ungefährdeter Stelle, verwendet. Vielmehr werden diese staatlichen Gelder in das Entscheidungskalkül für künftige Katastrophenfälle einbezogen. Ein solche Entwicklung ist besonders risikoreich, wenn eine Bezugsgruppendynamik hinzukommt. Hier werden Ansprüche der eigenen Gruppe, und Ansprüche, die anderen Gruppe (Bezugsgruppe) zugestanden werden unterschieden. Liegen die eigenen Ansprüche über den Zugeständnissen für andere Gruppen, entsteht eine Anspruchsspirale. Ursächlich für eine solche Entwicklung ist, dass die Kosten von der einen Seite zu tragen sind, die Erlöse von einer anderen Seite (Vgl. *Herder-Dorneich* (1983), S. 11 ff.). Dieser Prozess ist auf die Regulierung von Naturereignissen in der Bundesrepublik übertragbar. Deshalb ist zu vermuten, dass ein Anspruchsdenken der Bürger bei einer erneuten Katastrophe mindestens genau so hoch sein wird. Sollte es höher ausfallen, wäre eine Anspruchsspirale in Gang gesetzt.

[2] *Gruber* (2002), S. 738.

[3] Vgl. *Chmielorz/Metzger* (1995), S. 936. Unabhängig von der Bereitschaft der Versicherungsnehmer, können Sozialisierungen lediglich bei einer Versicherungspflicht oder bei Monopolen funktionieren. Bietet nur ein Versicherer risikogerechte Prämien, wechseln rationale Nachfrager das Unternehmen.

### *4.2.5. Marktmängel durch Nutzenunkenntnis*

Informationsdefizite sind auch der Grund für Markthemmnisse durch Nutzenunkenntnisse, die entstehen, wenn der Nutzen eines Gutes systematisch falsch eingeschätzt wird mit der Folge einer zu geringen/ zu großen Nachfrage. Eine Nutzenunkenntnis unterscheidet sich von einer Qualitätsunkenntnis dadurch, dass selbst bei vollständigen Informationen über die Qualität eines Produktes der Nutzen falsch eingeschätzt wird. Die Ursachen hierfür liegen entweder in einer eingeschränkten Entscheidungsfähigkeit des (potentiellen) Nachfragers oder in einem erst nach dem Konsum offenbarten Nutzen.[1] Letzter soll an dieser Stelle vernachlässigt werden, da der Nutzen eines Versicherungsproduktes immer erst im Schadenfall beurteilt werden kann.[2] Solche Informationsdefizite können eine Vielzahl von Gründen haben. Für Naturgefahren ist die Seltenheit persönlich wahrgenommener Schadenereignisse von besonderer Bedeutung. Insbesondere wenn in den Medien von Katastrophen mit einer Eintrittswahrscheinlichkeit von hundert bzw. tausend Jahren berichtet wird, kann die persönliche Gefährdung systematisch unterschätzt werden. Bei solchen für ein Menschenleben großen Zeiträumen, fehlt es sodann an einer Weitergabe von persönlichen Erfahrungen an folgende Generationen. In der Summe sind daher Informationsdefizite einer der Hauptgründe für die geringe Nachfrage für Versicherungsschutz.

Kann deshalb davon gesprochen werden, dass sich die Wirtschaftssubjekte irrational verhalten, wenn sie trotz einer Gefährdung kein finanzielle Risikovorsorge betreiben? Grundsätzlich setzt die ökonomische Theorie rationales Verhalten voraus, das am Ergebnis der Handlung orientiert ist (Zweckrationalität)[3] und das Mittelaufwand und Ergebnis abwiegt. Über- oder unterschätzt der Entscheidungsträger seine Handlungsfelder systematisch, besteht eine Diskrepanz zwischen objektiv bestehenden und individuell wahrgenommenen (ipsativen) Möglichkeitsraum. Wird die Realität falsch wahrgenommen, treffen Individuen u.U. andere Entscheidungen als bei einer korrekten Wahrnehmung der Wahrscheinlichkeiten.[4] Ein Teilaspekt dieses nichtrationalen Bereiches wird als Irrationalität bezeichnet, wenn sich Wirtschaftssubjekte entgegen ihren eigenen Interessen

---

[1] Vgl. *Fritsch/Wein/Ewers* (2001), S. 294.

[2] So wird ex post sehr wohl die Notwendigkeit zur individuellen Vorsorge erkannt.

[3] Im Gegensatz hierzu steht die Wertrationalität, die nicht nur das Ergebnis betrachtet, sondern die Handlung selbst beurteilt (Vgl. *Fritsch/Wein/Ewers* (2001), S. 347).

[4] In jedem Fall kann die pauschale Aussage des Bundes der Versicherten e.V., der davon spricht, dass Interessenten ohne Versicherungsbedarf eine Deckung ohne Probleme erhielten, wohingegen diejenigen mit Bedarf keine Deckung oder Versicherungsschutz nur zu prohibitiv hohen Beiträgen bekämen (Vgl. *Bund der Versicherten e.V.* (BdV) (2003)), nicht aufrecht erhalten werden. Schließlich haben die Schäden in der Zürs Klasse 1 im Jahr 2002 gezeigt, dass auch in weniger gefährdeten Gegenden finanzielle Risikovorsorge notwendig ist. Hierin spiegelt sich das grundlegende Probleme der Elementarschadenversicherung wider, die systematische Unterschätzung des Risikos.

verhalten. Eine objektive Festlegung von Irrationalität ist schwer möglich, es sei denn, eine Entscheidung widerspricht den Konsistenzanforderungen.[1] Nichtrationalität als Begründung für wirtschaftspolitische Eingriffe wurde in der Vergangenheit insbesondere bei meritorischen Gütern gewählt. Dies sind Güter, die nach Auffassung des Staates zu gering nachgefragt werden. Die Handlungsbreite staatlicher Eingriffe für Nichtrationalitäten reicht von Subventionierungen bis zu Konsumzwängen,[2] um die von den Konsumenten auf den Märkten geäußerten Präferenzen zu korrigieren.[3] Im Fall der Versicherungsmärkte können regulierende Eingriffe in der mildesten Form durch eine entsprechende Informationspolitik erfolgen, während im Extremfall eine Übernahme des Versicherungsschutzes durch den Staat möglich ist.[4]Wie bereits gezeigt wurde, bestimmen viele Parameter und heuristische Vorgehensweisen die Entscheidung über den Abschluss eines Versicherungsvertrages. Da insbesondere verfügbare Ereignisse bedeutend[5] sind und Naturkatastrophen als unfreiwillig eingegangene Risiken charakterisiert werden, wird die Nachfrage gemindert. Unter rationalen Gesichtspunkten müssten Elementarschadendeckungen speziell von Risiken mit hohem Schadenpotential und geringer Schadeneintrittswahrscheinlichkeit, besonders nachgefragt werden. Dies ist offensichtlich nicht der Fall, wie die Empirie und das Fallbeispiel gezeigt haben. Hieraus abzuleiten, dass sich die Versicherungsnehmer auf diesen Märkten irrational verhalten ist problematisch. Zweifelsohne wird ein rational handelnder Mensch, den Preis für die (finanzielle) Risikovorsorge in seine Ortswahl einbinden. Hieraus kann jedoch nicht abgeleitet werden, dass er bei fehlen-

---

1 Vgl. *Fritsch/Wein/Ewers* (2001), S. 347 ff. Entscheidungen sind vergleichbar, wenn ein Individuum Präferenzen für zwei Alternativen bekannt geben kann.

2 Eine Versicherungspflicht mit dem Vorliegen von Irrationalität zu begründen ist problematisch, da auch diejenigen Individuen zum Abschluss eines Vertrages gezwungen werden, die sich rational für andere Vorsorgemaßnahmen entscheiden (Vgl. ebd., S. 353).

3 Vgl. *Fritsch/Wein/Ewers* (2001), S. 351 f. Andere verteilungspolitische Gründe für Eingriffe in diese Märkte liegen außerhalb der Theorie des Marktversagens.

4 Vgl. *Citlak* (2000), S. 106 f. Das Problem bei der Irrationalität besteht darin, dass es keine objektive Diagnostik gibt. Eingriffe, die mit irrationalem Verhalten begründet werden, verstoßen gegen die der liberalen Ökonomik zugrundeliegende Annahme, Individuen handelten gemäss ihren eigenen Präferenzen. Durch Irrationalitäten könnte demnach nahezu jede Art von staatlichen Eingriffen in den Markt begründet werden. Bestehenden Zweifeln an der Rationalität könnte mit informationspolitischen Mitteln entgegengewirkt werden (Vgl. *Fritsch/Wein/Ewers* (2001), S. 352 ff.). Für die Elementarschadendeckung kann eine solche Irrationalität diagnostiziert werden, da die Hochwasser 2002 gezeigt haben, dass auch gefährdete Sacheigentümer keine genügende Vorsorge und Präventionsmaßnahmen treffen.

5 Eine Erhebung des Deutschen Komitees für Katastrophenvorsorge (DKKV) zeigt die geringe Hochwassererfahrung in den 2002 schwerpunktmäßig betroffenen Bundesländern. Weniger als 10 % der Haushalte hatte vormals einen Hochwasserschaden von mehr als 1.000 EUR. Entlang der Elbe hatten nur 10 % der Befragten Erfahrungen mit Hochwassern, wobei die Erinnerung dann i.d.R. mehr als 15 Jahre zurücklag (Vgl. *Petrow/Thieken/Kreibich* (2003), S. 51).

der Verfügbarkeit von Versicherungsschutz zwingend einen Ortswechsel vornimmt. Vielmehr ist es denkbar, dass die Präferenzen eines Wirtschaftssubjekts für das Leben in einem gefährdeten Gebiet derart hoch sind, dass es für ihn rational ist, dort zu verweilen und die Gefahren bewusst in Kauf zu nehmen. Im Extremfall wird selbst eine Risikosteigerung durch veränderte klimatische Rahmenbedingungen hingenommen. Insgesamt kann deshalb eine Nutzenunkenntnis zusammen mit staatlichen Finanzhilfen im Katastrophenfall und Trittbrettfahrerverhalten dazu führen, dass sich die Nachfrage für Versicherungsschutz systematisch ändert.

### *4.3. Empirische Ergebnisse*

#### *4.3.1. Versicherte Gefahren, Bedingungswerke und Selbstbeteiligungen im Rahmen der Produktpolitik*

Nach § 2 BEG, BEH und BEW[1] leistet der Versicherer eine Entschädigung für entstandene Schäden infolge der vormals beschriebenen Gefahren. Durch die individuellen Gestaltungsmöglichkeiten der Unternehmen wird eine Vergleichbarkeit der Bedingungswerke erschwert. So haben einige Versicherer bei der Überschwemmungsgefahr nur das Ausufern natürlicher Gewässer versichert.[2] Andere Unternehmen schließen Rückstau als versicherte Gefahr ein.[3] Deshalb wurden die Erstversicherer nach den versicherten Gefahren ihrer Elementarschadendeckung gefragt. Lediglich 7 von 50 antwortenden Unternehmen (14 %) bieten den Gefahrenumfang der ehemaligen Standardversicherungsbedingungen an. 12 Versicherer (24 %) erweitern den Deckungsumfang auf Schäden durch Rückstau und weitere 15 (30 %) ergänzen diesen zusätzlich um Vulkanausbrüche. Die übrigen 16 Unternehmen (32 %) bieten andere Gefahrenbündelungen an.[4] Insge-

---

[1] Im Folgenden wird aus Vereinfachungsgründen jeweils auf die Besonderen Bedingungen für die Versicherung weiterer Elementargefahren in der Wohngebäudeversicherung (BEW) Bezug genommen, da sich die einzelnen Bedingungswerke in den hier dargestellten Sachverhalten nur marginal unterscheiden.

[2] Vgl. *Archangeli* (2002).

[3] Vgl. *o.V.* (2002j), S. 33.

[4] So integriert ein weiterer Versicherer neben den übrigen Gefahren Sturm und Hagel in den Versicherungsschutz und bietet damit den höchsten Deckungsumfang aller antwortenden Unternehmen an. Ein weiterer schließt zwar Vulkanausbrüche ein, versichert im Umkehrschluss jedoch Rückstauschäden nur gegen Beitragszuschlag. Daneben bietet jeweils ein Unternehmen den ehemaligen Deckungsumfang der Standardbedingungen zuzüglich Rückstauschäden an, schließt jedoch entweder a) die Ausuferung oberirdischer Gewässer b) Erdbeben c) Erdrutsch und Erdsenkung bzw. d) Erdsenkung allein oder e) Erdsenkung für die gewerblichen Sachversicherungszweigen aus. Ein Anbieter schließt in den ehemaligen Musterbedingungen zwar Rückstauschäden ein, aber Überschwemmungen im Privatbereich gleichzeitig aus. Zwei Unternehmen verbinden den Ausschluss von Rückstauschäden mit dem Ausschluss von Erd-

samt sind Überschwemmungsrisiken, Erdbeben, Lawinen und Schneedruck in 96 %, Erdsenkung und Erdfall in 88 % der Deckungen integriert. Bei Rückstauschäden sind es 68 %, wobei hierfür z.T. Bedingungen zu erfüllen sind oder Zuschläge vereinbart werden. Weniger verbreitet ist mit 40 % der Einschluss von Vulkanausbrüchen.

84 % der Unternehmen bieten bei den Gefahren keine Selektionsmöglichkeit für die Versicherungsnehmer. Die übrigen 16 % haben unterschiedliche Deckungskonzepte. Lediglich zwei Unternehmen lassen den Versicherungsnehmern die freie Wahl, ein Versicherer begrenzt diese Option für die gewerbliche Inhaltsversicherung und nimmt gleichzeitig die Elementargefahren obligatorisch in den Deckungsumfang der Gebäudeversicherungen auf. Ein Unternehmen macht die Auswahloptionen der Versicherungsnehmer von den weiteren Vertragsumständen abhängig, ohne dies genauer zu spezifizieren. Ein weiterer Versicherer bietet in den gewerblichen Sachversicherungszweigen seinen Kunden die Wahlmöglichkeit für die zu versichernden Gefahren und integriert im Privatkundengeschäft Erdbeben optional. Ein anderes Unternehmen stellt drei Möglichkeiten zur Wahl und schließt neben Erdbeben als zweite Option Rückstau und als dritte Option zusätzlich Überschwemmung aus. Ein zweiter Versicherer bietet einen Deckungsumfang mit und ohne Überschwemmungs- und Rückstauschäden.[1]

Über alle Versicherungszweige hinweg nutzen 90 % der Unternehmen trotz Wegfalls der Genehmigungspflicht die ehemaligen Musterbedingungen als Basis für die Versicherungsbedingungen. Grundsätzlich wird die Elementarschadenzusatzversicherung als Annexprodukt an bestehende Grunddeckungen, wie die Hausratversicherung, angeschlossen. Lediglich ein Unternehmen verkauft die separate Deckung für eine gewerbliche Inhaltsversicherung. Der Anschluss an die Grunddeckung erfolgt entweder[2] an die Sturmgefahr oder an sämtliche Ge-

---

senkung bzw. Erdfall. Fünf Versicherer bieten den Deckungsumfang der ehemaligen Musterversicherungsbedingungen an, knüpfen jedoch Bedingungen an die Erweiterung der versicherten Gefahren durch Rückstau. So setzen drei Unternehmen das Vorhandensein von Rückstauverschlüssen und/oder Hebeanlagen voraus oder erweitern den Deckungsumfang nur, wenn entsprechende Bauvorschriften eingehalten wurden; eines offeriert diesen Schutz nur für Privatkunden, ein weiteres nur gegen Beitragszuschläge auch wenn Vulkanausbruch standardisiert im Deckungsumfang enthalten ist. Ein Anbieter schließt Erdfall und Erdsenkung aus den ehemaligen Musterbedingungen aus, wobei im Umkehrschluss Vulkanausbrüche versichert sind.

[1] In weitere Konzepte sind „Erdbeben" im Rahmen der privaten Zusatzversicherung, alle gewerblichen Zusatzgefahren oder der Einschlusses von Überschwemmungen, Rückstau, Erdbeben und Vulkanausbrüchen in den Deckungsumfang frei wählbar. Siehe hierzu auch Anlage 5.

[2] Vergleicht man die Anbindung der Elementarschadenversicherung an die Gefahren, muss die Hausratversicherung außerhalb der weiteren Versicherungszweige betrachtet werden, weil sie

fahren.[1] Die starke Verknüpfung der Zusatzdeckungen mit den Basisversicherungen wird auch anhand der Vertragslaufzeiten deutlich. Mit 41 von 50 Unternehmen (82 %) schließt die überwiegende Mehrheit der Versicherer die Laufzeit der Zusatzverträge an die Policen der Hauptverträge an. Lediglich acht Unternehmen offerieren ausschließlich Jahresverträge. Ein Unternehmen hat ein gemischtes Angebot mit Jahresverträgen im Privatkundengeschäft und Anbündelung an die Hauptdeckung im gewerblichen Bereich. Ein weniger deutliches Bild ergibt sich bei den Kündigungsmöglichkeiten. Zwar orientieren sich 23 Versicherer hier an der Grunddeckung, die anderen Unternehmen vereinbaren jedoch kurzfristige Kündigungsmöglichkeiten, um z.B. mögliche Veränderungen in der Rückversicherung weitergeben zu können.[2] Die konkreten Ausgestaltungsformen weichen an dieser Stelle voneinander ab. Die Spannweite reicht von einem dreimonatigen Kündigungsrecht zum Ablauf des Versicherungsjahres bis hin zur jederzeitigen Kündigung mit ein-, zwei- oder dreimonatiger Frist. Eine Schicksalsteilung[3] mit dem Hauptvertrag findet vereinzelt statt.

Von den 51 Unternehmen, die Angaben zum Versicherungsangebot machten, bieten 48 (94,1 %) nur eine Elementarschadendeckung mit Eigenbehalt an. Lediglich zwei Unternehmen, die sämtliche der untersuchten Versicherungszweige in ihrem Portefeuille haben, lassen ihren Kunden die Wahl, einen Vertrag ohne Selbstbehalt abzuschließen, wobei ein Versicherer dieses auf die Hausrat- und Wohngebäudeversicherung begrenzt. Darüber hinaus gibt es fallweise Angebote in den einzelnen Versicherungszweigen ohne die Beteiligung des Versicherungsnehmers im Schadenfall. So bietet ein Spezialversicherer für gewerbliche Risiken eine Inhaltsversicherung ohne Selbstbehalt an. Gleiches gilt für ein Unternehmen, das sich auf Hausratversicherungen spezialisiert hat. Ein Versicherer gab als Besonderheit an, innerhalb von 10 Jahren lediglich die ersten drei Schäden durch Hochwasser bzw. Überschwemmung zu versichern.[4] In 55,5 % der Produkte sind coinsurances integriert, die üblicherweise zwischen 10 % und 20 %

---

keine Auswahl bei den zu versichernden Gefahren lässt. So muss die Elementardeckung entweder separat oder als Anschluss an sämtliche Gefahren abgeschlossen werden.

[1] In der Wohngebäudeversicherung dominiert der Anschluss an alle Gefahren der Grunddeckung mit 57,8 % vor einer Kopplung an die Sturmversicherung mit 31,1 %. Bei den übrigen Versicherungszweigen zeigt sich eine ähnliche Dominanz beider Optionen, wobei hier der Anschluss an die Sturmdeckung häufiger gewählt wird als eine Kopplung an sämtliche Gefahren.

[2] Vgl. *Kriebisch* (2002a), S. 5.

[3] Hier kann der Versicherungsnehmer im Fall einer Kündigung der Zusatzdeckung durch den Versicherer den Hauptvertrag beenden.

[4] Diese individuelle Gestaltungsform von Elementarrisiken kann weitläufig unter das versicherungstechnische Instrument „Selbstbehalte" subsummiert werden, da auch hier der Versicherungsnehmer einen Eigenbehalt leisten muss, indem er die übrigen Schäden dieser Dekade selbst trägt.

des Schadens betragen. Durch zusätzliche Franchisen zwischen 250 EUR und 6.000 EUR soll vermieden werden, dass Bagatellschäden gedeckt werden und der Versicherungsnehmer ökonomisch unbedeutende Selbstbehalte tragen muss. Um die Höhe des Eigenbehalts zu begrenzen, sind 52% der coinsurances in der Höhe limitiert (Siehe Anlage 6). Die Spannweite reicht von 2.500 EUR bis 500.000 EUR.[1] Werden ausschließlich Franchisen vereinbart reichen die Eigenbehalte von 0,5 % bis 5 % der Versicherungssumme. Andere Unternehmen bieten feste Abzugsfranchisen von 500 EUR für Privatrisiken bis zu vierstelligen Beträgen für gewerbliche Risiken an. Die Franchisen in den gewerblichen Sachversicherungszweigen sind i.d.R. deutlich höher als die der privaten Risiken. Einige Unternehmen machen die Höhe der Selbstbeteiligungen von bestimmten Kriterien abhängig. Insbesondere Vorschäden werden berücksichtigt. Andere Versicherer differenzieren die Eigenbehalte nach den Gefahren oder den Risikoklassen (z.B. nach ZÜRS) oder belohnen hohe Selbstbehalte durch geringere Prämiensätze. Diese Kombination aus quantitativen und qualitativen Elementen sind im Vergleich zu ausschließlich quantitativ geprägten Selbstbehalten seltener.

Somit umfasst der Deckungsumfang alle für Deutschland wichtigen Elementargefahren mit Ausnahme von Stürmen und Sturmfluten. Die Wahlmöglichkeiten der Versicherungsnehmer sind eingeschränkt. Im Unterschied zur Elementarschadenversicherung ist eine Deckung gegen Sturmschäden innerhalb der Grunddeckungen bundesweit erhältlich. Es ist nicht erkennbar, dass die Selbstbeteiligungen Höhen erreichen, die potentielle Versicherungsnehmer vom Abschluss der Zusatzdeckung abhalten. Somit kann aus einer Analyse dieser Elemente der Produktpolitik keine Begründung für die geringe Versicherungsdichte abgeleitet werden. Um Antworten nach den Gründen der geringen Versicherungsdichte und um die Ursachen für die weite Verbreitung der Sturmdeckung wird es im Folgenden gehen.

### *4.3.2. Instrumente zur Risikoanalyse und die Risikoteilung über Rückversicherungen im Rahmen der Risikopolitik*

Zur Risikoeinschätzung für die Überschwemmungsgefahr verwenden 46 von 51 Unternehmen (90,2 %) ZÜRS. Lediglich vier Versicherer (7,8 %) machen von dieser Software keinen Gebrauch. Ein Unternehmen nutzt das Programm lediglich in der gewerblichen Sachversicherung und schätzt die Risiken für die Hausrat- bzw. Wohngebäudeversicherung mit anderen Methoden ein. In der ZÜRS Zone 3[2] zeichnen 37 von 46 Unternehmen (81 %) keine Policen. Von den restli-

---

[1] Im privaten Bereich sind Limitierungen in vierstelliger Höhe üblich, lediglich in den gewerblichen Verträgen werden auch fünfstellige Maximalbelastungen vereinbart.

[2] Die Frage bezog sich ausschließlich auf die ZÜRS Zone 3. Eine Ausdehnung auf die Zone 4 war nicht möglich, da die Software zum Zeitpunkt der Erhebung noch nicht ausgeliefert wor-

chen neun Versicherern gibt einer an, mit der Zeichnung in diesen Gebieten erst nach dem 1. Januar 2003 aufgehört zu haben. Vier Unternehmen decken ohne weitere Ausführungen, auch in diesem Bereich Überschwemmungsrisiken, während ein Unternehmen keinerlei Angaben macht. Drei weitere Versicherer knüpfen den Versicherungsschutz an zusätzliche Bedingungen und verlangen eine positive Risikoeinschätzung mit ausreichend hohen Selbstbehalt inkl. entsprechenden Risikozuschlägen, machen Einzelfallprüfungen von einer vorherigen Schadenfreiheit des zu versichernden Objektes abhängig oder setzen eine spezielle Direktionsanfrage voraus.

Die Unternehmen wurden gefragt, welche versicherten Gefahren neben Überschwemmungen noch in Risikoklassen eingeteilt werden. Insbesondere wurde innerhalb des Fragebogens darum gebeten, Risiken zu benennen, die in bestimmten Gefährdungsbereichen keinen Versicherungsschutz oder nur Angebote mit prohibitiv hohen Beiträgen erhalten.

Tab. 5 Einteilung der Gefahren in Risikoklassen[1]

| | **Keine Gefahren** | **Erdbeben** | **Keine Angabe[2]** | **Gesamt** |
|---|---|---|---|---|
| **Regionalversicherer** | 14 | 9 | 2 | 25 |
| **Überregional tätige VU** | 7 | 18 | 1 | 26 |
| **Gesamt** | 21 | 27 | 3 | 51 |

Wie die Tabelle zeigt, differenzieren 41,2 % keine weiteren Gefahren nach Risikoklassen. Mit 52,9 % stufen mehr als die Hälfte Erdbeben in Risikoklassen ein. Auffällig ist, dass 14 der 21 Unternehmen ohne weitere Risikoeinteilung in regional begrenzten Geschäftsgebieten tätig sind. Damit ist deren Anteil überproportional hoch.[3] Hier liegt die Vermutung nahe, dass die regional tätigen Unternehmen auf eine weitere Differenzierung von Erdbeben verzichten, wenn in ihrem Gebiet keine Risikozonen liegen. Bei der Risikoeinstufung gegen die Versicherer unterschiedliche Wege. Während ein Anbieter vier Erdbebenklassen

den war. Die Reaktion der Unternehmen hierauf kann derzeit nicht abgeschätzt werden. An dieser Stelle ergibt sich erneuter Forschungsbedarf.

1 Siehe hierzu auch Anlage 7.

2 Zwei Unternehmen in der Kategorie „Sonstiges" verwenden entweder ein Scoringsystem über alle versicherte Gefahren hinweg oder geben an, die Beiträge unabhängig von Klassifizierungen risikogerecht zu kalkulieren.

3 Mit 66,7 % liegt der Anteil dieser Unternehmen deutlich über den insgesamt am Fragebogen teilnehmenden Versicherern, mit knapp 42,6 %.

unterscheidet und je nach Gefährdungsklasse verschiedene Selbstbehalte in die Verträge integriert, gaben 17 der 27 Unternehmen an, drei Klassen zu verwenden. 10 von ihnen zeichnen keine Risiken in der höchsten Gefährdungsklasse. Vier weitere decken zwar Risiken in dieser Klasse, erheben aber dreifache Beitragssätze oder vereinbaren höhere Selbstbeteiligungen. Von den drei Unternehmen, die eine dreifache Klassifizierung vornehmen, machen zwei keine weiteren Angaben. Bei einem Versicherer befindet sich die Risikoklasseneinteilung noch in der Vorbereitung. Ein Unternehmen gibt an, Erdbeben selektiver zu zeichnen als Überschwemmung und die Policen mit begrenzten Versicherungssummen, höheren Selbstbeteiligungen und Beiträgen zu gestalten. Außerdem wird eine bessere Kundenverbindung vorausgesetzt und die Kumulgefahr stärker beobachtet als bei den übrigen Gefahren. Ein Versicherer unterteilt die Risiken in zwei Klassen, sieben Unternehmen differenzieren Erdbebenrisiken ohne detailliertere Angaben zu machen.

Neben dieser Einschätzung durch Zonierungssysteme ist die Risikoanalyse durch einen Fragebogen weit verbreitetet. Hierdurch können die versicherten Gefahren risikospezifischer analysiert werden. 35 Unternehmen (68,6 %) verwenden grundsätzlich einen Analysebogen. Ein Versicherer nutzt diese Methode nur bei Vorschäden, ein weiterer für alle Versicherungszweige mit Ausnahme der Hausratversicherung. 12 Unternehmen (23,5 %) setzen keinen Fragebogen ein wie die folgende Übersicht zeigt.

Tab. 6 Verwendung von Risikoerfassungsbogen

| Ja | Nein | Sonstige | Keine Angabe | Gesamt |
|---|---|---|---|---|
| 35 | 12 | 2 | 2 | 51 |

Innerhalb der unternehmensspezifischen Fragebögen[1] werden eine Vielzahl verschiedener Daten erhoben. So wird die Wohndauer in dem zu versichernden Objekt ermittelt, um den Aussagegehalt der Antworten zu überprüfen. Daneben ist für die Hausratversicherung von Bedeutung, welcher Teil der Versicherungssumme auf die gefährdeten Bereiche entfällt und ob Kellerräume vorhanden sind, die zu Wohn- oder Hobbyzwecken ausgebaut wurden. Für gewerbliche Risiken werden die Fragen weiter differenziert. So wird nach der Verteilung der Versicherungssumme auf die besonders gefährdeten Keller und Erdgeschosse gefragt. Zudem ist im Allgemeinen die Bauweise des Gebäudes (massiv bzw. leicht) von Interesse. Die unternehmensindividuellen Fragebögen sind i.d.R. für alle Versi-

---

[1] Im Rahmen der Frage nach Verwendung von Risikoanalysebogen wurden die Unternehmen gebeten, im Fall einer positiven Beantwortung dieser Frage einen Bogen zur weiteren Analyse beizulegen. Dieser Bitte kamen 22 Versicherer nach.

cherungszweige identisch. Neben allgemeinen Angaben zum Versicherungsort (z.B. die Anschrift) und weiteren Bestimmungsgründen, die für sämtliche Gefahren gelten (z.B. Vorschäden) werden Parameter für einzelne Gefahren erfragt. Von besonderer Bedeutung für die Risikoeinschätzung sind Vorschäden des zu versichernden Objektes.[1] Sie dienen einigen Unternehmen als Selektionskriterium für die Annahme eines Antrages, anderen hingegen zur besseren Einschätzung eines Risikos durch weitere Fragen. Hierzu zählen das Schadenjahr, die Schadenhöhe und seither getroffene Schadenverhütungsmaßnahmen.[2] Den größten und detailliertesten Umfang in den Risikoanalysebogen nehmen Überschwemmungsrisiken ein. Hierbei werden neben allgemeinen Fragen, z.B. ob das zu versichernde Grundstück in einem Überschwemmungsgebiet liegt, auch Detailkenntnisse erhoben. So ist z.B. der Abstand des Versicherungsgrundstückes zu einem Gewässer (Bach, Fluss, See, Stausee, Meer) oder zu Trockenbetten von Interesse, wenn die Distanz geringer als einen Kilometer ist. Ist dies der Fall, sind weitere Angaben z.B. zur Entfernung in Metern, zum Namen und zur Art des Gewässers erforderlich. Neben diesen häufig verwendeten Einschätzungen wünscht ein Unternehmen Angaben zu Gewässern im Abstand bis fünf Kilometer und zum „Höhenunterschied von bisher höchstem Hochwasserstand zu der Bodenplatte des Gebäudes." sowie zu vorhandenen Hochwasserschutzeinrichtungen, wie z.B. Dämme, Deiche oder Rückhaltebecken. Hochwasserschäden hängen unmittelbar mit der Überschwemmungshäufigkeit, dem Stockwerk (in der Hausrat- bzw. Inhaltsversicherung) und der Wasserempfindlichkeit der zu versichernden Sachen zusammen.

Daneben spielen z.B. die Dachneigung sowie Schneefanggitter bei der Gefahr Schneedruck und die lokale Gefährdung bei Erdsenkung, Erdrutsch und Lawinen eine entscheidende Rolle bei der Einschätzung des Risikos.[3] Zudem wird gefragt, ob sich das Grundstück in einem erdrutsch- oder lawinengefährdeten Gebiet befindet. Sollte dieses bejaht werden, wird die Entfernung zu gefährdeten Hängen ermittelt ebenso der Neigungsgrad des Hanges. Von gleichem Interesse ist die Beschaffenheit des Geländes in der Umgebung des Versicherungsgrundstückes. Im Falle einer Hanglage wird vereinzelt nach einer Skizze oder Foto gefragt. Für das Erdsenkungsrisiko ist von besonderer Relevanz, ob sich das Versicherungsgrundstück in einer Bergbauregion befindet, da Schäden durch Bergbau vom

---

[1] Einzelne Unternehmen fordern hierzu Angaben zu bereits existierenden Vorversicherungen für die beantragten Gefahren (Vorversichereranfrage).

[2] Von besonderem Interesse für den Versicherer sind die Schadenursachen bei vorherigen Überschwemmungen sowie getroffene Vorkehrungen gegen weitere Überschwemmungsschäden, z.B. Rückstauventile, Ableitungseinrichtungen, Rückhaltebecken oder Kaimauern. Zudem wird danach gefragt, welche Vorkehrungen bereits beim letzten Schaden vorhanden waren bzw. welche anschließend hinzugekommen sind.

[3] Vgl. *Münchener Rückversicherungs-Gesellschaft (Hrsg.)* (1993), S. 20.

Versicherungsschutz ausgenommen sind. Hierzu fragen die Versicherer nach der Lage des Gebäudes in einem Erdsenkungsgebiet oder über einem unterirdischen Hohlraum. Ebenso wie bei der Überschwemmungsgefahr können hier Maßnahmen zur Schadenvermeidung und -verminderung getroffen werden. Dazu zählen z.B. Stützmauern, Ablenkbarrieren oder Verdichtungen. Für Lawinen und Schneedruck wird nach Hallen und Flachdachkonstruktionen gefragt. Haben die Versicherer die notwendigen Daten erhalten,[1] entscheiden unternehmensindividuelle Annahmenvoraussetzungen darüber, ob ein Vertrag zustande kommt. Die unten aufgeführten Kriterien werden der Entscheidung zugrundegelegt.

Tab. 7: Annahmevoraussetzungen für die Deckung von Elementarrisiken

| | **Anzahl** |
|---|---|
| **Einstufung in eine günstige Risikoklasse** | 44 |
| **Keine Vorschäden** | 39 |
| **Bestehen einer Geschäftsbeziehung** | 21 |
| **Besondere Schadenverhütungsmaßnahmen** | 11 |
| **Sonstige** | 13 |

Die Einstufung in eine günstige Risikoklasse, z.B. nach ZÜRS, wird von 41 Versicherern für die Annahme eines Vertrages vorausgesetzt.[2] Eine Vorschadenbelastung ist für 39 Unternehmen ein Grund, eine Deckung zu versagen. Fünf Unternehmen geben keinen Korridor für die notwendige vorschadenfreie Zeit, ein Versicherer begrenzt den Analysezeitraum auf fünf Jahre, für 24 Unternehmen ist der Zeitraum der letzten 10 Jahre entscheidend, acht machen keine Angaben. Ein Versicherer gewährt Versicherungsschutz, solange nicht mehr als zwei Schäden in der letzten Dekade vorliegen. Somit werden die Betroffenen der Hochwasserkatastrophe 2002 i.d.R. keinen Versicherungsschutz für Elementarrisiken erhal-

1 Abschließend werden die Antragssteller auf dem Fragebogen ausführlich über die Konsequenzen einer unrichtigen oder nicht vollständigen Beantwortung der Fragen gem. §§ 16 bis 22 VVG unterrichtet und darauf aufmerksam gemacht, dass der Fragebogen Bestandteil des Vertrages ist und sämtliche Änderungen in den Gefahrenumständen dem Versicherer unverzüglich anzuzeigen sind. Zudem werden Hinweise auf Sicherheitsvorschriften gegeben. Hiernach hat der Versicherungsnehmer „...alle gesetzlichen, behördlichen oder in dem Versicherungsvertrages vereinbarten Sicherheitsvorschriften zu beachten. Auch hat er alle notwendigen und zumutbaren Sicherungen gegen Elementarschäden zu treffen..“ Eine weitere Ausführung dieser “...zumutbaren Vorkehrungen gegen Elementarschäden...“ findet im konkreten Einzelfall nicht statt. Im Schadenfall bleibt somit ein großer Interpretationsspielraum für die Unternehmen, der juristischen Auseinandersetzungen einen Nährboden liefert.

2 Für einen Versicherer gilt dies nur in den privaten Versicherungszweigen, für einen anderen nur in den Gewerbeverträgen.

ten. Darüber hinaus fordern 21 Unternehmen eine Geschäftsbeziehung, die über die bestehende Basisdeckung hinausgeht. Zwei Versicherer setzen weitere Verträge des Kunden nur voraus, wenn ein Risiko vorschadenbelastet ist oder es sich um ein schlechtes Risiko handelt. 11 Unternehmen verlangen Schadenverhütungsmaßnahmen, wie Rückstausicherungen. Weitere Maßnahmen, die von 13 Versicherern vorausgesetzt werden, sind z.B. die Vereinbarung aktueller Bedingungswerke in den Basisdeckungen oder eine fachmännische Begutachtung des Risikos bei Vorschäden. Zudem liefern örtliche Gegebenheiten die Grundlage für weitere Maßnahmen. Abhängig von der Größe des zu versichernden Risikos werden auch Deichvorrichtungen oder Schutzmaßnahmen an Wasserzuläufen verlangt.[1] Als Selektionskriterium darf für zwei Versicherer kein Gewässer im Umkreis von einem Kilometer zum Versicherungsgrundstück vorhanden sein. Ein Unternehmen versichert die Elementarrisiken im Bereich der Hausratversicherung nur für ständig bewohnte Gebäude. Damit sind z.B. Ferienhäuser vom Versicherungsschutz ausgeschlossen.

Somit werden von den Versicherern umfangreiche Fragebogen und technische Mittel der Risikoeinschätzung zugrundegelegt. Wagnisse in schlechten Risikozonen oder vorschadenbelastete Objekte, erhalten (wenn überhaupt) nur unter besonderen Voraussetzungen Versicherungsschutz. Diejenigen Risiken, die von den Unternehmen gezeichnet werden, lassen sich anschließend über die Rückversicherungen im Rahmen der Risikopolitik weiter diversifizieren. Im Rahmen der empirischen Arbeit zur Rückversicherung sollen zunächst die gewählten Vertragsformen der Unternehmen ermittelt werden, um hierauf aufbauend eine Einschätzung über die vorhandenen Kapazitäten auf den Märkten zu erhalten.

Anhand der gewählten Rückversicherungsform wird deutlich, dass die Begrenzung der Schadenlast des Erstversicherers durch einen Excess Loss Vertrag pro Ereignis die beliebteste Rückversicherungsform in der Elementarschadenversicherung ist. Hierbei steht die Begrenzung des Kumulrisikos im Vordergrund.[2] Daneben ist die Quotenversicherung die zweithäufigste Variante, was wiederum der Kumulgefahr bei kleineren und mittleren Schäden entgegenwirkt. Die Stop-Loss Deckungen werden häufiger gewählt als Summen-Exzedenten und XL pro Risiko. Dies bestätigt einen Trend zu nicht-proportionalen Verträgen durch die Kumulgefahr der Naturrisiken.[3]

---

1 Dieses gilt fast ausschließlich für gewerbliche und industrielle Objekte, da diese Maßnahmen aufgrund der entstehenden Kosten i.d.R. nicht durch Privathaushalte finanzierbar sind.

2 Zudem werden Veröffentlichungen der Rückversicherer bestätigt, die aussagen, dass diese Rückversicherungsform heute insbesondere zur Deckung von Elementargefahren gewählt wird (Vgl. *Schweizerische Rückversicherungs-Gesellschaft (Hrsg.)* (1995), S. 6).

3 *Graff* hat in ihrer Arbeit für den Bereich der privaten Sachversicherungen nachgewiesen, dass nicht-proportionale Rückversicherungsverträge und hierbei insbesondere Stop-Loss Ver-

Tab. 8: Integration der verschiedenen Rückversicherungsformen in die Verträge[1]

| Quoten RV | Summen-Exzeden-ten | X/L pro Risiko | X/L pro Ereignis | Stop loss | Gesamt |
|---|---|---|---|---|---|
| 73 | 36 | 37 | 86 | 55 | 287 |

Besonders auffällig ist, dass nur zwei Versicherer in der Hausratversicherung und drei Unternehmen in der gewerblichen Inhaltsversicherung keinen Rückversicherungsschutz wählen. Hierbei zeichnet sich eine deutliche Tendenz zur Rückdeckung von Elementarschäden ab, die umso stärker ersichtlich wird, wenn man als Vergleichmaßstab die Arbeit von *Graff* zugrundelegt. Sie hat für die Hausratversicherung festgestellt, dass nur etwas mehr als jeder zweite eine Rückversicherung abschloss.[2] Die gleiche Tendenz gilt für die Wohngebäudeversicherung, die heute von jedem der teilnehmenden Versicherer über die Rückdeckung abgesichert wird. Zudem wurden die Unternehmen gefragt, ob die Elementardeckungen an die Rückversicherung der Hauptverträge angeschlossen sind oder eine separate Deckung aufweisen. Dabei ergibt sich folgendes Bild:

Tab.9: Gestaltung der Rückversicherungsverträge

| An Hauptverträge angeschlossen | Separat gedeckt | Sonstiges[3] | Keine Angabe | Gesamt |
|---|---|---|---|---|
| 31 | 12 | 2 | 5 | 50 |

Dieses Ergebnis deckt sich mit dem von *Graff*, die nachgewiesen hat, dass die Rückversicherung von Elementarrisiken überwiegend durch eine Integration in bestehende Rückversicherungsverträge z.B. für die Sturmversicherung stattfindet. Die Vorteile einer solchen Vorgehensweise bestehen in einer kostengünstigen Ausarbeitung der Rückversicherungsverträge und Schadenabwicklung aufgrund bereits bekannter Bestände und Risikostrukturen. *Graff* kommt zu der Erkenntnis, dass bei der Wahl der Rückversicherungsform für weitere Elementarrisiken die Rückdeckungen unabhängig von den bereits bestehenden Verträgen

---

träge und Schadenexzedentenrückversicherung pro Ereignis von den Erstversicherern bevorzugt werden (Vgl. *Graff* (2000), S. 146).

1 Mehr hierzu siehe Anlage 8.

2 Vgl. *Graff* (2000), S. 146.

3 Unter die Kategorie „Sonstiges" fallen Unternehmen, die sowohl eine separate Rückversicherung abschließen als auch eine Deckung in die Hauptverträge integrieren. So hat z.B. ein Unternehmen Quotenverträge für die Elementardeckung an die Hauptverträge angeschlossen und einen Stop-Loss Rückversicherungsvertrag separat abgeschlossen.

erfolgen und bestehende Quotenrückversicherungen in der Basisdeckung durch entsprechende nicht-proportionale Rückversicherungen in der Elementarschadenzusatzdeckung erweitert werden (können).[1] Diese Aussagen werden mit dem vorliegenden Ergebnis, das vier Jahre nach der oben genannten Erhebung ermittelt wurde, bestätigt. So war das Verhältnis der Wahl bestehender Rückversicherungsverträgen zu gesonderten Rückversicherungsverträgen 1999 noch 7,5 zu 1. Nach der obigen Tabelle beträgt es heute rund 2,5 zu 1. Dies spricht für die weitere Etablierung der Elementarschadenversicherung.

Wie bereits erwähnt, sind die Kapazitäten auf den internationalen Rückversicherungsmärkten begrenzt. Diese Engpässe sind mehr ein Ausdruck marktunkonformen Verhaltens der Zedenten als echte Deckungsnotstände. Sie können immer dann auftreten, wenn die Ruinwahrscheinlichkeit für die Versicherungswirtschaft bei der Übernahme eines Risikos zu groß ist.[2] Die Deckungskapazitäten auf den Rückversicherungsmärkten sind ein wesentlicher Parameter für das Angebot der Erstversicherer. Deshalb wurden die Unternehmen gebeten, ihre persönliche Einschätzung darüber abzugeben, ob die Deckungskapazitäten auf den internationalen Rückversicherungsmärkten ausreichen, um sämtliche in der Bundesrepublik möglichen Schadenkumule decken zu können. Die Antworten der Unternehmen zu dieser Frage sind sehr heterogen, wie die gleichgewichtete Beantwortung der Frage mit „Ausreichend“ und „Nicht ausreichend“ ergab.

Tab. 10: Verfügbare Deckungskapazitäten auf den internationalen Rückversicherungsmärkten?

| **Ausreichend** | **Nicht ausreichend** | **Keine Angabe** |
|---|---|---|
| 20 | 21 | 7 |

Die Unternehmen, die ausreichende Deckungskapazitäten sehen, begründeten ihre Antwort mit zu geringer Nachfrage auf dem Erstversicherungsmarkt, wodurch die derzeitigen Kapazitäten nicht ausgeschöpft werden müssen. Vor diesem Hintergrund antworteten sechs Versicherer, die unzureichende Kapazitäten sehen, auf die Frage, welche Konsequenzen diese Engpass hätte mit „...derzeit noch keine...“. Flankiert werden diese Effekte durch Vertragskonstellationen zwischen Erstversicherung und Versicherungsnehmer, die Haftungslimite und entsprechend hohe Selbstbeteiligungen beinhalten. Fünf Unternehmen nennen als Konsequenzen ihrer negativen Einschätzung eine restriktive Zeichnungspolitik und entsprechende Kumulkontrollen oder nehmen Erstversicherungen erst in De-

---

1 Vgl. *Graff* (2000), S. 145 f.

2 Dies gilt z.B. bei der Erdbebengefährdung des Großraumes Tokio, wo mit volkswirtschaftlichen Gesamtschäden im vierstelligen Milliardenbereich gemessen in US-Dollar gerechnet werden muss Vgl. *Meyer* (1996), S. 582.

ckung, nachdem eine entsprechende Rückdeckung vereinbart wurde. Steigt die Versicherungsdichte in einem Gebiet über einen Schwellenwert, so gibt ein Versicherer an, die Deckung in dieser Region wegen mangelnder bzw. zu kostenintensiver Rückdeckung einzustellen. Ein Versicherer sieht zur Zeit keinerlei Auswirkungen, da aufgrund des regional begrenzten Angebotes keine Einschränkungen der Zessionare erwartet werden.

Schwierig ist die Rückversicherung für hochgefährdete Risiken z.B. in ZÜRS Zone 3. Für diese Risiken sind derzeit keine Rückdeckungen erhältlich. Zudem hat ein Unternehmen die Gefahr „Erdbeben“ aus dem Deckungsumfang genommen. Als problematisch wird erachtet, dass die Rückversicherer die Zeichnung der Erstversicherer bestimmen. Zudem ist die Rückdeckung von Elementarrisiken kostenintensiv. Da ein Rückversicherungsschutz aufgrund der Spezifika der Elementardeckung erforderlich ist, wird durch die Zession unmittelbar der Preis des Versicherungsschutzes auf dem Erstversicherungsmarkt determiniert. Dieses gilt um so mehr, wenn auf teurere internationale Kapazitäten zurückgegriffen werden muss. Diese Kosten wirken sich wiederum auf die Prämienhöhe der Versicherungsnehmer aus, wodurch die Nachfrage gering bleibt, sodass ein Teufelskreis aus Nachfrageanstieg, steigenden Rück- und Erstversicherungskosten und wiederum sinkender Nachfrage infolge hoher Preissensitivitäten entsteht. Die Besonderheiten der Nachfrage für Elementargefahren kommen erschwerend hinzu.

### *4.3.3. Die Versicherungsdichte der Elementarschadenversicherung im Vergleich zur Sturmversicherung*

Die Fragen nach den Gründen für einen offenbar funktionierenden Versicherungsmarkt für Sturm- und Hagelschäden[1] beantworten die Unternehmen differenziert.[2] Die Ursachen liegen sowohl in der Gestaltung der Versicherungsprodukte, in der Versicherungstechnik als auch in der unterschiedlichen Nachfrage. Eine der entscheidenden Differenzen aus Sicht der Produktgestaltung besteht darin, dass Sturm/Hagel in Paketen zusammen mit Feuer- und Leitungswasserdeckungen angeboten werden. Damit sind beide Gefahren[3] in die Gebäude- oder

---

1 In diesem Zusammenhang wurde mit einer Suggestionsfrage gearbeitet, da mit Ausnahme weniger ehemaliger Monopolgebiete die Dichte der Elementarschadenversicherung nach den bisherigen veröffentlichten Fachbeiträgen als gering angesehen wurde und über den Terminus „funktionsfähigen Versicherungsmarkt“ der Blickwinkel der Befragten auf das Angebot gelenkt wurde, um nicht ausschließlich eine nachfragebedingte Argumentation zu erhalten.

2 Insgesamt antworten 41 der 47 Unternehmen, die Angaben zum Versicherungsangebot machen, hierauf.

3 In der sogenannten gebündelten Versicherung werden verschiedene Versicherungsverträge in einer Police zusammengefasst. Deshalb kann der Versicherungsnehmer in der Wohngebäude-, Gebäude- und Inhaltsversicherung, das Sturmrisiko aus dem Vertrag entfernen.

Inhaltsversicherung integriert oder im Falle der Hausratversicherung fester, nicht abwählbarer Bestandteil des Deckungsumfanges. Im Gegensatz hierzu muss eine Elementarschadenversicherung explizit gewählt werden. Erschwerend kommt hinzu, dass die Zusatzdeckung durch die Vermittler im Außendienst seltener angesprochen wird, weil sie die Risiken selbst unterschätzen[1] oder die Versicherer das Produkt nicht vertrieblich fördern. Hinzu kommen eine restriktive Zeichnungspolitik und vergleichsweise hohe Prämiensätze. Daneben waren früher in einigen Monopol- und Zwangsanstalten Sturm und Hagel obligatorisch mitversichert. Diese Deckungserweiterung wurde nach Abschaffung der Versicherungsmonopole von den Wettbewerbsanbietern fortgeführt.[2] Die Elementarschadenversicherung ist hingegen relativ jung. So haben einige Unternehmen vor der Einführung des Zonierungssystems ZÜRS keine Elementardeckung angeboten. Deshalb wird die kurze Laufzeit dieses Produkts als eine Ursache der geringen Versicherungsdichte gesehen.

Auch aus Sicht der Versicherungstechnik sind Stürme und Hagel leichter zu handhaben. Obwohl 24 von 51 Unternehmen ein Zonierungssystem für Stürme verwenden,[3] erhalten nur im Extremfall Objekte in schlechtem Zustand keinen Risikoschutz. Eine regionale Zeichnungseinschränkung gibt es nicht. Die Schadenhäufigkeit und Schadenhöhe der Sturm-/ Hageldeckung ist unter statistischen Gesichtspunkten so verteilt, dass eine Versicherbarkeit aus aktuarischem Blickwinkel gegeben ist. Die Schadeneintrittswahrscheinlichkeit bei Sturmschäden ist höher als für Überschwemmungsschäden, zudem sind die Ereignisse auf das ganze Jahr verteilt. Dieses führt auch zu einer leichteren Kalkulierbarkeit der Risiken.

Auf der Nachfrageseite haben sich nach Auffassung der Versicherer Elementargefahren bisher nicht etabliert, weil sie erst relativ kurze Zeit im Blickpunkt der Öffentlichkeit sind. Eines der Grundprobleme der Zusatzdeckung liegt offenbar darin, dass Stürme den ganzen Teil des Landes bedrohen, wohingegen Hochwasser und Erdbeben nur in bestimmten Regionen exponierte Gefahren darstellen. Deshalb fragen nur hochgefährdete Risiken eine Deckung nach. Das Risikoempfinden bei mittleren bis wenig bedrohten Risiken ist geringer. Die Sturmdeckung kennt hingegen keine regional oder infolge von Schadenereignissen initiierte

---

1 Somit kumulieren Fehleinschätzungen der Vertriebsseite mit denen Versicherungsnehmer.

2 Das gleiche Argument nutzt ein Unternehmen mit regionalem Schwerpunkt in einem ehemaligen Monopolgebiet, zur Begründung einer „sehr hohen" Nachfrage für die Elementarschadendeckung, da bis zum 01.07.1994 hierfür ein Monopol bestand.

3 Ein Versicherer gibt an, diese Risikoeinteilung nur in der Wohngebäudeversicherung zu verwenden, ein weiterer nimmt eine Einteilung nur in den privaten Versicherungszweigen vor und steuert die Exponierung der Sturmgefahr über Preisdifferenzierungen und Selbstbehaltregelungen in Abhängigkeit vom Gebäude- bzw. Dachzustand. 27 Versicherer teilen das Sturmrisiko nicht ein.

zeitlich begrenzte Nachfrage und hat letztlich ein hohes Risikobewusstein in der Bevölkerung.[1] Von großer Bedeutung ist die sehr viel höhere persönliche Betroffenheit aufgrund eigener Erfahrungen bei Stürmen als z.B. bei Erdbeben, welche die potentiellen Versicherungsnehmer i.d.R. nur aus den Medien kennen. So lässt sich der Versicherungsbedarf schwer wecken. Erst eine persönliche Erfahrung oder ein Schaden in der Umgebung des Versicherungsortes führt zu einer veränderten subjektiven Risikowahrnehmung. Hierzu hat beigetragen, dass nur wenige Schadenereignisse eine so hohe Medienpräsens erreichten wie die Fluten im Sommer 2002. Die Versicherer vermuten, dass diese gesteigerte Risikowahrnehmung von schadenfreien Zeiten verdrängt wird. Daneben ist die Nachfrage durch eine hohe Preissensitivität gekennzeichnet. Die Zusatzkosten der Elementarschadendeckung werden nur ungern getragen, da Staatshilfen im Katastrophenfall antizipiert werden. Letztlich werden die Gefahren der Zusatzdeckung systematisch verdrängt oder auf stark gefährdetet Gebiete beschränkt. Hierdurch werden Sturm und Hagel aufgrund ihrer höheren Schadenfrequenz häufiger von den (potentiellen) Versicherungsnehmern wahrgenommen als die Gefahren der Zusatzdeckung. So schlussfolgert ein Versicherer „Stürme hat schon jeder Versicherungsnehmer erlebt.“ Die Elementarschadenversicherung wird hingegen mit einer Überschwemmungsdeckung gleichgesetzt. Durch regional stark abweichende Gefährdungen entsteht keine gleichförmige Bedrohung der Versicherten, obwohl sie alle für sämtliche Gefahren Prämien zahlen müssen. Für andere Risiken gibt es keinen objektiven Bedarf, sodass kein homogenes Risikokollektiv entsteht. Hinzu kommt, dass nicht alle Risiken Versicherungsschutz erhalten. Aus Sicht der Versicherer ist deshalb ein steigendes Risikobewusstsein der Bevölkerung mit einer restriktiveren Zeichnungspolitik der Unternehmen einher gegangen.

Daneben werden folgende Gründe genannt:

- Die Zeichnung der erweiterten Elementargefahren erfolgt sehr viel restriktiver als bei Sturm und Hagel. Während erstere einer umfassenden Risikoanalyse unterliegen, wird die Risikoprüfung der Sturmversicherung oftmals auf die Analyse der Vorschadensituation begrenzt.
- Grundsätzlich sind die Beiträge in der Sturm- und Hagelversicherung geringer als in der Zusatzdeckung.

---

[1] Als Beispiel nennt ein Unternehmen die Nachfrage nach einer Hausratversicherung im dritten Obergeschoss eines Einfamilienhauses. Eine Deckungsbedarf für Überschwemmungsgefahren besteht hier offensichtlich nicht, wohingegen die Sturmgefahr auch hier zu Schäden führen kann.

- Im Unterschied zur Elementarschadenzusatzdeckung wird der Einschluss von Sturm- und Hagelschäden in den Umfang der Policen auch von Seiten der Realrechtsgläubiger gefordert.

Die Ursachen für die größere Verbreitung der Sturmversicherung liegen also sowohl an einer einfacheren Versicherungstechnik als auch in einer höheren Nachfrage und in den Charakteristika dieser Naturgewalt begründet.

#### *4.3.4. Empirische Ergebnisse zum Marktversagen und zu Marktmängeln*

Immer wieder wird die These vertreten, dass die negative Risikoauslese für eine zurückhaltende Zeichnungspolitik und damit für ein Scheitern der Elementarschadenversicherung verantwortlich sei.[1] Ursprünglich sollte eine breite Akzeptanz in der Bevölkerung durch die Integration regional nicht begrenzter Gefahren wie Witterungsniederschläge und Schneedruck in das Gefahrenbündel erreicht werden. Ergänzend hierzu sollte die Risikopolitik ein ausgeglichenen Verhältnis zwischen Beitragssätzen für „Normalrisiken" und Prämiensätzen für besonders gefährdete Gebiete herstellen.[2] Die individuelle Risikoabschätzung war für die Versicherer sehr aufwendig[3] und in den Massesparten unüblich. Hieraus erwuchs die Gefahr der adverse selection.[4] Deshalb wurden die Versicherer gefragt, ob die Versicherungsnehmer einen Informationsvorsprung besitzen, der nicht durch Fragen im Antrag oder in einem Zusatzbogen eliminiert werden kann (Siehe Tabelle 11).[5]

---

1 Vgl. Bundesanstalt für Finanzdienstleistungsaufsicht (2003), S. 1. *Chmielorz*; Metzger, J. (1995), S. 937. *Sievers* (1976), S. 646; *Ryfisch* (1991), S. 76.; *Schäfer* (1993), S. 10; Vgl. *Gardette* (1997), S. 216; *Gesamtverband der Deutschen Versicherungswirtschaft e.V. (GDV) (Hrsg.)* (2003), S. 25.; *Schweizerische Rückversicherungs-Gesellschaft (Hrsg.)* (1998), S. 29; *Koch* (2002), S. 1676; *Tatge* (2003), S: 38; Vgl. *Simon/Grollmann* (2002), S. 689; *Vetters/Prettenthaler* (2002), S. 8.

2 Vgl. *Dietz* (1991), S. 19.

3 Ein grundlegendes Problem der Versicherer bei asymmetrischen Information besteht in fehlenden Unterscheidungsmöglichkeiten zwischen subjektiven und zufälligen Einflüssen. Hier kann die Assekuranz mittels Risikobesichtigungen, -analysebögen oder -beratungen entgegensteuern und das Verhalten der Versicherungsnehmer beobachten. Entstehende Kosten, sowie rechtliche und faktische Grenzen (z.B. bei Betriebsgeheimnissen) beschränken dieses Mittel (Vgl. *Schwarze* (1997), S. 348 f.). Zu einem Anreizsystem wird diese Informationsgewinnung, wenn sie transparent ist und sich in Rabatten niederschlägt. In der Elementarschadenversicherung dienen Risikoanalysebogen in erster Linie zur Analyse der Risikoklasse.

4 Vgl. *Ebel* (1997), S. 215.

5 Auf die Bezeichnung „adverse selection" wurde verzichtet, um zu vermeiden, dass dies zu einer vorgefassten Meinung führt.

Tab. 11: Haben die Versicherungsnehmer einen Informationsvorsprung?

| **Nein** | **Ja** | **Keine Angabe** | **Gesamt** |
|---|---|---|---|
| 25 | 21 | 5 | 51 |

Aus der Beantwortung dieser Frage kann kein (eindeutiger) Rückschluss auf die Existenz einer adverse selection gezogen werden. Deshalb wurden diejenigen Versicherungsunternehmen, die einen Informationsvorsprung zugunsten der Versicherungsnehmer sehen, gebeten, die Bedeutung dieser asymmetrischen Informationsaufteilung für die Elementarschadenzusatzdeckung zu bewerten. Das Ergebnis in der Tabelle 12 zeigt, dass für nicht einmal die Hälfte der Versicherer der Informationsvorsprung ausschlaggebend für die Risikozeichnung ist oder diese erheblich mindert.

Tab. 12: Intensität des Informationsvorsprungs

| **Antwort** | **Nennungen** |
|---|---|
| Ausschlaggebend für die Risikozeichnung | 6 |
| Mindert die Zeichnung erheblich | 4 |
| Nicht bedeutender als in der Basisdeckung | 4 |
| Weniger bedeutend im Vergleich zu anderen Problemen der Zusatzdeckung | 4 |
| Unbedeutend/ Keine Angabe | 2/1 |
| Gesamt | 21 |

Die Versicherer begründen den Informationsvorsprung der Versicherungsnehmer mit Fragen im Antrag, die sich nur auf das zu versichernde Risiko beziehen. Weitere Erfahrungen aus dem geographischen Umfeld des Versicherungsgrundstücks werden nicht betrachtet, obwohl sie das Versicherungsbedürfnisses entscheidend beeinflussen können.[1] Hinzu kommen frühere Naturereignisse, die zwar den Versicherungsort bedroht haben, aber nicht zu einem Schaden führten. Weitere Kenntnisse der Versicherungsnehmer über die Anpassung der Bauweise eines Hauses an Naturgefahren, die im Risikofragebogen und durch standardisierte Risikoeinschätzungsmethoden nicht erfasst werden, kommen hinzu. Andererseits

---

[1] Die Versicherungsnehmer haben einen Informationsvorsprung bei natürlichen Hohlräumen, die zur Verwirklichung der Gefahren Erdsenkung bzw. Erdrutsch führen können. Diese Informationen sind den Katasterämtern und den Versicherungsnehmern über Baupläne bekannt. Der Versicherer erhält hiervon keine Kenntnis (Vgl. *Münchener-Rückversicherungs Gesellschaft* (1994), S. 23).

sind mit steigendem Angebot und steigender Erfahrung neue Kenntnisse in die Gestaltung der Risikoanalysebogen eingeflossen. Hierdurch konnte der Informationsvorsprung der Versicherungsnehmer sukzessive reduziert werden. Letztlich kann die subjektive Einstellung der Versicherungsnehmer zu Risikovorsorgemaßnahmen nicht erschlossen werden. Somit bleibt immer ein Informationsvorsprung der Versicherungsnehmer, weil nicht jede Unwägbarkeit durch Fragen eliminiert werden kann. Hieraus kann jedoch kein Marktversagen hergeleitet werden. Im Zusammenhang mit der Frage nach Unterschieden zwischen der Sturmversicherung und der Elementarschadenzusatzdeckung fällt ebenfalls der Begriff der negativen Risikoauslese. Drei Unternehmen, die explizit diese Vokabel zur Beantwortung herangezogen haben, schätzten den Informationsvorsprung der Versicherungsnehmer nicht bedeutender als in der Basisdeckung ein. Zwei weitere Unternehmen sehen keinen Informationsvorsprung der Versicherungsnehmer. Dieser Widerspruch offenbart ein Definitionsproblem, das auch an einer weiteren Stelle sichtbar wird. So lag die eingeschränkte Versicherbarkeit der Elementarschadendeckung früher vor allem an der Kumulgefahr durch Erdbeben. Heute gilt die Überschwemmungsgefahr als Engpass für eine höhere Versicherungsdichte. In diesen Zusammenhang nennen drei Unternehmen die negative Risikoauslese als Ursache für die geringe Verbreitung der Zusatzdeckung. Hier wird abermals ein definitorischer Fehler deutlich, da jedes dieser Unternehmen vormals einen Informationsvorsprung zugunsten der Versicherungsnehmer verneinte.

Moral hazard, als zweite Folge der Informationsasymmetrien, kann in nahezu sämtlichen Versicherungszweigen mit unterschiedlicher Intensität beobachtet werden. Auch in der Elementarschadenversicherung wird festgestellt, dass die Spannweite der Schadenhöhen bei vergleichbaren Schäden sehr unterschiedlich ist, was darauf zurückgeführt wird, dass die getroffenen Schadenverhütungs- und Vorsorgemaßnahmen voneinander abweichen.[1] Analog zur Frage nach der Bedeutung von adverse selection wurden die Unternehmen nach der Relevanz des moralischen Risikos für die Elementarschadenzusatzdeckung befragt. Von den 48 Unternehmen, die hierauf antworteten, sehen 30 kein Problem durch moral hazard in der Elementarschadenversicherung (Siehe Tabelle 13).

---

[1] Vgl. *Chmielorz/Metzger* (1995), S. 937. Die Autoren sprechen in diesem Zusammenhang davon, dass die Schäden der Hochwasser im Januar 1995 nur etwa halb so hoch waren, wie die vergleichbaren Hochwasser im Dezember 1993. Sie begründen dies mit zwischenzeitlich vorgenommenen durch Vorsorge- und Schadenverhütungsmaßnahmen. Da *Chmielorz* und *Metzger* keine Beweisführung antreten, kann aus dieser Aussage kein Rückschluss auf moral hazard gezogen werden. Auch Fortschritte im Katastrophenschutz und/oder der Risikowahrnehmung könnten hierfür verantwortlich sein.

Tab. 13: Ist das moralische Risiko ein Problem für die Zusatzdeckung?

| Nein | Ja | Keine Angabe | Gesamt |
|---|---|---|---|
| 30 | 18 | 3 | 51 |

Nach Auffassung der Versicherer schrecken vor allem hohe Selbstbehalte die Versicherungsnehmer davon ab, Präventionsmaßnahmen zu reduzieren. Zudem kann der Versicherungsnehmer Nachteile haben, wenn er gegen Sicherheitsvorschriften verstößt, auf die im Antrag hingewiesen wird und die von den Unternehmen regelmäßig beobachtet werden. Moral hazard ist in anderen Versicherungszweigen ausgeprägter, weil Naturereignisse weniger stark beeinflussbar sind. Umfangreiche Fragen im Antrag nach Schadenverhütungsmaßnahmen reduzieren die Informationsasymmetrien weiter. Ein Unternehmen nennt auch den öffentlichen Druck, der Versicherungsnehmer zu entsprechenden Maßnahmen zwingt. Grundsätzlich ist das moralische Risiko kein spezielles Problem der Elementarschadenzusatzdeckung. Wenn dieses Phänomen in Einzelfällen auftritt, hat moral hazard Auswirkungen auf die Schadenquote der Versicherungsnehmer. Da diese wiederum in die Risikokalkulation und Prämienfindung einfließt, wird das Verhalten der Versicherungsnehmer ex post sanktioniert.

Tab. 14: Intensität des moralischen Risikos

| Antwort | Nennungen |
|---|---|
| Ausschlaggebend für die Risikozeichnung | 3 |
| Mindert die Zeichnung erheblich | 1 |
| Nicht bedeutender als in der Basisdeckung | 2 |
| Weniger bedeutend im Vergleich zu anderen Problemen der Zusatzdeckung | 5 |
| Unbedeutend/ Keine Angabe | 1/6 |
| Gesamt | 18 |

Lediglich zwei Versicherer klassifizieren dieses Problem als ausschlaggebend für die Risikozeichnung, weil die Kalkulationsgrundlagen und Richtlinien dieses Versicherungszweiges konterkariert werden. So schafft die Versicherbarkeit exponierter Bereiche Anreize, diese zu bebauen. Dadurch wird die Zeichnung erheblich gemindert. Zwei andere Unternehmen sehen keine besondere Ausprägung des moralischen Risikos, auch wenn dieses Phänomen wie in der Grunddeckung beobachtet wird. Die Mehrheit der Befragten schätzen moral hazard jedoch als weniger bedeutend im Vergleich zu anderen Problemen in der Zusatzdeckung ein. Auch wenn grundsätzlich die Gefahr besteht, dass z.B. vorhandene Rückstausicherungen nicht gewartet werden oder im Versicherungsfall die Schadenhöhe positiv beeinflusst wird, sehen diese Unternehmen bedeutendere Probleme in der Zusatzdeckung. Gleiches gilt für Versicherer, die dieses Problem als unbedeutend erachten.

Der Einfluss der Versicherungsnehmer auf Schäden durch Naturgewalten ist vergleichsweise gering.[1] Durch reduzierte Schadenminderungsmaßnahmen kann der Eintritt des Versicherungsfalls nicht beeinflusst werden. Zudem können Elementarrisiken existenzbedrohend sein, wodurch zusätzliche Interessen der Versicherungsnehmer zum Erhalt einer Entschädigung und zu Präventionsmaßnahmen bestehen. Ein Marktversagen lässt sich durch moral hazard nicht begründen.

Somit werden aus empirischer Sicht die theoretischen Bestimmungsgründe für Marktunvollkommenheiten der Nachfrageseite bestätigt. Hinzu kommen weitere Gründe auf der Angebotsseite, sodass vor diesem Hintergrund davon gesprochen werden kann, dass Markthemmnisse auf den Versicherungsmärkten für Elementarrisiken bestehen.

### *4.4. Zusammenfassung und kritische Würdigung*

Ein bundesweites Angebot an Elementarschadenversicherungen entstand zu Beginn der 90er Jahre des vergangenen Jahrhunderts. Heute umfasst der Deckungsumfang i.d.R. Überschwemmungen, Erdbeben, Lawinen und Schneedruck sowie Erdsenkung und Erdfall. Daneben sind oftmals Schäden durch Rückstau und Vulkanausbrüche in den Deckungen enthalten. Eine Auswahl der zu versichernden Gefahren ist vielfach nicht möglich. Stürme und Hagel als weitere Naturgewalten sind über die Basisdeckungen versicherbar. Als versichertes Interesse gelten Teile des Sachvermögens, die sich in monetären Größen ausdrücken lassen. Eine Besonderheit der gewerblichen Sachversicherungen ist die Betriebsunterbrechungsversicherung, die Folgekosten eines Stillstands der Produktion in Form der entgangenen Betriebsgewinne und der fixen Kosten deckt. Die Zusatzdeckungen sind eng mit dem Basisvertrag verknüpft. Im Gegensatz hierzu sind die Kündigungsmöglichkeiten der Versicherer in der Elementardeckung oftmals kürzer, um rechtzeitig auf veränderte Rückversicherungsbedingungen oder auf neuere Erkenntnisse in der Risikoeinschätzung reagieren zu können. Die Verträge

---

[1] Ein Unternehmen geht bei der Risikokalkulation davon aus, dass der Versicherungsnehmer keine Schadenminderungsmaßnahmen ergreift. Lediglich in Ausnahmefällen werden Sicherheitsvorschriften vereinbart. Hierdurch kann außerhalb des Versicherungsbetruges, das moralische Risiko in Verbindung mit Selbstbehalten und den Regelungen zu Obliegenheitsverletzungen minimiert werden. Allerdings besteht analog zur negativen Risikoauslese, die Gefahr, das „gute" Risiken zu Unternehmen wechseln, die Schadenverhütungsmaßnahmen honorieren.

werden nahezu ausschließlich in Verbindung mit Selbstbehalten angeboten, um den Schadenaufwand zu begrenzen und die Versicherungsnehmer zur Schadenvorsorge anzuhalten. Neben standardisierten Selbstbeteiligungen bemessen einige Versicherer die absolute Höhe der Eigenbehalte anhand weiterer Faktoren wie z.B. den Vorschäden.

Für den Versicherer sind die risikopolitischen Aspekte der Zusatzdeckung von großer Bedeutung. Deshalb sind bei Naturgewalten die geographische Lage des Objektes und die Schadencharakteristika der Elementargefahren besonders wichtig. Auf Basis dieser Informationen werden Risikomerkmale herausgearbeitet, die der Prämienkalkulation zugrundegelegt werden. Für diese Risikoanalyse hat die Versicherungswirtschaft neben Risikofragebögen verschiedene Instrumente (z.B. Zonierungssysteme) entwickelt. Nahezu jeder Versicherer nutzt die wettbewerbsneutrale Software „ZÜRS", die stark gefährdete Überschwemmungsgebiete identifiziert. Risiken in der am stärksten gefährdeten Klasse bekommen nur selten und unter bestimmten Auflagen Versicherungsschutz. Die Zeichnungspolitik des Erstversicherers ist vor dem Hintergrund der Kumulschadenproblematik sehr restriktiv, sodass i.d.R. günstige Risikoklassen und keine Vorschäden voraus gesetzt werden.

Die Risikofinanzierung als zweites Element der Risikopolitik lässt sich in die Prämienermittlung und Risikoteilung unterteilen. Durch das ausgeprägte versicherungstechnische Risiko sind ausreichende Sicherheitszuschläge auf die Nettorisikoprämie notwendig. Zudem können Risiken durch Rückversicherungen international diversifiziert werden, solange regionale Probleme nicht dauerhaft internationalisiert werden sollen. Rückversicherer ihrerseits steuern die eingegangenen Risiken z.B. über Haftungs- und Zessionslimitierungen. Empirische Ergebnisse zeigen, die Verträge der Erstversicherer mit wenigen Ausnahmen rückgedeckt werden. Insgesamt ist ein Trend hin zu nicht-proportionalen Rückversicherungsverträgen, die sich insbesondere zur Begrenzung des Kumulrisikos eignen, sichtbar. Im Unterschied hierzu kann keine Trendaussage darüber getroffen werden, ob genügend Rückversicherungskapazitäten in Deutschland vorhanden sind. Unabhängig davon zeigt sich, dass die Kapazitäten das Angebot erheblich beeinflussen. So leiten die Unternehmen Konsequenzen von einer restriktiven Zeichnungspolitik bis hin zur Einstellung des Angebots aus den vorhandenen Kapazitäten der Rückversicherungsmärkte ab. Gleichwohl ist für hohe Risiken kein Rückversicherungsschutz erhältlich. Zudem werden die Preise des Rückversicherungsschutzes als Problem genannt, sie wirken sich wiederum negativ auf die Nachfrage aus, sodass einem positiven Nachfrageanstieg steigende Rückversicherungskosten mit entsprechend negativen Auswirkungen auf die Nachfrage entgegenstehen.

Das Risikobewusstsein der Nachfrager für Naturgewalten ist durchaus vorhanden, allerdings wird die Gefährdungslage oftmals falsch eingeschätzt. Bedrohte

Wirtschaftsakteure neigen dazu, die Gefahren zu verleugnen oder Schutzeinrichtungen zu überschätzen. Ein Elementarereignis wird für wahrscheinlicher gehalten, je ausgeprägter das Vorstellungsvermögen ist oder je mehr Erinnerungen an vergleichbare Katastrophen vorhanden sind. Im Rahmen der subjektiven Risikobeurteilung wird ein hohes Schadenausmaß eher unter- und ein geringes überschätzt. Erschwerend kommen die vergleichsweise geringen Schadenfrequenz der Elementargefahren ebenso hinzu wie staatliche Finanzhilfen der Vergangenheit. Im Mittelpunkt der Entscheidungsfindung der gewerblichen Wirtschaftsakteure steht die mögliche Schadenhöhe. Vor diesem Hintergrund wird der Abschluss eines Versicherungsvertrages gegen andere Instrumente des Risikomanagements abgewogen. Die Schadeneintrittswahrscheinlichkeit entscheidet dagegen über den Abschluss eines Vertrages von privaten Versicherungsnehmern. Sie fällen die Versicherungswahl in einer Zeitpunktentscheidung, wodurch der Nachfrageanstieg in unmittelbarer zeitlicher Nähe zu Naturkatastrophen erklärt werden kann. Durch die Fokussierung auf die Schadeneintrittswahrscheinlichkeit wird selbst für kleine und häufige Schäden eine Deckung verlangt, auch wenn eine Eigentragung effizient wäre. Gleichzeitig ist die Nachfrage der Privathaushalte für die Hausratversicherung deutlich stärker ausgeprägt als für Gebäudeversicherungen. Daneben verhindern u.a. hohe Prämien und Selbstbehalte einen stärkeren Nachfrageanstieg der Elementardeckung für Privathaushalte. Gleichwohl fehlt die Bereitschaft gering gefährdeter Haushalte, sich innerhalb eines Risikokollektivs mit den stark gefährdeten Risiken zu solidarisieren. Die Versicherungsdichte in der Elementarschadendeckung ist deshalb sehr gering.

Vergleicht man das Angebot für die Elementarschadenzusatzversicherung mit der Versicherung des Sturmrisikos, so zeigt sich, dass Stürme den Großteil der Gesamtschäden durch Naturgewalten ausmachen. Hiermit wird die sehr hohe Versicherungsdichte des Sturmrisikos begründet. Diese hohe Nachfrage entsteht durch regelmäßig auftretende Stürme, die nicht regional beschränkt sind, wie z.B. Erdbeben und Überschwemmungen. Gleichwohl können die Unternehmen die Risiken aufgrund langjähriger Erfahrungen besser einschätzen. Lediglich Objekte, die in einem sehr schlechten Zustand und deshalb besonders gefährdet sind, erhalten keinen Versicherungsschutz. Die hohe Nachfrage in der Sturmversicherung wird mit der Einbindung in die Basisdeckungen begründet. Zusätzlich wird die Elementarschadendeckung durch den Versicherungsaußendienst weniger häufig im Kundengespräch thematisiert. Neben diesen angebotsorientierten Gründen werden historische und versicherungsmathematische Argumente angeführt. Die Hautprobleme der Elementardeckung liegen nach Auffassung der Assekuranz auf der Nachfrageseite, mit einem regionalen und zeitlich begrenzten Versicherungsbedarf. Insgesamt sehen die Unternehmen ein eingeschränktes Versicherungsangebot mit einem entsprechend kleinen Risikokollektiv und somit relativ hohen Prämiensätzen in der Zusatzversicherung. Im Zusammenspiel mit einer unterschiedlichen Risikowahrnehmung bzw. -gefährdung der (potentiellen)

Versicherungsnehmer entwickelt sich wiederum eine geringe Nachfrage, die ein eingeschränktes Risikokollektiv und entsprechend hohe Prämien verursacht. Folglich entsteht ein „Teufelskreis“ auf dem Versicherungsmarkt für Elementarrisiken.

Kann deshalb von einem Marktversagen gesprochen werden? Zunächst galten Elementargefahren lange Zeit als nicht versicherbar. Auch heute stößt die Zusatzdeckung an die Grenzen der Versicherbarkeit. Als Reizpunkte gelten die Prinzipien der Wirtschaftlichkeit, die Kumulierung von Schäden und die Zufälligkeit der Risiken. Die Gründung eines großen Risikokollektivs wird erschwert, weil es in den Kumulzonen keinen Risikoausgleich gibt und außerhalb davon keine Nachfrage. Gelingt der Assekuranz die Integration wenig gefährdeter Versicherungsnehmer oder der Risikoausgleich in der Zeit nicht, so kann die Versicherbarkeit an dem ausgeprägten Kumulcharakter der Zusatzdeckung scheitern. Die Wirtschaftlichkeit ist immer dann gefährdet, wenn Schäden katastrophenartige Ausmaße annehmen können, so dass ebenfalls ein Risikoausgleich in der Zeit notwendig ist. Trotzdem müsste es (zumindest theoretisch) marktweit und nicht nur in seltenen Einzelfällen ein Angebot für eine Teildeckung besonders gefährdeter Gebiete geben, um Katastrophenfälle abzusichern. Dies gilt zumindest bis die Kapazitätsgrenzen der Versicherer erreicht sind oder das Kumulrisiko nicht mehr tragbar ist. Auch wenn von Seiten der Versicherungspraxis darauf verwiesen wird, dass Versicherungsschutz hochgefährdeter Risiken einem Prämienaustausch gleich käme, erklärt dies nur, warum keine Vollversicherung für regelmäßig wiederkehrende Schäden angeboten wird, nicht jedoch, warum es keine Katastrophendeckung gibt. Externe Effekte in Form von moral hazard und adverse selection können ein Allokationsoptimum verhindern. In den Veröffentlichungen zur Elementarschadenversicherung wird immer wieder die These vertreten, dass ein Angebot der Privatversicherer an einer negativen Risikoauslese scheitern würde. Die Versicherungswirtschaft kann heute alle Gefahren der erweiterten Elementarschadenversicherung hinreichend genau einschätzen.[1] Dennoch zeigen detaillierte Fragen in den Risikoanalysebogen und die Antworten der Unternehmen im empirischen Teil, dass trotz hochkomplexer technischer Instrumente wie ZÜRS grundsätzlich ein Informationsvorsprung beim Versicherungsnehmer vorhanden ist. Diese zweifelsohne weiterhin existenten Informationsvorsprünge der Versicherungsnehmer reichen aber nicht aus, Ineffizienzen oder Marktversagen zu verursachen. Im Gegensatz zur Zeit vor ZÜRS kann adverse selection deshalb nicht mehr als Bestimmungsgrund für die geringe Versicherungsdichte herangezogen werden. Heute wird dieser Begriff fälschlicherweise verwendet, um zu beschreiben, dass die Nachfrage für eine Elementarschadendeckung in hoch exponierten Gegenden besonders ausgeprägt ist und weniger stark gefährdete Ge-

---

[1] Vgl. *o.V.* (2002i).

biete keinen Versicherungsschutz nachfragen.[1] Schon *Rommel* bezeichnete als grundlegendes Problem der Elementarschadenversicherung, dass die Nachfrage nur von denjenigen ausgeht, die ein exponiertes Wagnis versichern wollen. Infolgedessen ist ein Risikoausgleich im Portefeuille des Versicherers nicht möglich.[2] Diese Beschreibung trifft den Kern, ist aber keine negative Risikoauslese im Sinne einer adversen selection.

Im Unterschied zur negativen Risikoauslese ist unstrittig, dass moral hazard auf den Versicherungsmärkten für Elementarrisiken beobachtet werden kann. Allerdings ist es nicht möglich, einen Schaden wie in der Feuerversicherung willkürlich hervorzurufen.[3] Dennoch gibt es in diesem Versicherungszweig die Möglichkeit der Manipulation.[4] Ein Unterschied in der Einschätzung der Unternehmen besteht bei den integrierten Selbstbehalten. Sie werden lediglich als Ursache für das geringe moralische Risiko genannt, obwohl die Integration dieses versicherungstechnischen Instruments auch als Argumentationsgrundlage gegen die Existenz der adversen selection dienen könnte. Der Grund hierfür könnte an fehlenden Optionen der Versicherungsnehmer bei der Wahl verschiedener Franchisenmodelle liegen. Ein „Signaling“ der guten Risiken ist deshalb nicht möglich. Da im Umkehrschluss nur wenige Unternehmen Kontrakte ohne Selbstbehalte anbieten, setzen die angebotenen Versicherungsverträge trotzdem Anreize für Schadenminderungsmaßnahmen und senken das moral-hazard Risiko bei allen Versicherungsnehmern. Auch wenn informationelle und kontrakttheoretische Argumente als Begründung für ein Versagen der Versicherungsmärkte herangezogen werden, sind sie auf den Märkten für Elementarrisiken nicht in einem Maße vorhanden, das ein Marktversagen begründen könnte.

Neben diesen Marktversagenstatbeständen kann es Marktunvollkommenheiten geben. Eine Ursache solcher Hemmnisse liegt im System der sozialen Fürsorge. So kann es für Individuen mit geringem Vermögen rational sein, auf Versicherungsschutz zu verzichten. Es entsteht ein negativer externer Effekt, da die fehlende finanzielle Risikovorsorge über Steuermittel ausgeglichen wird. Neben dieser Mindestabsicherung führen Schadenregulierungen durch die öffentliche Hand zu direkten Überschneidungen mit dem Angebot der Assekuranz. Hierdurch entsteht eine Erwatungshaltung für künftige Naturkatastrophen. In diesem Prozess werden risikoreiche Verhaltensweisen der Wirtschaftsakteure und unterlassene Präventionsmaßnahmen nicht sanktioniert. Im Umkehrschluss werden Schadenminderungsmaßnahmen und finanzielle Vorsorge der Bürger bestraft,

---

1 Vgl. *Schweizerische Rückversicherung-Gesellschaft (Hrsg.)* (1998), S. 29.

2 Vgl. *Rommel* (1937), S. 34.

3 Vgl. *Hax* (1964), S. 24.

4 So könnten Mauerrisse, die sich über Jahrzehnte an einem Gebäude entwickelt haben, nach einem Erdbeben als Schäden durch die Realisation dieser Naturgefahr gemeldet werden (Vgl. *Münchener Rückversicherungs-Gesellschaft (Hrsg.)* (1993), S. 17).

indem die Kosten den Wirtschaftsakteuren allein zufallen und im Katastrophenfall der Abschluss eines Versicherungsvertrages dazu führt, dass kein Anspruch auf öffentliche Gelder besteht. Das gegenwärtige System in der Bundesrepublik führt so zu erheblichen Anreizdefizite bei der Schadenvermeidung und individuellen Vorsorge. Es entstehen negative externe Effekte für die Versicherungsnachfrage, sodass Marktunvollkommenheiten hieraus ebenso abgeleitet werden können wie aus Nutzenunkenntnissen. In diesem Zusammenhang erschweren die Charakteristika der Naturereignisse die Einschätzung der Nachfrager über den Nutzen der Risikovorsorge. So werden die Gefahren durch Informationsdefizite, durch die Seltenheit der Ereignisse und durch fehlende Weiterleitung der persönlichen Erfahrungen an nächste Generationen systematisch unterschätzt. Aus diesem Grund die Elementarschadenversicherung als meritorisches Gut zu interpretieren und hieraus staatliche Eingriffe in den Markt zu fordern, ist aufgrund der möglicherweise vorhandenen Präferenzen kritisch zu sehen, zumal die empirische Analyse gezeigt hat, dass die Versicherer der Auffassung sind, dass das Risikobewusstsein in der Zeit gestiegen ist. Ungeachtet dessen passt eine solche Argumentation nach *Graf v. d. Schulenburg* „...in das paternalistische Weltbild des 19. Jahrhunderts, nicht jedoch in eine im globalen Wettbewerb befindliche Marktwirtschaft des 21. Jahrhunderts."[1] Eine weitere Grenze eines auf Basis meritorischer Güter begründeten Staatseingriffs findet sich bei genauerer Betrachtung der Risikogruppen. Hiernach teilt sich die Nachfrageseite des Marktes in drei Bereiche. Die erste Gruppe besteht aus denjenigen, die von einer Gefahr bedroht sind, diese auch erkennen, aber aufgrund ihres hohen Schadenpotentials keinen Versicherungsschutz abschließen können, bzw. diesen nur zu prohibitiv hohen Kosten erhalten würden. Diese Gruppe ist darauf angewiesen, umfangreiche Schadenverhütungsmaßnahmen und finanzielle Vorsorge für den Schadenfall vorzuhalten oder im Extremfall das Risiko durch Wegziehen aus einem gefährdeten Bereich auszuschließen. Aber selbst, wenn diese Gruppe nicht umsiedelt und keine angemessenen Schadenverhütungsmaßnahmen ergreift, ist die Bezeichnung dieses Verhaltens als irrational kritisch. So kann es sein, dass die Präferenzen für den Lebens-/Wirtschaftsraum in der Nähe von Gewässern derart hoch sind, dass das Risiko eines Schadens auch ohne Versicherungsschutz in Kauf genommen wird. Dies könnte ebenfalls die geringe Neigung der Geschädigten nach den Hochwassern 2002 erklären, aus den gefährdeten Bereichen wegzuziehen. Die Validierung eines solchen, im Extremfall risikofreudigen Verhaltens, könnte in empirischen Arbeiten untersucht werden. Die zweite Gruppe ist nur als leichtes bis mittleres Risiko für Elementargefahren eingestuft und hat entweder eine am Markt erhältliche Police gegen dieses Risiko abgeschlossen oder substituiert den Versicherungsschutz mit anderen Mitteln des Risikomanagements. Offensichtlich handeln diese beiden Gruppen individuell rational, da sie für die

---

[1] *Schulenburg* (2004), S. 13.

drohende Gefahr gemäss ihren Präferenzen Vorsorge treffen. Die dritte Gruppe hingegen sorgt nicht für private Vorsorge. Sie beinhaltet sowohl wenig gefährdete Risiken, die sich nicht versichern und keine individuelle Vorsorgemaßnahmen treffen, ebenso wie hochgefährdete Risiken ohne spezifische Präferenzen wie die erste Gruppe. Die Gründe für die unzureichende Vorsorge liegen sowohl in der subjektiven Risikowahrnehmung, die den Eintritt einer Elementargefahr unterschätzt, als auch in der Dominanz von Gegenwartspräferenzen bei der Verwendungsentscheidung über die Periodenvermögen. Verordnet der Staat einen Zwangskonsum, so tut er das allein auf Basis der dritten Gruppe. Insbesondere für die zweite Gruppe können Schadenpräventionsmaßnahmen effizienter sein als der Abschluss eines Versicherungsvertrages, sodass es i.d.R. zu Verteilungseffekten kommt. Folglich wird ein Markteingriff aus paternalistischen Gründen für die dritte Gruppe gefordert, deren Mitglieder z.B. aufgrund von Budgetrestriktionen keine Vorsorge betreiben oder hierfür aufgrund von Informationsdefiziten keinen Bedarf sehen.

Ergänzt werden diese nachfrageseitigen Mängel durch Unvollkommenheiten der Angebotsseite. So werden neben relativ hohen Preisen und einer restriktiven Risikozeichnung Ineffizienzen im Vertrieb der Elementardeckungen gesehen, indem der Versicherungsaußendienst nur dann diese Deckung anbietet, wenn er eine Gefährdung sieht. Daneben handelt es sich um ein relativ junges Produkt, das von einigen Unternehmen noch nicht lange bzw. in Einzelfällen bisher gar nicht angeboten wird, sodass Entwicklungspotential besteht. Gleichwohl bleibt ungeklärt, warum es keinerlei Angebot zur Übernahme von Teildeckungen in den am stärksten gefährdeten Gebieten gibt, obwohl die Versicherer das Kumulrisiko durch eine Festlegung von Zeichnungskapazitäten (Mengenregulierung) begrenzen. Unter Berücksichtigung der Charakteristika der Nachfrageseite kommt es in diesen besonders gefährdeten Gebieten offensichtlich zu keinem Marktgleichgewicht, da sich in einer trivialen Betrachtung Angebots- und Nachfragekurve nicht schneiden. Eine detaillierte empirische Analyse der aufgeworfenen Bestimmungsgründe könnte an dieser Stelle wertvolle Forschungserkenntnisse liefern. Abschließend bleibt festzuhalten, dass es Indizien für ein Versagen des Versicherungsmarktes für hoch gefährdete Risiken gibt. Da Versicherungen im Gegensatz zu anderen Gütern eine hohe sozialpolitische Komponente aufweisen, kann ein staatlicher Eingriff in den Markt gerechtfertigt sein.[1] Insbesondere die unterlassene finanzielle Vorsorge der Haushalte ist ein Argument, das bereits im Rahmen der gesetzlichen Regelungen zur Altersversorgung angeführt worden ist.[2] Durch die Antizipation staatlicher Hilfen im Schadenfall und hiermit unmittelbar zusammenhängender ungenügender Präventionsmaßnahmen kann ebenfalls ein Staatseingriff in den Markt hergeleitet werden. Letztlich ist „...die Frage

---

[1] Vgl. *Wolters* (1995), S. 33.
[2] Vgl. *Nell* (2002), S. 583.

nach einem Handlungsbedarf von staatlicher Seite aus politischer Natur..“[1], wobei der Staat in einem solchen Fall sowohl Geschädigter eines solches Prozesses ist, weil er im Katastrophenfall seinen Fürsorgepflichten nachkommen muss, als auch Initiator, weil er falsche Anreize setzt und im Extremfall eine individuelle Vorsorge sanktioniert. Auf Basis dieser Abweichungen von idealtypischen Bedingungen eines Referenzmodells lassen sich staatliche Eingriffe in den Markt in Abhängigkeit von den Korrekturmöglichkeiten, deren Folgewirkungen und den entstehenden Kosten ableiten. Hierzu bedarf es Kriterien nach denen die Gestaltungsmöglichkeiten beurteilt werden können. Diese Referenzkriterien werden im nächsten Kapitel erarbeitet.

---

[1] *Gardette* (1997), S. 230.

# *5. Entwicklung von Referenzkriterien für eine Neugestaltung der Elementarschadenversicherung - Implikationen aus dem Fallbeispiel der Hochwasser 2002*

## *5.1. Erkenntnisse aus einem Vergleich der Entschädigungswege*

### *5.1.1. Finanzierung der erforderlichen Mittel*

Im Anschluss an die Hochwasser 2002 gab es eine intensive Diskussion um staatliche Eingriffe in den Versicherungsmarkt für Elementarrisiken, die ausführlich im sechsten Kapitel dargestellt werden. Zur Beurteilung der verschiedenen Gestaltungsmöglichkeiten werden jetzt Kriterien entwickelt, die denen eines idealtypischen Referenzmodells entsprechen. Hierin fließt ein Vergleich der drei Entschädigungswege ein, der ergänzt wird durch empirisch gewonnene Erkenntnisse aus den Versicherungsmärkten. Diese Vorgehensweise ist nötig, weil eine staatliche gegenüber einer versicherungswirtschaftlichen Schadenregulierung nicht in jedem Punkt nachteilig ist, wie es in der Öffentlichkeit vielfach dargestellt wird.[1] Deshalb sollen innerhalb dieses Abschnitts die komparativen Vor- und Nachteile der Regulierungsalternativen anhand von drei Unterscheidungsmerkmalen herausgearbeitet werden, die im Fallbeispiel (Kapitel 3) deutlich wurden.[2] Zu diesen Differenzierungsmerkmalen zählen erstens die Mittelfinanzierung, zweitens die Mittelverwendung und drittens die notwendigen Maßnahmen und Instrumente zur Durchführung der Schadenregulierung, die im Folgenden als Entschädigungsinfrastruktur bezeichnet werden.

Bei der Finanzierung der Mittel wird eine ex ante und eine ex post Erhebung des Kapitals unterschieden. Für eine ex post Finanzierung, wie bei der Verschiebung der Steuerreform für den Aufbauhilfefond, besteht das Risiko, dass die Mittel geringer ausfallen als erwartet. Es entsteht ein Deckungsdefizit, sodass die Finanzierung und/oder der Umfang der Schadenregulierung angepasst werden müssen.[3] Deshalb wurde der Aufbauhilfefonds erst stufenweise zur Verfügung gestellt. Ein time-lag zwischen der Mittelberechnung, der Wahl einer Finanzierungsart sowie der Freigabe und Verwendung der Gelder ist charakteristisch für eine ex-post Finanzierung, da der Aufwand für die Kalkulation des Mittelbedarfs mit der Größe des Ereignisses steigt.[4] Neben diesen Unsicherheiten ist für die Finanzierung ein „goodwill" der Mittelgeber, in diesem Fall der Parlamente, er-

---

1 Ein staatlich auferlegter Lastenausgleich kann z.B. sinnvoll sein, wenn durch Kriege viele Personen und Unternehmen geschädigt werden (Vgl. *Hax* (1964), S. 21).

2 Der Fokus richtet sich auf die staatliche Regulierung und auf die Versicherungsmärkte. Aspekte privater Spendenzahlungen werden ihrer Bedeutung entsprechend knapp dargestellt.

3 Vgl. *Sächsische Staatskanzlei (Hrsg.)* (2003), S. 109 f.

4 Vgl. *Schmid* (2002), S. 7.

forderlich. Solidaritätsleistungen zwischen den Bundesländern wie 2002,[1] können nicht immer antizipiert werden. Dies schränkt die Berechenbarkeit weiter ein. Neben einer Unterdeckung der benötigten Gelder, ist eine Überschätzung möglich. Hierdurch besteht die Gefahr, dass Mittel zweckentfremdet verwendet werden,[2] weil im Unterschied zu Versicherungen keine Rücklagen für künftige Ereignisse gebildet werden.[3] Neben Problemen bei der Erhebung der Mittel, können durch steuerfinanzierte Hilfen Verteilungsungerechtigkeiten entstehen. So werden bei der Steuererhebung keine Risikogruppen unterschieden. Vielmehr wird für die Steuerhöhe die wirtschaftliche Leistungsfähigkeit zugrundegelegt. Im Extremfall finanzieren viele von Naturkatastrophen nicht bedrohte Steuerzahler das Risiko einzelner.[4] Auch alternative Finanzierungswege für öffentliche Hilfen führen zu Folgeeffekten. So könnten durch Kreditneuaufnahmen Generationskonflikte entstehen, wenn die Kosten von heute nachfolgende Generationen belasten. Gleiches gilt für Umschichtungen im Budget öffentlicher Haushalte. Da diese Mittel bereits verplant sind, müssen die gekürzten Haushaltsposten, ihre Budgetplanungen nach unten korrigieren.[5]

Hiervon unterscheidet sich die ex-ante Finanzierung über Versicherungsprämien grundlegend. In der Assekuranz werden sowohl Schadenverhütungsmaßnahmen des Staates (z.B. durch Zonierungen) als auch individuelle Maßnahmen bei der Risikokalkulation berücksichtigt. Diese Prämienkalkulation erfolgt ex ante auf Basis von Vergangenheitsdaten unter Einbeziehung der erwarteten Entwicklung. Als weitere Bestimmungsgründe beeinflussen die Versicherungssummen und die -bedingungen den Schadenbedarf und damit die Prämien. Im Schadenfall werden die Prämieneinnahmen durch vertraglich vereinbarte Beteiligungen der Rückversicherer und durch Gelder aus Rückstellungen ergänzt. Es stehen permanent Mittel und Forderungen (auf Abruf) zur Verfügung. Der EU-Katastrophenfonds wird ebenfalls ex-ante finanziert. Hier gibt es ein festgelegtes Finanzbudget für die Schadenregulierung von Naturkatastrophen, wovon 25 % bis zum 1. Oktober eines Jahres als Reserve zurückbehalten werden.[6] Im Unterschied zur Assekuranz

---

1 Vgl. *Höreth/Wolf/Zipfel* (2002), S. 2067.

2 Vgl. *o.V.* (2003f).

3 Die nicht benötigte Mittel werden von den Versicherungsunternehmen für Schwankungen in den Schadenverläufen zurückgelegt. Dieser Unterschied zu der staatlichen Regulierung führte dazu, dass eine Diskussion darüber entstand, offene Mittel des Fonds anderweitig zu vergeben (Vgl. *o.V.* (2003f)) oder zwischen Bund und Ländern zu verteilen (Vgl. *o.V.* (2003a)).

4 Vgl. *Gruber* (2002), S. 738.

5 Vgl. *Polleit* (2002). Es entstehen Verteilungseffekte zwischen den Bundesländern durch die Art der Mittelfinanzierung. So sollten speziell in Sachsen und Sachsen-Anhalt positive Wachstumsimpulse durch die zur Verfügung stehenden Mittel gesetzt werden (Vgl. *Münchener Rückversicherungs-Gesellschaft (Hrsg.)* (2003), S. 31).

6 Vgl. *o.V.* (2002u). Hierdurch können Verteilungskonflikte entstehen, wenn die notwendigen Mittel für eine Naturkatastrophe zu Jahresbeginn größer sind als die zu diesem Zeitpunkt zur

werden die tatsächlich bedrohten Werte und die unterschiedlichen Ausprägungen der Naturgewalten nicht berücksichtigt. Da kein Ersatz für versicherbare Schäden geleistet werden soll, ist der Katastrophenfonds keine Alternative zur privaten Risikovorsorge.

Die dargestellten Argumente gegen eine ex-post Finanzierung sind ebenfalls auf Spenden anwendbar. Hinzu kommt, dass Spenden fiskalischen Bestimmungen unterworfen sind, die eine steuerliche Geltendmachung der Gelder an die Verwendung für mildtätige Zwecke koppelt. Hieraus entstehen Flexibilitätsprobleme, da die Mittel nicht immer entsprechend des notwendigen Bedarfs eingesetzt werden können.[1] Daneben ist die Finanzierung der Vorhaben vom Wohlwollen der Spendenden und deren finanziellen Möglichkeiten abhängig. Deshalb ist dieser Finanzierungsweg besonders unsicher.

Somit hat die ex-ante Finanzierung komparative Vorteile im Vergleich zu einer ex-post Erhebung der Mittel. Dies gilt insbesondere dann, wenn bei der Finanzierung Schadenpotentiale und Vorsorgemaßnahmen berücksichtigt werden sollen.

### *5.1.2. Aufbau einer Entschädigungsinfrastruktur*

Der Aufbau einer Entschädigungsinfrastruktur umfasst die mit der Schadenermittlung und -regulierung betrauten Personen im Sinne einer Aufbau- und Ablauforganisation. Üblicherweise verursachen Naturgewalten Massenschäden, die eine Vielzahl von Haushalten betreffen. Deshalb ist eine dezentrale Schadenregulierung notwendig, die örtliche Organisations- und Koordinierungsbereiche einschließt.

Im Jahr 2002 wurde die Infrastruktur zur Erhebung des Mittelbedarfs und zur Vergabe der Gelder erst nach Eintritt der Hochwasser erstellt. Neben einer Vielzahl von unterstützenden Personen wurden kurzfristig Spezialisten mit Fachwissen zur Einschätzung von Gebäudeschäden gesucht,[2] da nur eine zeitnahe Erhebung von Einzelschäden eine Quantifizierung des Gesamtausmaßes einer Katastrophe ermöglichte.[3] Für die Schadenregulierung mussten weitere Voraussetzungen geschaffen werden. Hierbei wurde i.d.R. auf bestehende staatliche Institutionen zurückgegriffen. Den betroffenen Bürgern halfen je nach Programm und Zweckbestimmung der Mittel z.B. die Kreisverwaltungen, die Verwaltungen der kreisfreien Städte, die Aufbaubanken sowie diverse Ministerien, Landestreu-

---

Verfügung stehenden Gelder.

1 Vgl. *o.V.* (2002h), S. 1410.

2 Allein in Sachsen wurden 450 Architekten- und Ingenieurbüros für die Ermittlung von Wohngebäudeschäden beauftragt (Vgl. *Sächsische Staatskanzlei (Hrsg.)* (2003), S. 4).

3 Vgl. *Paetow* (2002), S. 1483 f.

handstellen oder Regierungspräsidenten.[1] Diese Ansprechpartner[2] mussten zunächst die Anspruchsgrundlagen prüfen und die bereits gezahlten Entschädigungen ermitteln. Durch z.T. parallele Verwaltungsvorgänge entstanden Zeitverzögerungen, die eine schnelle und unbürokratische Hilfe erschwerten. Technische Hilfsmittel standen zunächst nicht zur Verfügung. Erst nach der Flut wurde auf Initiative des Bundes eine Schadenkatastersoftware entwickelt, die Entschädigungsleistungen des Bundes, der Länder und der Hilfsorganisationen erfasste,[3] um eine Überregulierung zu vermeiden.[4]

Im Unterschied zum Staat verfügt die Assekuranz bereits über eine entsprechende Infrastruktur. Gleiches gilt für technisches Know-how durch Bausachverständige und Ingenieure. Daher wurden die Schäden der Versicherten grundsätzlich schneller beglichen als die der Nicht-Versicherten. Die Versicherten zeigten sich generell zufriedener mit der Entschädigung, wie eine Studie des Deutschen Komitees für Katastrophenvorsorge zeigt. Die Unzufriedenheit der Nicht-Versicherten wurde mit einer zu geringen finanziellen Unterstützung, zu langen Bearbeitungszeiten, einer komplizierten bürokratischen Bearbeitung und einer Verweigerung der Gelder begründet.[5] Die Effizienzvorteile einer bereits bestehenden Infrastruktur gegenüber einer ad-hoc Vorgehensweise werden auf diese Weise deutlich.

### *5.1.3. Charakteristische Unterschiede in der Verwendung der Mittel*

Die jeweiligen Vor- und Nachteile der Regulierungswege wurden insbesondere bei der Mittelverwendung deutlich. Zur Ermittlung der Gesamtschadenhöhe legte der Staat nach der Flut Kriterien fest,[6] die sich als traditionelles Instrumentarium

---

[1] Vgl. *Bundesministerium des Inneren (Hrsg.)* (2002c).

[2] Vgl. *Bayerisches Staatsministerium der Finanzen (Hrsg.)* (2002), S. 16 ff. Allein die Förderprogramme des Bundesministerium für Verkehr, Bau- und Wohnungswesen enthielten über 90 Ansprechpartner. Hierbei entstand ein Zielkonflikt zwischen zeitnaher Mittelbereitstellung und Berücksichtigung von „Sorgfaltsstandards" (Vgl. *o.V.* (2002t)). Die Belastung der Verwaltungskapazitäten mit diesen Zusatztätigkeiten führte zu Engpässen in der Bearbeitung hochwasserfremder Vorgänge (Vgl. *Sächsische Staatskanzlei (Hrsg.)* (2003), S. 109 f).

[3] Vgl. *Bundesministerium des Inneren* (2003).

[4] Vgl. *Citlak/Wagner* (2001), S. 101.

[5] Vgl. *Petrow/Thieken/Kreibich et al.* (2003), S. 67. Die sächsischen Soforthilfen wurden bis zum Januar 2003 fast vollständig abgerufen. Anders ist es bei den langfristigen Aufbauprogrammen, von denen bis dahin zwischen 27,1 % (Bund-Länder Aufbauhilfe für Wohngebäude) und 61,2 % (Bund-Länder Aufbauhilfe für Schäden bis 100.000 EUR für Unternehmen) ausgeschüttet wurden. Begründet wurde dies mit verzögerter Rechnungserstellung der Baufirmen, zeitverzögerten Wiederaufbaumaßnahmen nach den Frostperioden des Winters, fehlenden Gutachten, Lieferfristen für Maschinen usw. (Vgl. *Sächsische Staatskanzlei (Hrsg.)* (2003), S. 63 ff.).

[6] Die Kriterien zur Schadenberechnung waren erst relativ spät bekannt, sodass die Erhebungen i.d.R. pauschalierend getätigt werden mussten. Erst nach der Flutkatastrophe wurde ein ein-

öffentlicher Zuwendungen an Neu- und Erweiterungsinvestitionen orientierten.[1] Die staatlichen Hilfen unterschieden sich in wesentlichen Punkten von den Entschädigungsregelungen in den Allgemeinen Versicherungsbedingungen. Für die öffentlichen Hilfen wurden nur unmittelbare Schäden[2] registriert, die durch Hochwasser oder hochwasserbedingtes Aufsteigen des Grundwassers entstanden sind. Nachgängige und vorherige Schadenlagen blieben unberücksichtigt.[3] Im Unterschied hierzu definiert die Assekuranz den Versicherungsfall ex ante und trifft (in den betrachteten Versicherungszweigen) keine Einschränkungen hinsichtlich der Zeitdauer, in der sich ein Schaden ereignet haben muss.[4] Die Ermittlung der Schadenhöhe durch den Staat bezog sich auf die Wiederherstellungskosten bzw. die Ersatzbeschaffung beschädigter Sachen. Während der Begriff der „Wiederherstellungskosten" auch in den Allgemeinen Versicherungsbedingungen verwendet wird, ist die Nutzung des Terminus „Ersatzbeschaffung" ungebräuchlich und interpretationsfähig. So kann eine Ersatzbeschaffung grundsätzlich zum Neuwert oder zum Zeitwert stattfinden und mit letzterem den Wertverlust berücksichtigen.[5] Ähnliches gilt für die Voraussetzungen, die an den Erhalt

---

heitlicher Schadenbegriff zwischen Bund und Ländern gewählt, da man zuvor keine Erfahrungen und Methoden zur Schadenermittlung und zum -ausmaß hatte.

1 Vgl. *Sächsische Staatskanzlei (Hrsg.)* (2003), S. 99 ff. Aus diesen Kritikpunkten leitet die Sächsische Staatskanzlei folgende Forderungen ab: Erstens Verzicht auf das Nebeneinander von Bundes-, Länder- und Bund-/Länder Programmen; Zweitens: Verzahnung der Einzelprogramme; Drittens: Zeitliche Abgrenzung der Soforthilfen von den Aufbauhilfen, um im Sinne einer Nachhaltigkeit künftige Schäden zu vermeiden und Viertens: Bestehender Versicherungsschutz als zwingende Voraussetzung für künftige Fördervereinbarungen.

2 Es entstand eine Diskussion um die Regulierung mittelbarer Schäden, z.B. Verdienstausfälle und Umsatzeinbußen ( Vgl. *o.V.* (2002a)). Die Entschädigung wurde mit der Begründung abgelehnt, dass hierdurch der Aufbauhilfefonds eine Vielzahl weiterer Schäden abdecken müsste, wodurch in stark betroffenen Ländern wie Sachsen nicht einmal die unmittelbaren Schäden hätten beglichen werden können (Vgl. *Sächsische Staatskanzlei (Hrsg.)* (2003), S. 16).

3 Vgl. *Bundesministerium des Inneren* (2002b), S. 2. Im Juli 2002 entstanden in Niedersachsen und Schleswig-Holstein starke Schäden durch lokale Hochwasser. In beiden Bundesländern gab es infolgedessen Hilfsmaßnahmen der Landesregierungen. So wurden in Schleswig Holstein an 32 „soziale Härtefälle" mindestens 3.000 EUR aus dem Sozialfonds des Landes ausgezahlt (Vgl. *Hildenbrand/Nilges* (2002)). Die niedersächsische Landesregierung stellte 1 Mio. EUR zur Verfügung. Diese Summe wurde hälftig für eine Erhöhung der betroffenen Deiche und einen Härtefonds für Hochwasseropfer aus ganz Niedersachsen verwendet. Trotz einer Initiative Niedersachsens gelang es später nicht, Mittel aus dem Flutopfersolidaritätsfonds für die Betroffenen dieser Ereignisse zu erhalten (Vgl. *Zick* (2002). S. 1).

4 Dies gilt für die Hausrat-, die Gebäude- und Inhaltsversicherung. In anderen Versicherungszweigen, wie der Haftpflichtversicherung, wird der Eintritt des Versicherungsfalls zeitlich einschränkt.

5 Dennoch wurde die relativ großzügige Schadenregulierung durch öffentliche Mittel kritisiert. Aus diesem einmaligen Vorgang darf nach Meinung der Politik keine Erwartungshaltung für die Zukunft entstehen (Vgl. *Sächsische Staatskanzlei (Hrsg.)* (2003), S. 105). Folgerichtig müssten von Seiten des Staates Maßnahmen ergriffen werden, um eine Eigenvorsorge für

öffentlicher Mittel geknüpft wurden. So schloß bestehender Versicherungsschutz den Erhalt staatlicher Gelder in einigen Hilfsprogrammen aus[1] in anderen wurde er lediglich angerechnet.[2] In einigen Bundesländern kam die Prüfung der finanziellen Leistungsfähigkeit der Geschädigten bei der Mittelvergabe hinzu.[3] Durch Abweichungen in der Höhe und Art der Zuwendungen innerhalb der Länder entstanden regionale Ungleichbehandlungen.[4] Hierfür verantwortlich ist die föderale Struktur der Bundesrepublik und das im Grundgesetz manifestierte Subsidiaritätsprinzip. Wirtschafts- und sozialpolitische Interessen beeinflussen die Art und Höhe der Mittelvergabe.[5] Durch fehlende standardisierte Vorgaben und Ziele war die Diskussion von Eigeninteressen der geschädigten Bundesländer geprägt, die möglichst hohe Finanzhilfen forderten[6] und dadurch die Regulierung verzögerten. Auch wenn diese Parallelitäten durch das Nebeneinander von Bund-, Bund-/Länder- und Länderprogrammen die Schadenregulierung erschwerten, konnten länderspezifische Folgeeffekte der Hochwasser bewältigt und unterschiedliche Schadenarten und –strukturen berücksichtigt werden. Unabhängig von der Zielsetzung der Programme war eine Verzahnung der Sofort- und Aufbauhilfeprogramme nicht immer gegeben. Die Vergabe von Soforthilfen war besonders durch eine vereinfachte Antragsprüfung gekennzeichnet. Ein Schadennachweis musste nicht geführt werden, weil es ausreichte die Richtigkeit der gemachten Angaben durch eine Unterschrift zu versichern.[7] Damit bestand die Gefahr, dass Schäden über dem tatsächlichen Wert angegeben wurden. Letztlich setzten sich bei der Mittelverwendung die Kalkulationsprobleme der Finanzierung fort, da die (potentiell) Betroffenen staatliche Hilfszahlungen und/oder Spendenzahlungen nicht in ihr Risikomanagement einkalkulieren konnten. Gleiches gilt für Präventionsmaßnahmen, die sowohl bei der Finanzierung als auch bei der Verwendung

---

Schäden durch Naturgewalten zu fördern bzw. zu ermöglichen.

1 Vgl. *Bayerisches Staatsministerium der Finanzen (Hrsg.)* (2002), S. 4.

2 Vgl. *Bundesministerium für Verkehr-, Bau- und Wohnungswesen (Hrsg.)* (2003), S. 5. Durch bestehende Datenschutzgesetze wurde der datentechnische Abgleich zwischen staatlichen Stellen und der Assekuranz untersagt. Somit waren staatliche Stellen auf die Auskünfte der Betroffenen angewiesen (Vgl. *Petrow/Thieken/Kreibich et al.* (2003), S. 66).

3 Hierbei durfte für öffentliche Hilfen keine Möglichkeit zur Eigentragung der Schäden vorhanden sein (Vgl. *Bayerisches Staatsministerium der Finanzen (Hrsg.)* (2002), S. 12).

4 Durch die Kriterien der Mittelvergabe konnten Folgeeffekte für unbeteiligte Dritte entstehen. So wurden im Rahmen des Förderprogramms der Deutschen Ausgleichsbank nur Unternehmen unterstützt, deren Fortbestand gesichert war (Vgl. *Sächsische Staatskanzlei (Hrsg.)* (2003), S. 30). Dritte (z.B. Gläubiger), die z.B. ihre Forderungen gegenüber dem geschädigten Unternehmen nicht realisieren konnten, wurden auf diese Weise ebenfalls von den Hochwassern betroffen.

5 Vgl. *Graff* (2000), S. 71.

6 Vgl. *o.V.* (2002t).

7 Vgl. *Bayerisches Staatsministerium der Finanzen (Hrsg.)* (2002), S. 4.

der Mittel unberücksichtigt blieben.[1] Anreize zur Schadenminderung werden deshalb durch die öffentliche Hand nur im Rahmen der Gesetzgebung durch Ge- und Verbote geliefert.[2] Ökonomische Anreize bestehen insbesondere dann nicht, wenn künftig öffentliche Mittel erwartet werden.

Aber die staatliche Schadenregulierung hat auch Vorteile gegenüber dem Versicherungswesen. Versicherungen fordern grundsätzlich[3] den Wiederaufbau eines zerstörten Objektes an gleicher Stelle, anderenfalls wird die Entschädigungsleistung vom Neuwert auf den Zeitwert reduziert. Dadurch wird die Wertekonzentration in einer Risikozone nach einem Katastrophenereignis nicht verringert.[4] An dieser Stelle kann der Staat durch die ex post Festlegung der zu regulierenden Schäden Akzente setzen.[5] So wurde beim Oder-Hochwasser 1997 ein Wiederaufbau an stark gefährdeter Stelle sanktioniert.[6] Diese Flexibilität der öffentlichen Hand wurde auch dadurch sichtbar, dass Schäden reguliert wurden, für die es keinen (z.B. Liquiditätsengpässe)[7] oder nur ausgesprochen selten Versicherungsschutz gibt (z.B. Ölschäden an Gebäuden). Zudem konnten auf regionale[8] und soziale Aspekte Rücksicht genommen[9] und wirtschaftspolitische Akzente gesetzt werden, wie z.B. im Falle der lohnsteuerlichen und sozialversicherungsrechtlichen Soforthilfemaßnahmen.[10] Ein Vergleich des Angebots für Elementarschadenversicherungen und der tatsächlich entstandenen Schäden zeigt, dass eine vollständige Abdeckung aller direkten Schäden durch Versicherungsmärkte nicht möglich gewesen wäre. So traten die meisten Schäden an Infrastrukturein-

---

1 Zudem entstanden Konflikte der Bundesländer untereinander, weil Vorsorgemaßnahmen der Länder bei der Mittelzuwendung unberücksichtigt bleiben (Vgl. *Landesregierung Mecklenburg-Vorpommern (Hrsg.)* (2003)).

2 Vgl. *Münchener Rückversicherungs-Gesellschaft (Hrsg.)* (1997), S. 34. Es müssen z.B. (zumutbare) Schnee- und Eismassen nach § 823 BGB von Gebäudedächern entfernt werden.

3 Auch wenn die Assekuranz im Zusammenhang mit den Hochwassern 2002 diese Regelung z.T. außer Kraft gesetzt hat, ersetzt sie keine Kosten, die beim Erwerb neuer Baugrundstücke anfallen (Vgl. *Petrow/Thieken/Kreibich* (2003), S. 43).

4 Hier gab es Zielkonflikte zwischen Sofortmaßnahmen und nachhaltigem Wiederaufbau, wie im sächsischen Röderau-Süd, wo aus Gründen der Nachhaltigkeit eine Umsiedlung beschlossen wurde, nachdem bereits Soforthilfen gezahlt und Schadenbeseitigungsmaßnahmen getroffen wurden (Vgl. *Sächsische Staatskanzlei (Hrsg.)* (2003), S. 99 f.). Ähnliche Umsiedlungsversuche z.B. in der Ziltendorfer Niederung nach dem Oder-Hochwasser 1997 scheiterten am Widerstand der Bewohner (Vgl. *Pergande* (2002)).

5 Vgl. *Bundesministerium des Inneren* (2002c), S. 4.

6 Nach dem Oder-Hochwasser 1997 wurden Spendenmittel an Geschädigte bis zu 90 % des Wiederbeschaffungswertes gezahlt, wenn der Haushalt bereit war, in ein weniger hochwassergefährdetes Gebiet umzusiedeln. Bestand diese Bereitschaft nicht, so wurde nur der Zeitwert ersetzt (Vgl. *Graff* (2000), S. 6).

7 Vgl. *Bundesministerium des Inneren* (2002c), S. 4.

8 Vgl. *Bayerisches Staatsministerium der Finanzen (Hrsg.)* (2002), S. 6 f.

9 Vgl. *Sächsische Staatskanzlei (Hrsg.)* (2003), S. 22.

10 Vgl. *Höreth/Wolf/Zipfel* (2002), S. 2069.

richtungen auf, die nicht über Versicherungspolicen geschützt werden können. Eine staatliche Regulierung ermöglicht somit eine umfangreichere Entschädigung der direkten Katastrophenfolgen.

Auch die Entschädigung durch die Assekuranz hat Vorteile gegenüber den Hilfen der öffentlichen Hand.

- Über entsprechende Klauseln in den Bedingungswerken werden i.d.R Preissteigerungen bis zu definierten Grenzen reguliert,[1] die insbesondere bei einem verzögerten Wiederaufbau entstehen. Damit wird eine neue Deckungslücke verhindert.
- Zwischen Versicherungsnehmer und Versicherer besteht eine Vertragsbeziehung, sodass keine Abgrenzungsprobleme wie bei der Definition des Spendenempfängerkreises entstehen.[2]
- Die Versicherungswirtschaft entschädigt im Gegensatz zum Staat fest umrissene Gefahren für definierte Sachen, die in die Wirtschaftspläne der Versicherten einfließen. Versicherungen tragen damit zur Planungssicherheit bei. Dies gilt insbesondere für Ereignisse, die keine katastrophalen Ausmaße annehmen und nicht mit öffentlichen Geldern finanziert werden.
- Die staatlichen Finanzierungswege zeichneten sich durch ein Nebeneinander von Finanzhilfen, die unentgeltlich beim Empfänger bleiben und zu tilgenden Krediten aus. Im Unterschied hierzu verbleiben die Entschädigungsleistungen der Versicherungswirtschaft bei den Betroffenen.[3]
- Durch die eigenverantwortliche Vorsorge werden ineffiziente Schadenregulierungen verringert, weil die Versicherungsnehmer entscheiden, welche Objekte den finanziellen Vorsorgeaufwand wert sind.[4]

Neben den jeweiligen Unterschieden der Regulierungswege gab es (wenige) Gemeinsamkeiten. So war das zentrale Kriterium für die Mittelvergabe aus dem Fonds „Aufbauhilfe" die „...unterschiedlichen Schadenbelastungen der Betroffenen...",[5] das auch in der Schadenversicherung im Rahmen vertraglicher Vereinbarungen angewendet wird. Eine weitere Gemeinsamkeit besteht darin, dass falsche Angaben der Antragsteller sowohl für öffentliche Hilfen gem. § 264 Strafgesetzbuch strafbar sind,[6] als auch im Rahmen der Obliegenheitsverletzungen des

---

[1] Vgl. *Sächsische Staatskanzlei (Hrsg.)* (2003), S. 29.

[2] Vgl. *ebd.*, S. 111. Industrieunternehmen wurden aus dem Empfängerkreis für öffentliche Mittel ausgeschlossen (Vgl. *Sächsische Staatskanzlei (Hrsg.)* (2003), S. 29).

[3] Vgl. *Bundesministerium des Inneren* (2002c), S. 4.

[4] Leerstehende Wohnungen wurden z.B. durch öffentliche Mittel wiederhergestellt, die anschließend weiter leer standen (Vgl. *Sächsische Staatskanzlei (Hrsg.)* (2003), S. 113).

[5] §2 Abs. 3 AufhFG.

[6] Vgl. *Bundesministerium für Verkehr-, Bau- und Wohnungswesen (Hrsg.)* (2003), S. 5.

Versicherungsvertragsgesetzes sanktioniert werden. Entstehende Schadenvermeidungs- und Schadenverminderungskosten wurden über beide Regulierungswege beglichen.[1] Gleiches gilt für Selbstbeteiligungen, die sich in einzelnen Landesprogrammen fanden und die charakteristisch für die Elementarschadenversicherung sind.[2]

Spendengelder als dritter Regulierungsweg sind in der Mittelvergabe ähnlich flexibel wie die öffentliche Hand. So gab es z.B. Solidaritätsleistungen der Bundesländer untereinander, indem Spendenzahlungen an subjektiv ausgewählte Geschädigte (Kloster, Heimatmuseum) eines anderen Bundeslandes weitergeleitet wurden, weil im eigenen Land kein Bedarf für diese Mittel bestand.[3] Sofern die Spenden nicht monetärer Art sind, entstehen für die Hilfsorganisationen andere Problemfelder, weil Sachspenden nur bedingt verwendbar sind, Stauräume benötigen und zu logistischen Problemen führen.[4] Letztlich haben die Betroffenen auf diesen Regulierungsweg keinen Rechtsanspruch, sie sind auf die Freigiebigkeit der Hilfeleistenden angewiesen. Die Erfahrungen aus den Oder-Hochwassern 1997 haben deutlich gemacht, dass die Verteilung von Spendengeldern problematisch ist. Noch im Jahr 2002 befanden sich Gelder für die Hochwassergeschädigten des Jahres 1997 auf den Konten der Hilfsorganisationen.[5]

Zusammenfassend ist die Schadenregulierung durch Versicherungen eindeutiger und kann besser in die Wirtschaftspläne integriert werden als staatliche ad hoc Hilfen. Staatliche Gelder haben zur Ungleichbehandlung der Betroffenen geführt. Sie bauten nicht aufeinander auf, waren nicht verzahnt und liefen z.T. parallel. Der Vorteil staatlicher Hilfen liegt in der Flexibilität der Programme. Hierdurch konnten Schäden reguliert werden, für die keine private Risikovorsorge am Markt erhältlich ist. Gleichwohl können Entschädigungsleistungen an Bedingungen geknüpft werden, um künftige Schadenpotentiale zu reduzieren.

---

1 Vgl. *Bundesministerium des Inneren* (2002c), S. 6.

2 In Bayern wurden Mittel erst bei einem Mindestschaden gezahlt. Dieses Vorgehen gibt es auch in der Versicherungswirtschaft, wenn Deductibles vereinbart worden sind (Vgl. *Bayerisches Staatsministerium der Finanzen (Hrsg.)* (2002), S. 4).

3 Vgl. *Landesregierung Mecklenburg-Vorpommer (Hrsg.)* (2003).

4 Vgl. *Sächsische Staatskanzlei (Hrsg.)* (2003), S. 106 f.

5 Vgl. *o.V.* (2002h), S. 1410. Durch die hohen Spendenzahlungen wurden Mittel über das Schadenmaß hinaus vergeben (Vgl. *Bayer* (2002), S. 42) und der Kreis der Anspruchsberechtigten auf Unternehmen ausgedehnt.

## 5.2. Empirische Erkenntnisse aus den Versicherungsmärkten

### 5.2.1. Die Hochwasser 2002 in den Jahresabschlüssen der Erstversicherer

Die Hochwasser im August führten in Verbindung mit Frühjahrs- und Herbststürmen[1] im Jahr 2002 dazu, dass die Combined Ratio[2] aller Mitgliedsunternehmen des GDV auf 104 % anstieg. Ohne Elementarschäden hätte die Quote bei 100 % gelegen.[3] Um die Reaktion der Erstversicherer auf die Hochwasser 2002 besser einschätzen zu können, wurden die Berichte der Unternehmen über das Geschäftsjahr in die Analyse einbezogen. Die Auswertung ist analog der Empirie anonymisiert, um keinen direkten Rückschluss auf die teilnehmenden Unternehmen zuzulassen.

Im Allgemeinen Teil des Geschäftsberichts sind fast alle Unternehmen auf die Naturkatastrophen des Jahres eingegangen. Hierbei werden Klimaveränderungen und damit einhergehende Unwetterschäden als „...unverkennbar..." angesehen. Die Versicherer begründen dies mit einem allgemeinen Trend zu höheren Schadenbelastungen durch Elementarereignisse. Neben Überschwemmungen werden vor allem Stürme zur Argumentation herangezogen, deren Öffentlichkeitswirksamkeit kleiner ist als bei Hochwassern. Dies führt ein Unternehmen auf die geringere Diskrepanz zwischen versicherten und volkswirtschaftlichen Schäden bei Stürmen zurück. Gleichwohl ist die Rede von steigendem Risikobewusstsein der Bevölkerung für Naturgefahren. Die Versicherer rechnen durch die Medienberichterstattung mit steigenden Beitragseinnahmen, denen jedoch durch das negative gesamtwirtschaftliche Umfeld keine wachstumsartigen Impulse für die Schadenversicherungszweige folgen werden. Lediglich ein Unternehmen hat die Naturereignisse dazu genutzt über eine Mailingaktion, aktiv Kunden für die Elementarschadendeckung zu gewinnen. Neben diesen allgemeinen Ausführungen gehen die Versicherer innerhalb der Spartenberichte auf Naturgewalten ein. Die Schadenfrequenz hat sich durch die Hochwasser in einigen Versicherungszweigen mehr als verdoppelt. Hervorgehoben werden insbesondere die Allgefahren-

---

[1] Hierzu zählt vor allem das Orkantief „Jeanett", das bei der Allianz zu Bruttoschäden von 80 Mio. EUR führte (Vgl. *Alich* (2002)). Die Münchener Rück rechnet allein für Deutschland mit versicherten Gesamtschäden von 1 Mrd. USD (Vgl. *Münchener Rückversicherungs-Gesellschaft (Hrsg.)* (2003), S. 2).

[2] Die combined ratio ist eine Kennzahl, um das versicherungstechnische Ergebnis des Versicherers zu bewerten. Sie ist die Summe aus Schadenquote (Verhältnis der Schadenaufwendungen zu den Beiträgen) und der Kostenquote (Verhältnis von Provisionen und Verwaltungskosten zu den laufenden Prämieneinnahmen) (Vgl. *Koch/Weiss (Hrsg.)* (1994), S. 193).

[3] Vgl. *Surminski* (2002a), S. 753. Bei den öffentlichen Versicherern stieg der Schadenaufwand für die Elementargefahren in der Hausratversicherung um 814,7 % und in der Wohngebäudeversicherung um 430,4 %. Dennoch waren diese Erhöhungen nach Angaben des VÖV für den Gesamtschadenaufwandes der betrachteten Versicherungszweige von untergeordneter Bedeutung (Vgl. *Verband öffentlicher Versicherer (Hrsg.)* (2003), S. 90 f.).

deckungen in den industriellen und gewerblichen Sachversicherungen, die i.d.R. Überschwemmungsrisiken beinhalten. Neben einem allgemeinen Anstieg der Schadenanzahl lagen die Schadenhöhen durch Großereignisse weit oberhalb der durchschnittlichen Entwicklung. Dieses Element des versicherungstechnischen Risikos wird durch eine hohe Kumulierung der Schäden ergänzt. In diesem Zusammenhang wurden die Versicherer gebeten, anhand einer Skala mitzuteilen, welchen Einfluss die Hochwasser 2002 auf ihren Jahresabschluss hatten. Hiernach verspüren über 60 % der Unternehmen einen stark negativen oder negativen Einfluss. Lediglich 8 % der Versicherer können keine (direkten) Konsequenzen dieses Ereignisses für ihre Gesellschaft feststellen wie Tabelle 15 zeigt.

Tab. 15: Einfluss der Hochwasser auf den Jahresabschluss 2002

| **Stark negativ** | **Negativ** | **Kaum merkbar** | **Keiner** | **Sonstige** | **Gesamt** |
|---|---|---|---|---|---|
| 9 | 22 | 12 | 4[1] | 3[2] | 50 |

Offensichtlich gibt es keinen einheitlichen Betroffenheitsgrad in der Assekuranz. Deshalb wurden die Jahresabschlüsse getrennt nach der Einschätzung der Versicherer analysiert.[3] Die Unternehmen, welche die Auswirkungen auf den Jahresabschluss 2002 als „stark negativ“ klassifizieren, hatten in der Regel ein negatives versicherungstechnisches Ergebnis. In der gewerblichen Sachversicherung konterkarierten die Hochwasser die Sanierungsbemühungen eines Versicherers derart,[4] dass er versicherungstechnische Verluste schrieb. Neben der gewerblichen Sachversicherung waren die privaten Versicherungszweige betroffen, wobei die Auswirkungen insbesondere in der Gebäudeversicherung erwähnt werden. Kein einheitliches Bild ergibt sich bei den Schadenursachen. Während ein Unternehmen die Hälfte seiner gesamten Bruttobeiträge in der Sachversicherung für die Bruttobelastung (d.h. vor Rückversicherung) der Flut aufwendete, spielte hier der Wintersturm Jeanette mit nicht einmal einem Zehntel des Flutaufwandes eine

---

[1] Von den fünf Unternehmen, die angaben, die Hochwasser hätten keinen Einfluss auf ihren Jahresabschluss gehabt, hat eines Überschwemmungsschäden aus dem Deckungsumfang der Elementarschadenversicherung ausgeschlossen, ein anderes bietet diese Deckung erst seit März 2003 an.

[2] Diese Unternehmen machten keine Angaben, da die Zusatzdeckung erst ab dem Jahr 2003 angeboten wurde.

[3] Innerhalb der Jahresabschlüsse werden industrielle und gewerbliche Sachversicherungen nur in Einzelfällen getrennt betrachtet.

[4] Unter einem Sanierungskurs versteht man Maßnahmen des Versicherers, um versicherungstechnische Ungleichgewichte zu minimieren. Hierzu zählen z.B. Prämienerhöhungen, Kündigungen unrentabler Verträge sowie Änderungen in der Annahme-, Bestands- und Akquisepolitik.

untergeordnete Rolle. Ein anderes Unternehmen gibt an, die Schadenaufwendungen um mehr als 40 Prozentpunkte infolge der Sturm und Flutereignisse erhöht zu haben. Ein Versicherer, der schwerpunktmäßig in einem Überschwemmungsgebiet tätig ist, spricht von einem „explosionsartigen" Anstieg der Schadenquoten von mehr als 200 % im Gebäudebereich, in den sonstigen Sachversicherungszweigen hat sich die Bruttoschadenquote dieses Unternehmens nahezu versiebenfacht.

Diejenigen Versicherer, die angeben, dass die Überschwemmungsereignisse einen „negativen Einfluss" auf ihren Jahresabschluss hatten, differenzieren in ihren Bilanzen zwischen Stürmen (vorwiegend das Sturmtief Jeanette) und Hochwassern. Insbesondere die Extended Coverage Versicherung für gewerbliche und industrielle Risiken wird hervorgehoben. Die Spannweite der Auswirkungen reicht von 10 % der Gesamtschadenlast durch die Fluten und das Sturmtief Jeanette über Steigerungsraten von mehr als 30 % bis hin zu einer Verdopplung der gemeldeten Schäden oder des Schadenaufwandes durch Überschwemmungen. Ein ähnliches Bild zeigt sich in den privaten Versicherungszweigen, bei denen z.B. in der Wohngebäudeversicherung eine Steigerung des Schadenaufwandes von über 140 % genannt wird. Dies wird auf Naturkatastrophen zurückgeführt. Schadenquoten von über 100 % über alle Versicherungszweige sind charakteristisch für dieses Geschäftsjahr. Im Allgemeinen werden den Naturkatastrophen 2002 wesentliche Auswirkungen auf die Schadenfrequenz und die -quoten attestiert.

Unter den Versicherern, die einen „kaum merkbaren" Einfluss spüren, gab es Gesellschaften, die auf die Flut 2002 innerhalb der Spartenberichte nicht eingehen. Andere nehmen eine Tendenz zu steigenden Groß- und Kumulschäden wahr. Auswirkungen auf die Bilanzen in Form von versicherungstechnischen Verlusten werden nicht erwähnt oder können durch positive Erträge in anderen Versicherungszweigen ausgeglichen werden. Als glücklich erweist sich in diesem Zusammenhang für ein Unternehmen die sehr geringe Nachfrage für Elementardeckungen bis zum August 2002. Ein Unternehmen bezeichnet die Hochwasser als bedeutend für die Schadenquote, setzt diese Ereignisse aber mit Leistungswasserschäden und Stürmen gleich. Diejenigen Unternehmen, die angeben, dass die Hochwasser keinerlei Auswirkungen auf ihren Jahresabschluss 2002 hatten, sind dem zufolge nicht auf die Ereignisse eingegangen.

Eine weitergehende Analyse der Jahresabschlüsse erfolgt nicht, weil nur in Einzelfällen direkte Schadenaufwendungen durch die Fluten beziffert werden. Vielmehr werden häufig sämtliche Naturkatastrophen, d.h. auch Stürme zur Erklärung (relativ) hoher Schadenquoten herangezogen.[1] Aus den veröffentlichten Zahlen kann deshalb kein direkter Rückschluss auf den Anteil der Fluten 2002 an den Bruttoschadenaufwendungen gezogen werden. Eine weiterführende Rechnung bspw. zur Ermittlung von Korrelationen zwischen Schadenaufwendungen und Einschätzungen der Konsequenzen auf den Jahresabschluss, verbietet sich deshalb. Dennoch wurden die starken Einflüsse der Naturgewalten auf den Jahresabschluss der Unternehmen deutlich. Vor diesem Hintergrund sind die Reaktionen der Versicherer hierauf von besonderem Interesse.

### *5.2.2. Gewonnene Erkenntnisse für die Risikopolitik der Unternehmen*

Bevor die Reaktionen der Erstversicherer auf die Hochwasser dargestellt werden, sollen zunächst die gewonnenen Erkenntnisse der Unternehmen aus den Überschwemmungen beschrieben werden. Das Ergebnis ist in der folgenden Tabelle zusammengefasst.

Tab. 16: Erkenntnisse der Versicherer aus den Hochwassern

| **Fehlerursachen** | **Anzahl** |
|---|---|
| Fehler bei Einschätzung der Risikoexponierung | 28 |
| Ungenügende Schadenannahmen bei der Risikobeurteilung | 23 |
| Prämienerhebung war nicht risikoadäquat | 11 |
| Sonstige | 9 |
| Keine Angaben[2] | 2 |

Fehler bei der Einschätzung der Risikoexponierung entstehen, wenn hundert- bzw. tausendjährige Ereignisse eintreten, deren Schadenpotential nur schwer be-

---

[1] Die Unternehmen haben durch die Hochwasser oftmals Rückstellungen aufgelöst. Hierauf wiesen zehn Versicherer explizit bei der Entnahmen aus Schwankungsrückstellungen in der Wohngebäudeversicherung hin. Sechs dieser Unternehmen mussten trotzdem einen versicherungstechnischen Verlust in dieser Sparte hinnehmen. Vier Unternehmen in der Hausrat- und drei Unternehmen in den sonstigen Sachversicherungszweigen begründeten die Entnahme aus den Rückstellungen ebenfalls mit den Witterungsschäden 2002.

[2] Zwei Unternehmen geben an, keine Erkenntnisse aus den Ereignissen 2002 gezogen zu haben, wobei ein Unternehmen einwendet, dass durch die regionale Begrenzung des Geschäftsgebietes keine Schäden eingetreten sind. Ein Versicherer fühlt sich in seinen Annahmen bestätigt, ohne diese Aussage näher auszuführen.

rechenbar ist. Die Gründe hierfür liegen u.a. in fehlenden historischen Daten. Von den 50 Unternehmen, die auf diese Frage geantwortet haben, teilen mehr als die Hälfte (56 %) diese Einschätzung. Kaum weniger (45,1 %) stellen fest, dass der eigenen Risikobeurteilung ungenügende Schadenannahmen zugrunde lagen. Ein Versicherer führte als Konsequenz hierauf ZÜRS ein und hätte im nachhinein gewisse Risiken nicht gezeichnet. Dieser Software wird allerdings von Seiten der Assekuranz ein „Versagen" vorgeworfen, weil viele der betroffenen Gebiete in der „gering gefährdeten" ZÜRS Zone 1 lagen.[1] Auch wenn dieses Argument nicht schlüssig ist, gibt es offensichtlich Schwierigkeiten bei der Anwendung dieser Software.[2]

Ein weiteres Problemfeld der Elementarschadenversicherung bestand darin, dass keine risikoadäquaten Prämien verlangt wurden. 11 der 50 Unternehmen haben diese Erfahrung gemacht. Neben fehlerhaften Kalkulationen lag die Ursache hierfür in kostenlosen Haftungserweiterungen der Elementargefahren. Ein Versicherer sieht ein Time-lag zwischen steigenden Schadenzahlungen und der Anpassung der Tarife. In diesem Zusammenhang konstatiert ein Unternehmen die u.U. sehr langen schadenfreien Zeiträume zwischen zwei Katastrophen, die sowohl bei den Nachfragern als auch bei den Versicherern zu einer Unterschätzung der Risiken führten. Ein Untenehmen sieht die Erforderlichkeit von PML-Berechnungen für das Geschäftsgebiet, weil das Kumulrisiko in der Elementarschadenversicherung aufgrund einer regional starke Präsens unerwartet hoch ist.

Die umfangreiche Medienberichterstattung über die Ereignisse war die Ausgangslage für die These, dass die Hochwasser zu einer steigenden Nachfrage für Elementardeckungen beigetragen haben. Deshalb wurden die Unternehmen gefragt, ob die Fluten 2002 Auswirkungen auf die Nachfrage für Elementarschadenzusatzdeckungen gehabt haben. 92 % der antwortenden Unternehmen haben einen Anstieg der Nachfrage für Elementarschadenzusatzdeckungen registriert.

---

1 Vgl. *Münchener Rückversicherungs-Gesellschaft* (2003), S. 25.

2 Diese Argumentation basiert auf dem Irrtum, dass die Zone 1 ungefährdet ist. Da die Hochwasser vielerorts eine Jährlichkeit von mehr als 100 Jahren aufwiesen, waren auch weniger gefährdete Objekte betroffen. So lag die Hälfte der überschwemmten Fläche Dresdens in der Zone 1. Diese Extremwerte beeinflussen die statistische Erhebung von Wetterereignissen, ohne zu einem grundsätzlichen Überarbeitungsbedarf von ZÜRS zu führen.

Tab. 17: Anstieg der Nachfrage für Elementarrisiken?

| Ja | Nein | Gesamt |
|---|---|---|
| 46 | 4 | 50 |

Die Adjektive, mit denen der Nachfrageanstieg beschrieben wird, reichen von geringfügig und deutlich über erheblich bis hin zu sprunghaft. Diejenigen Unternehmen, die den Anstieg beziffern, sprechen von Erhöhungen um 2,5 bis 4 Prozent bis hin zu einer Verdreifachung des Bestandes an Zusatzdeckungen in der Wohngebäudeversicherung. Ein Versicherer gibt an, den Bestand verzehnfacht zu haben, schränkt diese Aussage jedoch damit ein, vorher wenige Verträge geführt und diese Deckung nur restriktiv angeboten zu haben. Nach Erkenntnissen der Unternehmen ist ein solcher Nachfrageanstieg im Anschluss an eine Naturkatastrophe charakteristisch für diesen Versicherungszweig. Dies gilt auch für nicht betroffene Regionen. Insbesondere eine intensive Medienberichterstattung führt zu einem starken Nachfrageanstieg, der in diesem Fall ca. vier Monate anhielt. Bei sechs Unternehmen verharrt die Nachfrage auf einem höheren Niveau als vor der Katastrophe. Als Nachfrager identifiziert werden insbesondere Menschen in gefährdeten Gebieten (z.B. in den Donau- und Elbregionen) und diejenigen, die unmittelbar von den Hochwassern bedroht wurden. Hier werden die Risiken intensiver wahrgenommen, weil sich eine theoretische Bedrohung praktisch verwirklicht hat. Unterstützt wird diese Veränderung durch die Vertriebsorganisationen, die vermehrt auf die Gefährdung hinweisen, wie ein Unternehmen zu berichten weiss.

Ein Unternehmen prognostiziert, dass mehr Verbraucher dazu bereit sind, eine „teure“ Deckung einzuschließen. Hierdurch wird ein größeres Risikokollektiv erreicht, was wiederum niedrigere Prämien bedingt und die wiederum zu einer steigenden Nachfrage führen. Trotzdem bezeichnen manche Versicherer nach wie vor die Nachfrage für Elementargefahrendeckungen in den Antworten als „...sehr, sehr gering..“.

### *5.2.3. Ergriffene Maßnahmen als Reaktion auf die Hochwasser und auf veränderte Rahmenbedingungen*

Die Reaktion der Versicherungsmärkte auf die Hochwasser 2002 wurde im Rahmen der empirischen Erhebung ermittelt. Zunächst werden die Reaktionen der Rückversicherer beschrieben, weil sie in die Entscheidungen der Erstversicherer eingehen.[1] Die Rückversicherungsunternehmen haben als Reaktion auf die

---

[1] Die Ergebnisse sind das Resultat einer Befragung des Erstversicherungsmarktes, d.h. die Reaktionen der Rückversicherer werden indirekt über die Erkenntnisse der Erstversicherer

Naturkatastrophen 2002 Preiserhöhungen angekündigt und begründeten dies mit der globalen Zunahme von Extremwetterereignissen und steigenden Wertekonzentrationen.[1] Gleichzeitig meldeten sie Maßnahmen zur Transparenzerhöhung in der Risikoeinschätzung an, um damit das Schadenpotential von Flutereignissen künftig besser prognostizieren zu können. Diese Schätzbarkeit hängt unmittelbar mit transparenten Vertragsbedingungen und detaillierten Kumuldaten zusammen. Hinzu kommt die Erfordernis von risikogerechten Prämien auf Seiten der Erstversicherer.[2] Als Stellschrauben zur Durchsetzung dieser Ziele werden Einschränkungen im Deckungsumfang,[3] Ausschlüsse einzelner Gefahren[4] und Erhöhungen der Rückversicherungsprämien genannt.[5] In diesem Zusammenhang wurden die Erstversicherer gefragt, welche Konsequenzen sich aus diesen (erwarteten) Eingriffen für ihre Versicherungsnehmer ergeben werden (würden) (Siehe Tabelle 18).

Tab. 18: Erwartete Eingriffe der Rückversicherer

| | **Ja** | **Nein** | **Keine Angaben** |
|---|---|---|---|
| Preiserhöhung? | 38 | 7 | 5 |
| Reduzierung der Kapazität? | 33 | 13 | 4 |
| Kürzung der Provision? | 16 | 26 | 8 |
| Kündigung der Verträge? | 13 | 28 | 9 |
| Weitere Bestandsinformationen? | 37 | 7 | 6 |

66 % der Erstversicherer gehen von reduzierten Rückversicherungskapazitäten aus. Gleichzeitig wird erwartet, dass mehr Informationen über die rückzudeckenden Bestände verlangt werden (74 %). Ergänzt wird dies durch antizipierte Preiserhöhungen (76 %). Auf der anderen Seite wird von über der Hälfte der Unternehmen nicht mit einer Kürzung der Provisionen (52 %) oder gar mit einer Kündigung der Rückversicherungsverträge (56 %) gerechnet. Die Erstversicherer kündigen an, diese Prämienerhöhungen an die Versicherungsnehmer weitergeben

wiedergegeben.

1 Vgl. *Fromme* (2003a).

2 Vgl. *Tatge* (2003), S. 39.

3 Vgl. *Swiss Re Germany AG* (2003), S. 29.

4 Vgl. *Posny* (2002a).

5 Vgl. *Fromme* (2003a).

zu wollen, wobei ein Unternehmen dies von der tatsächlichen Erhöhung der Rückversicherungskosten abhängig macht. Zwei weitere Versicherer wollen Beitragserhöhungen nur im Neugeschäft weiterleiten. Als weitere Stellschraube sehen neun Unternehmen die Erhöhung ihrer Selbstbehalte in den Rückversicherungsverträgen. Die Erstversicherer reagieren auf diese veränderten Rahmenbedingungen insbesondere im Neugeschäft. So wird die Versicherbarkeit durch diese Maßnahmen weiter eingeschränkt. Als schärfstes Mittel kann sich ein Versicherer vorstellen, bestimmte Gefahren nicht mehr zu decken. Zwei Unternehmen wollen als Reaktion auf die veränderten Rahmenbedingungen eine Beteiligung an einem Rückversicherungsunternehmen aufbauen oder in der Rückversicherung eine Konkurrenzsituation erzeugen, um restriktive Eingriffe im Bereich der Elementarschadenversicherung auszugleichen. Somit werden Veränderungen auf den Rückversicherungsmärkten an die Versicherungsnehmer weitergegeben. Es wird deutlich, dass Risikoinformationen in der Elementarschadenversicherung von außerordentlicher Bedeutung sind. Deshalb rechnen die Unternehmen mit weiteren Zonierungen für Überschwemmungsrisiken und mit der Einführung einer Kategorisierung von Erdbebenrisiken, falls dies bisher nicht erfolgte. Hinzu kommt die Erhebung detaillierterer Risikomerkmale zur Berechnung von Schadenkumulen, die den Rückversicherern bisher fehlten. Um diese Informationen nach den Hochwassern zu erhalten, dienen den Rückversicherern Preise, Limite und Provisionen als Stellschrauben. Hierdurch können entgegen anderen Veröffentlichungen erhebliche Probleme für die Risikozeichnung der Erstversicherer entstehen. Letztlich werden weniger Risiken Versicherungsschutz erhalten als zuvor[1]

Während und nach den Hochwassern wurde in den Medien von direkten Reaktionen der Erstversicherer auf die Überschwemmungen berichtet. So stellten einige Versicherer ihr Angebot während der Hochwasser kurzfristig ein. Andere haben das Überschwemmungsrisiko neu untersucht und eingeschätzt.[2] Um Selbstbeteiligungen in die Policen einzuschließen wurden Änderungskündigungen ausge-

---

[1] *Graff* kommt innerhalb einer empirischen Untersuchung zu dem Schluss, dass „...die Erstversicherungsunternehmen trotz der volatilen Preise für Rückversicherungsschutz auf den Katastrophen-Rückversicherungsmärkten in dem derzeitigen Versicherungsangebot mehrheitlich keine Probleme für die eigene Risikozeichnung sehen..“ (*Graff* (2000), S. 147) und eine entsprechende Erweiterung des Rückversicherungsschutzes keine Ausweitung des Angebots von Elementarschadenzusatzdeckungen auf dem Erstversicherungsmarkt zur Folge hat. Diese Feststellung kann heute nicht mehr aufrecht gehalten werden. Vielmehr werden Restriktionen der Rückversicherungsmärkte über die Erstversicherer an die Versicherungsnehmer weitergereicht. Das Angebot wird weiter eingeschränkt und teurer. Im Umkehrschluss könnten deshalb (staatlich) erweiterte Rückversicherungskapazitäten, wie sie im letzten Teil der Arbeit diskutiert werden, das Versicherungsangebot für Elementarrisiken im Status quo aufrechterhalten oder gar erweitern.

[2] Vgl. *Posny* (2002).

sprochen.[1] Andere Versicherer kündigten Prämienanpassungen an.[2] Einige Unternehmen gestalteten ihre Zeichnungspolitik neu. Aus Sicht der Versicherer wird in diesem Zusammenhang die Bedeutung des Bestandsmanagements deutlich, dass das Ziel verfolgt, gute Risiken an die Gesellschaft zu binden und vice versa schlechte nicht mit Versicherungsschutz einzudecken. Verbraucherschützer befürchteten daraufhin ein Einschränkung des Angebots auch für bisher versicherbare Risiken.[3] Die Reaktion der befragten Versicherer ist zusammenfassend in folgender Tabelle dargestellt (siehe Tab. 19).[4]

Tab.19: Reaktion der Versicherer auf die Hochwasser 2002

| | **Ja** | **Nein** | **Gesamt** |
|---|---|---|---|
| Erhöhung der Tarifprämie | 16 | 34 | 50 |
| Erhöhung der Selbstbehalte | 15 | 35 | 50 |
| Kündigung schlechter Risiken | 10 | 40 | 50 |
| Verschärfung der Annahmepolitik | 33 | 17 | 50 |
| Änderungen der Bedingungen | 7 | 43 | 50 |
| (Kurzfristige) Einstellung des Angebotes | 15 | 35 | 50 |
| Sonstige | 10 | 40 | 50 |

---

1 Vgl. *Petrow/Thieken/Kreibich et al.* (2003), S. 65. Die Allianz hat als Konsequenz aus den August-Hochwassern die Verträge der Deutschen Versicherungs AG gekündigt und eine Zusatzpolice für Elementardeckungen angeboten. Dieses Angebot wurde lediglich von 4 % der Gebäude- und 10 % der Hausratkunden angenommen (Vgl. *o.V.* (2003h) und *o.V.* (2003j)).

2 Vgl. *Deutsche Presse Agentur (dpa)* (2002a). Umfangreiche Preiserhöhungen wurden vom GDV aufgrund der geringen Versicherungsdichte und des intensiven Wettbewerbs zunächst nicht erwartet. Anders ist die Lage auf den gewerblichen und industriellen Märkten, wo bereits vor den Hochwassern massive Preiserhöhungen vorgenommen wurden und die Flut als Anlass zu weiteren Maßnahmen diente (Vgl. *Fromme/Krüger* (2002)). Innerhalb der Geschäftsberichte bestätigen die Unternehmen die Beitragsanpassungen und nennen weitere Maßnahmen von Auflagen in bestehenden Verträgen bis zu Kündigungen in schadengefährdeten Gebieten.

3 Vgl. *Öchsner* (2002).

4 Es ist ungewiss, inwieweit erwartete Veränderungen in der Rückversicherung eingeflossen sind. Diese Frage kann erst beantwortet werden, wenn sie für die Erstversicherer wirksam werden.

Nahezu ein Drittel der Unternehmen (32 %) gibt an, auf die Fluten mit einer Erhöhung der Tarifprämie reagiert zu haben, wobei ein Versicherer diese Maßnahme vorsorglich ohne versicherungstechnische Notwendigkeit getroffen hat. Nahezu die gleiche Anzahl Unternehmen hat die Selbstbehalte erhöht[1] bzw. Jahreshöchstentschädigungen in den gewerblichen Versicherungszweigen eingeführt. Lediglich jeder fünfte Versicherer (20 %) hat Kündigungen ausgesprochen. Nahezu zwei Drittel der Unternehmen (66 %) haben die Annahmerichtlinien verschärft. Ein Versicherer, der diese Maßnahme nicht getroffen hat, zeichnete schon vor den Hochwassern nur sehr restriktiv. Hieraus allerdings zu schließen, die Versicherer hätten nach den Hochwassern eine Mengenregulierung vorgenommen, ist anhand der vorliegenden Daten nicht möglich. Vielmehr ist zu vermuten, dass es sich um eine Homogenisierung des Versichertenkollektivs handelt, zu dem stark gefährdetet Risiken keinen Zugang erhalten. Durch diese Maßnahme soll offensichtlich das Kumulrisiko verringert werden. Neben allgemeinen Überarbeitungen der Annahmepolitik beschränken zwei Versicherer die Verschärfung ihrer Annahmerichtlinien auf das Überschwemmungsrisiko, ein Unternehmen nimmt die Risikozeichnung „ausschließlich" noch in bekannten Regionen vor. Nur 14 % haben die Bedingungswerke verändert. So hat ein Unternehmen eine Wartezeit von 14 Tagen bis zur Erteilung des Versicherungsschutzes eingeführt, ein anderes zählt Überschwemmungsschäden durch Ausuferung nicht mehr zum Deckungsumfang des Versicherungsschutzes. Hinzu kamen Klarstellungen wie der Ausschluss von Überschwemmungsschäden für die Nord- und Ostseeinseln. 30 % der Unternehmen haben das Angebot an Elementardeckungen kurzfristig eingestellt. Die Unternehmen betonten in diesem Zusammenhang die Kurzfristigkeit der Maßnahme während der Flutereignisse.

Andere Versicherer haben die Werbung für die Elementardeckungen verstärkt, um den Bestand zu vergrößern. Daneben wurde die Risikoeinschätzung, z.B. durch die Einführung von ZÜRS oder die Anschaffung eines topographischen Programms, verbessert. Ein Unternehmen bietet keine Mehrjahresverträge in der Elementardeckung mehr an und trifft Einzelfallentscheidungen zur Sanierung schadenanfälliger Objekte. Fünf Versicherer haben keine Maßnahmen getroffen. Sie begründen dies damit, dass die Zeichnung nach wie vor individuell stattfindet oder keine Schäden gemeldet wurden.

Zusammenfassend ist die Bedeutung der Rückversicherung für die Zeichnung der Erstversicherer deutlich geworden. Restriktive Rückversicherungsbedingungen und Prämienerhöhungen werden direkt an die Erstversicherer weitergegeben, die ihre Zeichnungspolitik, ihre Produkte und Preise entsprechend anpassen. Die Si-

---

[1] Ein Versicherer hat die Prämien lediglich im Neugeschäft erhöht, ein anderer tat dies auch bei den Selbstbehalten allerdings nur für die Überschwemmungsgefahr. Eine Erhöhung der Selbstbehalte führte ein Unternehmen nur kurzfristig ein.

tuation auf den Elementarschadenversicherungsmärkten hat sich damit weiter verschärft. Hieraus kann ein Angebotsproblem entstehen.

## *5.3. Entwicklung von Referenzkriterien für einen regulierenden Markteingriff*

### *5.3.1. Ableitung von Referenzkriterien aus den gewonnenen Erkenntnissen*

Die bisherigen Ausführungen haben die Probleme der Schadenregulierung und die Grenzen der einzelnen Entschädigungswege deutlich gemacht. An dieser Stelle werden die Erkenntnisse kritisch gewürdigt. Hieraus werden Referenzkriterien abgeleitet, anhand derer Aspekte eines regulierenden Eingriffs beurteilt werden sollen. So führt der Ausschluss versicherter Schäden bei der staatlichen Mittelvergabe zu Spannungen zwischen denjenigen, die privat vorsorgen ohne öffentliche Gelder zu erhalten und denjenigen, die staatliche Hilfe ohne Eigenvorsorge in Anspruch nehmen. Für diese Ungleichbehandlungen sind die Verwaltungsvereinbarungen der Länder verantwortlich, innerhalb derer die Versicherbarkeit der Risiken als Ausschlusskriterium für öffentliche Hilfe genannt wird. Trotzdem wurden Finanzhilfen für versicherbare Schäden gewährt. Offensichtlich zielt diese Formulierung auf vorhandenen Versicherungsschutz und nicht auf die Versicherbarkeit. Haushalte mit freiwilliger finanzieller Risikovorsorge werden „bestraft", da sie neben den Aufwendungen für die Versicherungsbeiträge die steuerlichen Mittel für die öffentlichen Hilfeleistungen aufbringen müssen.[1] Staatliche Unterstützungsleistungen aus Steuereinnahmen führen zu einer Verteilungsungerechtigkeit im Sinne einer Subventionierung mangelnder Eigenvorsorge durch Mittel der Allgemeinheit.[2] Diese Verteilungsungerechtigkeit kann eine präjudizierende Wirkung haben und falsche Anreize zur privaten Eigenvorsorge setzen.[3] Der Abschluss einer Versicherung wird genauso verhin-

---

[1] Vgl. *Graff* (2000), S. 73; *o.V.* (2002c), S. 592.

[2] Vgl. *Gruber* (2002), S. 738.

[3] Vgl. *Sächsische Staatskanzlei (Hrsg.)* (2003), S. 22. Staatliche Entschädigungsgelder werden subsidiär, d.h. nach Versicherungsleistungen gezahlt. Deshalb wäre es unter Gleichheitsgesichtspunkten „gerechter", sämtliche Schäden über die öffentlichen Haushalte zu begleichen und die Prämien des laufenden Jahres an vorher schadenfreie Versicherungsnehmer zurück zu zahlen. Für einen längeren Zeitraum wäre dies unmöglich gewesen, weil die Versicherungsnehmer bereits in der Vergangenheit Risikoschutz hatten und u.U. Leistungen in Anspruch genommen haben.

dert[1] wie Schadenpräventionsmaßnahmen,[2] weil staatliche Kompensationszahlungen künftig erwartet werden.[3] Ein vollständiger Rückzug des Staates aus Unterstützungsleistungen im Katastrophenfall ist mit dem Sozialstaatsgedanken des Grundgesetzes nicht vereinbar.[4] Die Erfahrungen der Vergangenheit haben hier gelehrt, dass spätestens bei der nächsten Naturkatastrophe eine Diskussion einsetzen würde, die vermutlich in einer Rechtsauseinandersetzung enden und damit einer schnellen Schadenregulierung entgegenstehen würde. Deshalb muss der Staat eine Grenze zwischen staatlicher Fürsorge auf der einen und privater Vorsorge auf der anderen Seite ziehen. Ob man so weit gehen kann wie Citlak und Wagner, die behaupten, staatliche ad-hoc Maßnahmen führten zu einem Staatsversagen, „...weil die staatliche ad-hoc Versorgung die Entfaltung eines funktionierenden Versicherungsmarktes verhindert..“[5] muss als alleiniges Argument bezweifelt werden. Schließlich stellen die Charakteristika der Elementarschadenversicherung ein weiteres Problemfeld dar. Trotzdem ist unstrittig, dass durch öffentliche Hilfszahlungen im Katastrophenfall die Vorsorgeanstrengungen zumindest derjenigen Sacheigentümer gemindert werden, die hierzu in der Lage sind.[6]

Neben diesen Problemfelder durch die Verteilung staatlicher Hilfen, muss die Nachhaltigkeit beim Wiederaufbau an Bedeutung gewinnen. Die Schadenregulierung sollte Anreize setzen, um die Katastrophenpotentiale für künftige Naturereignisse zu begrenzen. Deshalb ist der Ausweis neuer Gewerbeflächen in überschwemmungsgefährdeten Gebieten Dresdens nach den Hochwassern 2002 be-

---

[1] Für eine Schadenregulierung durch Versicherungen ist die Nachfrage entscheidend. „Das größte Hemmnis für eine Nachfrage bildet die freigiebige Unterstützung der Elementargeschädigten durch Sammlungen und öffentliche Beiträge. Diese fallen um so reichlicher aus, je besser die finanzielle Lage eines Landes ist, je seltener ein Schadenereignis eintritt und je stärker die Werbetrommel geschlagen wird.“ (*Rommel* (1937), S. 36). Was sich an dieser Stelle wie ein publizistischer Rückblick auf die Hochwasser 2002 anhört, ist ein Aufsatz aus dem Jahr 1937. Ein Interesse an Versicherungsschutz haben lediglich hochgefährdete Risiken, die übrigen hoffen eher auf staatliche Hilfszahlungen, als Prämien für Versicherungen auszugeben (Vgl. *ebd.*, S. 36.).

[2] So investieren zwischen 4 % und 43 % der 2002 betroffenen Haushalte in Bauvorsorgemaßnahmen. Diese freiwillige Vorsorge wurden umso eher getroffen je kostengünstiger die Maßnahmen waren und je stärker die Betroffenen vorher geschädigt wurden (Vgl. *Petrow/Thieken/Kreibich* (2003), S. 53).

[3] Vgl. *Kunreuther* (1983), S. 133 ff.

[4] Vgl. *Citlak/Wagner* (2001), S. 103 f.

[5] *Citlak/Wagner* (2001), S. 99. *Graf* v. *d. Schulenburg* fordert deshalb "...der Staat muss –auch in der Demokratie- lernen, sich gegen Ansprüche von Gruppen zu wehren. Die marktwirtschaftliche Wirtschaftsordnung muss ggf. (verfassungs-) rechtlich so abgesichert werden, dass ständige diskretionäre Eingriffe des Staates erschwert werden.." ( *Schulenburg* (2005), S. 14).

[6] Vgl. *ebd.*, S. 99.

denklich.[1] Die föderale Struktur der Bundesrepublik führt zu einer Zielkonkurrenz zwischen Investitionen in Schutzmaßnahmen, die u.U. erst langfristig einen Nutzengewinn darstellen und ggf. anderen Bundesländern ebenfalls hilfreich sind einerseits sowie kurzfristig wirksamen alternativen Verwendungszwecken der Gelder andererseits.[2] Das Erkennen von Risiken und Schadenpotentialen ist die grundlegende Voraussetzung für Schadenpräventionsmaßnahmen. Hierzu sind Gefahrenkarten zu erstellen, die das Schadenpotential einer Region unter Berücksichtigung der vorhandenen Vermögenswerte und der dort lebenden Menschen darstellen. Vor diesem Hintergrund sollen Katastrophenpotentiale reduziert, begrenzt und abgesichert werden.[3] Dies ist mit umfangreichen staatlichen Mitteln und langfristigen Planungen verbunden, um z.B. Ersatz- oder Neubauten bzw. Expansionen von Unternehmen in exponierten Gebieten zu untersagen. Letztlich bedarf es einer zielgerichteten Lenkung zu neuen Standorten, auch wenn eine Umsiedelung nach der gegenwärtigen Gesetzeslage nicht möglich ist.[4] Bei der Prävention können Versicherungsmärkte eine kollektive „technische Vorsorge" z.B. durch Deiche und die Deregulierung von Flüssen nicht ersetzen. Ob hierfür bereits geänderte gesetzliche Rahmenbedingungen des Bundes[5] und

---

[1] Vgl. *Petrow/Thieken/Kreibich* (2003), S. 43.

[2] Vgl. *Merz/Grünewald/Thieken et al.* (2003), S. 122.

[3] Vgl. *Sächsische Staatskanzlei (Hrsg.)* (2003), S. 107.

[4] Nach deutschen Gesetzen ist eine Entsiedelung stark gefährdeter Gebiete nicht möglich, weil die Bürger einen Vertrauensschutz genießen, nachdem ihnen ein Bebauungsplan genehmigt wurde (Vgl. *Petrow/Thieken/Kreibich* (2003), S. 42). Selbst wenn dieser Bestandsschutz mit dem Hochwasserschutz konkurrieren würde, könnte die Nichtigkeit des jüngeren Ziels, in diesem Fall des Hochwasserschutzes, gelten. Diese Auffassung von *Heiland* gilt auch, wenn ein Haus in Folge eines Schadens abgerissen wurde und von den Eigentümern wieder aufgebaut werden soll, es sei denn, es werden entsprechende Kompensationszahlungen geleistet, sodass kein Eingriff in die Eigentumsrechte besteht (Vgl. *Heiland* (2002), S. 25 ff.).

[5] Bei der Flächenvorsorge wurde das Zusammenspiel der Rahmengesetzgebung des Bundes mit den unterschiedlichen Vorgaben der Länder und den kommunalen Bauleitplanungen als Problem erkannt. Die Bundesregierung hat daraufhin ein 5-Punkte-Programm entwickelt, das die Flächenvorsorge als Teil des vorsorgenden Hochwasserschutzes sieht und Überschwemmungsflächen in unbesiedelten Räumen wiederherstellt. Daneben sollen Deichrückverlegungen gefördert und Flächenversiegelungen reduziert werden. Hierauf aufbauend wurde ein Artikelgesetz als Entwurf zur Verbesserung des vorbeugenden Hochwasserschutzes erarbeitet, das eine Fortentwicklung des bestehenden bundesgesetzlichen Instrumentariums ist und eine konsequente Durchsetzung geltenden Rechts als Element eines effektiven Hochwasserschutzes darstellt. Kernelement dieses Vorhabens ist die Festlegung von Überschwemmungsgebieten und überschwemmungsgefährdeten Gebieten, für die entsprechende Schutzregelungen festzulegen sind. Daneben soll die Wertekonzentration nicht unabhängig von der Überschwemmungsgefährdung stattfinden. Durch dieses Gesetz würde die Ausweisung gefährdeter Gebiete bundesweit vereinheitlicht und die verschiedenen Bestimmungen zum Hochwasserschutz in einem Gesetz konzentriert. Die Länder werden in diesem Zusammenhang verpflichtet, Überschwemmungsflächen eines hundertjährigen Hochwassers darzustellen und die festgesetzten Überschwemmungsgebiete in die Bauleitpläne (Flächennutzungs-, Bebauungs-

der Länder[1] ausreichend sind, kann an dieser Stelle nicht beurteilt werden. Nichtsdestotrotz setzen Versicherungen durch ihre Annahmepolitik und die Prämiengestaltung Anreize für Vorsorgemaßnahmen, die wiederum (in stark gefährdeten Lagen) politischen Druck erzeugen.[2] Auch wenn grundsätzlich komparative Effizienzvorteile für die Assekuranz durch die schnelle und transparente Schadenregulierung bestehen, wurde deutlich, das nur ein Teil der Hochwasserschäden versicherbar gewesen wäre. Neben den Schäden an Infrastruktureinrichtungen kann die Assekuranz nicht sämtliche Verluste und negative Folgewirkungen der Privathaushalte und Unternehmen decken. Hier hat der Staat wirtschafts- und sozialpolitische Akzente gesetzt, die über die Möglichkeiten der Assekuranz hinausgehen.

Die Anreize der Versicherer zur Schadenverminderung haben gegenüber den Möglichkeiten des Staates Vorteile, da sie mit in die Prämien und Produktgestaltung einfließen. Es werden keine Mindeststandards bemessen (wie bei Bauauflagen), sondern u.U. darüber hinaus gehende Schadenminderungsinvestitionen bei der Prämienhöhe berücksichtigt. Die Regulierung der Staates führt deshalb zu einer veränderten Verhaltensweise der Versicherungsnehmer und greift unmittelbar in die regulativen Wirkungsweisen der Assekuranz ein. So reduziert der Abschluss eines Versicherungsvertrages das persönliche Risiko eines Sacheigentümers und ermöglicht ihm, neue Risiken einzugehen. An dieser Stelle setzen die Regulative der Assekuranz an. Wer sich gegen Hochwasser versichert, kann das Risiko in Kauf nehmen, sein Gebäude in der Nähe eines Flusses zu bauen. Ist Versicherungsschutz für diese Risiken nicht erhältlich, muss ein potentieller

---

plan) zu übernehmen. Hieraus ließen sich dann Verbote als bundesrechtliche Vorgaben ableiten, die u.a. die Ausweisung neuer Baugebiete bzw. Neubauten in diesen Gebieten untersagen würden. Daneben sollen ebenfalls gefährdete Gebiete durch die Länder ausgewiesen und entsprechend geschützt werden. Demzufolge sind Paragraphen im Wasserhaushaltsgesetz (WHG), Baugesetzbuch (BauGB), Raumordnungsgesetz (ROG), Bundeswasserstraßengesetz (WaStrG) sowie im Gesetz über den Deutschen Wetterdienst (GWD-Gesetz) zu ändern (Vgl. *Bundesministerium für Umwelt, Naturschutz und Reaktorsicherheit (Hrsg.)* (2003), S. 1 ff.). Nachdem der Bundestag dem Gesetz am 1. Juli 2004 zugestimmt hat, wurde es im September des Jahres durch den Bundesrat zur Überarbeitung an den Vermittlungsausschuss übergeben (Vgl. *o.V.* (2004)). Die Bundesländer kritisieren an dem vorliegenden Entwurf den völligen Baustopp in gefährdeten Gebieten (Vgl. *Ehler* (2005), S. 147).

1 In den Bundesländern gibt es verschiedene Ansätze zur Flächenvorsorge. Am schnellsten reagierte Sachsen und änderte das Wassergesetz bereits im November 2002. Nunmehr werden überschwemmungsgefährdete Gebiete in den Raumordnungs- und Bauleitplänen deklariert und als Vorranggebiete für den Hochwasserschutz ausgewiesen, sodass hier eine Wertekonzentration verhindert wird. Zudem werden in Sachsen Gefahrenkarten auf Gemeindeebene erstellt, die Hochwasser mit unterschiedlichen Jährlichkeiten simulieren. Zielkonflikte entstehen in den Kommunen zwischen Hochwasserschutz auf der einen und ökonomischen Interessen auf der anderen Seite (Vgl. *Petrow/Thieken/Kreibich* (2003), S. 36 ff.).

2 Vgl. *Schwarze/Wagner* (2002), S. 596.

Schaden durch Hochwasser selbst getragen oder das Gebäude an anderer, weniger exponierter Lage errichtet werden. Neben diesem extremen Regulativ, dem Versagen von Versicherungsschutz, gibt es gemilderte Versionen, in Form von risikogestaffelten Beiträgen. Somit wird ein ökologisch effizientes Verhalten durch ökonomische Anreize gefördert. Dieses Regulativ wird außer Kraft gesetzt, wenn nach einer Hochwasserkatastrophe öffentliche Mittel zum Wiederaufbau zur Verfügung stehen. Hierdurch wird die Risikowahrnehmung gemildert, weil der Staat die ökonomischen Folgen eines risikoreichen Verhaltens der Bürger abfängt und somit (auch künftig) indirekt die Bebauung gefährdeter Gebiete bzw. den Wiederaufbau an exponierter Lage unterstützt. Im Umkehrschluss werden Anreize für Umsiedlungen, für Schutzmaßnahmen und für die freiwillige finanzielle Risikovorsorge konterkariert.[1] Der Unterschied zu anderen Regulierungswegen besteht offenbar darin, dass ein Risiko transparent gemacht wird und somit ein Versicherungsnehmer in einem hochexponierten Gebiet zum Handeln gezwungen wird, indem er entweder Schutzmaßnahmen ergreift oder im Extremfall die Örtlichkeiten wechselt.[2]

Welche idealtypischen Charakteristika sollte also die finanzielle Risikovorsorge nach diesen Erkenntnissen erfüllen? Zunächst sollten die Interessendivergenzen im Katastrophenmanagement durch eine Risikopartnerschaft des Staates mit der Assekuranz und den Sacheigentümern bewältigt werden.[3] Die Hauptaufgabe des Staates liegt in der Vorbeugung, Informationsversorgung und Bewältigung der Gefahren,[4] die unabhängig von der finanziellen Risikovorsorge zu optimieren sind.[5] Der Versicherungswirtschaft obliegt die Bündelung der Risiken innerhalb

---

1 Vgl. *Gruber* (2002), S. 737 f. Als Beispiele dienen in diesem Zusammenhang die Wiederherstellung des „Buga-Center“ oder der Neubau des Dresdener Kongresszentrums in Elbnähe.

2 Vgl. *Paus* (2003), S. 74.

3 Der Vorsitzende des GDV *Michaels* stellt im Zusammenhang mit der Versicherung von Terrorismusschäden fest: „Die Zuständigkeit für die Lösung gesellschaftlicher Fragen muss arbeitsteilig zwischen Staat, Wirtschaft und Individuum erfolgen.“ (*Michaels* (2002), S. 48).

4 Der Staat kann aus wirtschaftspolitischen Erwägungen eine Versicherungspflicht aussprechen (Vgl. *Schweizerische Rückversicherungs-Gesellschaft* (Hrsg.) (1998), S. 26).

5 Auch die Katastrophenbewältigung der Hochwasser wurde intensiv diskutiert. So ergab eine Analyse von *Dombrowsky und Streitz* strukturelle Defizite in der Katastrophenbewältigung durch die Selbstbezogenheit der Organisationen und die mangelnde Komplementarität der Aktivitäten. Deshalb sollten einheitliche Regelungen des Katastrophenschutzes auf Bundesebene geschaffen werden, um einer Interessenkonkurrenz der Gebietskörperschaften entgegenzuwirken. Zudem sollten die Bemessungsgrundlagen für eine „Katastrophe“ analog einer Schadenskala vereinheitlicht werden, um unklare Tatbestandsmerkmale in den Landesgesetzen zu überwinden (Vgl. *Streitz/Dombrowsky* (2003), S. 119). Die von der sächsischen Landesregierung einberufene unabhängige Kommission („Kirchbach-Kommission“) kommt zu ähnlichen Ergebnissen. Insgesamt ergeben sich eine Vielzahl von Ansatzpunkten zur Verbesserung der Handlungsfähigkeit der Hochwassermeldedienste, zur Organisation der Katastrophenbekämpfung sowie zur Information und Kommunikation der Einsatzkräfte. Beim Katast-

einer Gefahrengemeinschaft, um die ökonomischen Folgen einer Naturkatastrophe zu mildern.[1] Daneben entwickelt die Assekuranz Standards zur Schadenverhütung, die über staatliche Mindestforderungen hinaus gehen und setzt über die Prämiengestaltung Anreize, Präventionsmaßnahmen umzusetzen.[2] Die Sacheigentümer als drittes Element dieser Risikopartnerschaft müssen Eigenvorsorge betreiben, um keine existenzgefährdenden Verluste zu erleiden. Hierzu müssen Gefahren erkannt und geeignete Maßnahmen angewendet werden.[3] Die Aufgaben aller Beteiligten müssen zusammen betrachtet werden, unterschiedliche Interessen und Anreize sind im Sinne eines Gesamtkonzepts zu berücksichtigen.[4] So hat die Assekuranz im Hinblick auf die Höhe der zu regulierenden Schäden ein großes Interesse an einem effektiven Katastrophenschutz und an einer vorgelagerten Selbsthilfe der Versicherungsnehmer. Auf der anderen Seite können Versicherungen durch die Ausgestaltung der Bedingungswerke zur Vorsorge beitragen.[5] Interessenkollisionen treten dort auf, wo Zuständigkeiten geteilt werden oder Kosten (Finanzierung von Hochwasserschutz, Verluste an Bauland) und Nutzen (z.B. die Minderung der Schadenpotentiale) von Maßnahmen auseinanderfallen.[6] Offensichtlich sind die Funktionsweisen dieses idealtypischen Modells erheblich gestört. Aus den bisherigen Erkenntnissen werden nun Merkmale entwickelt, anhand derer regulierende Eingriffe in den Versicherungsmarkt diskutiert werden sollen.

---

rophen- und vorbeugenden Hochwasserschutz wird eine langfristige Hochwasserschutzstrategie der Ländern angemahnt, die funktionsfähige Frühwarnsysteme und Kommunikationsstrukturen beinhaltet. Zudem wurde die Koordination der Behörden bemängelt, denen es an einer Übersicht der eingesetzten Hilfskräfte und dem Bedarf an Sandsäcken mangelte. (Vgl. *Schneider* (2002)). Hinzu kommen länderübergreifende Defizite, die gemeinsam mit dem Bund und den Ländern im Sinne eines Umgangs mit Großkatastrophen gelöst werden müssen (Vgl. *Kirchbach/Franke/Biele* (2002), S. 242 ff.).

1 Vgl. *Schweizerische Rückversicherungs-Gesellschaft* (Hrsg.) (1998), S. 26.

2 Vgl. *Kron/Thumerer* (2001), S. 1371.

3 Vgl. *Schweizerische Rückversicherungs-Gesellschaft* (Hrsg.) (1998), S. 25 f.

4 Die Assekuranz kann durch Unterstützungsleistungen und Know-how die Schadeneintrittswahrscheinlichkeiten (Gefahrenmeidung) senken und/oder die Schadenzahl/-höhe reduzieren (Gefahrenminderung). Hierdurch wird die Existenzsicherheit und Gewinnerwartung der Versicherer erhöht, die Kumulschadengefahr gesenkt und damit die Risikolage der Unternehmen verbessert. Nachteilig ist ein zu erwartendes Time-lag zwischen den Handlungen und deren positiver Wirkung auf den Jahresabschluss (Vgl. *Jahn* (2001), S.410). Neben direkten Präventionsaufwendungen können externe Effekte auftreten wenn von diesen Schadenminderungsmaßnahmen andere Unternehmen ohne Gegenleistung partizipieren.

5 Vgl. *Eikenberg* et al. (2002), S. 44.

6 In der Hochwasservorsorge müssen die Handlungen im Sinne einer Solidargemeinschaft zwischen z.B. flussaufwärts und -abwärts liegenden Bereichen koordiniert werden (Vgl. *Eikenberg* et al. (2002), S. 50).

In diesem Sinne charakterisieren die folgenden fünf Kriterien ein Referenzmodell:

1. Vollständige Wiederherstellung beschädigter Sachwerte nach einer Naturkatastrophe *(Kriterium der Vollständigkeit)*. Eine finanzielle Risikovorsorge soll die in der Bundesrepublik existierenden Naturgefahren und Schadenpotentiale berücksichtigen. Die entstehenden (volkswirtschaftlichen) Schäden aller potentiell betroffenen Haushalte und Unternehmen sollten soweit möglich abgedeckt werden. Die Grenzen der Versicherungsprodukte und die komparativen Vorteile der Entschädigung mit öffentlichen Mitteln sind zu berücksichtigen. Gleiches gilt dafür, dass eine physische Herstellung beschädigter und zerstörter Sachen nicht immer effizient ist, wie der Wiederaufbau leerstehender Objekte nach den Hochwasser 2002 im Fallbeispiel gezeigt hat.

2. Bündelung partieller Interessenlagen zu einem Gesamtkonzept für das Katastrophenmanagement *(Kriterium des Interessenausgleichs)*. Partialinteressen z.B. des Katastrophenschutzes, des Naturschutzes, der Landwirtschaft und der öffentlichen Hand sind zu vernetzen und Verantwortungen öffentlich festzulegen. Hierfür ist es insbesondere notwendig, die Zuständigkeiten eindeutig festzulegen. Unter Berücksichtigung von Partialinteressen sind Schutzziele zu vereinbaren und Kompensationsleistungen für den Interessenausgleich bereitzustellen. Mögliche Maßnahmen sollten nach ihrer Wirksamkeit im Raum, in der Zeit und in der Prozessintensität durchgesetzt werden.[1] Durch eine Verflechtung aller Beteiligten können Synergieeffekte erzielt werden. Die Schadenregulierung soll einen Interessenausgleich unterstützen.

3. Eindeutige Rahmenbedingungen für öffentliche Hilfen im Schadenfall zur Kalkulation der (freiwilligen) finanziellen Risikovorsorge *(Kriterium der Transparenz)*. Der bedeutendste Vorteil einer Entschädigung durch Versicherungen besteht darin, dass der Umgang mit Risiken objektiver Natur ist und nicht durch Polit- (z.B. Wahlen) oder Partialinteressen (z.B. Mietpreise) beeinflusst wird. Deshalb finden i.d.R. im Vergleich zur staatlichen Schadenregulierung kaum Diskussionen und Streitigkeit im Schadenfall statt. Letztlich müssen die Leistungen der finanziellen Risikovorsorge für die Beteiligten abschätzbar sein. Aus diesem Grund sollen die Nachteile der bisherigen Vorgehensweise in einem Mischmodell aus Versicherungsschutz, Spenden und staatlichen ad hoc Hilfen überwunden werden, damit die finanzielle Risikovorsorge planbar wird.

---

[1] Vgl. *Merz/Grünewald/Thieken et al.* (2003), S. 126.

4. Dauerhafte finanzielle Risikovorsorge und Senkung der Schadenpotentiale *(Kriterium der Nachhaltigkeit)*. Nachhaltigkeit impliziert verschiedene Aspekte eines regulierenden Eingriffs. So soll das Schadenpotential künftiger Ereignisse durch entsprechende Präventions- und Schadenvermeidungsaktivitäten reduziert werden.[1] Insbesondere lange Zeitperioden zwischen zwei Elementarschadenereignissen machen die Nachhaltigkeit für Naturrisiken bedeutend. Deshalb sollte die finanzielle Risikovorsorge von tagespolitischen Interessen unabhängig sein und nicht zweckentfremdet werden.[2] Dauerhafte Anreize führen in diesem Zusammenhang zu effizienten Ergebnissen. Soziale Umverteilungseffekte und Generationenkonflikte sind entsprechend zu vermeiden, da dies nicht die Aufgabe einer privatwirtschaftlichen Lösung sein kann. Die Dauerhaftigkeit bezieht sich auch auf das Angebot der Assekuranz, so dass in der Zeit (extreme) Prämienerhöhungen und Risikoausschlüsse zu vermeiden sind. Eine überlebens- und anpassungsfähige finanzielle Risikovorsorge führt deshalb nicht zur Verlagerung von Problemen, z.B. durch eine negative Risikoauslese vom Erstversicherungsmarkt auf andere Risikoträger. Es müssen permanente finanzielle Anreize für alle Akteure vorhanden sein, die nicht von kurzfristigen Zielen dominiert werden. In diesem Zusammenhang soll die Wiederstandsfähigkeit der Gesellschaft für eine Katastrophe erhöht werden.[3]
5. Minimierung administrativer Kosten *(Kriterium der Kosteneffizienz)* Bestehende Ressourcen der Assekuranz sollen weitestgehend genutzt werden, da hier das nötige Wissen vorhanden und eine solche Regulierung kosteneffizient ist. Es geht darum, die finanzielle Risikovorsorge nicht durch unnötige Verwaltungs-, Vertriebs- und Schadenminderungskosten zu verteuern und die notwendigen Ressourcen effizient zu bündeln.

Diese fünf Kriterien dürfen nicht unabhängig voneinander gesehen werden. Vielmehr sind sie untereinander interdependent. So geht z.B. die Nachhaltigkeit eines regulierenden Eingriffs mit einem Interessenausgleich positiv einher. Im nächsten Abschnitt kommen zu diesen idealtypischen Referenzkriterien Präferenzen der Erstversicherer hinzu, die bei einer Neugestaltung der Risikovorsorge zu berücksichtigen sind.

---

[1] Vgl. *Sächsische Staatskanzlei (Hrsg.)* (2003), S. 100.

[2] Die Auseinandersetzung über die Mittelvergabe fand im Schatten der Bundestagswahlen 2002 statt. Erst nach der Wahl erfolgte eine „...sachlichere und konstruktiverer Herangehensweise." (*Sächsischen Staatskanzlei (Hrsg.)* (2003), S. 11).

[3] Vgl. *Grünwald/Merz* (2003), S. 19.

### 5.3.2. Ableitung von Unternehmenszielen der Erstversicherer für eine Marktregulierung- Empirische Ergebnisse

Grundsätzlich übernehmen Versicherer Risiken, wenn der Erlös in Form einer Prämienzahlung die Kosten der Produktion des Versicherungsschutzes (Risiko- und Betriebskosten) übersteigt.[1] Diese positiven Nutzen- und Zielbeiträge sind Vorraussetzung für ein Angebot.[2] Mit der Risikoübernahme erfüllt der Versicherer seinen Unternehmenszweck und dient den Unternehmenszielen, die aus einem Bündel ökonomischer und nicht-ökonomischer Ziele (z.B. Macht, Prestige und Unabhängigkeit) bestehen. Mit dem Existenz-, Gewinn- und Stabilitätskriterium müssen drei ökonomische Merkmale erfüllt werden,[3] damit eine Police angeboten wird. Nach dem Existenzkriterium kann ein Versicherer ein Risiko übernehmen, wenn seine Ruinwahrscheinlichkeit durch Übernahme des Risikos gering ist. Der Ruin tritt ein, wenn die Summe aus Prämieneinnahmen und zur Verfügung stehenden Sicherheitsmitteln[4] abzüglich Schadenzahlungen negativ ist.[5] Innerhalb aufsichtsrechtlicher Bestimmungen[6] wird die Ruinwahrscheinlichkeit durch die unternehmensspezifische Risikoneigung des Versicherers festgelegt und kann durch geeignete risikopolitische Maßnahmen reduziert werden.[7] Die Sicherung der Unternehmensexistenz gilt als bedeutendstes Qualitätsmerkmal und wichtigstes Ziel eines Versicherers[8] auf dessen Basis andere Formalziele abgeleitet werden.[9] Das Gewinnkriterium beschreibt den für die Übernahme eines Risikos erwarteten Gewinn. Dieser entsteht, wenn die Gesamtprämien die Summe aus Gesamtschäden, Betriebskosten[10] und Sicherheitsmitteln übersteigen.

---

[1] Versicherer werden in diesem Zusammenhang als "...Lieferanten von existenzsicherndem Risikoschutz gesehen (*Surminski* (2002), S. 10).

[2] Vgl. *Schmitz* (1998), S. 81.

[3] Vgl. *Lamby* (1993), S. 29 ff.

[4] Neben Sicherheitszuschlägen auf die Prämien und Schadenreserven zählen weitere Positionen innerhalb des Jahresabschlusses zu den Sicherheitsmitteln, wie z.B. Sicherheitskapitalposten. Hinzu kommen Gewinne aus dem Dienstleistungsteil des Versicherungsgeschäfts sowie Erträge aus Kapitalanlagen (Vgl. *Farny* (2000), S. 70).

[5] Vgl. § 88 Abs. II VAG. Eine Ruinwahrscheinlichkeit in Höhe von 100 % ist weder wirtschaftlich, da prinzipiell unendlich hohe Sicherheitsreserven gebildet werden müssten, noch realistisch, weil jegliche Risikoprüfung unterlassen werden müsste.

[6] Vgl. *Schmidt* (1991), S. 316. In der Schadenversicherung ist eine Mindestrelation (Solvabilitätssoll) zwischen den Prämieneinnahmen in Form des Beitragsindexes mit der Schadenbelastung (Schadenindex) oder mit den Eigenmitteln (Solvabilitätsspanne) festgelegt. Die Unternehmen weisen die ausreichende Solvabilität mittels einer sogenannten Solvabilitätsübersicht nach, die Angaben zu der Zusammensetzung der Eigenmittel gem. § 106a I 2 VAG enthält.

[7] Vgl. *Lamby* (1993); S. 41 f.

[8] Vgl. *Sönnichsen* (1992), S. 234.

[9] Vgl. *Schmitz* (1998), S. 85 f.

[10] Auf die Unterscheidung in weitere Kostenarten wie Vertriebskosten wird an dieser Stelle ebenso verzichtet wie auf die Differenzierung in Bruttobeiträge und Beiträge für eigene Rechnung, welche die Rückversicherungskosten berücksichtigen.

Die Höhe des Gewinns ist zusätzlich abhängig von den erzielbaren Erträgen aus Kapitalanlagen, deren Höhe ex ante unbekannt ist.[1] Mit dem Kriterium der Gewinnerwirtschaftung geht das Wachstumsziel des Versicherers unmittelbar einher. Hierunter wird eine positive Veränderung der Outputgrößen verstanden, die sich in mengenmäßigen Zuwächsen der Vertragsbestände ausdrücken. Hiermit sind i.d.R. entsprechende Wertzuwächse durch Prämieneinnahmen[2] verbunden. Beim Stabilitätskriterium hat der Versicherer zu entscheiden, welche Schwankungen der Geschäftsergebnisse akzeptabel sind. Die tolerierbaren Differenzen vom kalkulierten Gewinn und die maximale Wahrscheinlichkeit einer solchen Abweichung sind zu ermitteln. Durch die Ausgestaltung des Stabilitätskriteriums legt der Versicherer wiederum seine Risikopolitik fest.[3] Werden alle drei Kriterien erfüllt, wird der Versicherer ein Angebot auf den Märkten bereitstellen. Die Intensität, mit der er die einzelnen Aspekte beurteilt, bestimmt den Umfang und die Zeichnungspolitik, d.h. letztlich die Risikotransferkapazität des Versicherers.[4] Ergänzt werden diese Kriterien um objektive Kennzahlen, wie die Höhe des Eigenkapitals oder die Anzahl der Risiken im Kollektiv des Unternehmens.[5] Die Ziele konkurrieren z.T. untereinander. So stehen die Wachstumsziele eines Versicherungsunternehmens u.U. einer Erhöhung des Sicherheitsgrades konträr gegenüber.[6] Daneben gibt es weitere Sachziele (z.B. Produktion des Wirtschaftsgutes Versicherung, Anlage und Bildung von Kapital, Schadenverhütung), die untereinander komplementär oder konfliktionär sein können. Aus diesen Zielen ergeben sich eine Reihe von Aktionsstrategien und Maßnahmen, um quantitative Zielgrößen (z.B. Marktanteile) und qualitative Parameter (z.B. die Bestandsfestigkeit) zu erreichen.[7]

---

1 Vgl. *König* (2002), S. 88.
2 Dieses gilt nicht zwangsweise. So kann z.B. der Versicherungsbestand auch über Dumpingprämien in der Neuakquise und im Bestand ausgeweitet werden, ohne dass die Prämien steigen.
3 Vgl. *Lamby* (1993), S. 45.
4 In diesem Zusammenhang kommt *Lamby* (Vgl. *Lamby* (1993), S. 46.) zu dem Ergebnis, dass ein Angebot des Versicherers unabhängig von einem möglichen Katastrophenpotential des zu übernehmenden Risikos erfolgt, sobald Existenz-, Gewinn- und Stabilitätskriterien erfüllt sind. Der Autor kommt sodann zu dem Schluss, dass die von *Schmidt* getroffene Feststellung, wonach die Schadenversicherer immer mehr und größere Schäden nicht bewältigen könnten (Vgl. *Schmidt* (1992), S. 200) falsch sei. *Schmidt* nehme nur auf die Schadenbelastung Bezug und lasse die Prämieneinnahmen unberücksichtigt. Diese Feststellung von *Lamby* kann nicht geteilt werden, da er davon ausgeht, der Versicherer habe vollständige Informationen, um die drei genannten Kriterien festzulegen. Zentraler Untersuchungsgegenstand von *Schmidt* ist jedoch die Kumulschadenproblematik, die davon ausgeht, dass der Versicherer ebenfalls mit Unsicherheiten in Form des versicherungstechnischen Risikos leben muss.
5 Vgl. *Lamby* (1993), S. 46.
6 Vgl. *Farny* (1982), S. 132 f.
7 Vgl. *Müller* (1999), S. 228.

Formalziele sind in den Versicherungsunternehmen nicht immer klar definiert.[1] Dies gilt umso mehr, wenn die Fachbereiche und nicht die Unternehmensspitze über Zielvorstellungen und Präferenzen befragt werden. Deshalb wurden aus dem Formalzielbündel weitere Ziele abgeleitet, die den speziellen Aspekten der Elementarschadendeckung Rechnung tragen. Die Bestimmungsgründe für die Einschätzung der Versicherer wurden in Vorabgesprächen und Pre-Tests erhoben. Hiernach ergeben sich fünf Zielbereiche für eine staatliche Regulierung des Elementarschadenversicherungsmarktes und zwar: Sicherheits-, Wettbewerbs- und versicherungstechnische Ziele sowie die Minimierung der Gesamtkosten einer Naturkatastrophe, als volkswirtschaftliches Makroziel. Zudem ist für die Unternehmen die Akzeptanz des Produktes durch die Versicherungsnehmer von Bedeutung.

Diese Ziele lassen sich wie folgt interpretieren. Die Sicherung der Unternehmensexistenz geht mit einer dauerhaften Erfüllbarkeit der Versicherungsverträge einher. Das ausgeprägte Katastrophenpotential und versicherungstechnische Risiko der Elementarschadendeckung führt im Extremfall zu einer Gefährdung der Unternehmensexistenz, wenn Schäden kumulieren und ein Risikoausgleich im Kollektiv nicht stattfindet.[2] Aus dem gleichen Grund bietet keines der befragten Unternehmen eine Versicherung gegen Sturmfluten oder flächendeckenden Schutz gegen Überschwemmungen an.. Dieser Schutzgedanke zugunsten der Versicherungsnehmer wird in zwingenden und halbzwingenden Vorschriften des VVG sowie in Teilbereichen des VAG deutlich.[3] Hiernach muss das Leistungs-

---

[1] Das Primärziel der Versicherungswirtschaft liegt in der Minimierung der finanziellen Ruinwahrscheinlichkeit der Versicherungsnehmer. Dies gilt in besonderem Maße für die Gefahren der natürlichen Umwelt (Vgl. *Berz* (2000), S. 157). *Zweifel* definiert zwei weitere Funktionen: Erstens die Überwindung der Risikoaversion der Versicherungsnehmer und zweitens die Erhöhung der Koordinationseffizienz, indem Transaktions- und Informationskosten gesenkt werden (Vgl. *Zweifel* (1987), S. 38 ff.). Als Sektor der Volkswirtschaft hat die Assekuranz gesamtwirtschaftlich eine Organisationsfunktion, (Vgl. *Steinmüller* (1988), S. 49 ff.) bei der die Einkommens- und Vermögensverteilungen der Wirtschaftssubjekte verstetigt werden, was zu einer Sicherung des Distributionsprozesses führt (Vgl. *Hanekopf* (1997), S. 123). Hiermit unmittelbar verbunden ist die Umverteilung der gezahlten Prämien in Entschädigungsleistungen, Schadenverhütungsmaßnahmen, Schadenforschung usw. (Umverteilungsfunktion). Die dritte gesamtwirtschaftliche Aufgabe, die Kapitalsammelfunktion ist besonders bedeutend für die Lebensversicherung (Vgl. *Steinmüller* (1988), S. 49 ff.). Um eine optimale Verteilung der volkswirtschaftlichen Ressourcen zu gewährleisten, darf weder ein Über- noch ein Unterangebot an Versicherungsschutz bestehen (Vgl. *Hanekopf.* (1997), S. 123).

[2] So scheiterten erste Versuche dieses Versicherungszweiges, weil Aktiengesellschaften das erforderliche Gründungskapital nicht aufbringen konnten („Azienda Assicuratrice A.G." in Triest (1846)) oder weil sich Gegenseitigkeitsvereine wegen erheblicher Verluste auflösten („La Riveraine" in Frankreich). Die ersten Deckungen, die sich in den Märkten durchzusetzen vermochten, waren Sturm- und Hagelversicherungen (Vgl. *Rommel* (1937), S. 44 f.).

[3] Vgl. *Koch,/Holthausen* (1998), S. 133 ff.

versprechen der Assekuranz im Schadenfall, unabhängig von der Höhe des Schadens und des Gesamtschadenausmaßes für alle Versicherte, eingehalten werden können.

Aus dem Gewinnziel der Unternehmen kann die Forderung nach Wettbewerb auf den Märkten abgeleitet werden. Wettbewerb setzt Freiheitsspielräume voraus, d.h. die Marktteilnehmer müssen Handlungsalternativen haben (z.B. durch Veränderungen im Leistungsangebot oder im Preis). Daneben sind Auswahlmöglichkeiten sowohl auf der Anbieter- als auch auf der Nachfragerseite erforderlich (Freiheit im Austauschprozess),[1] wobei Gewinnmöglichkeiten im Sinne einer angemessenen Verzinsung des eingesetzten Kapitals erhalten bleiben sollen.[2] Durch einen intensiven Wettbewerb können Produktinnovationen entstehen,[3] wie der Vorstoß des Deutschen Lloyd zur Absicherung von Elementarrisiken gezeigt hat. Dieser Wettbewerb wird aus Sicht der Versicherer im Idealfall nicht durch äußere Einflüsse verzerrt.[4] Regulierende Eingriffe in bestehende Märkte beinhalten in diesem Zusammenhang die Gefahr, dass einzelne Marktteilnehmer begünstigt werden. So können Versicherer mit keinem oder geringem Versicherungsbestand in überschwemmungsgefährdeten Gebieten, bei einer Versicherungspflicht für diese Gefahr Prämien ohne hohe Sicherheitszuschläge anbieten.[5] Hieraus entstehen zwei Probleme: Erstens können regional tätige Unternehmen geographisch bedingt viele stark gefährdete Risiken in ihrem Bestand haben und dadurch dem Wettbewerb nicht standhalten. Es entstehen Wettbewerbsverzerrungen. Zweitens besteht die Gefahr, dass Versicherer mit guten geographischen Risikozonen zu geringe Beiträge erheben, weil Katastrophenfälle unberücksichtigt bleiben. Im Extremfall können Schäden nicht mehr beglichen werden. Es kommt zu Insolvenzen und die dauerhafte Erfüllung der Versicherungsverträge ist gefährdet.[6] Folglich sollte nach Auffassung der Assekuranz ein Marktregulie-

---

1 Vgl. *Fritsch/Wein/Ewers* (2001), S. 16.

2 Vgl. *Gesamtverband der Deutschen Versicherungswirtschaft e.V. (GDV)* (Hrsg.) (2003), S. 26.

3 Vgl. *Citlak* (2000), S. 258. Erfahrungen mit der Umwelthaftpflichtversicherung haben gezeigt, dass die Öffnung des Wettbewerbs für (ausländische) Anbieter die Grenzen der Versicherbarkeit ausweiten kann (Vgl. *Schwarze/Wagner* (2002), S. 600).

4 Vgl. *Fromme/Clausen* (2003).

5 Vgl. *Sievers* (1976), S. 647.

6 Die Versicherungsmärkte haben nach Auffassung von *Berliner* eine inhärente Eigenschaft in der Form, dass große Unternehmen kleinere Versicherer aufkaufen, indem sie zeitlich limitiert Versicherungen zu Bedingungen und Preisen anbieten, die diese Unternehmen nicht tragen können. Der Gesetzgeber versucht z.B. durch das Kartellrecht dieser Entwicklung entgegenzuwirken (Vgl. *Berliner* (2002), S. 707). Eine Ausgleichsfunktion üben die Rückversicherungsmärkte aus, die das Ziel verfolgen, eine breite Versichererbasis zu erhalten (mehr dazu siehe a.a.O. S. 708 f.).

rung wettbewerbsneutral sein.[1] Aus dem Stabilitätsziel lassen sich weitere versicherungstechnische Ziele ableiten. So hat die Diskussion eines Marktversagens gezeigt, dass die Bildung eines Risikoausgleichs im Versicherungskollektiv das Grundproblem der Elementarschadenversicherung ist. Hier kommt nach den Vorstellungen der Schweizer Rück der Versicherungswirtschaft die Aufgabe zu, ein solches Risikokollektiv zu bilden und die ökonomischen Folgen einer Naturkatastrophe zu mildern sowie zur Schadenvermeidung und -verminderung anzuregen.[2] Während die letzten drei Aufgaben durch verschiedene Ausgestaltungsformen eines regulierenden Eingriffs mit unterschiedlichem Zielerreichungsniveau umgesetzt werden können, ist die Bildung eines Risikokollektivs die unmittelbare Voraussetzung für die Funktionsfähigkeit eines Versicherungsmarktes. Die Bildung eines großen Kollektivs kann u.a. durch Versicherungszwänge erreicht werden. Hierbei muss der Risikoausgleich sowohl in quantitativer (d.h. der Bestand muss genügend groß sein, um einen geographischen Ausgleich zu ermöglichen), als auch in qualitativer Hinsicht erfolgen,[3] da durch die alleinige quantitative Zusammenführung der Risiken u.U. ein Kumulschadenpotential entstehen würde.[4] Folglich ist die Bildung eines entsprechenden Risikokollektivs eines der Hauptziele der Versicherungsunternehmen.

Neben diesen unternehmensnahen Zielen ergeben sich weitere Aspekte. Staatliche Regulierungen sind immer dann problematisch, wenn sie zu ungewollten Verhaltensänderungen führen. Dies ist z.B. der Fall, wenn eine nachlässige Schadenverhütung nicht über die Prämienhöhe sanktioniert wird. Gleiches gilt bei staatlichen Umverteilungssystemen, die positive Aktivitäten nicht honorieren. Hierdurch entsteht ein nachlässiger Umgang mit versicherten Risiken, gepaart mit einer steigenden Wagnisbereitschaft der Sacheigentümer.[5] Bei den volkswirtschaftlichen Gesamtschäden gibt es eine Interessenparallelität zwischen den Versicherten und den Versicherern. So müssen die Versicherer umso weniger Schäden begleichen, je weniger Lasten bei den Versicherten anfallen.[6]

Als weiterer Maßstab für die Beurteilung von Marktregulierungen gilt die Akzeptanz in der Bevölkerung. Sie ist für die Assekuranz von Interesse, weil umfassende Eingriffe in den Versicherungsmarkt negative Konsequenzen für andere Versicherungsprodukte haben könnten, bei denen dann z.B. die Nachfrage sinkt. Dies gilt insbesondere für den Fall, dass auch weniger stark exponierte Risiken in ein Modell integriert werden und Sozialisierungseffekte entstehen. Unmittelbar einher geht damit die Frage, in wie weit die Planungssicherheit der

---

[1] Vgl. *Fromme*; Clausen, S. (2003).
[2] Vgl. *Schweizerische Rückversicherungs-Gesellschaft* (Hrsg.) (1998), S. 26.
[3] Vgl. *Hax* (1964), S. 19.
[4] Vgl. *Schweizerische Rückversicherungs-Gesellschaft* (Hrsg.) (1998), S. 32.
[5] Vgl. *Sinn* (1988), S. 1113.
[6] Vgl. *Michaels* (2000), S. 9.

Bürger bei Naturkatastrophen gewährleistet werden soll. Hier werden später verschiedene Ansätze beschrieben.[1]

Die Erstversicherungsunternehmen wurden im Rahmen der empirischen Untersuchung gebeten, die dargestellten Anreize für eine Marktregulierung auf einer vierstelligen Skale für ihr Unternehmen zu bewerten. Die Spannweite der Skalierung von 1 (sehr wichtig) bis 4 (eher unwichtig) wurde bei allen Zielen ausgenutzt. Die Antworten auf diese Frage sind in der folgenden Tabelle 20 aufgeführt.

Tab. 20: Unternehmensziele der Erstversicherer im Falle einer Marktregulierung

| | **Anzahl** | **Mittelwert** | **Standardabweichung** |
|---|---|---|---|
| Sicherung der Unternehmensexistenz | 47 | 1,70 | 0,954 |
| Erfüllbarkeit der Versicherungsverträge | 47 | 1,47 | 0,905 |
| Wettbewerb um Risiken möglich | 47 | 2,17 | 0,816 |
| Wettbewerbsneutralität eines Eingriffs | 47 | 1,80 | 0,851 |
| Minimierung der Gesamtkosten des Staates | 47 | 2,72 | 0,800 |
| Minimierung der Gesamtschäden | 44 | 1,75 | 0,811 |
| Hohe Akzeptanz in der Bevölkerung | 47 | 1,98 | 0,794 |
| Finanzielle Planungssicherheit der Bürger | 47 | 2,21 | 0,750 |
| Bildung eines großen Risikokollektiv | 47 | 1,91 | 1,018 |

Erwartungsgemäß gewichten die Unternehmen das Sicherheitskriterium am stärksten, gefolgt von Wettbewerbszielen. Die Wettbewerbsneutralität wird stärker gewertet als die Möglichkeit des Wettbewerbs um gute Risiken. Dies kann ein Ausdruck dafür sein kann, dass eine gesamtwirtschaftlichen Lösung für Naturkatastrophen mit gleicher Lastenverteilung auf alle Versicherer wichtiger ist als Gewinnchancen durch die Bündelung guter Risiken im Portefeuille. Die stärkste Abweichung zeigt sich bei der Minimierung der Gesamtschäden. So ist

---

[1] Vgl. *Schwarze/Wagner* (2003).

für die Versicherer dieses Ziel relevanter als die Minimierung der staatlichen Gesamtkosten. Dieses Ergebnis war zu erwarten, da eine Minimierung der Gesamtschäden durch Naturereignisse ebenfalls positive Auswirkungen auf das versicherungstechnische Ergebnis hat. Die Ziele mit engem Bezug zu den Versicherungsnehmern, wie die Akzeptanz eines Eingriffs durch die Bevölkerung und deren Planungssicherheit, werden von den Versicherern unbedeutender beurteilt als die Wettbewerbsziele aber wichtiger als das Gesamtkostenziel. Die Bildung eines ausreichenden Risikokollektivs wird insgesamt als fünft wichtigstes Ziel genannt. Während es unmittelbar plausibel erscheint, dass dieses Ziel geringer bewertet wird als die Sicherheitsziele und die Minimierung der Gesamtschäden, ist erstaunlich, dass die Wettbewerbsneutralität bedeutender eingeschätzt wird. Zudem weist letztere eine entsprechend geringere Standardabweichung auf. Insgesamt liegen die Mittelwerte aller Ziele, mit Ausnahme Minimierung der staatlichen Gesamtkosten, im Bereich der ersten beiden Skalierungsstufen. Das Feld „Sonstiges" wurde von keinem Versicherer genutzt, um ein weiteres Ziel anzugeben. Deshalb kann davon ausgegangen werden, dass die relevanten Bereiche abgedeckt wurden. Den Sicherheitszielen, der Minimierung der Gesamtschäden, der Wettbewerbsneutralität eines Eingriffs sowie der Bildung eines großen Risikokollektivs kommt aus Sicht der Versicherer eine besondere Bedeutung zu. Ungeachtet dessen sollte die staatliche Intervention in den Versicherungsmarkt nach Auffassung der Assekuranz so gering wie möglich ausfallen.[1]

### *5.3.3. Ermittlung von Zielbeziehungen zwischen den Referenzkriterien und Präferenzen der Versicherer*

Aus den gewonnenen Kriterien und Unternehmenspräferenzen lassen sich verschiedene Zielbeziehungen ableiten, anhand derer mögliche Marktregulierungen im nächsten Kapitel diskutiert werden. Besonders wichtig für diese Ausführungen ist, dass sich die Verhaltensweisen der Wirtschaftsakteure nicht ändern. Solche Veränderungen können z.B. dann entstehen, wenn Ereignisse wie die Anschläge auf das World Trade Center in New York die Risikozeichnung und Geschäftsergebnisse der Versicherer nachhaltig beeinflussen. Deshalb geht es hier um eine statische Betrachtungsweise. Das Kriterium der Vollständigkeit korreliert negativ mit den Sicherheitszielen der Erstversicherer. Je mehr Gefahren und Wagnisse in ein Modell integriert werden, desto höher ist die Ausprägung des versicherungstechnischen Risikos. Dies gilt insbesondere für die Kumulierung von Einzelschäden. Werden besonders exponierte Risiken in eine staatliche Regulierung des Marktes einbezogen oder Gefahren integriert, für die es bisher keinen Versicherungsschutz gibt (z.B. Sturmfluten), kann ohne flankierende Maßnahmen die Unternehmensexistenz gefährdet werden. Eine positive Zielbezie-

---

[1] Vgl. *Fromme/Clausen* (2003).

hung entsteht mit der Bildung eines großen Risikokollektivs. Je mehr potentiell betroffene Versicherungsnehmer in einen regulierenden Eingriff einbezogen werden, desto leichter können aus Sicht der Assekuranz die Risiken diversifiziert werden. Unmittelbar hieran schließt die Akzeptanz eines Modells an. Je umfassender die versicherten Gefahren sind und je weniger Risikoausschlüsse integriert werden, um so höher ist die Akzeptanz der Versicherungsnehmer. Allerdings gelingt dies nur soweit für das gesamte Risikokollektiv, solange keine Quersubventionierungen im Portefeuille notwendig werden, weil dann zu vermuten ist, dass Sozialisierungseffekte zumindest von den guten Risiken kritisch gesehen werden. Die Wettbewerbsziele und die Minimierung der Gesamtschäden stehen grundsätzlich in einer neutralen Zielbeziehung zum Kriterium der Vollständigkeit, auch wenn z.B. Versicherer mit regionalem Geschäftsgebiet von einzelnen Gefahren stärker bedroht sein können als bundesweit tätige Unternehmen.

Das zweite Kriterium, der Interessenausgleich zwischen den Beteiligten, wirkt sich unmittelbar positiv auf die Unternehmensziele „Sicherheit" und die Minderung der Gesamtschäden aus, weil durch die Bündelung der Interessen divergierende Anreize wie die Bebauung exponierter Gebiete verhindert werden können. Dadurch wird ebenfalls das versicherungstechnische Ergebnis der Erstversicherer positiv beeinflusst. Die Akzeptanz in der Bevölkerung ist unter diesem Aspekt unterschiedlich zu bewerten, weil z.B. im Falle von Bebauungsverboten Sacheigentümer einen finanziellen Schaden erleiden können. Andererseits wird die Minderung solcher Interessendivergenzen zu einer höheren Akzeptanz führen. Die beiden übrigen Ziele werden von diesem Merkmal nicht berührt.

Das dritte Kriterium, die Transparenz, geht unmittelbar mit der Akzeptanz und Planungssicherheit der Bevölkerung einher. Dies gilt i.d.R. auch, wenn die Exponierung eines Risikos über die Prämienhöhe bzw. die Ablehnung des Versicherungsschutzes[1] deutlich gemacht wird.[2] In diesem Zusammenhang sind positive Effekte auf den Wettbewerb um die Risiken zu erwarten, da entsprechende Informations- und Suchprozesse von den Sacheigentümern eingeleitet werden, um

---

[1] Im Extremfall kann der Versicherer durch Ablehnung einer Risikoübernahme deutlich machen, dass der Versicherungsnehmer unter den gegebenen Umständen keinen Versicherungsschutz erhält oder hohe Beiträge und/oder Selbstbehalte in Kauf nehmen muss. Dieser ist somit dazu gezwungen geeignete Schadenverminderungsmaßnahmen zu ergreifen, um sein Risiko auf den Versicherer übertragen zu können (Vgl. *Paus* (2003), S. 74). Letztlich gibt es eine Interessenparallelität zwischen der Assekuranz und dem Versicherungsnehmer, da die Versicherer umso weniger Schadenzahlungen aufwenden müssen je weniger Schäden entstehen. Hieraus leitet der langjährige Präsident des Gesamtverbandes der Deutschen Versicherungswirtschaft e.V. (GDV) *Michaels* eine Funktion der Assekuranz im Zusammenhang mit Naturkatastrophen ab, die darin besteht, die ökonomischen Konsequenzen aus naturwissenschaftlichen Erkenntnissen abzuleiten (Vgl. *Michaels* (2000), S. 11).

[2] In der Kraftfahrzeugversicherung fließen die Prämien des Typenklassentarifs in die Kaufentscheidung beim Erwerb eines Kraftwagens ein.

kostengünstigen (risikogerechten) Versicherungsschutz zu erhalten. Aus den Sicherheitszielen, aus der Minimierung der Gesamtschäden und aus der Bildung eines Risikokollektivs sind keine (ausgeprägten) Anknüpfungspunkte zu diesem Kriterium ersichtlich.

Andererseits wirkt sich die Nachhaltigkeit positiv auf die Sicherheit, die Gesamtschäden und die Akzeptanz aus. So führt die Dauerhaftigkeit eines (erfolgreichen) Modells im Idealfall dazu, dass die Zustimmung der Bevölkerung für einen Eingriff steigt. Werden in einer langfristigen Betrachtungsweise die Schadenpotentiale gemindert, gehen hiervon positive Effekte auf die für die Schadenregulierung notwendigen Mittel aus. So kann mit einer weiteren Reduktion der erforderlichen Gesamtkosten gerechnet werden, was für alle Beteiligten positiv zu werten ist. Die Sicherheit der Unternehmensexistenz ist allerdings dann gefährdet, wenn die Assekuranz ihre Produkte nicht mehr an geänderte Rahmenbedingungen anpassen kann, wie dies nach den Hochwassern 2002 geschehen ist. Deshalb kann zwischen der Nachhaltigkeit und dem Sicherheitskriterium auch eine negative Zielbeziehung konstruiert werden.

Das letzte Kriterium, die Kosteneffizienz, korreliert ebenfalls unmittelbar mit der Akzeptanz der Bevölkerung. Gleiches gilt für den Wettbewerb, da davon ausgegangen werden kann, dass ein Wettbewerb um die Risiken zu einer Minderung der Kostenanteile in den Versicherungsprämien führen wird,[1] auch wenn unstrittig ist, dass sich im Wettbewerb die Vertriebskosten erhöhen. Reduzierte Gesamtschäden werden zu einer Verringerung der Kostenquote in dem Maße beitragen, wie die Anzahl der zu bearbeitenden Schadenfälle zurückgeht.

[1] Innerhalb des Abschnitts im nächsten Kapitel zur Übertragung der Risikoträgerschaft auf Monopole wird deutlich, das eine Kosteneffizienz mit Wettbewerbsstrukturen nicht zwingend einhergeht.

Tab. 21: Bewertung der Zielbeziehungen

| | **Präferenzen der Versicherer** | | | | |
|---|---|---|---|---|---|
| | Sicherheit | Wettbewerb auf dem Markt | Reduzierung der Gesamtschäden | Akzeptanz der Bevölkerung | Schaffung eines Risikokollektivs |
| **Vollständigkeit** | - | O | O | +/- | + |
| **Interessenausgleich** | + | O | + | +/- | O |
| **Transparenz** | O | + | O | + | O |
| **Nachhaltigkeit** | +/- | O | + | + | O |
| **Kosteneffizienz** | O | + | + | + | O |

Positive Zielbeziehung (+); Negative Zielbeziehung (-); Zielneutralität (o)

Zusammenfassend können die Kriterien der Vollständigkeit, des Interessenausgleichs und der Nachhaltigkeit mit den Unternehmenspräferenzen der Erstversicherer zu Konflikten führen, während die Kriterien der Transparenz und der Kosteneffizienz nicht unmittelbar mit den Interessen kollidieren. Deshalb geht es bei der Auswahl von Regulierungsoptionen für die Elementarschadenversicherungsmärkte darum, negative Zielbeziehungen zu reduzieren bzw. positive zu unterstützen.

### *5.4. Zusammenfassung*

Die Entschädigungswege der Hochwasser 2002 können hinsichtlich ihrer Mittelfinanzierung und -verwendung sowie ihrer Ablauforganisation unterschieden werden. Hiernach wird bei der ex-post Finanzierung des Staates mit erwarteten Steuereinnahmen kalkuliert, deren tatsächliche Höhe unsicher ist. In Abhängigkeit von der Finanzierungsart können Generations-, Interessen- und Verteilungskonflikte entstehen. Rücklagen für künftige Ereignisse werden nicht gebildet. An diesen Stellen ist eine ex-ante Finanzierung über Versicherungen vorteilhaft. Gleiches gilt für die notwendigen Strukturen zur Erhebung und Regulierung der Schäden, die in der Assekuranz im Unterschied zum Staat bereits vorhanden sind.

Besonders deutlich werden die Unterschiede zwischen den Regulierungswegen am Beispiel der Mittelverwendung. So leisten Versicherungen Entschädigungen für fest definierte Sachverhalte, die in die Wirtschaftspläne der Versicherten einfließen und zu eigenverantwortlichen Vorsorgemaßnahmen animieren. Gleichwohl bleiben die Entschädigungsleistungen bei den Betroffenen und müssen nicht wie im Falle einiger öffentlicher Kreditprogramme zurückgezahlt werden. Im Gegensatz dazu stellt der Staat für ein Ereignis Mittel zur Verfügung, die flexibel eingesetzt werden können, ohne vor- bzw. nachgelagerte Schäden zu beachten. Gemeinsam berücksichtigen beide Regulierungswege die unterschiedlichen Schadenlasten der Betroffenen und reduzieren die Gelder durch Eigenbehalte. Spendenorganisationen handeln bei der Mittelvergabe im Rahmen ihrer Satzungen und helfen durch finanzielle Mittel und Sachspenden. Die Tauglichkeit zur Schadenregulierung ist einschränkt, weil auf Spenden kein Rechtsanspruch besteht. Insgesamt wurden die Versicherten im Jahr 2002 schneller entschädigt und zeigten sich mit der Regulierung zufriedener als die Empfänger staatlicher Gelder. Durch das Nebeneinander der Regulierungswege entstanden Kontrollkosten und time-lags bei der Auszahlung öffentlicher Hilfen und Spenden. Zudem war eine Verzahnung und Abstimmung der Programme nicht immer gewährleistet. Es entstanden Zielkonflikte zwischen notwendigen Soforthilfen und nachhaltigen Wiederaufbaumaßnahmen. Für künftige Schäden wurde eine Erwartungshaltung für ähnliche Hilfen gebildet. Letztlich beinhalt das Katastrophenmanagement und die Finanzierung über die Träger der öffentlichen Hand eine systembedingte Ineffizienz. Politische Vorstellungen und divergierende Interessenlagen zwischen den staatlichen Institutionen führen zu konkurrierenden Zielen und Anreizen. Es entstehen Verteilungsungerechtigkeiten, weil die Eigenvorsorge bei der Verteilung der öffentlichen Mittel nicht berücksichtigt werden. Hierdurch wird eine Unterversicherung gefördert.

Die Reaktion der Versicherer auf die Hochwasser 2002 zeigt, dass dieses Naturereignis das Angebot für Elementarschadenversicherungen negativ beeinflusst hat. So kündigten die Rückversicherer Beitragsanhebungen sowie Kapazitätsverknappungen an und forderten mehr Informationen über die zessionierten Risiken. Hierauf wollten die Erstversicherer mit Prämienerhöhungen, mit Verschärfung der Annahmerichtlinien im Neugeschäft und vereinzelt mit Kündigungen der Versicherungsnehmer reagieren. In diese Änderungen des Versicherungsangebots floß der Einfluss der Hochwasser auf das Geschäftsergebnis ein. In Verbindung mit der Sturmversicherung entstanden versicherungstechnische Verluste, sodass mehr als jeder zweite Versicherer einen (stark) negativen Einfluss der Hochwasser auf den Jahresabschluss feststellen konnte. Verantwortlich hierfür waren nach Auffassung der Versicherer Fehler bei der Risikoeinschätzung, den Schadenannahmen und der Prämienkalkulation. Andererseits zeigte sich der für Naturkatastrophen charakteristische Nachfrageanstieg in Folge eines Extremereignisses fast allen betrachteten Unternehmen. Insbesondere hochgefährdete Risiken und diejenigen, die unmittelbar selbst durch die Katastrophe bedroht wurden, fragten eine Deckung nach. Obwohl insgesamt die Nachfrage bei den Unternehmen weiterhin gering ist, wird bezweifelt, dass staatlichen Hilfsmaßnahmen allein eine funktionsfähige Entfaltung der Versicherungsmärkte verhindern und damit ein Staatsversagen darstellen. Hier spielen Besonderheiten einzelner Elementargewalten und Probleme auf der Nachfrageseite eine ebenso gewichtige Rolle, wie das vorherige Kapitel gezeigt hat. Nach den Hochwassern wurde eine Bund-Länder-Arbeitsgruppe unter Mitwirkung des Versicherungsverbandes ins Leben gerufen, die sich intensiv mit der Finanzierung künftiger Ereignisse auseinandergesetzt hat.

Um künftige Schadenpotentiale zu verringern, muss die Nachhaltigkeit im Wiederaufbau bei künftigen Entscheidungen und Schadenregulierungen berücksichtigt werden. Hierbei geht es darum, Schadenpotentiale zu reduzieren, zu begrenzen und im letzten Schritt abzusichern. Vergleicht man die Regulierungswege miteinander, so wird deutlich, dass auch der privaten Vorsorge durch Versicherungsschutz Grenzen gesetzt sind und eine finanzielle Vorsorge kollektive technische Maßnahmen nicht zu ersetzen vermag. Allerdings sind nicht sämtliche Schäden aus Naturkatastrophen versicherbar, sodass es weiter staatlicher Hilfen bedarf, um Naturkatastrophen zu regulieren und damit wirtschafts- bzw. sozialpolitische Ziele zu verfolgen. Die Versicherer können über die Gestaltung ihrer Produkte und Prämien sowie über die Ablehnung von Risiken Anreize zu Schadenvermeidung und -verminderung setzen. Die Regulative der Assekuranz werden jedoch außer Kraft gesetzt, wenn die Risikowahrnehmung gemildert und die Verhaltensweisen der Wirtschaftsakteure aufgrund der öffentlichen Hilfszahlungen risikoreicher werden. Die Transparenz für die freiwillige Risikovorsorge sinkt hierdurch. Innerhalb idealtypischer Rahmenbedingungen werden die Aspekte des Katastrophenmanagements durch eine Risikopartnerschaft zwischen dem Staat, der Assekuranz und den Sacheigentümern bewältigt. Da diese Funktionsweise gestört ist, werden, zur Beurteilung der einzelnen Regulierungsoptionen, aus den bisherigen Erkenntnissen fünf Kriterien gebildet, die einem Referenzmodell entsprechen und anhand derer die regulierenden Eingriffe beurteilt werden. Diesen Kriterien der Vollständigkeit, des Interessenausgleichs, der Transparenz, der Nachhaltigkeit und der Kosteneffizienz werden den empirisch bewertete Präferenzen der Versicherer gegenübergestellt. So werden Sicherheitsziele, wie die Sicherung der Unternehmensexistenz, von der Assekuranz besonders wichtig beurteilt. Daneben werden die Präferenzen hinsichtlich der Wettbewerbsneutralität eines Eingriffs, der Bildung eines großen Risikokollektivs und der Minimierung der Gesamtkosten hervorgehoben. Aus einem Vergleich der Unternehmenspräferenzen mit den entwickelten Kriterien wird deutlich, dass die Kriterien der Vollständigkeit und des Interessenausgleichs mit den Präferenzen der Erstversicherer kollidieren können. Aus diesem Grund sind die Regulierungsoptionen und flankierende Maßnahmen so zu gestalten, dass die negativen Zielbeziehungen reduziert und die positiven unterstützt werden.

# 6. *Beurteilung regulierender Eingriffe in den Versicherungsmarkt anhand der Referenzkriterien*

## *6.1. Eckpunkte eines regulierenden Eingriffs*

### *6.1.1. Die Übernahme administrativer Aufgaben*

Die finanzielle Risikovorsorge für Elementarschäden kann sowohl staatlich als auch privatwirtschaftlich organisiert werden. In beiden Fällen müssen die Schadenaufwendungen so verteilt werden, dass das Risiko für den Einzelnen tragbar wird und extreme Ereignisse bewältigt werden können.[1] Der Umfang einer Marktregulierung reicht von der Entscheidung über einen staatlichen oder privatwirtschaftlichen Risikoausgleich bis zur Bestimmung von Freiwilligkeit oder Zwang der Versicherungsnachfrage.[2] Diese Regulierungsoptionen im Sinne von Modellbausteinen hängen voneinander ab und sind unterschiedlich kombinierbar. Deshalb werden zunächst verschiedene Möglichkeiten zu einer Neugestaltung der Elementarschadenversicherung beschrieben. Anschließend werden die Präferenzen der Versicherer für diese Markteingriffe im zweiten Teil dieses Kapitels dargestellt, bevor die Modellbausteine anhand der im letzten Kapitel gewonnenen Referenzkriterien beurteilt werden. Das Kapitel schließt dann mit einer kritischen Diskussion über Modellentwürfe ab, die nach den Hochwassern 2002 vorgestellt wurden.

Die erste Möglichkeit einer Marktregulierung besteht in der Übernahme administrativer Aufgaben durch die Versicherungswirtschaft. Die Spannweite dieser Aufgaben reicht vom Prämieninkasso bis zur Regulierung entstandener Schäden. Im Fallbeispiel wurde gezeigt, dass die Schadenregulierung über Versicherungsmärkte effektiver ist als eine staatliche Entschädigung, da auf bestehende Ressourcen zurückgegriffen werden kann. Die erforderlichen Kenntnisse insbesondere zur Einschätzung der Schadenhöhe sind ebenfalls vorhanden. Ein Rückgriff auf die Strukturen der Versicherungswirtschaft kann nachteilig sein, wenn die Assekuranz ausschließlich mit administrativen Aufgaben betraut ist, d.h. an der Finanzierung der Schäden nicht beteiligt wird und deshalb mit öffentlichen Geldern zu kulant reguliert, um eigene Kunden zu unterstützen.

International übernimmt die Assekuranz verschiedene Aufgaben. So fällt in Frankreich die Prämienerhebung und die Schadenregulierung in den Aufgaben-

---

[1] Vgl. *Schweizerische Rückversicherungs-Gesellschaft (Hrsg.)* (2002), S. 3.

[2] Vgl. *Rommel* (1937), S. 43. In den Abschnitten wird Bezug auf internationale Modelle genommen, für die Detailinformationen verfügbar waren. Siehe mehr hierzu z.B. *Vetters/Prettenthaler* (2002) und *Schweizerische Rückversicherungs-Gesellschaft (Hrsg.)* (1998a).

bereich der Erstversicherer.[1] In Spanien erfolgt die Schadenregulierung über Mitarbeiter des Monopolanbieters (Consorcio),[2] die im Bedarfsfall von freien Mitarbeitern unterstützt werden.[3] Die Prämie wird dort von den Privatversicherern erhoben, die dafür einen Anteil in Höhe von 5 % erhalten.[4] Staatliche Elementarschadenversicherungen werden in den Niederlanden, der Türkei und den USA über die Assekuranz, Versicherungsagenten oder Makler vertrieben. Die Höhe der Kompensationszahlungen für diese Tätigkeit richtet sich nach den vermittelten Risiken (Türkei)[5] bzw. nach den übernommenen Haftungsteilen (Niederlande) der Versicherer[6].

### *6.1.2. Die Grundprinzipien der Vorsorge: Freiwilligkeit versus Zwang*

#### *6.1.2.1. Selbstverpflichtungsabkommen der Versicherungswirtschaft*

Versicherungsverträge können auf freiwilliger Basis oder durch Zwang entstehen. Während der heutige Versicherungsmarkt für Elementarrisiken in Deutschland auf freiwilliger Basis organisiert ist, gibt es alternative Gestaltungsformen, die von Selbstverpflichtungsabkommen bis zu einer Versicherungspflicht reichen. Zwänge werden ausgesprochen, um ein Risikokollektiv zu schaffen, das groß genug ist, um für alle definierten Schäden aufzukommen. Damit wird eine Voraussetzung für die Versicherbarkeit erfüllt. Ein Selbstverpflichtungsabkommen der Versicherungswirtschaft ist der Versuch, staatliche Restriktionen zu verhindern. Es wird seit 1961 in Großbritannien in Form einer finanziellen Risikovorsorge für Flutschäden praktiziert. Dieses Angebot basiert auf einer Übereinkunft über die Notwendigkeit einer solchen Deckung zwischen dem Staat und der Assekuranz. Derzeit haben in Großbritannien ca. zwei Drittel der Haushalte ein „Storm and Flood Cover“ für Gebäude und drei Viertel für den Inhaltsbereich. Im Jahr 2000 haben schwere Überschwemmungen den Anstoß für ein zweijähriges Moratorium zwischen dem britischen Versicherungsverband (Association of British Insurers (ABI)) und der Regierung gegeben.[7] In diesem Über-

---

1 Vgl. *Gardette* (1997), S. 219 f.

2 Vgl. *Chmielorz/Metzger* (1995), S. 938.

3 Das Consorcio führt keinen Datenbestand über die Versicherungsnehmer. Erst im Schadenfall wird der Vertrag geprüft, sodass nur geringe Verwaltungskosten anfallen (Vgl. *Ungern-Sternberg* (2002a), S. 75).

4 Vgl. *Citlak/Wagner* (2001), S. 108.

5 Hierfür müssen die Versicherer und Agenten, die im Namen des Pools Verträge zeichnen, 50.000 USD zahlen (Vgl. *Yongalýk* (2004), S. 21).

6 Vgl. *Chmielorz/Metzger* (1995), S. 941.

7 Vgl. *Flesch* (2002), S. 995. Das Moratorium beinhaltet keine Preisgarantie der Assekuranz und ist kein Zugeständnis für die Übernahme neuer Risiken.

einkommen sagte die Versicherungswirtschaft zu, ihr Angebot aufrechtzuerhalten, im Gegenzug verpflichtete sich der Staat zu weiteren Präventionsmaßnahmen. Die Regierung legte in der Folgezeit keine konkreten Pläne für Schutzmaßnahmen vor. Daraufhin forderte die Assekuranz mehr staatliche Investitionen und die Einschränkung von Neubauten in gefährdeten Lagen. Anderenfalls drohten die englischen Versicherer mit einem Rückzug des Angebots.[1] Nach Auffassung der ABI kam der Staat seinen Verpflichtungen nicht nach, sodass seit Januar 2003 nur ein Standardversicherungsschutz für Risiken angeboten wird, die eine jährliche Eintrittswahrscheinlichkeit von höchstens 1:75 aufweisen. Bereits bestehende Verträge werden für Objekte weitergeführt, die bis zum Jahr 2007 durch Schutzmaßnahmen diese Schadeneintrittswahrscheinlichkeit aufweisen. Andere Risiken werden nur nach einer Einzelfallprüfung versichert.[2]

Letztlich besteht der Vorteil eines solchen Abkommens darin, dass kein staatlicher Eingriff in den Markt nötig ist.[3] Allerdings können Anreize für die Versicherer entstehen, das Abkommen zu umgehen und Vorteile zu erlangen, indem nur gute Risiken versichert werden. Eine Übertragung auf Deutschland ist schwierig, da durch eine Selbstverpflichtung die Frage der Risikotragung für stark gefährdete Gebiete ungeklärt bleibt und weil für einige regional tätige Unternehmen keine Möglichkeiten zum geographischen Schadenausgleich bestehen.

### *6.1.2.2. Zwangsinstrumente auf der Angebots- und Nachfrageseite*

#### *6.1.2.2.1. Obligatorische Deckungserweiterung*

Die Ausübung eines Zwangs bedeutet eine Einschränkung der Vertragsautonomie, damit diejenigen, die Versicherungsschutz benötigen, eine Deckung erhalten.[4] Zum besseren Verständnis werden Zwänge auf der Angebots- und auf der Nachfrageseite unterschieden. Internationale Versicherungsmärkte zeigen, dass die flächendeckende Sicherstellung einer finanziellen Vorsorge für den Katastrophenfall nicht ohne die Einschränkung der Vertragsfreiheit zu bewerkstelligen ist.[5] Für die Nachfrager kann ein Zwang als obligatorische Deckungserweiterung

---

[1] Vgl. *Surminski* (2003), S. 209 f.

[2] Vgl. *Flesch* (2002a), S. 1682. Die Ausführungen basieren auf einem unveröffentlichten Vortrag von *Milne* (2002) sowie persönlichen Auskünften des *GDV* und der *Swiss Re.*

[3] Vgl. *Schweizerische Rückversicherungs-Gesellschaft (Hrsg.)* (2002), S. 4.

[4] Vgl. *Graff* (2000), S. 178 f.

[5] Vgl. *Schwarze/Wagner* (2003). Ausnahme ist das Moratorium in Großbritannien. Die Versicherungsdichte beträgt in Norwegen ca. 100 %, in Italien zwischen 5 % (Privat) und 40 % (Gewerbe), in Großbritannien 95 bis 100 %, in Belgien weniger als 10 % und in Frankreich wird die freiwilligen Zusatzdeckung zum Cat-Nat als unbedeutend angesehen. In Österreich sind Elementargefahren in ca. 15 % der Policen integriert. In den USA beträgt die Versicherungsdichte ca. 25 % (Vgl. *Bundesanstalt für Finanzdienstleistungsaufsicht* (2003), S. 2 ff.).

zu bestehenden Verträgen oder als Verpflichtung zum Abschluss einer Police erfolgen.

Bei einem obligatorischen Einschluss sieht der Versicherer die Deckung von Elementargefahren generell vor. Der Versicherungsnehmer kann die versicherten Gefahren nicht mehr frei wählen. Seine Autonomie beschränkt sich auf die Entscheidung, das Komplettangebot anzunehmen oder nicht.[1] Eine solches Obligatorium (z.B. durch einen Anschluss der Elementardeckung an die Gebäudefeuerversicherung) erreicht eine sehr hohe Versicherungsdichte und ist für alle Neuverträge problemlos durchsetzbar, wohingegen Altverträge durch eine Änderungskündigung sukzessive umgestellt werden müssen.[2] Durch die obligatorische Deckung werden die Risiken breiter gestreut[3] und die Prämienkalkulation wird erleichtert.[4] Eine bewusste Über-/ Unterversicherung durch einen höheren/ geringen Versicherungswert der Zusatzdeckung gegenüber dem Basisvertrag wird verhindert. Gleiches gilt grundsätzlich für eine adverse selection in der Zusatzversicherung aufgrund der fehlenden Wahlmöglichkeit der Versicherungsnehmer.[5]

Die verfassungsrechtlichen Bedenken gegen ein Obligatorium können sowohl aus Perspektive der Versicherer als auch aus Perspektive der Versicherungsnehmer dargestellt werden. Aus Sicht der Assekuranz könnte ein Eingriff in die Berufsausübungsfreiheit des Art. 12 Abs. 1 GG entstehen. Dies wäre der Fall, wenn die Assekuranz ohne einen regulierenden Eingriff die vorgeschriebene Form der Zusatzdeckung nicht anbieten würde. Aus Sicht der Versicherungsnehmer tangiert ein solcher Eingriff die allgemeine Handlungsfreiheit in Art. 2 Abs. 1 GG und den Schutzbereich der Eigentumsgarantie, der in Art. 14 Abs. 1 GG geregelt ist. Eine Verletzung des Art. 14 wird von der Bundesanstalt für Finanzdienstleistungsaufsicht verneint, da die Belastung der Versicherungsnehmer mit der (zusätzlichen) Prämienzahlung nicht das Eigentum beeinträchtigt, es sei denn, die Prämienhöhe schmälert das Vermögen nachhaltig. Ein Eingriff in die Vertragsfreiheit des Art. 2 Abs. 1 GG ist verfassungskonform, wenn die verfassungsgemäße Ordnung aufrechterhalten wird und die Verhältnismäßigkeit der Mittel gewahrt bleibt. Deshalb muss nach der Rechtsprechung des Bundesverfassungsgerichts die Einschränkung erstens ein Ziel verfolgen, das diesen starken Eingriff rechtfertigt und zweitens geeignet sein, dieses Ziel zu erreichen. Nach Auffassung der Versicherungsaufsicht soll durch einen Versicherungszwang die Finanzierung von Elementarschäden zugesichert und die Belastung der Volkswirtschaft im Katastrophenfall gemindert werden. Damit besäße das Ziel genügend

---

1 Vgl. *Ebel* (1997), S. 218.
2 Vgl. *Bundesanstalt für Finanzdienstleistungsaufsicht* (2003), S. 8.
3 Vgl. *Ebel* (1997), S. 218.
4 Vgl. *Wagner* (2002).
5 Vgl. *Vetters/Prettenthaler* (2002), S. 14 ff.

Gewicht für die Einschränkung des Art. 2 GG. Problematisch ist allerdings aus Sicht des BaFin der Verhältnismäßigkeitsgrundsatz bei stark gefährdeten Risiken. Sie haben durch das Obligatorium keine Möglichkeit mehr, eine Basisdeckung, z.B. für Wohngebäude, abzuschließen. Ein solcher Ausschluss lässt sich nach Auffassung der Behörde nicht mehr mit Art. 2 Abs. 1 GG vereinbaren, da er einen unverhältnismäßigen Einschnitt für diese Sacheigentümer darstellt.[1]

Obligatorische Deckungserweiterungen sind in der Elementarschadenversicherung international nicht selten. So werden in Frankreich alle bestehenden Sach- und Autokaskoversicherungen um Elementargefahren erweitert.[2] Dies führt zu einer Versicherungsdichte von 98 %.[3] In der schweizerischen Feuerversicherung sind für Gebäude, Hausrat, Waren und Betriebseinrichtungen obligatorische Deckungserweiterungen um Elementargefahren gesetzlich vorgeschrieben.[4] In Norwegen sind Naturgefahren in die Feuerversicherung integriert, was zu einer flächendeckenden Versicherungsdichte führt.[5] In Spanien muss jedermann, der eine Unfall-, Feuer-, Teilkasko oder sonstige Sachversicherung abschließt, eine Katastrophenschutzversicherung beim Consorcio decken.[6] Somit besteht bei einer obligatorischen Deckungserweiterung die Möglichkeit, Versicherungsschutz durch andere Elemente der Risikovorsorge zu substituieren, wenn z.B. keine Sachversicherung abgeschlossen wird.[7] Dennoch könnte eine obligatorische Anbindung auch in der Bundesrepublik die Versicherungsdichte erhöhen[8] und damit einer Versicherungspflicht nahe kommen.[9]

### *6.1.2.2.2. Versicherungspflicht*

Die Versicherungswirtschaft hat in der Vergangenheit eine Versicherungspflicht mit der Begründung abgelehnt, dass für die Mehrzahl der Gebäude eine privatwirtschaftliche Möglichkeit zum Abschluss einer Elementarschadenversicherung bestünde.[10] Daneben argumentierte man mit den vergleichsweise wenigen nichtversicherbaren Risiken, für die Schäden vorhersehbar seien und für die kein Risikoausgleich stattfinden könne. Folglich würde eine Versicherungspflicht zu einer Sozialisierung der Schäden führen.[11] Auf Basis einer verfassungsrechtli-

---

[1] Vgl. *Bundesanstalt für Finanzdienstleistungsaufsicht* (2003), S. 7 f.
[2] Vgl. *Ebel* (1997), S. 219.
[3] Vgl. *Gardette* (1997), S. 217. Eine obligatorische Deckungserweiterung für Sturm besteht in Frankreich seit 1990 (Vgl. *Ungern-Sternberg* (2002a), S. 94).
[4] Vgl. *Vetters/Prettenthaler* (2002), S. 12.
[5] Vgl. *Chmielorz/Metzger* (1995), S. 941.
[6] Vgl. *Vetters/Prettenthaler* (2002), S. 15.
[7] Vgl. *Citlak* (2000), S. 265.
[8] Vgl. *Schweizerische Rückversicherungs-Gesellschaft (Hrsg.)* (1998), S. 49.
[9] Vgl. *Gardette* (1997), S. 231.
[10] Vgl. *Kriebisch* (2002a), S. 2.
[11] Vgl. *Chmielorz/Metzger* (1995), S. 937.

chen Diskussion sollen im Folgenden die Vor- und Nachteile dieser Regulierungsoption betrachtet werden, die immer wieder aufgrund positiver Erfahrungen in anderen Versicherungszweigen in der Diskussion angeführt werden.[1]

Die Gesetzgebungskompetenz liegt gem. Art. 74 Nr. 11 GG in Deutschland beim Bund.[2] In diesem Zusammenhang sind verfassungsrechtliche Bedenken zu diskutieren.[3] Aus Sicht der Versicherer und Versicherungsnehmer entsprechen die Ausführungen denen zur obligatorischen Haftungserweiterung. Die Einführung einer Versicherungspflicht für Elementargefahren ist nach Auffassung des BaFin nur möglich,[4] wenn sechs Voraussetzungen erfüllt sind. Erstens muss eine Gefahr für die Allgemeinheit bestehen, die das in Kauf zu nehmende Lebensrisiko der Betroffenen in einem erheblichen Maße übersteigt und der sie sich nicht entziehen können. Letzteres wird vom BaFin bezweifelt, da selbst besonders gefährdete Wagnisse das Risiko durch Präventionsmaßnahmen oder durch einen Umzug mindern können. Zweitens müssen die Folgekosten die wirtschaftliche Leistungsfähigkeit der Geschädigten in vielen Fällen übersteigen. Dieser Punkt bezieht sich auf die Möglichkeiten eines Haftpflichtigen zur Leistungserfüllung an einen Dritten.[5] Die Sachversicherungszweige kompensieren die ökonomischen Folgen eines Schadens am Eigentum des Versicherungsnehmers selbst, sodass nach Auffassung der Versicherungsaufsicht dieses Kriterium nicht erfüllt wird. Drittens müssen die potentiell Geschädigten durch ihre Zusammensetzung und im Hinblick auf ihre Schutzbedürftigkeit den Eingriff durch den Staat rechtfertigen. Hier wird kritisiert, dass die Sacheigentümer keine homogene Gruppe sind,

---

[1] An erster Stelle wird die Kfz-Haftpflichtversicherung genannt. Hier sind die Versicherer alleinige Risikoträger, die auf Basis klarer Rahmenbedingungen und risikodifferenzierter Prämien im Wettbewerb, Deckungen anbieten. Besonders hervorgehoben wird die Durchsetzbarkeit des Modells, so dass kein Kfz ohne Versicherungsschutz in den Verkehr kommt (Vgl. *Pohlhausen* (2005), S. 2 f.)

[2] Vgl. *Schmitt* (1995).

[3] Vgl. *Michaels* (2002), S. 21. Das EU-Recht steht der Einführung einer Versicherungspflicht grundsätzlich nicht entgegen. Es erlaubt einen sozialpolitisch gewollten Zwang, um eine planmäßige Vorsorge zu erreichen (Vgl. *Schwarze/Wagner* (2002), S. 600). Trotzdem kann eine Versicherungspflicht mit der Niederlassungs- und Dienstleistungsfreiheit innerhalb der EU kollidieren. Eine Beschränkung dieser Freiheiten ist möglich, wenn eine Regelung in nicht-diskriminierender Weise auf alle in Deutschland tätigen Versicherer angewandt und aus zwingenden Gründen des Gemeinwohls gerechtfertigt wird. Da bereits in der EU solche Regelungen existieren, sollte eine Versicherungspflicht in Deutschland europarechtlich zulässig sein (Vgl. *Bundesministerium der Justiz* (2003), S. 9 f.).

[4] Diese Aussagen spiegeln die Ausführungen des Bundesverfassungsgerichts zur Zulässigkeit der Pflegepflichtversicherung wider.

[5] Die Kfz-Haftpflichtversicherung beinhaltet im Unterschied zur Elementardeckung einen Drittopferschutz. In diesem Zusammenhang bestehen Zweifel, ob ein solcher Eingriff unter den Aspekten der Erhaltung der Gebäudesubstanz oder der Absicherung bestimmter Risikogruppen mit Art. 14 GG vereinbar ist, der nur unter engen Voraussetzungen eine Einschränkung der Eigentumsrechte erlaubt (Vgl. *Schäfer* (1993), S. 12).

da im Schadenfall alle Bewohner einer Region unabhängig ihrer sozialen Charakteristika betroffen sind. Viertens muss die Pflicht kontrollierbar sein. Die Deckung muss fünftens auf Märkten angeboten werden und die aufzubringenden Prämien müssen sechstens tragbar sein. An den beiden letzten Voraussetzungen wird bemängelt, dass am Markt nicht für sämtliche Risiken Versicherungsschutz zu tragbaren Prämien erhältlich ist.[1] Das Bundesministerium der Justiz ergänzt die Kriterien. Hiernach darf keine anderweitige Absicherung möglich sein und das Risiko muss sich bei jedem Pflichtversicherten verwirklichen können. Deshalb wäre eine Versicherungspflicht, die nur das Hochwasserrisiko einschließt, verfassungsrechtlich bedenklich. Sind zahlreiche Risiken nicht betroffen entsteht ein Konflikt mit dem allgemeinen Gleichheitssatz in Art. 3 Abs. 1 GG, da die Versicherungspflicht die spezifischen Gefährdungslagen nicht entsprechend berücksichtigt. Die Verfassungskonformität hängt somit wesentlich von der konkreten Ausgestaltung des Modells ab. So müssen sämtliche Risiken von mindestens einer Gefahr bedroht sein[2] und differenziert behandelt werden. Die Märkte sind für neue Teilnehmer offen zu halten.[3]

Nach den Hochwassern 2002 wurde die Einführung einer Versicherungspflicht diskutiert. Der GDV zeigte sich gesprächsbereit. Eine Lösung sollte „...durchdacht, wirtschaftlich ausgewogen und vor allem juristisch machbar sein...“[4]. Nach Auffassung von *Schwarze und Wagner* hat die Versicherungswirtschaft damit ihren früheren Widerstand aufgegeben.[5] Durch diesen Zwang kann der Staat verteilungspolitische Ziele verfolgen, indem gute Risiken schlechte subventionieren und einen Beitrag oberhalb der fairen Prämie zahlen.[6] *Pohlhausen* formuliert diesen Sachverhalt noch schärfer, indem er sagt, eine Versicherungspflicht sei „...für den gestaltenden Politiker ein ideales Feld, Sozialingeni-

---

1 Vgl. *Bundesanstalt für Finanzdienstleistungsaufsicht* (2003), S. 9 f.

2 Vgl. *Bundesministerium der Justiz* (2003), S. 8 ff.

3 Vgl. *Schwarze/Wagner* (2002a). Diese Bedenken wurden bereits im Jahr 1995 von einem Arbeitskreis der Versicherungsaufsichtsbehörden der Länder aufgeworfen. Besonders problematisch erachtete man, dass eine Versicherungspflicht einen Solidaritätsbeitrag darstellen würde, wenn die Schäden ungeachtet ihrer regionalen Ausprägung umgelegt würden. Im Ergebnis sah der Arbeitskreis keine Möglichkeit, eine Versicherungspflicht für Elementarschäden einzuführen (Vgl. *Schmitt* (1995), S. 7 ff.). Diese Empfehlung haben seinerzeit die Wirtschaftsminister der Länder aufgenommen und sich dieser Auffassung angeschlossen (Vgl. *o.V.* (1995).

4 *Gesamtverband der Deutschen Versicherungswirtschaft e.V. (GDV) (Hrsg.)* (2002c), S. 3.

5 Vgl. *Schwarze/Wagner* (2003).

6 Vgl. *Fritsch/Wein/Evers* (2001), S. 199. *Sinn* leitet in einer allgemeinen Betrachtung die Einführung einer Versicherungspflicht nicht aus Misstrauen gegenüber den Präferenzen der Sacheigentümer ab, sondern sieht im Gegenteil die Unfähigkeit des Wirtschaftssystems, diese Präferenzen zu erfüllen. Hiernach kann zur Effizienzverbesserung ein Gebot eingeführt werden (Vgl. *Sinn* (1988), S. 1109).

eur zu spielen.“[1] Im Vergleich zur bisherigen ad-hoc Entschädigung des Staates werden durch eine Versicherungspflicht die geringe freiwillige Risikovorsorge aufgefangen und ein sicheres Nachunfalleinkommen gewährt.[2] Die Entschädigung wird kalkulierbar,[3] ohne die Bürger durch Steuern und u.U. Versicherungsprämien sowie freiwillige Spenden mehrfach zu belasten.[4] Die negativen konjunkturellen Folgewirkungen, die durch die staatliche Finanzierung entstanden sind, entfallen für den Umfang der Risiken, die eine Versicherungspflicht umfasst.[5] Letztlich sind zur flächendeckenden Sicherstellung der Nachfrage und des Angebots weitere Maßnahmen in Form eines Kontrahierungszwangs der Unternehmen notwendig.[6] Für die Versicherer erleichtert eine Pflicht die Prämienkalkulation.[7] Gleichwohl werden die Risiken besser diversifiziert[8] und der Aufwand der Risikobewertung verringert werden.[9] Eine adverse selection wird verhindert, weil sich auch gute Risiken versichern müssen. [10] Aus betriebwirtschaftlicher Sicht können Unternehmen, in Abhängigkeit von den Rahmenbedingungen eines Zwanges, Erträge erwirtschaften und bei komparativen Vorteilen gegenüber Wettbewerbern (z.B. durch bessere Diversifizierungsmöglichkeiten) ihre Marktanteile steigern. Unabhängig von Wettbewerbsvorteilen kann die Kundenbindung bei allen Versicherern erhöht werden, weil ohne vertriebliche Aktivitäten die Kundenbeziehung um die Zusatzdeckung erweitert wird. Aus den höheren Prämieneinnahmen lassen sich Vorteile in den Verhandlungen mit Rückversicherern erzielen, da mehr Beiträge in die Zession gegeben werden.

Gegen die Einführung einer Versicherungspflicht sprechen ebenfalls viele Gründe. Es werden erhebliche Kontrollen(-kosten) für die Einhaltung des Zwanges erforderlich.[11] Daneben werden zahlreiche Rechtsstreitigkeiten bis hin zu Verfas-

---

1 *Pohlhausen* (2005), S. 1.

2 Vgl. *Citlak* (2000), S. 258.

3 Vgl. *Schwarze/Wagner* (2003).

4 Vgl. *Menzinger* (2002), S. 1667.

5 Vgl. *Schwarze/Wagner* (2003). Für die Einführung einer Versicherungspflicht in der Gebäudeversicherung wird ein Kaufkraftverlust von 1,71 Mrd. bis 3,06 Mrd. EUR jährlich kalkuliert (Vgl. *Bundesministerium der Justiz* (2003), S. 17).

6 Vgl. *Schwarze/Wagner* (2002a).

7 Vgl. *Wagner* (2002a), S. 588.

8 Vgl. *Citlak/Wagner* (2001), S. 107.

9 Vgl. *Schweizerische Rückversicherungs-Gesellschaft (Hrsg.)* (1998), S. 35.

10 Vgl. *Sinn* (1988), S. 1110.

11 Dies gilt gerade in Zeiten, in denen der Versuch unternommen wird, Bürokratie abzubauen. Der Nachweis einer Gebäudeversicherung kann über die Grundsteuer erfolgen· Für den Fall der Zuwiderhandlung sind Bußgelder erforderlich (Vgl. *Bundesministerium der Justiz* (2003), S. 15 ff). Ein Nutzungsverbot des Gebäudes, analog der KFZ-Haftpflichtversicherung kann nicht ausgesprochen werden (Vgl. *Schäfer* (1993), S. 12 f.). Für den Inhalt ist eine Überwachung schwieriger. So ist z.B. in der Hausratversicherung eine entsprechende Anzeigepflicht beim zuständigen Einwohnermeldeamt möglich. Gleichwohl müssen weitere Regelungen,

sungsbeschwerden erwartet, die eine Umsetzung im Extremfall mehrere Jahre verzögern könnten.[1] Trotz Einführung einer Versicherungspflicht muss sichergestellt werden, dass sich der Staat seiner Aufgabe zu technischen Vorsorgemaßnahmen nicht entzieht.[2] Es müssen Anreize gegeben werden, gefährdete Regionen zu meiden[3] oder Schadenverhütungsmaßnahmen zu ergreifen. Ist dies nicht der Fall, steigt das Schadenpotential.[4] Weitere Rahmenbedingungen sind notwendig. So muss das Bedingungswerk den Anforderungen einer Versicherungspflicht genügen. Dies hat wiederum aufsichtsrechtliche Aspekte zur Folge.[5] Die Vertragsfreiheit wird begrenzt, indem die Versicherungsbedingungen und u.U. sogar die Preise reguliert werden müssen.[6] Aus diesem Grund werden ordnungspolitische Einwände gegen eine solche Regulierung angeführt. Daneben werden Aufgaben der Einkommens- und Vermögensumverteilung in einer Marktwirtschaft dem Steuersystem zugeschrieben.[7] Von den Finanzministern der Länder wurde gefordert, dass eine Versicherungspflicht nicht zu „...zusätzlichen Erträgen...“[8] der Erstversicherer führt. An dieser Stelle entstehen Wettbewerbsverzerrungen, wenn größere Unternehmen durch den Zwang Skalenerträge erzielen. Daneben werden Anreize der Versicherer zu Innovationen wie ZÜRS gemindert.[9] Aus versicherungstechnischer Sicht führt eine Pflicht zu erheblichen Kumulschadenproblemen, bei denen die Kapazitäten des Versicherungsmarktes überschritten werden können. So sieht der *GDV* eine Deckungslücke von 9 Mrd. EUR zwischen dem maximalen Kumulschaden eines Ereignisses und den Deckungskapazitäten des Versicherungsmarktes[10]

Im Vergleich zu einem Obligatorium ist eine Versicherungspflicht in Europa selten. In der Türkei besteht seit 1999 eine Pflichtversicherung gegen Erdbeben für Gebäude, die als von der Feuer- und Gebäudeversicherung unabhängiges Produkt sicherstellen soll, dass sämtliche Gebäude in der Türkei gegen dieses Risiko gesichert sind.[11]

---

z.B. für den Prämienverzug getroffen werden (Vgl. *Pohlhausen* (2005), S. 4).

1 Vgl. *Bundesministerium der Justiz* (2003), S. 16.

2 Vgl. *Kriebisch* (2002a), S. 2.

3 Vgl. *Fromme* (2003).

4 Vgl. *Meyer* (1996), S. 582.

5 Vgl. *Schäfer* (1993), S. 12.

6 Vgl. *Schulenburg* (1992a), S. 8.

7 Vgl. *Schulenburg* (2004), S. 13.

8 *o.V.* (2003k), S. 7.

9 Vgl. *Wagner* (2002a), S. 588.

10 Vgl. *Gesamtverband der Deutschen Versicherungswirtschaft e.V. (GDV) (Hrsg.)* (2003), S. 25.

11 Vgl. *Vetters/Prettenthaler* (2002), S. 17 f.

### *6.1.2.2.3. Der Kontrahierungszwang auf der Angebotsseite*

Versicherer werden durch einen Kontrahierungszwang dazu gezwungen, Risiken anzunehmen,[1] wie in der Kfz-Haftpflichtversicherung.[2] Hierdurch können schlechte Risiken nicht vom Versicherungsschutz ausgeschlossen werden.[3] Für gewinnmaximierende Unternehmen entstehen Nachteile durch die Aufnahme unprofitabler Policen in den Bestand.[4] Letztlich wird somit ein „Rosinenpicken" der guten Risiken verhindert und ein flächendeckendes Angebot gewährleistet.[5]

Eine solche Einschränkung der Vertragsfreiheit ist aufgrund der Art. 2, 3 und 12 GG verfassungsrechtlich bedenklich.[6] Ohne begleitende Maßnahmen wie eine Versicherungspflicht besteht eine große Antiselektionsgefahr.[7] Zudem können sich Unternehmen trotz Kontrahierungszwanges vor der Übernahme schlechter Risiken durch hohe Prämien und Selbstbehalte schützen, sodass weitere (Preis-) Regulierungen unerlässlich sind.[8] Auf der anderen Seite werden weitere Eingriffe notwendig, damit die Versicherer die eingegangenen Risiken tragen können. Dieses gilt vor allem wegen des entstehenden Kumulrisikos.[9] Die dauerhafte Erfüllbarkeit der Versicherungsverträge ist zu gewährleisten. Analog zur Kfz-Haftpflichtversicherung ist es denkbar, den Versicherern in Ausnahmefällen die Ablehnung von Risiken zu ermöglichen.[10] Hierdurch besteht die Gefahr, dass das Ziel eines Kontrahierungszwangs konterkariert wird, es sei denn, es gibt eine Institution, die diese Wagnisse auffängt.

---

1 Vgl. *Schwarze/Wagner* (2002), S 600.

2 Hier sind die Versicherer dazu verpflichtet, die im Pflichtversicherungsgesetz definierten Risiken anzunehmen. Nur in Einzelfällen kann ein Risiko ablehnt werden (Vgl. *Graff* (2000), S. 180).

3 Vgl. *Citlak/Wagner* (2001), S. 107.

4 Vgl. *Citlak* (2000), S. 107.

5 Vgl. *Schwarze/Wagner* (2003). In England zeigt der Fall eines Vulkans auf der karibischen Insel Montserrat die Grenzen eines marktwirtschaftlichen Systems. Der Vulkan wurde im August 1997 wieder aktiv. Die Zerstörung der Wohnhäuser eines Teils der Insel war deshalb absehbar. Daraufhin haben alle drei auf der Insel tätigen Versicherer die Verträge gegen Vulkanausbrüche gekündigt, weil die Verträge eine Kündigungsfrist von nur sieben Tagen hatten. Dieses legale Vorgehen der Versicherer hat zu einer finanziellen Katastrophe für die Inselbewohner geführt (Vgl. *Ungern-Sternberg* (2002a), S. 58 f.).

6 Vgl. *Gardette* (1997), S. 231.

7 Vgl. *Vetters/Prettenthaler* (2002), S. 22.

8 Vgl. *Ungern-Sternberg* (2002), S. 580.

9 Vgl. *Bundesanstalt für Finanzdienstleistungsaufsicht* (2003), S. 11.

10 Dies ist für Risiken denkbar, die in der Basisversicherung keine Deckung erhalten. Hierzu zählen z.B. Schuppen oder abbruchreife Gebäude, die gegenüber Sturmschäden nicht ausreichend resistent sind. Daneben sind die Versicherer nur in der Lage Objekte zu zeichnen, die in die Struktur des Risikoportefeuilles passen.

Auch in den ausländischen Versicherungsmärkten gibt es häufig einen Kontrahierungszwang. Neben der Schweiz[1] müssen französische Versicherer grundsätzlich Naturgewalten in die Basisdeckung einschließen.[2] Dieser Kontrahierungszwang sieht zwei Ausnahmefälle vor. Erstens wenn sich die Wagnisse in Gebieten befinden, die als Bauland ungeeignet sind und für die kein Präventionsplan für regelmäßig eintretende Schäden erstellt wurde. Zweitens für Wagnisse, die entgegen bestehender Vorschriften in hoch gefährdeten Regionen errichtet wurden.[3] Eine solche Ablehnung ist eher selten. Hat ein Objekt zweimal keine Deckung erhalten, wird die Tarifierung der Risiken verbindlich durch das staatliche „Bureau Central de Tarification“ festgelegt. Gleichzeitig sind die Unternehmen dann verpflichtet, dieses Risiko zu den vorgegebenen Konditionen zu versichern.[4] In Lichtenstein besteht eine Versicherungspflicht für dauerhaft errichtete Gebäude mit einem Neuwert von mehr als 5.000 CHF gegen Feuer- und Elementarrisiken. Die im Fürstentum tätigen Unternehmen sind gesetzlich dazu verpflichtet, Elementarschäden in den Deckungsumfang einzuschließen. Ausgenommen von diesem Kontrahierungszwang sind Gebäude, die aufgrund ihres Standortes, ihrer Konstruktion oder ihres Zustandes außerordentlich gefährdet sind. An dieser Stelle setzt ein Versicherungspool an, wie noch zu zeigen sein wird.[5] Somit erhalten schlechte Risiken keinen Versicherungsschutz, wenn die Versicherer Risiken ablehnen dürfen, wie z.B. das NFIP in den USA.[6]

### *6.1.3. Die Organisation der Risikoträgerschaft*

#### *6.1.3.1. Staatliche Haftungsmodelle*

##### *6.1.3.1.1. Versicherungstypisch über Monopole*

In einer liberalen Wirtschaftsordnung schafft der Staat die notwendigen Rahmenbedingungen für das Versicherungssystem.[7] In Ausnahmefällen jedoch, z.B. bei zu hohen Risiken kann die Übernahme des Versicherungsschutzes durch den Staat sinnvoll sein.[8] Alternativ bietet sich eine staatstypische oder versicherungstypische Übernahme von Teilrisiken durch die öffentliche Hand an. Eine staatstypische Organisation enthält einen unmittelbaren Leistungsanspruch der Geschädigten gegenüber dem Staat. In einer versicherungstypischen Organisation

---

1 Vgl. *Vetters/Prettenthaler* (2002), S. 12.
2 Vgl. *Bundesanstalt für Finanzdienstleistungsaufsicht* (2003), S. 3.
3 Vgl. *Vetters/Prettenthaler* (2002), S. 9.
4 Vgl. *Graff* (2000), S. 186 f.
5 Vgl. *Bundesanstalt für Finanzdienstleistungsaufsicht* (2003), S. 4.
6 Vgl. *Citlak* (2000), S. 277.
7 Vgl. *Meyer* (1996), S. 578 f.
8 Vgl. *Rommel* (1937), S. 44.

tritt der Staat entweder als Erst- oder Rückversicherer auf. Eine staatstypische Organisation eines Haftungsmodells hätte für die Versicherungswirtschaft den Vorteil, dass die vom Staat übernommenen Beträge nicht zurückgefordert werden. Im Gegensatz dazu müssten vom Staat übernommene Limite oder Layer von der Versicherungswirtschaft langfristig über Darlehen oder Rückversicherungsbeiträge zurückgezahlt werden. Probleme treten auf, wenn die Haftungsversprechen des Staates limitiert werden, da in intransparenten Haftungssituationen eine Begrenzung des Versicherungsschutzes notwendig ist.[1] Ein Zusammenwirken von Staat und Versicherungswirtschaft ist sinnvoll, wenn die privaten Versicherungsmärkte an die Grenzen der Versicherbarkeit stoßen und die Haftungen einschränken. Eine solche Haftungsbegrenzung wird überflüssig, wenn der Staat die kapazitätsübersteigenden Risken übernimmt.[2]

Nachfolgend werden verschiedene Haftungsmodelle für die Elementarschadenversicherung beschrieben. Grundsätzlich können die Risiken vom Staat,[3] von der Versicherungswirtschaft oder von beiden getragen werden. Die Übernahme der Erstversicherung durch den Staat ist ein scharfer Eingriff in den Versicherungsmarkt, der in der Regel mit einer Versicherungspflicht verbunden ist.[4] Die Umsetzung der dritten EG-Schadenrichtlinie führte im Rahmen der aufsichtsrechtlichen Deregulierung der Versicherungsmärkte zur Auflösung der vormals zwölf regionalen Pflicht- und Monopolanstalten[5] in der Bundesrepublik.[6] Ein Monopolist ist für ein bestimmtes Gebiet der alleinige Anbieter auf dem Markt und erreicht eine breite Risikostreuung.[7] Diese Zwangsanstalten brauchen keine Wer-

---

1 Vgl. *Gerathewohl* (1980), S. 542.

2 Durch staatliche Versicherungsaktivitäten lassen sich Risiken decken, die über die Kapazitäten der Versicherungsmärkte hinausgehen, weil das Kollektiv der Steuerzahler größer ist als das der Versicherungsnehmer (Vgl. *Meyer* (1996), S. 582). Allerdings führen steuerfinanzierte Haftungen zu Umverteilungen (Vgl. *Sinn* (1988), S. 1112).

3 Die Diskussion um eine staatliche Haftungsübernahme von Elementarrisiken ist nicht neu. So wurden bereits nach Überschwemmungen in den Jahren 1889 und 1897 staatliche Versicherungen gegen Elementarrisiken gefordert (Vgl. *Koch* (2002), S. 1671).

4 Vgl. *Schmitz* (1998), S. 294.

5 Vgl. *Kummle* (1989), S. 12.

6 In diesem Zusammenhang wurde die Versicherungspflicht für Elementarrisiken in Baden-Württemberg aufgehoben (Vgl. *Gardette* (1997), S. 214). Nach Auffassung von *v. Ungern-Sternberg* haben die Bundesregierung und die deutschen Monopolanbieter diese Stellung leicht geopfert. Hierfür gibt der Autor eine Reihe von Gründen an. Die Hauptgeschädigten dieser Abschaffung waren hiernach die Hausbesitzer und Steuerzahler, die einen großen Teil der Präventionsmaßnahmen, die vormals durch die Monopolisten getragen wurden, selbst finanzieren mussten. Daneben führten strukturelle Gründe in der Verbandsorganisation der Monopolisten im Verband Öffentlicher Versicherer, in dem auch öffentliche Wettbewerbsanbieter vertreten sind, zu keiner Verbesserung der Interessenvertretung. Gleichwohl existieren die Monopolisten als öffentlich-rechtliche Unternehmen weiter (Vgl. *Ungern-Sternberg* (1999), S. 1 ff.).

7 Vgl. *Ebel* (1997), S. 218.

bemaßnahmen und keinen Vertrieb, wodurch Provisionszahlungen entfallen. Sie können deshalb kostengünstig arbeiten und lassen Schadenvermeidungs- und Schadenminderungsmaßnahmen nach einheitlichen Maßstäben zu.[1] *Von Ungern-Sternberg* hat in einem Effizienzvergleich zwischen staatlichem und privatwirtschaftlich organisiertem Versicherungsschutz festgestellt, dass das Prämienniveau der öffentlichen Anbieter unter dem der Privatmärkte liegt. Insgesamt sieht der Autor sechs Bestimmungsgründe, die für die Effizienz von Monopolen in der schweizerischen Gebäudeversicherung verantwortlich sind. Erstens ist eine Versicherung ein Vertrauensgut, dessen Qualität sich erst im Schadenfall zeigt.[2] Zweitens sieht *von Ungern-Sternberg* Kostenvorteile der Monopolisten, da der Vertreterwettbewerb in marktwirtschaftlichen Systemen eine größere Bedeutung hat als der Preiswettbewerb. Hierdurch liegen die Provisions- und Verwaltungskosten[3] im Wettbewerb deutlich über denen der Monopolisten.[4] Dieser Kostenvorsprung wird durch niedrigere Lohnkosten als zweiter Bestimmungsgrund ausgeweitet. Es fallen keine Vertriebskosten an. Daneben besteht im Bereich der Verwaltungskosten ein erhebliches Rationalisierungspotential, das Monopole erreichen können.[5] Gleichwohl werden keine Gewinne an Aktionäre ausgeschüttet.[6] Der dritte Grund liegt in der Produktstandardisierung der Monopolisten, die einer breiten Masse gerecht werden soll. Viertens spielt die mangelnde Innovationskraft, die Monopolen tendenziell anhaftet, in der Assekuranz eine geringere Rolle als in produzierenden Wirtschaftszweigen. Der fünfte Bestimmungsgrund liegt in der Integration der Schadenprävention in das Versicherungswesen, sodass die staatlichen Monopole hoheitliche Aufgaben wahrnehmen können. Die Monopolisten haben ein unmittelbares Interesse an der Vermeidung und Verminderung

---

1 Vgl. *Riebesell* (1948), S. 17.

2 Dieses Argument gilt ebenfalls für Wettbewerbsanbieter, weil die Versicherungsnehmer durch Instrumente wie den Versicherungsombudsmann und durch die Versicherungsaufsicht geschützt werden. Die komparativen Vorteile der Monopolisten gegenüber anderen Versicherern sind entsprechend bewiesen werden.

3 Am Beispiel der spanischen Monopolanstalt argumentiert er, dass lediglich Verwaltungskosten anfallen, da man sich der Erstversicherer zum Vertrieb bedient (Vgl. *Ungern-Sternberg* (1994)).

4 So argumentiert der Autor am Beispiel der Schweiz, dass die Prämiensätze in den monopolitischen Kantonen niedriger sind. Diese Erkenntnis gewinnt er auch in Deutschland, wo durch die Abschaffung der Monopole die Prämiensätze zwischen 50 % und 70 % gestiegen sind. Diese Prämiendifferenzen werden durch fehlende Vertriebs- und Werbekosten für Monopolisten erklärt. Zudem können Staatsmonopole einen einheitlichen Prämiensatz anbieten, weil sie keine adverse selection befürchten müssen (Vgl. *Ungern-Sternberg* (2002), S. 580 f.).

5 Vgl. *Ungern-Sternberg* (2002a), S. 85. Die Monopolanstalt in Baden-Württemberg konnte bis zu seiner Auflösung trotz eines drastisch gestiegenen Schadenbedarfs relativ günstige Prämien für die Zusatzdeckung anbieten. Hierfür wurden neben den Vorteilen durch die Monopolisierung Haftungsbegrenzungen und die Möglichkeit von nachträglichen Umlageerhöhungen verantwortlich gemacht ( Vgl. *Ebel* (1997), S. 218).

6 Vgl. *Ungern-Sternberg* (2002a), S. 123.

von Schadenpotentialen, da sie die Präventionskosten durch geringere Entschädigungszahlungen ausgleichen können. Eine rein staatliche Lösung führt nicht zu divergierenden Anreizen wie im Falle von Mischlösungen unter Beteiligung privater Anbieter und staatlicher Deckungen.[1] Diese Präventionsmaßnahmen können auf einem Wettbewerbsmarkt nicht in einem solchen Maße durchgeführt werden, weil sonst negative externe Effekte entstehen, da die Kosten durch den Versicherer getragen werden und der Nutzen dem Markt zufließt.[2] Als letzten Grund nennt der Autor für die Schweiz einen Institutionenwettbewerb zwischen den Monopolisten und der Privatassekuranz in der Schweiz. Dieser Wettbewerb wird initiiert, obwohl beide Anbieter voneinander unabhängige Kundengruppen bedienen. So wurden in der Vergangenheit jeweils erfolgreiche Angebote voneinander übernommen.[3]

Als Vorteil eines Monopolanbieters gilt, dass er Versicherungsschutz verordnet, statt über einen Vertragsabschluß zu verhandeln. Durch die Zwangsmitgliedschaft wird die Risikostreuung gewährleistet, da auch Risiken im Portefeuille des Monopolisten sind, die kein oder nur ein eingeschränktes Risiko aufweisen.[4] Ein Risikoausgleich kann sowohl in der Zeit innerhalb des Versicherungsbestandes stattfinden, als auch durch eine Zession auf die internationalen Rückversicherungsmärkte. Hier haben die Monopolisten durch ihre vielen Versicherten eine gute Verhandlungsposition.[5] Der Solidaritätsgedanke, der staatlichen Monopolen innewohnt, führt dazu, dass schlechte Risiken nicht separiert werden. Dies gilt insbesondere dann, wenn sich Risken erst in der Zeit als schadenträchtig erweisen, wie es z.B. durch Änderungen in den klimatischen Rahmenbedingungen der Fall sein könnte. Daneben kann die Politik verteilungspolitische Ziele verfolgen, die nicht über andere Mechanismen des Marktes erreicht werden können, wie Generationenverträge in der Alterssicherung.[6] Es werden somit keine Aufwendungen für die Risikoselektion betrieben und die Versicherungsnehmer haben Gewissheit über ihren künftigen Schutz.[7] Im Idealfall werden die Risiken mit ausreichendem Versicherungsschutz versorgt, das Risikobewusstsein der Bevölkerung steigt und eine adverse selection wird vermieden.

---

1 Vgl. *Ungern-Sternberg* (2002), S. 580 f.
2 Vgl. *Nell* (2002), S. 584.
3 Vgl. *Ungern-Sternberg* (2002a), S. 138 ff.
4 Vgl. *Schäfer* (1993), S. 9.
5 Vgl. *Schmitz* (1998), S. 294.
6 Vgl. *Citlak* (2000), S. 108.
7 Vgl. *Ungern-Sternberg* (2002a), S. 26 f. Der Autor begründet dies am Beispiel der Gebäudeversicherung in Großbritannien. Hier haben Bodensenkungen zu erheblichen Gebäudeschäden geführt. Ursächlich verantwortlich dafür waren extrem trockene Sommer, die zu einer Ausdörrung der Böden geführt haben. Die Assekuranz hat als Reaktion darauf die Versicherungsprämien und die Selbstbehalte stark erhöht und regional differenziert (Vgl. *a.a.O.*, S. 38 f.).

Allerdings werden einer Monopollösung auch Nachteile zugesprochen. Es gibt keinerlei Anreize, den Versicherungsschutz zu verbilligen oder zu verbessern. Deshalb findet keine Annäherung an eine faire Prämie statt.[1] Zudem können in Abhängigkeit des Einflusses der Politik Versicherungsprämien verwendet werden, um politisch gewünschte Umverteilungsprozesse zu initiieren. Hierdurch werden Anreize zur Schadenprävention verzerrt.[2] Daneben sind Innovationsprozesse nicht so ausgeprägt wie im Wettbewerb.[3] Neben diesen grundsätzlichen Nachteilen sind Monopolversicherer europarechtlich nicht mehr zulässig. Hier könnte ein öffentlich-rechtlicher Verband gegründet werden, der sich am spanischen Consorcio orientiert. Eine solche Vorgehensweise wird allerdings vom BaFin kritisch gesehen. So ist neben den bereits genannten Gründen aus Art. 2 Abs. 1 GG eine Zwangmitgliedschaft der Versicherungsnehmer in einem solchen Verband bedenklich, weil für einen Großteil der Risiken Deckungen frei am Markt verfügbar sind und die Nachfrage für Elementarrisiken aus Sicht der Aufsichtsbehörde steigt. Zudem fällt ein solcher Zwang in den Schutzbereich der Berufsausübungsfreiheit des Art. 12 Abs. 1 GG für Unternehmen, weil der Assekuranz in einem Teilgebiet ihres Angebots die Tätigkeit entzogen würde. Eine solche Regulierung ist nur dann legitim, wenn vernünftige Erwägungen des Gemeinwohls vorhanden sind. Das BaFin sieht in diesem Zusammenhang die Möglichkeit der Politik, im Rahmen ihrer arbeits-, sozial- und wirtschafspolitischen Handlungskompetenz einen solchen Eingriff zu rechtfertigen. Die bisher geführten Elementarschadenzusatzdeckungen könnten dann (nach Ablauf des Vertrages) nicht mehr verlängert werden. Der Art 14 Abs. 1 GG wird nicht tangiert, da es sich um künftige Verdienstmöglichkeiten handelt und nicht in bestehende Verträge eingegriffen wird.[4] Somit ist ein solches Modell auf Seiten der Versicherungsnehmer kritisch zu sehen, weil sie keine Produktauswahl mehr hätten. Dennoch ist es nach Auffassung von *Nell* „...nicht ausgeschlossen, dass aufgrund der deutlich besseren Marktergebnisse der Monopole ein Umdenken auf EU-Ebene in Zukunft erfolgen kann..“[5] und sie auch in Deutschland wieder durchgesetzt werden können.

Abschließend sollen die beiden erwähnten Monopolanbieter in Spanien und der Schweiz beschrieben werden. Das spanische „Consorcio de Compensación de Seguros" wurde 1954 gegründet und ist der letzte staatliche Monopolversicherer

---

[1] Vgl. *Raiser* (1948), S. 18.
[2] Vgl. *Citlak* (2000), S. 262. So gibt *v. Ungern Sternberg* als Beispiel die landwirtschaftlichen Versicherungen in der Schweiz an, die „...um einiges zu niedrig liegen.“ (Vgl. *Ungern-Sternberg* (1994), S. 22).
[3] Vgl. *Wagner* (2002a), S. 588.
[4] Vgl. *Bundesanstalt für Finanzdienstleistungsaufsicht* (2003), S. 11 f.
[5] *Nell* (2002), S. 585.

in der Europäischen Union.[1] Das Consorcio hat den Charakter eines Erstversicherers. Dies wird auch darin deutlich, dass der Monopolanbieter den gesetzlichen Vorschriften der Privatanbieter unterliegt.[2] Seit 1990 ist dieser unabhängige öffentlich-rechtliche Versicherer dem spanischen Wirtschafts- und Finanzministerium unterstellt.[3] Diese Katastrophenversicherung sollte die Bürger gegen außergewöhnliche Ereignisse schützen. Hierunter fallen sowohl politische, soziale als auch natürliche Katastrophen. Für letztere werden neben Gebäude- auch Fahrzeug- und Personenschäden in den Deckungsumfang integriert.[4] Auf die Versicherungspolicen der privatwirtschaftlichen Basisverträge wird ein fester Zuschlag erhoben, der an die Behörden abgeführt wird. Der Staat kann zudem ein Naturereignis zur Katastrophe erklären und die Schäden aus öffentlichen Mitteln begleichen.[5] Auch wenn seit 1990 jeder Privatversicherer Policen gegen Katastrophenrisiken im Wettbewerb anbieten kann, handelt es sich dennoch um ein Monopol, da die Versicherungsnehmer in jedem Fall (auch in künftigen Perioden) den Beitrag an das Consorcio zahlen müssen.[6] Dies gilt selbst dann, wenn sie eine private Versicherung kaufen und hierdurch automatisch ihre Mitgliedschaft beim staatlichen Monopolisten verlieren. Die Risikofinanzierung erfolgt neben Beiträgen durch eine unbegrenzte Staatshaftung sowie eine Reservebildung des Versicherers. Die internationalen Rückversicherungsmärkte werden hingegen nicht einbezogen.[7]

In der Schweiz gibt es ein Nebeneinander von Gebäudemonopolversicherungsanstalten und privaten Erstversicherern.[8] Risikoträger dieses Modells sind der interkantonale Rückversicherungsverband, der Pool der Monopolversicherer und der Elementarschadenpool der privaten Erstversicherer, wobei die Pools jeweils über die internationalen Rückversicherungsmärkte eine Risikoteilung vornehmen.[9] In der Schweiz gibt es in den Kantonen staatlich organisierte Versicherungsmonopole, die in 19 von 26 Kantonen das Elementarschadenrisiko absichern.[10]

Eine Monopollösung könnte in Deutschland sowohl auf der Bundes- als auch auf der Landesebene organisiert werden. *Von Ungern-Sternberg* spricht sich an dieser Stelle für eine Landeslösung aus, da ein Wettbewerb der Bundesländer unter-

---

[1] Vgl. *Bundesanstalt für Finanzdienstleistungsaufsicht* (2003), S. 5.
[2] Vgl. *Graff* (2000), S. 198.
[3] Vgl. *Vetters/Prettenthaler* (2002), S. 15.
[4] Vgl. *Citlak* (2000), S. 264 f.
[5] Vgl. *Ebel* (1997), S. 220.
[6] Spanien ist es gelungen, nach der dritten Regulierungsrichtlinie der EU den Monopolisten zu erhalten, weil man damit argumentiert, die Beiträge für das Consorcio seien indirekte Steuern und keine Versicherungsprämien (Vgl. *Vetters/Prettenthaler* (2002), S. 16).
[7] Vgl. *Vetters/Prettenthaler* (2002), S. 15 f.
[8] Vgl. *Chmielorz/Metzger* (1995), S. 941.
[9] Vgl. *Bundesanstalt für Finanzdienstleistungsaufsicht* (2003), S. 5.
[10] Vgl. *Citlak* (2000), S. 262.

einander um eine effiziente Lösung initiiert wird, wohingegen eine zentralistische Lösung hemmend auf Veränderungsprozesse wirkt.[1]

### *6.1.3.1.2. Staatstypisch über einen steuerfinanzierten Fonds*

Die Finanzierung von Elementarschäden über einen staatlichen Fonds ist die zweite Möglichkeit staatlicher Risikoübernahme. Ein solcher Fonds stellt nach einer Naturkatastrophe staatliche Mittel für die Betroffenen zur Verfügung, die ggf. zurückgezahlt werden müssen. Die Eingriffstiefe eines Fonds in den Versicherungsmarkt hängt von der konkreten Ausgestaltungsform ab. So ist eine Leistungserbringung auch erst im Nachgang zu den Versicherungsmärkten denkbar, wofür keine Versicherungspflicht erforderlich ist.[2] Alternativ kann ein Fonds die Versicherungspolicen ersetzen. Aufgrund des versicherungstechnischen Schwerpunkts dieser Arbeit wird hierauf nicht weiter eingegangen. Die Mittel eines Fonds, der die Risikovorsorge über Versicherungsmärkte ergänzt, werden bei einer bestimmten Quote definierter Faktoren fällig.[3] So können Beziehungen zwischen den Schäden eines Ereignisses und dem Jahresprämienvolumen eines Erstversicherers gebildet werden oder zwischen den Schäden und den Reserven der gesamten Assekuranz. Die Mittelerbringung für den Fonds kann über ein Inkasso der Versicherungswirtschaft erfolgen. Alternativ können die Gelder über das allgemeine Steueraufkommen oder über die Ausgabe von Staatsanleihen am Wertpapiermarkt generiert werden.

Als Vorteil eines Fonds gilt die nahezu unbegrenzte Verfügbarkeit von Mitteln. Er ist damit ein Instrument, um katastrophenartige Schäden zu regulieren und kann nicht nur die Risikolage der Betroffenen verbessern,[4] sondern auch Gelder für nicht versicherbare Schäden zur Verfügung stellen, z.B. für Infrastrukturschäden.[5] Andererseits besteht für den Staat das Risiko, dass zum Zeitpunkt eines Elementarereignisses die notwendigen Mittel zur Schadenregulierung nicht bereitstehen. In diesem Fall gibt es dann verschiedene Handlungsmöglichkeiten des Staates, wie sie bereits bei der Diskussion um die Regulierung der Hochwasserschäden 2002 in der Bundesrepublik angeführt worden sind. Die Schäden einer Naturkatastrophe werden von der Allgemeinheit getragen. Ein Verursachungsprinzip wie in der Versicherungswirtschaft gibt es an dieser Stelle nicht mehr. Es müssen auch solche Bürger Mittel aufbringen, die nicht durch die Gefahren be-

---

1 Vgl. *Ungern-Sternberg* (2002), S. 582.
2 Vgl. *Schmitz* (1998), S. 295.
3 Vgl. *Zwonicek* (1981), S. 220.
4 Vgl. *Schmitz* (1998), S. 295 f.
5 Auch von Seiten der Klimaforschung wird ein solcher Fonds in Höhe von 100 Mrd. EUR p.a. gefordert, um die durch den Klimawandel entstehenden Naturkatastrophen wie Stürme, Hochwasser, Dürren oder Schädlingsplagen zu regulieren (Vgl. *Dehmer* (2002)).

droht sind.[1] Gleichwohl ist eine weitere Steuer/ Abgabe aus politischen Gründen schwer durchsetzbar.[2] Ein Fonds kann im Unterschied zu Versicherungen kein Hedging durch eine Diversifikation mit gegenläufigen Risiken wie die der Kapitalmärkte oder durch die Zusammenlegung voneinander unabhängiger Einzelrisiken betreiben. Zudem ermöglicht die (Rück-) Versicherung den internationalen Risikoausgleich, den ein Fonds erst durch lang andauernde internationale Verhandlungen bewerkstelligen kann, die zusätzlich durch nationale Interessen erschwert werden.[3]

In verschiedenen Staaten wird diese Form einer staatlichen Risikoträgerschaft bereits gelebt. So gibt es in Belgien seit 1976 einen staatlichen Katastrophenfonds, der für Privatrisiken außergewöhnliche Naturereignisse durch ein königliches Dekret reguliert. Dieser Fonds wurde durch zwei Hochwasserereignisse 1993 und 1995 vollständig geleert. Eine Rückversicherung des Fonds findet nicht statt. Genauso wenig ist der Deckungsumfang oder die Selbstbeteiligung der Versicherten im Schadenfall geregelt. Daneben können private und gewerbliche Risken, eine Zusatzdeckung auf dem Erstversicherungsmarkt abschließen, von der allerdings weniger als 10 % der Risiken Gebrauch machen.[4] In Österreich existiert seit 1986 ein Naturkatastrophenfonds, der über die Einkommens- und Körperschaftssteuer finanziert wird.[5] Er greift, wenn Betroffene keine eigene Versicherung abgeschlossen haben.[6] In den Niederlanden wurde ein abgabenfinanzierter, staatlich verwalteter Fonds (Hoge Rad) gegründet, der Schäden durch Süßwasserüberschwemmungen und Erdbeben decken soll.[7] Sturmfluten sind explizit ausgeschlossen. Im Schadenfall werden die ersten 220 Mio. EUR von den Versicherern übernommen. Diese Summe ist zugleich deren Jahresschadenlimit. Die weiteren Mittel werden aus dem Fonds bestritten. Reichen diese nicht aus, so leistet der Staat eine Vorauszahlung bis maximal 1,1 Mio. EUR pro Jahr, die dann über eine Erhöhung der Beiträge ausgeglichen werden soll.[8] In den USA wird das NFIP durch den „National Flood Insurance Fund“ finanziert, der die eingenommenen Prämien enthält und die Schadenzahlungen sowie die entstehenden Betriebs- und Verwaltungskosten trägt.[9]

---

[1] Vgl. *Schmitz* (1998), S. 296.
[2] Vgl. *Gardette* (1997), S. 230.
[3] Vgl. *Schwarze/Wagner* (2003).
[4] Vgl. *Bundesanstalt für Finanzdienstleistungsaufsicht* (2003), S. 2.
[5] Vgl. *Ebel* (1997), S. 220.
[6] Vgl. *Bundesanstalt für Finanzdienstleistungsaufsicht* (2003), S. 5.
[7] Vgl. *Gardette* (1997), S. 230.
[8] Vgl. *Chmielorz/Metzger* (1995), S. 935 ff.
[9] Vgl. *Vetters/Prettenthaler* (2002), S. 20.

### *6.1.3.2. Der Versicherungspool als privatwirtschaftliches Haftungsmodell*

Ein Versicherungspool ist eine Gesellschaft bürgerlichen Rechts, die Erst- und Rückversicherer zu einer Gemeinschaft von Risikoträgern vereint. Dadurch ist die Versicherung großer Risiken mit geringer Schadenfrequenz möglich. In einem Poolvertrag verpflichten sich die Mitglieder der Gemeinschaft, alle definierten Risiken einzubringen und eine festgelegte Quote selbst zu tragen. Die Verwaltung des Pools erfolgt zentral über eine Geschäftsstelle. Die Gewinne und Verluste werden entsprechend der festgelegten Quoten an die Mitglieder verteilt.[1] Dies führt zu kartellrechtlichen Problemen,[2] da eine Identität der Versicherungsbedingungen und Risikoprämien als unmittelbare Voraussetzung für eine Poolung gilt.[3] Die Prämienkalkulation kann in einem solchen Fall ebenfalls durch den Versicherungspool erfolgen. Darüber hinausgehende Kosten- und Gewinnzuschläge können durch die Erstversicherer eigenständig ermittelt werden. So bleibt ein Wettbewerb um die Risiken erhalten. Allerdings muss der Pool für die Einbringung der Risiken in die Gemeinschaft Mindestbeträge verlangen. Werden diese durch den Erstversicherer unterschritten, muss der Versicherer die Differenz entsprechend selbst tragen, wenn er das Risiko poolen möchte.[4] In der Bun-

---

[1] Vgl. *Helten* (1994b), S. 58.

[2] Vgl. *Schäfer* (1993), S. 18. Im Jahr 2002 wurde einigen deutschen Industrieversicherern vorgeworfen, Prämien nach Absprachen erhöht zu haben (Vgl. *Schlingensiepen/Fromme* (2002)).

[3] Vgl. *Kalenberg* (1998), S. 249 f. Die notwendigen Prämienabsprachen zwischen den Versicherern verstoßen sowohl gegen das europäische Kartellrecht (Art. 85 EWG-Vertrag, GVO) als auch gegen das bundesdeutsche Recht (§ 25 i.V. mit § 1 des Gesetzes gegen Wettbewerbsbeschränkungen) (Vgl. *Kriebisch* (2002a), S. 3). Um den Besonderheiten des Versicherungswesens gerecht zu werden, wurde im Jahr 1992 eine Gruppenfreistellungsverordnung vereinbart. Sie schließt die Anwendung des Kartellrechts für bestimmte Bereiche und Sachverhalte der Assekuranz aus (Vgl. *Graff* (2000), S. 149 ff.). *Graff* setzt sich intensiv mit kartellrechtlichen Aspekten eines Versicherungspools auseinander. Danach könnte ein solcher Pool nicht unter das Kartellrecht fallen, weil Kartelle das Ziel verfolgen, den Wettbewerb zu mindern, um höhere Preise zu erzielen. Eine solches Ziel verfolgt ein Pool nicht. Hier sollen im Sinne einer Zweckgemeinschaft Risiken geteilt werden, auch wenn dies eine Beschränkung des Wettbewerbs bedeutet. Allerdings sind im Sinne des europäischen Rechts nicht nur die Ziele entscheidend, vielmehr kann ein solches Vorgehen den Wettbewerb innerhalb der EU beschränken. An dieser Stelle setzt die Gruppenfreistellungsverordnung in Art. 85 ff. EWG-Vertrag an. So kann sich eine Mitversicherungs- bzw. Mit-Rückversicherungsgemeinschaft dazu verpflichten, gemeinsame Versicherungsbedingungen und Risikoprämien zu verwenden, wenn die betreffenden Produkte bestimmte Marktanteilsgrenzen nicht überschneiden. Nach Auffassung der Autorin ist dieser relevante Markt das Gebiet der EU, wodurch ein solcher Pool in Deutschland möglich wäre. In diesem Zusammenhang argumentiert *Fürstenwerth* (Vgl. *Fürstenwerth* (1994), S. 367), dass bei einer solchen Gemeinschaft erst zu prüfen sei, ob überhaupt eine Beschränkung des Wettbewerbs vorliegt, wenn ein Pool erst die Deckung dieser Risiken ermöglicht.

[4] Vgl. *Kalenberg* (1998), S. 256 f.

desrepublik gibt es olche Konstellationen in Form des Deutschen Luftpools, der Deutschen Kernreaktor-Versicherungsgemeinschaft sowie der Pharma-Rückversicherungs-Gemeinschaft.[1] Ein Versicherungspool für Elementarrisiken wurde in der Vergangenheit ebenfalls diskutiert. Aufgrund kartellrechtlicher Aspekte,[2] die den Informationsaustausch der Industrieversicherer in den letzten Jahren stark eingeschränkt haben, werden weitere Poollösungen allerdings von Seiten der Assekuranz abgelehnt.[3]

Ein gemeinsamer Schadenpool der Versicherer kann auf verschiedene Arten gebildet werden. So können bspw. alle Versicherer dieses Pools die gesamten Schäden abgeben, die wiederum auf die weiteren Mitglieder entsprechend deren Marktanteilen überwälzt werden. Wird in einem solchen Modell die maximale Traglast des Pools durch ein Katastrophenereignis überschritten, werden alle Schadenzahlungen proportional gekürzt. Hierdurch werden keine Leistungsversprechen gemacht, die nicht aufrecht erhalten werden können.[4] Allerdings entstehen Unklarheiten für den Versicherungsnehmer über die Kompensationsleistungen im Schadenfall.[5] Neben einem Zusammenschluss der Erstversicherer ist eine Poolung der Rückversicherer denkbar. Ein Rückversicherungspool ist eine institutionalisierte Kooperation mehrerer Rückversicherer, der bezüglich der Schaden- und Prämienverteilung die gleichen Charakteristika aufweist wie ein Erstversicherungspool. Durch die erforderlichen Preis- und Bedingungsabsprachen entstehen Wettbewerbsbeschränkungen. Ein solcher Pool ist sinnvoll, wenn Kapazitätsengpässe auf den Rückversicherungsmärkten vorhanden sind. Hinzu kommt, dass eine Kumulkontrolle durch ein einheitliches Vorgehen erleichtert und hierdurch die Transparenz gefördert wird. Die Zweckmäßigkeit eines solchen Rückversicherungsmodells geht positiv damit einher, wie es gelingt, die Risiken zu streuen (z.B. durch unterschiedliche Portefeuilles der Mitglieder des Pools) und Anreize zu einer risikogerechten Zeichnungspolitik zu setzen. Anderenfalls können entsprechende Ausgleichseffekte nicht erreicht werden.[6] Neben der Möglichkeit, Haftungslimitierungen marktweit durchzusetzen und hierdurch Kapazitäten zu begrenzen,[7] liegen die Vorteile einer Poolung in der Möglichkeit, Risiken zu atomisieren.[8] Dies gilt insbesondere für Versicherer mit regional be-

---

1 Vgl. *Helten* (1994b), S. 58.
2 Vgl. *Bundeskartellamt* (2005).
3 Vgl. *Graff* (2000), S. 148.
4 Vgl. *Schweizerische Rückversicherungs-Gesellschaft (Hrsg.)* (1998), S. 34.
5 Vgl. *Ebel* (1997), S. 217.
6 Vgl. *Schmitz* (1998), S. 269 f.
7 Vgl. *Gerathewohl* (1980), S. 538.
8 Vgl. *Graff* (2000), S. 156. Hierdurch kann ein Risikoausgleich auf breiter Basis stattfinden, sodass z.B. die Risiken der Elbe durch die Risiken des Rheins kompensiert werden (Vgl. *Gardette* (1997), S. 227).

grenztem Geschäftsgebiet.[1] Ein Rückversicherungspool mit staatlichem Rückversicherungsschutz ist eine Möglichkeit, um für die Risiken in den Kumulzonen eine Grunddeckung zu finanzieren.[2] Die Kumulkontrolle wird im Vergleich zur Rückversicherung erleichtert, weil die zentrale Organisation eines Versicherungspools eine einheitliche Erfassung der eingegangenen Risiken ermöglicht.[3] Allerdings ist die Kapazität eines Versicherungspools grundsätzlich geringer als bei anderen Risikoteilungsinstrumenten.[4] Poollösungen können für die Rückversicherer attraktiv sein, weil sie u.U. transparenter sind als einzelvertragliche Vereinbarungen mit den Erstversicherern und so die Kumulkontrolle erleichtern.[5]

Gegen einen Versicherungspool sprechen die notwendigen Homogenisierungen der Bedingungswerke und Tarifierungsgrundsätze.[6] Es können Anreizprobleme entstehen, weil die Interessen der einzelnen Versicherer an der Vermeidung von Kumulrisiken gemindert werden. Hierdurch können Umverteilungsprozesse unter den Poolmitglieder initiiert werden.[7] Allerdings kann dies durch Selbstbeteiligungen der Versicherer verhindert werden, wodurch keine vollständige Abgabe der Risiken an den Pool möglich ist.[8] Es entstehen Probleme, wenn die Poolmitglieder die Risiken auswählen können, die sie in die Gemeinschaft einbringen. In einem solchen Fall ist zu befürchten, dass die Versicherer nur schlechte Risiken einbringen. Auf eine solche Einbringungspflicht kann nur verzichtet werden, wenn der Pool seinerseits die Annahme bestimmter Risiken verweigern kann.[9] Je nach Ausgestaltungsform könnte ein solcher Pool die Risiken aufnehmen, die keine Deckung am Markt erhalten. Alternativ ist auch eine Bündelung aller Risiken im Pool möglich, wodurch die Erstversicherungsunternehmen nur noch als Inkassounternehmen und als Schadenregulierer tätig wären.

Auch international werden Poollösungen für die Versicherung von Elementargefahren genutzt. In Norwegen werden die Schäden aus einem Naturereignis bis zu einem Schadenlimit von 890 Mio. EUR durch einen Naturschadenpool getragen, dem alle norwegischen Versicherer angeschlossen sind.[10] Der Pool sichert seine Risiken über die internationalen Rückversicherungsmärkte ab. Die Prämien sind unabhängig von der Risikolage standardisiert.[11] In der Schweiz gibt es für die Privatversicherer einen Rückversicherungspool für Elementarrisiken des Versi-

---

[1] Vgl. *Schäfer* (1993), S. 18.
[2] Vgl. *Pohlhausen* (2001), S. 1934.
[3] Vgl. *Lamy* (1993), S. 229.
[4] Vgl. *Schmidt* (1992), S. 201.
[5] Vgl. *Chmielorz/Metzger* (1995), S. 941.
[6] Vgl. *Schäfer* (1993), S. 18.
[7] Vgl. *Ezler* (1992), S. 51.
[8] Vgl. *Vetters/Prettenthaler* (2002), S. 14.
[9] Vgl. *Kalenberg* (1998), S. 253.
[10] Vgl. *Bundesanstalt für Finanzdienstleistungsaufsicht* (2003), S. 4 ff.
[11] Vgl. *Ebel* (1997), S. 220

cherungsverbandes, der 85 % der Schäden übernimmt und die Kosten proportional entsprechend des Marktanteils auf seine Mitglieder verteilt. Dieser Pool entstand auf freiwilliger Initiative der privaten Erstversicherer.[1] Die Rückdeckung des Pools erfolgt über die internationalen Rückversicherungsmärkte.[2] In Lichtenstein bilden die dort tätigen Gesellschaften unter einem führenden Versicherer eine Gemeinschaft für diejenigen Risiken, die nicht unter den Kontrahierungszwang der Unternehmen fallen. Für diese besonders exponierten Risiken wird die Übernahme der Elementarrisiken garantiert. Für jedes einzelne Risiko wird eine Beteiligungsquote der Unternehmen festgelegt. Kann hierüber keine Einigung erzielt werden, wird das Risiko proportional zu den Prämienaufkommen der Unternehmen in der Feuerversicherung aufgeteilt. Dieses Modell wird um einen Pool für alle weiteren Risiken ergänzt, der gemeinsame Rückversicherungsverträge abschließt. Die Selbstbeteiligung der Pool-Mitglieder beträgt 15 % der Schadenregulierungsaufwendungen, der Rest wird in den Pool eingebracht. Die Beiträge, die in den Pool fließen, werden analog dem vorherigen Verfahren entsprechend den Marktanteilen in der Feuerversicherung aufgeteilt.[3] In der Türkei deckt der Türkische Katastrophen Versicherungs-Pool (TCIP) die Pflichtversicherung der Gebäude gegen Erdbeben. Die operative Geschäftsführung des Pools wurde an die größte Rückversicherung der Türkei, der Milli Re, abgegeben. Die Beaufsichtigung des steuer- und abgabenbefreiten Pools erfolgt z.B. im Hinblick auf den Jahresabschluss durch eine Dienststelle des Finanzministeriums. Der Pool bildet entsprechende Reserven und erwirbt Rückversicherungsschutz auf den internationalen Märkten. Außerdem geht man davon aus, dass die Regierung Gelder zur Verfügung stellt, wenn bei einer Katastrophe die vorhandenen Mittel nicht ausreichen.[4]

#### *6.1.3.3. Rückversicherungen unter staatlicher Beteiligung als Integration beider Risikoträger in die Haftung*

Der Staat hat im Rahmen der Haftungsdiskussion in der Vergangenheit eine befristete Staatsgarantie angeboten, durch die eine Zwischenfinanzierung von Schäden aus Großereignissen und ein Risikoausgleich in der Zeit ermöglicht worden wären.[5] Nach Auffassung der Assekuranz ist eine solche Lösung nicht ausreichend.[6] Deshalb wird eine weitere Form der Risikoteilung durch eine dauerhafte Ausweitung der Rückversicherungskapazitäten mit staatlichen Haftungen diskutiert. Insgesamt wird ein maximaler Höchstschaden auf 20 Mrd. EUR ge-

---

[1] Vgl. *Zwonicek* (1999), S. 1047.
[2] Vgl. *Chmielorz/Metzger* (1995), S. 941.
[3] Vgl. *Bundesanstalt für Finanzdienstleistungsaufsicht* (2003), S. 4.
[4] Vgl. *Vetters/Prettenthaler* (2002), S. 18 f.
[5] Vgl. *Meyer* (1996), S. 582.
[6] Vgl. *Martens* (2003), S. 70.

schätzt. Die Kapazitäten der deutschen Erstversicherer betragen nach Auskunft des GDV zwei Milliarden EUR, die der nationalen und internationalen Rückversicherer für Deutschland zwischen 4 und 6 Mrd. EUR, sodass eine Mindestbeteiligung von über 10 Mrd. EUR seitens der öffentlichen Hand notwendig wäre.[1] Zu einem ähnlichen Ergebnis kommen *Schwarze und Wagner*, die auf den Versicherungsmärkten ein derzeitiges Deckungspotential von 6 Mrd. EUR sehen. Diese Kapazität reicht nach Auffassung der Autoren für Gesamtschäden von mehr als 12 Mrd. EUR, weil die volkswirtschaftlichen Schäden erfahrungsgemäß den doppelten Betrag der privaten und gewerblichen Schäden ausmachen.[2]

*Lewis und Murdoc*[3] empfehlen für Länder, bei denen die Kapazitäten der internationalen Rückversicherungen nicht ausreichen, das Angebot staatlicher excess-of-loss Rückversicherungsverträge.[4] Hierdurch werden alle Schäden eines Ereignisses gedeckt, die oberhalb der Priorität des Erstversicherers liegen.[5] Die Vorteile eines solchen Modells bestehen darin, dass der Staat über ausreichende Kapazitäten verfügt und eine hohe Bonität für die Leistungserfüllung bietet.[6] Im Falle eines Katastrophenschadens, der die versicherungstechnischen Möglichkeiten übersteigt, können Staatsgarantien das Konkursrisiko eliminieren.[7] Der Staat wäre ein „reinsurer of the last resort", wenn er nach dem Ausschöpfen freier Ressourcen, als Rückversicherer auftritt.[8] In ihrer Wirkung ist eine solche Risikoteilung nahezu zweckidentisch mit einer Poollösung, ohne jedoch kartellrechtlich bedenklich zu sein.[9]

Die Rückversicherungsprämie eines staatlichen Anbieters ist im Gegensatz zu den privaten Rückversicherern keinerlei Preiswettbewerb ausgesetzt. Hierdurch ist die staatliche Rückdeckung für den Erstversicherer tendenziell kostenintensiver als die Zession auf die internationalen Märkte. Hinzu kommt, dass ein staatliches Unternehmen aufgrund seines regional begrenzten Geschäftsgebietes nur einen eingeschränkten Risikoausgleich im Raum durchführen kann. Deshalb sind solche Modelle i.d.R. durch ein Umlageverfahren geprägt, das die ehemaligen Risikoträger erneut belastet, wenn die bisherigen Mittel der staatlichen Rückversicherung nicht ausreichen. Hinzu kommen relativ hohe Transaktionskosten für die Rückversicherung.[10] Eine staatliche Rückversicherung, die von den Versiche-

---

[1] Vgl. *Fromme* (2003c).
[2] Vgl. *Schwarze/Wagner* (2003).
[3] Vgl. *Lewis/Murdock* (1996).
[4] Vgl. *Citlak* (2000), S. 253.
[5] Vgl. *Gardette* (1997), S. 228.
[6] Vgl. *Schmitz* (1998), S. 293.
[7] Vgl. *Schäfer* (1993), S. 15.
[8] Vgl. *Meyer* (1996), S. 582.
[9] Vgl. *Gardette* (1997), S. 228.
[10] Vgl. *Schmitz* (1998), S. 293.

rern fakultativ gewählt werden kann, führt letztlich dazu, dass nur schlechte Risiken an einen solchen Zessionar abgegeben werden. Hat ein Versicherer überwiegend gute Risiken in seinem Portefeuille, so wird er an den internationalen Rückversicherungsmärkten i.d.R. günstigere Angebote erhalten, weshalb solche Modelle u.U. an einer negativen Risikoauslese leiden.[1] So kann es im Fall einer Stop-Loss Lösung dazu kommen, dass die Katastrophen durch Steuerzahlungen über den Weg der Rückversicherung finanziert werden.[2] Eine solche Staatshaftung führt in Verbindung mit einer Versicherungspflicht zu einer doppelten Sozialisierung der Schäden durch Prämien und Steuern.

Ohne die Übernahme einer unbegrenzten staatlichen Haftung ist ein Konkurs möglich. Eine staatliche Rückversicherung ist haushaltstechnisch schwer kalkulierbar, da der Staat in einem solchen Modell für stark exponierte Risiken die Hauptschadenlast tragen muss. Zudem ist je nach Ausgestaltung des Rückversicherungsvertrages keine Limitierung der Leistung vorgesehen. Ein staatlicher Rückversicherer muss deshalb die Möglichkeit erhalten, Reserven für Extremereignisse zu bilden. Erfolgt eine Reservebildung bei der Privatassekuranz, die aber staatlich rückgedeckt und bei einem Extremereignis entsprechend gering betroffen ist, so fallen diejenigen, die Reserven bilden, und diejenigen, die Reserven benötigen, auseinander.[3] Hier könnten analog zum Terrorversicherer „Extremus",[4] staatliche Hilfen erst ab einer gewissen Schadenhöhe zum Tragen kommen.[5] Eine solche Überschadenrückversicherung setzt die Gründung eines Spezialversicherers voraus, der die Risiken am Markt rückversichert. *Schwarze und*

---

1 Vgl. *Ungern-Sternberg* (2002a), S. 100 ff.

2 Vgl. *ders.* (2002), S. 581.

3 Vgl. *ders.* (2002a), S. 112.

4 Extremus ist eine Aktiengesellschaft, die mit einem Aktienkapital von 50 Mio. EUR, 5 Mio. EUR freien Rücklagen und 5 Mio. EUR Organisationsfonds ausgestattet ist. Zu den mehr als 50 Aktionären zählen sowohl Erstversicherer, wie die Allianz und der HDI, als auch Rückversicherer, wie die Münchener Rück und die Swiss Re (Vgl. *Lier* (2002), S. 1622).

5 Infolge der Anschläge auf das World-Trade-Center am 11. September 2001 sind die Deckungskapazitäten für Terrorschäden zusammengebrochen, sodass die Versicherungswirtschaft für dieses Risiko Haftungsausschlüsse im gewerblichen und industriellen Sachversicherungsgeschäft vorgenommen hat (Vgl. *Gas* (2003)). In diesem Zusammenhang wurde eine staatliche Deckung der Terrorismusschäden mit und ohne Kombination der Versicherungsmärkte gefordert (Vgl. *Surminski* (2003a), S. 220. Siehe auch zu grundsätzlichen Überlegungen bei *Brachmann* (2001)). Das BaFin hat im Oktober 2002 die Gründung eines Terrorversicherers genehmigt (Vgl. *Gesamtverband der Deutschen Versicherungswirtschaft e.V. (GDV) (Hrsg.)* (2002d)). Die Versicherungssumme der Terrordeckung orientiert sich an der Feuerversicherung. Versichert sind Feuer, Explosionen, böswillige Beschädigungen sowie die Betriebsunterbrechung, wenn diese Gefahren infolge eines Terroranschlages realisiert werden (Vgl. *Fromme* (2003c)). Kriege bleiben ausgeschlossen. Versichert werden Industrieunternehmen, Finanzdienstleister, die Wohnungswirtschaft, Kommunen und Kirchen (Vgl. *Lier* (2002), S. 1622).

*Wagner* schlagen eine solche Lösung vor. Extremus versichert Sach- und Betriebsunterbrechungsschäden ab 25 Mio. EUR, die durch Terroranschläge entstanden sind. [1] Dieses Unternehmen trägt kein Risiko selbst, sondern versichert sich vollständig rück.[2] Insgesamt verfügt der Terrorversicherer über eine Haftungsstrecke von 13 Mrd. EUR, wovon 10 Mrd. EUR als Staatsgarantie getragen werden.[3] Hierfür erhält der Bund einen Prämienanteil von 9 %.[4] Die restlichen drei Milliarden Euro werden paritätisch von den am deutschen Markt tätigen Erstversicherern und den internationalen Rückversicherungsmärkten getragen.[5]

Die Übernahme staatlicher Haftstrecken in der Rückversicherung wird international auch für die Elementarschadenversicherung angewandt. Die Versicherungsgesellschaften sind die Risikoträger des Cat-Nat Modells in Frankreich.[6] Sie sind in ihrer Entscheidung bezüglich der Rückversicherung frei und haben deshalb die Möglichkeit an den (inter-)nationalen Märkten Rückversicherungsschutz zu kaufen.[7] Trotzdem wird die Rückversicherung bei der „Caisse Centrale de Reassurance" (CCR) sehr häufig genommen, weil sie als einziger Zessionar über eine unbeschränkte Staatshaftung verfügt, die den Erstversicherern Illimite-Deckungen zur Verfügung stellt.[8] Die Rückversicherung speist sich durch feste staatlich vorgeschriebene Zuschläge auf die Sachversicherungen.[9] Die CCR bietet verschiedene Rückversicherungsformen an. Hierzu zählen z.B. Quoten-Rückversicherungsverträge und Stop-Loss Deckungen.[10] Allerdings verlangt die CCR beim Abschluss eines Stop-Loss Vertrages auch die Deckung der proportionalen Rückversicherung. Hierdurch wollte man vermeiden, dass nur Extremereignisse beim staatlichen Rückversicherer gedeckt werden. Gleiches gilt für eine weitere Restriktion, wonach nicht einzelne Risiken, sondern nur das gesamte Portefeuille des Erstversicherers beim CCR gedeckt werden können.[11] Das CCR

---

[1] Vgl. *Schwarze/Wagner* (2003).

[2] Da kein Zwang zur Deckung von Terrorschäden besteht, blieben die Prämieneinnahmen im ersten Geschäftsjahr unter den Erwartungen zurück (Vgl. *o.V.* (2003l)). Begründet wird dies mit hohen Prämiensätzen und zurückgehendem Risikobewusstsein der Unternehmen für die Terrorismusgefahr (Vgl. *Schlingensiepen* (2003a)).

[3] Vgl. *Lier* (2002), S. 1622.

[4] Vgl. *o.V.* (2003l).

[5] Vgl. *Kreeb* (2003), S. 768.

[6] Vgl. *Bundesanstalt für Finanzdienstleistungsaufsicht* (2003), S. 3.

[7] Vgl. *Ebel* (1997), S. 219. Die CCR ist eine Aktiengesellschaft, deren Kapital zu 100% vom Staat gehalten wird (Vgl. *Ungern-Sternberg* (2002a), S. 100).

[8] Vgl. *Schäfer* (1993), S. 14.

[9] Vgl. *Münchener Rückversicherungs-Gesellschaft (Hrsg.)* (1997), S. 62.

[10] Vgl. *Gardette* (1997), S. 221. Möchte ein Erstversicherer eine Quotenrückversicherung bei der CCR abschließen, so ist er verpflichtet, mindestens 40 % seiner gesamten Risiken bei einer maximalen Zessionsquote von 60 % rückzudecken (Vgl. *Ungern-Sternberg* (1997a), S. 17).

[11] Vgl. *Ungern-Sternberg* (2002a), S. 103.

Modell steht nur für die nach französischer Auffassung nicht versicherbaren Gefahren des Cat-Nat Modells zur Verfügung, sodass sich die Erstversicherer zur Rückversicherung der Sturmgefahr den internationalen Märkten bedienen müssen.[1] Das Risiko des Staates als „Letztversicherer" ist sehr hoch.

In der Schweiz haben die Monopolisten in den Kantonen einen gemeinsamen Rückversicherer (Interkantonaler Rückversicherungsverband (IRV)) gegründet, der als eigenständiger Zessionar arbeitet, um den Monopolisten die benötigten Kapazitäten zur Verfügung zu stellen. Neben einem Teil der Risiken, den das Unternehmen selbst trägt, wird der Rest über die internationalen Märkte gedeckt. Ergänzend haben sich die Monopolisten samt des IRV zu einer Risikogemeinschaft zusammengeschlossen, die für Großereignisse zusätzliche Mittel bereitstellt. So übernehmen die teilnehmenden Monopolisten entsprechend eines festgelegten Schlüssels anteilig denjenigen Teil der Schäden, der bei einem Ereignis den Selbstbehalt der betroffenen Anstalt übersteigt.[2]

## *6.2. Ausgestaltung des Versicherungsschutzes*

### *6.2.1. Abgesicherte Naturereignisse*

#### *6.2.1.1. Gefahrenbündelung*

Im Folgenden werden mögliche Gestaltungspunkte des Versicherungsschutzes dargestellt. Die Spannweite der Entscheidungen, die hier in Abhängigkeit von der beabsichtigten Regulierungstiefe getroffen werden müssen, reichen von den integrierten Gefahren bis hin zur Prämiengestaltung. In diesem Abschnitt geht es zunächst darum festzulegen, welche Gefahren in ein Modell integriert werden sollen. Darüber hinaus ist im Anschluss daran zu entscheiden, ob nur außergewöhnliche oder auch regelmäßig wiederkehrende Naturereignisse versichert werden sollen.

In der Elementarschadenversicherung können sowohl einzelne als auch verbundene Gefahren versichert werden.[3] Die Bündelung bietet gewisse Vorteile. Sie ermöglicht es, die Risikogemeinschaft zu vergrößern und hierdurch einen Risikoausgleich zu schaffen. In der Elementarschadenversicherung ist dieser Ausgleich durch eine geographische Diversifikation sowie über die Gefahren möglich.[4] Daneben wird auf der Nachfrageseite durch die Zusammenführung verschiedener Gefahren das Interesse an einem Vertrag gesteigert, selbst wenn nicht

---

[1] Vgl. *Bundesanstalt für Finanzdienstleistungsaufsicht* (2003), S. 3.
[2] Vgl. *Vetters/Prettenthaler* (2002), S. 11 ff.
[3] So gab es separate Hagel- und Sturmversicherungen bereits seit 1791 (Vgl. *Rommel* (1937), S. 46 f.).
[4] Vgl. *Ebel* (1997), S. 216.

jede Gefahr für das zu versichernde Risiko eine Gefährdung darstellt.[1] Dennoch kann das Produkt so gestaltet werden, dass für sämtliche Versicherungsobjekte der Bundesrepublik zumindest eine drohende Gefahr im Umfang der Versicherung enthalten ist.[2] Ohne eine Versicherungspflicht oder obligatorische Deckungserweiterung würde eine solche Bündelung vermutlich nicht erfolgreich sein, da nur diejenigen ein Interesse an einem solchen Produkt hätten, die mit Katastrophenschäden rechnen müssen. Diese Risiken würden die Höhe des Paketbeitrages wesentlich bestimmen.[3] Dies hätte wiederum negative Konsequenzen für andere Nachfragegruppen. Ohne Zwang würde eine solche Lösung auch an der Angebotsseite scheitern, da ein unternehmensindividuelles Vorgehen bei der Bündelung für den Versicherer zu kostenintensiv wäre. Zwar wird den Versicherern im Rahmen der Gruppenfreistellungsermächtigung[4] erlaubt, Musterbedingungen zu erstellen, eine verbindliche Verwendung wird allerdings untersagt.[5] Kartellrechtliche Probleme wären also bei einer Absprache der Versicherer zu erwarten. Da die Versicherer ohne einen Kontrahierungszwang nicht zur Annahme der Risiken gezwungen werden können, werden hochgefährdete Objekte weiterhin keinen Versicherungsschutz erhalten. Daneben beinhaltet eine solche Bündelung auch eine Schutzfunktion. Wie durch die letzten Naturkatastrophen deutlich wurde, können auch Regionen betroffen sein, die in der Vergangenheit keine Schäden hatten. Diese Unsicherheit kann durch eine Gefahrenbündelung ohne Selektionsoption reduziert werden.[6] Die Akzeptanz einer solchen Lösung wird allerdings durch die entstehenden Kosten verringert.[7]

Die Ausgestaltung einer Bündelung wird kontrovers diskutiert. Bereits in der Vergangenheit wurde ein Anschluss der Elementarschadenversicherung an die Sturmdeckung gefordert.[8] Dies ist insbesondere deshalb interessant, weil bereits heute eine Vielzahl der Gebäude gegen Sturm und Hagel, also gegen zwei Elementargefahren, versichert sind. Es wird auch darüber diskutiert, Sturmfluten in den Deckungsumfang einer Elementarschadenversicherung einzuschließen.[9] Gleiches gilt für Rückstau, der schon heute der Bestandteil vieler Deckungskonzepte ist. Letztlich sind aufgrund ihres Schaden- und Kumulpotentials Über-

---

1 Vgl. *Rommel* (1937), S. 37.
2 Vgl. *Bundesministerium der Justiz* (2003), S. 9. Nach Angaben des BaFin, die sich auf Gefährdungskarten des GDV stützen, wird es „...kaum eine Region in der Bundesrepublik geben, in der keine der weiteren Elementargefahren eine Bedrohung für das Eigentum darstellt.." (*Bundesanstalt für Finanzdienstleistungsaufsicht* (2003), S. 8).
3 Vgl. *Sievers* (1976), S. 646.
4 Vgl. Verordnung (EG) Nr. 1534/91
5 Vgl. *Gardette* (1997), S. 226 f.
6 Vgl. *Bundesanstalt für Finanzdienstleistungsaufsicht* (2003), S. 8 f.
7 Vgl. *Gardette* (1997), S. 226.
8 Vgl. *Frey* (1965), S. 256.
9 Vgl. *Bundesanstalt für Finanzdienstleistungsaufsicht* (2003), S. 6 ff.

schwemmungen und Sturmfluten als Gefahren außerhalb der bisherigen Sturmdeckung von besonderer Bedeutung. Durch die Integration des Sturm- und Hagelrisikos in die Bündlung wird gewährleistet, dass jeder Gebäudebesitzer von mindestens einer der versicherten Gefahren betroffen ist. Möglicherweise erübrigt sich durch die Integration der Sturmgefahr die Einführung einer Versicherungspflicht. Hierdurch könnte die Flächengefahr „Sturm" die Nachfrage für weitere Elementarrisiken erhöhen.[1] Durch eine Versicherungspflicht für Sturmrisiken werden auch schlechte Risiken versichert, die bisher keinen Versicherungsschutz erhielten. Hierzu zählen z.B. landwirtschaftliche Schuppen in schlechtem Zustand. Die Bundesregierung favorisiert den Einbezug des Sturmrisikos in ein Modell aus verfassungsrechtlichen Gründen.[2] Der GDV lehnt dies ab,[3] weil durch die Einbeziehung von Sturm und Hagel in den Deckungsumfang intakter Versicherungsbereiche eingegriffen wird. Die Versicherungsnehmer müssen hier Nachteile hinnehmen und weitere Gefahren abschließen, auch wenn sie keinen Bedarf haben.[4] Eventuell muss je nach Gestaltung des Modells die Versicherungswirtschaft dafür entschädigt werden, dass bestimmte Gefahren aus dem Deckungsumfang der privaten Erstversicherungsverträge ausgeschlossen werden.[5] Somit droht der Versicherungswirtschaft der Wegfall eines Teils ihres Sachgeschäfts.[6] Daneben besteht analog zu einer obligatorischen Deckungserweiterung die Gefahr, dass die Integration der Sturmgefahr in die Elementarschadendeckung ohne Versicherungspflicht dazu führen könnte, dass die Versicherungsnehmer nicht bereit sind, diesen hohen Gesamtbeitrag zu zahlen, und auf den kompletten Versicherungsschutz verzichten.[7] Für die Integration von Sturmfluten in den Deckungsumfang hat die besondere geographische Lage der Bundesrepublik eine große Bedeutung. Da sich bspw. die Elbe im Mündungsgebiet der Nordsee kelchartig öffnet und an dieser Stelle die übliche Stoßrichtung der Sturmfluten aus dem Nordwesten liegt, werden die Wassermassen mit großer Wucht in die Unterelbe gedrückt, wodurch hohe Gefahrenlagen entstehen. Dadurch ist nur ein eng begrenzter Kreis von einer besonders hohen Gefährdung betroffen, die einen Risikoausgleich unmöglich macht. In diesem Zusammenhang stellt *Sievers* fest, dass ein solcher Bereich auch im Rahmen einer Versicherungspflicht ohne staatliche Subventionierung nicht in einem Versicherungsmodell gedeckt sein kann.

---

1 Vgl. *Schwarze/Wagner* (2003).
2 Vgl. *Fromme* (2003c).
3 Vgl. *Gesamtverband der Deutschen Versicherungswirtschaft e.V. (GDV) (Hrsg.)* (2003), S. 26.
4 Vgl. *Schmitt* (1995), S. 7 ff.
5 Vgl. *Bundesanstalt für Finanzdienstleistungsaufsicht* (2003), S. 6.
6 Vgl. *Fromme* (2003c).
7 Vgl. *Dietz* (1991), S. 9.

Diese Situation ist so nicht mit anderen Ländern vergleichbar. In der Schweiz, als anderes Land mit einem Versicherungszwang für Elementardeckungen, ist die Überschwemmungsgefahr wesentlich schwächer ausgeprägt als in Deutschland.[1] In Großbritannien ist neben den bekannten Gefahren der Zusatzdeckung auch Sturm in den Deckungsumfang der „household/ houseowners-policy" integriert. Dadurch ist die Akzeptanz des Produktes hoch. Das Sturmflutrisiko ist ebenfalls versichert. Es stellt allerdings ein erhebliches Verlustpotential für die Versicherer dar, weil hierfür keine risikoadäquaten Prämien erzielbar sind.[2] Das französische Cat-Nat Modell enthält keine Legaldefinition über die versicherten Gefahren. Lediglich deren Folgen werden beschrieben, worunter unversicherbare und unmittelbare Sachschäden verstanden werden, die durch die hohe Intensität einer Naturgefahr verursacht wurden. Damit sind die grundsätzlich versicherbaren Sturm-, Frost-, Hagel- und Schneedruckschäden[3] über private Versicherungen gedeckt,[4] wobei außerhalb des Cat-Nat seit 1990 die Verpflichtung besteht, den Deckungsumfang der Sachversicherungsverträge um die Sturmgefahr zu erweitern.[5] In Spanien werden Überschwemmungen durch Stauseen, Kanäle, Kanalisationsanlagen, Wasserspeicher oder unterirdische Wasserläufe, die von Menschen geschaffen wurden, nicht gedeckt.[6] Versichert sind definierte Gefahren wie Überschwemmung, Erdbeben, Erdrutsch, Vulkanausbruch, außergewöhnliche Wirbelstürme und Meteoriten. Daneben sind soziale und politische Katastrophen wie terroristische Anschläge und Unruhen über das Consorcio gedeckt. Die staatliche Überschwemmungsversicherung in den USA ist dadurch geprägt, dass Hurrikans Überschwemmungen verursachen. Damit ist der Kreis der Bedrohten hoch, der Kreis der Betroffenen allerdings relativ klein. Das NFIP bezeiht sich hier nur auf Sturmfluten, Flusshochwasser, Sturzfluten, Erosionen und Bodensenkungen.[7]

---

1 Vgl. *Sievers* (1976), S. 646.

2 Vgl. *Ebel* (1997), S. 219.

3 Vgl. *Gardette* (1997), S. 218. Für Stürme-, Orkane- und Wirbelstürme gibt es eine gesetzlich verankerte Deckungserweiterungspflicht außerhalb des Cat-Nat Modells (Vgl. *a.a.O.*, S. 218).

4 Vgl. *Vetters/Prettenthaler* (2002), S. 9.

5 Vgl. *Bundesanstalt für Finanzdienstleistungsaufsicht* (2003), S. 3. Man reagierte darauf, dass trotz privatwirtschaftlicher Versicherbarkeit dieser Gefahr in den Jahren 1987 und 1990 Sturmschäden über das Cat-Nat Modell reguliert werden mussten (Vgl. *Graff* (2000), S. 189). Diese obligatorische Deckungserweiterung auf Sturmschäden wurde nötig, weil die Stürme in Frankreich durch eine ausgeprägte regional unterschiedliche Gefährdungslage gekennzeichnet sind. Die hieraus abzuleitende Gefahr der negativen Risikoauslese in Verbindung mit einer erschwerten Prämienkalkulation führt diese Gefahr nach Auffassung von *v. Ungern-Sternberg* in den Bereich der Unversicherbarkeit (Vgl. *Ungern-Sternberg* (2002a), S. 93).

6 Vgl. *Chmielorz/Metzger* (1995), S. 938.

7 Vgl. *Bundesanstalt für Finanzdienstleistungsaufsicht* (2003), S. 5 f.

Somit ist die Entscheidung über die Integration der Gefahren von besonderer Bedeutung, weil davon wesentlich die abgedeckten Schadenpotentiale, die Akzeptanz der Bevölkerung und das Maß einer staatlichen Haftungsübernahme abhängen.

### *6.2.1.2. Ereignisdefinition*

In den ersten Zusatzversicherungsbedingungen, die das BAV für den Deutschen Lloyd genehmigt hat, wurden die versicherten Gefahren hinsichtlich ihrer Gewöhnlichkeit eingeschränkt. So waren Hochwasser nur versichert, wenn sie aufgrund „...außergewöhnlicher Niederschläge, außergewöhnlicher Schneeschmelzen oder außergewöhnlicher Sturmflut..“[1] entstanden. Als außergewöhnlich klassifizierte man Ereignisse, die mit einer Frequenz von einmal in 5 Jahren oder seltener auftraten. Entscheidend war die Messung des nächstgelegenen Wasserwirtschaftsamtes. Lag diese Messung unterhalb des Schwellenwertes, die Niederschläge am Versicherungsort vermutlich darüber, so mussten sich Beweise über die Wasserwirtschaftsämter führen lassen. Dieses Fünfjahres-Kriterium war nicht interpretationsfrei. Um Klarheit zu schaffen, hätte definiert werden müssen, ob es sich um einen statistischen Durchschnittswert handelt oder um die letzten fünf Jahre vor dem Versicherungsfall. Bei letzterem wäre ein ähnliches Ereignis unmittelbar nach einem Versicherungsfall nicht mehr über die Police gedeckt. Eine ähnliche Einschränkung galt für Erdbeben, die mindestens einen Messwert von 3,5 auf der Richter-Skala erreichen mussten, um ersatzpflichtig zu sein.[2]

Die Extended Coverage Bedingungen für Industrieunternehmen sahen ebenfalls die Beschränkung der Überschwemmungsgefahr auf unvorhersehbare Ereignisse vor. Vorhersehbar waren hiernach Ausuferungen, die mehr als einmal in 10 Jahren vorkommen. Die ehemaligen Standardbedingungen des Verbandes der Schadenversicherer (VdS) kannte eine solche Einschränkung nicht, da sie nach dessen Auffassung gegen das AGB-Gesetz verstoßen hätte. Bei Industrieunternehmen handelt es sich jedoch nach § 24 AGB-Gesetz um einen Kaufmann, für den die entsprechenden Vorschriften keine Anwendung finden. Problematisch ist die konkrete Festsetzung solcher Ereignisse. Eine Orientierung an Pegelständen ist grundsätzlich nur bei Gewässern erster und zweiter Ordnung möglich. Für kleinere Gewässer liegen i.d.R. keine regelmäßigen Aufzeichnungen der Wasserstände vor. So könnten nur Ereignisse über die Policen gedeckt werden, die einen bestimmten HQ-Wert als höchsten Abfluss in $m^3s^{-1}$ in einem Zeitraum überschreiten.[3] Eine solche Einteilung wäre über ZÜRS möglich. So könnte z.B. in den Versicherungsbedingungen festgelegt werden, dass ein HQ-Ereignis ab ei-

---

1 § 2a ZVBG.

2 Vgl. *Fährmann* (1991), S. 218.

3 Vgl. *ders.* (1992), S. 46 ff.

nem definierten Schwellenwert versichert ist. Dennoch entstehen Probleme, da sich die Wiederkehrperioden in dynamischen Prozessen in der Zeit verändern. Dies gilt insbesondere vor dem Hintergrund eines Klimawandels.[1] Durch diese Unklarheiten kann es zu einer Zeitverzögerung bei der Mittelauszahlung kommen, wenn erst über eine Entschädigung zu entscheiden ist.[2]

Unproblematisch ist die Ereignisdefinition in der Sturmversicherung. Hier besteht Versicherungsschutz ab einer Windstärke von mindestens acht auf der Beaufortskala. In der Schweiz gibt es eine solche Begrenzung für Erdbeben. Sie müssen am Schadenort eine Intensität von sieben erreichen, um ersatzpflichtig zu sein.[3] Es besteht auch die Möglichkeit, die zu deckenden Schadenereignisse nach oben zu begrenzen. Dabei könnten nur Naturereignisse bis zu einer definierten Intensität reguliert werden. Dies ist allerdings besonders problematisch, weil für Extremereignisse ein hohes Deckungsbedürfnis besteht. Obwohl so akzeptable Prämien ermöglicht und die versicherten Schäden begrenzt werden,[4] macht eine solche Einschränkung den Abschluss eines Versicherungsvertrages unattraktiv.[5]

Auch international wird der Umfang des Versicherungsschutzes durch die Definition der versicherten Ereignisse eingeschränkt. In Frankreich stellt der Staat den Versicherungsfall, d.h. eine Naturkatastrophe fest,[6] wodurch die Versicherer verpflichtet werden, die Schäden im Rahmen des Cat-Nat Modells zu regulieren.[7] Für diese fallweise Regelung[8] wird ein Gutachten erstellt, wobei die Klassifizierung als Katastrophe[9] durch eine gemeinsame Verordnung des Innen-, Wirtschafts- und Finanzministers erfolgt. So wird auch die räumliche und zeitliche Spanne des Ereignisses festgelegt.[10] Danach werden auf Antrag jeder Gemeinde Orte festgelegt, die sich im Naturkatastrophenzustand befinden und folglich entschädigt werden.[11] Hierbei ist es in der Vergangenheit zu Spannungen gekommen, da vor Einführung der Deckungserweiterungspflicht für Sturmschäden mehrmals Stürme über das Modell reguliert worden sind.[12] Besonders interessant am französischen System ist die Erweiterung der Entschädigungsleistungen auf

---

[1] Vgl. *Dietz* (1991), S. 12.
[2] Vgl. *Vetters/Prettenthaler* (2002), S. 11.
[3] Vgl. *Gerathewohl* (1980), S. 537.
[4] Vgl. *Tatge* (2003), S. 36 f.
[5] Vgl. *Berliner* (1982), S. 143.
[6] Vgl. *Ebel* (1997), S. 219.
[7] Vgl. *Bundesanstalt für Finanzdienstleistungsaufsicht* (2003), S. 3.
[8] Vgl. *Lamby* (1993), S. 90.
[9] Innerhalb des Cat-Nat wird ein Ereignis, das durch Naturelemente hervorgerufen wird und gleichzeitig durch eine große Intensität gekennzeichnet ist, als Naturkatastrophe im Sinne des Gesetzes bezeichnet (Vgl. *Vetters/Prettenthaler* (2002), S. 9).
[10] Vgl. *Gardette* (1997), S. 222.
[11] Vgl. *Vetters/Prettenthaler* (2002), S. 10.
[12] Vgl. *Gardette* (1997), S. 222.

Katastrophen, die nicht vom Gesetz erfasst werden, sofern dies von der Regierung verlangt wird.[1] Nach Auffassung von *Frey* ist die französische Lösung keine Individualversicherung mehr, da der Staat eine dirigistische Funktion ausübt.[2] Es ist durch eine gewisse Intransparenz gekennzeichnet, die zu einer Unsicherheit über den Erhalt von staatlichen Hilfen führt.[3] Es wird kritisiert, dass die Präfekten, die für die Feststellung einer Naturkatastrophe zuständig sind, ein politisches Interesse an der Regulierung eines Schadens aus dem Cat-Nat Modell haben, auch wenn sie Verwaltungsbeamte und keine Politiker sind.[4] In Österreich werden Schäden aus Überschwemmungen, die im langjährigen Schnitt einmal in zehn Jahren entstehen, nicht ersetzt, weil sie als vorhersehbar gelten.[5] Damit ist Österreich das einzige Land, das eine solche Lösung gewählt hat.

Insgesamt ist die Begrenzung der Versicherung auf außergewöhnliche Ereignisse schwierig und aufwendig. Im Schadenfall wird es womöglich zu erheblichen Diskussionen und zur Einflussnahme der Politik kommen.

### *6.2.2. Deckungsumfang der Elementarschadenversicherung*

#### *6.2.2.1. Integrierte Wagnisse und Personenkreise*

Der Deckungsumfang des Versicherungsschutzes beinhaltet die versicherten Objekte und Personenkreise, die in ein Modell integriert werden sollen. Hiervon wird das zu tragende Haftungspotential entscheidend beeinträchtigt. Deshalb kann die Entschädigung durch verschiedene versicherungstechnische Instrumente begrenzt werden, wie im nächsten Abschnitt gezeigt wird.

Bei den Hochwassern 2002 war der Schadenumfang der Gebäude bei den grundsätzlich versicherbaren Sachen höher[6] als der des Inhaltes. Trotzdem wäre es denkbar, ausschließlich Gebäude in den Versicherungsumfang einzubeziehen, da der Gebäudeinhalt schadenanfälliger und kurzlebiger ist.[7] Dennoch wird schwer zu vermitteln sein, warum ein Gebäudeschaden ersetzt wird und der des Inhalts nicht.[8] Auch Betriebsunterbrechungsschäden sind in den Deckungsumfang integrierbar. Hierdurch wird die Höhe der entstehenden Stromgrößeneffekte positiv beeinflusst, da durch eine schnelle Schadenregulierung und die Übernahme der fixen Kosten die Produktion schneller wieder aufgenommen werden kann. Aber

---

1 Vgl. *Foussat* (1995), S. 23.
2 Vgl. *Frey* (1965), S. 259.
3 Vgl. *Vetters/Prettenthaler* (2002), S. 11.
4 Vgl. *Graff* (2000), S. 191.
5 Vgl. *Vetters/Prettenthaler* (2002), S. 4.
6 Vgl. *Rommel* (1937), S. 49.
7 Vgl. *Schweizerische Rückversicherungs-Gesellschaft (Hrsg.)* (1998), S. 32.
8 Vgl. *Fromme* (2003c).

auch bei einem umfangreichen Versicherungsschutz wird der Staat durch eine Versicherungspflicht nur teilweise entlastet. Entsprechend der Hochwasser 2002 müssten Infrastrukturschäden weiterhin aus öffentlichen Mitteln finanziert werden. Hinzu kämen ungeklärte Schadenregulierungen der landwirtschaftlichen Schäden.[1]

Neben den zu versichernden Wagnissen muss der Geltungsbereich des Versicherungsschutzes für die zu deckenden Personenkreise festgehalten werden. Hierbei ist entsprechend der versicherungstechnischen Kategorisierung eine Aufteilung in Privat-, Gewerbe- und Industriekunden denkbar. *Schwarze und Wagner* lehnen eine Einbeziehung industrieller Risiken mit der Begründung ab, dass diese Unternehmen Naturgewalten als unternehmerische Risiken betrachten. Deshalb sollten sie freiwillig eine Deckung abschließen können.[2] Auf der anderen Seite ist eine solche Abgrenzung immer willkürlich, da Grenzen definiert werden müssen wie z.B. Versicherungswerte. Diese Grenzen sind in der Zeit veränderlich, sodass entsprechende Anpassungen notwendig werden.

In den USA werden innerhalb des NFIP Wirtschaftsakteure integriert, die über den privaten Versicherungsmarkt keine Police abgeschlossen haben bzw. dies nicht konnten.[3] Das gilt sowohl für das Privat- als auch das Gewerbegeschäft. Die Versicherung von Industrierisiken ist am Markt möglich.[4] Dazu muss für die teilnehmenden Gemeinden das Überschwemmungsrisiko gemessen und entsprechende Schutzmaßnahmen durch die Gemeinden ergriffen werden.[5] Sowohl Hauseigentümer, Mieter, Bauherrn als auch Besitzer von Eigentumswohnungen können in den NFIP-Gemeinden Versicherungsschutz erwerben. Dies gilt auch für Bewohner in den Orten, die außerhalb der Überschwemmungsgebiete leben.[6] In Frankreich, Spanien und der Schweiz beziehen sich die staatlichen Modelle auf das Privat-, Gewerbe- und Industriegeschäft. Die Deckung von Betriebsunterbrechungsschäden ist in Spanien und der Schweiz ausgeschlossen.[7] Die französische Lösung reguliert keine landwirtschaftlichen Schäden. Diese sind durch einen anderen Fonds ebenso gedeckt wie Schäden an beförderten Gütern und Luft-/ Wasserfahrzeugen.[8] Im Gegensatz dazu sind in der Türkei nur Gebäude in den Umfang der gepoolten Pflichtversicherung eingeschlossen. Deckungen für den Inhalt können an den privaten Versicherungsmärkten erworben werden.[9]

---

1 Vgl. *Bundesministerium der Justiz* (2003), S. 18.
2 Vgl. *Schwarze/Wagner* (2003).
3 Vgl. *Citlak* (2000), S. 261.
4 Vgl. *Münchener Rückversicherungs-Gesellschaft (Hrsg.)* (1997), S. 62.
5 Vgl. *Bundesanstalt für Finanzdienstleistungsaufsicht* (2003), S. 6.
6 Vgl. *Vetters/Prettenthaler* (2002), S. 20.
7 Vgl. *Münchener Rückversicherungs-Gesellschaft (Hrsg.)* (1997), S. 62.
8 Vgl. *Gardette* (1997), S. 217.
9 Vgl. *Vetters/Prettenthaler* (2002), S. 18.

### *6.2.2.2. Begrenzung der Ersatzpflicht*

Die Ersatzpflicht eines Versicherers kann auf verschiedene Arten begrenzt werden. Unter diesen Oberbegriff fallen die Definitionen für die versicherten Gefahren, die Annahmebedingungen der Gesellschaften (z.B. um besonders gefährdete Risiken auszuschließen) oder die Vereinbarung von Selbstbehalten im Schadenfall. Es ist auch möglich neben der regelmäßigen Beschränkung im Schadenfall durch Franchisen, Regelungen für Ausnahmefälle, z.B. starke Katastrophen, zu treffen. Hierbei kann ein Höchstsatz für ein einzelnes Ereignis als Katastrophenmaximum festgelegt werden. Das gleiche ist für ein Kalenderjahr im Rahmen eines Jahresschadenmaximums möglich.[1] Die Höchstsätze lassen sich entweder nach einem festen Betrag oder aber in Abhängigkeit der Prämienhöhen festlegen.[2]

Eine betragsmäßige Begrenzung der Haftung des Versicherers mittels Selbstbeteilungen ist ein versicherungstechnisches Instrument, das in nahezu allen Elementarschadenversicherungen unabwählbar angewendet wird, wie das vierte Kapitel gezeigt hat. Dieses Instrument ist flexibel einsetz- und gestaltbar. Die Höhe der Selbstbehalte sollte in Abhängigkeit von dem zu versichernden Risiko definiert werden.[3] Sie sind unumgänglich[4] und senken die Gesamtschadenbelastung der Unternehmen. Mit ihnen werden Anreize zur Vorsorge erhöht.[5] Sacheigentümer, die keine Vorsorge treffen und in exponierten Lagen wohnen, werden folgerichtig relativ häufig durch Selbstbeteiligungen im Schadenfall sanktioniert.[6] Gezielte Selbstbehalte in gefährdeten Lagen sind auch aus Sicht der Versicherungsnehmer sinnvoll. So können für rasch wiederkehrende Ereignisse Rücklagen günstiger sein als der Versicherungsschutz.[7]

Neben Selbstbeteiligungen sind Höchstentschädigungen ein Mittel, das besonders im Bereich der Industrieversicherung angewendet wird. Die Schweizer Rück hält eine solche Begrenzung im Massengeschäft für nicht sinnvoll, da der Versicherungsnehmer bei einem Totalschaden nicht ausreichend geschützt ist.[8] Im Gegensatz dazu sieht die Sächsische Landesregierung als Alternative zu einer Versicherungspflicht die Einführung einer Pflichtgrundversicherung für Elementar-

---

1 Vgl. *o.V.* (1988), S. 273.

2 Vgl. *Sievers* (1976), S. 646.

3 Vgl. *Schweizerische Rückversicherungs-Gesellschaft (Hrsg.)* (1998), S. 32.

4 Vgl. *Gesamtverband der Deutschen Versicherungswirtschaft e.V. (GDV)* (1998a).

5 Vgl. *Meyer* (1996), S. 582.

6 So reduziert die Hamburger Feuerkasse die Entschädigung in der Hausratversicherung auf 20 % der Versicherungssumme für Räume bei denen der Fußboden niedriger ist als das Gelände um das Gebäude herum (Vgl. *Hamburger Feuerkasse (Hrsg.)* (2002), S. 2).

7 Vgl. *Schwarze/Wagner* (2003).

8 Vgl. *Schweizerische Rückversicherungs-Gesellschaft (Hrsg.)* (1998), S. 34.

schäden, die nur Teile des Vermögens abdeckt und so die Eigenvorsorge anregt,[1] was einer Haftungslimitierung gleichkommt.

Eine Limitierung einzelner Schadenereignisse bietet sich immer dann an, wenn mit seltenen aber sehr schadenintensiven Katastrophen gerechnet wird. Eine solche Haftungslimitierung muss in jeder Police eine anteilige Schadenkürzung vorsehen, wenn das Schadenereignis ein für den gesamten Markt festgelegtes Limit übersteigt. Den gleichen Zweck erfüllen hohe Selbstbeteiligungen. Allerdings müssen die Sacheigentümer diesen Selbstbehalt auch für Ereignisse tragen, bei denen es keine Kapazitätsbeschränkungen gibt. Durch Marktschadenlimitierungen werden die Versicherungsnehmer hingegen nur bei einem außergewöhnlichen Ereignis/ Schadenjahr belastet. Besonders empfehlenswert sind diese Marktschadenlimite immer dann, wenn die Kumulgefahr nicht abschätzbar ist und die Kapazitäten der Erst- und/oder Rückversicherungsmärkte überschritten werden können. Limite für Einzelrisiken entfalten ihre besondere Wirkung, wenn sie markteinheitlich angewandt werden. Aber auch Regelungen für Einzelfälle haben insgesamt eine haftungsreduzierende Wirkung.[2] In einem Versicherungspool könnte die Haftung entsprechend in Form von Jahreshöchstschadenlimitierungen begrenzt werden, um die Liquidität der Gemeinschaft zu gewährleisten. Problematisch ist, dass z.B. bei einem Katastrophenschaden am Jahresanfang die Entschädigungsleistungen entsprechend zurückgehalten werden müssten, um eine (proportionale) Kürzung am Jahresende vorzunehmen.[3] Haftungslimitierungen pro Jahr sind besonders sinnvoll, wenn der Versicherungsmarkt mit einer hohen Schadenfrequenz für die versicherte Gefahr rechnen muss, wie z.B. in der Sturmversicherung. Letztlich sind Selbstbeteiligungen mit nach unten limitierter Haftung kundenfreundlicher als eine Haftungsbegrenzung nach oben, z.B. durch Jahreshöchstentschädigungen. Gegen Haftungslimitierungen spricht, dass die Versicherungsnehmer ex ante nicht in jedem Fall Kenntnisse über die Höhe der Entschädigungssumme haben, die z.B. von der Anzahl der Schadenbetroffenen abhängt. Orientieren sich die Limitierungen am Einzelrisiko, so kann schnell eine unbefriedigende Deckung entstehen.[4]

Die Deutsche Lloyd hatte in §10 ZVGB eine Jahreshöchstentschädigung von 100.000 DM für die erweiterten Elementargefahren festgesetzt. Diese Grenze galt für sämtliche Versicherungsfälle der Zusatzdeckung. Diese feste Summe war unabhängig von der Höhe der Versicherungssumme und enthielt keinen Anpassungsfaktor z.B. an gestiegene Baupreise.[5] Ebenfalls wurde eine Jahreshöchstentschädigung für Industrieunternehmen vereinbart und einzelvertraglich spezifi-

---

1 Vgl. *Sächsische Staatskanzlei (Hrsg.)* (2003), S. 105.
2 Vgl. *Gerathewohl* (1980), S. 538.
3 Vgl. *Kalenberg* (1998), S. 257.
4 Vgl. *Schäfer* (1993), S. 16 f.
5 Vgl. *Fährmann* (1991), S. 221.

ziert.[1] In den staatlich regulierten Elementarschadenversicherungsmärkten werden Selbstbeteiligungen und Haftungslimitierungen ebenfalls in die Modelle integriert. So tragen die Versicherungsnehmer in der Schweiz Selbstbehalte im Schadenfall.[2] Zudem ist die Leistung des Rückversicherungspools pro Versicherungsnehmer auf ca. 17 Mio. EUR pro Gebäude und Inhalt für ein Ereignis begrenzt.[3] Die landesweite Deckungslimitierung beträgt ca. 170 Mio. EUR. Darüber hinaus werden die Einzelschäden proportional gekürzt.[4] Die Unternehmen haben die Möglichkeit, sich gegen Sach- und Betriebsunterbrechungsschäden über den Pool hinaus bei privaten Versicherern einzudecken.[5] Eine Haftungsbegrenzung der Kantonalen Gebäudeversicherungen, d.h. der öffentlichen Monopolanstalten, gibt es nicht.[6] In Frankreich werden die Selbstbeteiligungen der Versicherungsnehmer für Privathaushalte in Form von deductibles festgelegt (für Schäden an Gebäuden, Motorfahrzeugen und Hausrat 380 EUR).[7] Für gewerbliche Risiken gibt es eine 10 % Beteiligung der Unternehmen im Schadenfall bei einem festgesetzten Mindestbetrag von 1.140 EUR.[8] Daneben vervielfachen sich die Selbstbeteiligungen nach dem zweiten Schadenfall, wenn die betroffenen Gemeinden keinen Plan zur Vermeidung künftiger Katastrophen aufstellen.[9] Seit 2001 gibt es zudem eine Gleitskala, die allerdings nur in Gebieten angewandt wird, die keine Risikopräventionspläne erstellt haben. Im Katastrophenfall wird für diese Orte ein Koeffizient auf den Selbstbehalt erhoben, der von der Anzahl der bisherigen Katastrophen abhängt. Dieses System wird ab dem dritten Katastrophenfall verdoppelt, bei der vierten Katastrophe verdreifacht und ab fünf Ereignissen vervierfacht. Dadurch wird ein Handlungsdruck auf die Gemeinden ausgeübt, Präventionspläne zu erstellen. In der Türkei ist die Haftung der Pflichtversicherung für Gebäudeschäden gegen Erdbeben auf 30.000 USD begrenzt. Darüber hinausgehende Haftungen können über den privaten Versicherungsmarkt erworben werden. In der Türkei beträgt der Selbstbehalt der Versicherungsnehmer zwei Prozent der Versicherungssumme.[10] In den Niederlanden werden zunächst die Schäden der Assekuranz bis zu einem Limit reguliert, bevor der staatliche Fonds einspringt. Diese Haftungsbegrenzung stellt gleichzeitig das Jah-

---

1 Vgl. *Föhrmann* (1992), S. 45.

2 In der Schweiz werden ca. 136 EUR für Hausratschäden von den Betroffenen selbst getragen. Für Schäden an Gebäuden, die nicht Wohnzwecken dienen, ist ein maximaler Eigenbehalt von 10 % des Schadens, mind. 340 EUR, höchstens 680 EUR (Vgl. *Bundesanstalt für Finanzdienstleistungsaufsicht* (2003), S. 5) vorgesehen.

3 Vgl. *Münchener Rückversicherungs-Gesellschaft (Hrsg.)* (1997), S. 62.

4 Vgl. *Bundesanstalt für Finanzdienstleistungsaufsicht* (2003), S. 5.

5 Vgl. *Chmielorz/Metzger* (1995), S. 941.

6 Vgl. *Vetters/Prettenthaler* (2002), S. 12.

7 Vgl. *Bundesanstalt für Finanzdienstleistungsaufsicht* (2003), S. 3.

8 Vgl. *Gardette* (1997), S. 219.

9 Vgl. *Bundesanstalt für Finanzdienstleistungsaufsicht* (2003), S. 3.

10 Vgl. *Vetters/Prettenthaler* (2002), S. 11 ff.

resschadenlimit dar. Daneben sind die einzelnen Entschädigungen ebenfalls begrenzt. Übersteigen die Jahresschäden die Mittel des Fonds und die staatlichen Zuschüsse, werden die einzelnen Entschädigungen proportional gekürzt.[1] In Österreich haben nahezu alle Versicherer eine Kumulklausel, d.h. eine ereignisbezogene Höchstschadenlimitierung, in die Verträge integriert. Beim Erreichen der definierten Grenzen im Schadenfall werden einzelne Entschädigungsleistungen gekürzt.[2] In Spanien beträgt der Selbstbehalt 10 % im Schadenfall, der allerdings bei sozialen Härtefällen begrenzt wird.[3] Bei sehr hohen Versicherungswerten steigt der Eigenbehalt bis zu einer Obergrenze. In den USA ist die Deckung für Wohngebäude in den NFIP-Gemeinden auf 250.000 USD begrenzt. Die Limitierung für deren Inhalt beträgt 100.000 USD und für gewerbliche Gebäude 500.000 USD.[4]

Somit wird deutlich, dass die verschiedenen Deckungsbegrenzungen an den internationalen Märkten für Elementarschadenversicherungen bereits eingesetzt werden. Eine Limitierung könnte deshalb auch für Deutschland ein gangbarer Weg zur Absicherung gegen Schadenkumule sein.

## *6.3. Kosten des Versicherungsschutzes und verwendete Instrumente*

### *6.3.1. Grundsätzliche Gestaltbarkeit der Prämie*

Die Prämie kann grundsätzlich auf zweierlei Arten gestaltet werden: Erstens als Einheitsprämie und zweitens als Individualprämie. Eine Einheitsprämie ist immer dann sinnvoll, wenn der Prämienbedarf schwankt und deshalb schwer zu kalkulieren ist. Sie ist die einfachste Art der Tariffierung, weil der Prämienbedarf schematisch auf die Versicherten umgelegt wird. Unmittelbare Voraussetzung für die Art der Beitragskalkulation ist i.d.R. ein Versicherungszwang bei einer Monopolanstalt. Die Berechnung einer Individualprämie ist sehr viel aufwendiger, kann dafür aber flexibel gestaltet werden. So ist es möglich, eine Einheitsprämie mittels Zuschlägen und Rabatten zu verändern. In einem weiteren Schritt können die unterschiedlichen Gefahren differenziert betrachtet werden. Diese Abstufung endet bei einer individuellen Tarifierung.[5] Grundsätzlich ergeben sich somit die Möglichkeiten, eine risikogerechte Tarifierung vorzunehmen oder aber die Prämien (weitestgehend) zu pauschalieren.

Eine risikogerechte Prämienkalkulation ist grundsätzlich vorteilhaft. So ist die Akzeptanz der Sacheigentümer (insbesondere der weniger stark gefährdeten) für

---

[1] Vgl. *Chmielorz/Metzger* (1995), S. 941.
[2] Vgl. *Vetters/Prettenthaler* (2002), S. 4.
[3] Vgl. *Bundesanstalt für Finanzdienstleistungsaufsicht* (2003), S. 5.
[4] Vgl. *Vetters/Prettenthaler* (2002), S. 16 ff.
[5] Vgl. *Rommel* (1937), S. 49.

eine Marktregulierung[1] höher, wenn die Prämien fair kalkuliert werden. Daneben werden Schadenminderungsmaßnahmen durch Prämienreduktionen gefördert.[2] Die Versicherungsnehmer werden animiert, Bauvorschriften einzuhalten. Dies gelingt um so leichter, je risikogerechter die Prämiengestaltung erfolgt, d.h. umso mehr sich Vorsorgemaßnahmen in der Bepreisung niederschlagen.[3] Daneben wird z.B. der Preis für den Wohnraum das Überschwemmungsrisiko widerspiegeln, wodurch das Wohnen in gefährdeten Lagen verteuert wird. Ziehen deshalb weniger Menschen in diese Gebiete, so wird die effektivste Prävention, die Schadenvermeidung, angewendet.[4] Letztlich müssen risikogerechte Prämien das Maß der Eigenvorsorge widerspiegeln.[5] Die Versicherungsnehmer werden bei risikogerechten Prämien ausdrücklich über die Gefährdungslage ihres Objektes informiert. Hierdurch kann indirekt der Druck zur Schadenprävention auf die politische Ebene[6] weitergegeben werden.[7] Eine risikogerechte Prämie führt dazu, dass der Abschluss eines Versicherungsvertrages für die Risiken, die regelmäßig z.B. durch Überschwemmungen geschädigt werden, uninteressant ist, weil ein reiner Geldtausch entsteht, der zudem durch Kosten und Steuern belastet wird.[8] Die Regulative der Assekuranz bleiben erhalten, weil der Versicherungsnehmer anhand der Prämie entscheiden kann, ob er in weniger risikoreiche Gebiete ausweichen will oder nicht.[9] Risikoadäquate Individualprämien sind unter betriebswirtschaftlichen Aspekten die unmittelbare Voraussetzung dafür, dass sich Erstversicherer an den internationalen Rückversicherungsmärkten absichern können, da sich die Zessionare nicht an Risiken mit unzureichenden Prämien beteiligen werden. Sonst entstehen Deckungsengpässe, die nicht die Folge zu großer Risiken sind, sondern durch marktinkonformes Verhalten begründet werden.[10] Durch eine risikogerechte Tarifierung wird eine mögliche adverse selection verhindert.[11] Ob die sozialen Kosten real gesenkt werden können, wie in einigen Publikationen gesagt wird,[12] hängt unmittelbar davon ab, in welchem Grad die hochgefährdeten Sacheigentümer eine risikogerechte Prämie zahlen. Können sie dies nicht, kommt es zu keiner First-Best-Lösung. In diesem Falle werden von den guten Risiken (über Prämiensubventionen oder über steuerliche Subventionen durch staatliche Hilfen) die Kosten externer Effekte getragen. Folglich kann eine Überstrapazie-

---

1 Vgl. *Schweizerische Rückversicherungs-Gesellschaft (Hrsg.)* (1998), S. 32.
2 Vgl. *Berliner* (1982), S. 142.
3 Vgl. *Meyer* (1996), S. 582.
4 Vgl. *Nell* (2002), S. 585.
5 Vgl. *Merz/Grünewald/Thieken et al.* (2003), S. 124.
6 Vgl. *Wagner* (2002).
7 Vgl. *Gerathewohl* (1980), S. 536.
8 Vgl. *Meyer* (1996), S. 581.
9 Vgl. *Gruber* (2002), S. 738.
10 Vgl. *Meyer* (1996), S. 582.
11 Vgl. *Schwarze/Wagner* (2002a).
12 Vgl. *Citlak* (2000), S. 258.

rung des Solidargedankens durch risikodifferenzierte Beiträge verhindert werden,[1] bei einer vollständigen Risikodifferenzierung werden Sozialisierungseffekt sogar vollständig verhindert. Der GDV hält eine solche risikodifferenzierte Prämienkalkulation für unumgänglich.[2]

Allerdings gibt es auch Gründe, die gegen eine Prämiendifferenzierung sprechen. So stellt die Bund-Länder-Arbeitsgemeinschaft in Frage, ob eine Individualisierung der Prämiensätze mit der Integration aller Versicherungsnehmer vereinbar ist, oder ob an dieser Stelle ein unlösbarer Widerspruch entsteht.[3] Die Versicherer könnten Risiken so klassifizieren, dass die Prämiensätze prohibitiv hoch wären, was letztlich nur zu einer marginalen Verbesserung der heutigen Ausgangssituation führen würde.[4] Dennoch ist die Abgrenzung der Risikoklassen sowie vice versa der Prämien die primäre Aufgabe der Assekuranz und nicht die des Staates. Zudem würde die Klassifizierung durch die öffentliche Hand zu einem hohen Verwaltungsaufwand führen.[5]

Für eine feste Prämie in Form einer Umlage oder einen fixen Prämienzuschlag sprechen auch verschiedene Gründe. So sind risikogerechte Prämien in der Elementarschadenversicherung schwer zu kalkulieren, da hochkomplexe Rahmenbedingungen (z.B. der Klimawandel) die langfristige Berechnung der Schadenerwartungswerte erschweren.[6] Daneben wird Umlagen eine hohe soziale Verträglichkeit zugesprochen.[7] Eine Quersubventionierung der Risiken kann sich zudem als notwendige Voraussetzung für bereits existierende Gebäude herausstellen. Diese Subventionierung kann auch vom Staat oder von einem Ausgleichspool getragen werden, wodurch ein Teil der Risiken kollektiviert werden würde. Allerdings ist dies bei den bisherigen ad-hoc Schadenregulierungen des Staates auch der Fall. Diese Subventionsleistungen sollten nicht für Neubauten gelten, um keine zusätzlichen Anreize für das Bebauen gefährdeter Lagen zu geben.[8] Daneben erhöhen subventionierte Prämien die Nachfrage für Elementarschaden-

---

[1] Vgl. *Schweizerische Rückversicherungs-Gesellschaft (Hrsg.)* (1998), S. 49.

[2] Vgl. *Gesamtverband der Deutschen Versicherungswirtschaft e.V. (GDV)* (1998a).

[3] Vgl. *Bundesministerium der Justiz* (2003), S. 9.

[4] Hinzu kommt, dass über die Rückversicherer ein entsprechender Druck auf die Gesellschaften ausgeübt wird (Vgl. *Ungern-Sternberg* (2002a), S. 94 f). In diesem Zusammenhang kann eine Separierung der Deckungen mit und ohne Katastrophenpotential sinnvoll sein, weil sonst die Gefahr besteht, dass die Zusatzdeckung untertarifiert wird (Vgl. *Berliner* (1982), S. 142).

[5] Vgl. *Büchner/Dengler* (1999).

[6] Vgl. *Dlugolecki* (2003), S. 8.

[7] Vgl. *Vetters/Prettenthaler* (2002), S. 11. In Großbritannien hat man die Erfahrung gemacht, dass der Aufschlag für das Überschwemmungsrisiko in Gebieten mit einprozentiger Schadenwahrscheinlichkeit mehr als 120 % der Basisprämie betragen kann (Vgl. *Dlugolecki* (2003), S. 8). Hierdurch wird die Durchsetzbarkeit ohne Solidaritätsprämien/ Subventionen erschwert.

[8] Vgl. *Schwarze/Wagner* (2002), S. 600.

versicherungen, da die Beiträge verbilligt und somit Anreize zum Abschluss einer Police gesetzt werden. Solche Staatszuschüsse gab es bereits in der Vergangenheit, z.B. in der bayerischen Landeshagelversicherungsanstalt.[1] Hierdurch kann in lang anhaltenden großschadenfreien Zeiten die Senkung der Prämien im Wettbewerb und damit die Konkursgefahr verhindert werden.[2] Die Argumente gegen eine Prämiendifferenzierung sind somit sozial bzw. solidarisch untermauert. In einem solchen Fall ist die Assekuranz der Erfüllungsgehilfe des Staates für hoheitliche Aufgaben. Die Prämien sind mit Steuern vergleichbar[3] und damit verfassungsrechtlich bedenklich. Weitere Gründe sprechen gegen eine Fixierung der Beiträge. So findet ohne Prämiendifferenzierung keine Internalisierung der Kosten statt,[4] was mit dem Versicherungsgedanken nichts mehr zu tun hat. So bezeichnet *Hax* eine Versicherungspflicht, die einen Ausgleich zwischen nichtbedrohten und bedrohten Wirtschaftseinheiten herbeiführt, als „...staatlich auferlegter Lastenausgleich."[5] Der überwiegende Teil der Versicherungsnehmer müsste bei einer Versicherungspflicht Prämien für ein Risiko entrichten, von dem er nicht bedroht ist. Es ist nach Auffassung von *Sievers* nicht die Sache der privatwirtschaftlichen Versicherung, Umlagen zu erheben.[6] Eine fixe Prämienfestsetzung stößt in einer Marktwirtschaft sowohl volks- als auch betriebswirtschaftlich[7] an Grenzen. Die Preise orientieren sich nicht an den Produktionskosten der Versicherungen, sodass Allokationsverzerrungen entstehen. Neben einer adver-

---

1 Vgl. *Rommel* (1937), S. 37.

2 Vgl. *Berliner* (1982), S. 143.

3 Vgl. *Meyer* (1996), S. 581.

4 Vgl. *Nell* (2002), S. 585. *Von Ungern-Sternberg* wendet gegen das Argument der Sozialisierungseffekte ein, dass die steigenden Überschwemmungsrisiken u.a. durch einen Klimawandel hervorgerufen werden, auf den die besonders gefährdeten Risiken keinen Einfluss haben. Hieraus leitet er die Auffassung ab, dass auch die Gesamtbevölkerung für die eintretenden Schäden aufkommen kann (Vgl. *Ungern-Sternberg* (2002), S. 582). Diese kann an dieser Stelle nicht geteilt werden, da Überschwemmungen i.d.R. in der Nähe von Gewässern auftreten und sich die Sacheigentümer bewusst (auch in der Vergangenheit) diesen Risiken ausgesetzt haben, wenn es schon zu Überschwemmungen kam, bevor die globale Erderwärmung thematisiert wurde.

5 Vgl. *Hax* (1964), S. 21.

6 Vgl. *Sievers* (1976), S. 646. Diese Sozialisierungseffekte müssen gegenüber anderen Größen abgewogen werden. So können Armutsexternalitäten bei zu geringer finanzieller Risikovorsorge auftreten. Diese Externalitäten entstehen durch ein von der Armut der Betroffenen hervorgerufenes Handeln, wie Kriminalität, die Verbreitung von Infektionskrankheiten aufgrund mangelnder Gesundheitsvorsorge oder das Anstiften von sozialen Unruhen (Vgl. *Märkt* (2003), S. 9). Im Folgenden bleiben diese Aspekte unbeachtet, weil Elementarschäden nicht immer existenzbedrohend sind und weil weitere Systeme der staatlichen Fürsorge für ein Existenzminimum sorgen.

7 Eine Quersubventionierung ist innerhalb eines intakten Wettbewerbs auf den Versicherungsmärkten nicht möglich, weil ein Wettbewerb um die guten Risiken mit Prämiendifferenzierungen entstehen würde (Vgl. *Pohlhausen* (2001), S. 1934).

sen selection wird auch ein steigendes moral hazard Risiko durch fixe Prämien erwartet.[1] Es fehlen Anregungen zur Schadenvorsorge, sodass z.B. Anreize, nicht mehr an Flussläufen zu bauen, gemindert werden. Im Fall einer Einheitsprämie wird den Gebäudebesitzern die Verantwortung für ihr Tun genommen.[2] *Von Ungern-Sternberg* sieht solche negativen Anreize in der Praxis nicht, da der Großteil der Gebäude bereits existiere. Zudem könne eine effektive Raumplanung wirksamer sein als die Anreize risikogerechter Prämiensätze. Deshalb muss nach seiner Auffassung die Schadenprävention auf die bereits bestehenden Risiken konzentriert werden.[3]

Wird eine Einheitsprämie für eine Marktregulierung gewählt, sind etwaige Nebenbedingungen zu berücksichtigen. Ist die Elementarschadenzusatzdeckung an einen Basisvertrag, z.B. eine Feuerversicherung gekoppelt, so besteht die Gefahr, dass die Prämien der Zusatzdeckung nicht direkt, sondern über eine Erhöhung der Basisprämie angepasst werden, wodurch eine Separierung exponierter Risiken auf indirektem Wege stattfindet.[4] Auch unter ordnungspolitischen Gesichtspunkten wird dies abgelehnt, da die extrem gefährdeten Risiken „...in unzulässiger Weise subventioniert...“[5] werden, sodass der Gedanke einer Einheitsprämie aufgegeben werden muss.[6]

Alternativ zu Einheitsprämien ist die Erhebung prozentualer Zuschläge auf die Basisdeckung möglich. So werden die versicherten Werte in die Prämienhöhe einbezogen, ohne dass deren Bedrohung durch die Naturgefahren berücksichtigt wird. In einem solchen Fall besteht die Gefahr, dass die Elementarschadenversicherung durch externe Ereignisse beeinflusst wird. So wird z.B. die Elementarprämie erhöht, wenn die Schäden (und dementsprechend die Beiträge) in der Basisdeckung steigen, auch wenn der Verlauf der Naturereignisse dies nicht rechtfertigt.[7] Neben den vorgestellten Varianten sind weitere Lösungen denkbar. So könnten die Prämien zwar abgestuft werden, ohne jedoch risikogerecht zu sein.[8] Die Vorteile und Bedenken gegen fixe Prämien sind in entsprechend abgeschwächter Form anzuwenden.

Die unterschiedlichen Gestaltungsformen der Versicherungsprämien werden auch in den internationalen Modellen deutlich. So werden in Frankreich die Prämien für alle Risiken von staatlicher Stelle fixiert.[9] Ebenfalls fixe Prämien gibt es

---

1 Vgl. *Vetters/Prettenthaler* (2002), S. 11.
2 Vgl. *A.S.* (2003), S. 181.
3 Vgl. *Ungern-Sternberg* (2002), S. 582.
4 Vgl. *Ungern-Sternberg* (2002a), S. 99.
5 *A.S.* (2003), S. 181.
6 Vgl. *A.S.* (2003), S. 181.
7 Vgl. *Ungern-Sternberg* (2002a), S. 72.
8 Vgl. *Paus* (2003), S. 75.
9 In Frankreich wird ein einheitlicher Zuschlag auf die Sachversicherungsprämie berechnet

in Norwegen, und der Schweiz,[1] also in Ländern, in denen der Risikoausgleich nicht über den Markt, sondern über den Staat oder Poollösungen stattfindet. Die Prämiensätze auf den internationalen Versicherungsmärkten sind sehr unterschiedlich. In Großbritannien betragen sie zwischen zwei und vier Promille der Gebäudeversicherungssumme,[2] in Frankreich wird ein Zuschlag von zwölf Prozent auf die Feuer-Versicherungsprämie,[3] in der Schweiz von 0,45 Promille auf die Gebäudeprämie und 0,3 Promille auf die Inhaltsprämie erhoben.[4] In Norwegen beträgt der Zuschlag 0,17 Promille der Feuerversicherungssumme.[5] Lichtenstein kalkuliert 0,45 Promille für Gebäude und 0,20 Promille für Hausrat.[6] Hierbei werden die Deckungsumfänge und die unterschiedlichen geographischen Gefährdungen in den Ländern deutlich. In den USA werden risikogerechte Prämien für Gebäude erhoben, die erst nach der Risikoeinschätzung der Gemeinde errichtet wurden, während bereits bestehende Gebäude stark subventioniert werden[7]

---

(Vgl. *Ungern-Sternberg* (2002a), S. 113). Dieses System basiert auf einer nationalen Solidarität, weil jeder Bürger ungeachtet seines Risikos eine feste Prämienrate zahlt (Vgl. *Vetters/Prettenthaler* (2002), S. 10). Somit ist die Prämienhöhe nur von den zu versichernden Werten und den im Markt differierenden Beiträgen für die Feuerversicherungsprämie abhängig. Die Prämiensätze wurden nach Gründung des Cat-Nat mehrfach deutlich angehoben. Am französischen Prämiensystem wird insbesondere kritisiert, dass sich die Prämie als Prozentsatz des Sachversicherungsbeitrages bemisst. Werden weitere Gefahren, z.B. Rohrbruch, in den Deckungsumfang des Basisvertrages integriert, so erhöht sich auch die Prämie der Katastrophendeckung (Vgl. *Ungern-Sternberg* (2002a), S. 98). *Von Ungern-Sternberg* schlägt am französischem Beispiel vor, die Prämien mit Steuern zu koppeln und die Steuererträge dem staatlichen Rückversicherer zukommen zu lassen. Hierdurch können mehr Mittel für den Zessionar generiert werden (Vgl. *Ungern-Sternberg* (2002a), S. 116).

1 Vgl. *Ebel* (1997), S. 219 f.

2 Der Trend in Großbritannien geht in Richtung einer individuellen Prämienkalkulation, um die stark gefährdeten Risiken bedarfsgerecht zu erfassen (Vgl. *Bundesanstalt für Finanzdienstleistungsaufsicht* (2003), S. 3).

3 Vgl. *Ungern-Sternberg* (2002a), S. 113.

4 In der Schweiz werden die Prämiensätze im Kanton Zürich nicht nach Risiken differenziert (Vgl. *Ebel* (1997), S. 220). Die Risikoprüfung der anderen Monopolanbieter erfolgt entsprechend den Bestimmungen in den einzelnen Kantonen. Grundsätzlich gilt, dass die Prämiensätze einheitlich gestaltet werden. Lediglich besonders gefährdete Objekte müssen einen Zuschlag aufbringen. Die Privatanbieter arbeiten ebenfalls mit fixen Prämiensätzen, die grundsätzlich höher sind als die der Monopolanstalten. Dieses wird zum einen mit fehlenden Akquisekosten der Monopolisten erklärt, zum anderen sind die Privatanbieter in Kantonen tätig, die eine höhere Gefährdung aufweisen als die Kantone der Monopolisten, sodass ein Vergleich mangels homogener Risiken nicht zulässig ist (Vgl. *Vetters/Prettenthaler* (2002), S. 12 f.).

5 Vgl. *Chmielorz/Metzger* (1995), S. 937 ff.

6 Vgl. *Bundesanstalt für Finanzdienstleistungsaufsicht* (2003), S. 4.

7 Im US-Bundesstaat Florida hat eine stark subventionierte Prämie dazu geführt, dass hurrikangefährdete Gebiete in den letzten Jahren sehr stark bebaut wurden. In diesem Beispiel führt ein solches Vorgehen zu sozialen Ungerechtigkeiten, weil in den Küstenregionen i.d.R. Menschen aus höheren Einkommensschichten leben, sodass eine Umverteilung der eher ar-

und lediglich 30-40 % der fairen Prämie aufwenden müssen. Die Prämienhöhe bemisst sich z.B. anhand der Gebäudeart. Daneben müssen die Versicherten eine Kostenpauschale von 30 USD zahlen. Für bestimmte Sicherungsmaßnahmen, die über die Minimalanforderungen des NFIP hinausgehen, werden Rabatte in Höhe von 5-45 % auf die gesamten Versicherungsprämien der Gemeindemitglieder gewährt.[1] In der spanischen Monopolversicherung wird die Prämienhöhe als prozentualer Anteil des Versicherungswertes errechnet, der mindestens demjenigen der Basisdeckung entsprechen muss, wodurch der Gefahr der adversen selection durch zu niedrig angegebene Versicherungswerte begegnet wird. Daneben enthält das spanische Gesetz zur „Consorcio de Compensacion de Seguros“ Regelungen zur Tarifierung der Risiken. Hiernach sind abgestufte Beitragssätze in z.B. in Abhängigkeit der Entfernung des Versicherungsortes zum Meer, zu Seen oder Flüssen vorgesehen. Die Prämie wird zusätzlich zur Feuerversicherung bezahlt.[2] Der türkische Versicherungspool unterscheidet 15 verschiedene Prämiensätze in Abhängigkeit von der Wohnfläche des Gebäudes, der Bauweise und der seismischen Gefahrenlage.[3] So ist die Entscheidung über die Gestaltung und Regulierung der Versicherungsprämien letztlich politischer Natur, da entschieden werden muss inwieweit Quersubventionierungen erfolgen sollen.

#### *6.3.2. Ergänzender Einsatz versicherungstechnischer Instrumente*

Als Ergänzung zur Art der Prämienkalkulation können weitere versicherungstechnische Instrumente eingesetzt werden, die eine Prämiendifferenzierung bzw. Eingriffe in die Verträge ermöglichen. Hierzu zählen Bonus-/Malus Systeme, die Nachschusspflicht der Prämien, Beitragsanpassungsklauseln oder die Begrenzung der Vertragslaufzeiten auf ein Jahr.

Bonus-/ Malus Systeme zählen zu den sogenannten experience ratings. Diese Vertragskonstellationen berücksichtigen den individuellen Schadenverlauf eines Versicherungsnehmers bei der Prämienhöhe.[4] Dies geschieht bei Schadenfreiheit in Form eines Rabatts (Bonus) bzw. in einem Versicherungsjahr mit Schadenfall durch einen Zuschlag (Malus).[5] Dadurch erfolgt die Prämiendifferenzierung ex post.[6] Bei der höheren Prämieneinstufung nach einem Schaden können mehrere

---

men Landgebiete zu den wohlhabenderen Küstenregionen stattfindet (Vgl. *Nell* (2002), S. 585).

[1] Vgl. *Vetters/Prettenthaler* (2002), S. 21.

[2] Vgl. *Chmielorz/Metzger* (1995), S. 938.

[3] Vgl. *Vetters/Prettenthaler* (2002), S. 18.

[4] Vgl. *Müller* (1999), S. 56.

[5] Vgl. *Kuon/Sticker* (1988), S. 91.

[6] Vgl. *Eisen* (1979), S. 126. Die theoretische Basis für ein Bonus-/Malus System bildet die Erfahrungstarifierung. Sie besagt, dass der individuelle Schadenverlauf mit der Zeit das Risikoverhalten des Versicherungsnehmers offenbart. Diese vergangenheitsbezogenen Informati-

Stufen übersprungen werden, um dem Schadenfall eine größere Relevanz beizumessen. Infolge dessen benötigt der Versicherungsnehmer mehrere Perioden, um den Status quo ante wieder zu erreichen. Die unterschiedliche Gewichtung von Perioden mit und ohne Schadenfall trägt der Erfahrung Rechnung, dass Elementarrisiken im Vergleich zu anderen Schäden eine geringere Häufigkeit aber einen höheren Durchschnittsschaden haben.[1] Dabei ist das Phänomen des „Bonushungers" zu beobachten. Es besagt, dass kleinere Schäden vom Versicherungsnehmer selbst gezahlt werden, um nicht in eine schlechtere Klasse zurückgestuft zu werden.[2] In den einzelnen Schadenfreiheitsstufen müssen „...spürbare bis schmerzliche Abstufungen vorhanden sein."[3] Gegen den Einsatz eines Bonus- / Malus spricht, dass dieses Instrument einer marktweiten Einführung bedarf,[4] damit die Anreizsysteme nicht durch einen Anbieterwechsel außer Kraft gesetzt werden. Hinzu kommt ein hoher administrativer Aufwand seitens der Versicherer, die bei jedem Anbieterwechsel eine Anfrage über den aktuellen Stand des Bonus-/Malus Kontos beim Vorversicherer stellen müssen.[5] Zudem wird von den Versicherungsnehmern eine Rückstufung möglicherweise als ungerecht empfunden, wenn die vorherigen Jahre schadenfrei waren. Weitere Konflikte können entstehen, wenn eine „...Gleichbehandlung von Ungleichheiten..."[6] wie in der

---

onen werden in die Zukunft extrapoliert, um entsprechende Vorhersagen über den künftigen Schadenverlauf abzuleiten. Hintergrund dieses Ansatzes ist die Annahme, dass das individuelle Risikoverhalten verschiedener Versicherter trotz gleicher objektiver Schadenursachen unterschiedlich sein kann. Die Bonus-/Malus Tarifierung ist eine Möglichkeit, Signale der Versicherungsnehmer zu berücksichtigen, um bei asymmetrischer Informationsverteilung ein höheres Effizienzniveau bei der Risikoallokation zu erreichen (Vgl. *Dimmer* (1986), S. 260 f.). Hierdurch können sowohl adverse selection als auch moral hazard verringert werden. Es werden Anreize für den Versicherungsnehmer geschaffen, Vorsorgemaßnahmen zu treffen. Für den Versicherer bietet sich die Möglichkeit, den Schadenverlauf der Versicherungsnehmer zu beobachten, sein Risiko zu erkennen und dementsprechend den Vertrag zu gestalten (Vgl. *Hellwig* (1988), S. 1074).

1 Vgl. *Brands* (1994), S. 26

2 Vgl. *Höddinghaus* (1980), S. 184.

3 *Rohlfs* (1988), S. 746.

4 Alternativ bietet sich die Einführung von Prämienrückerstattungen an. Dieses Instrument lässt die Versicherungsnehmer am Geschäfterfolg des Versicherers teilhaben. So wird er Interesse am Verlauf des eigenen Risikos entwickeln und entsprechende Vorsorgemaßnahmen tätigen (Vgl. *Rohlfs* (1988), S. 747). Die Prämienrückgewähr setzt bei schadenverlaufsabhängiger Gestaltung ähnliche Anreize wie ein Bonus-/Malus System, bietet jedoch den Vorteil, dass der Versicherer nicht auf die gleiche Instrumentenwahl in der gesamten Assekuranz angewiesen ist. Ein Nachteil besteht darin, dass die Anreize, in einem Stufensystem immer bessere Niveaus zu erreichen, innerhalb eines Bonus-/Malus Systems höher sind. Zudem besteht in der Elementarschadenversicherung das Problem, dass die Schadenfälle oftmals ein großes Ausmaß erreichen und somit viele Versicherungsperioden einem einzigen Schaden gegenübergestellt werden müssten, um eine Rückerstattung zu gewähren.

5 Vgl. *Koch/Weiss (Hrsg.)* (1994), S. 170.

6 *Helten* (1994a), S. 200.

Kraftfahrtzeug-Haftpflichtversicherung stattfindet, solange nur die Schadenhäufigkeiten und nicht die Schadenhöhen sanktioniert werden.[1]

Alternativ lassen sich die Beiträge nach dem Vertragsabschluß durch andere Instrumente anpassen. So kann eine Nachschusspflicht für Prämien in die Verträge und Satzungen der Unternehmen integriert werden. Hierdurch können die notwendigen Mittel zur Deckung des Jahresschadenbedarfs und der Kosten rückwirkend durch Nachforderungen erhöht werden. Beitragsanpassungsklauseln wirken im Gegensatz zur Nachschusspflicht für künftige Perioden. Sie dienen ebenfalls der Anpassung der Tarifprämie an veränderte Rahmenbedingungen und beinhalten i.d.R. bei der Überschreitung bestimmter Grenzwerte ein außerordentliches Kündigungsrecht der Versicherungsnehmer.[2] Den gleichen Zweck erfüllen Jahresverträge. Hier hat der Versicherer die Möglichkeit, relativ kurzfristig Änderungen vorzunehmen und im Bestand umzusetzen. Dabei können nicht nur die Prämiensätze verändert werden, auch die Versicherungsbedingungen lassen sich entsprechend anpassen.

Die Versicherer haben somit verschiedene Möglichkeiten, die Beiträge anzupassen, um entweder das individuelle Risiko der Versicherungsnehmer widerzuspiegeln oder veränderte Rahmenbedingungen in die Prämien einfließen zu lassen.

### *6.4. Flankierende Maßnahmen in der Schadenprävention und in der Nachfrage*

Neben regulierenden Eingriffen in den Versicherungsmarkt können weitere Maßnahmen die finanzielle Risikovorsorge unterstützen oder zu einer Effizienzverbesserung des Status quo beitragen. Im Mittelpunkt der Betrachtung stehen Präventionsmaßnahmen. So schlägt *Citlak* ein „Risk-Communication-Program" für Deutschland vor, innerhalb dessen Broschüren an Sacheigentümer verteilt werden, die über die Schadeneintrittswahrscheinlichkeiten von Elementargefahren und die Möglichkeiten der Prävention sowie über die Vorsorge durch Versicherungen informieren.[3] In diesem Zusammenhang werden länderübergreifende einheitliche Kriterien für die Erstellung von Gefährdungskarten gefordert,[4] die Aussagen über die Stärke und Wahrscheinlichkeit eines Ereignisses miteinander verbinden und aus denen Vorsorgemaßnahmen abgeleitet werden können.[5] Der Staat kann Normen und Verbote auferlegen, die z.B. die Nichtberücksichtigung von Bauvorschriften sanktionieren oder entsprechende Baugenehmigungen verweigern. Im Extremfall sind Landnutzungsverbote denkbar. Auf der anderen Sei-

---

[1] Vgl. *Helten* (1994a), S. 200.
[2] Vgl. *Schmidt* (1991), S. 233 sowie S. 255.
[3] Vgl. *Citlak* (2000), S. 271 ff.
[4] Vgl. *Petrow/Thieken/Kreibich* (2003), S. 45.
[5] Vgl. *Plate* (2000), S. 97 f.

te können Schadenverhütungsmaßnahmen durch Steuererleichterungen gefördert werden.[1]

Das DKKV kommt in einer empirischen Erhebung zu dem Schluss, dass die Assekuranz ihre Rolle bei der Überprüfung, Durchführung und Weiterentwicklung von schadenverhütenden Normen sowie bei der Informationsverbreitung[2] für Vorsorgemaßnahmen sehr hoch einschätzt.[3] Eine aktive Beteiligung an der Flächen- und Bauvorsorge wird hingegen abgelehnt,[4] weil solche Maßnahmen sehr kostenintensiv sind und sich deshalb für die Massensparten wenig eignen.[5] Die Beteiligung der Versicherer an der Schadenvorsorge ist international unterschiedlich. So ist in Frankreich eine Diskussionen um den Gemeinschaftsgedanken des Cat-Nat Modells entstanden. Hier ist die Solidarität des Modells durch Wirtschaftsakteure, die freiwillig in gefährdete Gebiete gezogen sind, und durch Gemeinden, die Maßnahmen der Schadenprävention unterließen, überstrapaziert worden. In diesem Zusammenhang wurde ein Gesetz zur Stärkung der Schadenvorbeugung im Jahr 1995 verabschiedet, das die staatseigene Verwaltung bevollmächtigt, Risikopräventionspläne zu erlassen oder Präventionsmaßnahmen vorzuschreiben, wenn Gemeinden diesbezüglich keine Anstrengungen unternehmen.[6] Daneben ist das Bureau Central de Tarification berechtigt, für diese Risiken die Versicherungsbedingungen enger zu gestalten.[7] Im Extremfall können bedrohte Sacheigentümer enteignet werden, wenn Gefahr für Leib und Leben droht. Dafür werden sie mit Mitteln eines eingerichteten Fonds entschädigt, der durch die Prämieneinnahmen des Cat-Nat gespeist wird.[8] Problematisch an der französischen Lösung ist, dass der Nutzen der Schadenprävention den Versicherern oder der gesamten Bevölkerung Frankreichs zu Gute kommt und die Kosten von den Steuerzahlern bzw. von einzelnen Regionen/ Gemeinden getragen wer-

---

1 Vgl. *Schmitz* (1998), S. 299.

2 Die öffentlichen Versicherer haben einen elektronischen Warndienst („WIND") entwickelt, der den Versicherungsnehmern Unwetterwarnungen per SMS, E-Mail, Fax oder Pager übermittelt. Hierzu zählen Sturm, Starkregen, Gewitter und Frost (Vgl. *Raab* (2003), S. 14 ff.).

3 Die Vermeidung von Gefahren, d.h. die Absenkung der Schadeneintrittswahrscheinlichkeit auf Null, ist kaum möglich. Jedoch können durch geeignete Maßnahmen die Schadenpotentiale verringert werden, sodass die Existenzsicherung und Gewinnerwartung der Versicherer erhöht wird. Die Möglichkeiten der Versicherungswirtschaft reichen hier von der Mitwirkung an DIN-Normen bei Bauvorschriften bis zur direkten Einflussnahme bei einem Neubau. Allerdings sind diese Maßnahmen insbesondere im Massengeschäft gegen die hierbei entstehenden Kosten abzuwiegen (Vgl. Jahn, A. (2001), S.410 ff.).

4 Hier wären Maßnahmen wie der Ankauf flussnaher Grundstücke zur Schaffung von Überschwemmungsflächen oder die Unterstützung der Kommunen beim Ausweis von Baulandflächen denkbar (Vgl. *Nell* (2002), S. 584.).

5 Vgl. *Petrow/Thieken/Kreibich et al.* (2003), S. 70.

6 Vgl. *Gardette* (1997), S. 222.

7 Vgl. *Graff* (2000), S. 195.

8 Vgl. *Gardette* (1997), S. 222.

den müssen.[1] Die spanische Monopolanstalt liefert wenig Anreize für private Präventionsleistungen,[2] da sie z.B. bei der Festlegung von Bauzonen kein Mitsprachrecht genießt. Das Prämienvolumen des Consorcio ist zu gering, um Vorsorgemaßnahmen zu finanzieren. Die für die Raumplanung zuständigen Lokal- und Regionalregierungen haben wenig Anreize, Maßnahmen durchzuführen, deren Kosten durch die Bürger getragen werden, deren Nutzen jedoch dem Consorcio zugute kommt. An dieser Stelle besteht ein moral hazard Problem.[3] In der Schweiz hingegen sind die Monopolanstalten eng in die Schadenprävention eingebunden. Die Gebäudemonopolanstalten sind teilweise für die Organisation und Finanzierung der Maßnahmen verantwortlich. Hierdurch ist der Kostenträger mit dem Nutznießer der Prävention identisch.[4] Daneben unterstützt der Elementarschadenpool Projekte zur Bewusstseinsbildung über die Schadenprävention.[5] Das „National Flood Insurance Program“ (NFIP) der USA beinhaltet Maßnahmen zur Planung und Überwachung von Siedlungsflächen, um künftige Schadenpotentiale zu minimieren. Damit die Sacheigentümer Versicherungsschutz über dieses Programm erhalten, müssen die Kommunen gewisse Qualifikationsvoraussetzungen erfüllen. Hierzu werden Gefahrenkarten erstellt, anhand derer Prämien ermittelt werden. In einem zweiten Schritt verpflichten sich die Kommunen, definierte Vorsorgemaßnahmen in Abhängigkeit ihrer Gefährdung vorzunehmen. An dieser Stelle darf die NFIP die Risikoannahme nicht mehr verweigern.[6] Obwohl die Teilnahme der Gemeinden freiwillig ist, werden Anreize gesetzt. So dürfen Bundesbehörden keine Unterstützungsleistungen für den Bau von Gebäuden oder Katastrophenhilfen geben, wenn die betreffenden Gemeinden innerhalb eines Jahres, nachdem sie als überflutungsgefährdet eingestuft wurden, nicht am Programm teilnehmen. Daneben sind Kreditinstitute dazu verpflichtet, in besonders gefährdeten Regionen eine Überschwemmungsdeckung zur Absicherung von Gebäuden zu verlangen.[7] Das NFIP schließt Neubauten in exponierten Lagen aus dem Programm aus, die nach den Vereinbarungen mit den Kommunen entstanden sind.[8]

Neben Präventionsmaßnahmen können flankierende Maßnahmen die Nachfrage für Elementarschadenzusatzdeckungen stärken. So hat der Schutz von Hypothekeninteressen[9] gegen Feuer in der Vergangenheit u.a. dazu geführt, dass die

---

1 Vgl. *Ungern-Sternberg* (2002a), S. 116 f.
2 Vgl. *Ungern-Sternberg* (1997), S. 16.
3 Vgl. *Ungern-Sternberg* (2002a), S. 79.
4 Vgl. *Ebd.*, S. 123.
5 Vgl. *Schweizerischer Versicherungs-Verband (SVV)* (2002).
6 Vgl. *Citlak* (2000), S. 260 f.
7 Vgl. *Vetters/Prettenthaler* (2002), S. 20. Diese besonders gefährdeten Bereiche werden mit einer einprozentigen Wahrscheinlichkeit pro Jahr überschwemmt.
8 Vgl. *Citlak* (2000), S. 261.
9 Schützt ein Gebäudeeigentümer sein fremdfinanziertes Haus nicht gegen Elementarschäden,

Nachfrage für Feuerversicherungsschutz sehr ausgeprägt war.[1] Banken haben von ihren Kreditkunden bisher keine Elementarschadenversicherung gefordert. Hierdurch entsteht ein erhebliches Kreditausfallrisiko durch Naturkatastrophen, weil die Geschädigten zahlungsunfähig werden und ihren Verpflichtungen nicht mehr nachkommen können. Durch den Einbezug einer Elementarschadenversicherung als Voraussetzung zum Erhalt von Kreditmitteln, können die Banken Impulse für die Nachfrage setzen und darüber hinaus zur Bau- und Flächenvorsorge beitragen.[2] Allerdings würde dieses Vorgehen nur bei neuen Risiken greifen. Banken werden zudem nur ihr Risiko abdecken wollen und somit i.d.R. nicht verlangen, dass der volle Schaden gedeckt ist.[3]

Somit kann bereits im Vorfeld eines regulierenden Eingriffs eine pareto Verbesserung im Vergleich zum status quo erreicht werden. Diese gilt insbesondere für Schadenpräventionsmaßnahmen. Aber auch die Forderungen der Hypothekargläubiger können positive Auswirkungen auf die Versicherungsmärkte haben.

## *6.5. Empirische Ergebnisse*

### *6.5.1. Einführung von Versicherungszwängen*

Wie gezeigt wurde können Zwänge für die Anbieter und für die Nachfrager ausgesprochen werden. Im Mittelpunkt steht die kontroverse Diskussion um die Einführung einer Versicherungspflicht, die nach dem vorliegenden Ergebnis von über 50 % der Versicherer abgelehnt wird. Offensichtlich hat sich das Meinungsbild der Erstversicherer auch nach den Hochwassern kaum geändert (siehe Tab. 22). Dennoch ist im Unterschied zu vergangenen Erhebungen der Anteil der Befürworter einer Pflicht im Vergleich zu Unternehmen, die keine Angaben machten, gestiegen. Trotzdem kann nicht davon gesprochen werden, dass die Assekuranz ihre ablehnende Haltung gegenüber diesem Eingriff aufgegeben hat.[4]

---

so besteht die Gefahr eines Forderungsausfalls für das Kreditinstitut. Kreditinstitute sichern ihre Forderungen i.d.R. durch sogenannte Grundpfandrechte ab. Der Schuldner verpflichtet sich, eine Wohngebäudeversicherung für sein Haus abzuschließen. Das Kreditinstitut wird als Realrechtsgläubiger beim Versicherer vermerkt, mit entsprechenden Konsequenzen für die Schadenregulierung und die Vertragsfreiheit des Versicherungsnehmers, z.B. bei Kündigungen. Die Kreditinstitute fordern in diesem Zusammenhang i.d.R. eine Feuerversicherung, da hier die Gefahr eines Totalschadens besteht. Es ist deshalb nicht ersichtlich, warum die Forderung der Kreditinstitute nicht auf Elementarschäden ausgedehnt wird. Ein solches Vorgehen hat dementsprechende Konsequenzen für die Nachfrage und die Risikowahrnehmung der Hausbesitzer (Vgl. *Petrow/Thieken/Kreibich et al.* (2003), S. 70).

1 Vgl. *Riebesell* (1948), S. 17.

2 Vgl. *Petrow/Thieken/Kreibich et al.* (2003), S. 70.

3 Vgl. *Schwarze/Wagner* (2002), S. 599.

4 Besonders interessant ist dieses Ergebnis vor dem Hintergrund einer empirischen Untersu-

Tab. 22: Einstellung der Erstversicherer zu einer Versicherungspflicht

| **Einstellung zur Versicherungs-pflicht** | **Häufigkeit** | **Anteil in Prozent** |
|---|---|---|
| Gegner | 29 | 53,7 |
| Befürworter | 18 | 33,3 |
| Keine Angaben | 7 | 13,0 |
| Gesamt | 54 | 100,0 |

Offenbar spielen für die Haltung der Assekuranz grundlegende Aspekte eine Rolle, die nicht durch kurzfristige Ereignisse beeinflusst werden. Deshalb werden in weiteren Fragen die Gründe für die Einschätzung der Versicherer ermittelt. Hierbei wird die Hypothese aufgestellt, dass diejenigen Versicherer mit einem regional begrenzten Geschäftsgebiet keine Möglichkeiten zum geographischen Risikoausgleich haben und deshalb eine Versicherungspflicht ablehnen. Wie die folgende Tabelle 23 zeigt kann diese Vermutung nicht bestätigt werden, da die Gegner einer Pflicht innerhalb der Unternehmen mit und ohne regional begrenztem Geschäftsgebiet nahezu gleich verteilt sind. Möglicherweise liegt der Grund hierfür in den hohen Marktanteilen der lokalen Anbieter in ihrem Geschäftsgebiet. Hier können unter Umständen im Vergleich zum Gesamtmarkt relativ hohe Beiträge bei einer Versicherungspflicht aufgrund von Anbieterwechselkosten und Informationsaufwendungen der Nachfrager durchgesetzt werden. Mittels des vorliegenden Materials kann diese These allerdings nicht bewertet werden, sodass an dieser Stelle ein Forschungsbedarf entsteht. Ein Einfluss der Unternehmensform auf die Präferenzen zur Versicherungspflicht ist ebenfalls nicht erkennbar.

chung aus dem Jahr 1999. Hier kam *Graff* zu dem Ergebnis, dass 53,1 % der Versicherer in der Hausratversicherung und 52 % der Versicherer in der Wohngebäudeversicherung eine Pflicht ablehnen. Vergleicht man das vorliegende Ergebnis mit dieser Arbeit und bezieht analog zu *Graff* diejenigen Unternehmen, die keine Angaben machten, in die Betrachtung ein, so zeigt sich, dass sich die Anzahl der Gegner einer Pflicht prozentual kaum verändert hat. Lediglich der Anteil derjenigen, die eine Verpflichtung begrüßen würden, hat in der aktuellen Umfrage im Vergleich zu *Graff* zugenommen (Vgl. *Graff* (2000), S. 181 ff.).

Tab. 23: Einfluss des Geschäftsgebietes auf die Einstellung zur Versicherungspflicht

| **Einstellung zur Versicherungspflicht** | **Regional begrenztes Geschäftsgebiet** | | **Gesamt** |
|---|---|---|---|
| | **Nein** | **Ja** | |
| Gegner | 17 | 12 | 29 |
| Befürworter | 11 | 7 | 18 |
| Gesamt | 28 | 19 | 47 |

Die Einflüsse auf die Einstellung der Versicherer für eine Versicherungspflicht müssen anderweitige Bestimmungsgründe haben. Wie die folgende Übersicht zeigt, haben die Hochwasser 2002 die Präferenzen entscheidend beeinflusst. So ist der Anteil der Gegner einer Versicherungspflicht bei denjenigen Versicherern, die angaben, die Fluten hätten einen stark negativen Einfluss auf ihren Jahresabschluss gehabt, mit 25 % sehr gering. Diese Versicherer erhoffen sich einen besseren Risikoausgleich durch die Versicherungspflicht. Bei den Unternehmen, die einen „negativen" oder „kaum merkbaren" Einfluss spürten, ist die Ablehnung dieses Zwanges sehr ausgeprägt. Gleiches gilt für die nicht betroffenen Versicherer, wie die folgende Tabelle zeigt. Tendenziell ist die ablehnende Haltung bei den Unternehmen geringer, die unmittelbar von den Hochwassern betroffen waren.

Tab. 24: Einfluss der Hochwasser 2002 auf die Einstellung zu einer Versicherungspflicht

| **Einstellung zur Versicherungspflicht** | **Einfluss der Flut auf die Bilanz** | | | |
|---|---|---|---|---|
| | **Stark negativ** | **Negativ** | **Kaum merkbar** | **Keine** |
| Gegner | 2 | 12 | 8 | 3 |
| Befürworter | 6 | 5 | 3 | 2 |
| Gesamt | 8 | 17 | 11 | 5 |

Neben diesen kurzfristigen Parametern beeinflussen grundsätzliche Einflussgrößen die Haltung der Unternehmen. Die Gegner einer Versicherungspflicht wurden gebeten, die Argumente für ihre ablehnende Haltung auf einer Skala von eins (ausschlaggebend) bis vier (unbedeutend) zu bewerten. Es ergibt sich folgendes Bild.

Tab. 25: Bestimmungsgründe für die Ablehnung einer Versicherungspflicht[1]

| | **Mittelwert** | **Standardabweichung** |
|---|---|---|
| **Fehlende Verfassungskonformität[2]** | 2,83 | 1,002 |
| **Sozialisierung der Schäden und Prämien** | 2,06 | 0,854 |
| **Steigende Kumulgefahr[3]** | 1,84 | 0,688 |
| **Mangelnde Gewährleistung der Tragfähigkeit der Schäden** | 2,19 | 0,792 |
| **Unterlassung weiterer Schutzmaßnahmen** | 1,44 | 0,619 |
| **Entstehen von Wettbewerbsverzerrungen** | 2,32 | 0,909 |
| **Ablehnung aus ordnungspolitischen Gründen** | 2,58 | 0,923 |
| **Keine Gewährleistung der Finanzierbarkeit der hochexponierten Risiken ohne staatliche Hilfe** | 2,13 | 0,885 |
| **Geminderte Innovationskraft der Assekuranz** | 2,61 | 0,715 |
| **Entstehen zusätzliche Kosten** | 2,97 | 0,875 |

Die Gefahr unterlassener Schadenverhütungsmaßnahmen werten die Versicherer am stärksten, gefolgt von einer steigenden Kumulgefahr. Auffällig ist, dass beide Argumente die geringsten Mittelwerte sowie Streuungen aufweisen und von keinem Versicherer unbedeutend bewertet werden. Daneben werden die Prämienso-

---

[1] Die Anzahl der auf diese Frage antwortenden Unternehmen liegt über der Zahl derjenigen, die einer Versicherungspflicht ablehnend gegenüberstanden, weil hierauf auch drei Unternehmen antworteten, die keine Einschätzung über ihre Haltung zu einer Versicherungspflicht mitteilten.

[2] Zwei Unternehmen machen keine Angaben zur Einschätzung einer Verfassungskonformität, da diese von der konkreten Ausgestaltung einer Pflichtversicherung abhängig sei. Gleiches gilt für die Tragfähigkeit der Schäden seitens der Assekuranz.

[3] Das Notenspektrum wird nur von 1 bis 3 ausgeschöpft. Gleiches gilt für die Antwort „Unterlassung weiterer Schutzmaßnahmen".

zialisierung, die Finanzierbarkeit der hochexponierten Risiken, die Tragfähigkeit der Schäden und das Entstehen von Wettbewerbsverzerrungen als wichtige Argumente für die Einschätzung der Versicherer klassifiziert. Auf der anderen Seite werden die Verfassungskonformität einer Versicherungspflicht und die entstehenden zusätzlichen Kosten am wenigsten stark gewichtet. Dies sind offensichtlich Gründe, die nicht in den Handlungsbereich des Versicherers fallen oder auf die Versicherungsnehmer umgewälzt werden können und damit für alle Versicherer gleichermaßen gelten.

Weiterhin wird außerhalb der vorgefertigten Argumente angeführt, dass eine Versicherungspflicht gegen den „gesunden Marktmechanismus" verstoße. Zudem wird vermutet, dass diese Regulierung zu steigenden Preisen führt. Diese Einschätzung wird mit einem steigenden Anspruchsverhalten der Versicherungsnehmer bei einem Zwang und mit einem ebenfalls höheren Kontrollaufwand begründet. Ein Unternehmen nennt als Beispiel für seine ablehnende Haltung zur Versicherungspflicht die aktuelle Situation in den Sozialversicherungen. Deshalb wird von dieser Seite aus vorgeschlagen, die Umverteilung der Gelder besser über ein Steuersystem vorzunehmen. Neben den Argumenten, die gegen die Marktregulierung angeführt werden, wurden die Befürworter einer Versicherungspflicht gebeten, die Gründe für ihre Haltung mitzuteilen.[1] (Siehe Tabelle 26).

Hier ist eine große Mehrheit der Befürworter der Auffassung, durch eine Versicherungspflicht könne ein großes Risikokollektiv gebildet und eine bessere Mischung der Risiken ermöglicht werden. Auffällig ist, dass betriebswirtschaftliche oder vertriebliche Aspekte wie eine Steigerung der Erträge bzw. der Markanteile oder die Verbesserung der Verhandlungsposition gegenüber Rückversicherern nur bei wenigen Unternehmen die Einstellung zu dieser Regulierung beeinflussen. Als Argument gegen die Aussicht auf steigende Marktanteile wird angeführt, dass alle Unternehmen von einer Versicherungspflicht profitieren und deshalb keine Chance auf Realisation von Marktanteilsgewinnen besteht. Eine Senkung der Kumulgefahr wird von 75 % der Unternehmen nicht gesehen, im Gegenteil wird vermutet, dass die Kumulgefahr eher steigt. Neben diesen Vorteilen wird weiter argumentiert, dass die Gefahr der Antiselektion vermieden wird.

[1] Auf eine Skalierung der Argumente wurde verzichtet, weil auf betrieblicher Ebene die Contra-Argumentation im Vordergrund steht.

Tab. 26: Argumente für die Einführung einer Versicherungspflicht

| **Argument** | **Anteil der zustimmenden Versicherer in Prozent** |
|---|---|
| Steigerung der Erträge | 16 |
| Steigerung der Marktanteile | 32 |
| Bildung eines großen Risikokollektivs | 88 |
| Bessere Mischung der Risiken | 80 |
| Steigerung der Kundenbindung | 56 |
| Steigerung der Verhandlungsbasis gegenüber den Rückversicherern | 32 |
| Senkung der Kumulgefahr | 28 |

Nach Auffassung der Assekuranz wird es trotz Einführung einer Versicherungspflicht nicht möglich sein, sämtliche Schäden aus Naturkatastrophen über Versicherungsmärkte zu decken. Dennoch wird nicht bezweifelt, dass ohne den gesetzlichen Druck einer Versicherungspflicht und einer damit verbundenen Quersubventionierung der Risiken keine versicherungstechnische Lösung für hochgefährdete Risiken entsteht. Gleichwohl wird tendenziell damit gerechnet, dass die Prämiensätze eher steigen und die Prämiendifferenzierung nicht zunehmen wird. *Citlak* vertritt in ihrer Arbeit die Auffassung, dass eine Versicherungspflicht für Elementarrisiken zu einer Beitragssenkung führt und damit „...einkommensschwachen Nachfrager[n] zugute käme..“[1]. Diese Auffassung kann nicht geteilt werden. Zum einen ist bisher ungeklärt, ob für geringe Risiken tatsächlich die Beiträge gesenkt werden. Zum anderen müssten auch einkommensschwache Sacheigentümer, die in gering gefährdeten oder gar ungefährdeten Regionen leben, für die Prämien aufkommen. Die einkommensschwachen Sacheigentümer würden zwar in gefährdeten Lagen tatsächlich entlastet, aber auf Kosten derjenigen, die in weniger gefährdeten Bereichen leben, worunter wiederum auch einkommensschwache Haushalte fallen.

Darüber hinaus ist festzulegen, welchen Umfang ein Zwang haben soll. So sieht jedes zweite Unternehmen eine obligatorische Deckungserweiterung als wünschenswerte Lösung an. 25 % der Versicherer sprechen sich hingegen für eine Einbeziehung derjenigen Risiken aus, die keine Grunddeckung abgeschlossen

---

[1] *Citlak* (2000), S. 258.

haben. Hierdurch entstehen die skizzierten negativen Folgeeffekte für die Basisversicherungen.[1] Die gleiche Anzahl möchte eine Versicherungspflicht ausschließlich für die (bisher) nicht versicherbaren Risiken (Siehe Tabelle 27). Ob eine solche Lösung allerdings ohne intensive flankierende Maßnahmen umsetzbar wäre, muss bezweifelt werden, da im Verlauf der bisherigen Ausführungen deutlich wurde, dass es innerhalb der Kumulzonen keinen Risikoausgleich gibt.

Tab. 27: Gestaltung der Versicherungspflicht auf der Nachfrageseite

| **Antworten** | **Häufigkeit** | **Anteil in Prozent** |
|---|---|---|
| Auch für Risiken ohne Basisdeckung | 12 | 25,0 |
| Ausschließlich für nicht versicherbare Risiken | 12 | 25,0 |
| Obligatorische Haftungserweiterung | 24 | 50,0 |
| Gesamt | 48 | 100,0 |

Unabhängig von der Wahl einer Versicherungspflicht ist festzulegen, ob die Versicherer auch bei einem Zwang die Möglichkeit erhalten sollen, Risiken abzulehnen.[2] Lediglich 6,5 % der Unternehmen sind der Auffassung, die Versicherer sollten keine Möglichkeit erhalten, Risiken abzulehnen (Siehe Anlage 9). Die übrigen Unternehmen wünschen unterschiedliche Optionen für bestimmte Wagnisse. Hierbei überwiegt die Möglichkeit, für sämtliche der diskutierten Gründe eine Ablehnungsmöglichkeit ergreifen zu können. Als Gründe werden genannt, dass Risiken auch in den Basisdeckungen (z.B. der Wohngebäudeversicherung) keinen Versicherungsschutz erhalten, dass die Kapazitäten des Versicherers durch die Risikoübernahme überschritten werden (z.B. bei Industrierisiken) oder dass die Kumulgefahr zu hoch wird.

So hat sich zusammenfassend das Meinungsbild der Versicherer gegenüber der Einführung einer Versicherungspflicht kaum verändert. Während die Regionalität des Geschäftsgebietes wenig Einfluss auf die Einstellung hat, ist die Haltung der Befürworter entscheidend vom Einfluss der Hochwasser 2002 auf den Jahresabschluss geprägt. Die Unterlassung weiterer Schadenverhütungsmaßnahmen und eine steigende Kumulgefahr sind die Hauptargumente der Gegner, während

---

1 Dies könnte z.B. durch die Deckung stark gefährdeter Sturmrisiken, die zu einer höheren Schadenlast führen, geschehen.

2 Auf eine empirische Analyse zum Kontrahierungszwang wurde verzichtet, weil es an dieser Stelle unmittelbare Überschneidungen zu den Möglichkeiten der Risikoablehnung gibt.

die Befürworter die Bildung eines großen Risikokollektivs in den Mittelpunkt ihrer Wahl stellen. Für den Fall, dass ein Zwang ausgeübt wird, sprechen sich die Unternehmen für eine obligatorische Deckungserweiterung aus, die einer echten Versicherungspflicht auch für Risiken ohne Grunddeckung vorgezogen wird. Ein Obligatorium ist die kostengünstige Möglichkeit zur Effizienzverbesserung auf den Märkten. Aufgrund entsprechender Folgewirkungen für die Versicherer werden aus Sicht der Assekuranz Ausnahmeregelungen präferiert, die den Nutzen eines solchen Zwangs negativ beeinflussen.

### *6.5.2. Organisation der Risikoträgerschaft*

Mit der Risikoträgerschaft steht und fällt die Dauerhaftigkeit eines Modells.[1] Der GDV fordert in diesem Zusammenhang einen gesamtgesellschaftlichen Konsens und die Bereitstellung ausreichender staatlicher Kapazitäten für den Teil der Risiken, der die Tragfähigkeit der Assekuranz übersteigt.[2] Im Folgenden werden empirische Ergebnisse zu Finanzierungsalternativen für die Entschädigung von Naturkatastrophen beschrieben, bevor die Präferenzen für verschiedene Risikoträgerschaften dargestellt werden. Vor dem Hintergrund der verschiedenen Modellansätze einer staatlichen Regulierung wurden die Unternehmen gebeten, eine grundsätzliche Aussage darüber zu treffen, welche Gestaltungsform sie bevorzugen. Die Antworten zeigt die folgende Tabelle.

---

[1] Dass hierzu ein ausgewogenes Konzept notwendig ist, zeigt das Beispiel der USA, wo die NFIP bei der unabhängigen Bundesbehörde „Federal Emergency Management Agency (FEMA)“ mit 800 Mio. USD verschuldet ist (Vgl. *Citlak* (2000), S. 261).

[2] Vgl. *Gesamtverband der Deutschen Versicherungswirtschaft e.V. (GDV) (Hrsg.)* (2003), S. 25 f. Neben einem regulierenden Markteingriff für die Bundesrepublik ist ein Europamodell denkbar, das einen breiteren Spielraum für den geographischen Risikoausgleich ermöglicht (Vgl. *Frey* (1965), S. 257 f.). Vor dem Hintergrund der kontrovers geführten nationalen Diskussion und den verschiedensten europaweiten Modellen mit ihren differenzierten nationalen Gefährdungslagen wird an dieser Stelle auf eine solche Konstruktion verzichtet.

Tab. 28: Die bevorzugte Risikoträgerschaft der Erstversicherer

| Antworten | Häufigkeit | Anteil in Prozent |
|---|---|---|
| Ausschließlich Steuermittel | 3 | 6,5 |
| Bisheriges Mischsystem | 2 | 4,3 |
| Nationaler Katastrophenfonds | 3 | 6,5 |
| Assekuranz ohne staatliche Unterstützung | 8 | 17,4 |
| Modell mit Staat und Assekuranz | 24 | 52,2 |
| Selbstverpflichtungsabkommen zwischen Staat und Versicherungswirtschaft | 4 | 8,7 |
| Sonstige | 2 | 4,3 |
| Gesamt | 46 | 100,0 |

Jedes zweite Unternehmen gibt einen Regulierungsmodell den Vorzug, bei dem sowohl die Assekuranz als auch der Staat Risiken tragen. Dies entspricht der Position des GDV.[1] Ergänzt wird diese Wahl bei zwei Versicherern durch den Wunsch paralleler umfangreicher Schadenverhütungsmaßnahmen seitens der öffentlichen Hand. Ein weiteres Unternehmen sieht alternativ die Vereinbarung eines Selbstverpflichtungsabkommens zwischen dem Staat, der umfangreich Schadenverhütungsmaßnahmen durchführt, und der Assekuranz, die flächendeckenden Versicherungsschutz anbietet. Diese Art des Eingriffs wird von weiteren vier Unternehmen (8,7 %) präferiert und gilt darüber hinaus auch für einen Versicherer als Alternative für die Bildung eines nationalen Katastrophenfonds, die dieser Versicherer gemeinsam mit zwei anderen (6,5 %) grundsätzlich bevorzugt. Die gleiche Anzahl wünscht die Regulierung durch Steuermittel.[2] Acht Unternehmen (17,4 %) fordern eine Entschädigung durch die Assekuranz ohne weitere staatliche Eingriffe. Eines dieser Versicherer kann sich alternativ ein Selbstverpflichtungsabkommen vorstellen. Die bisher gültige Regulierungsform als ein Mischsystem aus staatlichen Ad-hoc-Maßnahmen und privatem Versicherungs-

---

[1] Die Versicherungswirtschaft sieht nach Angaben ihres Verbandspräsidenten die Zuständigkeit für die Lösung gesamtgesellschaftlicher Fragen, zu denen auch Strategien des Umgangs mit Naturgewalten zählen, als arbeitsteilige Aufgabe zwischen dem Staat, der Wirtschaft und den Individuen (Vgl. *Michaels* (2002), S. 48).

[2] Dies könnte das Ende eines Angebotes an privatem Versicherungsschutz bedeuten.

schutz favorisieren nur 4,4 % der Versicherer für die Zukunft. Zwei Unternehmen haben eigene Vorstellungen. So möchte ein Versicherer die Risiken auf sämtliche Hausbesitzer, die Versicherer und den Staat verteilen und als Maßstab für die Risikotragung die individuelle Risikosituation der Gebäude heranziehen. Das andere Unternehmen zieht eine Pflichtversicherung wie bei den früheren Monopolanstalten vor.

Die Organisation eines Teils oder der gesamten Risiken über privatwirtschaftliche Haftungsmodelle kann auf verschiedene Arten erfolgen. Eine Möglichkeit stellt ein Versicherungspool dar, für den die deutschen Erstversicherer kein einheitliches Meinungsbild haben. Fast 45 % der Unternehmen sprechen sich für diese Form der Risikoteilung aus, wobei mehr als 2/3 dieser Versicherer eine Poolung nur für die (bisher) nicht versicherbaren Risiken wünschen (Siehe Tabelle 29). Unter den Befürwortern eines Pools ist der Anteil der Unternehmen mit regional begrenztem Geschäftsgebiet überproportional hoch.[1] Dies unterstützt die Hypothese, dass eine Poolung insbesondere von diesen Unternehmen aufgrund der Möglichkeit einer geographischen Risikodiversifikation bevorzugt wird.

Tab. 29: Sollte ein Versicherungspool gebildet werden?

| **Antworten** | **Häufigkeit** | **Prozente** |
|---|---|---|
| Nein | 26 | 55,3 |
| Ja, mit sämtlichen Risiken | 6 | 12,8 |
| Ja, mit nicht versicherbaren Risiken | 15 | 31,9 |
| Gesamt | 47 | 100,0 |

Diejenigen Unternehmen, die eine Poolung ablehnen, begründen dies u.a. mit hohen administrativen Aufwendungen. Zudem wird eine solche Lösung eher für industrielle Risiken gesehen als für das Massengeschäft.

Auch bei der Organisation eines Haftungsmodells durch beide Risikoträger gibt es alternative Optionen. Anhand der folgenden Tabelle wird deutlich, dass die Unternehmen mehrheitlich für die Ausdehnung der Rückversicherungskapazitäten sind.

---

[1] Insgesamt beträgt der Anteil der Unternehmen mit regional begrenztem Geschäftsgebiet an der Beantwortung dieser Frage 40 %. Der Anteil dieser Unternehmen unter den Befürwortern einer Poolung beträgt hingegen 52 %.

Tab. 30: Wie soll die Rückversicherung in einem Modell gestaltet werden?

| **Antworten** | **Häufigkeit** | **Prozente** |
|---|---|---|
| Wie bisher | 16 | 34,0 |
| Kapazitätsausweitung mit staatlichen Mitteln | 21 | 44,7 |
| Gründung eines staatlichen Rückversicherers | 4 | 8,5 |
| Elementarschadenversicherer analog Extremus | 6 | 12,8 |
| Gesamt | 47 | 100,0 |

Für die Rückversicherung eines Modells wird eine Ausdehnung der Haftung mit staatlichen Mitteln für die Kapazitäten gewünscht, die das Angebot der internationalen Rückversicherungsmärkte übersteigen. Diese Lösung, z.B. in Form einer Cat-XL Deckung, wird gegenüber der Gründung eines eigenen staatlichen Rückversicherers, der als Wettbewerber zu den internationalen Märkten auftritt, vorgezogen. Begründet wird dies mit dem hohem administrativen Aufwand eines staatlichen Rückversicherers. Auch die Gründung eines Elementarschadenversicherers analog „Extremus", an den sämtliche Risiken abgegeben werden, wird nur von ca. jedem achten Versicherer favorisiert. Ein Unternehmen begründet seine kritische Haltung hierzu damit, dass der Terrorversicherer nur „holperig" laufe und die Versicherung von Einzelrisiken gegen Terrorismusschäden nicht zum Massengeschäft der Elementargefahren (zumindest für die privaten Versicherungszweige) passe.

Die bisherige Lösung wird von Seiten der Versicherungswirtschaft nicht bevorzugt. Insgesamt wollen über 80 % der Unternehmen eine Beteiligung der Versicherer an einer Schadenregulierung von Naturereignissen und mehrheitlich eine Haftungsbeteiligung des Staates. Ein Versicherungspool kommt nach überwiegender Auffassung der Unternehmen nicht in Betracht und wenn doch, dann nur für die nicht versicherbaren Risiken. Eine staatliche Ausweitung der Rückversicherungskapazitäten wird hingegen von knapp 2/3 der Unternehmen gewünscht, wobei eine Kapazitätsausweitung ergänzende zu den vorhanden Diversifikationsmöglichkeiten auf den internationalen Märkten bevorzugt wird.

### *6.5.3. Ausgestaltung des Versicherungsschutzes*

Die Präferenzen der Erstversicherer für den Umfang des Versicherungsschutzes werden ebenfalls empirisch untersucht. Bei den versicherten Gefahren, die in das Modell integriert sein sollen, zeigt sich, dass die Hälfte der Unternehmen den

Umfang der bisherigen Basisversicherungsverträge bevorzugt. Allerdings ist die Vertragsgestaltung der Versicherer unterschiedlich, wie im vierten Kapitel gezeigt wurde. Trotzdem bedeutet dies, dass Überschwemmungen und Erdbeben in den Deckungsumfang integriert werden sollen. Hierdurch ist bereits ein erhebliches Schadenpotential gedeckt. Mehr als ein Viertel der Versicherer wünscht die ausschließliche Integration der bisher nicht versicherbaren Gefahren, z.B. Sturmfluten. Im Umkehrschluss bedeutet dies, dass für die übrigen Gefahren weiterhin das bisherige Angebot auf den Märkten bestehen bleibt. Lediglich 17,8 % sehen die Gefahren der Zusatzdeckung, für die bisher nicht sämtliche Risiken einen Versicherungsschutz erhalten (z.B. in ZÜRS Zone 3), als Umfang des Versicherungsschutzes in einem Modell an (Siehe Tabelle 31).

Tab. 31: Versicherte Gefahren des Modells

| Antworten | Häufigkeit | Prozente |
|---|---|---|
| Gefahren mit eingeschränkter Versicherbarkeit | 8 | 17,8 |
| Sämtliche unversicherbaren Gefahren | 12 | 26,7 |
| Gemäß bisheriger Zusatzdeckung | 25 | 55,6 |
| Gesamt | 45 | 100,0 |

Ein eindeutigeres Meinungsbild ergibt sich bei der Frage, ob die Sturmgefahr in den Umfang der Elementardeckung einbezogen wird, wie das folgende Ergebnis verdeutlicht. Mit 36 Versicherern (76,1 %) sind die Unternehmen mehrheitlich gegen eine Integration von Stürmen in die Elementarschadendeckung. Begründet wird diese Entscheidung mit der „sehr gut“ funktionierenden und „stabilen“ privatwirtschaftlichen Lösung, die sich im Lauf der Jahre bewährt hat. Dieser Markt ist durch eine hohe Bedarfsdichte und ein ausgeglichenes Risikokollektiv mit bewährter Tarifierung gekennzeichnet. So sehen die Unternehmen trotz einer hohen Volatilität der Schäden keine Probleme für die Deckung. Außerdem ist nahezu jedes Risiko versicherbar. Letztlich besteht durch die Bündelung mit weiteren Elementarrisiken die Gefahr, Probleme der bisherigen Zusatzdeckung auf die Sturmversicherung zu übertragen. Der Elementarschadenversicherung liegen nach Aussage der Unternehmen andere Kriterien der Risikobeurteilung zugrunde als der Sturmdeckung, deshalb würden verschiedene Kalkulationsgrundlagen in einem Versicherungszweig vermengt. Aus versicherungstechnischen Gründen wird gleichwohl vermutet, dass eine solche Regulierungsmaßnahme (mit entsprechenden Änderungskündigungen) negative Auswirkungen auf die Bestandsqualität und -festigkeit haben könnte. Der technische und verwaltungsmäßige Aufwand bei der Trennung der Gefahren Sturm und Hagel aus den Basisdeckungen wäre immens hoch, da diese Gefahren überwiegend Bestandteil verbundener Deckungen sind. Neben wirtschaftlichen und vertrieblichen Problemen wird auch die Rechtssituation eines solchen Vorgehens kritisch betrachtet. In Verbindung mit einer Versicherungspflicht würde es durch die Deckung schadenanfälliger Sturmwagnisse zu einer steigenden moral hazard Gefahr kommen. Zudem wird vermutet, dass eine Integration der Sturmgefahr in die Zusatzversicherung von den Versicherungsnehmern nicht befürwortet und darüber hinaus zu „teuer" wird. Ein Unternehmen sieht zudem die Gefahr eines Bestandsverlustes durch diese „unpopuläre" Maßnahme. Letztlich wird kein Regulierungsbedarf innerhalb dieses funktionierenden Marktes der Sturm- und Hageldeckungen gesehen. Im Gegenteil könnte eine „Verwässerung" verschiedener Versicherungszweige betrieben werden. Letztlich ist bei Stürmen eine vollständige Versicherbarkeit gegeben ist, die nur im Einzelfall objekt- und nicht zonierungsabhängig eingeschränkt wird.

Die Befürworter einer Integration der Sturmversicherung argumentieren damit, dass Stürme auch eine Elementargefahr darstellen, die deshalb in die Deckung integriert werden müssten. Kritisch wird das Schadenpotential von Stürmen in der Zukunft betrachtet, das schon heute durch sogenannte Jahrhundertereignisse wie den Wintersturm „Lothar" gekennzeichnet ist. Dieses Argument sehen im Übrigen auch die Gegner einer Integration der Sturmgefahr. Aus veränderten klimatischen Rahmenbedingungen leitet ein Unternehmen ab, dass durch künftige Schadenereignisse ein Teil der Risiken analog der Elementardeckung nicht mehr über den bisherigen Erstversicherungsmarkt gedeckt werden könne. Als Chance einer Integration wird gesehen, dass eine höhere Versicherungsdichte in der Elementarschadenzusatzdeckung erreicht werden könnte und deren Akzeptanz beim Versicherungsnehmer steigen würde. Gleichwohl könnte ggf. eine negative Risikoselektion gemindert werden, wenn eine entsprechende Gefahr bestünde. Ein Unternehmen sieht durch diese Gefahrenbündelung den Vorteil, die Ergebnisse glätten zu können. Als Alternative zu einer starren Gefahrenbündelung nennt ein Versicherer die Möglichkeit, Selektionsoptionen für einzelne Gefahren in die Zusatzdeckung zu integrieren und damit dem Versicherungsnehmer weiterhin Wahlmöglichkeiten zu offerieren.

Neben den integrierten Gefahren wird der Deckungsumfang durch die eingeschlossenen Sachgüter und Wagnisse bestimmt. Wie bei der Analyse des Versicherungsangebotes für Elementarrisiken gezeigt wurde, besteht die Möglichkeit, Risiken von Privatpersonen (Hausrat und Wohngebäude) als auch gewerbliche bzw. industrielle Risiken (Gebäude, Inhalt, Betriebsunterbrechung) gegen Naturgefahren abzusichern. Vor diesem Hintergrund wurden die Unternehmen gefragt, welche Personenkreise in das Modell integriert werden sollen.

Abb. 2: Zu versichernde Sacheigentümer

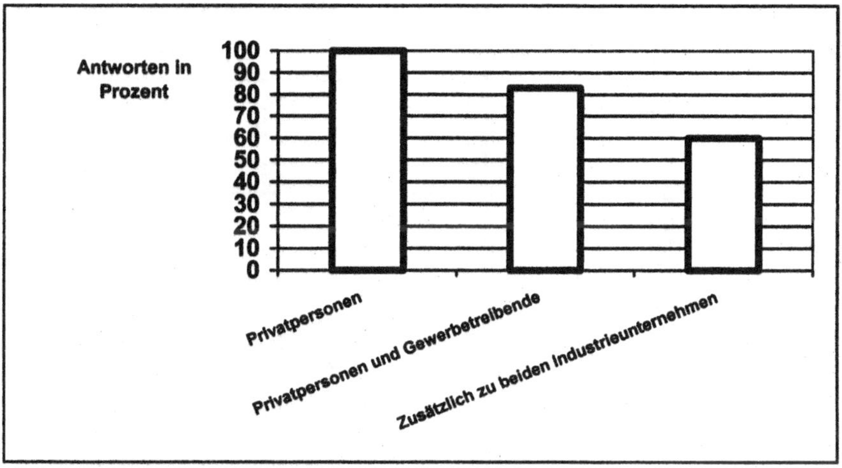


Aus den gewonnenen Antworten (Siehe Abb. 2) wird deutlich, dass von Seiten der Assekuranz ein möglichst breiter Personenkreis berücksichtigt werden sollte. So möchten 59,6 % der Unternehmen die Einbindung der Privatpersonen, Gewerbetreibenden und Industrieunternehmen. Ohne letztere favorisieren 23,4 % der Unternehmen eine Lösung. Lediglich 17 % wünschen, dass der staatliche Eingriff auf private Risiken beschränkt bleibt. Ergänzend hierzu ist der Deckungsumfang zu bestimmen. Hierfür gibt es drei Ansatzpunkte: Erstens die Versicherung von Gebäuden, zweitens die Versicherung des Inhaltes und drittens die Versicherung der Betriebsunterbrechung. Diese drei Gestaltungsmöglichkeiten bestimmen den Haftungsumfang der Deckung. Offensichtlich zeigt sich hier ein ähnliches Bild wie bei den zu versichernden Personenkreisen, wie die folgende Abbildung zeigt.

Abb. 3: Zu integrierender Deckungsumfang

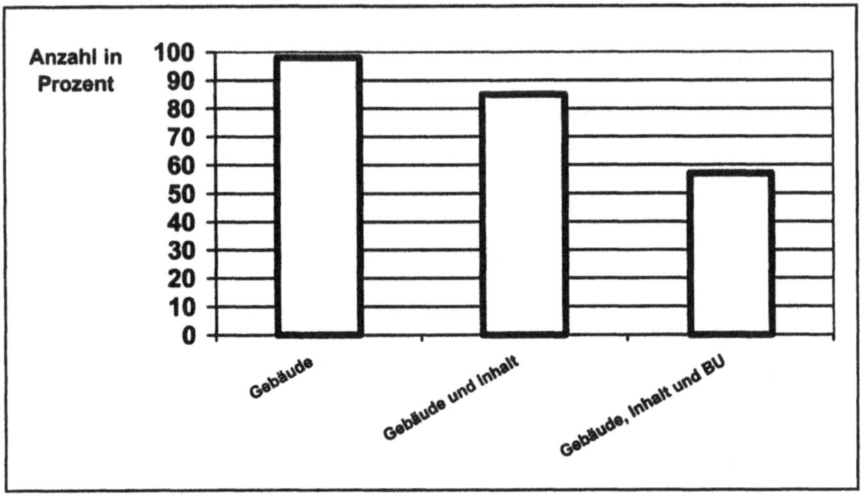


Die maximale Ausdehnung des Versicherungsumfanges auf Schäden am Gebäude und deren Inhalt sowie durch eine Betriebsunterbrechung wünschen 57,4 % der Versicherer, während 27,7 % die Betriebsunterbrechungsversicherung von diesem Deckungsumfang ausschließen möchten. 12,8 % favorisieren nur den Einschluss von Gebäuden.

Wie gezeigt wurde, ist die Beschränkung des Versicherungsfalls auf außergewöhnliche Ereignisse und die Integration von Haftungslimitierungen entscheidend für den Deckungsumfang der Versicherung. Die Beschränkung des Versicherungsfalls ist ein geeignetes Mittel, um Anreize zur Vorsorge zu setzen und regelmäßig wiederkehrende Ereignisse aus dem Deckungsumfang auszuschließen. Allerdings sind hiermit eine Reihe von Problemen verbunden. Letzteres ist offensichtlich auch der ausschlaggebende Grund dafür, dass knapp 75 % der Versicherer einer Beschränkung des Versicherungsfalls auf außergewöhnliche Naturkatastrophen ablehnend gegenüberstehen (Siehe Tabelle 32).

Tab. 32: Definition des Versicherungsfalls

| Antworten | Häufigkeit | Gültige Prozente |
|---|---|---|
| Nur außergewöhnliche Ereignisse | 12 | 25,5 |
| Definierte Versicherungsfälle analog der allgemeinen Versicherungsbedingungen | 35 | 74,5 |
| Gesamt | 47 | 100,0 |

Positiver ist das Gesamtbild bei der Integration von Jahreshöchstentschädigungen (Tabelle 33). Hierfür sprechen sich mehr als 75 % der Versicherer aus. Eine Limitierung der Entschädigung für den einzelnen Versicherungsnehmer wird gegenüber der Haftungsbegrenzung für einzelne Schadenereignisse leicht bevorzugt. Offensichtlich spielen Präventionsaspekte eine Rolle, weil die Versicherungsnehmer durch Haftungslimitierungen (analog zu Selbstbeteiligungen) dazu animiert werden, Schadenverhütungsmaßnahmen zu ergreifen. Haftungslimite pro Ereignis eröffnen diese Möglichkeit nicht, weil sie sehr abstrakt sind, von den Versicherungsnehmern nicht wahrgenommen und in Präventionsaktivitäten umgesetzt werden.

Tab. 33: Integration von Jahreshöchstentschädigungen

| Antworten | Häufigkeit | Prozente |
|---|---|---|
| Nein | 11 | 23,4 |
| Pro Versicherungsnehmer/ Vertrag | 15 | 31,9 |
| Pro Schadenereignis | 12 | 25,5 |
| Für die gesamte Assekuranz | 8 | 17,0 |
| Alle Limite | 1 | 2,1 |
| Gesamt | 47 | 100,0 |

Bei der Gestaltung der Selbstbehalte bevorzugen die Versicherer zwei Vorgehensweisen: Zum einen die Vereinbarung von festen Selbstbeteiligungen in Abhängigkeit zur Versicherungssumme oder Schadenhöhe, zum anderen eine nach Risikoklassen bzw. -höhen differenzierte Beteiligung der Versicherungsnehmer

(Siehe Tabelle 34). Dies spiegelt auch die Ergebnisse zu den bisher gewählten Selbstbeteiligungsformen der Versicherer wider, sodass davon ausgegangen werden kann, dass die Unternehmenspräferenzen bereits heute im Markt durchgesetzt werden.

Tab. 34: Gestaltung der Selbstbehalte

| **Gestaltung der Selbstbeteiligung** | **Häufigkeit** | **Prozente** |
|---|---|---|
| Nach Risikohöhe/ -klasse | 16 | 34,0 |
| Nach Gefahrenart | 4 | 8,5 |
| Fester SB in Abhängigkeit von VSU oder Schaden | 21 | 44,7 |
| Sowohl nach Risikoklasse/-höhe als nach Gefahrenart | 6 | 12,8 |
| Gesamt | 47 | 100,0 |

Zusammenfassend wünschen die Versicherer einen möglichst umfangreichen Deckungsumfang mit zu versichernden Sacheigentümern und Wagnissen. Andererseits wird die Integration von Selbstbeteiligungen und Limitierungen ebenfalls favorisiert. Lediglich die Beschränkung des Versicherungsfalls auf außergewöhnliche Ereignisse wird abgelehnt. Gleiches gilt für die Integration von Stürmen. Im Gegensatz dazu herrscht kein einheitliches Meinungsbild bei den übrigen zu versichernden Gefahren, wenngleich die Mehrheit der Unternehmen hier den Umfang der bisherigen Zusatzdeckung in ein Modell integrieren möchte.

### *6.5.4. Gestaltung der Prämie*

Die Unternehmenspräferenzen für die Gestaltung der Prämiensätze sind eindeutig (Siehe Anhang 10). Die Versicherer sind für die Abstufung der Prämiensätze entsprechend der individuellen Risikoklassen (87,2 %). Lediglich sechs Unternehmen (12,8 %) wünschen eine Fixierung der Beiträge. Diese risikogerechten Prämiensätze werden, wenn es nach den Vorstellungen der Unternehmen geht, durch Beitragsanpassungsklauseln ergänzt (Abb. 4). Daneben wünscht jeder zweite Versicherer die Begrenzung der Vertragsdauer auf ein Jahr, um relativ kurzfristig Änderungen vornehmen zu können, falls neue Erkenntnisse oder Kumulschäden ein Eingreifen erforderlich machen. Die Integration von Bonus-/

Malus Systemen oder eine Nachschusspflicht wird nur von jedem fünften Versicherer gewählt.[1]

Abb. 4: Einsatz weiterer versicherungstechnischer Instrumente

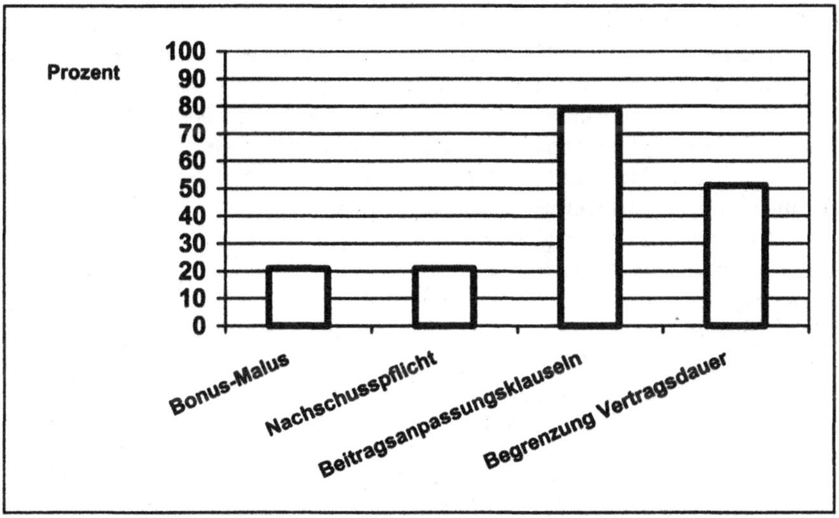


Neben risikodifferenzierten Prämien werden somit von den Versicherern weitere Regulative gefordert, wobei sich zeigt, dass den bekannten Instrumenten wie Beitragsanpassungsklauseln und kurzen Vertragslaufzeiten der Vorzug gegenüber den Instrumenten gegeben wird, die in den untersuchten Sachversicherungszweigen bisher keine Anwendung finden. Das begründet ein Versicherer mit fehlenden Erfahrungen auf diesem Gebiet.

---

[1] Hierbei war zu erwarten, dass der Anteil der VVaG an den Unternehmen, die eine Nachschusspflicht integrieren möchten, besonders hoch ist, weil dieses Instrument in den Satzungen der Versicherungsvereine stark verbreitet ist. Dies ist jedoch nicht der Fall. Zwar liegt der Anteil der VVaG etwas über deren Gesamtanteil an den Antworten, dennoch ist jedes zweite Unternehmen, das für den Einsatz dieses Instruments ist, eine Aktiengesellschaft, während der Anteil der VVaG 30% beträgt.

## *6.6. Würdigung der Eingriffsmöglichkeiten entsprechend der Referenzkriterien*

### *6.6.1. Übernahme administrativer Aufgaben und die Grundprinzipien der Vorsorge*

Es gibt verschiedene Wege, die Versicherer am Vertrieb, am Prämieninkasso und der Schadenregulierung zu beteiligen. Die internationalen Beispiele zeigen, dass der Staat oftmals auf die Kenntnisse, Erfahrungen und bestehenden Strukturen der Versicherungswirtschaft zurückgreift. Diese Vorgehensweise ist im Vergleich mit dem Aufbau separater Strukturen grundsätzlich effizient, da notwendige Aufbau- und Unterhaltungskosten vermieden bzw. im Falle von Provisionsleistungen vermindert werden können. Allerdings werden in der Schadenregulierung Effizienzvorteile nur gewonnen, wenn eine zu kulante Schadenregulierung verhindert wird. Da keine Konflikte mit den Unternehmenspräferenzen ersichtlich werden, dürfte sich die Versicherungswirtschaft zur Übernahme administrativer Aufgaben bereit erklären, wenn die entstehenden Kosten gedeckt werden. Die Transparenz der Schadenregulierung wird durch die Verwendung bestehender Strukturen erhöht. Deshalb ist eine Integration der Assekuranz in das Prämieninkasso und in die Schadenregulierung positiv zu bewerten. Für die Prüfung weiterer Referenzkriterien werden keine Anknüpfungspunkte gesehen.

Innerhalb der Grundprinzipien der Risikovorsorge ist ein Selbstverpflichtungsabkommen der Versicherungswirtschaft kosteneffizient, da keine Eingriffe in den Markt getätigt und bestehende Strukturen genutzt werden. Allerdings wird beim britischen Beispiel keine Transparenz und Nachhaltigkeit erreicht, da die Vereinbarung seitens des Staates nicht erfüllt wird. Zudem verfügen in diesem Fall nur die Hälfte der Haushalte mit geringem Einkommen über eine Deckung, sodass wiederum staatliche Finanzhilfen im Katastrophenfall erforderlich werden. Anderseits wäre es auch denkbar, dass Versicherungsunternehmen ihrerseits über restriktive Risikozeichnungen und eine dementsprechende Preisgestaltung ihren Verpflichtungen nicht nachkommen, um Erträge zu erzielen. Durch eine permanente Infragestellung der bestehenden Strukturen wird die Transparenz ebenfalls erschwert. Somit ist fraglich, ob ein Moratorium Interessendivergenzen dauerhaft ausgleichen kann. Ob das Kriterium der Vollständigkeit erfüllt wird, hängt von der konkreten Ausprägung der Selbstverpflichtung ab, obwohl unwahrscheinlich ist, dass die bundesdeutsche Assekuranz ohne Zwang die Sturmflutgefahr in den Gefahrenumfang integriert. Aus diesen Gründen ist ein Moratorium für die Elementarschadenversicherung in Deutschland ungeeignet.

Die Einführung einer obligatorischen Haftungserweiterung führt zu einer relativ hohen Versicherungsdichte. In Abhängigkeit davon, für welche Versicherungszweige sie ausgesprochen wird und welche Gefahren sie beinhaltet, ist das Kriterium der Vollständigkeit erfüllt. Dies hat negative Auswirkungen auf die Sicherheitsziele der Unternehmen, da auch stark gefährdete Risiken in ein solches

Obligatorium integriert sind, sodass die Kumulgefahr der Versicherer steigt. Die Risikodiversifikation wird erleichtert, da das Risikokollektiv der Versicherer im Bereich der Elementarschadendeckung vergrößert wird. Ebenfalls erfüllt sind die Kriterien der Transparenz und der Kosteneffizienz, weil keine gesonderten Verträge außerhalb der Basisdeckung abgeschlossen werden. Nicht erfüllt werden die Kriterien des Interessenausgleichs und der Nachhaltigkeit. So wird ohne flankierende Maßnahmen kein Ausgleich der divergierenden Interessen stattfinden. Vielmehr werden Anreize gesetzt, gefährdete Gebiete zu bebauen. Die Regulative der Assekuranz können nur durch die Ablehnung der Risikoübernahme aufrecht erhalten werden, was in diesem Fall aber ebenfalls die Kündigung/ Ablehnung des Basisvertrages zur Folge hat. Deshalb ist unter Vorsorgeaspekten kritisch zu sehen, dass stark gefährdete Risiken für andere Gefahren z.B. Feuer keinen Versicherungsschutz mehr erhalten können. Andererseits können geringere Risiken, die keine Elementarschadendeckung haben wollen, auch die Basisversicherung kündigen. Hiermit würde sich im Extremfall eine pareto inferiore Situation im Vergleich zu den aktuellen Marktgeschehnissen ergeben, weil die von *Schmidt* skizzierte Situation einträte, wonach außerhalb der Kumulzonen keine Prämien erhoben werden und innerhalb der Zonen kein Risikoausgleich stattfinden könne. Eine solche Situation ist deshalb pareto inferior, weil die guten Risiken keine Basisversicherungsverträge in ihrem Vorsorgeportefeuille hätten und die Versicherungsunternehmen Prämieneinbußen hinnehmen müssten. Beide erreichen somit nicht mehr die Nutzenkurve in der Ausgangssituation. An dieser Stelle setzt das Kriterium der Nachhaltigkeit an, weil eine obligatorische Deckungserweiterung die Dauerhaftigkeit eines Modells in Frage stellen könnte. Zudem werden die Interessenlagen bisher unversicherter Sacheigentümer an der Schadenvermeidung tendenziell sinken. Somit ist eine obligatorische Haftungserweiterung eine kostengünstige und transparente Möglichkeit, die Versicherungsdichte zu erhöhen. Allerdings entstehen ohne weitere Eingriffe erhebliche Zweifel an der Erfüllung der Kriterien der Vollständigkeit, der Nachhaltigkeit und des Interessenausgleichs.

Das Kriterium der Vollständigkeit wird durch eine Versicherungspflicht in einem höheren Maße erreicht als bei einer obligatorischen Deckungserweiterung. Allerdings erhalten ohne einen Annahmezwang nicht sämtliche Risiken Versicherungsschutz. Auch wenn das Schadenpotential für den Versicherungsmarkt hoch ist,[1] führt selbst eine Versicherungspflicht nicht zu einer umfassenden Schadenregulierung, sondern bedingt die Notwendigkeit weiterer Ex-post-Finanzierungen bei Katastrophen. Dies gilt insbesondere für den Fall, dass umfangreiche Infrastrukturschäden und mittelbare volkswirtschaftliche Schäden entstehen. Daneben entscheidet der Umfang derjenigen Versicherungszweige, für die eine Pflicht

[1] Vgl. *Schweizerische Rückversicherungs-Gesellschaft (Hrsg.)* (1998), S. 35.

ausgesprochen wird, über den Anteil der Schäden, die über diesen Vorsorgeweg gedeckt ist. In dem Maße wie die Vollständigkeit erreicht wird, steigt die Gefährdung für die Sicherheitsziele durch steigende Schadenpotentiale. Durch Quersubventionierung der Prämien können weitere Interessendivergenzen entstehen. Einer hohen Transparenz stehen weitere Nachteile wie notwendige Kontrollen gegenüber, sodass erhebliche Kosten entstehen. Die Nachhaltigkeit eines solchen Modells hängt in erster Linie von den flankierenden Maßnahmen ab. Werden umfangreiche Anreize zur Schadenvermeidung auf allen Ebenen gesetzt und wird die Sicherheit der Unternehmensexistenz, d.h. die Risikoträgerschaft gesichert, so wird das Kriterium der Nachhaltigkeit erfüllt. Im Unterschied zur Kfz-Haftpflichtversicherung, bei der die Zulassung eines Fahrzeuges unmittelbar mit einer Versicherung verbunden ist,[1] existieren die zu versichernden Gebäude bereits. Deshalb können sich im Unterschied zum Fahrzeugmarkt Risiken und Versicherungsschutz nicht parallel zueinander entwickeln. Hierdurch ist die Umsetzung eines Zwangs schwierig und mit Interessenkollisionen verbunden. Unabhängig von der Wahl eines Zwanges auf der Nachfrageseite führt ein Kontrahierungszwang der Versicherer dazu, dass das Kriterium der Vollständigkeit und die Bildung eines großen Risikokollektivs erfüllt wird. Allerdings entstehen ohne unterstützende Maßnahmen Kumulrisiken, die im Extremfall die Unternehmensexistenz der Versicherer gefährden können.

Ein Selbstverpflichtungsabkommen ist somit die kostengünstige und einfachste Möglichkeit, eine Effizienzverbesserung auf den Märkten zu erreichen. Es bestehen Zweifel an der Nachhaltigkeit aufgrund bestehender Interessendivergenzen und an der Vollständigkeit des Risikoschutzes. Deshalb ist die Ausübung von Zwängen durch eine obligatorische Haftungserweiterung oder eine Versicherungspflicht vorteilhaft. Ein Obligatorium ist hierbei vergleichsweise kostengünstiger. Allerdings besteht durch eine Versicherungspflicht die Möglichkeit, Quersubventionierungen der Risiken vorzunehmen, ohne dass sich die guten Risiken entziehen können. An dieser Stelle knüpft der Kontrahierungszwang an. Hierdurch wird sichergestellt, dass auch die hochexponierten Gefahren in ein Modell einbezogen werden. Letztlich wird somit eine Kombination aus Zwängen auf der Angebots- und der Nachfrageseite unerlässlich sein, um eine dauerhafte Lösung zu schaffen, die entsprechende Schadenpotentiale deckt.

### *6.6.2. Aufteilung der Risikoträgerschaft*

Wie deutlich geworden ist, besitzen die einzelnen Varianten einer Risikoträgerschaft Vor- und Nachteile. Dennoch kann die Vollständigkeit, d.h. das Maß, in dem die Schadenpotentiale und Gefahren abgedeckt werden, von jedem der in Abschnitt 6.3.3. dargestellten Risikoträger erfüllt werden. Aufgrund der grund-

---

[1] Vgl. *Pohlhausen* (2005), S. 3.

sätzlich unbegrenzt vorhandenen staatlichen Mittel besteht ein Liquiditätsvorteil durch die Beteiligung der öffentlichen Hand. Deshalb sehen nur relativ wenig Versicherer eine Möglichkeit, die Elementarrisiken ohne eine staatliche Beteiligung zu decken. Dies entspricht dem Sicherheitsziel der Unternehmen. Die Risikokollektivierung erreicht bei versicherungstypischen Lösungen durch eine Monopolisierung des Wettbewerbs ein Maximum. Dies gilt insbesondere für eine Versicherungspflicht. Die Planungssicherheit aller Akteure wird bei einer Risikobeteiligung des Staates erhöht. Allerdings stehen, in Abhängigkeit von der konkreten Ausgestaltung, Sozialisierungseffekte der Akzeptanz der Bevölkerung entgegen. Dies gilt um so mehr für den Fall, dass im Katastrophenfall weitere Steuergelder erhoben werden müssen, weil z.B. die Mittel eines Fonds nicht ausreichen. Je nachdem welche der staatlichen Kapazitätsausweitungen oder Risikoübernahmen gewählt wird, ergeben sich Auswirkungen auf den Wettbewerb, wobei am Beispiel der Schweiz deutlich geworden ist, dass selbst ein Nebeneinander von Monopolanstalten und Privatversicherern möglich ist. Durch die Wertigkeit der Wettbewerbspräferenz der Versicherer wurde gezeigt, dass Modelle mit einer alleinigen Risikoübernahme durch den Staat abgelehnt werden. Die internationalen Modelle machen deutlich, dass ein Interessenausgleich der Beteiligten insbesondere zur Schadenvermeidung in Strukturen besser gelingt, die entweder zentralistisch aufgebaut sind oder bei denen die entstehenden Präventionskosten und der entstehende Nutzen in Form von verminderten Schadenzahlungen zusammenfallen.

Die Transparenz eines Modells hängt unmittelbar von der konkreten Ausgestaltung ab. So kann Monopolen mit festgelegten Entschädigungsregelungen grundsätzlich eine höhere Transparenz zugebilligt werden als Fondslösungen, die u.U. nur im Katastrophenfall eingesetzt werden, oder Versicherungspoolen, die im Extremfall kapazitätsübersteigende Schäden anteilig kürzen. Die Nachhaltigkeit wird umso stärker beeinträchtigt, je mehr ein Risikoträger in schadenfreien Jahren zum politischen Spielball wird. Dafür besteht die größte Gefahr bei einer Fondslösung, aber auch bei einer staatlichen Beteiligung an der Rückversicherung kann ein solches Verhalten der Politik nicht ausgeschlossen werden.

Eine differenzierte Betrachtung ist bei der Kosteneffizienz notwendig. Hier konnte *von Ungern-Sternberg* grundsätzliche Vorteile der Monopolisten gegenüber Wettbewerbsanbietern nachweisen, da bei ersteren keine Vertriebskosten entstehen. Allerdings müsste ein solches Monopol neu gegründet werden, was zu einem entsprechenden Mittelbedarf führt. Gleiches gilt für einen Fonds und einen Versicherungspool genauso wie für einen staatlichen Rückversicherer, sodass unter Kostengesichtspunkten auf bestehende Ressourcen zurückgegriffen werden sollte. Monopolisten haben keine Anreize, den Versicherungsschutz zu verbilligen, um eine faire Prämie anzubieten. Gleichwohl besteht durch die Nähe zur öffentlichen Hand die Gefahr, dass Umverteilungsprozesse initiiert werden. Eine staatstypische Alternative ist die Schadenregulierung über einen steuerfinanzierten Fonds. Als Vorteil eines Fonds gilt die nahezu unbegrenzte Verfügbarkeit staatlicher Mittel, was ihn für die Regulierung von Katastrophenschäden prädestiniert. Allerdings müssen die Gelder erst durch die Allgemeinheit generiert werden. Dies kann dazu führen, dass das erforderliche Kapital nicht gleich zur Verfügung steht. Daneben gilt das Verursacherprinzip der Assekuranz nicht mehr. Zu den weiteren Schwachpunkten eines Fonds zählt der schwer durchführbare geographische Risikoausgleich. Die Gründung eines Rückversicherers unter staatlicher Beteiligung führt ebenfalls zu umfangreichen Gründungskosten, wie am Beispiel von Extremus deutlich wurde, sodass zusätzlich zu den Vertriebs- und Verwaltungsaufwendungen der Erstversicherer und internationalen Rückversicherer weitere Kosten entstehen.

Somit ist eine gemischte Lösung mit einer gemeinsamen Risikotragung durch den Staat und die Assekuranz vorteilhaft. Hier können die Vorteile des Staates durch eine hohe Bonität und Haftungskapazität mit der Transparenz, (grundsätzlichen) Kosteneffizienz und Nachhaltigkeit der Privatversicherungen verbunden werden. In Abhängigkeit von der konkreten Ausgestaltung kann ein Interessenausgleich stattfinden, wobei insbesondere von Bedeutung ist, inwieweit beidseitigen Anreizen zur Risikoüberwälzung (wodurch externe Effekte entstehen) entgegengewirkt werden kann. Gelingt es durch entsprechende Ausgestaltungen, ein großes Risikokollektiv aufzubauen und die Schadenpotentiale zu decken, wird das Kriterium der Vollständigkeit erfüllt.

### *6.6.3. Ausgestaltung des Versicherungsschutzes*

Werden die Gefahren gebündelt sowie die Personenkreise und Wagnisse möglichst umfangreich gewählt, so geht dies positiv mit dem Kriterium der Vollständigkeit einher. Infolge werden die Schadenpotentiale in einem relativ hohen Maß gedeckt. Allerdings kann ohne die Ergänzung von Zwängen nicht erreicht werden, dass hoch exponierte Risiken Versicherungsschutz erhalten. Für die gering gefährdeten Risiken könnten über die Integration der Sturmgefahr Anreize gesetzt werden, eine Elementarschadenversicherung abzuschließen. Deshalb ist die umfassende Bündelung aus Sicht des Kriteriums der Vollständigkeit zu befürworten. Problematisch ist in diesem Zusammenhang die Beschränkung des Versicherungsfalls auf Katastrophen. Eine Vielzahl kleinerer und mittlerer Naturereignisse könnte nicht reguliert werden, was zu einer Nichterfüllung des Vollständigkeitskriteriums führen würde. Allerdings bleibt zu bedenken, dass mit der Vollständigkeit eines Modells das Kumulrisiko der Versicherer ebenfalls steigt, was u.U. zu einer Gefährdung des Existenzkriteriums führen kann. Eine Begrenzung der Entschädigungen auf Limite steht je nach Umfang dieser Einschränkung einer Vollständigkeit des Modells entgegen. Dies kann von einer Einschränkung der Entschädigung nach unten durch Selbstbeteiligungen nicht gesagt werden, weshalb diese Form der Haftungsbegrenzung zu bevorzugen ist.

Obwohl durch die Bündelung der Gefahren neue divergierende Interessenlagen entstehen können (wenn z.B. durch die Integration von Sturmfluten in das Modell Schadenminderungsmaßnahmen unterlassen werden), erhöht eine umfangreiche Gefahrenbündelung mit möglichst vielen versicherten Personengruppen und Wagnissen die Transparenz eines Modells. Dies gilt jedoch nicht für den Fall, dass Ereignisse auf außergewöhnliche Katastrophen beschränkt bleiben. Im Schadenfall entsteht eine hohe Intransparenz. Dies gilt insbesondere, wenn, wie am Beispiel Frankreichs gezeigt wurde, die Politik über die Entschädigung entscheidet. Die beschriebenen Zweifel an der Konformität einer Ereignisbeschränkung mit dem AGB-Gesetz sind unvereinbar mit der Erfüllung des Transparenzkriteriums. Die Transparenz wird durch Haftungslimitierungen negativ beeinflusst. Dies gilt weniger für Franchisen des Versicherungsnehmers, die gut in das Entscheidungskalkül der Sacheigentümer einbezogen werden können, als vielmehr für Jahresschadenlimite, die u.U. dazu führen, dass die gerade bei Katastrophen notwendigen Gelder nicht ausreichend zur Verfügung stehen.

Je mehr Gefahren und Wagnisse in ein Modell integriert werden, desto nachhaltiger ist es. Es entstehen keine Diskussionen, um später bei anderen Katastrophen den Deckungsumfang eines Modells (ex post) zu erweitern. Die Kosteneffizienz wird von den zu versichernden Gefahren grundsätzlich nicht berührt, es sei denn, die Assekuranz würde durch die Ausgliederung des Sturmrisikos aus dem Deckungsumfang der nicht regulierten Policen Kompensationsforderungen stellen. Auch wenn die Beschränkung auf außergewöhnliche Ereignisse aus den bisher genannten Gründen abgelehnt werden muss, soll nicht verschwiegen werden, dass eine solche Vereinbarung in den Versicherungsbedingungen dazu führen würde, dass nur wenige Schadenereignisse entstehen. Dies würde die Schadenregulierungsaufwendungen deutlich reduzieren, weshalb eine solche Vorgehensweise vor dem Hintergrund der Kosteneffizienz positiv zu bewerten ist. Mit der Anzahl der zu versichernden Personenkreise und Wagnisse steigen die Kosten. Dies gilt zumindest für den Fall, dass die Einhaltung staatlicher Regulierungen überprüft werden muss, was zu entsprechenden Kontrollkosten führt, wie am Beispiel der Versicherungspflicht verdeutlicht wurde. Unter Kostengesichtspunkten sind Selbstbeteiligungen unerlässlich, weil sie den Ausschluss der Regulierung von Bagatellschäden ermöglichen.

Zusammenfassend bleibt festzuhalten, dass eine umfassende Gefahrenbündelung und die Integration möglichst vieler Wagnisse und Personenkreise grundsätzlich zu begrüßen ist. Insbesondere die Akzeptanz der Bevölkerung für einen Eingriff wird erhöht. Werden stark kumulgefährdete Risiken integriert, die untereinander zu keinem Risikoausgleich in der Lage sind, sind flankierende Maßnahmen notwendig, um die Dauerhaftigkeit des Modells und die Sicherung der Unternehmensexistenz zu gewährleisten. Hier muss dafür Sorge getragen werden, dass keine neuen Interessendivergenzen entstehen und keine Schadenminderungsmaßnahmen unterlassen werden. Die Beschränkung auf außergewöhnliche Ereignisse scheitert an den Kriterien der Vollständigkeit und der Transparenz. Auch wenn eine solche Klausel aus Kostengesichtspunkten begrüßt wird, überwiegen die Nachteile für das Modell. Dennoch ist die Integration weiterer versicherungstechnischer Instrumente unerlässlich, auch wenn so die Transparenz und Vollständigkeit eines Modells negativ beeinflusst werden.

### *6.6.4. Gestaltung der Versicherungsprämie*

Durch die Gestaltung der Prämien wird die Vollständigkeit eines Modells erheblich beeinflusst. Werden die Gefahren mit einem hohen Kumulrisiko, wie Sturmfluten und Überschwemmungen, in den Deckungsumfang eines Modells einbezogen und die Risiken entsprechend ihrer Bedrohung differenziert bepreist, so werden die Prämiensätze in den höchsten Gefahrengruppen u.U. prohibitiv hohe Größenordnungen erreichen. Diese Risiken können die erforderlichen Mittel nicht aufbringen und werden vom Versicherungsschutz ausgeschlossen. Die Vollständigkeit wird nicht erreicht. Hier sind Umlageverfahren vorteilhaft,[1] weil eine Quersubventionierung der Gefahren untereinander stattfindet. Allerdings wird das Kriterium der Vollständigkeit nur erfüllt, wenn es gelingt, alle Risiken in einem Modell zu bündeln und somit die adverse selection auszublenden, was letztlich nur durch einen Versicherungszwang möglich ist. Gleichwohl wird die Unternehmenssicherheit von risikogerechten Prämiensätzen eher sichergestellt als von einer fixen Prämie, da sonst die Gefahr besteht, dass der Versicherer nur schlechte Risiken in seinem Portefeuille hat, die nicht durch den Schadenverlauf guter Risiken ausgeglichen werden. Gleiches gilt für die Akzeptanz der Bevölkerung, die durch undifferenzierte Beiträge eher in Frage gestellt wird als durch risikogerechte Prämien. In Verbindung mit der Ausübung von Zwängen wird bestimmt, welche Größe das Risikokollektiv hat, um die Schäden ausgleichen zu können.

Fixe Prämiensätze werden kritisch gesehen, weil sie den Interessenausgleich nicht fördert. Im Gegenteil gibt es Anreize, hochgefährdete Gegenden zu bauen bzw. dort im Schadenfall ein Wagnis wieder aufzubauen. Ein Ausgleich der Inte-

---

[1] Eine Subventionierung der stark gefährdeten durch die weniger exponierten Risiken ist selbst bei Integration aller Elementarrisiken in die Pflicht unvermeidlich, weil die regionale Gefährdung zu unterschiedlich ist (Vgl. *Gardette* (1997), S. 231). Allerdings ist man bei der Schweizer Rück der Auffassung, diese Vorgehensweise sei „...fairer, als Entschädigungen aus den allgemeinen Steuermitteln zu finanzieren." (*Schweizerische Rückversicherungs-Gesellschaft (Hrsg.)* (1998), S. 49). Hiervon abweichend ist Karten mit Hinweis auf die Kfz-Haftpflichtversicherung der Auffassung, dass eine Sozialisierung der Schäden nicht zwingend die Folge eines Zwangs sei (Vgl. *Karten* (1977), S. 188).

ressen gelingt in diesem Fall nur durch risikogerechte Beiträge. So werden Anreize zur Reduktion der Gesamtschadenpotentiale gesetzt, die wiederum positive Folgewirkungen für die Sicherheit der Unternehmensexistenz in der Assekuranz haben. An dieser Stelle könnten versicherungstechnische Instrumente wie Bonus- / Malus Systeme ansetzen, um durch Prämiendifferenzierung entsprechend des Schadenverlaufs zur Schadenprävention zu animieren.

Die Transparenz der Prämie kann sowohl durch ein Umlageverfahren als auch durch risikogerechte Beiträge erreicht werden. Auf der einen Seite können feste Beiträge/ Prämiensätze zur Planungssicherheit der Wirtschaftsakteure beitragen, wenn sie in der Zeit nicht verändert werden. Auf deren anderen Seite dienen risikogerechte Prämie dazu, die gefährdeten Wagnisse auszuweisen und damit die Transparenz zu erhöhen. Werden weitere versicherungstechnische Instrumente zur Prämiendifferenzierung eingesetzt, so sind Bonus-/ Malus Systeme transparenter als die anderen beschriebenen Möglichkeiten. Insbesondere Nachschusspflichten und Beitragsanpassungsklauseln sind abstrakt, da sie in Abhängigkeit von den Gesamtschäden eines Versicherers entstehen und nicht von den Einzelrisiken beeinflussbar sind. Die Planungssicherheit der Versicherungsnehmer wird insbesondere dann eingeschränkt, wenn die Unternehmen nur Jahresverträge anbieten. So könnte die Assekuranz umfangreiche Änderungen der Prämien vornehmen, was u.U. dazu führt, dass die Sacheigentümer eine anderweitige Deckung abschließen müssten.

Die Dauerhaftigkeit eines Modells als Aspekt der Nachhaltigkeit kann wiederum durch beide Gestaltungsformen der Prämien ermöglicht werden. Entscheidend ist, dass es gelingt, genügend Mittel und Schadenreserven aufzubauen, sodass auch katastrophale Naturereignisse reguliert werden können, ohne die Existenz des Modells oder der Unternehmen zu gefährden. Allerdings besteht in schadenfreien Jahren immer wieder die Gefahr, dass die Prämien und Rücklagen in den Fokus der politischen Diskussion geraten. Dies gilt besonders für das Umlageverfahren mit festen Prämien(sätzen), weil es mehr einer Steuer als Versicherungsprinzipien gleicht. Der zweite Aspekt der Nachhaltigkeit, die Reduzierung von Schadenpotentialen, wird hingegen eher durch eine risikogerechte Prämie zu erreichen sein, da Anreize zur Schadenprävention und insbesondere zur -vermeidung gesetzt werden. Hier führen die negativen Anreize einer festen Prämie zu einer Konterkarierung der Nachhaltigkeit.

Das Umlageverfahren mit festen Prämien(zuschlägen) kann i.d.R. kostengünstiger kalkuliert werden als risikogerechte Beiträge, weil für letztere entweder umfangreiche Softwarelösungen wie ZÜRS erforderlich werden oder aber Risikoeinschätzungen vor Ort, die noch mehr Ressourcen binden. Auch wenn beide Systeme an veränderte Rahmenbedingungen und Gesamtschäden angepasst werden müssen, sind hier fixe Prämien(sätze) vorteilhaft. Ein Umlageverfahren ist letztlich nur durch die Ausübung von Zwängen möglich. Risikodifferenzierte

Prämiensätze erweisen sich wiederum als vorteilhaft, wenngleich sie im Extremfall einer fairen Prämie zum Ausschluss hoch gefährdeter Risiken führen können. Hier kann durch risikodifferenzierte Beitragssätze mit Quersubventionierungen eine Lösung geschaffen werden, um auch stark bedrohte Risiken in ein Modell zu integrieren. So wird die Nachhaltigkeit durch die Reduzierung der Gesamtschadenpotentiale ebenfalls positiv unterstützt, obgleich es beiden Systemen grundsätzlich gelingen kann, dauerhaft die entstehenden Schäden zu regulieren, wenn politische Interessen die Prämiengestaltung bzw. die Rücklagenbildung nicht beeinflussen. Weitere versicherungstechnische Instrumente können eingesetzt werden, um die Prämien zu differenzieren und den veränderten Rahmenbedingungen anzupassen.

Ungeachtet dessen wird durch die „staatliche Festlegung" der Prämiensätze das Entdeckungsverfahren, für das Markt und Preismechanismus im Sinne *v. Hayeks* sorgen, außer Kraft gesetzt. Hierdurch werden die Anpassungsprozeße an ständig veränderte Rahmenbedingungen unterbunden, da durch die festgelegten Preise keine Informationen an die Marktteilnehmer kommuniziert werden.[1] In diesem Sinne unterbindet die Festlegung der Preise auf Versicherungsmärkten die Signale, die von der Prämienhöhe ausgehen.

## *6.7. Aktuelle Diskussion und Vorschläge zur Marktregulierung in Deutschland*

### *6.7.1. Nach der Flut vorgestellte Modelle*

#### *6.7.1.1. Modell des Rückversicherers „Swiss Re" (2002)*

Bereits in der Vergangenheit wurde nach extremen Naturereignissen eine politische Diskussion um die Regulierung des Elementarschadenversicherungsmarktes geführt.[2] Auch der GDV selbst forderte 1998 Konsequenzen aus den Hochwasserkatastrophen der 90er Jahre.[3] In Nachlese zu den Hochwassern 2002 schlug die Swiss Re einen Eingriff in den bundesdeutschen Versicherungsmarkt vor.[4] Das Kernelement dieses Modells ist ein Private-Public-Partnership,[5] in Form einer obligatorischen Haftungserweiterung der Feuerversicherung um Flutschäden

---

1 Vgl. *Hayek* (1976), S. 198 f.

2 Vgl. *Kriebisch* (2002a), S. 2; Büchner; *Dengler/Senger* (1999); *Chmielorz/Metzger* (1995), S. 942; Vgl. *Schmitt* (1995).

3 „Von der Raumplanung der Gemeinden und Regionen über die Aufklärung und Eigenvorsorge der hochwassergefährdeten Bürger bis hin zu risikogerechten Angeboten der Versicherer. Alle Betroffenen sind aufgerufen, durch verstärkte Zusammenarbeit im Sinne einer „Risikopartnerschaft" das Überschwemmungsrisiko und die Überschwemmungsschäden zu begrenzen." (*Gesamtverband der Deutschen Versicherungswirtschaft e.V. (GDV)* (1998a)).

4 Vgl. *Alich* (2002a); *Fromme* (2002).

5 Vgl. *Zanetti/Mehlhorn* (2003), S. 242.

gegen Prämienzuschlag, ohne staatlichen Zwang. Der Staat beteiligt sich durch Präventionsvorschriften für gefährdete Gebiete und die Versicherungsnehmer durch eine Selbstbeteiligung im Schadenfall an diesem Abkommen.[1] Die obligatorische Deckungserweiterung des Vorschlags gilt sowohl für Wohngebäude als auch für den darin befindlichen Hausrat. Die Prämienhöhe reicht von 8 bis 48 EUR für eine Hausratversicherung mit 60.000 EUR Versicherungssumme, die der Wohngebäude von 15 bis 140 EUR bei einem Neubauwert von 250.000 EUR entsprechend der Gefährdungslage. Nach Angaben des Unternehmens entspricht diese Kalkulation der Risikoprämie inklusive eines 75 prozentigen Zuschlags. Die Selbstbeteiligungen liegen ebenfalls nach dem Risiko gestaffelt zwischen 0,2 % und 2 % der Versicherungssumme.[2] Die Ausführungen des Rückversicherers basieren auf der Erkenntnis, „...dass bei einem umfassenden Risikokollektiv die Einheitsprämie um den Faktor 20 tiefer liegt als bei einer Solidargemeinschaft, die sich auf die hochgefährdeten Risiken beschränkt."[3] Auf dieser Erkenntnis aufbauend werden Risiken in sechs Kategorien eingeteilt. Sie enthalten die Wiederkehrwahrscheinlichkeit von Überschwemmungen und reichen von einer Schadenwahrscheinlichkeit von einmal unter zehn Jahren bis einmal in mehr als tausend Jahren. Die Risiken der ersten Kategorie erhalten keinen Versicherungsschutz, weil nach Auffassung der Swiss Re das Kriterium der Unvorhersehbarkeit und Wirtschaftlichkeit[4] nicht erfüllt ist. Nach Berechungen des Unternehmens beträgt der Anteil dieser Gebiete lediglich 0,5 % der versicherten Werte.[5] Zudem wird auf die Erfahrungen in des USA verwiesen, wo 40 % der Gesamtschäden des NFIP durch Objekte verursacht wurden, die wiederholt betroffen waren.[6] Als flankierende Maßnahme wird der Rückzug des Staates aus Entschädigungsleistungen im Katastrophenfall gefordert.[7]

Eine Risikoträgerschaft der öffentlichen Hand wie in anderen europäischen Ländern ist nicht vorgesehen. Die Swiss Re sieht die Vorteile einer Partnerschaft in einer Entlastung der Volkswirtschaft und bei gleichzeitigem Erhalt der Entwicklungsmöglichkeiten der Assekuranz.[8] Entscheidend für das Gelingen des Modells ist, dass die unterschiedlichen Aufgaben der Beteiligten widerspruchsfrei definiert werden. *Menzinger* veranschaulicht dies am Beispiel der Bildung eines Risikokollektivs, das nach seiner Auffassung durch die Vergabe von Finanzhilfen bei künftigen Ereignissen nicht gelingen wird. Die Rückversicherungskapazitäten

---

1 Die Swiss Re verweist hier auf das englische Modell mit einer solchen Vereinbarung zwischen allen Beteiligten (Vgl. *Alich* (2002a)).

2 Vgl. *Fromme* (2002).

3 *Schweizerische Rückversicherungs-Gesellschaft (Hrsg.)* (2002), S. 4.

4 Vgl. *Schweizerische Rückversicherungs-Gesellschaft (Hrsg.)* (2002), S. 6.

5 Vgl. *Fromme* (2002).

6 Vgl. *Menzinger* (2002), S. 1668.

7 Vgl. *Fromme* (2002).

8 Vgl. *Zanetti/Mehlhorn* (2003), S. 242.

werden bei entsprechend ausgestalteten Prämien auf den Erstversicherungsmärkten ebenfalls als ausreichend eingeschätzt.[1]

Am Modell der Swiss Re wird die automatische Mitversicherung von Flutschäden in der Feuerversicherung kritisiert, weil sie insbesondere bei regional tätigen Unternehmen zu einer Risikohäufung führt.[2] Ob sich der Staat, wie in den Vorstellungen *Menzingers*, aus den Entschädigungsleistungen im Katastrophenfall herausziehen kann, ist vor dem Hintergrund des Sozialstaatsgebots des Grundgesetzes zweifelhaft. Besonders schwerwiegend kommt hinzu, dass regelmäßig betroffene Risiken weiterhin keinen Versicherungsschutz erhalten.[3] Das Modell wird auf Überschwemmungsschäden begrenzt, ohne z.B. Sturmfluten und Erdbeben zu berücksichtigen. Da Gewerbebetriebe ebenfalls nicht in das Modell integriert sind, wird das Kriterium der Vollständigkeit nicht erfüllt, sodass die Umsetzung zu erheblichen Nachbesserungen bei Überschwemmungen und anderen Katastrophen führt.

Die Swiss Re setzt ihrem Ansatz ein Private-Public-Partnership voraus. Dies ist unter dem Aspekt eines Interessenausgleichs positiv. Allerdings muss bezweifelt werden, dass ohne ökonomische Anreize oder gesetzliche Regelungen ein Ausgleich der divergierenden Interessenlagen im föderalen System Deutschlands möglich ist. Dieses gilt auch, wenn wie von der Swiss Re gefordert, die Zuständigkeiten innerhalb dieser Partnerschaft widerspruchsfrei definiert werden. Eine Komplexitätsreduktion der Aufgaben des Staates auf Präventionsvorschriften für gefährdete Gebiete ist ebenfalls unzureichend, wie das zweite und dritte Kapitel gezeigt haben. Dennoch wird die Transparenz durch eine klare Aufgabenzuweisung grundsätzlich positiv beeinflusst, sodass dieses Kriterium erfüllt wird. Positiv ist auch die Verwendung einer obligatorischen Deckungserweiterung, die, wie gezeigt wurde, kostengünstiger ist als eine Versicherungspflicht und dennoch durch die Anbindung an die Feuergefahr eine hohe Versicherungsdichte gewährleistet. Die genannten Prämien sind für die Sacheigentümer tragbar, sodass die Akzeptanz der Bevölkerung für ein solches Modell tendenziell positiv wäre.

Aufgrund der empirischen Ergebnisse unterstützt die Swiss Re die Präferenzen der Erstversicherer, keinen Versicherungszwang auszusprechen. Die Träger sind wie bisher die Erst- und Rückversicherungsunternehmen. Damit wird dem Wunsch der Assekuranz nach Ausweitung der Deckungskapazitäten um staatliche Mittel genauso wenig entsprochen, wie dem eines umfangreichen Angebotes. Allerdings dürften die abgestuften Prämiensätze auf Zustimmung bei den Versicherern stoßen. Die Unternehmenssicherheit sollte aufgrund des geringen Deckungsumfangs und des Ausschlusses der stark gefährdeten Risiken gewährleis-

---

1 Vgl. *Menzinger* (2002), S. 1666 ff.
2 Vgl. *Alich* (2002a).
3 Vgl. *Fromme* (2003).

tetet sein. Die Unternehmenspräferenzen für die Bildung eines großen Risikokollektivs und für einen Wettbewerb auf den Versicherungsmärkten werden ebenfalls erfüllt. So ist das Modell der Swiss Re grundsätzlich kompatibel mit den Unternehmensinteressen. Allerdings ist es lediglich eine marginale pareto Verbesserung des Status quo. Als besonders kritisch wird gesehen, dass dieses Modell nur Überschwemmungsschäden beinhaltet und die am stärksten gefährdeten Risiken ausblendet. Eine Umsetzung dieses Vorschlags für die Bundesrepublik ist deshalb abzulehnen.

#### *6.7.1.2. Modell der Bund-Länder-Arbeitsgruppe (2003)*

Im Anschluss an die Hochwasser 2002 kam es in der Bundesrepublik zu einer öffentlichen Diskussion über die Konsequenzen, die aus der Flut zu ziehen seien. Dabei entstand ein innenpolitischer Handlungsdruck für die Bundesregierung, Vorbeugemaßnahmen zum Schutz vor künftigen Ereignissen zu schaffen. Hierbei sollte geklärt werden, wie die finanziellen Belastungen künftig getragen werden können.[1] Daneben wurde die Einführung einer „...generellen Überschwemmungsversicherung..."[2] im Sinne eines Obligatoriums von Seiten der Verbraucherschützer gefordert.[3] Auf Ebene der Ministerpräsidenten der Länder wurde in den Folgemonaten das Thema diskutiert.[4] Am 19. Dezember 2002 fassten sie den Beschluss, den Bund um die Einrichtung eine Arbeitsgruppe zu bitten, die sich mit den Möglichkeiten einer versicherungsrechtlichen Mindestabsicherung für Elementarereignisse auseinandersetzt und ein gemeinsames Modell entwickelt.[5] In dieser Bund-Länder-Arbeitsgruppe unter Vorsitz der Bundesjustizministerin[6] war die Assekuranz durch den GDV vertreten. Im Ergebnis hat sich die Finanzministerkonferenz (FMK) am 5. Juni 2003 für die Einführung einer allgemeinen Versicherungspflicht für Elementarrisiken ausgesprochen.[7] Dieses Beratungsergebnis wurde von der Konferenz der Ministerpräsidenten positiv aufgegriffen.[8] Die Versicherungswirtschaft hat im Zuge dieser Diskussionen den bisherigen

---

1 Vgl. *Gesamtverband der Deutschen Versicherungswirtschaft e.V. (GDV) (Hrsg.)* (2003), S. 25.

2 *Deutsche Presse Agentur (dpa)* (2002c).

3 Die politischen Parteien äußerten sich differenziert zu staatlichen Eingriffen. So positionierte sich die PDS deutlich für einen Eingriff in den Markt und eine Versicherungspflicht, während CDU und FDP der Auffassung waren, dass eine Versicherungspflicht in die Modellentwicklung einbezogen werden sollte, aber entsprechend abzuwägen seien. Die SPD gab an, sich dieses Themas anzunehmen und nach einer Lösung zu suchen (Vgl. *Bund der Versicherten (BdV)* (2002)).

4 Vgl. *Landtag Rheinland-Pfalz* (2003), S. 2581 f.

5 Vgl. *Fromme*; Clausen, S. (2003).

6 Vgl. *Fromme* (2003c).

7 Vgl. *Martens* (2003), S. 70.

8 Vgl. *Bundesministerium der Justiz* (2003), S. 1 f.

(öffentlichen) Widerstand gegen die Einführung einer Versicherungspflicht aufgegeben. Der GDV sieht diese Regulierung des Marktes als durchaus sinnvoll an, so sie denn politisch gewollt sei, und fordert für diesen Fall die Beteiligung des Staates an einer Lösung.[1]

Die Bund-Länder-Arbeitsgruppe hat den GDV gebeten, entsprechende Parameter für eine Regulierung zu berechnen. Die Kalkulation des Verbandes basiert auf einer Versicherungspflicht. Als integrierte Gefahren gelten neben Erdbeben, Überschwemmungen inkl. Rückstau, Starkregen, Erdsenkung, Lawinen und Schneedruck auch Sturm, Hagel sowie Sturmflut.[2] Die Prämienkalkulation soll individuell und risikobezogen stattfinden, sodass z.B. die Sacheigentümer in von Sturmfluten bedrohten Gegenden erheblich höhere Beiträge zahlen als die Bewohner gering gefährdeter Bereiche. Eine Quersubventionierung soll so verhindert werden. Die Prämien differieren für ein Gebäude im Wert von 300.000 EUR zwischen 73 EUR in der günstigen Zone und 523 EUR in der gefährdetsten Risikoklasse.[3] Die Angaben beruhen auf ersten Berechnungen, Schätzungen (hinsichtlich der Rückversicherungskosten) und Annahmen (im Bezug auf integrierte Kostensätze) des Verbandes. Gleichwohl dient dieses Modell nur zur Absicherung der privaten und gewerblich genutzten Gebäude.[4] Auch die Selbstbeteiligungen werden nach Risiken differenziert, sodass die Eigenbehalte der Versicherten zwischen 0,5 % und 5 % der Versicherungssumme betragen. Für ein Objekt in der ungünstigsten Risikozone bedeutet dies einen Selbstbehalt von 15.000 EUR im Schadenfall. Das Modell wird an den internationalen Rückversicherungsmärkten abgesichert, für die nach Auffassung des GDV Kapazitäten in Höhe von sechs bis acht Milliarden Euro zur Verfügung stehen. Darüber hinaus soll der Staat Mittel bereitstellen. Ausgenommen von der Rückversicherung ist die

---

[1] Vgl. *Ohlinger* (2002).

[2] Die FMK-Arbeitsgruppe (FMK) sieht als alternative Lösung, dass erst mit zunehmender Stabilität des Systems weitere Risiken hinzukommen (Vgl. *Bundesministerium der Justiz* (2003), S. 20). Die wichtigsten Parameter dieses Modells entsprechen den Vorschlägen von *Schwarze und Wagner* vom Deutschen Institut für Wirtschaftsforschung (Vgl. *Schlingensiepen* (2003).

[3] Die Länderfinanzminister haben gefordert, die Prämien so zu gestalten, dass sie „...durch breite Risikostreuung, konsequente Kostenreduktion und angemessene Eigenbeteiligung auf eine akzeptable Höhe begrenzt werden." (*O.V.* (2003k), S. 6).

[4] Ausgenommen von der Versicherungspflicht werden industrielle Risiken, da Naturgefahren für diese Firmen unternehmerische Risiken darstellen. Sie sollten sich freiwillig versichern können. Neue in- und ausländische Anbieter könnten später noch in das Modell eintreten, wenn sie dieselben Kontrahierungs- und Rückversicherungszwänge akzeptieren. Sie würden einen festgelegten Teil der Schäden, z.B. 30 % selbst tragen und den Rest an die Rückversicherungsgemeinschaft zu festgesetzten Prämien zedieren. Zudem kann sich durch eine solche Öffnung das Modell dynamisch weiterentwickeln (Vgl. *Schwarze/Wagner* (2003)). *Schwarze und Wagner* sehen allerdings, dass bei einem solchen Modell fast die Hälfte der Gesamtschäden aus der Hochwasserkatastrophe 2002 auch bei einer Versicherungspflicht vom Staat getragen werden müsste (Vgl. *Schwarze/Wagner* (2003)).

Sturmgefahr, für die es bereits ausreichende Kapazitäten auf den Rückversicherungsmärkten gibt. Flankiert wird das Modell durch die Möglichkeit der Assekuranz, entsprechende Großschadenrückstellungen vorzunehmen.

Die Bund-Länder-Arbeitsgruppe will mit dem Modell den Staat bei der Entschädigung von Naturkatastrophen entlasten. Zudem sieht man Vorteile in der raschen Regulierung der Schäden durch die Infrastruktureinrichtungen der Assekuranz.[1] Eine Staatsgarantie in Höhe von 10 Mrd. EUR, getragen durch den Bund, soll die notwendigen Deckungskapazitäten bereitstellen. Eine Beteiligung der Länder ist in einer Gesamtbetrachtung zu prüfen, wobei die steuerlichen Auswirkungen[2] und Verwaltungskosten zu berücksichtigen sind. Die Bundesregierung teilt die Auffassung der Länder nicht und hält eine Staatsgarantie von mindestens 15 Mrd. EUR für notwendig. Im Schadenfall müsste die Summe u.U. aufgefüllt werden. Deshalb lehnt der Bund die alleinige Übernahme dieser Garantie ab.[3] Somit entstehen bereits ex ante Konflikte zwischen den Trägern der öffentlichen Hand.

Die umfangreiche Integration der Gefahren im Zusammenhang mir einer Versicherungspflicht sind für das Kriterium der Vollständigkeit positiv. Allerdings wird die Erfüllung dieses Kennzeichens dadurch geschmälert, dass nur Gebäude in den Deckungsumfang einbezogen werden, sodass auch künftig Finanzierungslücken bei Katastrophenschäden entstehen. Erfreulich ist, dass auch Sturmfluten mit ihrem erheblichen Schadenpotential in das Modell integriert werden. Zwar führen risikodifferenzierte Beiträge und Selbstbeteiligungen dazu, dass Schadenminderungsmaßnahmen ergriffen werden, ökonomische Anreize, divergierende Interessen zu überwinden, setzt das Modell darüber hinaus nicht. Dies gilt insbesondere für die Schadenprävention der Gemeinden, die in der Diskussion völlig aus der Finanzierung ausgeklammert werden. Da das Modell ohne Ereignislimitierungen auskommt, ist die Transparenz gegeben. Die finanzielle Risikovorsorge kann in die Planung der Sacheigentümer einbezogen werden. Das Kriterium der Nachhaltigkeit wird hingegen nicht erfüllt, weil einerseits keine Aussagen über Maßnahmen zur Reduktion der Schadenpotentiale getroffen werden, und andererseits bereits ex ante Diskussionen über die Finanzierung der Staatshaftung entstanden sind. Das Modell ist statisch konzipiert und setzt keine dynamischen Akzente zur Minderung der Gesamtschadenbelastung. Deshalb beeinflussen äußere Umstände und Interessendivergenzen der Politik die Dauerhaftigkeit des Modells. Auf der anderen Seite ist positiv hervorzuheben, dass durch die Staatshaftung die Unternehmensexistenz gesichert wird. Über die Versiche-

---

1 Vgl. *Bundesministerium der Justiz* (2003), S. 5 ff.

2 Die Länderfinanzminister sprechen sich gegen eine Beteiligung der Länder an einer Staatsgarantie aus. Sie begründen dies damit, dass der Bund die Einnahmen aus der Versicherungssteuer allein erhält (Vgl. *o.V.* (2003k), S. 7).

3 Vgl. *Bundesministerium der Justiz* (2003), S. 19 ff.

rungspflicht lässt sich ein hinreichend großes Risikokollektiv bilden, wobei ein Wettbewerb der Versicherer um die Risiken möglich ist. Die Akzeptanz in der Bevölkerung wird durch die risikodifferenzierten Beiträge und Selbstbeteiligungen erhöht. Allerdings werden keine Argumente geliefert, warum eine Versicherungspflicht einer obligatorischen Haftungserweiterung vorgezogen wird. Gleiches gilt für die Integration der Sturmgefahr. Hier bleiben etwaige Sekundärwirkungen auf die Basisversicherungen oder Kompensationsforderungen der Assekuranz unberücksichtigt. Die risikodifferenzierenden Beiträge und Selbstbeteiligungen erleichtern die Prüfung der Verfassungskonformität, auch wenn stark bezweifelt wird, dass dieses Modell ohne Quersubventionierungen auskommt.[1] Diese wird es zumindest dann geben, wenn die steuerfinanzierte Staatshaftung in Anspruch genommen wird, es sei denn, die Haftung wird ausschließlich durch die Versicherungssteuer der Elementarschadendeckung gebildet.

Die Präferenzen der Versicherungswirtschaft werden in Teilen durch das Modell aufgegriffen. Insbesondere die Haftungsübernahme durch den Staat, ergänzt durch risikodifferenzierte Beiträge und Selbstbehalte, spiegelt die Vorstellungen der Versicherungswirtschaft wider. Allerdings führt dieses Modell zu Interessenkollisionen. So wird eine Versicherungspflicht und mehr noch die Integration der Sturmgefahr von der Assekuranz abgelehnt, auch wenn aus Sicht der Versicherungswirtschaft begrüßt wird, dass die Sturmgefahr aus der staatlichen Rückdeckung ausgeschlossen wird. Letztlich verbindet die Arbeitsgemeinschaft in ihrem Modell die Bonität des Staates mit der Transparenz, Kosteneffizienz und Nachhaltigkeit der Versicherer. Ein Wettbewerb um die Risiken ist weiterhin möglich, was ebenfalls aus Unternehmenssicht positiv zu bewerten ist.

Somit bleibt festzuhalten, dass das Modell einen partiell guten Ansatz für eine Regulierung bietet. Wie zuvor wird auch hier eine Insellösung geschaffen, die den Ausgleich der Interessendivergenzen und vor-/ nachgelagerte Aspekte des Katastrophenmanagements nicht berücksichtigt.

### *6.7.2. „Bayern Modell“ nach den Pfingsthochwassern (1999)*

Ein Arbeitskreis des Bayerischen Staatsministeriums für Wirtschaft, Verkehr und Technologie untersuchte im Anschluss an die Pfingsthochwasser 1999 vier Grundmodelle für die Gestaltung der Elementarschadenversicherung im Freistaat. Erstens ein sogenanntes Totalschadenmodell, das eine Versicherungspflicht, bezogen auf die gesamte Versicherungssumme mit Ausnahme etwaiger Selbstbeteiligungen, beinhaltet. Zweitens ein Partialmodell, das eine Versicherungspflicht mit individuellen Beiträgen vorsieht, wobei derjenige Teil der Prämie, der über einen definierten Grenzwert hinausgeht, von einem Fonds aufge-

---

[1] Siehe hiezu vertiefend *Riedel/Hofmann* (2004), S. 462 ff.

bracht wird.[1] Eine dritte Möglichkeit koppelt die Elementarschadenversicherung an die Gebäudefeuer- bzw. Hausratversicherung. Die vierte Variante sieht eine Mindestschadenversicherung ohne Versicherungspflicht vor. Ein Zwang findet in diesem vierten Modell nur mittelbar statt, indem der Abschluss einer Mindestversicherung einen Ausgleichsanspruch auf Mittel eines Fonds auslöst.[2] Insbesondere das letzte Modell (sogenanntes „Bayern Modell") ist innovativ, weil es ohne eine Versicherungspflicht oder ein Obligatorium auskommt. Die Privatgebäude sollen in der höchsten Gefährdungsklasse zu einer fixen Prämie mit ausgeprägter Selbstbeteiligung versichert werden. Im Schadenfall wird für diese Risiken ein Bonus-/ Malus System angewendet, um Präventionsmaßnahmen der Haushalte zu fördern. Eine hohe Versicherungsdichte soll dadurch gewährleistet werden, dass staatliche Hilfszahlungen nur für diejenigen gewährt werden, die eine Versicherung abgeschlossen haben. Die erforderlichen staatlichen Gelder sollen in einem Fonds bereitgestellt werden, dessen administrative Verwaltungs- und Schadenregulierungsaufgaben die Assekuranz übernimmt.[3]

Das Bayern Modell wird analog der bisherigen Vorgehensweise anhand der erarbeiteten Kriterien beurteilt. Dieses zweistufige System ist in so fern vollständig, da eine Mindestversicherung durch einen staatlichen Fonds ersetzt wird. Weil über die insgesamt zu deckenden Gefahren keine Informationen vorliegen und das Modell nur Privatgebäude absichert, wird das Kriterium der Vollständigkeit nicht erfüllt. Zudem bestehen erhebliche Bedenken, dass die Versicherungsnehmer in gefährdeten Lagen Deckungen erhalten, die für die Entschädigung aus dem Fonds vorausgesetzt wird. Um die Transparenz des Modells und dessen Nachhaltigkeit zu bewerten, liegen zu wenig Informationen vor. Allerdings könnte der Fonds zentrale Präventionsmaßnahmen übernehmen und diesbezügliche Weisungsvollmachten des Staates erhalten. Dadurch würden Anreize und Kosten der Schadenminderung nicht auseinanderfallen. Dennoch verursacht die enge Bindung des Staates an das Modell über die Finanzierung des Fonds möglicherweise Konflikte, wie bereits anhand der anderen Modelle gezeigt wurde. Der Aspekt der Kosteneffizienz wird aufgrund der Kostenübernahme durch die Assekuranz positiv bewertet. Da das Hauptrisiko durch den Fonds getragen wird, ist das Sicherheitsziel der Versicherer erfüllt. Durch die Ausübung eines indirekten Zwangs über den Fonds ist das Risikokollektiv groß, wobei der Wettbewerb durch eine teilweise Fixierung der Prämien eingeschränkt wird.

Die Präferenzen der Versicherungswirtschaft spiegeln sich in dem Modell nur insoweit wider, dass keine Versicherungspflicht oder ein Obligatorium ausge-

---

1 Die Mittel müssten somit in sämtlichen Perioden zur Verfügung gestellt werden. Dies ist deshalb problematisch, weil so auch in schadenfreien Jahren Gelder bereit stehen müssten.

2 Vgl. *Dengler/Büchner/Senger* (1999), S. 3 f.

3 Vgl. *Büchner/Dengler* (1999), S. 11 ff.

sprochen wird. Die Reduktion des Versicherungsumfangs auf Privatgebäude, die Fixierung der Prämien in der höchsten Gefährdungsklasse und das Bonus-/ Malus System entsprechen nicht den Wünschen der Assekuranz.

Dieses Modell ist dennoch hervorzuheben, weil keine Verfassungskonflikte entstehen. Durch die Fondsfinanzierung wird das Haushaltsrisiko für die Träger der öffentlichen Hand schwer zu kalkulieren sein. Aufgrund des Sozialstaatsgebots der Bundesrepublik muss bezweifelt werden, ob sich das Land im Katastrophenfall aus der Verantwortung für diejenigen ohne Police und damit ohne Anspruch auf Fondsmittel zurückziehen kann.

### *6.7.3. Vorschläge für eine weitergehende Diskussion in Deutschland*

Es bleibt festzuhalten, dass keines der genannten Modelle die erforderlichen Kriterien erfüllt. Auch wenn z.T. die Vollständigkeit eines Modells erreicht wird, so scheitern die Ansätze regelmäßig an der Nachhaltigkeit und der Überwindung der Interessendivergenzen. Wie einleitend erwähnt wurde, besteht das Ziel dieser Arbeit nicht darin, ein Modell für die Bundesrepublik zu entwickeln, da die Erhebung der hierfür notwendigen Daten (z.B. Wertekonzentrationen von Sachgütern in Verbindung mit der Eintrittswahrscheinlichkeit der Naturgewalten) an dieser Stelle zu aufwendig wäre. Ungeachtet davon werden an dieser Stelle Parameter skizziert, welche die ermittelten Kriterien unter Berücksichtigung der Präferenzen der Assekuranz in einem hohen Maße erfüllen.

Eine umfassende Integration der Gefahren und Wagnisse in die Regulierung ist wünschenswert. Dies gilt insbesondere für die Gefahren Erdbeben, Sturmflut und Überschwemmungen, wobei der Einschluss der Sturmgefahr nur vorgenommen werden sollte, wenn dies für die Verfassungskonformität des Modell zwingend erforderlich ist. Die Ausblendung einer oder mehrerer Gefahren würde im Schadenfall eine erneute ad hoc Finanzhilfe des Staates erforderlich machen, sodass eine umfangreiche Gefahrenbündelung vorteilhaft ist. Das Gleiche gilt für die Wagnisse, die eine umfassende Deckung unter dem Aspekt der Vollständigkeit eines Modells sinnvoll erscheinen lassen. Eine Reduktion der Regulierung auf Gebäude ist deshalb abzulehnen. Dem höheren moralischen Risiko bei beweglichen Sachen können entsprechende Selbstbeteiligungen begegnen. Auswahlmöglichkeiten für verschiedene Selbstbehaltsmodelle können gleichwohl bestehende Informationsasymmetrien weiter reduzieren. Eine Betriebsunterbrechungsschadendeckung sollte flächendeckend verfügbar sein. Ein so umfangreiches Modell wird sowohl aus Sicht der Unternehmenspräferenzen als auch unter dem Aspekt der Vollständigkeit begrüßt.

Dem entstehenden Konflikt zwischen der Vollständigkeit und der Sicherung der Unternehmensexistenz der Versicherer kann durch die Gestaltung der Risikoträgerschaft begegnet werden. Es wurde gezeigt, dass eine Mischung aus privatwirtschaftlicher und staatlicher Risikoträgerschaft eine hohe Deckungskapazität gewährleistet und trotzdem einen Wettbewerb innerhalb eines Modells zulässt. Deshalb ist eine solche Lösung unabhängig von der konkreten Ausgestaltung gegenüber anderen privatwirtschaftlichen oder staatlichen Konzepten vorzuziehen. Dabei kommt es entscheidend darauf an, die Nachhaltigkeit des Modells zu gewährleisten und Interessendivergenzen zu mindern. Diese beiden Kriterien lassen sich dadurch erfüllen, dass die entstehenden Kosten und Nutzen bei der Schadenprävention zusammenfallen und alle Gruppen an der Finanzierung beteiligt werden. Das Zusammenführen von Kosten und Nutzen der Präventionsmaßnahmen[1] gelingt am ehesten, wenn eine Institution, wie z.B. „Extremus" für Terrorrisiken, ein Fonds oder eine neu zu gründende Institu-tion mit entsprechenden Mitteln ausgestattet wird, um zusätzlich zur Katastrophenvorsorge eigene Schadenverminderungsmaßnahmen zu ergreifen.[2] Ergänzend können entsprechende Vollmachten, Sanktionsmittel und Mitspracherechte,[3] z.B. bei der Ausweisung von Bauflächen, für eine weitere Optimierung sorgen. Für eine Integration aller beteiligten Gruppen in das Modell sind verschiedene Wege möglich, die an dieser Stelle jedoch nur angerissen werden sollen. Denkbar ist eine zweckgebundene Aufteilung der Versicherungssteuer auf Bund, Länder und Gemeinden, damit sie entsprechend für Präventionsmaßnahmen eingesetzt werden müsste. Eine Alternative bestünde darin, die Staatshaftung auf sämtliche Träger der öffentlichen Hand aufzuteilen und die konkrete Beteiligungshöhe von der Risikoexponierung der Region(en) oder ergriffenen Präventionsmaßnahmen abhängig zu machen.

---

1 Die Kollektivierung der Schadenprävention macht Sinn, weil z.B. die Schaffung ausreichender Retentionsflächen oder die Verringerung der Bodenversiegelung eine kollektive Aufgabe darstellen und u.U. zu divergierenden Anreizen auf Gemeindeebene führen, weil der Nutzen von Überschwemmungsflächen z.B. erst flussabwärts an anderer Stelle entsteht (Vgl. *Nell* (2002), S. 584). Siehe auch für das Beispiel der Schweiz *Ungern-Sternberg* (1997), S. 15.

2 Der Staat kann Maßnahmen treffen, um dieses Problem zu begrenzen. Neben den gesetzgeberischen Möglichkeiten, z.B. eine Pflichtversicherung zu verlangen oder analog zur Sozialversicherung über öffentlich-rechtliche Versicherungsanstalten selbst Versicherungsschutz zu gewähren, kann er Vorschriften zur Schadenverhütung erlassen (Vgl. *Rohlfs* (1988), S. 741). Eine Besteuerung des Versicherungsangebots dient dazu, dem Versicherungsnehmer Anreize für Schadenverhütungsmaßnahmen zu geben, indem das Angebot verteuert wird (Vgl. *Strassel* (1988), S. 93 ff.). Der Staat hat die Möglichkeit, statistische Daten über die Wirkung dieser Vorsorgemaßnahmen bereitzustellen. Letztlich ist auch eine direkte Subventionierung, z.B. über steuerliche Abschreibungsmöglichkeiten denkbar (Vgl. *Dimmer* (1986), S. 262 f.).

3 Präventionsanreize entfalten sich immer dann besonders gut, wenn die Versicherer Gestaltungsmöglichkeiten in der regionalen Schadenprävention besitzen. Dies wurde am Beispiel der USA deutlich. Hier müssen Kommunen bestimmte Auflagen erfüllen, um in das nationale Programm aufgenommen zu werden, oder am Beispiel der Schweiz, in der die kantonalen Versicherer Mitspracherechte bei der Festlegung von Bebauungszonen haben. Diese Anreizwirkungen werden besonders intensiviert, wenn keine Prämiensubvention stattfindet oder zumindest eine Risikodifferenzierung der Prämien ergänzt um den Einsatz versicherungstechnischer Instrumente stattfindet (Vgl. *Citlak* (2000), S. 267).

Eine solche Vorgehensweise ist in der Regel kompatibel mit den Unternehmenspräferenzen, wobei von der Versichererseite aus eine Verminderung der Schadenpotentiale begrüßt wird.

An dieser Stelle setzt mit der Gestaltung der Versicherungsprämien die nächste Stellschraube einer Regulierung an. Eine risikogerechte Tarifierung unter Einsatz versicherungstechnischer Instrumente ist sowohl aus Sicht der Versicherungswirtschaft als auch unter Schadenpräventionsaspekten zu bevorzugen. Erst wenn ein solches Vorgehen dazu führt, dass die Beiträge für bereits bestehende stark gefährdete Risiken prohibitiv hoch sind, sollte über eine Quersubventionierung der Beiträge nachgedacht werden. Da ein solches Vorgehen allerdings an verfassungsrechtliche Grenzen stößt, könnten Haftungslimitierungen eingesetzt werden. Somit bestünde der Schutz solcher Risiken in einer (Mindest-) Deckung für eine Haftungsstrecke, die nach einem Selbstbehalt des Versicherungsnehmers greift und die nach oben wiederum begrenzt ist. Auch wenn so das Kriterium der Vollständigkeit eingeschränkt wird, besteht doch eine Verbesserung für die exponierten Risiken. Entsprechend der Beteiligung aller Träger der öffentlichen Hand an der Haftung kann auch die Prämie einen Zuschlag für Risiken enthalten, die gewisse Mindestkriterien, wie z.B. das Vorhandensein von Katastrophenschutzplänen der Gemeinden nicht erfüllen. Auf diese Weise kann über die Sacheigentümer politischer Druck auf die Länder und Gemeinden ausgeübt werden. Diese Sanktionen können wiederum zur Schadenminderung eingesetzt werden, wodurch eine dynamische Reduktion der Schadenpotentiale erreicht wird.

Trotzdem kommt ein solches Modell nicht ohne Zwänge aus. Es bietet sich an, eine obligatorische Deckungserweiterung an die Feuer- oder Sturmversicherung zu prüfen. Die Feuerdeckung ist wegen ihrer hohen Versicherungsdichte und aufgrund der Forderungen der Realgläubiger zu bevorzugen. Diese Lösung ist unter dem Aspekt der Kosteneffizienz positiv zu beurteilen. Erst wenn (erhebliche) Deckungslücken entstehen, muss ein Zwang in Form einer Versicherungspflicht samt Kontrahierungszwang angewandt werden. Letztlich wird so ein entsprechend großes Risikokollektiv gebildet, das auch von der Assekuranz positiv gesehen wird. Es können aber auch Probleme entstehen, weil exponierte Risiken nicht rückversichert werden können. In diesem Fall setzt die Ausweitung der Deckungskapazitäten durch staatliche Haftungen an.

Zusammenfassend zeigt sich, dass die gewonnenen Kriterien durch ein Modell erfüllt werden können. Auch wenn die beschriebenen Interessendivergenzen eine Regulierung erschweren, bieten sich dennoch Möglichkeiten, den Status quo zu verbessern, ohne eine Ausschnittslösung zu schaffen. Entscheidend sind Anreize aller Beteiligten zur permanenten Reduktion der Schadenpotentiale. Es kommt darauf an, vor dem Hintergrund der z.T. langfristigen schadenfreien Perioden kurzfristige politische und ökonomische Interessen aus Sicht wegen der Nachhaltigkeit eines Modells auszublenden.

Für das weitere Vorgehen leitet sich hieraus ein Forschungsbedarf ab, der zum einen für die Ausarbeitung eines Modellvorschlages umfangreiche Daten z.B. über die Versicherungsdichte in der Feuerversicherung (um ein Obligatorium zu bewerten), über die Auswirkungen auf die Unternehmen (um die Konsequenzen z.B. für regionale Anbieter abzuschätzen), über das Prämienaufkommen (um mögliche Quersubventionierungen zu beurteilen) und den Umfang eines Anstiegs der Versicherungssteuer infolge eines Zwangs (um die Verwendung dieser Mehreinnahmen des Bundes zu diskutieren) erhebt. Zum anderen sind den ermittelten Unternehmenspräferenzen und den gewonnenen Kriterien die Vorstellungen der Träger der öffentlichen Hand gegenüberzustellen. Darüber hinaus müsste die Finanzierung von Haftungsstrecken in eine Modellentwicklung einfließen.

Aufgrund der begrenzt zur Verfügung stehenden Informationen kann kein Modellvorschlag auf Grundlage wissenschaftlicher Methoden dargestellt werden. Die beschriebenen Aspekte zeigen aber, dass die bisher diskutierten Modelle den gewonnenen Kriterien nicht in einem ausreichenden Maße gerecht werden. Aufgrund dessen können die dargestellten Erkenntnisse zu weitergehenden Diskussion beitragen.

### *6.8. Zusammenfassung und kritische Würdigung*

In Nachlese zu den Hochwassern 2002 sind staatliche Interventionen in den Versicherungsmarkt diskutiert worden. Die Übertragung eines im Ausland existierenden Markteingriffs auf die Bundesrepublik ist aufgrund unterschiedlicher geographischer Gegebenheiten, Naturgefahren und Wertekonzentrationen nicht ohne Anpassungen möglich. Bereits im Vorfeld eines regulierenden Eingriffs in den Versicherungsmarkt können flankierende Maßnahmen zu einer Effizienzverbesserung des Status quo beitragen. Im Mittelpunkt stehen hierbei die Förderung von Präventionsmaßnahmen, gesetzliche Verbote und steuerliche Anreize. Ergänzt werden können diese Maßnahmen sowohl durch Forderungen der Banken nach einer Absicherung der Hypothekarinteressen gegen Naturgefahren als auch durch (steuerliche) Erleichterungen zur Rücklagenbildungen auf Seiten der Versicherer. Ein staatlicher Eingriff in den Versicherungsmarkt kann an verschiedenen Stellen ansetzen und ist abhängig von der Bewertung des Solidaritätsgedankens eines Modells. So basieren Versicherungsverträge grundsätzlich auf den Prinzipien der Freiwilligkeit oder des Zwangs. Im internationalen Vergleich ist für die Elementarschadenversicherung eine geringe Versicherungsdichte charakteristisch, solange keine Zwänge auf der Angebots- und/ oder Nachfrageseite ausgesprochen werden. Ein Zwang auf der Nachfrageseite kann auf Basis einer obligatorischen Deckungserweiterung oder im Rahmen einer Versicherungspflicht stattfinden. Im Falle eines Obligatoriums bezieht sich die Autonomie der Vertragsparteien auf die Frage, ob eine Police mit einem definierten Umfang abgeschlossen wird oder nicht. Bei der Versicherungspflicht hingegen besteht eine solche Wahlmöglichkeit nicht mehr. Gegen die Einführung solcher Zwänge gibt es verfassungsrechtliche Bedenken, weil hiervon die Handlungsfreiheit eingeschränkt und der Schutzgedanken des Eigentums im Grundgesetz tangiert wird. Eine Verfassungskonformität wird nur erreicht, wenn sämtliche Risiken von mindestens einer Gefahr mit erheblichen Schadenpotential bedroht sind. Dieses Potential darf nicht anderweitig abgesichert werden können. In der Vergangenheit sind deshalb Versuche gescheitert, eine Versicherungspflicht einzuführen. Die alternativen Gestaltungsformen für einen Versicherungszwang bieten komparative Vor- und Nachteile. So ist die Einführung eines Obligatoriums gesamtwirtschaftlich kostengünstiger als eine Versicherungspflicht. Allerdings können durch diese obligatorische Deckungserweiterung keine Prämien innerhalb der Risikogruppen quersubventioniert werden, ohne dass sich gute Risiken diesem Automatismus entziehen. An dieser Stelle knüpft ein Kontrahierungszwang der Versicherer an, um sicherzustellen, dass hohe Risiken in das Modell integriert werden.

Die Assekuranz hat die Möglichkeit, sich Markteingriffen durch den Abschluss von Selbstverpflichtungsabkommen zu entziehen. Ein Selbstverpflichtungsabkommen ist der kostengünstigste und einfachste Weg, eine Effizienzverbesserung auf den Märkten zu erreichen. Allerdings bestehen erhebliche Zweifel, ob eine solche Lösung aufgrund bestehender Interessendivergenzen nachhaltig ist und ein hohes Maß der finanziellen Risiken deckt. Letztlich ist eine Kombination aus Zwängen auf der Angebots- und der Nachfrageseite unerlässlich, um entsprechende Schadenpotentiale dauerhaft abzusichern. Dieser Auffassung sind auch die befragten Assekuranten. Ihrer Meinung nach wird es ohne die Einführung einer Versicherungspflicht und der damit verbundenen Quersubventionierung der Risiken keine versicherungstechnische Lösung für die Deckung stark gefährdeter Wagnisse geben. Dennoch ist die Einstellung der befragten Versicherer zu einer Versicherungspflicht im Unterschied zu der veröffentlichten Meinung des GDV nicht einheitlich. So sprechen sich die Unternehmen zwar mehrheitlich gegen diesen Zwang aus. Diejenigen Assekuranten jedoch, die von den Hochwassern 2002 stark betroffen waren, sind überwiegend für diesen starken Markteingriff. Als Gründe für ihre Einstellung heben die Gegner einer Versicherungspflicht eine antizipierte Reduzierung der Präventionsmaßnahmen des Staates und eine steigende Kumulgefahr hervor. Daneben werden Prämiensozialisierungen, die Finanzierbarkeit der hochexponierten Risiken, die Tragfähigkeit der Schäden und das Entstehen von Wettbewerbsverzerrungen als wichtige Argumente für die Einstellung der Versicherer genannt. Die Frage einer Verfassungskonformität und die Kosten, die bei dieser Regulierung entstehen, beeinflussen die Meinung der Unternehmen vergleichsweise wenig. Die Befürworter einer Versicherungspflicht geben versicherungstechnische Gründe wie die Bildung eines großen Risikokollektivs und eine entsprechende Risikostreuung als Bestimmungsgrund für ihre Präferenz an. Im Gegensatz hierzu sind betriebswirtschaftliche und vertriebliche Argumente weniger bedeutend. Für den Fall einer solchen Marktregulierung werden steigende Prämiensätze erwartet.

Neben Zwängen bestimmt der Deckungsumfang des Versicherungsschutzes das Schadenpotential, das über diesen Weg der finanziellen Risikovorsorge gesichert ist. Der Deckungsumfang wird unmittelbar durch die Anzahl der versicherten Gefahren, Personen und Sachen definiert. So können die abgesicherten Naturereignisse einzeln oder als Bündel angeboten werden, wobei durch eine Bündelung die Verfassungskonformität eines Modells erleichtert wird. Der diskutierte Gefahrenumfang umfasst neben den bekannten Risiken der Zusatzdeckung auch Sturm, Hagel, Blitzschlag sowie Sturmflut. Insbesondere die Integration der Sturmgefahr wird kontrovers diskutiert. Dieser Eingriff in einen intakten Versicherungsbereich kann zu Kompensationsforderungen der Versicherer führen. Gleichwohl bestimmen die versicherten Gefahren nicht nur welche Schadenpotentiale über die Elementarschadenversicherung gedeckt sind, sondern auch wie hoch die Akzeptanz der Bevölkerung ist und in welchem Umfang (zusätzliche) staatliche Mittel im Katastrophenfall erforderlich werden. Empirische Ergebnisse zeigen, dass die Erstversicherer mehrheitlich keine Einbindung der Sturmgefahr wünschen. Die Meinung der Assekuranz zum Einschluss weiterer Gefahren ist weniger homogen. Zwar möchte mehr als jeder zweite Assekurant die versicherten Gefahren aus der bisherigen Zusatzdeckung übernehmen, die übrigen Unternehmen können sich jedoch entweder eine Integration nur der unversicherbaren Gefahren (z.B. Sturmfluten) oder aber der Gefahren mit eingeschränkter Versicherbarkeit (z.B. Überschwemmungen) vorstellen. Als weiterer Parameter bestimmt die Ereignisdefinition das Maß, in dem die Naturgewalten auftreten müssen, um entschädigt zu werden. Ein Mindestmaß wird bereits seit längerer Zeit erfolgreich in der Sturmversicherung praktiziert. Für die anderen Gefahren ist ein solches Vorgehen problematisch und aufwendig. Im Katastrophenfall können langwierige Diskussionsprozesse und Einflussnahmen der Politik entstehen. Der weitere Deckungsumfang des Versicherungsschutzes umfasst die geschützten Sachwerte und Personengruppen. So können neben Gebäuden und deren Inhalt auch Betriebsunterbrechungsschäden gedeckt werden. Weitere Schäden, z.B. an Infrastruktureinrichtungen werden nicht über die Assekuranz abgesichert. Die in den Versicherungsschutz integrierten Personenkreise reichen von Privathaushalten bis hin zu Industrieunternehmen. Die Versicherungswirtschaft bevorzugt hier ein möglichst umfangreiches Modell mit Gebäude-, Inhalts- und mit Betriebsunterbrechungsversicherungen. Der Deckungsumfang lässt sich durch den Einsatz von versicherungstechnischen Instrumenten begrenzen. Neben Selbstbeteiligungen können die maximalen jährlichen Mittel an einen Sacheigentümer durch Jahreshöchstentschädigungen festgesetzt werden. Zudem kann die Haftung der gesamten Versicherer für eine Katastrophe durch Marktschadenlimite eingedämmt werden. Allerdings wird so die Transparenz der Versicherungsnehmer über die Entschädigungsleistung eingeschränkt. Deshalb wünschen die Versicherer eine

Integration von Jahreshöchstentschädigungen, die in Verbindung mit Selbstbehalten für die Begrenzung der Entschädigung sorgen. Eine Beschränkung des Versicherungsfalls auf außergewöhnliche Ereignisse lehnen sie hingegen ab.

Mit der Risikoträgerschaft als weitere Stellschraube einer Marktregulierung steigt und fällt die Dauerhaftigkeit eines Modells. Hier können staatliche Aktivitäten in unterschiedlicher Intensität ansetzen, wenn die Versicherungsmärkte an objektive Grenzen der Risikotragung stoßen. Die bisherige staatliche ad hoc Finanzierung von Elementarschäden in Verbindung mit privatem Versicherungsschutz wird von den Versicherern abgelehnt. Die große Mehrheit der Unternehmen wünscht eine Beteiligung der Assekuranz an der Haftung, ohne am bisherigen System festzuhalten. Ihrer Meinung nach soll der Staat ein fest umrissenes Risiko übernehmen. Die Organisation der Risikoträgerschaft kann grundsätzlich mit oder ohne staatliche Beteiligung erfolgen. Als erste Möglichkeit können Monopolversicherer gegründet werden. Europäische Monopolmodelle weisen ein vergleichbar geringes Prämienniveau und eine effiziente Schadenprävention auf. Andererseits bestehen gegen sie verfassungs- und europarechtliche Bedenken in Deutschland. Alternativ kann zweitens ein steuerfinanzierter Fonds geschaffen werden, der entweder das Leistungsangebot der Versicherungsmärkte ergänzt oder diese völlig ersetzt. Durch die nahezu unbegrenzte Bonität des Staates ist eine solche Lösung in der Lage, Katastrophenrisiken zu ersetzen. Allerdings besteht die Gefahr, dass die Anfangsausstattung der Mittel nicht ausreicht, um eintretende Schäden zu regulieren, sodass weitere Maßnahmen notwendig werden. Zudem sind die Möglichkeiten eines Fonds zum geographischen Risikoausgleich eingeschränkt. Hier ist ein Versicherungspool als dritte Alternative für die Organisation der Risikoträgerschaft besser geeignet, der die Gewinne und Verluste unter seinen Mitgliedern aufteilt. Allerdings bestehen für einen Versicherungspool, der sowohl auf Seiten der Erst- als auch der Rückversicherer gebildet werden kann, kartellrechtliche Bedenken durch die notwendigen Homogenisierungen der Bedingungswerke und Tarifierungsgrundsätze. Obwohl die Kumulkontrolle und die Atomisierung der Risiken durch dieses zentrale Organ erleichtert wird, sprechen sich weniger als die Hälfte der Versicherer für eine solche Lösung aus, wobei der Anteil der Assekuranten mit regional begrenztem Geschäftsgebiet unter den Befürwortern überproportional hoch ist. Die Ablehnung der Versicherer wird mit den hohen administrativen Kosten eines Pool begründet, der zudem eher im industriellen Bereich als im Massengeschäft gesehen wird. Als vierte Gestaltungsform besteht die Möglichkeit, beide Risikoträger in ein Modell zu integrieren und einen Rückversicherer unter staatlicher Beteiligung zu gründen. Hier werden die international verfügbaren Rückversicherungskapazitäten durch Mittel der öffentlichen Hand erweitert. In diesem Zusammenhang werden Stop-Loss Deckungen des Staates vorgeschlagen. Der Vorteil einer solchen Lösung liegt in der hohen Bonität des öffentlichen Risikoträgers und den geringen kartellrechtlichen Bedenken. Eine Lösung entsprechend des Terrorversicherers „Extremus“

wird ebenfalls diskutiert. In diesem Zusammenhang wünschen nahezu Zweidrittel der Erstversicherer eine Ausweitung der Rückversicherungskapazitäten durch den Staat, wobei die Gründung eines Elementarschadenversicherers aufgrund des damit verbundenen Aufwands mehrheitlich abgelehnt wird. Somit ist eine gemischte Lösung durch eine gemeinsame Risikoträgerschaft des Staates und der Assekuranz erfolgversprechend. Die Vorteile des Staates können durch eine hohe Bonität und Haftungskapazität mit der Transparenz, (grundsätzlichen) Kosteneffizienz und Nachhaltigkeit eines Modells auf privatwirtschaftlicher Basis verbunden werden. In Abhängigkeit von der konkreten Ausgestaltung kann ein Interessenausgleich stattfinden, wenn beidseitigen Anreizen zur Risikoüberwälzung entgegengewirkt wird. Gelingt es, ein großes Risikokollektiv aufzubauen und die Schadenpotentiale zu decken, erfüllt ein solches Modell auch das Kriterium der Vollständigkeit.

Eine weitere Marktregulierungsoption ist die Gestaltung der Prämiensätze. Dies gilt sowohl unmittelbar durch die Festlegung pauschaler oder risikogerechter Prämien als auch mittelbar über den Einsatz weiterer versicherungstechnischer Instrumente, die eine Variabilität der Beiträge auch nach Zustandekommen des Vertrages ermöglichen. Eine risikogerechte Prämienkalkulation führt grundsätzlich zu einer höheren Akzeptanz in der Bevölkerung und regt zur Schadenprävention an. Letztlich bleiben die Regulative der Assekuranz erhalten und eine Überstrapazierung des Solidaritätsgedankens wird verhindert, auch wenn dies „...unwillkommene Signale [sind], die den Menschen sagen, dass sie etwas anderes tun müssen, als sie beabsichtigen.“[1] In diesem Falle bedeutet dieser Hinweis für den Sacheigentümer, ein Haus nicht zu bauen bzw. im Extremfall aus gefährdeten Gebieten zu ziehen. Gegen eine risikogerechte Prämienkalkulation spricht, dass die Integration der hochgefährdeten Risiken in ein Modell nicht sichergestellt werden kann, weil u.U. prohibitiv hohe Beiträge diese Wagnisse indirekt ausschließen und einen regulativen Eingriff in den Markt wirkungslos machen. Fixe Prämiensätze sind i.d.R. sozial oder solidarisch untermauert. Allerdings entstehen durch die Sozialisierungen verfassungsrechtliche Bedenken, die Gefahr der adverse selection und keine Anreize zur Schadenprävention. Auf der anderen Seite werden die Prämienkalkulation erleichtert und die soziale Verträglichkeit eines Modells erhöht. Ein solches Umlageverfahren gleicht der Erhebung einer Steuer. Empirische Ergebnisse zeigen, dass die Versicherer abgestufte Prämien entsprechend der Risikoklassen wünschen. Auch versicherungstechnische Instrumente wie Bonus-/ Malus Systeme sind denkbar. Sie passen die Prämien während der Vertragslaufzeiten an die individuelle Schadenentwicklung durch Prämienerhöhungen/ -senkungen an. Gegen dieses Instrument der Erfahrungstarifierung sprechen die Notwendigkeit einer marktweiten Einführung und die ent-

[1] *Hayek* (1981), S. 145.

stehenden administrativen Kosten. Deshalb werden Bonus-/ Malus Systeme nur von wenigen Versicherern befürwortet. Gleiches gilt für eine Nachschusspflicht, die ebenfalls eine Angleichung der Prämien ex post an den gesamten Schadenbedarf eines Versicherers zulässt. Im Unterschied hierzu favorisieren die Unternehmen Beitragsanpassungsklauseln bei denen die Prämien der nächsten Perioden an geänderte Rahmenbedingungen assimiliert werden. Jeder zweite Assekurant wünscht die Begrenzung der Vertragslaufzeiten auf ein Jahr, was ebenfalls Änderungen in der Prämienhöhe für die folgende Periode ermöglicht sowie darüber hinaus Veränderungen im Deckungsumfang und Kündigungen erlaubt. Somit ziehen die Versicherer Instrumente vor, die einfach zu handhaben sind und zu keinen (großen) zusätzlichen Kosten führen. Ein Umlageverfahren für die Prämien ist nur durch die Ausübung von Zwängen möglich. Hier sind risikodifferenzierte Prämiensätze vorteilhaft, wenngleich sie im Extremfall zum Ausschluss stark gefährdeter Risiken führen können. An dieser Stelle kann durch eine Risikodifferenzierung der Beitragssätze mit Quersubventionierungen untereinander eine Lösung geschaffen werden, um auch diese Risiken in ein Modell zu integrieren. So wird die Nachhaltigkeit durch die Reduzierung der Gesamtschadenpotentiale positiv unterstützt, obwohl es beiden Systemen grundsätzlich gelingen kann, dauerhaft die entstehenden Schäden zu regulieren.

In Nachlese zu den Hochwassern 2002 wurden verschiedene Modelle für regulierende Eingriffe in die Versicherungsmärkte dargestellt. Hierbei ist der Vorschlag des Rückversicherers Swiss Re eine Alternative zur derzeitigen Form des Versicherungsmarktes, dessen Kernelement ein Privat-Public-Partnership zwischen der Assekuranz und dem Staat für Überschwemmungsrisiken bildet. Diese Übereinkunft beinhaltet eine freiwillige obligatorische Deckungserweiterung der Versicherer um Elementarrisiken in der Feuerversicherung und beschränkt die Aufgaben des Staates auf Präventionsmaßnahmen. Die Prämien und Selbstbeteiligungen werden risikodifferenzierend gestaltet, wobei besonders gefährdete Risiken weiterhin keine Deckung erhalten. Auch wenn dieses Modell kompatibel mit den Unternehmensinteressen der Assekuranz ist, wird nur eine marginale Effizienzverbesserung des Status quo erreicht, weil lediglich Überschwemmungsrisiken privater Haushalte berücksichtigt, verfassungsrechtliche Aspekte der Quersubventionierung von Prämien außer Acht gelassen und hochgefährdete Risiken ausgeblendet werden. Deshalb wird dieser Entwurf für Deutschland abgelehnt. Der zweite Vorschlag, das Modell der Bund-Länder Arbeitsgruppe, deckt alle wesentlichen Gefahren inklusive Stürme und Sturmfluten ab. Die diesem Entwurf zugrundegelegte Kalkulation des GDV basiert auf einer Versicherungspflicht für private und gewerbliche Gebäude, die mit einer risikobezogenen Prämienkalkulation ohne Quersubventionierungen erreicht werden soll. Eine Staatsgarantie stellt die erforderlichen Kapazitäten bereit, wobei bereits während der Arbeit am Modell unterschiedliche Positionen des Bundes und der Länder über die Finanzierung der Mittel sowie deren Höhe deutlich wurden. Deshalb ist zu befürchten, dass politische Einflüsse ein solches Modell wiederholt beeinträchtigen. Durch diesen Ansatz entstehen Finanzierungslücken bei Katastrophenschäden. Hinzu kommt, dass keinerlei Anreize gesetzt werden, die bestehenden Interessendivergenzen zu überwinden. Es wird bezweifelt, dass dieser Ansatz ohne Quersubventionierungen auskommt. Dies gilt zumindest in einer sekundären Sichtweise auf die Finanzierung der Staatshaftung aus Steuermitteln. Auch wenn die Arbeitsgemeinschaft in diesem Modell die Bonität des Staates mit der Effizienz und Nachhaltigkeit der Versicherungswirtschaft verbindet, ist dieser Vorschlag letztlich nur eine Insellösung, die wesentliche Defizite des Status quo nicht berücksichtigt. Ein anderes Modell wurde bereits 1999 im Rückblick auf die Pfingsthochwasser entwickelt (Bayern-Modell), das ohne einen unmittelbaren Zwang auskommt. Vielmehr wird hier ein staatlicher Katastrophenfonds bereitgestellt, auf dessen Mittel nur die Privathaushalte einen Anspruch haben, für die eine Mindestversicherung besteht. Hierdurch soll eine hohe Versicherungsdichte erreicht werden. Der innovative Charakter des Modells ist hervorzuheben, wenngleich weitere Kriterien wie die Vollständigkeit nicht erfüllt werden. Wie beim Vorschlag der Swiss Re muss bezweifelt werden, dass sich der Staat entsprechend dem Sozialstaatsgebot des Grundgesetzes aus der Bereitstellung weiterer Mittel im Schadenfall zurückziehen kann. Hinzu kommt, dass durch die Finanzierung der Fondsmitteln erhebliche haushaltstechnische Risiken für die Träger der öffentlichen Hand entstehen.

Trotz aller Differenzen sind diese drei Ansätze Partiallösungen für die aufgezeigten Problemfelder. In keinem der Beispiele wird der Versuch unternommen, Schadenpotentiale dauerhaft zu mindern. Vielmehr geht es darum, eine Effizienzverbesserung der Risikovorsorge durch Versicherungen zu erreichen, die den Staat bei der finanziellen Bewältigung von Naturereignissen entlasten. Eine solche Sichtweise genügt den idealtypischen Referenzkriterien nicht. Die im Rahmen dieser Arbeit gewonnen Erkenntnisse können an dieser Stelle ansetzen. Eine möglichst umfassende Gefahrenbündelung und die Integration möglichst vieler Wagnisse und Personenkreise ist grundsätzlich zu begrüßen. So wird der Abdeckung des Sturmrisikos die Akzeptanz eines Modells erhöhen. Durch die Einbindung stark kumulgefährdete Risiken wie Sturmfluten, die untereinander zu keinem Risikoausgleich in der Lage sind, werden flankierende Maßnahmen notwendig, um die Dauerhaftigkeit des Modells zu gewährleisten. Daneben muss dafür Sorge getragen werden, dass keine neuen Interessendivergenzen entstehen und keine Schadenminderungsmaßnahmen unterlassen werden. Je umfangreicher ein Eingriff gestaltet wird, desto mehr wird das Kriterium der Vollständigkeit erfüllt, allerdings geht dies auch negativ mit der Sicherung der Unternehmensexistenz der Versicherer einher, sodass entsprechende Maßnahmen ergriffen werden müssen. An dieser Stelle können Limitierungen die Assekuranten vor zu hohen finanziellen Belastungen schützen. Unter diesem Gesichtspunkt können sie als weiteres versicherungstechnisches Instrument in die Verträge integriert werden, auch wenn so die Transparenz und Vollständigkeit eines Modells negativ beeinflusst werden. Gleiches gilt für die Beschränkung auf außergewöhnliche Ereignisse. Eine gemischte privatwirtschaftliche und staatliche Risikoträgerschaft kann Konflikten zwischen einer möglichst umfangreichen Deckung eines Modells und dem Sicherheitsziel der Unternehmen begegnen. Entscheidend für die Nachhaltigkeit zum Ausgleich der divergierenden Interessenlagen ist, dass entstehende Kosten und Nutzen der Schadenprävention zusammenfallen und alle beteiligten Gruppen an der Finanzierung des Modells beteiligt werden. Soweit möglich sollen die erforderlichen Versicherungsbeiträge risikogerecht tarifiert werden. Ist dies nicht umsetzbar, können durch Haftungslimitierungen die Quersubventionierungen auf ein Mindestmaß reduziert werden. Eine obligatorische Haftungserweiterung wird einer Versicherungspflicht vorgezogen. Auch wenn die Kriterien nicht in einem idealtypischen Maße erfüllt werden, können Anreize für alle Beteiligten zu einer permanenten Reduktion der Schadenpotentiale geschaffen werden. Entscheidend ist neben einer Verbesserung des Status quo, dass die Dauerhaftigkeit eines Modells nicht durch kurzfristige politische und ökonomische Interessenlagen beeinflusst wird. Somit bleibt festzuhalten, dass es diverse Eingriffsmöglichkeiten für eine staatliche Regulierung der Elementarschadenversicherungsmärkte gibt. Auch wenn die Präferenzen der Unternehmen und die damit verbunden komparativen Vor- und Nachteile deutlich wurden, bedarf es weiterer Informationen und Kalkulationen, um die einzelnen Module entsprechend der Referenzkriterien umzusetzen. Vor diesem Hintergrund entsteht Forschungsbedarf, da zur weiteren Modellentwicklung umfangreiche Daten (z.B. zur Versicherungsdichte der Feuerversicherung) erhoben werden müssen. Daneben sind die gewonnenen Erkenntnisse den Interessen der öffentlichen Hand gegenüber zu stellen und die erarbeiteten Referenzkriterien empirisch zu validieren. An dieser Stelle kann eine neue Studie ansetzen. Deshalb wird an dieser Stelle kein Modellvorschlag auf Grundlage wissenschaftlicher Methoden entwickelt.

## 7. Fazit

Die für die Bundesrepublik bedeutendsten Naturgewalten hinsichtlich der Häufigkeit, der Todesfälle, der volkswirtschaftlichen und versicherten Schäden sind Stürme. Dennoch geht von Erdbeben und Sturmfluten das größte Schadenpotential in Deutschland aus. Für diese beiden Gefahren kalkuliert die deutsche Versicherungswirtschaft jeweils maximale Schäden im dreistelligen Milliarden Euro-Bereich und prognostiziert weiter steigende Gesamtschäden durch veränderte klimatische Rahmenbedingungen sowie anthropogene Einflüsse mit Wertekonzentrationen in gefährdeten Bereichen. Der Umgang mit diesen Naturgewalten ist durch das föderative System Deutschlands geprägt. Deshalb ist das Katastrophenmanagement eine Querschnittsaufgabe verschiedener Politikfelder und Kompetenzen, die durch das Nebeneinander von Zuständigkeiten zu konkurrierenden Anreizstrukturen sowie zu einer systembedingten Ineffizienz in der Katastrophenvorsorge, -bewältigung und Schadenfinanzierung führen. Erschwert wird die Effizienz dieser Handlungsfelder durch attraktive Lebensbedingungen in gefährdeten Gebieten, die zusammen mit hohen Wertekonzentrationen dazu führen, dass das Katastrophenmanagement den Idealfall einer langfristigen und interdisziplinären Partnerschaft aller Beteiligten derzeit nicht erfüllt.

Am Beispiel der finanziellen Bewältigung der Hochwasser 2002 wurde gezeigt, dass für die Schadenregulierung von Naturkatastrophen in der Bundesrepublik die Koexistenz von öffentlichen Hilfen, privaten Selbsthilfen, Spendenzahlungen und Versicherungsschutz charakteristisch ist. Diese umfangreichen staatlichen Mittel und privaten Spenden sind das Resultat einer mangelnden freiwilligen finanziellen Risikovorsorge der Sacheigentümer. Die staatlichen Hilfsprogramme, die vom Bund und den Ländern zusammen getragen wurden, unterschieden sich hinsichtlich der Zielgruppen, Zweckbestimmungen, Förderarten, Förderhöhen und Mindestvoraussetzungen für den Mittelerhalt voneinander und waren von sozialen Aspekten geprägt. Ergänzt wurden diese Unterstützungsleistungen um Gelder aus dem Solidaritätsfonds der EU, die schwerpunktmäßig für die Wiederherstellung beschädigter Infrastruktureinrichtungen eingesetzt wurden. Vor diesem Hintergrund eröffnet sich die Frage nach den Ursachen für die geringe freiwillige und eigenverantwortliche Vorsorge der Sacheigentümer, zumal mit der Elementarschadendeckung ein Produkt am Versicherungsmarkt verfügbar ist, das eine solche Prävention bietet.

So deckt die Elementarschadenversicherung mit Ausnahme von Stürmen, die über die Basisdeckungen versichert werden können, und Sturmfluten alle wichtigen Naturereignisse. Ersetzt werden die von den versicherten Naturgefahren verursachten Schäden an Gebäuden, deren Inhalt sowie definierte Kosten stillstehender Betriebe. Allerdings ist ein flächendeckendes Angebot für besonders gefährdete Überschwemmungs- und Erdbebenrisiken nicht erhältlich, so dass eine Deckungslücke entsteht. Die Assekuranz bedient sich zur Risikodiversifikation der Rückversicherung, die das Angebot erheblich mitbestimmt. Die Möglichkeiten dieses Instruments sind begrenzt, wenn Probleme des nationalen Risikoausgleichs dauerhaft über die internationalen Rückversicherungsmärkte gelöst werden sollen. Zudem herrscht keine Einigkeit darüber, ob die Kapazitäten dieser Märkte ausreichen, um die Schadenpotentiale in Deutschland abzudecken. Sollten die Rückversicherungskapazitäten eingeschränkt werden, kündigen die Erstversicherer eine restriktivere Zeichnungspolitik bis hin zur Einstellung des Angebots an. Deshalb müssen Katastrophenschäden langfristig über nationale Deckungskapazitäten abgesichert werden. Die Nachfrageseite des Versicherungsmarktes ist durch eine geringe Versicherungsdichte geprägt, die durch eine relativ geringe Schadenfrequenz, staatliche Finanzhilfen und ein geringes Risikobewusstsein bedingt wird. Hieraus entsteht ein Teufelskreis aus eingeschränktem Versicherungsangebot und kleinem Risikokollektiv, die beide zu hohen Prämiensätzen führen und damit ebenfalls die Nachfrage beeinträchtigen. Von einem grundsätzlichen Marktversagen in der Elementarschadenversicherung kann dennoch nicht gesprochen werden. Dies gilt, obwohl eine adverse selection immer wieder als Grund für ein Scheitern dieses Versicherungszweiges genannt wird. Hier handelt es sich um einen definitorischen Fehler der Assekuranz, die mit diesem Terminus keine Informationsasymmetrie, sondern einen fehlenden Risikoausgleich im Kollektiv beschreibt. Somit bleibt das Grundproblem dieser Versicherung eine mangelnde Nivellierung der Risiken innerhalb der Kumulzonen mit fehlenden Prämien außerhalb dieser Gebiete. Damit stößt die Elementarschadenversicherung an die Grenzen der Versicherbarkeit, sodass es in den stark gefährdeten Gebieten zu keinem Marktgleichgewicht kommt. Ungeachtet dessen wurde gezeigt, dass der Handlungsbedarf des Staates für ein Regulierung dieses Versicherungszweiges ausschließlich politischer Natur ist.

Sollte ein politischer Eingriff in den Versicherungsmarkt dennoch gewünscht werden, sind die engen Grenzen dieses Weges der finanziellen Risikovorsorge zu beachten. Bei der für die Bundesrepublik typischen ad hoc Finanzierung wurde am Beispiel der Hochwasser 2002 deutlich, dass die verschiedenen Entschädigungswege jeweils komparative Vorteile besitzen. So sind die für die Entschädigung notwendigen Strukturen in der Assekuranz bereits vorhanden. Die Versicherten waren deshalb mit der Schadenregulierung zufriedener als die Empfänger öffentlicher Hilfen. Bei der Finanzierung der notwendigen Mittel sind Versicherungen ebenfalls vorteilhaft, weil im Unterschied zu staatlichen Hilfen keine Generations-, Interessen- und Verteilungskonflikte initiiert werden. Gleichwohl sind die Mittel grundsätzlich verfügbar und müssen nicht im Nachhinein erhoben werden. Kritisch ist, dass die Regulative der Assekuranz in Bezug auf die Schadenminderung durch die öffentlichen Hilfen außer Kraft gesetzt worden sind. Der Vorteil der staatlichen Gelder liegt in der höheren Flexibilität gegenüber den standardisierten und starren Versicherungsprodukten. Deshalb können öffentliche Hilfen die Entschädigungskosten für Sachgüter übernehmen, die nicht über die

Versicherungsmärkte abdeckbar sind. Allerdings wird in diesem Zusammenhang kritisiert, dass eine Verzahnung der öffentlichen Hilfsprogramme untereinander nicht immer gegeben war. Das Nebeneinander der Regulierungswege führte zudem zu Kontrollkosten und time-lags bei der Auszahlung der steuerfinanzierten Gelder. Dennoch kann nicht davon gesprochen werden, dass die öffentlichen Hilfen allein die Entfaltung eines funktionsfähigen Versicherungsmarktes verhindern (Staatsversagen). Hier sind die Besonderheiten der Elementarschadenversicherung ebenfalls von großer Bedeutung, die sich nach den Überschwemmungen im August 2002 weiter verschlechterten. So haben sich die Rahmenbedingungen auf den (Rück-) Versicherungsmärkten durch steigende Prämien, Haftungslimitierungen und restriktivere Annahmenrichtlinien negativ entwickelt. Gleichwohl ist die Nachfrage als positive Folgewirkung der Ereignisse kurzfristig gestiegen. Parallel entwickelte sich eine politische Diskussion um staatliche Eingriffe in die Versicherungsmärkte, die in der Forderung nach einer Versicherungspflicht mündete. Eine solche Marktregulierung sollte nach den gewonnenen Erkenntnissen im optimalem Fall eine Risikopartnerschaft zwischen dem Staat, der Assekuranz und den Sacheigentümern unterstützen. Daneben sollte die finanzielle Risikovorsorge möglichst alle Schadenpotentiale abdecken, einen Ausgleich der divergierenden Interessen zwischen allen Beteiligten des Katastrophenmanagements fördern, die Transparenz erhöhen sowie nachhaltig und kosteneffizient sein. Allerdings kollidieren diese Charakteristika eines idealtypischen Versicherungsmarktes für Naturgewalten mit den Präferenzen der Erstversicherer z.B. in Form der Sicherung der Unternehmensexistenz. Diese Interessenkonflikte sind bei einer Marktregulierung entsprechend zu berücksichtigen.

Für die konkrete Ausgestaltung eines Eingriffs gibt es auf den internationalen Versicherungsmärkten bereits verschiedene Regulierungsmodelle, die allerdings aufgrund unterschiedlicher geographischer Gegebenheiten in Deutschland nicht adaptiert werden können. Eine Marktregulierung setzt an der Ausübung von Zwängen, der Risikoträgerschaft und der Prämiengestaltung an. Internationale Versicherungsmodelle und die gewonnenen empirischen Ergebnisse zeigen, dass es ohne die Ausübung von Zwängen keine versicherungstechnische Lösung für stark gefährdete Risiken geben wird. Ein solcher Zwang, der auf beiden Marktseiten ausgesprochen werden könnte, wirft verfassungsrechtliche Bedenken auf und wird auch von der Mehrheit der Versicherer abgelehnt. Im Unterschied zur Kfz-Haftpflichtversicherung, die als Idealmodell für einen Versicherungszwang bezeichnet wird, stellt sich als besonderes Problem der Elementarschadenversicherung heraus, dass sich der Versicherungsschutz nicht zusammen mit den Risiken entwickeln konnte. Vielmehr wird eine Versicherungsdeckung über eine Vielzahl bestehender Risiken gelegt. Hieraus resultieren u.a. Zielkonflikte zwischen den Präferenzen der Versicherungsunternehmen und den im fünften Kapitel entwickelten Referenzkriterien. Trotzdem ist eine Kombination aus Zwängen auf beiden Marktseiten unerlässlich für eine dauerhafte und nachhaltige Lösung, wenn die finanzielle Risikovorsorge über die Versicherungsmärkte stattfinden soll. Selbstverpflichtungsabkommen der Versicherungswirtschaft, die staatliche Regulierungen vermeiden sollen, werden abgelehnt, weil hier erhebliche Interessendivergenzen bestehen, die einer langfristigen Regelung entgegentreten.

Mit der Risikoträgerschaft als weitere Eingriffsmöglichkeit wird die Dauerhaftigkeit eines Modells entscheidend beeinflusst. Das bisherige System aus Versicherungsschutz und ad hoc Staatshilfen wird von der Assekuranz abgelehnt. Die Spannweite der Risikoträgerschaft reicht von Staatshaftungen über Versicherungsmonopole bis hin zu einer Deckung über private Versicherungsunternehmen. Insgesamt ist eine gemischte Lösung durch eine Risikoträgerschaft des Staates und der Assekuranz vorteilhaft, weil die idealtypischen Vorzüge des Staates wie eine hohe Bonität und große Haftungskapazitäten mit der Transparenz, Kosteneffizienz sowie der Nachhaltigkeit der Versicherer verbunden werden können. Durch eine konkrete Ausgestaltung lassen sich entsprechende Interessendivergenzen minimieren.

Grundsätzlich wünschen die Versicherer die umfangreiche Integration von Wagnissen und Gefahren im Falle einer Marktregulierung, wenngleich die Einbeziehung von Stürmen in den Deckungsumfang abgelehnt wird, weil es dafür funktionierende Marktmechanismen gibt. Daneben wird eine Begrenzung der Haftung durch Selbstbeteiligungen und Limitierungen gefordert. Durch das Nebeneinander dieser Vorstellungen können die entstehenden Konflikte zwischen einer möglichst vollständigen Deckung der Schadenpotentiale und der Sicherung der Unternehmensexistenz abgeschwächt werden. Zudem liefern risikogerechte Prämiensätze weitere Anreize zur Schadenprävention. Sie sind deshalb undifferenzierten Beitragssätzen vorzuziehen, solange keine Risiken vom Versicherungsschutz ausgeschlossen werden. Ist dies der Fall, könnten (verfassungsrechtlich bedenkliche) Quersubventionierungen der Risiken untereinander für eine Integration der hoch gefährdeten Gebiete sorgen. Allerdings darf die Prämiengestaltung insbesondere in schadenfreien Jahren nicht zum politischen Spielball werden.

Die drei vorgestellten Modellvorschläge der Swiss Re, der Bund-Länder-Arbeitsgemeinschaft und das „Bayern-Modell" setzen mit und ohne Zwänge bei abweichenden Risikoträgern an verschiedenen Gestaltungspunkten einer Marktregulierung an. Trotz aller Differenzen ist diesen Ansätzen gemein, dass sie lediglich Partiallösungen für die aufgezeigten Problemfelder darstellen. In keinem der Modelle wird der Versuch unternommen, die Schadenpotentiale dauerhaft zu mindern. Vielmehr geht es in den Entwürfen darum, eine Effizienzverbesserung für die Risikovorsorge durch Versicherungen zu erreichen, um den Staat bei der finanziellen Bewältigung von Naturereignissen zu entlasten. Eine solche Sichtweise genügt den gewonnenen Kriterien eines idealtypischen Modells nicht. Deshalb kommt es darauf an, eine Regulierung so zu gestalten, dass ein Ausgleich der divergierenden Interessenlagen und eine Nachhaltigkeit erreicht wird, indem Kosten und Nutzen von Präventionsmaßnahmen zusammenfallen und alle Gruppen an der finanziellen Bewältigung von Naturkatastrophen beteiligt werden. Letzteres könnte z.B. über die Finanzierung einer Staatshaftung durch alle Träger der öffentlichen Hand erfolgen, um permanente Anreize zur Verminderung der Schadenpotentiale zu setzen. Die Eckpunkte eines idealen Modells beinhalten eine umfangreiche Gefahrenbündelung für möglichst viele Wagnisse, eine gemischte privatwirtschaftliche und staatliche Risikoträgerschaft, risikogerechte Versicherungsbeiträge und eine obligatorische Haftungserweiterung der Feuerversicherung um Elementargefahren. Von der Ausarbeitung eines detaillierten Modells auf wissenschaftlicher Basis wird im Rahmen dieser Arbeit Abstand genommen, weil hierzu umfangreiche Daten (z.B. über die Versicherungsdichte in der Feuerversicherung) und die Erhebung von Präferenzen des Staates erforderlich wären. Vor diesem Hintergrund wird Forschungsbedarf sowohl hinsichtlich der notwendigen qualitativen Daten als auch der Validierung der erhobenen Präferenzen deutlich. Ob die Aussage *Pohlhausens* zutrifft, wonach eine Versicherungspflicht „...für den gestaltenden Politiker ein ideales Feld, Sozialingenieur ohne Budgetrestriktionen zu spielen...“[1] sei, ist entsprechend im Vergleich zu der Diskussion um die Einführung von Zwängen in anderen Versicherungszweigen wie der Tierhalterhaftpflicht[2] zu prüfen. Unabhängig hiervon können über neue empirische Arbeiten zusätzliche Bestimmungsgründe für die Präferenzen der Assekuranten zu Markteingriffen erhoben werden. Hierzu zählt z.B. die Berechnung von Kennziffern aus den Jahresabschlüssen der Unternehmen, die aus den Geschäftsberichten speziell für die Elementarschadenversicherung nicht entnommen werden können. Auf Grundlage solcher Daten könnten z.B. Korrelationen zwischen den Unternehmenspräferenzen und definierten Kennziffern berechnet werden.

Bis heute, nahezu drei Jahre nach den Hochwassern in Deutschland, hat es national keine solche Katastrophe mehr gegeben. Deshalb sind die Aussagen der Versicherer, die z.B. zu den Veränderungen auf den Rückversicherungsmärkten getroffen wurden, zu überprüfen. Hier könnten erneut Präferenzen der Assekuranten erhoben werden, um die kurzfristigen Einflüsse dieser Erhebung auf das Meinungsbild der Versicherer zu minimieren. In diesen Zusammenhang könnten weitere Punkte untersucht werden. So wird innerhalb des siebten Kapitels gezeigt, dass regional tätige Versicherer keine ausgeprägtere Aversion gegen eine Versicherungspflicht hegen als bundesweit operierende Unternehmen, obwohl durch die Regionalität der geographische Risikoausgleich erschwert wird. Hier gibt es offensichtlich andere Bestimmungsgründe, die deren Einstellung beeinflussen, z.B. relative hohe lokale Marktanteile. Diese Gründe sind weiter zu erforschen.

---

1 *Pohlhausen* (2005), S. 1.

2 Vgl. *Dobbert* (2005).

Die im Vorfeld gebildeten Hypothesen konnten somit bewiesen werden. Es wird deutlich, dass keine vollständige Bewältigung der finanziellen Lasten aus Naturkatastrophen über die Versicherungsmärkte stattfinden kann (Hypothese 1). Es wird gezeigt, dass die geringe Versicherungsdichte nicht auf einer adverse selection und einem (hierdurch verursachten) Versagen der Märkte beruht, so dass ein Staatseingriff nicht allokationstheoretisch begründet werden kann (Hypothese 2). Die vorgestellte Diskussion regulierender Markteingriffe zeigt, dass nur Teilaspekte der gewonnenen Erkenntnisse berücksichtigt werden, so dass eine Erweiterung der Debatte um Aspekte des Katastrophenmanagements sinnvoll ist (Hypothese 3).

In der Hoffnung, dass die vorliegende Arbeit zur Anregung der Diskussion um einen regulierenden Eingriff in die Versicherungsmärkte für Elementarrisiken beitragen kann, möchte ich mit einer Weisheit *Goethes* schließen:

*„Nichts ist vollkommen, nichts ohne Fehle, Im Geiste des Ganzen liegt die Seelé."*

*Verzeichnis der zitierten Versicherungsbedingungen*

Allgemeine Bedingungen für die Erweiterte Hauhaltversicherung der Staatlichen Versicherung der Deutschen Demokratischen Republik, Ausgabe 1986

Allgemeine Bedingungen für die freiwillige Versicherung von Gebäuden der Staatlichen Versicherung der Deutschen Demokratischen Republik, Ausgabe 1977

Allgemeine Bedingungen für die Hausratversicherung (VHB)

Allgemeine Bedingungen für die Neuwertversicherung von Wohngebäuden gegen Feuer-, Leitungswasser- und Sturmschäden (VGB)

Allgemeine Bedingungen für die Allgefahrenversicherung für Industrie und Gewerbe (ABAG)

Allgemeine Feuerversicherungs-Bedingungen (AFB)

Allgemeine Bedingungen für die Sturmversicherung (AStB)

Allgemeine Bedingungen für die Leitungswasserversicherung (AWB)

Bedingungen für die Versicherung zusätzlicher Gefahren zur Feuerversicherung für Industrie- und Handelsbetriebe (ECB 87)

Besondere Bedingungen für die Versicherung weiterer Elementargefahren bei gewerblichen Risiken (BEG)

Besondere Bedingungen für die Versicherung weiterer Elementargefahren in der Hausratversicherung (BEH)

Besondere Bedingungen für die Versicherung weiterer Elementargefahren in der Wohngebäudeversicherung (BEW)

Zusatzbedingungen für die Versicherung weiterer Elementarrisiken in der Wohngebäudeversicherung (ZVGB)

Gesetz zur Regelung des Rechts der Allgemeinen Geschäftsbedingungen (AGBG) vom 9.12.1976, BGBl. I 1976, 3317 (aufgehoben seit 1.1.2002).

*Bayerisches Staatsministerium der Finanzen (Hrsg.) (1994):* Richtlinien für staatliche Finanzhilfeaktionen bei Notständen durch Elementarereignisse (Finanzhilferichtlinien- FHR) mit Anlage (Nebenbestimmungen für die Gewährung von Finanzhilfen- NbestFH9, in: Bayerischer Staatsanzeiger, Nr. 52/1994, 16.12.1994.

*Bayerisches Staatsministerium der Finanzen (Hrsg.) (1990):* Richtlinien für die Übernahme von Staatsbürgschaften bei Notständen durch Elementarereignisse (FHR-Bü), in: Bayerischer Staatsanzeiger, Nr. 18/1990, 27.04.1990.

Gesetz zur Änderung steuerrechtlicher Vorschriften und zur Errichtung eines Fonds „Aufbauhilfe" (Flutopfersolidaritätsgesetz) vom 19.09.2002, BGBl. I 2002, S. 3651.

Gesetz zur Errichtung eines Fonds-„Aufbauhilfe" (Aufbauhilfefondsgesetz-AufhFG) vom 19.09.2002, BGBl. I 2002 S. 3652.

Baugesetzbuch (BauGB) vom 23.06.1960, BGBl. I 1960, 341.

*Bundesgerichtshof:* URTEIL Az III ZR 111/80 vom 28.1.1982.

Bürgerliches Gesetzbuch (BGB), RGBl 1896, 195.

Einkommensteuergesetz (EstG) vom 16.10.1934, BGBl. 1934, 1005.

Vertrag zur Gründung der Europäischen Wirtschaftsgemeinschaft (EWG Vertrag) vom 25. März 1957.

Gesetz gegen Wettbewerbsbeschränkungen (GWB) vom 26.08.1998, BGBl. I 1998, 2521.

Raumordnungsgesetz (ROG) vom 18.08.1997, BGBl. I 1997, 2081, 2102.

Strafgesetzbuch (StGB) vom 15.05.1871, RGBl. 1871, 127.

Grundgesetz für die Bundesrepublik Deutschland (GG) vom 23.05.1949, BGBl. 1949, 1.

Gesetz zur Ordnung des Wasserhaushalts (WHG) vom 27.07.1957, BGBl. I 1957, 1110, 1386.

*Oberlandesgericht Celle:* URTEIL Az 16 U 100/86 vom 19.5.1987.

Verordnung (EG) Nr. 2012/2002 des Rates vom 11.11.2002 zur Errichtung eines Solidaritätsfonds der Europäischen Union, veröffentlicht im Amtsblatt der Europäischen Gemeinschaft L 311 vom 14.11.2002.

Verordnung nach §2 Abs. 6 Aufbauhilfefondsgesetz (Aufbauhilfefondsverordnung-AufbauhfV) vom 24. Juni 2003, veröffentlicht im Bundesgesetzblatt Jahrgang 2003, Teil I, Nr. 28, ausgegeben zu Bonn am 30. Juni 2003.

Verordnung über die Elementarschadenversicherung 961.27 des Schweizer Bundesrates vom 18. November 1992 mut Stand 11. Januar 2000 (Siehe http//www.admin.ch/ch/d/sr/9/961.27.de.pdf vom 08.05.2002).

Verordnung (EG) Nr. 1534/91 vom 31. Mai 1991 über die Anwendung von Artikel 85 Absatz 3 EG-Vertrag auf Gruppen von Vereinbarungen, Beschlüssen und aufeinander abgestimmten Verhaltensweisen im Bereiche der Versicherungswirtschaft, veröffentlicht im Amtsblatt L 143 vom 7. Juni 1991, S. 1.

## *Literaturverzeichnis*

*Ahorner, L./Rosenbauer, W. (1993):* Seismische Risikoanalyse, in: Klein, G. (Hrsg.): Erdbeben, in: Plate, E./Clausen, L./de Haar, U. et al. (Hrsg.): Naturkatastrophen und Katastrophenvorbeugung, Weinheim, S. 177-190.

*Akerlof, G. (1970):* The Market for `Lemons': Quality Uncertainty and the Market Mechanism, in: Quarterly Journal of Economics, Vol. 84, S. 488-500.

*Albrecht, P./Brinkmann, T./Zweifel, P. (1987):* Was ist Versicherung? Schriftenreihe des Ausschusses Volkswirtschaft des GDV, Nr. 8.

*Albrecht, P./Lippe, S. (1988):* Prämie, mathematische und wirtschaftliche Fragen, in: Farny, D./Helten, E./Koch, P/Schmidt, E.H. (Hrsg.), Handwörterbuch der Versicherung HdV, Karlsruhe, S. 525-532.

*Alich, H. (2002):* Orkan belastet Versicherungsbilanzen, in: Handelsblatt (HB), 29.10.2002.

*Alich, H. (2002a):* Swiss Re schlägt automatische Versicherung gegen Flutschäden vor, in: Handelsblatt (HB), 24.10.2002.

*Allianz Versicherungs-Aktiengesellschaft (2003):* Geschäftsbericht 2002- „Auch nach Katastrophen: Leistungsstark an der Seite der Kunden", München.

*Allmann, A (2000):* Wie beurteilt man das Erdbebenrisiko, in: Münchener Rückversicherungsgesellschaft (Hrsg.): Heft 2, 43 Jahrgang, München, S. 21-31.

*Allmann, A./Rauch, E./Smolka, A. (1998):* New paleoseismological findings on major earthquakes in Central Europe: Possible consequences for the earthquake loss potential in Germany, Paris.

*Ammann, C./Ammann, J. (2004):* El-Nino: Die Infoseite zur Klimaanomalie im Pazifik, http://www.jam-web.de/El-Nino/index/php, Stand: 25.02.2004.

*Antes, H./Rodatz, W. (1993):* Interaktionsvorgänge, in: Klein, G. (Hrsg.): Erdbeben, in: Plate, E./Clausen, L./de Haar, U. et al. (Hrsg.): Naturkatastrophen und Katastrophenvorbeugung, Weinheim, S. 191-206.

*Arbeitsgemeinschaft deutscher wirtschaftswissenschaftlicher Forschungsinstitute e.V. (Hrsg.) (2002):* Die Lage der Weltwirtschaft und der deutschen Wirtschaft im Herbst 2002, URL: http://www.iwh.uni-halle.de, Stand 4.11.2002.

*Archangeli, G. (2002):* Ruhe nach dem großen Sturm: So rechnen Sie mit der Versicherung ab, Berliner Zeitung, 12.07.2002.

*Arrow, K. (1951):* Alternative Approaches to the Theory of Choice in Risk-Taking Situations, in: Econometrica 19, S. 404-437, Wiederabdruck in ders. (1970): "Essays in the Theory of Risk-Bearing", Amsterdam, S. 1-43.

*Ayling, D. E. (1984):* Underwirting Decisions under Uncertainty- The Catastrophe Market, Hampshire; Brookfield.

*A.S. (2003):* Flutpflichtversicherung, in: Zeitschrift für Versicherungswesen, Nr. 7/2003, S. 181.

*Bartels, H. (1999):* Starkniederschläge in Deutschland- Extremwertstatistische Analysen und Bewertungen von Einzelereignissen, in: Stiftung Umwelt und Schadenvorsorge (Hrsg.): Symposium Naturkatastrophen in Mittelgebirgsregionen, Karlsruhe, S. 4-5.

*Bayer, W. (2002):* Attraktiver als je zuvor, in: Der Spiegel, Nr. 34/2002, S. 42.

*Bayerische Rück (Hrsg.) (1993):* Risiko ist ein Konstrukt, München.

*Bayerisches Staatministerium der Finanzen (Hrsg.) (2002):* Augusthochwasser 2002: Finanzielle Hilfen des Freistaates Bayern, München.

*Beck, D. (1980):* Das Verhalten von Mitgliedern privater Haushalte bei Versicherungsentscheidungen- Eine Zusammenstellung und Analyse empirischer Untersuchungen, in: Zeitschrift für die gesamte Versicherungswissenschaft, Bd. 69, S. 537-581.

*Benda, E. (1976):* Staatliche und private Vorsorge im Lichte des sozialen Rechtsstaates, in: 75 Jahre Versicherungsaufsicht in Deutschland, Karlsruhe, S. 35-68.

*Berliner, B. (2002):* Gedanken zur Ausgleichsfunktion der Rückversicherung auf dem Versicherungsmarkt, in: Zeitschrift für Versicherungswesen, Nr. 21, 1. November 2002, S. 704-709.

*Berliner, B. (1982):* Die Grenzen der Versicherbarkeit von Risiken, Zürich.

*Bernoulli, D. (1954):* Expositions of an New Theory on the Measurement of Risk, in: Econometrica 22/1954, S. 23-36.

*Berthold, N. (1988):* Marktversagen, staatliche Intervention und Organisationsformen sozialer Sicherung, in: Rolf, G./Spahn, P.B./Wagner, G. (Hrsg.): Sozialvertrag und Sicherung- Zur ökonomischen Theorie staatlicher Versicherungs- und Umverteilungssysteme, Frankfurt, New York, S. 339-369.

*Berz, G. (2000):* Naturkatastrophen und globale Klimagefährdung- Standpunkte der Versicherungswirtschaft, in: Gesamtverband der Deutschen Versicherungswirtschaft e.V. (GDV) (Hrsg.): Katastrophe Natur? Strategien zur Bewältigung von Naturkatastrophen, Berlin, S. 146-161.

*Berz, G. (1999):* Naturkatastrophen an der Wende zum nächsten Jahrhundert-Trends, Schadenpotentiale und Handlungsoptionen der Versicherungswirtschaft, in: Zeitschrift für die gesamte Versicherungswissenschaft, Heft 88, S. 427-442.

*Beuermann, G./Farny, D./Kerschgens, M. et al. (2002):* Teilprojekt C1: Zukünftige Modifikation regionaler Klimate und deren Berücksichtigung in Entscheidungsprozessen von Unternehmungen, http://www.uni-koeln.de/sfb419/C1/ergebnis/C1_0100.pdf, Stand: 15.10.2002.

*Beutler, A./Flocken, J.v./Sachse, K. et al. (2002):* Woge der Wut, in: Focus Nr. 45/2002, S. 48-50.

*Beyene, M./Buchholz, O. (1999):* Die Abschätzung von Hochwasserschadenspotentialen als Analyse- und Entscheidungshilfeinstrument für den präventiven Hochwasserschutz, in: Stiftung Umwelt und Schadenvorsorge (Hrsg.): Symposium Naturkatastrophen in Mittelgebirgsregionen, Karlsruhe, S. 34-36.

*Bohle, H.-G./Gertel, J./Krings, T. et al. (1993):* Dürren und Hunger, in: Kleeberg, H.-B. (Hrsg.):Fluten und Dürren, in: Plate, E./Clausen, L./de Haar, U. et al. (Hrsg.): Naturkatastrophen und Katastrophenvorbeugung, Weinheim, S. 497-512.

*Brachmann, H. (2001):* Partizipationskonzepte der Risikotragung, in: Zeitschrift für Versicherungswesen, Nr. 24/2001, S: 838-841.

*Brands, H. (1994):* Umwelthaftpflichtversicherung und risikopolitische Instrumente eines VVaG, in: Mehring, H.-P./Wolff, V. (Hrsg.), Festschrift für Dieter Farny zur Vollendung seines 60. Lebensjahres von seinen Schülern, Karlsruhe, S.265-272.

*Bresch, D./Bisping, M./Lemcke, G. (2000):* Sturm über Europa: Ein unterschätztes Risiko, Zürich.

*Bronstert, A. (1997):* Klimaänderungen und Hochwasser- Zusammenhänge und Auswirkungen, in: Immendorf, R. (Hrsg.): Hochwasser: Natur im Überfluß?, Heidelberg, S. 163-182.

*Büchner/Dengler (1999):* Ergebnisprotokoll über die Sitzungen des Arbeitskreises „Elementarschadenpflichtversicherung“ vom 05. bis 28.09.1999, unveröffentlichtes Protokoll, München.

*Büchner/Dengler/Senger (1999):* Schlussbericht des Arbeitskreises „Elementarschadenpflichtversicherung“, in: Bayerisches Staatsministerium für Wirtschaft, Verkehr und Technologie: Arbeitskreis „Elementarschaden-Pflichtversicherung“ 1999, unveröffentlichter Bericht, München.

*Bultmann, K. (1997):* Kundenorientierung und Risikoforschung: Garanten für eine Assekuranz mit Zukunft?, in: Schulenburg, J.-M. Graf v.d. (Hrsg.): Neue Wege des Versicherungsmanagements: Festschrift zum 60. Geburtstag von Günter Schmidt, S. 261-276, Karlsruhe.

*Bund der Versicherten e.V. (BdV) (2003):* Versicherungsarten Tipps: Elementarschäden (Überschwemmungen, Erdbeben usw.), URL: http://www.bundderversicherten.de/Tips/elementar.htm, Stand 04.08.03.

*Bund der Versicherten e.V. (BdV) (2002):* Medieninformation 19.09.2002- Vor der Wahl: Antworten der Bundestagsparteien zur Flutversicherung, in: http// www.bundderversicherten.de/BdVAktuelles/Parteien_Flutversicherung.htm, Stand: 04.08.2003.

*Bundesanstalt für Finanzdienstleistungsaufsicht (2003):* Diskussionspapier zur Sitzung des Versicherungsbeirats bei der BaFin vom 18. März 2003: Die Elementarschadenversicherung als Pflichtversicherung- ein Konzept für die Zukunft?, http://www.bafin.de/sonstiges/030318.htm, Stand: 04.08.2003.

*Bundesaufsichtsamt für das Versicherungswesen (Hrsg.) (1991):* Veröffentlichungen des Bundesaufsichtsamtes für das Versicherungswesen 8/1991, Berlin.

*Bundeskartellamt (2005):* Pressemeldung vom 15.09.2005: Bundeskartellamt verhängt Millionenbußgelder gegen öffentlich-rechtliche Industrieversicherer.

*Bundesministerium der Finanzen (Hrsg.) (2003):* Bundesprogramme im Fonds „Aufbauhilfe", Berlin.

*Bundesministerium der Finanzen (Hrsg.) (2002):* Steuerliche Maßnahmen zur Unterstützung der Opfer der Hochwasserkatastrophe im August 2002, BMF Schreiben vom 1. Oktober 2002, IV C4- S2223- 301/02, Berlin.

*Bundesministerium der Justiz (2003):* Bericht der Bundesregierung aus der Bund-Länder-Arbeitsgruppe „Elementarschadenversicherung" III A 6, unveröffentlichter Bericht, 27.10.2003, Berlin.

*Bundesministerium des Innern (2003):* Schadenkataster ist online: Fluthilfe Wittenberg nutzt kostenlose Datenbank des Bundes, URL:http://www.bmi.bund.de/dokumente/Pressemitteilungen/ix_90706.htm?nodeID=, Stand:15.Mai 2003.

*Bundesministerium des Innern (Hrsg.) (2002):* Weitere Hilfs- und Informationsbörsen im Internet, URL: http//www.bmi.bund.de/dokumente/Artikel/ix_90354.htm?nodeID=, Stand: 07.11.2002.

*Bundesministerium des Innern (Hrsg.) (2002b):* Schadenkriterien Fonds Aufbauhilfe, Berlin.

*Bundesministerium des Innern (Hrsg.) (2002c):* Hochwasserkatastrophe August 2002: Hilfen des Bundes, Stand: 24. Januar 2002, Berlin.

*Bundesministerium für Umwelt, Naturschutz und Reaktorsicherheit (Hrsg.) (2003):* Eckpunkte für ein Artikelgesetz zur Verbesserung des vorbeugenden Hochwasserschutzes, Berlin.

*Bundesministerium für Verkehr, Bau- und Wohnungswesen (Hrsg.) (2002):* Programm zur Beseitigung und Behebung von Hochwasserschäden an Wohngebäuden; Programm zur Wiederherstellung der von Hochwasser geschädigten Infrastruktur in den Gemeinden- Merkblatt über die Finanzhilfen des Bundes, Berlin.

*Busold, A. (1990):* Kosten und Wirtschaftlichkeit des Katastrophenschutzes in der Bundesrepublik Deutschland, Hamburg.

*Camerer, C. F./Kunreuther, H. (1989):* Decision Processes for Low Probability Events: Policy Implications, in: Journal of Policy Analysis and Management, 8. Jg., Heft 4, S. 565-592.

*Chmielorz, G./Metzger, J. (1995):* Überschwemmung und Versicherung: Ein Diskussionsbeitrag aus Sicht eines Rückversicherers, in: Versicherungswirtschaft, Heft 14/1995, S. 935-942.

*Citlak, B. (2000):* Regulierende Eingriffe in Versicherungsmärkte für Umweltrisiken und Elementarschäden- Eine theoretische Analyse der Anreizwirkungen, Bochum.

*Citlak, B./Wagner, G. G. (2001):* Hochwasser: Unkalkulierbare Ereignisse und unvermeidbare Folgen? Denkanstösse für den ökonomischen Umgang mit Elementarschäden, in: Mager, H.-C./Schäfer, H./Schrüfer, K. (Hrsg.): Private Versicherung und Soziale Sicherung- Festschrift zum 60. Geburtstag von Roland Eisen, Karlsruhe, S. 97-111.

*Claus, R./Luft, C./Kutzmutz, R. (2002):* Entwurf eines Gesetzes zum Ausgleich der von der Hochwasserkatastrophe im August 2002 verursachten Eigentumsschäden (Hochwasserschaden-Ausgleichgesetz), Drucksache 14/9895 des Deutschen Bundestages vom 27.08.2002, 14. Wahlperiode.

*Clausen, L./Möller, F. (1993):* Sozialwissenschaften, in: Plate, E./Clausen, L./de Haar, U. et al. (Hrsg.): Naturkatastrophen und Katastrophenvorbeugung, Weinheim, S. 73-148.

*Clemeny, K./Ritthaler, J. (2002):* Sachversicherer sind noch nicht aus der Krise, in: Versicherungswirtschaft Heft 19/2002, S. 1465-1468.

*Cristofolini, W./Fromme, F.-H./Holthausen, H. et al. (1998):* Individualversicherung, Karlsruhe.

*Damm, B. (1999):* Massenselbstbewegungen im Fulda- und Oberwesergebiet (Nordhessen/ Südniedersachsen), in: Stiftung Umwelt und Schadenvorsorge (Hrsg.): Symposium Naturkatastrophen in Mittelgebirgsregionen, Karlsruhe, S. 55-56.

*Dehmer, D. (2002):* Klimaforscher fordet globalen Katastrophenfonds, in: Der Tagesspiegel, 24.08.2002.

*De Luca, C./Hagen, J./Kebbel, M. et al. (2002):* Lehren aus der Flut, in: Capital Heft 18/2002, S. 78-81.

*Demolìere, S./Johannsen, K. (2002):* Kapitalmarkt übernimmt die Rolle der Assekuranz, in: Handelsblatt, 25.09.2002.

*Deutsche Presse Agentur (dpa) (2002a):* Nach Sturmschäden höherer Prämien bei Gebäudeversicherungen möglich, 11.07.2002.

*Deutsche Presse Agentur (dpa) (2002b):* Allianz: In Kürze wieder Versicherungen gegen Hochwasser, 26.08.2002.

*Deutsche Presse Agentur (dpa) (2002c):* Verbraucherzentrale fordert generelle Überschwemmungsversicherung, 16.08.2002.

*Deutsche Rückversicherung AG (1999):* Das Pfingsthochwasser im Mai 1999, Düsseldorf.

*Deutscher Bundestag (2002):* Stenographischer Bericht 251. Sitzung, Plenarprotokoll 14/251, 29.08.2002.

*Deutscher Bundestag (2002a):* Stenographischer Bericht 252. Sitzung, Plenarprotokoll 14/252, 12.09.2002.

*Deutscher Wetterdienst (Hrsg.) (2002):* Zeitlicher Verlauf der täglichen Niederschlagshöhen in Mitteleuropa zwischen dem 1. und 13. August 2002, in: URL: http//www.dwd.de/FundE/Klima/KLIS/prod/spezial/regen/index/htm, Stand 07.11.2002.

*Deutsches Komitee für Katastrophenvorsorge e.V. (DKKV) (Hrsg.) (2003):* Hochwasservorsorge in Deutschland, Bonn.

*Deutsches Rotes Kreuz (Hrsg.) (2003):* Nachbarn in Not- Flutkatastrophe in Deutschland 2002 (Leistungsbilanz), Berlin.

*Dietz, H. (1991):* Umfang der erweiterten Elementargefahrendeckung, in: Erweiterte Elementargefahrendeckung in der Allgemeinen Sachversicherung- Beiträge zur 13. Kölnischen Runde, in: Schriftenreihe der Kölnischen Rück (Hrsg.), Heft 18, Köln, S. 7-23.

*Dimmer, K. (1986):* Die optimale Versicherungsentscheidung als risikopolitisches Problem- Eine Analyse auf der Grundlage des erweiterten Modells der einzelwirtschaftlichen Versicherungsnachfrage, in: Müller-Lutz, H. L. (Hrsg.): Beiträge zu wirtschaftswissenschaftlichen Problemen der Versicherung, Bd. 20, Karlsruhe.

*Dlugolecki, A. (2003):* Wenn nichts geschieht, droht der Kollaps- Der Klimawandel kann den finanziellen Ruin bedeuten, in: Versicherungswirtschaft, 58. Jahrgang, Heft 1/2003, S. 6-10.

*Dobbert, J. (2005):* Problem Kampfhund: Ist eine Pflichtversicherung notwendig? in: URL:http//www.gdv.de/presseservice/13478.htm, Stand: 26.04.2005.

*Dunwoddy, S./Peters, H. P. (1993):* Massenmedien und Risikowahrnehmung, in: Bayerische Rück (Hrsg.): Risiko ist ein Konstrukt, München. S. 317-343.

*Ebel, U. (1997):* „Klient" Hochwasser- (k)ein Fall für die Versicherungswirtschaft, in: Immendorf, R. (Hrsg.): Hochwasser: Natur im Überfluß?, Heidelberg, S. 211-222.

*Ebenhö, W./Sterr, H./Simmering, F. (1997):* Potentielle Gefährdung und Vulnerabilität der deutschen Nord- und Ostseeküste bei fortschreitendem Klimawandel- Case Study in Anlehnung an die Common methodology der IPCC Coastal Zone Management Subgroup, unveröffentlichter Bericht, Kiel.

*Egli, T. (2000):* Risikobewertung: Aufgabe von Sicherheitsbehörden und Legitimation von Betroffenen, in: Internationales Symposium INTERPRAEVENT 2000- Villach/Österreich, Tagungspublikation, Band 2, S. 241-251, St. Gallen.

*Ehler, H. (2005):* Das Schutzgesetz muss warten, in: Versicherungswirtschaft, Heft 2/2005, S. 147.

*Eikenberg, C. et al. (2002):* Journalisten-Handbuch zum Katastrophenmanagement 2002, in: Deutsches Komitee für Katastrophenvorsorge e.V. (DKKV) (Hrsg.):Hochwasservorsorge in Deutschland, . 7. überarbeitet und ergänzte Auflage, Bonn.

*El-Shagi, E.-S. (1982):* Die externen Effekte und ihre Wirkung aus das Marktergebnis, in: Das Wirtschaftsstudium, 11.Jg., Heft 11, S. 137-145.

*Endres, A. (2000):* Umweltökonomie, 2. überarbeitete Auflage, Stuttgart; Berlin; Köln.

*Endres, A. (1976):* Die pareto-optimale Internalisierung externer Effekte, in: Europäische Hochschulschriften, Reihe V, Volks- und Betriebswirtschaft, Bd. 140, Frankfurt am Main, Bern.

*Endres, A.; Schwarze, R. (1991):* Allokationswirkungen einer Umwelthaftpflichtversicherung, in: Zeitschrift für Umweltpolitik und Umweltrecht, 14. Jg., S. 1-25.

*Eickhof, N. (1993):* Zur Legitimation ordnungspolitischer Ausnahmebereiche, in: Jahrbuch für Ordnung von Wirtschaft und Gesellschaft (ORDO) 44, S. 203-221.

*Eisen, R. (1979):* Theorie des Versicherungsgleichgewichts, in: Veröffentlichungen des Deutschen Vereins für Versicherungswissenschaft, Heft 77, Berlin.

*Eisen, R./Müller, W./Zweifel, P. (1990):* Unternehmerische Versicherungswirtschaft: Konsequenzen der Deregulierung für die Wettbewerbsordnung, Wiesbaden.

*Eisen, R./Nell, M. (1994):* Die Wirkung von Versicherungsschutz auf Drittmärkte. Das externe moralische Risiko, in: Hesberg, D. (Hrsg.), Festschrift für Walter Karten zur Vollendung des 60. Lebensjahres, Karlsruhe, S. 221-241.

*ERC-Frankona (Hrsg.) (1997):* Sommer 1997- Flutkatastrophe in Brandenburg, München.

*Esterhazy, Y./Krägenow, T. (2002):* USA legen eigenen Klimaplan vor, in: Financial Times Deutschland (FTD), 14. Februar 2002.

*Eszler, E. (2000):* Versicherbarkeit und ihre Grenzen: Logik-Realität-Konstruktion, in: Zeitschrift für die gesamte Versicherungswissenschaft, Band 89, S. 285-300.

*Eszler, E. (1992):* Versicherbarkeit und Versicherungsmodelle, insbesondere für katastrophenartige Elementarrisiken- ein Bezugs- und Analyserahmen, Wien.

*Fährmann, H. (1992):* Die erweiterte Elementarschadenversicherung in der Industrie (EC)- und Allgemeinen Sachversicherung, in: Deutscher Versicherungs-Schutzverband e.V. (Hrsg.): Die Versicherungspraxis, Nr. 3/1992, S. 45-49.

*Fährmann, H. (1991):* Die Versicherung von Elementarrisiken in der Wohngebäudeversicherung als Zusatzdeckung zu den VGB 88, in: Deutscher Versicherungs-Schutzverband e.V. (Hrsg.): Die Versicherungspraxis, Nr.8/1991, S. 217-221.

*Falkenhagen, B. (2002):* Risiko Hochwasser: Versicherungs-Software „ZÜRS“ lokalisiert Gefahrengebiete bei Überschwemmung- Datenbasis und Funktionsweise, in: URL: http://www.gdv.de/presseservice/18350.htm, Stand: 14.05.2002.

*Farny, D. (2000):* Versicherungsbetriebslehre, 3. überarb. Auflage, Köln.

*Farny, D. (1982):* Perspektiven der langfristigen Unternehmenspolitik von Versicherern, in: Muth, M. (Hrsg.): Mit Sicherheit gewinnen- Trends und Zukunftsaufgaben im Versicherungsmanagement, Karlsruhe, S. 127-142.

*Farny, D. (1965):* Produktions- und Kostentheorie der Versicherung, Karlsruhe.

*Farny, D. (1961):* Die Versicherungsmärkte. Eine Studie über die Versicherungsmarkttheorie. Schriftenreihe des Instituts für Versicherungswissenschaft an der Universität Köln, Berlin.

*Farny, D./Helten, E./Koch, P. et al. (Hrsg.) (1988):* Handwörterbuch der Versicherung HdV, Karlsruhe.

*Feth, G. G. (2002):* Allianz rechnet mit 100.000 Schäden, in Frankfurter Allgemeine Zeitung (F.A.Z.), 27.07.2002.

*Fiedler, F. (1999):* Stürme und Orkane in Mittelgebirgsregionen, in: Stiftung Umwelt und Schadenvorsorge (Hrsg.): Symposium Naturkatastrophen in Mittelgebirgsregionen, Karlsruhe, S. 6.

*Fleming, C. (2002):* Warten auf den Einschlag, in: Der Tagesspiegel, 05.08.2002

*Freeman, P. K./Kunreuther, H. (1997):* Managing Environmental Risko Through Insurance, Kluwer Academic Publishers, USA.

*Flesch, C. F. (2002):* Beim Überschwemmungsrisiko noch kein Land in Sicht, in: Versicherungswirtschaft, Heft 13/2002, S. 995-996.

*Flesch, C. F. (2002a):* Moratorium für Überschwemmungsschäden, in: Versicherungswirtschaft, Heft 21/2002, S. 1682.

*Foussat, B. (1995):* „Régime des catastrophes naturelles" in Frankreich, Paris.

*Frey, E. (1965):* Möglichkeiten und Grenzen der Versicherung von Katastrophen, in: Zeitschrift für die gesamte Versicherungswissenschaft, 54. Band, S. 241-262.

*Freeman, P.K./Kunreuther, H. (1997):* Managing Environmental Risk Through Insurance, USA.

*Frey, P. (1996):* Neueres aus der Welt der Rückversicherungen, in: Versicherungswirtschaft, Jg. 51, S. 1186-1194.

*Frey, P. (1989):* Gedanken zur Absicherung von Existenzrisiken der Gesellschaft, in: Koch, P. (Hrsg.): Assekuranz im Wandel- Eine Festschrift aus Anlaß des 125jährigen Bestehens der Concordia Versicherungs-Gesellschaft auf Gegenseitigkeit Hannover, S. 311-322, Karlsruhe.

*Friedman, M./Savage, L. J. (1948):* The Utility Analysis of Choices Involving risk, in: AEA, readings in price Theory, London, 1953, S. 57-96.

*Fritsch, M./Wein, T./Ewers, H.-J. (2001):* Marktversagen und Wirtschaftspolitik: mikroökonomische Grundlagen staatlichen Handelns, 4., verbesserte Auflage, München.

*Fromme, H. (2003):* Sturmschäden treffen Assekuranz hart, in: Financial Times Deutschland (FTD), 06.01.2003.

*Fromme, H. (2003a):* Münchener Rück besteht auf steigenden Preisen, in: Financial Times Deutschland (FTD), 02.01.03.

*Fromme, H. (2003b):* Assekuranz ringt um Pflichtversicherung, in: Financial Times Deutschland (FTD), 11.07.2003.

*Fromme, H. (2003c):* Extremus bietet Terrorschutz im Ausland, in: Financial Times Deutschland (FTD), 09.05.2003.

*Fromme, H. (2002):* Swiss Re schlägt neue Flutdeckung vor, in: Financial Times Deutschland (FTD), 24.10.2002.

*Fromme, H./Clausen, S. (2003):* Allianz führt neue Flutversicherung ein, in: Financial Times Deutschland (FTD), 17.02.2003.

*Fromme, H./Krüger, A. (2002):* Versicherer ziehen Hochwasserbilanz, in: Financial Times Deutschland (FTD), 30.08.2002.

*Fuchs, T./Rapp, J. (1997):* Zwei außergewöhnlich starke Regenepisoden als Ursache des Oderhochwassers im Juli 1997, in: URL:http//www.dwd.de/de/FundR/Klima/KLIS/prod/spezial/regen/index.htm, Stand: 07.11.2002.

*Fürstenwerth, F.v. (1994):* EG-Gruppenfreistellungsverordnung für die Versicherungswirtschaft, in: Zeitschrift für Wirtschafts- und Bankrecht, 48. Jg., S. 365-374.

*Fürstenwerth, F.v./Weiß, A. (1997):* Versicherungs-Alphabet, 9., völlig neu bearbeitete Auflage, Karlsruhe.

*Gabler Wirtschafts Lexikon (2000):* 15. vollständig überarb. und aktualisierte Auflage, in 4 Bänden, Wiesbaden.

*Gardette, J.-M. (1997):* Versicherungsschutz für Hochwasserschäden ? Vergleichende Betrachtungen zum deutschen und französischen Recht, in: Zeitschrift für die gesamte Versicherungswissenschaft, Band 86, S. 211-232.

*Gas, B. (2003):* Deutsche Wirtschaft braucht Extremus-Spezialdeckung, in: Börsen-Zeitung, 22.02.2003.

*Geipel, R. (2000):* Zukünftige Naturrisiken in ihrem sozialen Umfeld, in: Linneweber, V. (Hrsg.): Zukünftige Bedrohungen durch (anthropogene) Naturkatastrophen, Bonn, S. 31-41.

*Geologischer Dienst Nordrhein-Westfalen (Hrsg.) (2002):* Auswertung zum Erdbeben am 22. Juli 2002, in: URL:http://www.gd.nrw.de/a_bausw1.htm, Stand: 20.02.2004.

*Gerathewohl, K. (1980):* Risk Management bei Erst- und Rückversicherer, in: Zeitschrift für die gesamte Versicherungswissenschaft, S. 137-154.

*Gerathewohl, K. (1979):* Rückversicherung: Grundlagen und Praxis, Band II, Karlsruhe.

*Gerathewohl, K. (1976):* Rückversicherung: Grundlagen und Praxis, Band I, Karlsruhe.

*Gerathewohl, K./Nierhaus, F. (1980):* Grenzen der Versicherbarkeit von Katastrophenrisiken, in: Zeitschrift für Versicherungswesen, Heft 21/1980, 31. Jg., S.536-542.

*Gesamtverband der Deutschen Versicherungswirtschaft e.V. (GDV) (Hrsg.) (2003):* Jahrbuch 2003- Die deutsche Versicherungswirtschaft, Berlin.

*Gesamtverband der Deutschen Versicherungswirtschaft e.V. (GDV) (Hrsg.) (2002a):* Jahrbuch 2002- Die deutsche Versicherungswirtschaft, Berlin.

*Gesamtverband der Deutschen Versicherungswirtschaft e.V. (GDV) (Hrsg.) (2002b):* Pressedienst der Versicherungswirtschaft, Nr. 38, 28.Oktober 2002.

*Gesamtverband der Deutschen Versicherungswirtschaft e.V. (GDV) (Hrsg.) (2002c):* Pflichtversicherung für Hochwasserschäden, in: GDV-Positionen: Die Versicherungen zu Politik, Wirtschaft und Gesellschaft, Nr. 26, September 2002, S. 3.

*Gesamtverband der Deutschen Versicherungswirtschaft e.V. (GDV) (Hrsg.) (2002d):* BaFin genehmigt Terrorversicherer, in: Pressedienst der Versicherungswirtschaft, Nr. 36/2002, Berlin.

*Gesamtverband der Deutschen Versicherungswirtschaft e.V. (GDV) (Hrsg.) (2000):* Katastrophe Natur? Strategien zur Bewältigung von Naturkatastrophen, Berlin.

*Gesamtverband der Deutschen Versicherungswirtschaft e.V. (GDV) (Hrsg.) (1998):* Langfristtrends und Perspektiven der Versicherungswirtschaft- Ausblick bis 2010.

*Gesamtverband der Deutschen Versicherungswirtschaft e.V. (GDV) (Hrsg.) (1998a):* Hochwasserschäden: Sachversicherer bieten risikogerechten Versicherungsschutz- Selbstbehalte unabdingbar- Aufklärung und Eigenvorsorge der Betroffenen muss gestärkt werden, Pressemitteilung vom 25.11.1998, http://www.gdv.de/presseservice/12600.htm, Stand: 15.10.2002.

*Gewässerdirektion Donau/ Bodensee (2001):* Abschließendes Gesamtkonzept für den Hochwasserschutz im Donautal zwischen Ertingen-Binszwangen und Ulm/Illermündung- Vorschlag der Wasserwirtschaftsverwaltung, Riedlingen; Ravensburg; Ulm.

*Graff, A. (2000):* Elementarrisiken privater Haushalte: die Handhabung finanzieller Schäden in Deutschland- derzeitige Situation und Verbesserungsvorschläge, Frankfurt am Main, Berlin, Bern et al.

*Grollmann, T./Odenhausen, M. (1999):* Jahrhunderthochwasser aus Versicherungs- und Rückversicherungssicht, in: Versicherungswirtschaft, Heft 17/1999, S. 1238-1241.

*Grollmann, T./Simon, S. (2002):* Flutkatastrophen-Boten des Klimawandels?, in: GeneralCologne Re (Hrsg.): Sonderdruck Zeitschrift für Versicherungswesen, Heft 11/2002.

*Grothmann, T./Reusswig, F./Linneweber, V. (2003):* Risikokommunikation und partizipatives Naturgefahrenmanagement in der Hochwasservorsorge, in: Deutsches Komitee für Katastrophenvorsorge e.V. (DKKV) (Hrsg.):Hochwasservorsorge in Deutschland, Bonn, S. 57.

*Grosse, W./Müller-Lutz, H. L./Schmidt, R. (Hrsg.) (1991):* Versicherungsenzyklopädie, in 5 Bänden, 4.Auflage, Wiesbaden.

*Grote, W./Köster, P. (1996):* Allgemeine Versicherungslehre, 4. Auflage, Haan-Gruiten.

*Gruber, M. (2002):* Flut und die Folgen- der Staat als Versicherer?, in: Zeitschrift für Versicherungswesen, Heft 22/ 15.Novermber 2002, S. 737-738.

*Grünwald, U./Merz, B. (2003):* Hintergrund, Zielsetzung und Vorgehensweise, in: Deutsches Komitee für Katastrophenvorsorge e.V. (DKKV) (Hrsg.): Hochwasservorsorge in Deutschland, Bonn, S. 8-25.

*Grünwald, U./Schümberg, S./Kaltofen, M. (2003):* Extreme Hochwasserkatastrophen im Elbgebiet, in: Deutsches Komitee für Katastrophenvorsorge e.V. (DKKV) (Hrsg.):Hochwasservorsorge in Deutschland, Bonn, S.26-33.

*Günther, Th./Matthäus, H. (2000):* Extreme Niederschlagsdargebote aus Regen und Schneeschmelze für Deutschland, in: Deutscher Wetterdienst (Hrsg.): Klimastatusbericht 2000, URL:http://www.dwd.de/reaserch/klis/ksb00/inhalt-ksb00.htm, Stand 01.08.2002

*Gütersloh, R. (1999):* Umwelthaftungsfonds: Haftungs- und versicherungsrechtliche Aspekte eines kollektiven Entschädigungssystems für Umweltschäden, in: Veröffentlichungen des Seminars für Versicherungswissenschaft der Universität Hamburg und des Vereins zur Förderung der Versicherungswissenschaft in Hamburg e.V.: Reihe A, Rechtswissenschaft, Heft 95, Karlsruhe.

*Haller, M. (1975):* Sicherheit durch Versicherung, Bern, Frankfurt am Main.

*Hamburger Feuerkasse (Hrsg.) (2002):* Ihre Elementarschaden-Versicherung bei der Hamburger Feuerkasse und was sie darüber wissen sollten, Hamburg.

*Hamburger Feuerkasse (Hrsg.) (1993):* Brandstiftung in Hamburg. Vom Eigen-Sinn der Häuser.

*Hamburger Gesellschaft zur Förderung des Versicherungswesens (Hrsg.) (2004):* Thesenpapier zum Symposium „Pflichtversicherung- Segnung oder Sündenfall?, 28.-30. Oktober 2004, Schloß Marbach.

*Hanekopf, S. (1997):* Überlegungen zur optimalen Allokation von Risiken durch Versicherungsschutz, in: Schulenburg, J.-M. Graf v.d. (Hrsg.): Allokation der Ressourcen bei Sicherheit und Unsicherheit: Festschrift für Prof. Dr. Leonhard Männer, S. 119-144, Baden-Baden.

*Hax, K. (1964):* Grundlagen des Versicherungswesen, Wiesbaden.

*Hayek, F. A. v. (1981):* Der Strom der Güter und Leistungen, in: Kerber, W. (Hrsg.) (1996): Die Anmaßung von Wissen: neue Freiburger Studien von F.A. von Hayek, Tübingen, S. 130-147.

*Hayek, F. A. v. (1976):* Die Illusion der sozialen Gerechtigkeit, in: Kerber, W. (Hrsg.) (1996): Die Anmaßung von Wissen: neue Freiburger Studien von F.A. von Hayek, Tübingen, S. 193-203.

*Hayek, F. A. v. (1975):* Zwei Arten des Denkens, in: Kerber, W. (Hrsg.) (1996): Die Anmaßung von Wissen: neue Freiburger Studien von F.A. von Hayek, Tübingen, S. 317-323.

*Hayek, F. A. v. (1975a):* Die neue Konfusion über Planwirtschft, in: Kerber, W. (Hrsg.) (1996): Die Anmaßung von Wissen: neue Freiburger Studien von F.A. von Hayek, Tübingen, S. 166-180.

*Hayek, F. A. v. (1974):* Die Anmaßung von Wissen, in: Kerber, W. (Hrsg.) (1996): Die Anmaßung von Wissen: neue Freiburger Studien von F.A. von Hayek, Tübingen, S. 3-15.

*Heidbrink, G. (1995):* Hochwasserschadenversicherung- Möglichkeiten und Grenzen, in: (ohne Hrsg.): Mit dem Hochwasser leben, Baden-Baden, S. 86-90.

*Heiland, P. (2002):* Vorsorgender Hochwasserschutz durch Raumplanung, interregionale Kooperation und ökonomischen Lastenausgleich, Darmstadt.

*Heine, K. (2000):* Wüstenbildung- Vernichtung des Lebensraums, in: Gesamtverband der Deutschen Versicherungswirtschaft e.V. (GDV) (Hrsg.) (2000): Katastrophe Natur? Strategien zur Bewältigung von Naturkatastrophen, Berlin, S. 86-97.

*Hellwig, M. (1988):* Versicherungsmärkte: Theorie – B. Versicherungsmärkte mit unvollständiger Information, in: Farny, D./Helten, E./Koch, P. et al. (Hrsg.): Handwörterbuch der Versicherung HdV, Karlsruhe, S. 1065-1076.

*Helten, E. (1994a):* Wertewandel und fortschreitende Individualisierung der Prämien- Ende der Versichertensolidarität und Ausgleichs im Kollektiv?, in: Schwebler, R. (Hrsg.): Dieter Farny und die Versicherungswirtschaft, Karlsruhe, S.195-201.

*Helten, E. (1994b):* Die Erfassung und Messung des Risikos, in: Müller-Lutz, H. L./Schmidt, R. (Hrsg.): Versicherungswirtschaftliches Studienwerk, Studientext 11, 4. Auflage, Wiesbaden.

*Hennicke, P. (2000):* Strategie gegen den Klimakollaps, in: Gesamtverband der Deutschen Versicherungswirtschaft e.V. (GDV) (Hrsg.) (2000): Katastrophe Natur? Strategien zur Bewältigung von Naturkatastrophen, Berlin, S. 163-177.

*Herbrich, M. (1992):* Kumulkontrolle, in: Schriftenreihe „Versicherung und Risikoforschung" des Instituts für Betriebswirtschaftliche Risikoforschung und Versicherungswirtschaft der Ludwig-Maximilians-Universität, Band 9, München.

*Herbst, C. (2002):* Feuchte Aussichten, in: Financial Times Deutschland (FTD), 31. Januar 2002.

*Herder-Dorneich, P. (1983):* Sich selbst verstärkende Anspruchsdynamik und ihre Einordnung in sich selbst steuernde Regelkreissysteme, in: Herder-Dorneich, P./Schuller, A. (Hrsg.): Ordnungspolitik im Gesundheitswesen, 3. Kölner Kolloquium, Stuttgart, Berlin, Köln et al.

*Heß, A. (1998):* Financial Reinsurance, Karlsruhe.

*Hesse, M. (2002):* Schäden erschüttern ostdeutsche Bankenlandschaft, in: Süddeutsche Zeitung (SZ), 23.8.2002.

*Hildenbrand, G./Nilges, A. (2002):* Mittel aus Sozialfonds der Ministerpräsidentin für hochwassergeschädigte Familien überwiesen, in: Pressemitteilung der Landesregierung Schleswig Holstein, 02.08.2002.

*Höddinghaus, B. (1980):* Erfahrungstarifierung- Ein risikotheoretischer Beitrag zur Kalkulation der Risikoprämie in Abhängigkeit vom individuellen Schadenerwartungswert, in: Veröffentlichungen des Instituts für Versicherungswissenschaft der Universität Mannheim, Bd. 15, Karlsruhe.

*Höreth, U./Wolf N. C./Zipfel, L. (2002):* Steuerliche Maßnahmen zur Finanzierung der Beseitigung der Hochwasserschäden, in: Der Betrieb, Heft 40/2002, 55. Jahrgang, S. 2065-2069.

*Holler, M. J./Illing, G. (1991):* Einführung in die Spieltheorie, Berlin u.a.

*Holzheu, F./Wiedemann, P. M. (1993):* Perspektiven der Risikowahrnehmung, in: Bayerische Rück (Hrsg.): Risiko ist ein Konstrukt, München. S. 9-20.

*Hoppenstedt Firmeninformation (Hrsg.) (2002):* Versicherungsjahrbuch 2003, Darmstadt.

*Houghton, J. T./Ding, Y./Griggs, D. J. et al. (Hrsg.) (2001):* Climate Change 2001: The Scientific Basis, Cambridge, Summary for Policymakers: http://www.ipcc.ch/pub/spm22-01.pdf.

*Internationale Kommission zum Schutz des Rheins (IKSR) (2002):* Hochwasservorsorge, Maßnahmen und ihre Wirksamkeit, Koblenz.

*Internationale Kommission zum Schutz des Rheins (IKSR) (2001):* Atlas der Überschwemmungsgefährdung und mögliche Schäden bei Extremhochwasser am Rhein, Koblenz.

*Jacobi, R. (2002):* Der Staat als Versicherer, in: Süddeutsche Zeitung, 23.02.2002.

*Jahn, A. (2002):* Climate Change: Effects and possible Actions for German Insurers, in: The Geneva Association: Insurance Economics, Nr. 45, January 2002, S. 6-9.

*Jahn, A. (2001):* Die Berücksichtigung klimatisch bedingter Veränderungen der Sturmaktivität in den Entscheidungsprozessen deutscher Erstversicherer, in: Zeitschrift für die gesamte Versicherungswissenschaft, Heft 2/ 2001, S. 389-443.

*Johanniter-Unfall-Hilfe e.V. (Hrsg.) (2003):* So haben wir geholfen: Dokumentation zur Flutkatastrophe im August 2002, Berlin.

*Jung, M./Lucius, R. R./Seifert, E. (Hrsg.) (1981):* Geld und Versicherung, Analysen und Thesen im Spannungsfeld liberaler Theorie, Festgabe für Wilhelm Seuß, Karlsruhe.

*Jungermann, H./Slovic, P. (1993):* Charaktersitika individueller Risikowahrnehmung, in: Bayerische Rück (Hrsg.): Risiko ist ein Konstrukt, München. S. 90-107.

*Kahneman/Tversky (1979):* Prospect Theory: An Analysis of Decision under Risk, in: Econometrica. 47 Jg., S. 263-291.

*Kalenberg, C. (1998):* Zur Versicherbarkeit von Hochwasser- und Überschwemmungsschäden, Schriftenreihe des Fachbereichs der Fachhochschule Köln, Heft 14, Köln.

*Kaltofen, M./Schümberg, S./Grünewald, U. (2003):* Verringerung von Extrem-Abfluss und Überflutung durch natürlichen Rückhalt und technischen Hochwasserschutz, in: Deutsches Komitee für Katastrophenvorsorge e.V. (DKKV) (Hrsg.):Hochwasservorsorge in Deutschland, Bonn, S. 74-83.

*Karten, W./Richter, A. (2000):* Risiken aus Umwelthaftung- Risk Management und Versicherung, in: Hesberg, D./Nell, M./Richter, A. et al. (Hrsg.): Versicherungsbetriebslehre- Kernfragen aus entscheidungsorientierter Sicht von Walter Karten, Karlsruhe, S. 227-278.

*Karten, W. (2000):* Versicherungsbetriebslehre: Kernfragen aus entscheidungsorientierter Sicht, Karlsruhe.

*Karten, W. (1997):* Erinnerung an ein paar notorische Versicherungs-Irrtümer, in: Schulenburg, J.-M. Graf v.d. (Hrsg.): Neue Wege des Versicherungsmanagements: Festschrift zum 60. Geburtstag von Günter Schmidt, Karlsruhe, S. 75-92.

*Karten, W. (1995):* Versicherungsproduktgestaltung- ökonomische Grundlagen, in: Zeitschrift für die gesamte Versicherungswissenschaft, Bd. 84, S.57-77.

*Karten, W. (1983):* Risikopolitik der Versicherer: Grundlagen der Risikopolitik-Überblick, in: Zeitschrift für die gesamte Versicherungswissenschaft, S. 211-230.

*Karten, W. (1977):* Solidaritätsprinzip und versicherungstechnischer Risikoausgleich- einige ökonomischen Grundtatbestände, in: Zeitschrift für die gesamte Versicherungswissenschaft, 66. Jg. 1977, S. 185-203.

*Kasten, H.-H. (1991):* Ethische Grundlagen und Grenzen der Versicherungswirtschaft, in: Versicherungswirtschaft 46, Nr.4, S. 192-202.

*Kerber, W. (Hrsg.) (1996):* Die Anmaßung von Wissen: neue Freiburger Studien von F.A. von Hayek, Tübingen.

*Kessner, E. (1999):* Moral Hazard auf Versicherungsmärkten, in: Wirtschaftswissenschaftliches Studium, Heft 1, S. 31-34.

*Kessner, E. (1998):* Adverse Selektion auf Versicherungsmärkten, in: Wirtschaftswissenschaftliches Studium, Heft 6, S. 303-305.

*Kirchbach, H.-P. v./Franke, S./Biele, H. (2002):* Bericht der Unabhängigen Kommission der Sächsischen Staatsregierung Flutkatastrophe 2002, Dresden.

*Klage, J. (2002):* Wetter macht Geschichte: Der Einfluss des Wetters auf den Lauf der Geschichte, Frankfurt am Main.

*Klee, M. (1995):* Risk-Management der Elementargefahren, in: Versicherungswirtschaft, Heft 14/1995, S. 939.

*Klein, G. (Hrsg.) (1993):* Erdbeben, in: Plate, E., Clausen, L., de Haar, U. et al. (Hrsg.): Naturkatastrophen und Katastrophenvorbeugung, Weinheim, S. 149-349.

*Klotz, J. (2002):* Flugverkehr droht in eine Versicherungsloch zu stürzen, in Frankfurter Rundschau vom 14.02.2002.

*Koch, P. (2002):* Von Wassernot und Überschwemmungen: Das Hochwasser-Risiko in Deutschland aus historischer Sicht, in: Versicherungswirtschaft Heft 21/2002, S. 1669-1677.

*Koch, P. (1998):* Versicherungswirtschaft: ein einführender Überblick, 5. Auflage, Karlsruhe.

*Koch, P. (Hrsg.) (1989):* Assekuranz im Wandel- Eine Festschrift aus Anlass des 125jährigen Bestehens der Concordia Versicherungs-Gesellschaft auf Gegenseitigkeit Hannover, Karlsruhe.

*Koch, P./Holthausen, H. (1998):* Individualversicherung: 1. Versicherungslehre herausgegeben vom Berufsbildungswerk der Deutschen Versicherungswirtschaft (BWV) e.V., 3. Auflage, Karlsruhe.

*Koch, P./Weiss, W. (Hrsg.) (1994):* Gabler-Versicherungslexikon, Aachen, Würzburg.

*König, A. (2002):* Ricasso: Risiko, Kapitalmanagement und Rückversicherung, in: Bätscher, R., Grossmann, C., Lürzer, R. (Hrsg.): NET 7: Rethinking Insurance: Strategien neu denken- Positionierung und Geschäftssystem konsequent umsetzten, Bregenz, S. 83-103.

*Kreeb, M. (2003):* Wer trägt das Terrorrisiko?, in: Versicherungswirtschaft, Heft 10/2003, S. 768.

*Kriebisch, H. (2002a):* Möglichkeiten und Grenzen der Versicherung von Extremhochwasserschäden, URL: http://www.iksr.org/Kriebisch%20L%20f.htm Stand: 06.05.2002.

*Kriebisch, H. (2002b):* Elementarschadenversicherungsdeckung auf der Grundlage des ZÜRS, URL: http://www.umweltbundesamt.de/rup/hoch...shop/ praesentation/kriebisch-main.html Stand: 01.10.2002.

*Kron, W./Thumerer, T.(2001):* Überschwemmung in Deutschland, in: Versicherungswirtschaft, Heft 17/2001, S. 1370-1377.

*Kummle, T. (1989):* Versicherungspflicht, Versicherungsmonopol und Versicherungsverhältnis in der Gebäudeversicherung, Karlsruhe.

*Kunreuther, H. (1983):* Natural and Technical Hazards: Similarities and Differeces, Paper prepared for NATO Advanced Study Institute Program Technology Assessment, Environmental Impact Assessment and Risk Analysis, Department of Decision Sciences, Working Paper, 12.05.1983, University of Pennsylvania.

*Kunreuther, H. (1976):* Limited Knowledge and Insurance Protection, in: Public Policy.

*Kunreuther, H. (1968):* The Case of Comprehensive Disaster Insurance, in: The Journal of Law and Economics, S. 133-163.

*Kuon, S./Sticker, K. (1988):* Bonus-/ Malus-System, in: Farny, D./Helten, E./Koch, P. et al. (Hrsg.): Handwörterbuch der Versicherung HdV, Karlsruhe, S. 91-94.

*Lamby, C. (1993):* Elementarrisiken und ihre marktwirtschaftliche Versicherung: unter besonderer Berücksichtigung der Risiken Erdbeben, Überschwemmung und Sturm in der Gebäudeversicherung, Bergisch Gladbach; Köln.

*Länderarbeitsgemeinschaft Wasser (LAWA) (1995):* Leitlinien für einen zukunftsweisenden Hochwasserschutz- Hochwasser: Ursachen und Konsequenzen, Stuttgart.

*Landesregierung Mecklenburg-Vorpommern (Hrsg.) (2003):* Pressemitteilung der Landesregierung, Nr. 300/02 vom 17. Dezember 2003: Interministerielle Arbeitsgruppe „Finanzierung von Hochwasserschäden“ legt dem Kabinett Abschlussbericht vor/ Spenden helfen in Sachsen, Schwerin.

*Landtag Rheinland-Pfalz (2003):* Plenarprotokoll 14/38 der 38. Sitzung am Mittwoch, den 15. Januar 2003, Mainz.

*Leffelaar, E. (1993):* Erdbeben- und Sturmkumul: Industrie Feuerversicherung, in: Schriftenreihe der Kölnischen Rück, Heft 23, Köln.

*Leining, M. (1998):* Dezentrale Lösungsansätze in der Umweltpolitik, Eine wirtschaftstheoretische Analyse deutscher und amerikanischer Instrumente, Frankfurt am Main, Berlin, Bern u.a.

*Leser, H. (Hrsg.) (1997):* Wörterbuch der Allgemeinen Geographie, Braunschweig.

*Lewis, C. M./Murdock, K. C. (1996):* The Role of Government Contracts in Discretionary Reinsurance Markets for Natural Disasters, in: The Journal of Risk and Insurance, 63. Jg., Heft 4, S. 567-597.

*Liebwein, P. (2000):* Klassische und moderne Formen der Rückversicherung, Karlsruhe.

*Lier, M. (2002):* Extremus geht optimistisch an den Start, in: Versicherungswirtschaft, Heft 20/2002, S. 1622.

*Lietzau, O. (2001):* Zonierungssystem für Überschwemmungen, Rückstau und Starkregen des Gesamtverbandes der deutschen Versicherungswirtschaft, in: Neues Archiv für Niedersachsen, Heft 2/2001, S. 73-85.

*Lippe, S. (1984):* Mathematische Grundlagen von Prämienprinzipien, in: Zeitschrift für die gesamte Versicherungswissenschaft, Band 73, S. 133-156.

*Luckenbach, H. (2000):* Theoretische Grundlagen der Wirtschaftspolitik, 2. überarb. und erw. Auflage, München.

*Ludwig, K. (1990):* Hochwasserrisiko in Deutschland, in: Erweiterte Elementargefahrendeckung in der Allgemeinen Sachversicherung- Beiträge zur 13. Kölnischen Runde, in: Schriftenreihe der Kölnischen Rück (Hrsg.), Heft 18, Köln, S. 23-42.

*Lürssen, R. (2002):* Schutz hat seine Grenzen- Elementarversicherungen in Bremen möglich/ keine Policen gegen Sturmflut, in: Weser Report, 21.08.2002.

*Märkt, J. (2003):* Armutsexternalitäten: Verfassungsökonomische Rechtfertigung einer kollektiven Grundsicherung, Freiburg.

*Mahr, W. (1972):* Zur Interdependenz von Prämien und Schäden: Das moralische Risiko, in: Braess, P./Farny, D./Schmidt, R. (Hrsg.): Praxis und Theorie der Versicherungsbetriebslehre – Festgabe für H.L. Müller-Lutz zum 60. Geburtstag, Karlsruhe, S.241-282.

*Mahr, W. (1951):* Einführung in die Versicherungswirtschaft, Berlin.

*Männer, L. (1984):* Versicherungsnachfrage- Theorie und Realität, in: Zeitschrift für die gesamte Versicherungswissenschaft, Bd. 73, S. 271-293.

*Markey, P./Gaserow, H. (2002):* Marktbericht Bermuda, in: Zeitschrift für Versicherungswesen, Heft 21/2002, S. 673-674.

*Martens, H. (2003):* Schutz durch Zwang – Die Länder wollen aus der Flutkatastrophe Konsequenzen ziehen: Hausbesitzern droht eine obligatorischen Versicherung gegen Elementarschäden, in: Der Spiegel, Nr. 27/2003 vom 30.06.2003, S. 70.

*Mattheß, G./Rump-Schenk, B. (1993):* Massebewegungen, in: Plate, E./Clausen, L./de Haar, U. et al. (Hrsg.): Naturkatastrophen und Katastrophenvorbeugung, Weinheim, S. 409-466.

*Menzinger, I. (2002):* Überschwemmungen sind versicherbar!: in Versicherungswirtschaft Heft 21/2002, S. 1665-1668.

*Mertens, M. (1992):* Kundentypologien im Versicherungsgeschäft mit Privatkunden, Bergisch Gladbach.

*Merz, B./Grünewald, U./Thieken, A. et al. (2003):* Vorschläge für ein verbessertes Hochwasserrisikomanagement, in: Deutsches Komitee für Katastrophenvorsorge e.V. (DKKV) (Hrsg.):Hochwasservorsorge in Deutschland, Bonn, S. 120-127.

*Meuser, A. (2002):* Hochwasserschadenpotenziale an Mosel und Mittelrhein-Forum für Hydrologie und Wasserbewirtschaftung, Heft 2, Mainz.

*Meyer, B. (1996):* Die Versicherung von Naturgefahren, in: Zeitschrift für Versicherungswesen, Heft 21/1996, S. 578-582.

*Michaels, B. (2002):* Trends in der Versicherungswirtschaft, in: Bätscher, R., Grossmann, C., Lürzer, R. (Hrsg.): NET 7: Rethinking Insurance: Strategien neu denken- Positionierung und Geschäftssystem konsequent umsetzten, Bregenz, S. 30-48.

*Michaels, B. (2000):* Vorwort von Dr. Bernd Michaels, in: Gesamtverband der Deutschen Versicherungswirtschaft e.V. (GDV) (Hrsg.): Katastrophe Natur? Strategien zur Bewältigung von Naturkatastrophen, Berlin, S. 7-11.

*Milne, J. (2002):* Predicting the future für UK flood cover, unveröffentlichter Vortrag der Association of British Insurers (ABI).

*Ministerium für Umwelt, Raumordnung und Landwirtschaft des Landes Nordrhein-Westfalen (2000):* Potentielle Hochwasserschäden am Rhein, Düsseldorf.

*Ministerium für Umwelt und Forsten des Bundeslandes Rheinland Pfalz (Hrsg.) (1998):* Hochwasserfibel: Leben, Wohnen und Bauen in hochwassergefährdeten Gebieten, Mainz.

*Mishan, E. J. (1982):* Die Nachkriegsliteratur über externe Effekte, in: Möller, H./Osterkamp, R./Schneider, W. (Hrsg.): Umweltökonomik: Beiträge zur Theorie und Politik, Königstein/ Ts., S. 136-152.

*Müller, M. (2000):* Naturkatastrophen als geophysikalische Vorgänge, in Geographie heute 183/2000 [http://www.geomjm.de/download/naturkatastrophen.pdf vom 16. Oktober 2002]

*Müller, M.J. (2000):* Naturkatastrophen als geophysikalische Vorgänge, in: Geographie heute, Heft 183/2000, S. 1-19, URL:http//www.geomjm.de/download/naturkatastrophen.pdf, Stand 16. Oktober 2002.

*Müller, M./Faust, E. (1999):* Das Pfingsthochwasser im Mai 1999, in: Deutsche Rückversicherung AG (Hrsg.), Düsseldorf.

*Müller, R. (2003):* Änderungsrisiken und ihre Folgen, in: Versicherungswirtschaft Heft 3/2003, S. 201-202.

*Müller, U. (1999):* Deregulierung der deutschen Versicherungswirtschaft und das Verhalten der Unternehmen- Theorieentwicklung, Wirtschaftspolitik und Unternehmenspraxis, Berlin.

*Müller, W. (1981):* Das Produkt Versicherung, in: Jung, M./Lucius, R. R./Seifert, E. (Hrsg.): Geld und Versicherung, Analysen und Thesen im Spannungsfeld liberaler Theorie, Festgabe für Wilhelm Seuß, Karlsruhe, S. 155-171.

*Müller-Groeling, H. (1996):* Ethik, Markt und Moral Hazard, in: Sparkasse, Heft 12, S. 548-553.

*Müller-Lutz, H. L. (1991):* Allgemeine Versicherungslehre, in: Große, W./Müller-Lutz, H. L./Schmidt, R. (Hrsg.): Versicherungsenzyklopädie, Band 1, 4 neubearbeitete Auflage, Wiesbaden, S. 409-492.

*Müller-Reichard, M. (1994):* Empirische und theoretische Fundierung eines innovativen Risiko-Beratungskonzeptes der Versicherungswirtschaft, in: Kromschröder, B./Wilhelm, J. (Hrsg.): Passauer Reihe- Risiko, Versicherung und Finanzierung, Bd. 2, Karlsruhe.

*Münch, I. v. (2000):* Staatsrecht, Bd.1, 6. neubearb. Auflage, Stuttgart; Berlin; Köln.

*Münchener Rückversicherungs-Gesellschaft (Hrsg.) (2005):* Topics Geo- Jahresrückblick Naturkatastrophen 2004, München.

*Münchener Rückversicherungs-Gesellschaft (Hrsg.) (2003):* Topics- Jahresrückblick Naturkatastrophen 2002, München.

*Münchener Rückversicherungs-Gesellschaft (Hrsg.) (2002):* Überschwemmungen Mittel-/ Osteuropa August 2002, MRNatCat Poster 31, München.

*Münchener Rückversicherungs-Gesellschaft (2002a):* Bedeutende Überschwemmungsschäden in Deutschland, in: Gesamtverband der Deutschen Versicherungswirtschaft e.V. (GDV) (Hrsg.) (2002c): Risiko Hochwasser: Versicherungs-Software „ZÜRS“ lokalisiert Gefahrengebiete bei Überschwemmung- Datenbasis und Funktionsweise, in: http://www.gdv.de/presseservice/18350.htm, Stand: 15.10.2002.

*Münchener Rückversicherungs-Gesellschaft (Hrsg.) (2002b):* Topics-Jahresrückblick Naturkatastrophen 2001, München.

*Münchener Rückversicherungs-Gesellschaft (Hrsg.) (2002c):* Topics Nr. 1/2002, München.

*Münchener Rückversicherungs-Gesellschaft (Hrsg.) (1998a):* Weltkarte der Naturgefahren, München.

*Münchener Rückversicherungs-Gesellschaft (Hrsg.) (1998b):* Sturmflut Deutschland- Studie zur Gefährdung durch Sturmfluten und Abschätzung des Schadenpotentials an Nord- und Ostsee, München.

*Münchener Rückversicherungs-Gesellschaft (Hrsg.) (1997):* Überschwemmung und Versicherung, München.

*Münchener Rückversicherungs-Gesellschaft (Hrsg.) (1995):* Schaden Spiegel, 38. Jahrgang, Heft 1, München.

*Münchener Rückversicherungs-Gesellschaft (Hrsg.) (1994):* Schaden Spiegel, 37. Jahrgang, Heft 1, München.

*Münchener Rückversicherungs-Gesellschaft (Hrsg.) (1993):* Die Versicherung weiterer Elementargefahren in der allgemeinen Sachversicherung in Deutschland, München.

*Münchener Rückversicherungs-Gesellschaft (Hrsg.) (1991):* Versicherung und Rückversicherung des Erdbebenrisikos, München.

*Münchener Rückversicherungs-Gesellschaft (Hrsg.) (1973):* Sturmschäden in Europa: Erkenntnisse und Schlussfolgerungen aus den Sturmereignissen der letzten zehn Jahre, München.

*Nacken, H. (1993):* Fluten, in: Kleeberg, H.-B. (Hrsg.): Fluten und Dürren, in: Plate, E./Clausen, L./de Haar, U. et al. (Hrsg.): Naturkatastrophen und Katastrophenvorbeugung, Weinheim, S. 467-491.

*Nell, M. (2002):* Gesellschaftliches Risikomanagement für Hochwasserschäden, in: Wirtschaftsdienst- Zeitschrift für Wirtschaftspolitik, 82. Jahrgang, Heft 10, Oktober 2002, S. 582-585.

*Nell, M. (1993):* Versicherungsinduzierte Verhaltensänderungen von Versicherungsnehmern: eine Analyse der Substitutions-, Moral Hazard- und Markteffekte unter besonderer Berücksichtigung der Krankenversicherung, in: Veröffentlichungen des Seminars für Versicherungswissenschaft der Universität Hamburg und des Vereins zur Förderung der Versicherungswissenschaft in Hamburg e.V.: Reihe B, Wirtschaftswissenschaft, Heft 6, Karlsruhe.

*Nestmann, F./Kron, A. (1999):* Hochwasser: Naturereignis oder Technikfolge?, in: Stiftung Umwelt und Schadenvorsorge (Hrsg.): Symposium Naturkatastrophen in Mittelgebirgsregionen, Karlsruhe, S. 7-9.

*Neugebauer, H./Nickel-Waninger, H. (2001):* Chancen und Risiken einer Komplexitätsreduktion von Versicherungsprodukten, in: Mager, H.-C./Schäfer, H./Schrüfer, K. (Hrsg.): Private Versicherung und Soziale Sicherung- Festschrift zum 60. Geburtstag von Roland Eisen, Karlsruhe, S. 113-128.

*Noelle-Neumann, E./Geiger, H. (1988):* Versicherungswirtschaft, öffentliche Meinung, Image und Öffentlichkeitsarbeit in der; in: Farny, D./Helten, E./Koch, P et al. (Hrsg.): Handwörterbuch der Versicherung HdV, Karlsruhe, S. 1227-1238.

*North, D. C. (1992):* Institutionen, institutioneller Wandel und Wirtschaftsleistung, Tübingen.

*Nowotny, E. (1996):* Risikomanagement und Wirtschaftspolitik- Internationalisierung und Unsicherheit, in: Mugler, J./Nitsche, M. (Hrsg.): Versicherung, Risiko und Internationalisierung: Herausforderungen für Unternehmensführung und Politik: Festschrift für Heinrich Stremitzer zum 60. Geburtstag, Wien, S. 343-353.

*Öchsner, T. (2002):* Schutzlos in die Flut, in: Süddeutsche Zeitung (SZ), 20.08.2002.

*Ohlinger, L. (2002):* Lehrstück Flutopfer ohne Versicherungschutz, http://www.sr-online.de/statisch/Programm/Fernsehen/ARD/Plusminus/20030107/themen.htm, Stand: 04.08.2003.

*o.V. (2004):* Gesetz zum vorbeugenden Hochwasserschutz an den Vermittlungsausschuss verwiesen, in: URL:http//www.bundesregierung.de/dokumente/,-615884/Artikel/dokument.print.htm, Stand: 11.02.2005.

*o.V. (2003a):* Versicherungen informieren im Internet oft unvollständig, in: Die Welt, 20.02.2003.

*o.V. (2003b):* Sächsisches Handwerk stabil, in: URL:http//www.mdr.de/nachrichten/sachsen/470916.html, Stand: 09.01.2003.

*o.V. (2003c):* Hilfsfonds für Privatbürger nicht ausgeschöpft, in: URL:http//www.mdr.de/nachrichten/deutschland/454094.html, Stand: 13.12.2002.

*o.V. (2003d):* Katastrophen richten mehr Schäden an, in: Hannoversche Allgemeine Zeitung (H.A.Z), 30. Dezember 2003.

*o.V. (2003e):* Grüne: Flutfonds-Überschuss zurück an Länder, in: Nord-Report Rundblick, Nr.4/ 2003.

*o.V. (2003f):* Rot-Grün will Konjunktur ankurbeln, in: Neue Presse (NP), 28. Februar 2003.

*o.V. (2003g):* Danke für Ihre Hilfe!, in: Das Haus, Heft 3/2003, S.4.

*o.V. (2003h):* Wie teuer kann ich sein, in: Versicherungswirtschaft, Heft 8/2003, S. 613.

*o.V. (2003i):* Nach tatsächlichem Bedarf verteilen: Änderungen der Aufbauhilfefondsverteilung, in: Deutscher Bundestag und Bundeszentrale für politische Bildung (Hrsg.): Das Parlament, 01.08.2003.

*o.V. (2003j):* Der lange Abschied vom Vollkasko, in: Versicherungswirtschaft, Heft 8/2003, S. 612-613.

*o.V. (2003k):* Finanzministerkonferenz am 5. Juni 2003 in Berlin, Punkt 3 TO: Pflichtversicherung für Elementarschäden, FMK 5/03, S. 6-7.

*o.V. (2003l):* Extremus gibt trotz schleppendem Auftakt nicht auf, in: Börsen-Zeitung, 01.04.2003.

*o.V. (2002):* Boom und Krise, in: Zeitschrift für Versicherungswesen, Heft 23/2002, S. 751-754.

*o.V. (2002a):* Hochwasser richtete über neun Milliarden Euro an Schaden an, in: http://www.mdr.de/hochwasser/weitere/392206.html, Stand: 08.11.2002.

*o.V. (2002b):* Neue Zahlen zum Volkssport Nr. 1, in: Versicherungswirtschaft Heft 16/2002, S. 1258.

*o.V. (2002c):* Flutgerechtigkeit, in: Zeitschrift für Versicherungswesen, Heft 19/2002, S. 592.

*o.V. (2002d):* Katastrophen- neue Schadenpotenziale, neues Underwriting, in: Zeitschrift für Versicherungswesen, Heft 7/2002, S. 209.

*o.V. (2002e):* Grosschäden belasten den HDI, in: Süddeutsche Zeitung, 11.5.2002.

*o.V. (2002f):* Im Osten gut elementarversichert, in: Frankfurter Allgemeine Zeitung (F.A.Z), 19.08.2002.

*o.V. (2002g):* Erweiterte Ost-Versicherung hilft auch bei Wasserschäden, in: Leipziger Volkszeitung, 13.08.2002.

*o.V. (2002h):* Flut-Welle kostet Versicherer nur wenig, in: Versicherungswirtschaft Heft 18/2002, S. 1409-1410.

*o.V. (2002i):* Unwetterschäden sind meist versichert, in: Frankfurter Allgemeine Zeitung (F.A.Z), 02.08.2002.

*o.V. (2002j):* Wetterfest versichert, in: DekaBank (Hrsg.): Fonds Magazin, S. 32-33.

*o.V. (2002k):* Damm gegen Hochwasser-Risiken, in: Hannoversche Allgemeine Zeitung (H.A.Z), 22.07.2002.

*o.V. (2002l):* Versicherungen gegen schlechtes Wetter boomen, in: Berliner Morgenpost, 11.06.2002.

*o.V. (2002m):* Bund der Versicherten fordert Schutz für jedermann, in: Handelsblatt, 16.08.2002.

*o.V. (2002n):* Nach der Flut denken die Versicherungen über höhere Beiträge nach, in: Frankfurter Allgemeine Zeitung (F.A.Z), 28.08.2002.

*o.V. (2002o):* Unternehmen bekommen die Hälfte der Flutschäden ersetzt, in: Hannoversche Allgemeine Zeitung (H.A.Z), 04.09.2002.

*o.V. (2002p):* Hochrechnungen gehen von 15 Milliarden Euro Schaden in Europa aus, in: Handelsblatt, 21.08.2002.

*o.V. (2002q):* Neues Amt für Katastrophenhilfe, in: Hannoversche Allgemeine Zeitung (H.A.Z), 21.09.2002.

*o.V. (2002r):* Struck dankt Fluthelfern, in: Hannoversche Allgemeine Zeitung (H.A.Z), 17.09.2002.

*o.V. (2002s):* Bundesrat billigt Finanzpaket für Flutopfer, URL: http://www.tagesschau.de/aktuell/meldungen/0,2044,OID1101684_TYP4,00.html, Stand: 01.10.2002.

*o.V. (2002t):* Flut-Hilfsgelder: Sachsen lenkt ein, URL: http://www.tagesschau.de/aktell/meldungen/0,2044,OID1101850_TYP4,00.html, Stand: 01.10.2002.

*o.V. (2002u):* EU ringt um Höhe des Katastrophenfonds, URL: http://www.tagesschau.de/aktell/meldungen/0,2044,OID1119038_TYP4,00.html, Stand: 01.10.2002.

*o.V. (2002v):* EU-Katastrophengelder können fließen, URL: http://www.mdr.de/nachrichten/deutschland/366449.html, Stand 11.November 2002.

*o.V. (2002w):* Steuerliche Maßnahmen zur Unterstützung der Opfer der Hochwasserkatastrophe im August 2002- Zusammenstellung der Maßnahmen, in: Der Betrieb, Heft 41/2002, 55.Jahrgang, S. 2134-2136.

*o.V. (2002x):* Autoversicherung und Tropenwald, in: Zeitschrift für Versicherungswesen, Heft 6, 53 Jg., S.175.

*o.V. (2002y):* Katastrophe Natur?, in: Positionen- Versicherungen zu Politik, Wirtschaft und Gesellschaft, Nr. 19, Dezember 2000, S. 11-12.

*o.V. (2002z):* Hochwasser kennt keine Grenzen, in: Versicherungswirtschaft Heft 11, 57. Jahrgang, S. 853-854.

*o.V. (2001a):* Unvorstellbares Schadenpotential, in: Zeitschrift für Versicherungswesen, Heft 19/2001, S. 599-601.

*o.V. (2001b):* Deutsche Deiche halten dicht, in: Versicherungswirtschaft, Heft 23, S. 1912.

*o.V. (2001c):* Allgemeine Schadenentwicklung- Sturm und Naturkatastrophen, in: Schadenprisma, Heft 3/2001, S. 1-6.

*o.V. (1996):* Marktversagen, in: Gabler-Volkswirtschafts-Lexikon, Wiesbaden

*o.V. (1995):* Wirtschaftsministerkonferenz am 19./20. Oktober 1995 in Hannover, Punkt 17 der Tagesordnung, Versicherung von Hochwasserschäden, unveröffentlichter Protokollauszug.

*o.V. (1988):* Höchstwasserversicherung, in: Zeitschrift für Versicherungswesen, 39. Jahrgang, Heft 11/1988, S. 273-274.

*Pache, T. (2002):* Bund beziffert Flutschäden an Elbe und Donau auf 9,2 Mrd. EUR, in Financial Times Deutschland, 7.11.2002.

*Patterson, S. F. (1997):* Alternativer Risikotransfer- immer mehr Realität, in: Zeitschrift für Versicherungswesen, Heft 21/2001, S. 606-609.

*Paetow, M. (2002):* Eine helfende Hand in der sächsischen Flut, in: Versicherungswirtschaft, Heft 19/2002, S. 1483-1484.

*Pätzold, J./Mussel, G. (1996):* Umweltpolitik, Sternenfels; Berlin.

*Paus, H.-L. (2003):* Naturgefahren-ein Zukunftsmarkt mit Hindernissen?, in: Zeitschrift für Versicherungswesen, Heft 3/2003, S. 73-76.

*Pergande, F. (2002):* Fürchtet euch doch!, in: Frankfurter Rundschau, 15.10.2002.

*Perrow, C. (1987):* Normale Katastrophen: Die unvermeidbaren Risiken der Grosstechnik, Frankfurt am Main, New York.

*Petrow, T./Thieken, A./Kreibich, H. et al. (2003):* Vorsorgende Massnahmen zur Schadenminderung, in: Deutsches Komitee für Katastrophenvorsorge e.V. (DKKV) (Hrsg.):Hochwasservorsorge in Deutschland, Bonn, S. 34-73.

*Pfeiffer, C. (1999):* Einführung in die Rückversicherung: das Standardwerke für Theorie und Praxis, 5. Auflage, Wiesbaden.

*Pfister, C. (2000):* 500 Jahre Klimawandel: Ein historischer Überblick, in: Gesamtverband der Deutschen Versicherungswirtschaft e.V. (GDV) (Hrsg.) (2000): Katastrophe Natur? Strategien zur Bewältigung von Naturkatastrophen, Berlin, S. 74-85.

*Plate, E. (2000):* Die Bewältigung zukünftiger Naturkatastrophen, in: Linneweber, V. (Hrsg.): Zukünftige Bedrohungen durch (anthropogene) Naturkatastrophen, Bonn, S. 95-105.

*Plate, E./Clausen, L./de Haar, U. et al. (Hrsg.) (1993):* Naturkatastrophen und Katastrophenvorbeugung, Weinheim.

*Plate, E./Kron, W./Seiert, S. (1993):* Beitrag der deutschen Wissenschaft zur „International Decade for Natural Disaster Reduction (IDNDR“- Zusammenfassende Übersicht, in: Plate, E./Clausen, L./de Haar, U. et al. (Hrsg.): Naturkatastrophen und Katastrophenvorbeugung, Weinheim, S. 1-72.

*Pohlhausen, R. (2005):* Pflichtversicherung- Segnung oder Sündenfall? Aus Sicht eines Versicherers, bisher unveröffentlichter Vortrag zum Symposium „Pflichtversicherung- Segnung oder Sündenfall?, 28.-30. Oktober 2004, Schloß Marbach.

*Pohlhausen, R. (2001):* Die Allgemeine Sachversicherung am Jahresende 2001- Die Versicherbarkeit des Terrorismusrisikos bedarf klarer Kriterien, in: Versicherungswirtschaft Heft 23/2001, S. 1933-1935.

*Pohlhausen, R. (1999):* Gedanken zur Überschwemmungsversicherung in Deutschland, in: Zeitschrift für die gesamte Versicherungswissenschaft, Band 88, S. 457-467.

*Polleit, T. (2002):* Der Staat darf nicht zum Versicherer für alle werden, in: Die Welt, 20.08.2002.

*Posny, H. (2002):* Hochwasser-Alarm bei der Assekuranz, in: Die Welt, 26.08.2002.

*Posny, H. (2002a):* Naturkatastrophen belasten die Finanzbranche- Volkswirtschaftliche Schäden stark gestiegen, in: Die Welt, 31.12.2002.

*Puschmann, N. O. (1999):* Systemtheorie des Risikos, URL: http//www.home.t-online.de/home/nopuma/risiko.htm vom 20.11.2002, Hagen.

*Raab, W. (2003):* Unwetterfrühwarnung- eine Idee setzt sich durch, in: schadenprisma, Nr. 1/2003, S. 14-17.

*Raiser, R. (1948):* Status quo - vorläufige Lösung, Heft 2/1948, 3. Jg., S. 18-19.

*Raschke, E. (2000):* Klimaveränderungen und Meeresspiegelanstieg- eine Bestandsaufnahme, in: Gesamtverband der Deutschen Versicherungswirtschaft e.V. (GDV) (Hrsg.) (2000): Katastrophe Natur? Strategien zur Bewältigung von Naturkatastrophen, Berlin, S. 99-110.

*Rauch , E./Loster, T. (2001):* Allgemeine Schadenschadenentwicklung- Sturm und Naturkatastrophen, in: schaden prisma, Heft 3/2001, S. 1-6.

*Reimers-Rawcliffe, L. (1990):* Praxis und Theorie der Rückdeckung von Elementargefahren, in: Erweiterte Elementargefahrendeckung in der Allgemeinen Sachversicherung- Beiträge zur 13. Kölnischen Runde, in: Schriftenreihe der Kölnischen Rück (Hrsg.), Heft 18, Köln, S. 51-68.

*Rettberg, U. (2003):* Wirtschaft sichert sich gegen Wetterrisiken ab, in: Handelsblatt vom 5. Juni 2003.

*Richter, A. (1994):* Gleichgewichte bei adverser Selektion auf Versicherungsmärkten, in: Hesberg, D. (Hrsg.), Festschrift für Walter Karten zur Vollendung des 60. Lebensjahres, Karlsruhe, S. 197-219.

*Riebesell, P. (1948):* Die Zukunft der Feuerversicherung, in: Versicherungswirtschaft, Heft 2/1948, 3. Jg., S. 17-18.

*Riedel, O./Hofmann, K. (2004):* Bringt Klimaänderung die Elementar-Pflichtdeckung mit Staatsgarantie?, in: Versicherungswirtschaft, Heft 7/ 2004, S. 462-466.

*Riepl, L. (2002):* Nachgefragt: Wer zahlt bei Sturmschäden, in: Euro am Sonntag, 21.07.2002.

*Rohlfs, C. (1988):* Schadenverhütung, in: Farny, D./Helten, E./Koch, P. et al. (Hrsg.): Handwörterbuch der Versicherung HdV, Karlsruhe, S. 739-752.

*Rommel, C. (1937):* Grundlagen der Elementarschadenversicherung, in: Zeitschrift für die gesamte Versicherungswissenschaft (ZVersWiss), Band 37, S. 32-50.

*Roth, R./Tetzlaff, G./Berz, G. (1993):* Sturm und Starkniederschlag, in: Plate, E./Clausen, L./de Haar, U. et al. (Hrsg.): Naturkatastrophen und Katastrophenvorbeugung, Weinheim, S. 513-544.

*Rothschild, M./Stiglitz, J. (1976):* Equilibrium in Competitive Insurance Markets: An Assay in the Economics of Imperfect Information, in: Quarterly Journal of Economics, 90. Jg., S. 629-649.

*Rudolph, T. (2002):* Erdbebenrisiken in Deutschland mit besonderem Bezug zur Bergbautätigkeit, in: URL:http:///www.uni-muenster.de/GeoPalaentologie/Geologie/Angewandte/mitarbeiter/Rudolph/diplar_po.pdf, Stand: 20.02.2002.

*Ryfisch, H. E. (1991):* Tarifierung der erweiterten Elementargefahrendeckung, in: Erweiterte Elementargefahrendeckung in der Allgemeinen Sachversicherung-Beiträge zur 13. Kölnischen Runde, in: Schriftenreihe der Kölnischen Rück (Hrsg.), Heft 18, Köln, S. 69-96.

*Sächsische Staatskanzlei (Hrsg.) (2003):* Augusthochwasser 2002: Schadenausgleich und Wiederaufbau im Freistaat Sachsen, Dresden.

*Sächsisches Staatsministerium des Innern (2002):* Richtlinien des Sächsischen Staatsministerium des Innern über die Gewährung von Zuschüssen für die Beseitigung von Hochwasserschäden vom August 2002 im Freisaat Sachsen (Soforthilfe Hochwasser 2002) vom 16.08.2002, Dresden.

*Schäfer, R. (1993):* Die Versicherung von Elementarschäden im Wettbewerb, in: Kollhosser, H. (Hrsg.): Münsteraner Reihe Heft 15, Karlsruhe.

*Scheele, M. (1997):* Institutionelle und ökonomische Grundlagen des Natur- und Ressourcenschutzes, Berlin.

*Scherbaum, F. (1993):* Nachbeben, in: Klein, G. (Hrsg.): Erdbeben, in: Plate, E./ Clausen, L./de Haar, U. et al. (Hrsg.):Naturkatastrophen und Katastrophenvorbeugung, Weinheim, S. 166-176.

*Scherbaum, F./Schneider, G./Langer, H. (1993):* Herd- und Ausbreitungsvorgänge bei Erdbeben, in: Klein, G. (Hrsg.): Erdbeben, in: Plate, E./Clausen, L./de Haar, U. et al. (Hrsg.): Naturkatastrophen und Katastrophenvorbeugung, Weinheim, S. 151-165.

*Schlingensiepen, I. (2003):* Wirtschaftsforscher fordern Versicherungspflicht gegen Naturkatastrophen, in: Financial Times Deutschland (FTD), 25.03.03.

*Schlingensiepen, I. (2003a):* Terrorabsicherung bleibt unbeliebt, in: Financial Times Deutschland (FTD), 25.03.2003.

*Schlingensiepen, I./Fromme, H. (2002):* Harte Bandagen im Preiskrieg Assekuranz gegen Industrie, in: Financial Times Deutschland (FTD), 25.07.2002.

*Schmid, C. (2002):* EU-Katastrophenfonds für Sofortmaßnahmen, in: Gesamtverband der Deutschen Versicherungswirtschaft e.V. (Hrsg.): GDV- Bericht aus Brüssel, Nr. 37, Oktober 2002, S. 7-8.

*Schmidt, G. (1992):* Deckungsmodelle und Regulierungskonzepte für Groß- und Kumulrisiken, in: Zeitschrift für die gesamte Versicherungswissenschaft, Band 81, S. 191-203.

*Schmidt, R. (1991):* Versicherungsalphabet: Begriffserläuterungen aus Praxis und Theorie der Individualversicherung, 8. Auflage, Karlsruhe.

*Schmidt-Kasparek, U. (2002a):* Sicherheit für die gute Stube, in: Handelsblatt, 05.05.2002.

*Schmidt-Kasparek, U. (2002b):* Damm gegen Hochwasser-Risiken, in: Hannoversche Allgemeine Zeitung (H.A.Z), 22.07.2002.

*Schmincke, H.-U., Behncke, B., Dehn, J. et al. (1993):* Vulkanismus, in: Plate, E./Clausen, L./de Haar, U. et al. (Hrsg.): Naturkatastrophen und Katastrophenvorbeugung, Weinheim, S. 353-371.

*Schmitt (1995):* Bericht des Arbeitskreises der Versicherungsaufsichtsbehörden der Länder (Unterausschuss Versicherung von Elementarschäden) vom 07.09.1995, unveröffentlichter Bericht.

*Schmitz, K. (1998):* Rückversicherung von Elementarrisiken: unter Berücksichtigung von Besonderheiten lateinamerikanischer (Rück-) Versicherungsmärkte, in Farny, D. (Hrsg.): Reihe: Versicherungswirtschaft, Band 28, Köln.

*Schneider, J. (2002):* Der katastrophale Katastrophenschutz, in: Süddeutsche Zeitung (SZ), 25. Oktober 2002.

*Schnellnhuber, H.-J. (2002):* Flutkatastrophe: Zweitgrößtes Schadenereignis weltweit, in: Germanwatch e.V. (Hrsg.): Klima Kompakt, Nr. 20, August 2002, S. 3.

*Schradin, H. R. (2003):* Volkswirtschaftliche Bedeutung der Versicherung, in: Versicherungsbetriebslehre- Einführung und Abgrenzung, Köln.

*Schulenburg, J.-M. Graf v.d. (2004):* Versicherungspflicht und Pflichtversicherung Historie und ökonomische Begründung, in: Hamburger Gesellschaft zur Förderung des Versicherungswesens (Hrsg.): Thesenpapier zum Symposium „Pflichtversicherung- Segnung oder Sündenfall?, 28.-30. Oktober 2004, Schloß Marbach, S. 5-25.

*Schulenburg, J.-M. Graf v.d. (2001):* Pluralismus und Versicherung, in: Mager, H.-C./Schäfer, H./Schrüfer, K. (Hrsg.): Private Versicherung und Soziale Sicherung- Festschrift zum 60. Geburtstag von Roland Eisen, Karlsruhe, S. 23-36.

*Schulenburg, J.-M. Graf v.d. (Hrsg.) (1997):* Neue Wege des Versicherungsmanagements: Festschrift zum 60. Geburtstag von Günter Schmidt, Karlsruhe.

*Schulenburg, J.-M. Graf v.d. (1992):* Versicherungsökonomik- Ein Überblick über neuere Ansätze und Entwicklungen, in: Wirtschaftswissenschaftliches Studium, Heft 8, S. 399-406.

*Schulenburg, J.-M. Graf v.d. (1992a):* Wie souverän darf der Konsument auf Versicherungsmärkten sein? Nachfrageverhalten und Regulierung auf Versicherungsmärkten, in: Müller, W. (Hrsg.): EG'94 und Versicherungsmärkte, in: Schriften zur Unternehmensführung (SzU), Band 45, Wiesbaden.

*Schulenburg, J.-M. Graf v.d. (1989):* Die Versicherungsnachfrage als Gegenstand der ökonomischen Forschung, in: Zeitschrift für die gesamte Versicherungswissenschaft, Band 78, S. 317-333.

*Schulenburg, J.-M. Graf v.d. (1988):* Versicherung und Wirtschaftsordnung, in: Farny, D./Helten, E./Koch, P et al. (Hrsg.): Handwörterbuch der Versicherung HdV, Karlsruhe, S. 1270-1274.

*Schulenburg, J.-M. Graf v.d. (1987):* Marktgeschehen bei unvollständigen Nachfragerinformationen, in: Zeitschrift für Betriebswirtschaft, 57. Jg., Heft 7, S. 699-719.

*Schulenburg, J.-M. Graf v.d. (1987b):* Risk Aversion and the Purchase of Risk Insurance, in Journal of Economics 47, No. 3, S. 309-314.

*Schulenburg, J.-M. Graf v.d. (1984):* Zum Verhalten von Versicherungsnachfragern in der Sozialen Marktwirtschaft, in: Zeitschrift für die gesamte Versicherungswissenschaft, Band 73, S. 311-320.

*Schulze, E.-D.; Ploetz, C. (2000):* Zerstörung der Artenvielfalt in der Pflanzen- und Tierwelt, in: Gesamtverband der Deutschen Versicherungswirtschaft e.V. (GDV) (Hrsg.) (2000): Katastrophe Natur? Strategien zur Bewältigung von Naturkatastrophen, Berlin, S. 110-125.

*Schümberg, S./Grünewald, U. (2003):* Hochwasserwarn- und Frühwarnsysteme als Elemente der Informationsvorsorge, in: Deutsches Komitee für Katastrophenvorsorge e.V. (DKKV) (Hrsg.):Hochwasservorsorge in Deutschland, Bonn, S. 84-99.

*Schwake, E. (1988):* Das versicherungstechnische Risiko als arteigenes Risiko der Versicherungsunternehmen, in: Zeitschrift für die gesamte Versicherungswissenschaft, Band 77, S. 61-81.

*Schwarze, R. (1997):* Risikopolitische Instrumente zur Kontrolle des moralischen Risikos bei verdeckten Langzeitschäden am Beispiel der Umwelthaftpflichtversicherung, in: Männer, L. (Hrsg.): Langfristige Versicherungsverhältnisse: Ökonomie, Technik, Institution, Karlsruhe, S. 331-353.

*Schwarze, R./Wagner, G. G. (2003):* Marktkonforme Versicherungspflicht für Naturkatastrophe- Bausteine einer Elementarschadenversicherung, in: Wochenbericht des DIW Berlin, Nr. 12/2003, http://www.diw.de/deutsch/publikationen/wochenberichte/docs/03-12-1.html.

*Schwarze, R./Wagner, G. G. (2002):* Hochwasserkatastrophe in Deutschland: Über Soforthilfen hinausdenken, in: Wochenbericht des DIW Berlin, Nr. 35/2002, S. 596-600.

*Schwarze, R./Wagner, G. G. (2002a):* Katastrophenvorsorge durch Private. Was können Versicherungen leisten? Gefahrentag 2002 -Hochwasserkatastrophe- des Deutschen Komitees für Katastrophenvorsorge in Potsdam am 9.10.2002.

*Schweizerische Rückversicherung-Gesellschaft (Hrsg.) (2005):* Tsunami in Südasien: Finanziellen Schutz aufbauen, Zürich.

*Schweizerische Rückversicherungs-Gesellschaft (Hrsg.) (2003):* Natur- und Man-made-Katastrophen im Jahr 2002: Belastung durch hohe Flutschäden, Zürich.

*Schweizerische Rückversicherungs-Gesellschaft (Hrsg.) (2003a):* Alternativer Risikotransfer- eine Bestandsaufnahme, in sigma Nr. 1/2003 Zürich.

*Schweizerische Rückversicherungs-Gesellschaft (Hrsg.) (2002):* Überschwemmungen sind versicherbar! Focus Report, Zürich.

*Schweizerische Rückversicherungs-Gesellschaft (Hrsg.) (2001):* Rentabilität der Nichtleben-Versicherungswirtschaft: Zurück zum Underwirting, in sigma Nr. 5/2001, Zürich.

*Schweizerische Rückversicherungs-Gesellschaft (Hrsg.) (2000):* Natur- und Manmade-Katastrophen 1999: Stürme und Erdbeben führen zu zweithöchster Schadenlast der Versicherungsgeschichte, in sigma Nr.2/ 2000, Zürich.

*Schweizerische Rückversicherungs-Gesellschaft (Hrsg.) (1998):* Überschwemmungen: Ein versicherbares Risiko?, Zürich.

*Schweizerische Rückversicherungs-Gesellschaft (Hrsg.) (1998a):* Überschwemmungen: Ein versicherbares Risiko? Eine Marktübersicht, Zürich.

*Schweizerischer Versicherungsverband (SVV) (2002):* Der Elementarschaden-Pool, in: URL:http//www.svv.ch/all/txt.cfm?Artikel_ID=630, Stand: 06.05.2002.

*Seuß, W. (1994):* Verwehte Worte, in: Schwebler, R. et al. (Hrsg.): Dieter Farny und die Versicherungswissenschaft, S. 467-477, Karlsruhe.

*Siebert, H. (1978):* Ökonomische Theorie der Umwelt, Tübingen.

*Sievers, H. (1976):* Ist eine Katastrophenversicherung denkbar und diskutabel?, in: Zeitschrift für Versicherungswesen, 27. Jg., Heft 22/1976, S. 645-648.

*Simon, S./Grollmann, T. (2002):* Flutkatastrophen- Boten des Klimawandels?, in: Zeitschrift für Versicherungswesen, Heft 21, S.682-699.

*Sinn, H.-W. (1988):* Versicherungspolitik, in: Farny, D./Helten, E./Koch, P et al. (Hrsg.): Handwörterbuch der Versicherung HdV, Karlsruhe, S. 1107-1113.

*Sinn, H.-W. (1985):* Psychophysical Laws in Risik Theory, in: Journal of Economic Psychologie, Heft 6, S. 185-206.

*Sinn, H.-W. (1983):* Economic Decision Making Under Uncertainly, Amsterdam.

*Sönnichen, C. (1992):* Rating-Systeme am Beispiel der Versicherungswirtschaft, Berlin.

*Spremann, K. (1990):* Asymmetrische Information, in: Zeitschrift für Betriebswirtschaft, 60. Jg., Heft 5/6, S. 561-586.

*Staatskanzlei Sachsen-Anhalt (Hrsg.) (2003):* Bericht- Hochwasserkatastrophe 2002 in Sachsen-Anhalt: Anlage zur Kabinettvorlage vom 12. März 2003, Magdeburg.

*Staatskanzlei Sachsen-Anhalt (Hrsg.) (2002):* Die Bewältigung der Hochwasserkatastrophe und deren Folgen in Sachsen-Anhalt- Regierungserklärung des Ministerpräsidenten des Landes Sachsen-Anhalt Prof. Dr. Böhmer am 10. Oktober 2002, Magdeburg.

*Statistisches Landesamt des Freistaates Sachsen (2003):* Sachsens Wirtschaftsentwicklung stagnierte im Jahr 2002, Pressemitteilung Nr. 78/2003 vom 3. April 2003, in: URL://http:www.Statistik.sachsen.de/Index/31presse/unterseite31.htm, Stand 21.02.2004.

*Statistisches Landesamt des Freistaates Sachsen (2003a):* Inlandstourismus in Sachsen im Jahr 2002 mit deutlichen Verlusten- Die Jahrhundertflut hatte regional extreme Auswirkungen, Pressemitteilung Nr. 42/2003 vom 6. März 2003, in: URL://http:www.Statistik.sachsen.de/Index/31presse/unterseite31.htm, Stand 21.02.2004.

*Statistisches Landesamt Sachsen-Anhalt (2003):* Hochwasser 2003 liess die Zahl der Unfälle mit wassergefährdeten Stoffen nach oben schnellen, Pressemitteilung vom 01.Juli 2003, in: URL:http//www.statistik.sachsen-halt.de/intenet/Home/veroeffentlichung/Pressemitteilungen/2003/07/100.html, Stand 21.02.2004.

*Steinmüller, H. (1988):* Bedeutung, Volkswirtschaftliche der Versicherung, in: Farny, D.; Helten, E.; Koch, P. et al. (Hrsg.): Handwörterbuch der Versicherung HdV, S. 49-53, Karlsruhe.

*Sterk, H.-P. (1988):* Selbstbeteiligung, in: Farny, D./Helten, E./Koch, P. et al. (Hrsg.): Handwörterbuch der Versicherung Hdv, Karlsruhe, S. 775-780.

*Stiftung Umwelt und Schadenvorsorge (Hrsg.) (1999):* Symposium Naturkatastrophen in Mittelgebirgsregionen, Karlsruhe.

*Stiglitz, J.E. (1983):* Risk, incentive and Insurance: the Pure Theory of Moral Hazard, in: The Geneva papers on Risk and Insurance, Heft 8, S. 4-33.

*Stöppel, H. (1991):* Feuer-Betriebsunterbrechungsversicherung, in: Große, W./ Müller-Lutz, H.-L./Schmidt, R. (Hrsg.): Versicherungsenzyklopädie, Band 4, 4., neubearbeitete Auflage, Wiesbaden, S. 65-119.

*Stöppel, H. (1982):* Feuer-Betriebsunterbrechungsversicherung, in: Müller-Lutz, H.-L./Schmidt, R. (Hrsg.): Versicherungswirtschaftliches Studienwerk- Besondere Versicherungslehre, Studienheft 42, Wiesbaden.

*Störk, K. (1999):* Technische Hochwasserschutzmaßnahmen und bewusster, verantwortlicher Umgang mit dem verbleibenden Hochwasserrisiko- zwei Seiten einer Medaille, in: Stiftung Umwelt und Schadenvorsorge (Hrsg.): Symposium Naturkatastrophen in Mittelgebirgsregionen, Karlsruhe, S. 37-40.

*Strassl, W. (1988):* Externe Effekte auf Versicherungsmärkten- eine allokationstheoretische Begründung staatlicher Regulierung, Tübingen.

*Streitz, W./Dombrowsky, W. (2003):* Die Analyse der Katastrophenabwehr als Netzwerk und als Kommunikation, in: Deutsches Komitee für Katastrophenvorsorge e.V. (DKKV) (Hrsg.):Hochwasservorsorge in Deutschland, Bonn, S. 100-119.

*Sündermann, J. (1993):* Marine Gefahren, in: Kleeberg, H.-B. (Hrsg.): Fluten und Dürren, in: Plate, E., Clausen, L., de Haar, U. et al. (Hrsg.): Naturkatastrophen und Katastrophenvorbeugung, Weinheim, S. 492-496.

*Surminski, M. (2002):* „Back to Basics"- die deutsche Versicherungswirtschaft am Wendepunkt, in: Zeitschrift für Versicherungswesen, Heft 1/2002, S. 8-14.

*Surminski, M. (2002a):* Boom und Krise, in: Zeitschrift für Versicherungswesen, Heft 23/2002, S. 751-754.

*Surminski, S. (2003):* Maßnahmen gegen Überschwemmungen: Regierung reagiert auf Ultimatum der Versicherer in Großbritannien, in: Zeitschrift für Versicherungswesen, Heft 8/2003, S. 209-210.

*Surminski, S. (2003a):* Terrorismus und die Versicherungsbranche- Globale Trends und Reaktionen, in: Zeitschrift für Versicherungswesen, Nr. 8/2003, S. 219-223.

*Surminski, S. (2002):* Die Rolle der Rückversicherungen in der internationalen Klimapolitik, in: Kirchner, C./Papier, H.-J./Wandt, M.: Schriftenreihe: Verbraucherschutz, Produktsicherheit, Umweltschutz, Nr. 11, Karlsruhe.

*Swiss Re (2002):* Assekuranz Global 2001: Finanzmarkt-Turbulenzen und hohe Schäden prägen die Prämienentwicklung, in: Sigma Nr. 6/2002.

*Swiss Re Germany AG (2003):* Bericht über das Geschäftsjahr 2002 der Swiss Re Germany AG, München.

*Takao, A. (1982):* Über die Normalität des moralischen Risikos- eine Kritik der Theorie der Gefahrengemeinschaft, in: Zeitschrift für die gesamte Versicherungswissenschaft, Band 71, S. 5-25.

*Tatge, Y. (2003):* Eine Flut der Beweise, in Versicherungswirtschaft, Heft 1/2003 S. 38-40.

*Tesarczyk, W. (2002):* EU-Umwelthaftung: Kriterien der Versicherbarkeit, in: GDV – Bericht aus Brüssel, Ausgabe 36, Juli 2002, S. 7-10.

*Teufel, D. (2000):* Der Treibhauseffekt- Ursachen, Folgen, Gegenmaßnahmen, in: Gesamtverband der Deutschen Versicherungswirtschaft e.V. (GDV) (Hrsg.) (2000): Katastrophe Natur? Strategien zur Bewältigung von Naturkatastrophen, Berlin, S. 180-197.

*Theilen-Willige, B. (1999):* Fernerkundungsmethoden bei der Erfassung von durch Erdbeben und durch Erdbebenfolgeschäden gefährdeten Bereichen-Auswertungen von LANDSAT TM, ERS- und SIR-C/X-SAR-Daten vom Bodenseegebiet, in: Stiftung Umwelt und Schadenvorsorge (Hrsg.): Symposium Naturkatastrophen in Mittelgebirgsregionen, Karlsruhe, S. 50-52.

*Thelen, T. (1998):* Spieltheorie und das Gefangenendilemma, URL: http://www.cl-ki.uni-osnabrueck.de/~nntthele/ipd/index.html [Stand 30.04.2001].

*Thies, H. (2002):* „Touristisch hat die Oder-Region gewonnen", in: Hannoversche Allgemeine Zeitung (H.A.Z.), 26.07. 2002.

*Thüsing, G. (2002):* Flut der Prozesse, in: Financial Times Deutschland (F.T.D), 03.09.2002.

*Tversky, A./Kahneman, D. (1973):* Availability: A Heurístik for Judging Frequency and Probability, in: Cognitive Psychologie, Heft 5/1973, S. 207-232.

*Ungern-Sternberg, T. v. (2002):* Wir brauchen Monopolversicherungen gegen Elementarschäden, in: Wirtschaftsdienst- Zeitschrift für Wirtschaftspolitik, 82. Jahrgang, Heft 10, Oktober 2002, S. 579-582.

*Ungern-Sternberg, T. v. (2002a):* Gebäudeversicherung in Europa- Die Grenzen des Wettbewerbs, Bern; Stuttgart; Wien.

*Ungern-Sternberg, T. v. (1999):* Die Abschaffung der Monopole in der deutschen Gebäudeversicherung: Lehren für die Schweiz, in: URL:http://www.irv.ch/http/publicationen/documents/de_d.pdf, Stand: 08.05.2002.

*Ungern-Sternberg, T. v. (1997):* Die Katastrophen-Versicherung in Spanien. Diskussionspapier des Départment d'économétrie et d'économie politique der Universite de Lausanne, Lausanne.

*Ungern-Sternberg, T. v. (1997a):* Gebäudeversicherung in Frankreich: Ein Vergleich mit der Schweiz, Lausanne.

*Ungern-Sternberg, T. v. (1994):* Die kantonale Gebäudeversicherung. Eine ökonomische Analyse. Diskussionspapier des Départment d'économétrie et d'économie politique der Universite de Lausanne, Nr. 9405, Lausanne.

*Varga, S. (2002):* Das Wichtigste ist Geld, in: Focus, Nr.34/2002, S. 32.

*Verband öffentlicher Versicherer (Hrsg.) (2003):* Jahrbuch 2002, Düsseldorf.

*Vetters, N./Prettenthaler, F. (2002):* Extreme Wetterereignisse: Nationale Risikotransfersysteme im Vergleich, Graz.

*Vogt, R. (1995):* Hochwasser 1995, Köln.

*Vollgraf, M. (1990):* Die Ermittlung von Versicherungswert und Versicherungssumme in der Feuer-Betriebsunterbrechungs-Versicherung nach dem Bilanzrichtliniengesetz, in: Verein der Förderer des Fachbereichs Versicherungswesen an der Fachhochschule Köln e.V. (Hrsg.): Schriftenreihe des Fachbereichs Versicherungswesen der Fachhochschule Köln, Bd. 4, Köln.

*Wagner, G. G. (2002):* Fatales Vertrauen auf das Wetter und den Staat, in Financial Times Deutschland (F.T.D), 16.08.2002.

*Wagner, G. G. (2002a):* Private Versicherungen können Elementarschäden absichern, in: Wirtschaftsdienst- Zeitschrift für Wirtschaftspolitik, 82. Jahrgang, Heft 10, Oktober 2002, S. 585-588.

*Wagner, G. G. (1999):* Haftung und Versicherung als Instrument der Techniksteuerung, in: Versicherungsrecht, Heft 34, S. 1441-1480.

*Wagner, K. (2002):* Kurzes Gedächtnis, in: Süddeutsche Zeitung (SZ), 20.08.2002.

*Wälder, J. (1971):* Über das Wesen der Versicherung: Ein methodologischer Beitrag zur Diskussion um den Versicherungsbegriff, Berlin.

*Wein, T. (1997):* Versicherungsmarkt, asymmetrische Information und asymmetrische Regulierung, in: Zeitschrift für die gesamte Versicherungswissenschaft, Heft 2, S. 103-130.

*Wille, E. (Hrsg.) (1983):* Beiträge zur gesamtwirtschaftlichen Allokation: Allokationsprobleme im intermediären Bereich zwischen öffentlichem und privatem Wirtschaftssektor, Frankfurt am Main, Bern, New York.

*Wenzl, L. (1985):* Nebenzweige der Feuerversicherung (Teil I und II), in: Müller-Lutz, H.-L.; Schmidt, R. (Hrsg.): Versicherungswirtschaftliches Studienwerk-Besondere Versicherungslehre, Studienheft 43, Wiesbaden.

*Wille, E. (1983):* Gesamtwirtschaftliche Allokation zwischen „Markt- und Staatsversagen" – ein ordnungspolitischer Überblick, in: Wille, E. (Hrsg.): Beiträge zur gesamtwirtschaftlichen Allokation: Allokationsprobleme im intermediären Bereich zwischen öffentlichem und privatem Wirtschaftssektor, Frankfurt am Main, Bern, New York, S. 1- 28.

*Wolters, G. (1995):* Wettbewerb auf dem Versicherungsmarkt: eine Bewertung der jüngsten Entwicklungen auf dem deutschen Versicherungsmarkt aus Sicht der Marktversagens- und Wettbewerbstheorie; unter besonderer Berücksichtigung des Umwelthaftpflichtmarktes, in: Europäische Hochschulschriften, Reihe V Volks- und Betriebswirtschaft, Bd. 1745, Frankfurt am Main, Berlin, Bern u.a.

*Yongalýk, A. (2004):* Die obligatorische Erdbebenversicherung in der Türkei, in: Zeitschrift für Versicherungswesen, Nr. 1/2004, 55. Jahrgang, S. 20-22.

*Zanetti, A.; Mehlhorn, J. (2003):* Überschwemmungsgefahr: Neue Lösungen gegen steigende Fluten, in: Zeitschrift für Versicherungswesen, Heft 9/2003, S. 241-242.

*Zick, A.-M. (2002):* Juli-Hochwasser: Bund zahlt nicht mit, in: Nord-Report, Nr. 149, 10.09.2002.

*Zweifel, P./Eisen, R. (2000):* Versicherungsökonomie, Berlin, Heidelberg, New York u.a.

*Zweifel, P. (1987):* Was ist Versicherung? Funktionelle und institutionelle Aspekte, in: Albrecht, P.; Brinkmann, T.; Zweifel, P.: Was ist Versicherung? Schriftenreihe des Ausschusses Volkswirtschaft des GDV, Nr. 8, S. 38-61.

*Zwonicek, C. (1999):* Schweiz: Hohe Elementarschäden im ersten Halbjahr 1999, in: Versicherungswirtschaft, Heft 14/1999, S. 1047.

*Zwonicek, C. (1981):* Die schweizerische Elementarschadenversicherung, in: Versicherungswirtschaft, Heft 36/1981, 36. Jg., S. 219-221.

Anhang 1: Schäden in den betroffenen Bundesländern ohne Schäden an Einrichtungen des Bundes[1]

| **Bundesland** | **Schadensumme in Mio. EUR** |
|---|---|
| Sachsen | 6.000 |
| Sachsen-Anhalt | 900 |
| Bayern | 200 |
| Brandenburg | 200 |
| Niedersachsen | 140 |
| Thüringen | 60 |
| Mecklenburg-Vorpommern | 40 |
| Schleswig-Holstein | 6 |
| Gesamt | 7.600 |

Quelle: *Bundesministerium des Inneren (2002b).*

[1] Die Zahlen basieren auf einem Stand vom November 2002.

Anhang 2: Schäden in am stärksten betroffenen Bundesländern Sachsen und Sachsen-Anhalt nach Sektoren

| | **Sachsen-Anhalt**[1] **in Mio. EUR** | **Sachsen**[2] **in Mio. EUR** |
|---|---|---|
| Privathaushalte | 245,70 | 2.235,00 |
| hiervon Hausrat | 86,80 | 529,00 |
| Gewerbliche Wirtschaft | 73,60 | 1.420,00 |
| Land- und Forstwirtschaft | 71,25 | 79,00 |
| Infrastruktur der Gemeinden | 270,75 | 1.287,00 |
| Landesinfrastruktur | 287,53 | 928,00 |
| Kulturelle Einrichtungen | 9,24 | |
| Präventivmaßnahmen und Katastrophenschutzkosten | 45,47 | 136,00 |
| Infrastruktur sonstiger Träger | - | 111,00 |
| Summe | 1.003,54 | 6.196,00 |

[1] Vgl. *Staatskanzlei Sachsen-Anhalt (Hrsg.)* (2003).
[2] Vgl. *Sächsische Staatskanzlei (Hrsg.)* (2003).

Anhang 3: Verteilung der Fondsmittel[1]

| | **Vorläufige Quote in %**[2] | **Endgültige Quote in %**[3] |
|---|---|---|
| Bayern | 5,00 | 2,56 |
| Brandenburg | 5,00 | 1,87 |
| Mecklenburg-Vorpommern | 2,50 | 0,43 |
| Niedersachsen | 2,50 | 2,26 |
| Sachsen | 60,00 | 78,85 |
| Sachsen-Anhalt | 20,00 | 13,34 |
| Schleswig-Holstein | 2,50 | 0,05 |
| Thüringen | 2,50 | 0,64 |
| Summe | 100,00 | 100,00 |

Quelle: *Sächsische Staatskanzlei (Hrsg.)* (2003), S. 17.

---

[1] Ausgenommen bei dieser Zusammenstellung der Verteilung der Fondmittel sind die im Gesamtfond enthaltenen Mittel für die Infrastruktur des Bundes, für die Arbeitsmarktprogramme der Bundesanstalt für Arbeit und die Sondermittel des Kuratoriums Fluthilfe (Vgl. *Sächsische Staatskanzlei (Hrsg.)* (2003), S. 17).

[2] Vgl. §1 Abs.1 AufbauhfV.

[3] Die endgültige Quote wurde im Rahmen einer Besprechung des Bundes mit den betroffenen Ländern am 17.12.2002 im Bundesministerium des Innern festgelegt. Dabei dienten die bereits beschriebenen einheitlichen Schadenkriterien als Bemessungsgrundlage für die Schäden (Vgl. *Staatskanzlei Sachsen-Anhalt (Hrsg.)* (2003), S. 5 f.).

Anhang 4: Aufteilung der Mittel des Fonds „Aufbauhilfe"

| **Fonds „Aufbauhilfe"** | **Gesamt** | **Bund** | **Land/ Kommunen** |
|---|---|---|---|
| | in Mio. EUR | | |
| Bundesprogramme davon: | 5.377 | 3.507 | 1.870 |
| o Hilfen für Privathaushalte und Unternehmen | 1.990 | 1.020 | 970 |
| o Infrastruktur insb. Kommunen/ ländlicher Raum | 1.945 | 1.045 | 900 |
| o Infrastruktur des Bundes | 970 | 970 | |
| o Reserve[1] | 472 | 472 | |
| Zur Kofinanzierung derzeit nicht benötigte Ländermittel | | | 1.723 |
| Gesamtmittel des Fonds | 7.100 | 3.507 | 3.593 |

Quelle: *Bundesministerium der Finanzen (Hrsg.)* (2003), S. 2.

[1] Dieser Posten diente als Reserve für unvorhersehbare Ereignisse in der Bundesinfrastruktur. Hieraus entwickelte sich ein Streitpunkt zwischen der Bundesregierung und den betroffenen Bundesländern, da letztere die Auffassung vertraten, dass ihnen im Rahmen der Länderquoten Mittel der Leistungsreserve zustünden (Vgl. *Sächsische Staatskanzlei (Hrsg.)* (2003), S. 14).

Anhang 5: Gestaltung der Zusatzversicherung im Verhältnis zur Basisdeckung

| | Hausrat | Wohn-gebäude | Gebäude | Inhalt | BU | Gesamt |
|---|---|---|---|---|---|---|
| **Separat möglich** | 0 | 0 | 0 | 1 | 0 | 1 |
| **Feuer** | - | 3 | 4 | 2 | 3 | 12 |
| **Sturm** | - | 15 | 17 | 17 | 14 | 63 |
| **Zusatz an alle Gefahren**[1] | 48 | 28 (8) | 15 (2) | 16 (2) | 15 (1) | 122 (13) |
| **Mind. 2 Gefahren** | - | 1 | 2 | 1 | 1 | 5 |
| **Mind. 1 Gefahr** | - | 1 | 1 | 1 | 2 | 5 |
| **Gesamt** | 48 | 48 | 39 | 38 | 35 | 208 |

[1] Hier ist innerhalb der Klammer die Anzahl der Unternehmen aufgeführt, die angaben eine Zusatzdeckung an die Gefahren Feuer, Leitungswasser und Sturm anzuschließen. Eine Zusammenfassung mit denjenigen Unternehmen, die ohne weitere Spezifizierung angaben, eine Zusatzversicherung nur als Zusatzdeckung zu versichern, erfolgt, weil die drei oben genannten Gefahren auch den Kernbestandteil aller Gefahren ausmachen. So kann zwar z.B. im Rahmen der Wohn- und Gebäudeversicherung noch die Gefahr Einbruchdiebstahl versichert werden, ein solcher Einschluss ist jedoch nicht sehr verbreitet. Daher wurde aus Vereinfachungsgründen diese Vorgehensweise gewählt.

Anhang 6: Wahl der Selbstbehaltform

| | Coninsurance in % des Schaden | Franchise | Franchise und Coninsurance | | Gesamt |
|---|---|---|---|---|---|
| | | | in % der VSU | in % des Schadens | |
| **Hausrat** | 13 | 11 | 8 | 15 | 47 |
| **Wohn-gebäude** | 11 | 12 | 10 | 15 | 48 |
| **Gebäude** | 4 | 10 | 7 | 17 | 38 |
| **Inhalt** | 3 | 9 | 7 | 17 | 36 |
| **BU** | 3 | 9 | 6 | 13 | 31 |
| **Gesamt** | 34 | 51 | 38 | 77 | 200 |

Anhang 7: Aufteilung der Erdbebengefahr in Risikoklassen

| **Aufteilung** | | **Anzahl** |
|---|---|---|
| Allgemein ohne weitere Angaben | | 7 |
| 2 Klassen | | 1 |
| 3 Klassen | Sonstige | 3 |
| | Klasse 3 nicht versicherbar | 10 |
| | Besondere Betrachtung Klasse 3 | 4 |
| 4 Klassen | | 1 |
| Sonstiges | | 1 |
| Gesamt | | 27 |

Anhang 8: Rückversicherungskonstellationen

| | **Hausrat** | **Wohn-gebäude** | **Gebäude** | **Inhalt** | **Gesamt** |
|---|---|---|---|---|---|
| Quoten RV | 6 | 5 | 2 | 2 | 15 |
| Quoten und Summen-Exzedenten | 3 | 4 | 3 | 2 | 12 |
| Quoten, Summenex-zedenten und X/L pro Risiko | | 1 | | | 1 |
| Quoten, Summenex-zedenten und X/L pro Ereignis | 1 | 1 | | | 2 |
| Quoten, Summenex-zedenten, XL pro Er-eignis und Stop-Loss | 1 | | | | 1 |
| Quoten, Summenex-zedenten, XL pro Er-eignis, X/L pro Risiko und Stop-Loss | | 1 | | | 1 |
| Quoten, Summenex-zedenten und Stop-Loss | | | 1 | 1 | 2 |
| Quoten RV und X/L pro Risiko | 2 | 1 | | 1 | 4 |
| Quoten RV, XL pro Risiko und X/L pro Ereignis | 2 | 2 | 1 | 1 | 6 |
| Quoten RV, XL pro Risiko, X/L pro Er-eignis und Stop Loss | 1 | 1 | 1 | 1 | 4 |
| Quoten RV und X/L pro Ereignis | 2 | 2 | 1 | 1 | 6 |
| Quoten RV, X/L pro Ereignis und Stop-loss | 1 | 2 | 2 | 2 | 7 |

| | **Hausrat** | **Wohn-gebäude** | **Gebäude** | **Inhalt** | **Gesamt** |
|---|---|---|---|---|---|
| Quoten RV und Stop Loss | 2 | 4 | 3 | 3 | 12 |
| NP | 1 | | | | 1 |
| Summen-Exzedenten | 2 | 1 | 3 | 2 | 8 |
| Summen-Exzedenten und X/L pro Risiko | | | 1 | | 1 |
| Summen-Exzedenten, X/L pro Risiko und X/L pro Ereignis | | 1 | | | 1 |
| Summen-Exzedenten, X/L pro Risiko und Stop loss | | 1 | 1 | 1 | 3 |
| Summen-Exzedenten, X/L pro Ereignis und Stop loss | | | 1 | 1 | 2 |
| Summen-Exzedenten und X/L pro Ereignis | 2 | 1 | 2 | 3 | 8 |
| X/L pro Risiko | | 1 | | | 1 |
| X/L pro Risiko und X/L pro Ereignis | | | 2 | 2 | 4 |
| X/L pro Risiko, X/L pro Ereignis und Stop loss | 2 | 3 | 2 | 2 | 9 |
| X/L pro Risiko und Stop loss | 1 | | | | 1 |
| X/L pro Ereignis | 9 | 8 | 6 | 4 | 27 |
| X/L pro Ereignis und Stop loss | 3 | 2 | 3 | 3 | 11 |
| Stop loss | 1 | 1 | | | 2 |
| keine | 2 | | | 3 | 5 |
| Keine Angaben | 4 | 4 | 4 | 4 | 16 |
| Gesamt | 48 | 46 | 38 | 39 | 171 |

Anhang 9: Darf der Versicherer Risiken ablehnen?

| **Antworten** | **Häufigkeit** | **Prozente** |
|---|---|---|
| Nein | 3 | 6,5 |
| Ja, Risiken, die auch in der Basisdeckung keinen Schutz erhalten | 4 | 8,7 |
| Ja, wenn seine Kapazitäten überstiegen werden | 4 | 8,7 |
| Ja, wenn Gefahr von Kumulen zu hoch | 4 | 8,7 |
| Ja, Risiken ohne Basisschutz und Kapazitäten | 6 | 13,0 |
| Ja, alle Fälle | 19 | 41,3 |
| Ja bei Kapazitätsproblemen und Kumulen | 6 | 13,0 |
| Gesamt | 46 | 100,0 |

Anhang 10: Gestaltung der Prämien

| **Prämiensätze** | **Häufigkeit** | **Prozente** |
|---|---|---|
| Feste/ Prozentuale Zuschläge auf die Basisdeckungen | 6 | 12,8 |
| Nach Risikoklassen abgestuft | 41 | 87,2 |
| Gesamt | 47 | 100,0 |

Anhang 11: Fragebogen zum empirischen Teil (Befragung der Erstversicherer)[1]

1. Angaben zum Unternehmen

1.1 Welche Unternehmensform hat Ihr Unternehmen?

O AG O VVaG O Öffentlich-rechtlich

1.2 Ist das Geschäftsgebiet Ihres Unternehmens innerhalb der Bundesrepublik Deutschland regional begrenzt?

O Ja O Nein

1.3 Gibt es eine satzungsgemäße Begrenzung, z.B. in den Kundengruppen? ........

2. Angaben zum Versicherungsangebot für Elementarrisiken

Die Gestaltungsmöglichkeiten für Elementarschadenzusatzdeckung sind vielfältig. Bitte beantworten Sie die folgenden Fragen zum Versicherungsangebot Ihres Unternehmens.

2.1 Welche Gefahren umfasst ihre Elementarschadendeckung?

O Extreme Witterungsniederschläge (Überschwemmung und Starkregen)
O Rückstau O Erdbeben O Schneedruck
O Erdfall/Erdsenkung
O Erdrutsch O Lawinen O Sonstige

2.2 In welcher Bündelung können die Gefahren versichert werden?

O Nur insgesamt
O Sämtliche Gefahren können einzeln versichert werden
O Folgende Gefahren können separat versichert werden: ..............................

---

[1] Die Darstellungsform wurde hier aus Vereinheitlichungsgründen angepasst. Insbesondere wurde den offenen Fragen mehr Platz zur Beantwortung eingeräumt.

2.3 Dienen die ehemaligen Musterbedingungen als Basis Ihrer Allgemeinen Versicherungsbedingungen?

O Ja

O Besondere Bedingungen für die Versicherung weiterer Elementargefahren in der Hausratversicherung (BEH)

O Besondere Bedingungen für die Versicherung weiterer Elementargefahren in der Wohngebäudeversicherung (BEW)

O Besondere Bedingungen für die Versicherung weiterer Elementargefahren in der gewerblichen Sachversicherung (BEG)

O Nein

Falls Nein, könnten Sie bitte Ihre aktuellen Bedingungswerke der Rückantwort beifügen?

2.4 Kann die Zusatzdeckung nur als Annexprodukt an die bestehende Deckung angeschlossen werden oder ist der Abschluss einer Elementarschadenversicherung auch separat möglich?

a) in der Hausratversicherung

O Separat möglich O Nur als Zusatzdeckung

b) in der Wohngebäudeversicherung

O Separat möglich O Nur als Zusatzdeckung an

die Gefahr ........................................

c) in der Gewerblichen Gebäudeversicherung

O Separat möglich O Nur als Zusatzdeckung an

die Gefahr ........................................

d) in der Gewerblichen Inhaltsversicherung

O Separat möglich O Nur als Zusatzdeckung an

die Gefahr ........................................

e) in der Betriebsunterbrechungsversicherung

O Separat möglich O Nur als Zusatzdeckung an

die Gefahr ........................................

2.5 Gibt es gesonderte Laufzeiten, z.B. ausschließlich Jahresverträge für die Zusatzdeckung?

O Nein

O Ja, und zwar: ..............................................................................................

2.6 Gibt es gesonderte Kündigungsmöglichkeiten für die Zusatzdeckung?

O Nein

O Ja, und zwar: ..............................................................................................

2.7 Welche Annahmevoraussetzungen gelten für die Zusatzdeckung?

O Einstufung in eine günstige Risikoklasse, z.B. nach ZÜRS

O Bestehen einer Geschäftsbeziehung

O Schadensituation

O Kein Vorschaden bisher

O Keine Vorschäden innerhalb der letzten 10 Jahre

O Besondere Schadenverhütungsmaßnahmen, z.B. angepasste Bauweise

O Sonstige: ....................................................................................................

2.8 Bitte geben Sie die Selbstbehalte an, die für die Zusatzdeckung vereinbart werden können und teilen Sie gegebenenfalls mit, ob ein Abschluss ohne Vereinbarung eines Selbstbehaltes möglich ist.

a) Hausrat ........................................................................................................

b) Wohngebäude ..............................................................................................

c) Gewerbliche Gebäudeversicherung ............................................................

d) Gewerbliche Inhaltsversicherung ...............................................................

e) Gewerbe-Betriebsunterbrechung ................................................................

2.9 Nutzen Sie das Zonierungssystem für Überschwemmungen, Rückstau und Starkregen (ZÜRS) zur Einschätzung des Überschwemmungsrisikos?

O Ja    O Nein

Falls ja, zeichnen Sie in Zürs Zone 3?

O Ja    O Nein

2.10 Welche der übrigen Gefahren in der Zusatzdeckung werden in besondere Risikoklassen unterteilt? Gibt es bei diesen Gefahren auch Klassen, die nicht oder nur zu prohibitiv hohen Beiträgen versicherbar sind?..................

2.11 Verwenden Sie einen Zusatzantrag/ Fragebogen zur Einschätzung der Gefahr?

O Ja (Wenn möglich bitte beifügen) O Nein

2.12. Haben die Versicherungsnehmer Ihrer Meinung nach das Risiko betreffend einen Informationsvorsprung, der nicht durch Fragen im Antrag oder in einem Zusatzbogen eliminiert werden kann?

O Ja, und zwar: ..............................................................................................

O Nein

Falls ja, welche Bedeutung hat dieser Informationsvorsprung für die offensichtlich geringe Versicherungsdichte der Elementarschadenzusatzdeckung?

O Ausschlaggebend für die Risikozeichnung

O Mindert die Zeichnung erheblich

O Nicht bedeutender als in der Basisdeckung, z.B. in Feuer, Sturm

O Weniger bedeutend im Vergleich zu anderen Problemen der Zusatzdeckung

O Unbedeutend

2.13 In der Versicherungswirtschaft wird oftmals beobachtet, dass die Versicherungsnehmer nach Abschluss des Vertrages die Schadenminderungsmaßnahmen reduzieren, ohne dass die Versicherer dieses beobachten könnten (Moralisches Risiko). Ist dies Ihrer Meinung nach ein Problem für die Elementarschadenversicherung?

O Ja, weil: o Nein, weil:

..............................................................................................................

Falls ja, welche Bedeutung hat dieser Informationsvorsprung für die offensichtlich geringe Versicherungsdichte der Elementarschadenzusatzdeckung?

O Ausschlaggebend für die Risikozeichnung

O Mindert die Zeichnung erheblich

O Nicht bedeutender als in der Basisdeckung, z.B. in Feuer, Sturm

O Weniger bedeutend im Vergleich zu anderen Problemen der Zusatzdeckung

O Unbedeutend

2.14 Für die Gefahren Sturm und Hagel gibt es offenbar im Gegensatz zu den erweiterten Elementargefahren einen funktionierenden Versicherungsmarkt mit einer hohen Versicherungsdichte. Wo liegen Ihrer Meinung nach die Gründe? ..........................................................................................................

2.15 Wenden Sie in der Sturmversicherung ebenfalls Risikoklassen an? Falls ja, gibt es auch hier Gefahrenzonen, die keinen Versicherungsschutz erhalten?

O Nein

O Ja, und zwar: ..........................................................................................

2.16 Hat die Jahrhundertflut 2002 Auswirkungen auf die Nachfrage nach Elementardeckung gehabt?

O Nein

O Ja, und zwar: ..........................................................................................

2.17 Worin liegen Ihrer Meinung nach die Gründe für die relativ geringe Versicherungsdichte von Elementarschadenversicherung in der Bundesrepublik?

..........................................................................................................

3. Rückversicherung

Das Angebot auf den internationalen Rückversicherungsmärkten gilt als wichtige Determinante für die Kapazitäten der Erstversicherer. Bitte kreuzen Sie die zutreffenden Antworten für Ihr Unternehmen an und beachten Sie, dass die Fragen ausschließlich auf die Risken Hausrat, Wohngebäude und Gewerbe bezogen sind.

3.1 Welche Rückversicherungsform haben Sie für die verschiedenen Versicherungszweige der Elementardeckung gewählt (Mehrfachnennungen möglich) ?

| | Quoten RV | Summen-Exzedenten RV | X/L pro Risiko | X/L pro Ereignis | Stop loss |
|---|---|---|---|---|---|
| Hausrat | O | O | O | O | O |
| Wohngebäude | O | O | O | O | O |
| Gewerbe-Gebäude | O | O | O | O | O |
| Gewerbe-Inhalt | O | O | O | O | O |

3.2 Ist die Elementardeckung an die Rückversicherung der Hauptverträge angeschlossen oder separat gedeckt?

| | An die Hauptverträge angeschlossen | Separat gedeckt |
|---|---|---|
| Hausrat | O | O |
| Wohngebäude | O | O |
| Gebäude-Gewerbe | O | O |
| Gebäude-Inhalt | O | O |

3.3 Reichen Ihrer Meinung nach die derzeit verfügbaren Deckungskapazitäten auf den internationalen Rückversicherungsmärkten aus, um sämtliche in Deutschland durch Elementargefahren mögliche Schadenkumule decken zu können?

O Ja

O Nein

Falls Nein, welche Konsequenzen hat das für Ihr Angebot? ..........................

3.4 Verhalten der Rückversicherer: In den Medien wird in Nachlese zur Jahrhundertflut 2002 davon berichtet, dass die Rückversicherungsunternehmen Änderungen ihrer Verträge mit den Erstversicherern vornehmen möchten. Welche der folgenden Eingriffe erwarten Sie?

| | Ja | Nein |
|---|---|---|
| Preiserhöhungen | O | O |
| Reduzierung der Rückversicherungskapazitäten, z.B. durch Jahreshöchstentschädigungen | O | O |
| Kürzung von Rückversicherungsprovisionen | O | O |
| Kündigung von Rückversicherungsverträgen | O | O |
| Forderung zusätzlicher Bestandsinformationen | O | O |

3.5 Welche Konsequenzen werden / würden sich aus diesen Eingriffen <u>für Ihre Versicherungsnehmer</u> ergeben?..............................................................

4. Schadenregulierung im Katastrophenjahr 2002

Die Naturkatastrophen 2002 haben zu hohen versicherten Schäden geführt, die jedoch die Unternehmen am Erstversicherungsmarkt unterschiedlich stark betroffen haben.

4.1 Wenn Sie Ihren Jahresabschluss 2002 betrachten, inwieweit haben die Überschwemmungen Ihre Schadenquoten in den gewerblichen- und privaten Sachversicherungszweigen negativ beeinflusst?

O Stark negativer Einfluss

O Negativer Einfluss

O Kaum merkbarer Einfluss

O Kein Einfluss

4.2 Welche Erkenntnisse hat Ihr Unternehmen aus den Ereignissen im letzten Jahr gewonnen (Mehrfachnennungen möglich)?

O Es sind dort hohe Schäden eingetreten, wo eine nicht so große Exponierung vermutet wurde

O Der Risikobeurteilung lagen z.T. ungenügende Schadenannahmen zugrunde

O Es wurden z.T. keine risikoadäquaten Prämien verlangt, z.B. durch kostenlose Haftungserweiterungen

O Sonstige: ..........................................................................................

4.3 Welche Konsequenzen hat Ihr Unternehmern aus der Jahrhundertflut gezogen (Mehrfachnennungen möglich)?

O Erhöhung der Tarifprämien

O Erhöhung der Selbstbehalte

O Kündigung schlechter Risiken

O Verschärfung der Annahmepolitik

O Änderungen in den Bedingungen

O (Kurzfristige) Einstellung des Angebotes

O Sonstige: ..........................................................................................

5. Regulierende Eingriffe in den Versicherungsmarkt für Elementarrisiken

Im Anschluss an die Überschwemmungen 2002 wurde u.a. von Seiten der Politik gefordert, in den Versicherungsmarkt für Elementarrisiken regulierend einzugreifen. Hierzu möchte ich Sie bitten, aus Sicht Ihres Unternehmens diejenigen Gestaltungsmöglichkeiten anzukreuzen, die Sie bevorzugen.

5.1 Welchen der folgenden Wege zur Finanzierung von Elementarschäden würden Sie aus Sicht Ihres Unternehmens bevorzugen (Bitte nur einen auswählen)?

O Regulierung ausschließlich durch Steuermittel

O Die bisherige Regulierungsform als ein Mischsystem aus staatlichen ad-hoc-Maßnahmen und privatem Versicherungsschutz

O Bildung eines nationalen Katastrophenfonds

O Regulierung durch die Assekuranz ohne staatliche Unterstützung

O Regulierung durch ein Modell, das sowohl die Assekuranz als auch den Staat als Risikoträger beinhaltet

O Abschluss eines Selbstverpflichtungsabkommens zwischen dem Staat, der umfangreich Schadenverhütungsmaßnahmen durchführt, und der Assekuranz, die flächendeckenden Versicherungsschutz anbietet

O Sonstige: ..........................................................................................

5.2 Im Folgenden sind Ziele und Anreize aufgeführt, die bei staatlichen Eingriffen in den Versicherungsmarkt für Elementarrisiken berücksichtigt werden könnten. Bitte klassifizieren Sie die aufgeführten Aussagen nach der Bedeutung für Ihr Unternehmen. Verwenden Sie bitte hierzu das folgende Schema:

*1 = sehr wichtig* *2= wichtig* *3= weniger wichtig*
*4= eher unwichtig*

| | |
|---|---|
| | Sicherung der Unternehmensexistenz der Versicherer |
| | Sicherung der dauerhaften Erfüllbarkeit der Versicherungsverträge |
| | Wettbewerb um die Risiken sollte grundsätzlich möglich sein |
| | Wettbewerbsneutralität des regulierenden Eingriffs, d.h. keine Begünstigung bestimmter Unternehmensformen oder Marktteilnehmer |
| | Minimierung der Gesamtkosten für den Staat |
| | Minimierung der Gesamtschäden durch Naturkatastrophen |
| | Hohe Akzeptanz seitens der Bevölkerung |
| | Finanzielle Planungssicherheit der Bürger bei Naturkatastrophen |
| | Bildung eines großen Risikokollektivs |
| | Sonstige: |

5.3 Wenn sich der Staat für einen Eingriff in den Markt entscheiden sollte, sind verschiedene Modelle denkbar, die in unterschiedlichen Ausprägungen auch bereits in anderen Ländern umgesetzt wurden. Im Folgenden werden verschiedene Elemente und Gestaltungsformen eines solchen Modells genannt. Bitte kreuzen Sie in den folgenden Kategorien diejenigen Bausteine an, die Sie favorisieren. <u>Bitte beachten Sie, dass die folgenden Unterpunkte a-k unabhängig voneinander sind und nicht aufeinander aufbauen.</u>

a) Halten Sie die Bildung eines Erstversicherungspools für sinnvoll, an den die Risiken weitergegeben werden könnten?

O Nein

O Ja

Falls ja, wie sollte dieser gestaltet werden?

O Sämtliche Risiken sollten erfasst werden; somit wären die Erstversicherer als Inkassounternehmen für den Pool tätig.

O Lediglich die nicht versicherbaren Risiken sollten gepoolt werden. Die restlichen Risiken werden unabhängig hiervon durch die Assekuranz getragen.

b) Wie sollte die Rückversicherung gestaltet werden?

O Wie bisher ausschließlich durch die auf den internationalen Rückversicherungsmärkten vorhandenen Kapazitäten.

O Die heutigen Kapazitäten sollten mit staatlichen Mitteln ausgeweitet werden, z.B. für Haftungsstrecken, die über das Angebot an den internationalen Rückversicherungsmärkten hinausgehen.

O Ein staatlicher Rückversicherer sollte unabhängig von den internationalen Märkten zur Kapazitätsausweitung gegründet werden.

O Ein Elementarschadenversicherer anlog „Extremus" bei Terrorrisiken sollte gegründet werden, an den sämtliche Risiken weitergegeben werden.

c) Welche versicherten Gefahren sollten in das Modell integriert werden?

O Nur die Gefahren innerhalb der bisherigen Zusatzdeckung für die bisher nicht sämtliche Risiken Versicherungsschutz erhalten, z.B. Überschwemmung

O Sämtliche auf marktwirtschaftlicher Basis unversicherbare Naturgefahren, d.h. auch Sturmflut

O Gefahren der bisherigen Zusatzdeckung

Sollten Sturm und Hagel aus den Basisdeckungen herausgenommen und in die Elementardeckung integriert werden?

Ja, weil: .................... o Nein, weil: ...................

d) Welche Personenkreise sollten versichert werden (Mehrfachnennungen möglich)?

O Privatkunden

O Gewerbetreibende

O Industrielle Kunden

O Sonstige: ..........................................................................................

e) Was sollte in den Deckungsumfang einbezogen werden (Mehrfachnennungen möglich)?

O Gebäude

O Inhalt / Hausrat

O Betriebsunterbrechung

O Sonstige:

f) Was sollte den Versicherungsfall darstellen?

O Nur außergewöhnliche Ereignisse, d.h. sogenannte Katastrophenschäden

O Definierte Versicherungsfälle analog der bisherigen Allgemeinen Versicherungsbedingungen.

g) Wie sollten die Prämien gestaltet werden?

O Als feste / prozentuale Zuschläge auf die Basisdeckungen

O Als nach Risikoklassen abgestufte Prämiensätze

h) Wie sollten die Selbstbehalte gestaffelt werden?

O Nach Risikohöhe / Risikoklasse, z.B. Zürs Zone 3

O Nach Gefahrenart, z.B. Überschwemmung

O Es sollte einen festen Selbstbehalt, z.B. in Abhängigkeit von der Versicherungssumme oder der Schadenhöhe geben und keine weiteren Differenzierungen.

i) Halten Sie eine Begrenzung der Jahreshöchstentschädigungen für sinnvoll?

O Ja und zwar:

o Pro Versicherungsnehmer / Vertrag

o Pro Schadenereignis

o Für die gesamte Assekuranz

O Nein

j) Welche versicherungstechnischen Instrumente halten Sie für geeignet, um in einem künftigen Modell verwendet zu werden? (Mehrfachnennungen möglich)

O Bonus / Malus Regelungen wie in der Kraftfahrtzeugversicherung

O Nachschusspflicht für die Prämien

O Beitragsanpassungsklauseln

O Begrenzung der Vertragsdauer auf ein Jahr, um Anpassungen vornehmen zu können

O Sonstige: ..........................................................................................

6. Versicherungspflicht

Einer der am häufigsten geforderten Eingriffe in den Versicherungsmarkt ist die gesetzliche Verankerung einer Pflichtversicherung für Elementarrisiken. Unter diesem Schlagwort lassen sich jedoch eine Vielzahl von Ausprägungen subsumieren. Ich möchte Sie deshalb bitten, Ihre Präferenzen und Einstellungen zu den einzelnen Themenkomplexen mitzuteilen.

6.1 Befürworten Sie die Einführung einer Versicherungspflicht?

O Nein (Bitte weiter mit Frage 6.2.)

O Ja (Bitte weiter mit Frage 6.3.)

6.2 Die unten genannten Argumente werden gegen die Einführung einer Versicherungspflicht angeführt. Bitte gewichten Sie deren Bedeutung für Ihre persönliche Ablehnung wie folgt:

*1 = ausschlaggebend 2=wichtig 3= weniger wichtig 4=unbedeutend*

| | |
|---|---|
| | Eine Versicherungspflicht ist nicht verfassungskonform. |
| | Sie führt zu einer Sozialisierung der Schäden / Prämien. |
| | Für die Versicherungswirtschaft entsteht eine hohe Kumulgefahr. |
| | Es ist keine dauerhafte Tragfähigkeit der Schäden gesichert. |
| | Durch Einführung einer Pflicht werden weitere Schutzmaßnahmen des Staates und der Versicherungsnehmer unterlassen. |
| | Es wird zu Wettbewerbsverzerrungen kommen. |
| | Ordnungspolitische Gründe sprechen gegen eine Pflicht. |
| | Die Finanzierbarkeit der hochexponierten Risiken ist ohne staatliche Hilfe nicht gewährleistet. |
| | Die Innovationskraft der Assekuranz, die z.B. bei der Entwicklung von ZÜRS deutlich wurde, wird gemindert. |
| | Es entstehen zusätzliche Kosten im Vertrieb und in der Vertragsbearbeitung. |
| | Sonstige: |

(Anschließend bitte weiter mit Frage 6.4.)

6.3 Welche Chancen sehen Sie für Ihr Unternehmen durch die Einführung einer Versicherungspflicht (Mehrfachnennungen möglich)?

O Steigerung der Erträge

O Steigerung der Marktanteile

O Bildung eines großen Risikokollektivs

O Bessere Mischung der guten und schlechten Risiken

O Steigerung der Kundenbindung, da hierdurch auch Kunden mit schlechten Risiken Versicherungsschutz angeboten werden kann.

O Steigerung der Verhandlungspositionen gegenüber Rückversicherern durch Erhöhung des Prämienvolumens

O Senkung der Kumulgefahr

O Sonstige: ..............................................................................................

6.4 Nehmen Sie bitte zu den folgenden Aussagen Stellung:

Ohne den gesetzlichen Druck einer Pflichtversicherung wird es keine versicherungstechnische Lösung für hochexponierte Risiken geben.

| Stimme voll zu | Stimme teilweise zu | Stimme nicht zu |
|---|---|---|
| O | O | O |

Ohne eine Quersubventionierung der Prämien wird es für die hochexponierten Risiken kein tragfähiges und ökonomisch sinnvolles Angebot geben.

| Stimme voll zu | Stimme teilweise zu | Stimme nicht zu |
|---|---|---|
| O | O | O |

Eine Versicherungspflicht wird zu einer grösseren Differenzierung der Prämien führen als bisher.

| Stimme voll zu | Stimme teilweise zu | Stimme nicht zu |
|---|---|---|
| O | O | O |

Die Prämiensätze für Elementarrisiken werden im Vergleich zu heute eher steigen.

| Stimme voll zu | Stimme teilweise zu | Stimme nicht zu |
|---|---|---|
| O | O | O |

Auch eine umfassende Pflichtversicherung für Privat- und Gewerbliche Kunden wird <u>nicht</u> dazu führen, dass sämtliche Schäden aus Naturkatastrophen (z.B. Vermögensschäden) ersetzt werden können.

| Stimme voll zu | Stimme teilweise zu | Stimme nicht zu |
|---|---|---|
| O | O | O |

6.5 Wenn sich der Staat für die Einführung einer Pflichtversicherung entscheiden sollte, wie sollte diese auf der Nachfrageseite ausgestaltet sein?

O Sie sollte auch für Risiken gelten, die bisher keine Basisdeckung, d.h. Hausrat-, Wohngebäude- oder gewerbliche Versicherung haben.

O Es sollte ausschließlich eine Pflichtversicherung für die nicht versicherbaren Risiken sein, für die es kein privatwirtschaftliches Angebot zu finanzierbaren Prämien gibt.

O Es sollte eine Pflichtversicherung als obligatorische Haftungserweiterung an sämtliche bestehenden Basisdeckungen sein.

6.6 Darf der Versicherer die Möglichkeit erhalten, Risiken abzulehnen?

O Nein

O Ja, und zwar:

O Risiken, die auch in der Basisdeckung keinen Versicherungsschutz erhalten.

O Risiken, die seine Kapazitäten übersteigen, z.B. DaimlerChrysler

O Risiken, wenn die Gefahr von Schadenkumulen unvertretbar groß wird.

7. Möchten Sie abschließend zu diesem Fragebogen oder zu einzelnen Fragen noch etwas anmerken?

..........................................................................................................

**Schriften zur Politischen Ökonomik**
**Evolutorische und ökologische Aspekte**

Herausgegeben von Udo Müller, Oliver Budzinski, Yücel Calbay,
Jörg Jasper und Torsten Sundmacher

Band 1 Jörg Jasper / Torsten Sundmacher (Hrsg.): Ökologische Kompatibilität und technologischer Wandel. 2000.

Band 2 Torsten Sundmacher: Das Umweltinformationsinstrument Ökobilanz (LCA). Anwendungsbezug und instrumentelle Ausgestaltungsmöglichkeiten. 2002.

Band 3 Oliver Budzinski / Jörg Jasper (Hrsg.): Wettbewerb, Wirtschaftsordnung und Umwelt. Festschrift für Udo Müller. 2004.

Band 4 Robert König: Die Elementarschadenversicherung in der Bundesrepublik Deutschland als Element der finanziellen Risikovorsorge gegen Naturereignisse. Diskussion staatlicher Regulierungsoptionen am Fallbeispiel der Hochwasser 2002 unter Berücksichtigung versicherungswirtschaftlicher Präferenzen. 2006.

www.peterlang.de

Mirko Tillmann

# Risikokapitalbasierte Steuerung in der Schaden- und Unfallversicherung

## Konzeption einer modellgestützten Risikoanalyse

Frankfurt am Main, Berlin, Bern, Bruxelles, New York, Oxford, Wien, 2005.
XXIX, 360 S., zahlr. Tab. und Graf.
Beiträge zum Controlling. Herausgegeben von Wolfgang Berens. Bd. 8
ISBN 3-631-54396-4 · br. € 56.50*

Die ökonomischen Rahmenbedingungen und die Risikolandschaft europäischer Versicherungsunternehmen sind angesichts struktureller Veränderungen einem tiefgreifenden Wandel unterworfen. Ansteigende Schadendurchschnitte, eine zunehmende Belastung durch Naturschadenereignisse, volatile Kapitalmärkte, ruinöse Preiskämpfe in einzelnen Versicherungssparten und nicht zuletzt ambitionierte Renditevorgaben der Anteilseigner lassen die Notwendigkeit einer wertorientierten Unternehmenssteuerung in den Mittelpunkt des Interesses rücken. Diese Untersuchung erschließt die Thematik einer integrierten Rendite-Risikosteuerung von Schaden- und Unfallversicherungsunternehmen sowohl aus theoretischer als auch versicherungspraktischer Perspektive.
Es wird ein differenzierter Vorschlag zur Ausgestaltung eines risikokapitalbasierten (stochastischen) Steuerungsmodells entwickelt, welches sowohl die ökonomische Risikosicht als auch die bilanzielle Sicht auf ein Versicherungsunternehmen adäquat abbildet. Die Untersuchung erlangt insbesondere durch die exemplarische Anwendung des Modells auf den Datensatz eines deutschen Erstversicherungsunternehmens eine hohe praktisch-normative Relevanz.

*Aus dem Inhalt*: Aufsichtsrechtliche und betriebswirtschaftliche Anforderungen an die Steuerung · Solvency II · Notwendigkeit einer integrierten Rendite-Risikosteuerung · Begriff und Funktion von Risikokapital · Ausgewählte Konzepte zur Risikomessung · Allokation von Risikokapital · Risikosicht vs. Bilanzsicht · Duales Steuerungsmodell · Entwicklung eines stochastischen Modellansatzes · uvm.

Kolibri 360 GmbH
Ferdinand-Jühlke-Straße 7
99095 Erfurt, Deutschland
produktsicherheit@kolibri360.de

Druck:
CPI Druckdienstleistungen GmbH
im Auftrag der
Kolibri 360 GmbH
Ferdinand-Jühlke-Str. 7
99095 Erfurt